“十三五”国家重点图书出版规划项目

流 域 生 态 安 全 研 究 丛 书　　主编　杨志峰

水环境承载力理论方法与实践

曾维华　等 著

中国环境出版集团 · 北京

图书在版编目（CIP）数据

水环境承载力理论方法与实践/曾维华等著. —北京：中国环境出版集团，2021.5

（流域生态安全研究丛书 / 杨志峰主编）

“十三五”国家重点图书出版规划项目 国家出版基金项目

ISBN 978-7-5111-4526-0

Ⅰ. ①水… Ⅱ. ①曾… Ⅲ. ①水环境—环境承载力—研究 Ⅳ. ①X143

中国版本图书馆 CIP 数据核字（2020）第 251379 号

审图号：GS（2020）7277 号

出 版 人 武德凯
责任编辑 宋慧敏 周 煜
责任校对 任 丽
封面设计 艺友品牌

出版发行 中国环境出版集团
（100062 北京市东城区广渠门内大街 16 号）
网 址：http://www.cesp.com.cn
电子邮箱：bjgl@cesp.com.cn
联系电话：010-67112765（编辑管理部）
发行热线：010-67125803，010-67113405（传真）
印 刷 北京中科印刷有限公司
经 销 各地新华书店
版 次 2021 年 5 月第 1 版
印 次 2021 年 5 月第 1 次印刷
开 本 787×1092 1/16
印 张 27 彩插 28
字 数 570 千字
定 价 138.00 元

“流域生态安全研究丛书”

编著委员会

《水环境承载力理论方法与实践》编著委员会

主　　编：曾维华

执行主编：崔　丹

副 主 编：陈　岩　李广英

成　　员（按汉语拼音排序）：

曹若馨　柴　莹　陈荣昌　贾紫牧

李菲菲　李　瑞　刘寒迁　马冰然

聂诗芳　任艳芳　石巍方　王慧慧

王文懿　韦　静　卫欣怡　吴　波

吴　昊　解钰茜　薛英岚　杨月梅

姚　波　曾逸凡　张可欣　张仲成

总 序

近年来，高强度人类活动及气候变化已经对流域水文过程产生了深远影响。诸多与水相关的生态环境要素、过程和功能不断发生变化，流域生态系统健康和生态完整性受损，并在多个空间和时间尺度上产生非适应性响应，引发水资源短缺、水环境恶化、生境破碎化和生物多样性下降等问题，导致洪涝、干旱等极端气候事件的频率和强度增加，直接或间接给人类生命和财产带来了巨大损失，维护流域或区域生态安全已成为迫在眉睫的重大问题。

党中央、国务院历来高度重视国家生态安全。2016 年 11 月，国务院印发《“十三五”生态环境保护规划》，明确提出“维护国家生态安全”，并在第七章第一节详细阐述。2017 年 10 月，党的十九大报告提出“实施重要生态系统保护和修复重大工程，优化生态安全屏障体系，构建生态廊道和生物多样性保护网络，提升生态系统质量和稳定性。”2019 年 10 月，《中共中央关于坚持和完善中国特色社会主义制度　推进国家治理体系和治理能力现代化若干重大问题的决定》明确提出“筑牢生态安全屏障”。一系列国家重大规划和战略的出台与实施，有效遏制了流域或区域的生态退化问题，保障了国家的生态安全，促进了经济社会的可持续发展。

长期聚焦于高强度人类活动与气候变化双重作用对流域生态系统的影响和响应这一关键科学问题，我的团队开展了系列流域或区域生态安全研究，承担了多个国家级重大（点）项目、国际合作项目、部委和地方协作项目，取得了系列论文、专利、咨询报告等成果，希望这些成果能够推动生态安全学科体系建设和科技发展，为保障流域生态安全和社会可持续发展提供重要支撑。

“流域生态安全研究丛书”是近年来在流域生态安全研究领域相关成果的重要体现，集中展现了在流域水电开发生态安全、流域生态健康、城市水生态安全、水环境承载力、河湖水系网络、城市群生态系统健康、流域生态弹性、湿地生态水文等多个领域的理论研究、技术研发和应用示范。希冀丛书的出版可以推动我国流域生态安全研究的深入和持续开展，使理论体系更加完善、技术研发更加深入、应用示范更加广泛。

由于流域生态安全的研究涉及多个学科领域，且受作者水平所限，书中难免存在不足之处，恳请读者批评指正。

杨志峰

2020年6月5日

前　言

水是人类赖以生存的宝贵资源，是人类繁衍生息和社会文明进步的重要保障。随着社会经济的快速增长，人类对水资源的过度开采、滥用和对水环境的严重污染、破坏，打破了水系统循环的动态平衡状态，致使其水环境承载力持续下降，严重危及人类赖以生存的水系统的生态安全与持续健康发展，阻碍人类生态文明进程。

水环境承载力是在一定时期内、一定技术经济条件下，流域（区域）天然水系统支撑某一社会经济系统人类活动（生产与生活）作用强度的阈值，天然水系统因其所具有的水环境承载力而能够支持人类生存与活动；由此可见，尽管水环境承载力可以通过人类社会经济活动作用强度阈值表征，但它是天然水系统的自然属性。到目前为止，仍有很多学者将人类活动给天然水系统带来的压力（用水、排污及其带来的水生态系统服务功能下降等）与水环境承载力混为一谈，将水环境承载力理解为流域（区域）水系统中社会子系统的社会属性。这导致在很多水环境承载力评价实证研究中，将压力指标、水环境承载力指标混为一谈；由此导致其评价对象模糊不清，指标体系物理意义不明确，无法区别到底是水环境承载力大小、水环境承载力承载状态，还是水环境承载力开发利用潜力。

本书将流域(区域)水环境承载力评价对象分为大小、承载状态与开发利用潜力。水环境承载力大小评价的对象是流域（区域）天然水系统能够为人类活动提供的支撑能力，是自然水系统的属性评价，与社会水系统给自然水系统带来的压力无关，可从水资源供给、水环境容量与水生态服务功能角度表征。水环境承载力承载状态评价的对象是流域（区域）水系统社会经济子系统人类活动给自然水系统带来的压力（用水与排水等）超过自然水系统提供的水环境承载力的程度，从某种角度可以反映人类活动与水系统健康维持间的协调程度，是评判水系统持续健康发展的重要手段；其指标体系既要有反映人类活动的压力指标，又要有反映自然水系统的水环境承载力指标。水环境承载力开发利用潜力评价的目的是基于水环境承载力空间分异规律，指导流域（区域）人类社会经济活动空间布局；其评价对象是水环境承载力开发利用潜力，评价指标除了压力、水环境承载力之外，还包括水环境承载力开发利用潜力指标。水环境承载力越大，开发利用潜力越大；压力越大，则剩余的水环境承载力越小，开发利用潜力也越小。同时，还有强度指标（诸如万元 GDP 水耗或人均水耗等）反映水环境承载力开发利用技术水平；其越大，尽管提升空间越小，但减压能力越强。最后，水环境承载力开发利用潜力指标水平（诸如经济水平、人力资源水平与基础设施水平等）越高，说明水资源开发利用潜力越大。由此可见，流域（区域）水环境承载力评价不是从水系统组成及其开发利用角度建立各指标体系、选择各综合评价方法就能实现的，必须在充分理解水环境承载力概念的基础上明确评价对象，及其能够反映评价对象且具有清晰物理意义的评价指标体系；否则，最终的评价结果将很难得到明确解释，也很难针对评价过程识别出水环境承载力超载致因与开发利用过程中的主要制约因素、提出具有针对性的双向调控（减轻压力与提高水环境承载力）对策。

我国幅员辽阔，无论是降水，还是地表水文情势，南北差异与东西差异都十分巨大，由此导致我国水环境承载力的空间差异显著。另外，从人类活动对我国水系统带来的压力看，我国人口与产业空间分布同样不均；无论是产业，还是人口，东部都比西部布局更为集中，给水系统带来的压力也更大。从社会经济发展规模与水环境承载力开发利用潜力看，我国东部、西部差距在不断拉大。同时，我国主要河流水系都是自西向东分布，西部是我国黄河、长江等主要河流的发源地，相对东部，其水功能要求更高，水生态系统也更为脆弱，由此导致水环境承载力相对东部更低。然而，随着东部社会经济水平不断提高，对资源消耗与生态环境的要求也越来越高，由此导致东部部分技术水平较低的“三高”企业向西部转移，这将严重危及我国大江大河的水生态系统安全。因此，有必要开展流域（区域）尺度的水环境承载力分区研究，依据水环境承载力分区，指导我国产业布局与转移。对西部一些水生态系统脆弱、水环境承载力较低的地区，必须加强社会经济发展规模的控制与产业转移监管，制定合理的产业准入政策，确保其社会经济系统结构与该地区水环境承载力相适应。而东部一些水环境承载力大且开发利用潜力大的地区，按水环境承载力约束要求，在产业结构合理的前提下，不断扩大社会经济发展规模，提高技术经济实力。这就是基于水环境承载力空间分布差异的流域（区域）水系统差异化管理。

基于水环境承载力空间分布差异的流域（区域）水系统差异化管理，就是针对我国不同流域（区域）水环境承载力大小、水环境承载力承载状态及其致因，以及水环境承载力开发利用潜力不同，利用水环境承载力开发利用潜力评价与空间聚类手段，开展不同尺度（全国与流域）的水环境承载力分区。在此基础上，针对不同类型区的特征，提出具有针对性的水环境承载力双向调控与社会经济空间布局优化调控导引，实施有针对性的水系统分区差异化管理，为实现我国流域（区域）社会经济发展科学合理布局与水系统持续健康发展、确保流域生态安全，提供科学依据与差异化管控手段。

无论是水环境承载力评价，还是水环境承载力分区，都没有涉及流域（区域）水环境承载力研究的核心。水环境承载力评价的目的是识别问题，分区的目的是针对不同类型区的特征，提出具有针对性的差异化管理策略；而水环境承载力概念的核心内涵是自然水系统能够为人类活动提供服务作用强度的阈值，这一阈值一旦被突破，水系统的结构就会遭到破坏，功能就会退化，无法为人类活动提供应有服务。这一阈值可从两个层面表征，一是自然水系统能够为人类活动提供的水资源可利用量、水环境容量与其他生态服务功能阈值，可通过矢量表征，水环境承载力矢量具有大小与方向；二是社会经济系统中一定产业（行业）结构下的人口与产业适度规模，即水环境承载力约束下适度的人口与产业规模，以及相应的产业结构优化。这才是流域（区域）水环境承载力研究的核心所在。

随着社会经济的飞速发展、人口的持续增长以及城市化进程的不断加快，流域（区域）人类活动给自然水系统带来的压力与水环境承载力之间的矛盾变得日益尖锐；由此导致很多地区自然水系统功能、结构遭到破坏，无法为人类提供最基本的生态服务，水资源过度超采导致的地下水位持续下降与劣Ⅴ类水导致的黑臭水体频发就是水环境承载力超载的表现。水环境承载力超载已成为流域（区域）可持续发展的主要制约因素。协调好自然水系统所提供的水环境承载力与社会经济系统给自然水系统带来的压力是流域（区域）水系统健康持续发展的关键。为此，本书提出一整套水环境承载力约束下的流域（区域）社会经济发展规模与结构优化技术方法体系，通过建立水系统模拟与优化模型，确定某一流域（区域）在水环境承载力约束下的适度人口与产业规模，以及相应的合理产业结构，由此促进社会经济系统中的人类活动与自然水系统为人类活动提供的水环境承载力协同发展，确保流域（区域）生态安全及其水系统持续健康发展。

本书针对我国水环境承载力研究中存在的诸多问题，首先从理清水资源、水环境与水生态相关关系角度入手，科学界定水环境承载力概念内涵以及承载对象。其次，从水环境承载力大小、承载状态与开发利用潜力三方面，建立一整套多尺度的水环境承载力评价技术方法体系，包括完善的指标体系、合理的评价标准与适合不同条件的评价模型，对流域（区域）水环境承载力展开评价，系统甄别流域（区域）水系统开发利用与监管存在的问题。从而进一步从差异化管理角度，系统构建流域与全国尺度水环境承载力分区技术体系，结合水资源供给能力、水环境容量以及人类活动给水资源与水环境带来压力的显著差异性，利用水环境承载力量化与评价或统计聚类方法，从全国与流域尺度，开展水环境承载力分区。根据不同水环境承载力类型区特点与超载致因，提出缓解水环境超载态势的水环境承载力双向调控策略与分区管理政策。最后，从社会-经济-水环境-水资源系统结构和功能模拟入手，利用区域水系统动态模拟仿真与不确定多目标优化方法，在环境承载力的约束下，对区域社会经济发展进行动态仿真与优化调控，确定区域水系统所能承载的适度人口与经济规模，以及合理的产业与行业结构。具体研究内容如下。

（1）基于水环境、水资源与水生态三者的关系，剖析水环境承载力与水资源承载力、水环境容量、水生态承载力概念之间的关系。在水环境承载力概念内涵研究的基础上，从水环境承载力评价、水环境承载力分区和水环境承载力约束下适度人类活动规模优化调控等角度，建立流域（区域）水环境承载力理论方法框架。

（2）在系统归纳总结现有流域（区域）水环境承载力评价文献所建立的指标体系基础上，建立一套完整的评价指标体系，以科学客观地评价水环境承载力。根据实际水环境承载力评价工作需求与数据收集情况，选择适当水环境承载力评价模型。在流域（区域）水环境承载力评价结果分析基础上，甄别流域（区域）水环境承载力承载状态及其致因；进一步针对致因，从双向调控角度，提出缓解水环境承载力承载状态的对策建议。

（3）在系统归纳总结国内外水环境承载力评价与相关全国气象、水文与人口、社会经济分区研究成果基础上，构建全国尺度水环境承载力分区技术体系。在全国水资源供给能力分区、全国水环境容量分区，以及结合人口与经济给水环境带来压力的区域差异的生产与生活用水需求与水污染物排放分区基础上，利用水环境承载力量化与评价或统计聚类方法，开展我国水环境承载力承载状态分区；进一步根据不同水环境承载力承载类型区的特点与超载致因，提出缓解水环境超载态势的水环境承载力双向调控策略与分区管理政策。

（4）从社会-经济-水环境-水资源系统结构和功能模拟入手，构建社会-经济-水环境-水资源系统动力学模型，模拟基准情景（Business as Usual，BAU）、规划情景和理想情景三种不同发展情景下社会经济发展对水资源和水环境的影响程度，确定影响较大且不确定性较高、有待优化的因素；以此类因素为决策变量，建立水环境承载力不确定多目标优化模型，确定优化后的产业、行业结构与适度人口、经济规模。

全书包括 18 章，第 1 章由曾维华、崔丹、李广英、解钰茜、马冰然、李瑞完成，第 2 章由曾维华、崔丹、李瑞、张可欣、曹若馨完成，第 3 章由曾维华、崔丹、李广英、李瑞完成，第 4 章由曾维华、曾逸凡、薛英岚、张可欣完成，第 5 章由曾维华、陈荣昌、李菲菲、刘寒迁、任艳芳、杨月梅完成，第 6 章由曾维华、聂诗芳、吴昊、曾逸凡、薛英岚完成，第 7 章由曾维华、姚波、韦静、杨月梅、柴莹、石巍方、张仲成完成，第 8 章由曾维华、聂诗芳、吴昊、曾逸凡、薛英岚完成，第 9 章由曾维华、李瑞、崔丹、马冰然、贾紫牧、王慧慧、陈岩、李广英完成，第 10 章由曾维华、崔丹、马冰然、贾紫牧、李瑞、王慧慧、陈岩、李广英完成，第 11 章由曾维华、李瑞、崔丹、薛英岚、张可欣完成，第 12 章由曾维华、薛英岚、崔丹、李瑞、张可欣完成，第 13 章由曾维华、贾紫牧、王慧慧、薛英岚、马冰然完成，第 14 章由曾维华、贾紫牧、王慧慧、薛英岚、马冰然、陈岩、李广英完成，第 15 章由曾维华、贾紫牧、王慧慧、薛英岚、马冰然完成，第 16 章由曾维华、吴波、杨月梅、王文懿、柴莹、卫欣怡、崔丹完成，第 17 章由曾维华、柴莹、卫欣怡、解钰茜、崔丹完成，第 18 章由曾维华、王文懿、杨月梅、卫欣怡、解钰茜、崔丹完成。全书最终由曾维华、崔丹与李广英统稿、校稿。

本书是在对作者所参与的水体污染控制与治理科技重大专项（水专项）“北运河流域水质目标综合管理示范研究”（2018ZX07111003）、“滇池流域水污染控制环境经济政策综合示范”（2012ZX07102-002-05），2020 年度青海省“昆仑英才·高端创新创业人才”项目，国家重点研发计划“水环境承载力阈值界定及其监测预警技术研发与应用”（2016YFC050350403）和环境保护部 2016 年度流域水环境质量目标管理项目委托课题“多尺度水环境承载力评价、预警与分区管理研究”、2017 年度流域水环境质量目标管理项目委托课题“典型土地利用/覆盖变化对水环境承载力影响的试点研究”、2018 年度流域水环境质量目标管理项目委托课题“典型湖泊流域水环境承载力动态评估与季节性调控措施研究”等 7 个课题研究成果进行综合提炼整合的基础上完成的。本书是研究团队集体智慧的结晶，同时也得益于北京师范大学环境学院求实创新的学术氛围；并通过与环境学院其他 973 计划、863 计划研究团队的学术交流，学术思想得到启发和升华，在此一并表示衷心感谢。

本书侧重于水环境承载力的基础理论方法与具体实践应用，可供从事环境科学研究的学者、水环境管理工作者、高等学校与科研单位的教研人员与学生参考。由于著者水平和时间有限，书中不当之处在所难免，敬请读者批评指正。

曾维华

于北京师范大学

2020 年 5 月 16 日

目 录

第一篇 总 论

第二篇 水环境承载力评价

第三篇 水环境承载力分区

第一篇
总　论

第1章　绪　论

1.1　背景与意义

1.1.1　背景

水环境是环境系统的重要组成部分，是人类赖以生存和发展不可或缺的条件之一。随着社会经济飞速发展，人类活动对流域（区域）水环境的压力不断加大。在我国许多地区，社会经济发展带来的压力超过了水环境承载力可支撑的阈值，导致流域（区域）水环境质量恶化、水资源匮乏、水生态系统崩溃等问题频发，社会经济与水环境难以协调持续发展，严重危及了人类生产与生活。因此，如何基于天然水系统的自然属性，科学合理地调整产业结构，控制人口规模，保证流域（区域）社会经济与水环境可持续协调发展显得尤为重要。由此，环境自净能力、环境容量、环境承载力等概念被各国学者相继提出，水环境承载力的概念也应运而生。

水环境承载力是在一定时期内、一定技术经济条件下，流域（区域）天然水系统支撑某一社会经济系统人类活动（生产与生活）作用强度的阈值，天然水系统因其所具有的水环境承载力而能够支持人类生存与活动。对流域（区域）水环境承载力进行研究，一方面可以表征流域（区域）的社会经济-水环境系统的结构和特征；另一方面，可以评估该流域（区域）的人口与经济规模和水环境协调发展情况；进一步地，可以此为依据，提出流域（区域）社会经济与水环境稳定、协调、可持续发展的总体战略。水环境承载力概念的提出，为资源环境和人类的生产生活搭建了桥梁，为人类协调自身发展与环境承载状态、确保水生态安全提供了准则。

自《中华人民共和国国民经济和社会发展第十二个五年规划纲要》开始，党中央和国务院逐渐将科学认知资源环境承载能力视为制定区域战略和政策、研究发展规划的基础性工作。2013 年 11 月，《中共中央关于全面深化改革若干重大问题的决定》指出应“建立资源环境承载能力监测预警机制，对水土资源、环境容量和海洋资源超载区域实行限制性措施。”2014 年年底，习近平总书记在中央经济工作会议上指出：“从资源环境约束看，过去能源资源和生态环境空间相对较大，现在环境承载能力已经达到或接近上限，必须顺应人民群众对良好生态环境的期待，推动形成绿色低碳循环发展新方式。”2015 年 4 月 2 日，国务院发布的《水污染防治行动计划》提出“建立水资源、水环境承载能力监测评价体系，实行承载能力监测预警，已超过承载能力的地区要实施水污染物削减方案，加快调整发展规划和产业结构。”“新常态”的经济发展要求我国必须走上资源节约型和环境友好型的可持续发展道路。水环境承载力研究可为流域（区域）生态安全与可持续健康发展提供科学依据。

由于存在众多的影响因素且涉及众多学科领域，尤其是与社会学、经济学领域的交叉，到目前为止，水环境承载力的理论方法体系尚处于不断完善之中。国外对水环境承载力的研究更多集中于“狭义的水环境承载力”，即纳污能力（水环境容量），而本书所界定的“广义水环境承载力”中，水环境容量只是一个分量。国内对水环境承载力的研究始于 20 世纪 80 年代中后期；进入 20 世纪 90 年代以来，国内关于承载力的研究方兴未艾，众多学者从不同角度提出了相关的概念与研究方法。但对水环境承载力概念内涵及其外延众说纷纭，对其评价、分区与优化调控方法等也未达成统一共识。因此，有必要在现有相关研究的系统归纳总结基础上，对水环境承载力理论方法体系进行梳理，建立一整套涵盖概念内涵、量化方法及评价、分区与优化调控的理论方法体系。

1.1.2 意义

1.1.2.1 建立了一整套涵盖概念内涵、量化方法及评价、分区与优化调控的理论方法体系，完善了水环境承载力的理论研究

水环境承载力是协调流域（区域）经济-社会-环境可持续发展的重要依据。目前国内已开展众多关于水环境承载力的研究，但这些研究在理论基础上都未形成系统的理论框架，对概念理解尚未达成共识。研究方法呈现出多样化特征，但方法注重单方面优势，从而存在一定缺陷，无法满足综合性的水环境承载力研究（屈豪等，2017）。本书通过大量的文献调研，在系统归纳总结国内外水环境承载力相关研究的进展和不足基础上，对现有水环境承载力理论方法体系进行梳理，建立一整套涵盖概念内涵、量化方法及评价、分区与优化调控的理论方法体系，确保流域（区域）生态安全，可为水环境承载力研究与实践提供理论参考，对协调经济社会发展与水环境保护、实现流域（区域）可持续健康发展具有重大的科学意义和实用价值。

1.1.2.2 科学界定水环境承载力概念内涵以及承载对象，改善水环境承载力概念界定不清的现状

目前一些学者将人类活动给天然水系统带来的压力与水环境承载力混为一谈，导致水环境承载力评价对象模糊不清，指标体系物理意义不明确，无法区别到底是水环境承载力大小、承载状态，还是水环境承载力开发利用潜力。在具体的研究中，水环境承载力的概念极易与水环境容量、水资源承载力、水生态承载力等概念交叉混淆（王西琴等，2014），这直接导致选取指标体系时没有统一的标准，进而难以形成公认的水环境承载力研究方法，严重限制了水环境承载力的研究。本书从理清水资源、水环境与水生态相关关系角度入手，科学界定水环境承载力概念内涵以及承载对象，有助于改善目前研究中水环境承载力概念界定不清的现状，有利于进一步丰富和完善水环境承载力理论。

1.1.2.3 建立了一整套多尺度的水环境承载力评价技术方法体系，有利于系统甄别流域（区域）水系统开发利用与监管存在的问题

开展水环境承载力评价研究，对系统地了解水环境承载力现状、平衡经济发展与水系统之间的矛盾、指导经济发展与产业布局具有重大意义。纵观我国水环境承载力评价研究的发展过程，从单要素评价到多要素评价，从片面研究到综合研究，学者们探讨了各种理论方法与评价体系，积累了众多系列成果，并广泛地运用于区域经济、城市规划、生态管理、环境规划等各研究领域，极大地推进了我国的各项产业发展（黄志英等，2018）。但随着研究的继续深入，当前的评价指标体系已无法满足研究需求，主要原因在于尚未形成统一的水环境承载力评价体系，缺乏系统指标体系和综合评价模型，且相关研究的更新、创新较少。

此外，流域（区域）水环境承载力评价不是从水系统组成及其开发利用角度建立各指标体系、选择各综合评价方法就能实现的，必须在充分理解水环境承载力概念基础上明确评价对象，建立具有清晰物理意义的指标体系；否则，最终的评价结果将很难明确解释，也很难针对评价过程识别出水环境承载力超载致因与开发利用过程中的主要制约因素、提出具有针对性的双向调控（减轻压力与提高水环境承载力）对策。

对此，本书从水环境承载力大小、承载状态与开发利用潜力三方面，建立一整套多尺度的水环境承载力评价技术方法体系，包括完善的指标体系、合理的评价标准与适合不同条件的评价模型，对流域（区域）水环境承载力展开评价，这有利于系统甄别流域（区域）水系统开发利用与监管中存在的问题。

1.1.2.4 系统构建了流域与全国尺度水环境承载力分区技术体系，有利于实现有针对性的水系统分区差异化管理

我国幅员辽阔，横跨热带、亚热带、温带与亚寒带等多个气候区；无论是降水，还是地表水文情势，南北差异与东西差异都十分巨大，由此导致我国水环境承载力的空间差异显著。另外，由于人口与产业空间分布不均，我国人类活动对水系统带来的压力的空间差异同样显著。从社会经济发展规模与潜势看，我国东部和西部差距在不断拉大，由此导致我国的水环境承载力和人类活动给水系统带来的压力存在较大的空间差异。因此，非常有必要开展流域（区域）尺度的水环境承载力分区研究，依据水环境承载力分区，指导我国产业布局与转移。然而，国内外水环境承载力研究主要围绕局部区域和流域展开，在全国尺度上探讨水环境承载力及其空间分异的研究尚不多见。

本书从差异化管理角度，系统构建了流域与全国尺度水环境承载力分区技术体系，结合水资源供给能力、水环境容量以及人类活动给水资源与环境带来的压力的显著差异性，利用环境承载力量化与评价或统计聚类方法，从流域与全国尺度开展水环境承载力分区；根据不同水环境承载力类型区特点与超载致因，提出缓解水环境超载态势的水环境承载力双向调控策略与分区管理政策。这有利于针对不同类型区的特征，提出具有针对性的水环境承载力双向调控与社会经济空间布局优化调控导引，实施有针对性的水系统分区差异化管理，为实现我国流域（区域）社会经济发展科学合理布局与水系统持续健康发展提供科学依据与差异化管控手段。

1.1.2.5 提出一整套水环境承载力约束下的流域（区域）社会经济发展规模与结构优化技术方法体系，为流域（区域）水系统的持续健康发展奠定良好的基础

水环境承载力评价的目的是识别问题，分区的目的是针对不同类型区的特征，提出具有针对性的差异化管理策略；而水环境承载力概念的核心内涵是自然水系统能够为社会经济水系统中人类活动提供作用强度的阈值，这一阈值一旦被突破，水系统的结构就会遭到破坏，功能就会退化，无法为人类提供应有服务。如何协调好自然水系统所提供的水环境承载力与社会经济水系统给自然水系统带来的压力，是流域（区域）水系统健康持续发展的关键。

本书从“以水定城、以水定地、以水定人、以水定产”角度，提出一整套水环境承载力约束下的流域（区域）社会经济发展规模与结构优化技术方法体系，通过建立水系统模拟与优化模型，确定某一流域（区域）在水环境承载力约束下的适度人口与产业规模，以及相应的合理产业结构，由此促进社会经济水系统中的人类活动与自然水系统为人类活动

提供的水环境承载力协同发展，为流域（区域）水系统的持续健康发展奠定良好的基础。

1.1.2.6 开展不同尺度的水环境承载力实际应用研究，为流域（区域）内环境经济的可持续协调发展提供科学指导

本书基于建立的涵盖概念内涵、量化方法及评价、分区与优化调控的理论方法体系，在水环境承载力评价方面，从水环境承载力大小、水环境承载力承载状态和水环境承载力开发利用潜力三个方面，进行不同尺度（包括园区、区域、城市和流域）的案例研究；在水环境承载力分区研究方面，从流域与全国两个尺度，探讨不同尺度下的水环境承载力分区方法，并基于流域控制子单元和全国省级行政区划，开展多尺度水环境承载力分区实证研究；在水环境承载力约束下的区域发展规模结构优化调控方面，基于城市水代谢和社会-经济-水环境-水资源系统两种理论方法，开展北京市通州区和云南省昆明市的实证研究。这对优化水环境配置，协调区域生态建设、工农业生产、人民生活与水环境的关系，实现区域的可持续发展具有重要的意义；其成果可为相关决策部门的水环境管理、水资源保护和生态建设推进提供科学依据。

1.2 相关研究进展

1.2.1 环境承载力研究进展

1.2.1.1 承载力概念的演化过程

环境承载力这一概念是由承载力的概念派生而来的。承载力的概念最早来源于力学，本身是一力学概念，是指物体在不产生任何破坏时的最大荷载。

承载力的起源可以追溯到马尔萨斯时代。马尔萨斯是第一个发现环境限制因子对人类社会物质增长过程有重要影响的科学家，他在1798年发表的《人口论》中指出，人口数量呈指数增长，粮食增长则呈线性增长，生产增长不能与人口的增长潜力保持同步，人口数量与供养能力之间必将出现巨大裂痕；人口压力刺激生产增长，生产增长反过来也刺激人口增长。他将许多国家人民的贫困、饥饿以及死亡都归结为人口增长的结果；为了达到人口与食物增长的平衡，他提出了两种抑制，即“预防性抑制”和“积极性抑制”。前者指不结婚等，后者指失业、饥饿、贫困、瘟疫以至战争等，他认为这些对抑制人口有积极作用。他的资源有限并影响人口增长的理论不仅反映了当时的社会存在，而且对后来的科学研究产生了广泛的影响。达尔文在其进化论观点中采用了人口几何级数增长和

资源有限约束的观点。同样，马尔萨斯的资源环境限制人口增长的观点对人口统计学也存在巨大的影响。将马尔萨斯的理论用逻辑斯谛（Logistic）方程的形式表示出来，用容纳能力指标反映环境约束对人口增长的限制作用可以说是现今研究承载力的起源。

美国生物学家加勒特·哈丁（Garrett Hardin，1915—2003 年）在 1976 年发表《作为一种伦理观念的承载力》（“Carrying capacity as an ethical concept”）一文，指出：“人类不应超越任何承载力。人类一旦为了一时的利益，而超越了环境承载力的限度，人类长期的利益就将受到损害。”他强调承载力概念将后代的利益考虑进来，是一种不损害后代利益的伦理概念。哈丁于 1977 年发表《承载力的伦理内涵》（“Ethical implication of carrying capacity”）一文，给承载力下了一个定义：“某一特定地区的承载力可以被定义为，在不破坏环境而且在未来承载力不降低的情况下，考虑季节性与随机性的变化，某一特定栖息地可以无限支持某一物种的数量。”

1980 年，社会学与人类学家威廉·卡顿（William Catton Jr.）出版《超越适度限度》（*Overshoot*） 一书，指出：“盛世时代已经过去，人口已经超越承载力，挥霍的人类已经耗尽，地球的储蓄余存。工业革命使我们危险地依赖日益减少的不可再生资源。承载力是有限的，不但是在食物供给方面，而且在于任何不可或缺且不充足的资源。”卡顿给出最小法则（law of the minimum）和范围扩大法则两个基本原则；其中，最小法则认为环境承载力是由最不充足且不便于获取的生活必需品（相对于人均需求）决定的。这个法则很难克服，但却可以通过一些手段改变其限制性，诸如贸易可以扩大最小法则的运用。范围扩大法则认为两个或两个以上资源禀赋不同的地区组合起来的承载力可能大于单个地区承载力的总和。人类不断试图利用范围扩大法则提高环境承载力。

卡顿在 1987 年发表的另外一篇文章中进一步指出：“承载力应该被理解为一个环境能够持续支持的最大负荷，亦即不减少它支持未来世代的能力；负荷不但是指利用某一环境承载的人口数量，而且是指他们作用于环境的总的需求。对于人类社会而言，与对其他物种种群一样，负荷与承载力的关系是未来持续发展的关键。负荷超过承载力只能是暂时的，负荷一旦超越承载力，超载将无情地造成环境破坏；随后，承载力缩小将导致负荷降低。”

可持续发展观念下，承载力是指在自然资源的限制下，确保现代与后代的自然、社会、文化与经济环境不发生退化，某一地区可以支持的人口数量。1996 年，加拿大学者威廉·E. 瑞斯（William E. Rees）重新审视承载力，认为承载力是在一定栖息地上可以无限支持某一物种最大数量，而不损害栖息地的生产力。但是，人类有能力去除竞争物种，进口本地稀缺资源，并且可以通过技术增加人类的承载力，贸易与技术是部分学者反对承载力概念的理由之一。

1.2.1.2 环境承载力概念内涵的演化过程

承载力概念在生态环境领域里的研究应用，最初是与生物学、生态学发展密切相关的。19 世纪 80 年代后期开始，环境承载力概念被用于畜牧场管理中，用于表示环境和生态系统能够支撑的最大牲畜数量。1920 年，生物学家 Pearl 与 Reed 通过生物学实验，总结出实验室中生物数量增长的逻辑斯谛方程，并证明北美地区的人口增长也存在类似关系。1921 年，人类生态学学者 Park 和 Burgess 才确切地提出了承载力这一概念，即“某一特定环境条件下（主要指生存空间、营养物质、阳光等生态因子的组合），某种个体存在数量的最高极限”。后来这一术语被应用于环境科学中，便形成了“环境承载力”的概念。1922 年，Hadwen 和 Palmer 在美国农业部公报中应用了这一概念。1953 年，Odum 在《生态学原理》中，以逻辑斯谛增长方程形式赋予承载力精确的数学内涵。承载力一词总是与环境退化、生态破坏、人口增加、资源减少、经济发展相联系，承载力概念的外延也不断发生着相应的变化。

20 世纪 40 年代，美国学者 William V.最早提出土地承载力概念（或称之为土地人口承载力），这一概念指土地向人类提供饮食住所的能力取决于土地的生产潜力，也就是土地向人们提供粮食、衣着、住所的能力与环境阻力对生物潜力限制的程度。William V. 在其《生存之路》中提出：“因为世界人口过剩，全球及各国人口的数量已超过其土地承载能力”。他用一个方程式来说明这一论据，即 $C=B:E$。式中：C 代表土地负载能力，即土地能够供养的人口数量；B 代表土地可以提供的食物产量；E 代表环境阻力，即环境对土地生产能力所加的限制。William V. 在 1965 年提出了以粮食为标志的人口承载力公式，其目的是计算出某个地区传统的农业生产所提供的粮食能养活多少人口，即承载人口的上限；但他主要考虑总土地面积、耕地面积和耕作要素等，没有考虑人口对农业的反馈作用。

1970 年以来，澳大利亚的科学工作者从各种因素对人口的限制角度出发，讨论了该国的土地承载力。他们的研究考虑了澳大利亚的土地资源、水资源、气候资源等限制因素，除种植业外还考虑了畜牧业的发展潜力，分析了集中发展策略和相应的发展前景。联合国粮食及农业组织（FAO）把评价原则应用于世界土壤图，提供了确定世界农业土地生产潜力的新途径，即农业生态区域法。这是一种综合探讨农业规划和人口发展的方法，它将气候和土壤生产潜力相结合，反映土地用于农业生产的实际潜力，并考虑了土地的投入水平和社会经济条件，对人口资源和发展之间的关系进行了定量评价，指出不同的土地利用方式下可以有不同的人口承载量。

20 世纪六七十年代，随着人口与经济的快速增长，资源耗竭和环境恶化等全球性环境问题的爆发引起了学界对地球承载能力及相关问题的广泛关注。1968 年，日本学者提出环境容量概念。环境容量（Environmental Capacity）是一个与环境承载力（Environmental Carrying Capacity）十分相近的概念，甚至有很多学者将二者等同起来。

环境容量最初也是起源于生物学，与生物承载力同源，是指某给定生态系统所能容纳（养活）某物种的最大个体数。人口环境容量概念就是在环境容量这一概念内涵拓展基础上界定的。土地人口承载力与人口环境容量确实可以画等号，至少是近义词。

然而，日本学者提出的环境容量概念却与生物学家提出的环境容量大相径庭，是指在人类生存和自然不致受害的前提下，某一环境所能容纳的污染物的最大负荷量（曲格平，1983）。二者的差异在于对环境概念的理解，前者是“广义环境”概念（见本书第 2 章 2.1 节）；而后者仅局限于“狭义环境”概念，更关注环境系统的纳污能力。这也是很多学者纠结于环境容量与环境承载力两个概念，甚至将二者画等号的问题所在。

环境容量研究伊始，由于对环境系统认识有限，将环境系统当作一个黑箱来研究，忽略了环境系统的自净能力，而将环境容量界定为环境目标值与其污染物背景值之差。这不但违背了“在不降低环境质量的基础上求发展”的原则，还掩盖了环境是一个复杂的自我组织、自我调节系统的事实，仅仅表述了环境有容纳污染物的一个功能，并且机械地把环境当作一个藏污纳垢的“容器”。其弊端包括：①不足以涵盖环境对人类发展的全面支持功能；②夸大背景值，给人类逃避污染责任以口实；③阻碍了人类对环境自净机制的深入研究，从而影响人们对环境生产力的认识和利用。

随着对环境容量研究的不断深入，人类对环境自净机制有了更深刻的认知，将环境容量分为稀释容量与同化容量（或称自净容量）；同化容量即由于环境系统的生物降解等自净机制而产生的对污染物的容纳能力。由此，环境容量被界定为：在环境系统结构不受破坏、可为人类发展持续提供支持功能的前提下，环境系统可容纳污染物的最大负荷，即区域或流域污染负荷控制阈值。如此界定的环境容量就是环境规划与排污许可的核心，可以为环境规划与管理提供科学依据。

20 世纪 80 年代末，我国学者曾维华等在“我国沿海新经济开发区环境的综合研究——福建省湄洲湾开发区环境规划综合研究”课题中，首次系统提出环境承载力概念及其表征方法，并建立一整套环境承载力理论与方法体系；并在 1991 年发表的《人口、资源与环境协调发展关键问题之一——环境承载力研究》一文中给出了较严格的环境承载力概念，即“在某一时期，某种状态或条件下，某地区的环境所能承受人类活动作用的阈值”。这里，“某种状态”或“条件”是指现实的或拟定的环境结构不发生明显改变的前提条件，“所能承受”是指不影响环境系统发挥正常功能为前提。自湄洲湾新经济开发区环境污染控制规划课题提出综合环境承载力以来（曾维华等，1991；1998），环境承载力概念内涵被拓展，不仅包括资源承载力，还包括环境纳污能力（即环境容量）等，本书将其界定为广义环境承载力，而环境容量则可理解为狭义环境承载力。此后，在中国环境评价、规划与管理领域掀起了环境承载力的研究高潮。

目前，国内外有关环境承载力的研究热点为环境承载力概念和理论体系，环境承载力的影响因素及提高环境承载力的有效途径，环境承载力评价方法体系，包括评价指标体系的选取、建立表征环境承载力的数学模型及定量化研究。但是，由于环境承载力本身的复杂性和影响因素的多样性，人们对环境承载力概念的界定尚处于“百花齐放、百家争鸣”阶段，这严重限制了环境承载力研究的进展。

众所周知，环境系统结构是指环境要素（大气、水、土壤、生物）及其相互之间的联系和作用方式，包括各环境要素的赋存量及其有规律的运动变化。环境系统功能指环境与外部介质（主要是人类系统）相互作用的能力，它由环境系统的固有结构决定。这是一个极其复杂的，不断依靠能量、物质和信息的输入、输出维持其自身稳定运动的，远离平衡态的开放系统。环境容量只反映了环境消纳污染物的一个功能，不能全面表述环境系统对人类活动的支持功能，环境承载力将在此基础上弥补其不足。

目前，很多学者已经认识到环境承载力与环境容量的不同，但是在实际的应用中，仍有部分学者用环境的纳污能力界定环境承载力。例如，一些学者将水环境容量等同于水环境承载力，如 2002 年，美国的 4 个城镇水资源委员会对 4 个湖泊的环境承载力进行了研究，认为湖泊环境承载力是在水质不发生退化的前提下湖泊能够容纳污染物输入的能力；这些研究以预防富营养化为目的，计算了磷酸盐进入湖泊的量。吴国栋（2017）建立二维潮流数学模型，分析内缘区水动力特征，依据主要污染物入海负荷，用整个内缘区的纳污能力表征其水环境承载力的量值。这显然不能完全表示水环境承载力的内涵，仅仅体现了水环境承载力的水环境方面分量，即水环境容量。

此外，仅考虑水量方面的水资源承载力研究也比较多。如余灏哲等（2016）和那娜（2019）利用 PSR 模型和指标评价法，分别对陕西省和辽宁省的水资源承载力进行评价；赵璧奎等（2017）基于系统动力学建立了区域水资源承载力预测模型，对区域未来的水资源承载力状况进行模拟预测。这些研究从水资源的开发利用角度，考察水资源可利用限度，仅仅体现了水环境承载力的水资源方面分量。本书认为水资源承载力就是水环境承载力的一个分量。

随着水环境承载力研究的不断深入，很多学者逐渐认识到水环境承载力应包括水环境消纳污染物的能力和水环境供给水资源的能力。赵卫等（2007）在《水环境承载力研究述评》一文中指出“水环境承载力研究仅仅考虑质量是不够的，还要有数量表征”；李念春等（2018）在指标体系构建时考虑了水量和水质两方面的因素，并进一步基于对数承载率模型对东营市水环境承载力开展评价；崔丹等（2019）基于结构方程模型，从水量、水质两个方面对湟水流域小峡桥断面上游进行水环境承载力评价研究。

2017 年，首次系统提出环境承载力概念及其表征方法并建立一整套环境承载力理论与方法体系的学者曾维华，在《环境保护》期刊上发表《水环境承载力评价技术方法体系建设与实证研究》一文，他在该文中指出：水环境承载力是环境承载力的一个分量，指在一定技术经济条件下，由水资源、水环境与水生态 3 个子系统构成的水系统所能承受的社会经济活动的阈值；从对社会经济的承载功能角度，水环境承载力包括水资源供给能力、水环境容量和水生态服务 3 类功能；片面地仅以水环境容量代表水环境承载力，不能全面反映水系统对人类用水、排污等活动的支撑作用（这也是本书水环境承载力概念厘定持有的观点）。该概念的提出进一步科学地界定了水环境承载力的概念，完善了水环境承载力的理论基础。

综上所述，目前水环境承载力研究在概念体系方面日趋完善，可操作性和应用性不断提高，研究成果被广泛应用于水环境管理与水环境规划中，但仍存在水环境承载力概念界定模糊，承载对象不明确，并与水环境容量、水资源承载力相混淆的问题，今后的研究应重点探讨水环境承载力的概念和内涵，准确界定水环境承载力的承载对象，解决目前水环境承载力与水资源承载力混淆的局面；因此，本书基于水系统的组成、内涵与表征方式，对水环境承载力的概念进行厘定，明确界定了水环境承载力的承载体与承载对象，为进一步完善水环境承载力理论方法体系奠定了基础。此外，从水生态服务功能角度研究水生态系统承受人类社会经济活动的阈值才刚刚起步，在这方面的相关研究还有待进一步的探索；本书在水环境承载力评价部分的案例中，在考虑水资源供给能力和水环境纳污能力的基础上，从土地利用和景观格局角度选择相关指标，建立了能够表征水生态的指标体系，完成了水系统由水资源、水环境与水生态 3 个子系统构成，水环境承载力应包括水量、水质和水生态三方面的初步探索。

1.2.2 水环境承载力评价研究进展

水环境承载力评价是基于水环境系统，综合人口、经济、社会等多个因素构建合理、科学、系统的指标体系，根据指标间关联程度选择科学的评价方法，然后对水环境承载力进行评价。随着环境可持续发展研究的深入，国内外学者已在水环境承载力评价方面进行了大量探索，并应用于流域（Wang et al.，2013）、湖泊（Ding et al.，2015）、城市（Venkatesan et al.，2011）和工业（Mao et al.，2012）等。

早期的水环境承载力评价研究是从水环境承载力大小评价开始的，其原理为基于环境承载力的力学特征，采用矢量方法对环境承载力进行表征，用矢量模的大小对环境承载力进行评价。崔凤军（1998）从考虑水资源利用量、污水排放总量等反映社会经济系统对水环境系统作用强度的因子出发，通过构建 n 维空间矢量评价水环境承载力大小。雷宏军等（2008）利用系统动力学模型对水环境承载力进行分析，然后采用向量模法对不同模拟发展方案进行评价。贾振邦等（1995）将水环境承载力看作 n 维发展变量空间的 1 个向量，其大小由表征发展因子和支持因子的指标确定。黄海凤等（2004）利用一维水质模型，从污染物排放量角度计算水环境承载力。水环境承载力大小评价主要采用矢量模法，当然流域或城市水环境承载力大小评价指标体系也有不同。大部分的研究将水环境承载力作为 1 个向量，其分量主要包括发展变量（排污负荷与水资源需求等）和支持变量（水资源供给量与水环境容量等）；但是水环境承载力的大小主要表征水环境对社会经济子系统的支持能力，是一种自然属性，其大小与发展变量无关。根据水环境承载力定义，水环境承载力大小可以分为 3 个分量，即水环境容量、水资源供给量和水生态功能 3 个部分；然后利用矢量模法对水环境承载力大小进行评价。

在矢量模法评价的基础上，水环境承载力评价方法也多种多样。梁雪强（2003）从水环境压力（水资源利用量、利用效率、污水排放总量及污染程度等）和水环境承载力（资源供给、承纳污染）两个角度出发，利用矢量模法对水环境承载力进行评价。赵然杭等（2005）利用模糊优选理论模型，从水资源供给量、需水量、废水排放量等方面评价水环境承载力。白辉等（2016）采用层次分析法和向量模法相结合的方法，从社会经济、资源利用等角度综合构建了胶州市水环境承载力评价指标体系。王留锁（2018）从水环境对城市发展规模、产业结构及布局、城镇建设的支撑和约束双重角度出发，利用多目标优化模型对阜新市清河门区水环境承载力进行评价。黄睿智（2018）基于 PSR 模型构建了水环境承载力评价指标体系，采用模糊综合评价法对南宁市水环境承载力进行评价。贾紫牧等（2018）从水环境承载力大小、水环境承载力承载状态、水系统脆弱程度及水环境承载力开发利用潜力 4 个角度构建了水环境承载力聚类分区指标体系。崔东文（2018）从水资源、水污染、社会经济角度构建区域水环境承载力评价指标体系，利用 WCA 优化 PP 模型最佳投影方向，提出 WCA-PP 水环境承载力动态评价模型。总的来说，研究方法主要有综合评价法、承载率评价法和多目标评价方法等。综合评价法是目前应用较为广泛的评价方法，其评价模式主要有模糊综合评价法、状态空间法和主成分分析法等；承载率评价法引入了环境承载量（EBQ）和环境承载率（EBR）的概念，通过计算环境承载率评价环境承载力的大小；多目标评价方法综合考虑水环境各要素之间的作用关系，并在评价分析中综合考虑了不同目标和价值取向，通过指标情景的设置，计算、比较和评价各策略下的水环境承载力。

总体而言，目前水环境承载力评价体系更偏重于表达流域或区域水系统的可持续发展状态或能力，虽然指标体系庞大，但并未表征出水环境承载力的大小或承载状态，存在评价目的不明确的问题。因此从评价层面上，可以将水环境承载力评价分为水环境承载力大小评价、水环境承载力承载状态评价和水环境承载力开发利用潜力评价（曾维华等，2017）。水环境承载力是水体的自然属性，其大小与社会系统给自然水系带来的压力无关，可以从水环境容量、水资源供给量以及水生态服务功能角度进行表征。水环境承载力承载状态反映了人类活动与水环境功能结构间的协调程度，其指标体系的构建必须同时反映社会系统对自然系统的压力以及水环境承载力大小。水环境承载力开发利用潜力评价是基于水环境承载力空间分异规律，评价水环境承载力开发利用潜力；开发利用潜力的大小除了与水环境承载力大小以及水环境承载力承载状态有关，还与当前地区的开发利用强度、经济水平、人力资源水平与基础设施水平有关。由此可见，在进行水环境承载力评价研究时，必须明确评价对象，然后建立相应的评价指标体系，否则难以根据评价结果提出针对性调控措施。

随着对水环境承载力的深入研究，水环境承载力研究多集中在系统动态模拟与预测评价上。李如忠（2006）依据随机性和模糊优选原理，建立了适用于多指标、多因素的区域水环境动态承载力评价数学模型；唐文秀（2010）基于系统动力学方法，建立了流域水环境承载力量化模型；梁静等（2017）结合郑州市“十三五”规划，构建了基于环境容量的水环境承载力综合评价体系，预测了在优化发展和强化发展两种情景下的郑州市水环境承载力改善情况；马涵玉等（2017）利用系统动力学模型，模拟预测在现状延续型、节约用水型、污染防治型和综合协调型 4 种情景模式下 2020 年成都市的水生态承载力。然而，目前对水环境承载力评价的研究大多是年度静态评价，无法表征水环境承载力的季节性，以及水环境承载力承载状态的季节性动态变化。因此，必须基于水环境承载力的季节性特征，提出流域水环境承载力动态评估技术方法，并以此为工具识别流域水环境承载力承载状态的季节性特征，从而挖掘水环境承载力承载状态超载的致因及存在问题，为流域水环境承载力季节性双向调控提供科学依据。

综上所述，目前水环境承载力评价研究指标的选取建立已经比较完善，但是仍然存在以下三点不足：一是许多研究对水环境承载力评价对象界定不清，无法区分是水环境承载力大小评价、水环境承载力承载状态评价还是水环境承载力开发利用潜力评价，由此导致指标选取不具有代表性、全面性，研究结果不具有针对性；二是对水系统认识不够全面，水系统是一个以人为核心的周边所有涉水物质的集合，主要包括水质、水量与水生态三个方面，但是许多研究只考虑了水环境、水资源两个方面，在构建水环境承载力评价指标体系的时候忽视了对水生态指标的考量，使得评价结果存在一定偏差，不能反映出真实的水环境承载力情况；三是水环境承载力具有季节性变化特征，现有对水环境承载力动态的研究主要是从年际变化出发，忽视了对水环境承载力季节性动态变化的考量。基于以上不足，本书从水环境承载力概念入手，以长期以来在水环境承载力评价领域的案例积累为基础，归纳总结出一整套包含水环境承载力大小评价、水环境承载力承载状态评价与水环境承载力开发利用潜力评价的评价技术方法体系；并基于水系统的特征，在部分案例中将水生态指标纳入评价指标体系，从水量、水质与水生态 3 个方面构建具有全面性和代表性的水环境承载力评价指标体系。此外，本书从水环境承载力季节性变化特点出发，综合评价平、枯、丰 3 个时期的水环境承载力变化，并以此为工具识别流域水环境承载力承载状态的季节性特征，对水环境承载力季节性动态变化进行初步探索研究，进一步完善水环境承载力评价方法体系。

1.2.3 水环境承载力分区进展

区划既是一种划分，又是一种合并。区划的概念最早是由地理学派奠基人 Hettner 在 19 世纪初提出的，他指出区划是对整体的不断分解，这些部分是在空间上互相连接、类型上分散分布的（阿尔夫雷德·赫特纳，1983）。此外，还有学者指出区划是以地域分异规律学说理论为基础，以地理空间为对象，按区划要素的空间分布特征，将研究目标划分为具有多级结构的区域单元（傅伯杰等，2001）。区划的任务就是根据目的，一方面将地理空间划分为不同的区域，保持各区域单元特征的相对一致性和区域间的差异，另一方面又要按区域内部的差异划分具有不同特征的次级区域，从而形成反映区划要素空间分异规律的区域等级系统（张文霞，2008）。

不同区域社会、经济、环境、资源条件差异显著，导致人类活动规模与强度、水环境容量及水资源可开发利用量存在巨大差异，由此产生的水环境承载力及其承载状态也具有时空不均、动态变化等特征。因此，通过采取分区手段，明确水环境承载力的空间差异，因地制宜地制定水污染防治与水资源利用的政策措施，为实现区域水环境差异化、精细化管理提供科学依据（贾紫牧等，2018）。国内外学者对水环境承载力分区进行了大量的研究探索，综合来说，目前研究主要集中在水环境容量分区、水资源分区和水生态功能分区等水环境承载力单项分量的区划研究上。

水环境容量分区方面，从总量控制和水环境功能等角度提出了纳污能力相对一致性、使用强度相近性、季节变化程度相似性、相关区划成果继承性、行政单元完整性等区划原则；在此基础上通过水环境容量的丰裕度指数、紧缺度指数、季节变差系数进行河流水环境容量区划（鲍全盛等，1996）；此外，徐海峰（2010）对枣庄市水环境功能和水环境容量进行了综合评价，在此基础上划分出不同的水环境功能分区；劳国民（2007）结合兰溪市的社会经济现状和水体水质状况划定水功能区，核定各区水环境容量，并根据区划提出总量控制的建议；赵琰鑫等（2015）对北海市水环境容量进行了核算，将研究区域按照水环境容量划分为超载区、一般区和富余区，进而根据分区结果提出总量控制对策，优化企业布局。水环境容量分区基于水环境容量核算，是科学合理地进行污染防治、生态恢复以及水环境容量利用的重要手段，但是由于其主要反映的是不同区域水体对污染物的消纳能力，其不能反映区域之间水环境承载力的真实差异。

水资源分区方面，Hu 等（2016）从公平和效率的角度对曲江流域水资源的合理分配进行了研究；夏军等（2005）通过对滦河流域可调配水资源量的评估，进行了“可用水资源量”的区划；王强等（2012）根据新疆绿洲的特点，进行了基于水资源的主体功能区划，有利于干旱地区水资源的科学利用和管理。目前，基于水资源的分区研究还比较少，已有研究也是在水资源量或相关指标核算的基础上进行分区，分区过程相对简单。

水生态功能分区方面，相比于水环境容量分区和水资源分区，水生态功能分区的研究较多，并且形成了一定的体系。尹民等（2005）在水文区划的基础上，提出了生态水文区划方案，是我国生态区划向水生态区划方向发展的标志；周丰等（2007）对流域水环境区划的概念进行了解析，并剖析了已有研究存在的问题；李艳梅等（2009）分析并界定了水生态功能分区的概念，认为水生态功能分区是依据水域生物区系、群落结构和水体理化环境的差异、水生态服务功能以及水生态环境敏感性划分，用于完整地评价人类活动对水域环境的影响。目前，水生态功能分区一般是一级至四级的多级分区，所涉及的研究区范围较大，往往在流域尺度，如孙然好等（2013；2017）针对海河流域进行了多级水生态功能分区研究。其中，海河流域的一级分区从地貌类型、径流深、年降水量、年蒸发量等角度，反映水资源供给功能的空间格局特征；二级分区利用植被类型和土壤类型的空间异质性，反映流域生态水文过程及水质净化功能的空间格局特征。刘素平（2011）针对辽河流域进行了多级水生态功能分区，其一级分区和二级分区反映的是宏观尺度要素（气候、地形等）和中观尺度要素（土壤、植被、水文等）对流域水生态系统空间差异的影响，三级分区则在小尺度上突出河流生态系统支持功能（河道生境维持功能、生态系统多样性维持功能、珍稀物种维持功能和特征物种维持功能）。张许诺（2018）运用数据融合技术，对松花江流域的生境维持、水源涵养、生物多样性维持、农业生产维持和城市支撑维持 5 种水生态服务功能进行重要性等级评价并分区。此外，其他学者在巢湖流域（刘文来，2019）、凡河流域（刘冰等，2018）、丹江口水源区（胡圣等，2017）等根据不同流域的特点进行了水生态功能分区的研究，对相关区域的水生态保护起到了促进作用。进行水生态功能分区能够突出区域的主体功能，是流域分类指导、实现流域水环境“分区、分级、分期和分类”管理的基础（孙然好等，2013）。虽然水生态功能分区形成了一定的体系，但其更倾向于对不同区域生态特征和生态功能的划分，进而进行生态系统管理，但是对区域水环境承载力的反映并不够。

水环境承载力区划主要可分为“自上而下”和“自下而上”两种思路。其中，“自上而下”从宏观、全局着眼把握区划对象的特点，它是依据某个主导区划要素特征，考虑宏观地域分异规律进行区域的划分，是区域分割的过程。“自上而下”通常与一些定量的方法结合使用，如因子叠置分析法（李炳元等，1996；汪宏清等，2006；韩旭，2008）。王晶（2018）从生态支撑力和社会经济压力两个方面构建了栖霞市资源环境承载力的评价体系，通过叠置分析的方法，获得栖霞市资源环境承载力的评价结果。在此基础上，进一步将资源环境承载力评价结果与河流缓冲区进行叠置，根据资源环境承载力评价结果和与河流的距离将研究区划分为禁止开发区、限制开发区、优化开发区、重点开发区。“自下而上”则在区划的最底层，按照区划各要素属性特征的相似性，进行“自下而上”合并的过程。“自下而上”的分区方法突破了行政界线的限制，能更好地反映区划对象的空间特征，定量的区划过程使区划小区的界线清晰准确（王平等，1999）。区划的最小单元可以是土地利用类型图、汇水单元，也可以是按照研究区划分的不同精度的网格。聚类分析是实现“自下而上”最常见的方法（史培军，1996；王学山等，2005；包晓斌，1997；Chen et al.，2016；Praene et al.，2019），例如陈守煜等（2004）通过径流总量、地下水总量、产水模数、人均水资源总量 4 个指标，运用模糊迭代聚类方法对我国 29 个省（自治区、直辖市）进行了水资源分区研究。

“自上而下”的分区可宏观把握区划对象的某个主导特征，进行最高级别单元的划分，然后依次将已划分出的高级单元再划分成低一级的单位，但“自上而下”划分过程中考虑的区划要素比较单一，容易造成区划结果信息的缺失。“自下而上”的区划方法则恰恰相反，它通过对最小区划单元区划信息的综合集成，实现区划单元信息的最大化；在此基础上，进行最小单元区划要素特征相似性的聚类合并，逐步形成区划界线，实现区划对象空间分异规律的量化表达；但最小区划单元聚类组合图斑容易形成碎块区域，需要依据“自上而下”的宏观调整进行碎块的合并。鉴于两种区划方法的适用范围和特点，水环境承载力分区可使用“自上而下”和“自下而上”相结合的综合区划方法。综合区划方法能结合两种方法的长处，避免其短处，提高区划的水平，特别是提高区划的客观性水平。许多学者对“自上而下”和“自下而上”相结合的方法进行了探索研究（吴绍洪，1998；王平，2000；蒋勇军等，2003），但是都未涉及水环境承载力分区研究。虽然孙然好等（2013；2017）在进行海河流域水生态功能分区时进行了“自上而下”的一级分区及二级分区和“自下而上”的三级分区，但是只有贾紫牧等系统运用“自上而下”和“自下而上”方法开展了综合水环境承载力分区研究（贾紫牧等，2017；2018）。

综上所述，目前水环境承载力分区研究主要集中在水环境容量、水资源以及水生态功能等水环境承载力单项分量的区划研究上，较少将水环境承载力作为一个复杂系统进行分区研究，研究思路仍较为片面。水环境承载力与水系统自然形成的供给水资源的能力、消纳污染物的能力、水生态服务、水体自身的脆弱程度、人类活动产生的外部压力及投资和技术变化导致的开发利用潜力息息相关。人口、经济、技术、自然禀赋及水环境管理目标等诸多影响因素对水环境承载力产生某种程度的正向或负向反馈，仅仅依靠单项分量对水环境承载力进行分区研究是不充分的，容易忽略水环境承载力固有属性在空间分异上的特征，不能充分体现不同区域间的差别，不利于进行水环境承载力的差异性分区管控。此外，作为区划依据的指标权重确定偏向研究者的主观性，且缺乏主导指标项与其他指标项之间、不同水环境尺度之间指标体系的相互关系的确定。在水环境承载力分区的研究方法方面，还缺少综合应用"自上而下"和"自下而上"方法的分区研究，不利于更为客观地反映不同区域之间的差异。

1.2.4 水环境承载力约束下的区域发展规模结构优化调控进展

Meadows 等（1972）在其报告《经济增长极限》中提出自然资源对人类的经济活动具有一定的制约作用。Opschoor（1995）指出人类的经济活动必须局限在环境利用的空间内，进一步说明了资源环境对经济发展的约束性。随着人类社会的快速、无序发展，不仅是水资源的短缺，水环境的不断恶化也已成为制约当前经济进一步发展的重要因素。而可持续发展强调"在社会经济发展的同时，要保证资源环境的永续利用，使子孙后代也能够持续发展"。戴维・里德（Reid David）在其出版的《结构调整、环境与可持续发展》（*Structural Adjustment，the Environment and Sustainable Development*，1998 年）一书中指出区域产业结构调整是实现可持续发展的重要手段，是经济可持续增长的动力和源泉。发展结构规模与资源效率、经济效益和环境承载力之间的协调发展是判断发展规模、结构以及布局合理性的基准（冉芸，2010）。区域发展有必要基于环境承载力确定适度的发展规模，适度的规模必须符合区域环境承载力现状，符合区域可持续发展的要求（薛英岚等，2016）。

水环境承载力约束下的发展规模结构优化调控，就是通过系统分析、动态模拟、目标优化等手段得到环境系统所能承受人类活动的阈值（人口与经济规模结构），是一种以最优方式使经济、社会、技术、环境协调可持续发展的有效管理手段。其中，"优化"指在不同条件约束下，找到最优的发展模式（规模结构）；"调控"则需要从"增容、减压"双向思维出发，一方面提高水环境自身对人类社会的支撑能力，扩大环境可承载的容量（如环境治理），另一方面降低人类活动对水环境造成的压力，减少对资源的使用和对环境造成的污染。

目前，国内外学者对水环境承载力约束下的区域发展规模结构优化调控已有大量研究，且由于水环境承载力涉及社会-经济-环境复杂系统，具有多目标属性，现有研究思路主要集中在两个方面：一是根据社会经济合理发展趋势，设定不同发展情景（方案），并在应用相关方法模拟预测水环境承载力的基础上，利用多属性决策的方法进行适宜情景（方案）分析及优选；二是利用多目标优化方法建立多约束条件下的多目标联立方程，设置不同约束情景，通过优化配置，使环境整体的满意度和协调度达到较高水平，最终得到最佳的社会经济发展的规模结构（刘臣辉等，2013）。

1.2.4.1 基于多属性决策及仿真模拟的区域发展规模优化调控研究

多属性决策是指在考虑多个属性的情况下，选择最优方案或进行方案排序的决策问题。多属性决策方法可以准确地为决策者提供科学的评价方案，帮助管理者和决策者制定科学的管理方针和战略，从而提高区域的水环境承载力（孙海洲等，2009）。而在情景模拟预测方面，目前以系统动力学方法的应用最为普遍。在该方法中，可以利用一阶微分方程来反映系统各因子间的因果反馈关系，预测不同发展方案下的决策因子，根据预测结果选择最优发展方案（曾维华等，2011）。韩俊丽（2003）根据包头市的发展现状，设计了 5 种发展情景，并运用系统动力学模型对不同情景下包头市的水资源承载力进行了模拟和预测，并分析了其对产业结构的影响。孙新新等（2007）将水污染、工业、农业和人口作为水环境承载力的子系统，采用系统动力学与向量模相结合的方法，建立了水环境承载力系统动力学仿真模型，并对保护、发展或平衡保护与发展等 4 种模式下的水资源承载力进行了模拟，比较优选出适合宝鸡市发展的最佳方案。Zhang 等（2014）采用层次分析法筛选并构建了水生态承载力评价指标体系，并运用系统动力学模型模拟计算了 6 个情景方案下四平市的水生态承载力指数。柴淼瑞（2014）则通过构建水资源、水环境及水生态承载限制系数，模拟并预测了 2035 年铁岭市社会经济发展对各承载限制系数的影响，设计选取了工业污水直排 COD 浓度等 7 个参数作为优化调控因子，逐步累积进行优化调控模拟，最终提出了目标发展情景下的优化调控方案。

由于系统动力学模型多应用于复杂系统的不同因子间相互影响机制的追溯，可较好地对社会-经济-环境系统的动态过程进行模拟，故在优化调控研究中，还可利用该方法的因果反馈机制，进行单影响因素的敏感性分析，筛选出影响水环境承载力的关键因子。叶龙浩等（2013）对水环境承载力约束条件中的调控指标（水资源利用、污染排放、污水收集、尾水回收）进行敏感度分析，得到了影响沁河流域水环境承载力的关键指标（生活污水收集率）。胡若漪（2015）模拟分析了辽源市水环境承载力变化趋势，并采用灵敏度分析方法确定了显著影响水环境承载力的因素来源（人口、GDP、工业生产、农业生产、调水量、污染物入河系数）。此外，对于情景（方案）筛选方法，部分学者也进行了研究。王西琴等（2014）在应用系统动力学对水生态承载力进行模拟的同时，提出了结合投影寻踪法对不同情景（维持现状、节水、不同污染控制程度）进行优选分析的方法，得到常州市可承载的人口、经济规模。徐建伟（2016）也设计了包括产业结构调整、节水、污染物控制等方面的情景方案，并采用遗传投影寻踪法对常州市经济规模和产业结构进行分析和比选。

1.2.4.2 基于多目标优化的区域发展规模优化调控研究

多目标优化又称多目标规划、多准则优化或帕累托优化，是多目标决策的一个领域，该方法可解决多个目标在不同约束下同时达到最佳的问题，最终得到一组均衡解（最优解或非劣解）。多目标优化法作为在优化调控研究中的常规方法，在水环境承载力研究中的应用也较为广泛。按约束的要素条件，可分为水资源承载力约束、水环境承载力约束，以及水资源-水环境双重约束（水质-水量耦合）。葛杰等（2018）对水资源承载力约束下的可供水量和需水量进行预测，进而分析得到榆林市 2020 年、2030 年可承载的最大社会经济规模及最优产业结构，但未考虑水环境容量等水环境承载力约束。王西琴等（2015）在构建区域水生态承载力指标体系的基础上，设计了兼顾人口、GDP、产业结构、水资源利用、污水治理费用以及不同污染物水环境容量的约束情景，建立了区域水生态承载力多目标优化模型，筛选得到浙江省湖州市 2020 年可承载目标人口和经济总量。广义水环境承载力概念内涵既包括了水资源对人类社会发展的支撑能力，又包括了水环境自身对人类社会发展所提供的污染净化能力。

然而，在现阶段的大部分研究中，尽管考虑了水资源供给（利用）、污染排放、水质达标等水量、水质相关指标，或已经建立了水资源使用与污染物排放之间的关系，并以此作为水资源承载力与水环境承载力的约束条件，但仅停留在简单的水量关系对应层面，忽略了水资源利用与水体纳污能力之间的复杂响应关系，不能从本质上真正全面地反映水环境承载力的约束作用。考虑水环境承载力的双重属性，高伟等（2017）基于水质-水量耦合多目标优化模型，采用水质模型，建立了流域水环境容量与环境流量的函数关系，选取了断面浓度、水量、城镇化率等作为约束条件，并考虑了外域调水情景下的水环境承载力优化，对盘龙江流域进行了实证研究。

此外，还有大量学者在目标或约束指标的选择、情景方案设计方面进行了一定的探索。吴琼等（2009）及范玲雪（2016）分别研究了水环境承载力约束下苏州市以及松花江流域的最优社会经济发展规模和产业结构，在选择了人口与经济规模最大化、水资源利用量与污染排放最小化的优化目标基础上，还将粮食产量作为最大优化目标。孙颖（2016）结合空间规划，选择了经济增长速率、人口增长率、污染排放总量控制、可供水量、可耕地面积、粮食肉蛋安全等相关指标作为约束条件，对洱海流域不同区域的不同产业结构进行了最优配置。王留锁（2018）对与阜新市清河门区水环境承载力现状相当的人口规模、经济发展水平、污染物排放量、用水结构、植被覆盖等要素进行建模及优化计算，从水环境对城市发展规模、产业结构及布局、城镇建设的支撑和约束双重角度出发，提出水环境承载力提升方向和对策建议。

在情景设计方面，朱一中等（2005）选择固定资产投资率、虚拟水战略等作为影响水资源承载力的关键情景，并采用投入产出多目标情景决策分析模型，定量分析评价了张掖地区政策情景对水资源承载力的影响。高宏超等（2015）在研究水资源承载力约束下钱塘江流域最优的人口经济发展规模时，考虑了气候变化对水资源量的影响，设计了 12 种优化情景。

然而，随着环境系统功能、结构的变化，作为其属性特征的环境承载力也会随之不断变异，且与之相关的发展因子与限制因子都具有随机不确定性。同样，由于环境系统的开放性与复杂性特征，以及人类认识的局限性与研究边界的模糊性，环境承载力很难明确定量，这就决定了环境承载力的模糊不确定性（曾维华等，2008）。针对环境承载力涉及系统的复杂性，以及其本身的不确定性和模糊性的特点，学者们对多目标优化的方法进行了一定的改进探索。赵巨伟等（2013）建立基于遗传算法的水环境综合承载力多目标优化模型，将整个研究区域考虑成一个复合系统，采用优化方法直接进行总体优化，并以沈阳市为研究实例，计算了不同方案（基本、生态良好、生态良好及节水）下 2020 年和 2030 年的人口、经济承载、排污规模。曾维华等（2008）利用不确定多目标模型（IFMOP），在普通多目标模型中引入代表不确定性信息的区间数，建立了区域环境承载力优化模型，应用该模型对北京市通州区进行区域战略环境影响评价，得到了通州区 2010 年、2020 年适度的人口经济规模及产业结构，结果也表明水环境容量是制约通州区社会经济发展的“瓶颈”。Li 等（2016）采用结合随机规划、区间线性规划和多目标优化等方法的不确定随机多目标优化法（ISMOP），研究了基于水环境承载力评价的淮河流域产业结构优化，为平衡经济发展和水污染防治提供了理论指导。

综上所述，目前关于水环境承载力约束下的区域发展规模结构优化调控的研究已较为丰富，涉及了不同研究思路、方法以及相应的承载力约束条件，但也可以看出在现阶段的研究中仍存在一定的不足。首先，除了对水资源承载力的概念理解比较清晰外，部分学者对广义和狭义的水环境承载力以及水生态承载力的辨析并不明确，未能在真正意义上理解水环境承载力的广义内涵。其次，目前针对水资源承载力和水环境承载力的单一要素约束下的优化研究较为普遍，但基于水质-水量耦合的水环境承载力约束的研究较少，未能充分考虑水质、水量与经济社会发展之间的联系，且水量与水质间相互影响的机理仍需进一步探明。此外，需强调的是，在现有研究的优化调控方案或情景设计中，多以考虑如何减少水资源利用和水污染排放等因素为主，均是以减小人类活动对环境造成压力的方面着眼，调控手段较单一，缺乏从环境自身出发进行承载力提升的手段。尽管部分研究在对策建议中提及了增加河道连通性、提高植被覆盖度等改善水环境承载力的措施，但无法将其应用在情景或方案设计中以对水环境承载力的影响进行量化。因此，提出了一整套水环境承载力约束下的流域（区域）社会经济发展规模与结构优化技术方法体系，通过建立水系统模拟与优化模型，确定某一流域（区域）在水环境承载力约束下的适度人口与产业规模，以及相应的合理产业结构，并从“增容”和“减压”的双向调控角度，为流域（区域）水系统的持续健康发展提出建议，促进社会经济与自然水系统之间的协同发展。

1.3 内容框架

本书的章节安排及相应内容安排如下。

第一篇总论包括两章内容。其中，第 1 章绪论介绍了本书的研究背景与意义，并从环境承载力、水环境承载力评价、水环境承载力分区及水环境承载力约束下的区域发展规模结构优化调控 4 个方面对水环境承载力的相关进展进行总结。第 2 章为水环境承载力理论方法体系，主要基于水环境、水资源与水生态三者的关系，剖析水环境承载力与水资源承载力、水环境容量、水生态承载力概念之间的关系；并在水环境承载力概念内涵研究基础上，从水环境承载力评价、水环境承载力分区和水环境承载力约束下的区域发展规模结构优化调控等角度，建立流域（区域）水环境承载力理论方法体系。

第二篇为水环境承载力评价的相关研究，包括十章内容。其中，第 3 章从水环境承载力大小、水环境承载力承载状态与水环境承载力开发利用潜力三个方面，建立一整套多尺度的水环境承载力评价技术方法体系。第 4 章至第 12 章为案例解析，主要从园区尺度、区域尺度、城市尺度和流域尺度开展水环境承载力大小评价、水环境承载力承载状态评价和水环境承载力开发利用潜力评价的研究。

第三篇为水环境承载力分区的相关研究，包括三章内容。其中，第 13 章在系统归纳总结国内外水环境承载力评价与相关分区研究成果基础上，构建多尺度水环境承载力分区技术体系。第 14 章和第 15 章为案例解析，即利用环境承载力评价分区和聚类分区的方法，分别从流域和全国尺度开展水环境承载力分区的研究。

第四篇为水环境承载力约束下区域发展规模结构优化调控的相关研究，包括三章内容。其中，第 16 章对水环境承载力约束下区域发展规模结构优化调控的理论方法进行概述。第 17 章和第 18 章从社会-经济-水环境-水资源系统结构和功能模拟入手，探讨水环境承载力约束下的区域社会经济发展规模结构优化调控，并开展北京市通州区和云南省昆明市的实证研究。

本书各章节相应的内容结构框架如图 1-1 所示。

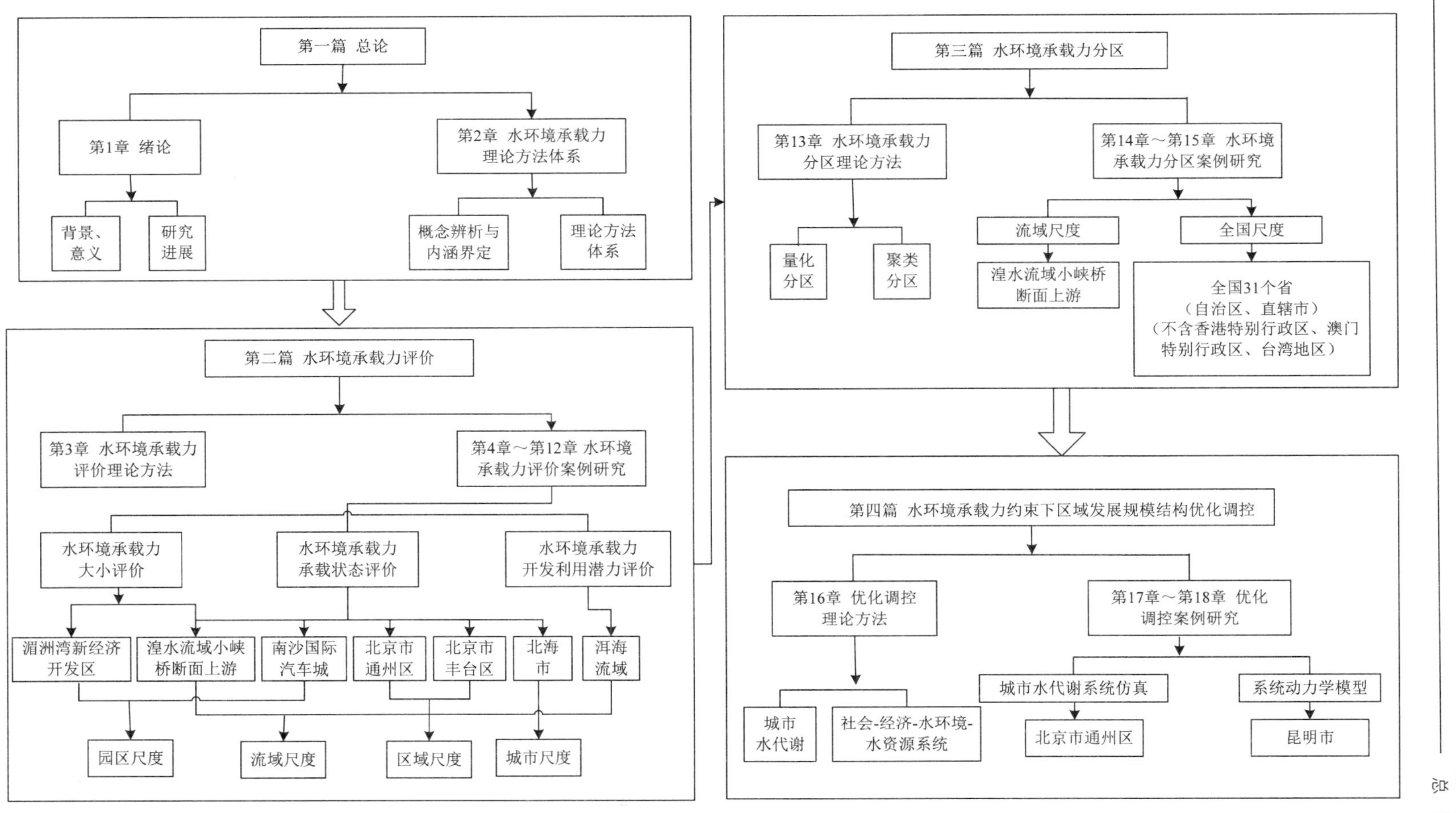

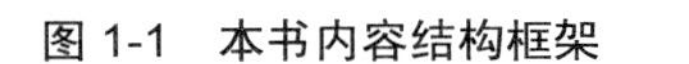
图 1-1 本书内容结构框架

第2章　水环境承载力理论方法体系

目前，关于环境承载力的概念界定尚处于百家争鸣阶段，学术界没有统一认识。学术界对水环境承载力概念的理解是一个循序渐进、不断深入完善的过程。20世纪80年代以前，学者们将环境承载力等同于“环境容量”，仅从水质角度将水环境承载力界定为水环境对人类活动排污的承受能力；到目前为止，还有很多学者持有此观点（吴国栋，2017；杨艳等，2018）。自20世纪80年代末、90年代初，“湄洲湾新经济开发区环境污染控制规划”课题提出“综合环境承载力”以来（曾维华等，1991；1998），环境承载力概念内涵被拓展，不仅包括资源承载力，还包括环境纳污能力（即环境容量）等，本书将其界定为广义环境承载力，而环境容量则可理解为狭义环境承载力。

水环境承载力是环境承载力分量之一，是从流域（区域）水系统为社会经济系统中人类活动提供支撑能力角度出发界定的；指在一定技术经济条件下，一定时期内，确保自然水系统功能、结构不受破坏的前提下，可为社会经济水系统人类活动提供活动作用强度的阈值；同样是一个综合承载力概念，不仅包括自然水系统为人类活动提供水资源的能力，还包括纳污能力（即水环境容量），以及其他水生态服务功能。水资源供给能力与水环境容量只是水环境承载力的分量而已，片面地以水环境容量或水资源供给能力表征水环境承载力，不能全面反映自然水系统对人类用水、纳污等生活与生产活动的支撑作用。从水生态服务功能角度研究水环境承载力，即水生态系统（包括陆域与水域）支撑人类社会经济活动作用强度的阈值方面的研究才刚刚起步，需要界定清楚水资源、水环境与水生态三者之间的关系。而对水环境承载力（本书认为水资源承载力就是水环境承载力的1个分量，不单独研究水资源承载力）的界定方式主要包括：

①一定时期、一定技术经济条件下，自然水系统支撑社会经济水系统中人类活动作用强度（负荷或压力）的阈值；人类活动作用强度有两种度量方式，一是以人类活动（包括生活活动与生产活动）消耗的资源与排放的污染物为元素的发展变量矢量表征，二是以一定产业（行业）结构与用水结构下适度人口与经济规模度量（曾维华等，1991；2014）。

②将水环境承载力理解为流域（区域）水系统对人类活动的支撑能力，即在一定的社会、经济与技术条件下，某一流域（区域）水系统功能的正常发挥和保持良好的状态时，所支撑的社会经济发展和人民生活需求的协调度（贺瑞敏，2007）。

③将水环境容量等同于水环境承载力，即在保证水环境可被持续利用的条件下，某一水域在通过自身调节净化并仍能够保持良好的生态环境的条件下所能容纳污水及污染物的最大量；也就是人口增长、社会经济发展及其排污不超越水系统弹性限度内的上限阈值（吴国栋，2017；杨艳等，2018）。

对于上述 3 种关于水环境承载力概念的内涵界定，本书认为第一种界定方式更为科学合理，这也是本书作者 30 年来始终如一的观点。至于水环境容量，本书认为它只是水环境承载力的 1 个分量。

对于水环境承载力的承载体与承载对象，学术界也存在不统一的观点。有些学者从适度人口规模角度认识，认为水环境承载力具有社会学属性，是社会经济水系统的属性特征；这一观点混淆了水环境承载力的承载体与承载对象。试想桌子具有的承载力是在确保其结构不被破坏、不丧失桌子功能的前提下外界对桌子施加负荷或压力的阈值，一旦所施加的负荷或压力超过承载力，桌子结构将受到损害，失去其自身功能。由此可见，承载力是桌子的属性，其承载体是桌子，承载对象是外界施加的负荷或压力。同样，水环境承载力是自然水系统的属性，承载体是自然水系统，承载对象是社会经济水系统，它是自然水系统所特有的属性。之所以在水环境承载力概念界定中冠以“一定技术经济条件下”“一定时期内”，是因为水环境承载力具有季节性与不确定性，随着技术进步与水环境改变，水环境承载力是在不断动态变化的。

由此可见，到目前为止，学术界不同学者对水环境承载力、水环境容量、水资源承载力与水生态承载力等概念的理解与界定存在很大差异，尚无定论。再加上有些学者将承载体与承载对象混淆，直接导致水环境承载力评价指标体系的建立偏离水环境承载力概念本身，没有明确物理意义，评价对象不明确，无法从水环境承载力角度解析评价结果，导致无法区别是流域（区域）水环境承载力评价，还是流域（区域）水系统的可持续发展状态（能力）评价。虽然整个评价指标体系非常全面，但并未表征出水环境承载力的大小或承载状态，这严重制约了很多水环境承载力评价结果的推广与应用。因此，科学准确地定义水环境承载力，避免概念上的混淆，对水环境承载力的概念进行分析厘定十分必要。本书基于水系统的组成、内涵与表征方式，对水环境承载力的概念进行厘定，明确界定水环境承载力的承载体与承载对象，为建立与完善水环境承载力理论方法体系奠定良好的基础。

2.1 水环境承载力的概念辨析与内涵界定

2.1.1 环境、资源与生态概念内涵及其间关系的界定

2.1.1.1 环境、资源、生态及生态环境的概念

“环境”指环绕着某一中心事物的周围事物，是一个相对的概念，针对某一特定主体或中心而言。对不同的对象和科学学科来说，“环境”的内容也不同。“环境”是存在于系统之外的事物（物质、能量与信息）的总称，也可以说系统的所有外部事物就是环境。系统时刻处于环境之中，不断与环境进行物质、能量与信息的交换，环境变化必将给系统带来巨大影响。环境是一个更高级、更复杂的系统，系统与环境相互依存，在某些情况下环境会限制系统功能的发挥。

“资源”是一定地区内拥有的物力、财力、人力等各种物质要素的总称。广义的资源是在一定时空条件下，能够产生经济价值、提高人类当前和未来福利水平的自然环境因素的总称；狭义的资源指自然界中可以直接被人类在生产和生活中利用的自然物。资源是从人类可利用角度定义的，是一切可被人类开发和利用的客观存在，一般可分为经济资源与非经济资源两大类。经济学研究的经济资源是不同于地理资源（非经济资源）的经济资源，它具有使用价值，可以为人类开发和利用。

“生态”（Eco-）一词源于古希腊语，意思是“家”（house）或“我们的环境”。简单地说，“生态”就是一切生物的生存状态，以及它们之间和它们与环境之间环环相扣的关系。“生态”一词，现在通常指生物的生活状态，指生物在一定的自然环境下生存和发展的状态，也指生物的生理特性和生活习性。生态学（Ecology）最早也是从研究生物个体开始的，它是研究动植物及其环境间、动物与植物及其组成的生态系统之间相互影响的一门学科。生态学已经渗透到各领域，“生态”一词涉及的范畴也越来越广：人们常常用“生态”来定义许多美好的事物，如健康的、美的、和谐的事物均可冠以“生态”修饰。不同文化背景的人对“生态”的定义会有所不同，多元的世界需要多元的文化，正如自然界的“生态”所追求的物种多样性一样，以此维持生态系统的平衡发展。

“生态环境”这个词在各种文献中出现的频率很高，但一直概念模糊、界定不明。“生态”与“环境”最早组合成为一个词需要追溯到 1982 年第五届全国人民代表大会第五次会议。会议在讨论《中华人民共和国宪法修改草案（1982 年）》和当年的政府工作报告（讨论稿）时均使用了当时比较流行的“保护生态平衡”的提法。黄秉维院士在讨论过程中指

出平衡是动态的，自然界总是不断打破旧的平衡，建立新的平衡，所以用“保护生态平衡”不妥，应以“保护生态环境”替代“保护生态平衡”。会议接受了这一提法，最后形成了宪法第二十六条：“国家保护和改善生活环境和生态环境，防治污染和其他公害。国家组织和鼓励植树造林，保护林木。”政府工作报告也采用了相似的表述。

由于在宪法和政府工作报告中使用了这一提法，“生态环境”一词一直沿用至今。由于当时的宪法和政府工作报告都没有对名词做出解释，所以对其含义也一直争议至今。黄秉维院士在提出“生态环境”一词后查阅了大量的国外文献，发现国外学术界很少使用这一名词。

钱正英院士等在2005年发表于《科技术语研究》的《建议逐步改正“生态环境建设”一词的提法》一文中，转述了黄秉维院士的看法，即“顾名思义，生态环境就是环境，污染和其他的环境问题都应该包括在内，不应该分开，所以我这个提法是错误的”。本书与黄秉维院士和钱正英院士等的观点一致，认为生态环境就是环境，这也是本书从水系统角度界定水环境承载力内涵，区分水环境承载力、水资源承载力和水生态承载力的理论基础。

总之，本书认为，从系统科学的角度，“环境”是相对于某一种中心事物而言，围绕中心事物的外部空间、条件与状况，构成中心事物的环境。我们通常所称的“环境”指人类的环境，即以人类为中心，围绕人类客观存在的物质世界中同人类、人类社会发展相互影响的所有因素的总和。“资源”指人类在生产与生活中可以利用、相对集中的物质资料，是人类生产和生活资料的来源。“生态”指一切人类的生存状态，以及与环境之间环环相扣的关系。因此，“资源”和“生态”是“环境”内涵中的一部分。

2.1.1.2 环境、资源与生态之间的关系

目前学术界对“环境”、“资源”与“生态”3个概念间关系的认知有些混乱，针对其中之一的研究常常囊括了另外两项。

“资源”和“环境”这两个词常常并列使用，但没有区分其关系和差别。有的学者认为“资源”包括“环境”，有的学者认为“环境”包括“资源”，致使两个词表述不清。本书认为，“资源”指人类在生产与生活中可以利用、相对集中的物质资料，是人类生产和生活资料的来源。“环境”则指围绕人类客观存在的物质世界中同人类、人类社会发展相互影响的所有因素的总和。也就是说，“资源”是对人类有用的一种环境要素，是“环境”内涵中的一部分。

对于“生态”和“环境”的关系，有的学者认为“生态”和“环境”是并列的关系，有的学者认为“生态”和“环境”是偏正的关系，认为“生态”包括“环境”或“环境”

包括“生态”。

本书认为，并列关系是不成立的。从英语的词源来说，英文中有 3 个词描述环境，即 environmentology（环境学）、environment（环境）、environmental（与环境有关的）。但是描述生态的只有 2 个词，即 ecology（生态学）和 ecological（有关生态的）。也就是说，没有专门表示“生态”的英语名词与 environment（环境）对应。因此，将“生态”和“环境”并列是说不通的。从两者的定义来说，“生态”是生物与环境、生命个体与整体间的一种相互作用关系，落脚点在“关系”上，这个“关系”连接的是“环境”和“生物”这两个客体，从这个意义上说，将“关系”和“客体”归结为并列关系显然是说不通的。

而偏正关系是可以接受的。“环境”是围绕人类客观存在的物质世界中同人类、人类社会发展相互影响的所有因素的总和。这里的“因素”可分为多种类别：涉及社会，这种环境就是社会环境；涉及经济，这种环境就是经济环境；涉及地理，这种环境就是地理环境；涉及生态，这种环境就是生态环境。“生态环境”强调生态关系，只有具有一定生态关系构成的系统整体才能称为“生态环境”。因此，本书认为“生态环境”是偏正关系，是“环境”内涵中的一部分，“生态”描述的是“环境”的一种功能，是功能性的定语。应该说，环境是包括人在内的生命有机体的环境，是有生物网络、有生命活力、有进化过程、有人类影响的环境。

总的来说，目前学术界对“环境”、“资源”与“生态”3 个概念间关系的认知有些混乱，针对其中之一的研究常常囊括了另外两项。本书认为“环境”是以人为中心、客观存在的物质世界中同人类、人类社会发展相互影响的所有因素的总和；“资源”和“生态”是对人类有用的环境要素，是“环境”内涵中的一部分。

尽管环境科学是一门问题导向的学科，其形成之初更关心的是环境污染问题，即狭义的环境保护问题，但随着环境科学研究的不断深入，其外延也在不断拓展，已不仅仅局限于环境污染问题。本书研究的水环境不是只涵盖水环境质量的狭义水环境概念；而是针对人类赖以生存的水系统而言的，是以人为中心、为人类生活与生产提供支撑、影响人类生存发展的水系统的水环境，是广义的水环境概念，既涵盖水环境质量，还包括水资源与水生态。这也符合在 20 世纪 80 年代末、90 年代初提出环境承载力概念的初衷。

2.1.2 水系统的组成结构

2.1.2.1 水系统的概念及内涵

按照系统科学的观点，宇宙万物虽千差万别，但均以系统的形式存在和演变（苗东升，1990；曾维华等，2015）。从系统的观点考察水环境问题，可知水环境问题不是孤立的水体污染、水土流失、河道淤积等问题，而是自然、经济、社会诸多过程的统一体现；水环境的变化是社会经济和工程技术一体运作的结果。因此，不可能脱离社会、经济和环境因素孤立地研究水环境系统。《水文基本术语和符号标准》(GB/T 50095—98）界定水环境为围绕人群空间及可直接或间接影响人类生活和发展的水体，保障其正常功能发挥的各种自然因素和有关的社会因素的总体。国外对水环境概念的定义也是逐渐从狭义的水体污染拓展到基于广义环境观的“生态系统中的水”的概念。比如在日本（片冈直树，2005)，定义“河川环境”为包括水量、水质、生态、人类活动的自然场所、景观、水文化等多方面的自然、社会、经济要素的复杂系统。

综合考虑人类学的环境观和生态学的环境观，即以人为主体，同时兼顾对生物的保护，那么，水环境的主体应是以人为核心的生命系统；作为与之对应的客体，水环境就是与人类经济社会活动和生物生存有关的“水的空间存在”。因此，广义的水环境是围绕人群空间、直接或者间接影响人类生活和社会发展的水体的全部，是与水体有反馈作用的各种自然要素和社会要素的总和，是具有自然和社会双重属性的空间系统。这样定义的水环境系统是一个复杂巨系统，其每一动态变化都伴随着大量的物质、能量和信息的传递和交换。从系统科学的研究成果可以发现，对此类系统的研究，仅靠分析个别的现象与局部的规律是远远不足以达到理想目的的，而应该站在系统整体的高度，运用系统科学的理论和方法，从系统的组成机理入手，在本质上把握水环境复合系统发展演化的机制，才能为水环境承载力的研究提供理论基础。

在水环境的概念中，有一个问题需要辨析，就是水资源、水环境与水生态的关系（曾维华等，2017)。水资源、水环境和水生态是从不同角度对水的理解和定义。从科学的真实性而言，它们的主体是一致的，即水体；它们的内涵也有相当大的一部分是重叠的，如水量和水质。但是如果从不同的角度看，三者之间的关系将有所不同（崔丹等，2019)。从资源的角度，水资源重点强调在一定技术条件下，自然界的水对人类社会的有用性或有使用价值。这里所指“有用”主要是经济学上的有用。基于这样的角度，狭义的水环境因为有用而成为一种资源，水环境也因此成为水资源的一部分。水环境的状态恶化会使其作为资源的价值下降甚至消失，这是水环境改变水资源的一个重要方面。从环境的角度，水环境是供人类和生物生存的水的空间存在，即生存环境；此时，水资源是水环境的一部分。水资源条件不同，给予人类的生存环境也就不同；随着社会生产水平的提高，对资源的开发利用能力提高，生存环境也将随之得到改善。生存环境的改善同时也造成自然资源的一些不利变化，如水资源的短缺和污染问题。如果从生存环境看水资源、水环境和水生态的关系，水资源对人类社会的物质贡献是来源于水环境和水生态的，水资源开发利用是改变水环境和水生态的一个重要方面。

系统分析（system analysis）包括分析系统的结构和功能、研究环境对系统的影响等（曾维华等，2015）。即以水环境的整体为研究对象，注重各部分间的关系和相互作用，并将各部分综合，用低层次现象解释高层次规律。水环境系统中各要素相互作用、相互影响，关系复杂。水环境问题又与经济发展、人类生活和公众政策之间存在高度复杂的关系，这样的复杂问题就需要用综合的、整体的系统分析方法加以解决，综合考虑水环境系统的结构与功能，系统分析影响水环境系统的各关键因素，同时考虑水环境与可持续发展的关系。

2.1.2.2 水系统的构成要素

水系统可划分为社会经济子系统、水资源子系统、水环境子系统和水生态子系统，是相互促进、相互制约而构成的具有特定结构和功能的，开放的、动态的和循环的复合系统（如图 2-1 所示）。

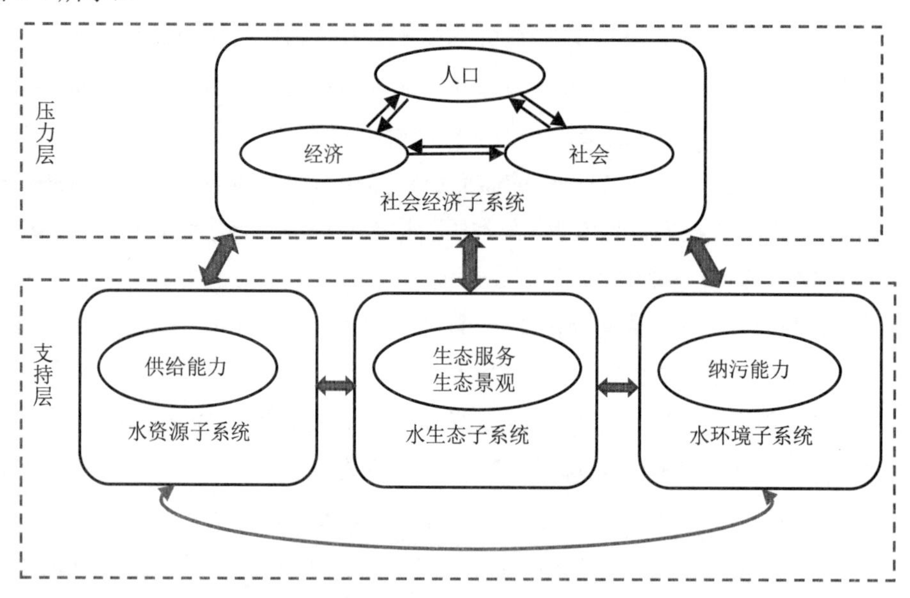

图 2-1 水系统构成示意

（1）水资源子系统

资源是人类生存和发展的物质基础，具有客观的实在性。水资源是众多资源中最不可或缺的重要资源。水是生命之源，是生物赖以生存不可缺少的物质之一，是人类社会发展、生物进化的宝贵资源。水是自然界中最活跃的因子，又是生态系统联系的载体。地球上所发生的一切生态过程（物理的、化学的、生物的）都离不开水的参与。生态系统的平衡，营养物质的循环，土地利用的性质、方向以及各种资源的利用均与水有密切关系。

水资源子系统既是水系统的基本组成要素，又是社会经济子系统和水生态子系统存在和发展的支持条件；水资源子系统的承载状况对区域的发展起着重要的作用，水资源状况的变化往往导致区域环境的变化、土地利用和土地覆被的改变、社会经济发展方式的变化等。

（2）水环境子系统

环境是人类赖以生存的场所，环境包括自然环境和社会环境。水环境的主要特征是具有自净化能力，即水环境在接纳社会生产、生活排放的各种污染物后，能够通过自身复杂的物理、化学和生物过程将污染物变成无害或低害物质，以减轻其对环境和人体健康的危害。但水环境的自净化能力又是有限的，也就是说，水环境的承载力是有限的。水环境的承载力是水环境功能的外在表现，即水环境子系统依靠能流、物流和负熵流维持自身的稳态，有限地抵抗社会经济子系统的干扰并重新调整自组织形式，但当超出其容量限制时，环境就会遭到破坏。

（3）水生态子系统

水生态子系统的组成要素有水生微生物、植被与动物等，水生态子系统与各子系统之间物质、能量和信息的交流不断地协同进化。当社会经济子系统发生变化时，会通过耦合作用机制将压力传到水生态子系统。只要压力不超过水生态子系统的弹力限度，水生态子系统就能发挥自身的维持和调节作用，使水生态子系统与周围环境形成一个新的动态平衡。随着知识技能的不断积累，人类能够通过提高科技水平与完善机制体制等不断使复合水生态系统的结构和功能得到优化，从而使水生态承载力不断提高。水生态子系统是复合水系统的重要组成部分，是社会经济子系统发展的重要支撑条件，水生态的好坏是衡量水系统协调与非协调的重要指标，水生态子系统的健康与否影响社会经济是否可持续发展。

（4）社会经济子系统

社会经济子系统是人类利用水资源子系统、水环境子系统和水生态子系统提供的资源进行物质资料生产、流通、分配和消费活动的系统，其主要功能是保证物质商品的生产满足人类的物质生活需要。社会经济子系统是水系统的核心，社会经济发展是人类社会永恒的追求，只有经济发展才能使人类摆脱贫困，而且经济发展又是解决资源和环境问题的根本手段，可以为水环境保护和水资源开发提供资金和技术支持。

社会经济子系统是水系统的最终发展目的，也是该系统的压力层；社会经济子系统的发展动力来源于水资源子系统、水环境子系统和水生态子系统，该子系统的发展状况反过来影响水资源子系统、水环境子系统和水生态子系统的承载力。

水环境复合系统的各子系统之间存在着相互作用关系，一是某子系统的发展对其他子系统的发展起促进和保障的正作用关系，二是某子系统的发展对其他子系统的发展起阻碍的负作用关系，这两种作用关系决定着系统的发展状况。根据系统发展的态势，可以将复合系统分为良性循环型复合系统、恶性循环型复合系统和过渡型复合系统。良性循环型复合系统就是各子系统间相互促进，从而实现复合系统整体目标最优，这也是水环境承载力所支撑的经济社会发展的最终目标。

2.1.2.3 水系统的结构和功能

系统与外部环境相互作用过程中所反映的系统具有的能力称为系统功能。它体现系统与外部环境之间物质、能量与信息的输入与输出转换关系。系统结构说明系统内部状态与内部作用，而系统功能说明系统的外部状态与外部作用。结构是“组成的秩序”，“内部描述本质上是结构的描述”；功能是“过程的秩序”，“外部描述本质上是功能的描述”。系统功能对结构具有相对独立性与绝对依赖性：系统功能是系统内部固有能力的外部表现，是由系统内部结构决定的；系统功能并非机械地依赖于系统结构，具有相对独立性；系统功能的发挥受外部环境制约。

结构是功能的内在依据，功能是要素与结构的外在表现。一定结构总是表现一定功能，一定功能总是由一定系统结构决定的。系统结构决定系统功能，因为结构使系统成为不同于其诸要素的新系统，要素间的协同与约束是由系统赋予的。正是由于系统存在某种结构，它对外表现一种不同于其组成各要素的新质。结构与功能不是一一对应的，不同结构可以表现出相同功能（异构同功）；功能对结构不仅具有相对独立性，还对结构具有一定反作用。因此，结构能够决定功能，功能对结构有反作用，它们相互作用而又相互转化。

组成水系统的各部分、各要素在空间上的配置和联系称为水系统的结构，它是描述系统有序性和基本格局的宏观概念。水系统中的水资源、水环境、水生态、经济生产部门、人口、科技、制度等要素之间相互影响、相互作用，构成水资源、水环境、水生态和社会经济各子系统的结构。水资源子系统、水环境子系统和水生态子系统是水环境复合系统的基础，它们为社会经济子系统提供可利用资源、生态需求；同时，还要承担社会经济子系统的生产废水、生活垃圾造成的水环境污染。社会经济子系统是整个水环境复合系统的核心，它不仅为人类提供经济收入和消费输出，还为保护和修复水生态子系统与水环境子系统提供资金保障。4 个子系统密不可分，在一定的管理与监控下，形成一种有序而相对稳定的结构。

水系统的功能就是水系统内部各子系统以及各元素结合起来以后达到的共同目的，也是人类社会发展对水系统提出的要求。水作为一种特殊的生态资源，是支撑整个地球生命系统的基础，水系统不仅提供了维持人类生活和生产活动的基础产品，还具有维持自然生态系统结构、生态过程与区域生态环境的功能。以人为核心，结合水系统的组成，水系统具有以下三方面功能。

（1）资源供给功能

水系统的资源供给功能是指水系统为区域的生产、生活提供水资源，不仅包括产品的生产需求（包括生物生产和非生物生产），还包括区域人口生存空间和生存条件的水资源需求。水的循环使水环境能够为生活和生产提供各种形式的水资源，并能够不断补充和再生，保障这种资源功能。

（2）纳污功能

人类生产、生活产生的污水排放进入自然水系统，水体的稀释扩散作用使水环境对接纳的污染物具有一定自净能力；同时，污染物进入水体后的化学反应等使水环境能够在一定程度上净化和恢复水质、维持这种纳污功能。

（3）生态服务功能

水系统的生态服务功能指水生态系统及其生态过程所形成及所维持的人类赖以生存的自然环境条件与效用，它不仅是人类社会经济的基础资源，还维持了人类赖以生存与发展的生态环境条件。根据水生态系统提供服务的机制、类型和效用，把水系统的生态服务功能划分为提供产品、调节功能、文化功能和生命支持功能 4 类。

①提供产品：水生态系统产品指水生态系统所产生的，通过提供直接产品或服务维持人的生活生产活动、为人类带来直接利益的因子，包括食品、医用药品、加工原料、动力工具、欣赏景观等。水生态系统提供的产品主要包括人类生活及生产用水、水力发电、内陆航运、水产品生产、基因资源等。

②调节功能：调节功能指人类从生态系统调节过程中获取的服务功能和利益。水生态系统的调节功能主要包括水文调节、河流输送、水资源蓄积与调节、侵蚀控制、水质净化和气候调节等。

水文调节：湖泊、沼泽等湿地对河川径流起到重要的调节作用，可以削减洪峰、滞后洪水过程，从而均化洪水，减少洪水造成的经济损失。

河流输送：河流具有输沙、输送营养物质、淤积造陆等一系列的生态服务功能。河水流动时，能冲刷河床上的泥沙，达到疏通河道的作用，河流水量减少将导致泥沙沉积、河床抬高、湖泊变浅，使调蓄洪水和行洪能力大大降低；河流携带并输送大量营养物质，如碳、氮、磷等，是全球生物地球化学循环的重要环节，也是海洋生态系统营养物质的主要来源，对维系近海生态系统高的生产力起着关键的作用；河流携带的泥沙在入海口处沉降淤积，不断形成新的陆地，一方面增加了土地面积，另一方面也可以保护海岸带免受风浪侵蚀。

水资源蓄积与调节：湖泊、沼泽蓄积大量的淡水资源，从而起到补充和调节河川径流及地下水水量的作用，对维持水生态系统的结构、功能和生态过程具有至关重要的意义。

侵蚀控制：河川径流进入湖泊、沼泽后，水流分散、流速下降，河水中携带的泥沙会沉积下来，从而起到截留泥沙、避免土壤流失、淤积造陆的功能。此功能的负效应是湿地调蓄洪水能力的下降。

水质净化：水提供或维持了良好的污染物物理化学代谢环境，提高了区域环境的净化能力。水体生物从周围环境吸收的化学物质主要是它所需要的营养物质，但也包括它不需要的或有害的化学物质，从而形成了污染物的迁移、转化、分散、富集过程，污染物的形态、化学组成和性质随之发生一系列变化，最终达到净化作用。另外，进入水生态系统的许多污染物吸附在颗粒物表面并随颗粒物沉积下来，从而实现污染物的固定和缓慢转化。

气候调节：指水体中的绿色植物通过光合作用固定大气中的二氧化碳，将生成的有机物质贮存在自身组织中的过程。同时，泥炭沼泽累积并贮存大量的碳作为土壤有机质，一定程度上起到了固定并持有碳的作用，因此水生态系统对全球二氧化碳浓度的升高具有巨大的缓冲作用。此外，水生态系统对稳定区域气候、调节局部气候有显著作用，不仅能够提高湿度，对温度、降水和气流产生影响，还可以缓冲极端气候对人类的不利影响。

③文化功能：指人类通过认知发展、主观映象、消遣娱乐和美学体验，从自然生态系统获得的非物质利益。文化功能主要包括文化多样性、教育价值、灵感启发、美学价值、文化遗产价值、娱乐和生态旅游价值等。水作为自然风景的灵魂，其娱乐服务功能是巨大的；同时，作为一种独特的地理单元和生存环境，水生态系统对形成独特的传统、文化类型影响很大。

④生命支持功能：指维持自然生态过程与区域生态环境条件的功能，是上述服务功能产生的基础。与其他服务功能类型不同的是，生命支持功能对人类的影响是间接的，并且需要经过很长时间才能显现出来，如土壤形成与保持、光合产氧、氮循环、水循环、初级生产力和提供生境等。以提供生境为例，湿地以其高景观异质性为各种水生生物提供生境，是野生动物栖息、繁衍、迁徙和越冬的基地，一些水体是珍稀濒危水禽的中转停歇站，还有一些水体养育了许多珍稀的两栖类和鱼类特有种。

一般来说，资源供给功能的缺乏会导致水体纳污功能的降低和区域各类生态关系的失调，降低水系统的水环境质量和生态服务功能；纳污功能的降低会导致可利用水资源的减少和生态服务功能的削弱；而生态服务功能的降低会导致水质的恶化和可利用水资源的减少。对水系统来说，资源供给功能、纳污功能和生态服务功能具有相统一的特征，主要表现在水系统生产、纳污功能的良好发挥和区域各类生态关系的协调可持续发展。只有创造种种条件，实现水系统资源供给功能、纳污功能和生态服务功能的统一，才能使水系统的基本功能趋于完善。

基于以上分析，本书对水环境承载力的界定包含了水资源、水环境与水生态 3 个方面，将之定义为全面考察了水质、水量和水生态以及与之相应的人类活动的综合承载能力。此外，考虑到研究区域的尺度特征及数据的可获得性，基于水系统的生态服务功能，本书在涉及水生态指标体系构建的相关案例中，选择河流蜿蜒度、湿地聚集度、岸边带绿地覆盖度等土地利用和景观格局指标作为水生态方面的指征，进而从水量、水质与水生态 3 个方面构建了具有全面性和代表性的水环境承载力评价指标体系。

2.1.3 水环境承载力概念内涵

2.1.3.1 水系统对人类活动的承载机理

水环境承载力作为协调社会、经济与水环境关系的中介，它是一个横跨人类活动与资源、环境的概念。因此，其研究对象包括两方面。不仅要研究承载力对象（人类的社会经济活动），也要研究人类活动的载体（水资源、水环境和水生态）。

承载力可以理解为承载体对承载对象的支持能力，承载的可持续性可以理解为承载体能够接纳承载对象施加的荷载，并保持在系统自我调节的范围之内。对水环境承载系统而言，水资源子系统、水环境子系统和水生态子系统作为承载体，也就是水环境承载力的支持层；社会经济子系统作为被承载的对象，也就是水环境承载力的压力层（如图 2-2 所示）。

社会经济子系统是水系统的最终发展目的，就是水系统的压力层。社会经济子系统的发展动力来源于水资源子系统、水环境子系统和水生态子系统，它一方面通过从水资源子系统、水环境子系统及水生态子系统提取水资源及其他物资和能源，开展生产活动，满足人类社会生活的需要；另一方面，又将生产和生活的废弃物和污染物排放到水资源子系统、水环境子系统和水生态子系统，对承载的子系统造成“资源消耗”和“接纳污染”的双重压力。但是社会经济子系统通过先进的科学技术和大量的资金支持反过来又能增强水资源子系统、水环境子系统和水生态子系统的支持能力。

在社会的发展进程中，水环境的承载状态在不断地发生变化，这与自然演变、社会经济影响、技术进步、环境保护措施的进展情况等都有关系。提高水环境的承载力，保障水环境支持社会经济发展的“永续”能力，是可持续发展的必要条件。

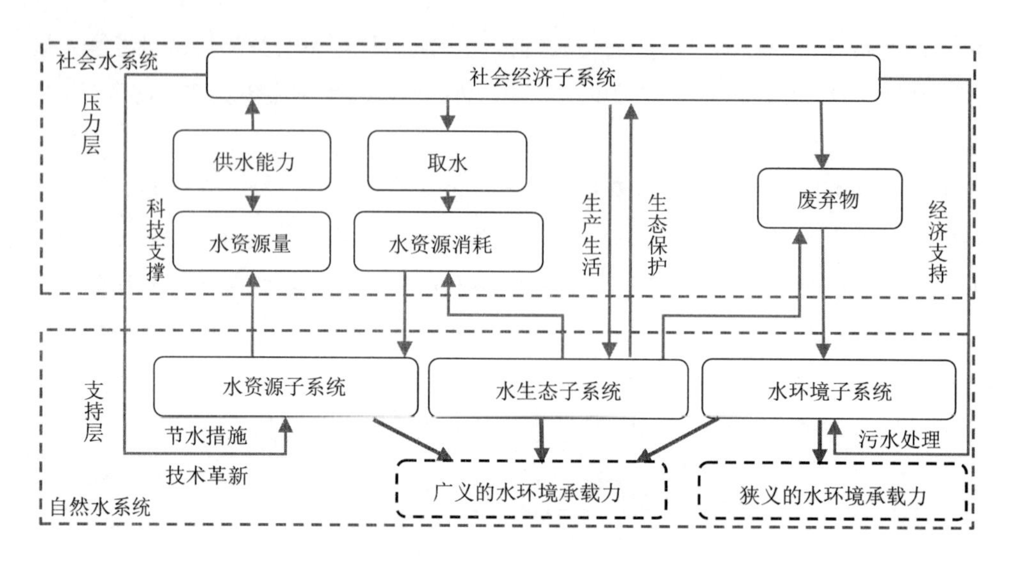

图 2-2 水系统承载关系示意

2.1.3.2 基于水系统功能的水环境承载力概念界定

由以上的辨析可知，水环境是“与水有关的空间存在”，其主体是人。水系统是以人为核心的周边所有涉水物质的集合，它由 3 个子系统组成：水资源子系统、水环境子系统和水生态子系统；3 个子系统分别为人类活动提供水资源供给功能、水污染物纳污功能与水生态服务功能（如图 2-3 所示）。

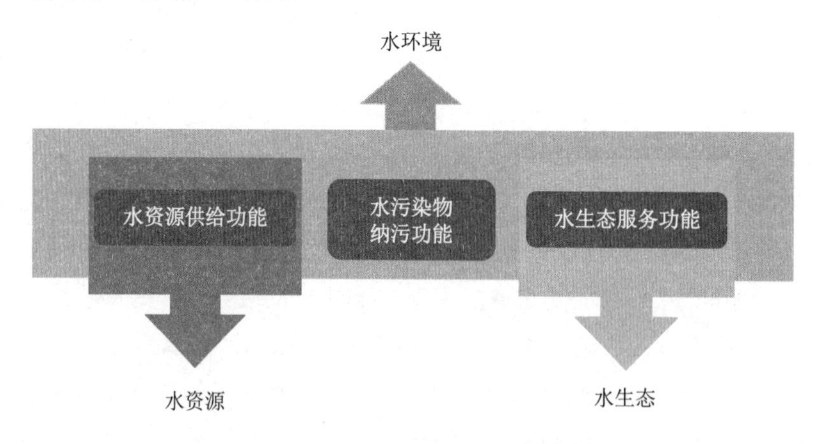

图 2-3 水环境、水资源、水生态的关系

水资源强调的是水的资源功能，水生态强调的是水的生态功能。由此可见，水环境综合了水量、水质和水生态 3 个方面，包含了水资源和水生态的含义。

基于水环境、水资源与水生态三者的关系，本书将水环境承载力的定义表述为：在某一流域（区域）内，在某一时期特定技术经济水平和社会生产条件下，由水资源、水环境与水生态 3 个子系统构成的水系统，在水系统功能、结构不发生明显改变情况下所能承受的社会经济活动的阈值；它全面考察了水质、水量和水生态以及与之相应的对人类活动的综合承载力。该定义是对水环境容量、水资源承载力、水生态承载力三者的综合，既强调水环境消纳污染物的能力和水环境供给水资源的能力，又强调水环境支撑水生态系统的能力，并将水环境与人类活动有机联系在一起。

水环境承载力是环境系统结构特征的一种抽象表示。水环境作为一个系统，在不同地区、不同时期会有不同的结构。水环境系统的任何一种结构均有承受一定程度外部作用的能力，在这种程度之内的外部作用下，水环境系统本身的结构特征、总体功能均不会发生质的变化。水环境的这种本质属性是其具有“水环境承载力”的根源。此外，水环境承载力可以因人类对水环境的改造而变化。水环境承载力既是环境系统的客观属性，又是动态变化的。水环境承载力的概念从本质上反映了环境与人类社会经济活动之间的辩证关系，建立了环境保护与经济发展之间的联系纽带，为环境与经济活动的协调提供了科学依据。

水环境承载力的特点主要包括以下几个方面。

①可调控性：人类可以发挥主观能动性，对水环境承载力实行干预和控制，水体的水质、水量也会因人类影响而产生变化，既可能往好的方向转变，也可能往坏的方向转变。这种干预和控制是有限的，也和自然条件以及生产水平息息相关。

②可更新性：自然界的水体具有自我净化、更新、组织和再组织的能力。此外，科学技术和经济的发展可以使人发挥主观性去提高水体的更新和再生能力，如采取污水再生、区外调水等措施。水环境承载力在水体更新速度大于被污染速度时会逐渐提高，反之则会逐渐下降。

③时间性、空间性和动态性：水环境承载力会随时空进行动态变化，具有时间性和空间性的特点，这是基于水环境的时空性以及社会经济的时空性而存在的。人类活动应该充分考虑到这种动态差异，对水环境承载力进行动态布局。

④客观性和模糊性：水环境承载力是一个客观阈值，但其涉及的各系统内部的要素具有不确定性，人类对自然的认识也有局限，水环境又是一个非常复杂的系统，造成了水环境承载力的各指标和数值存在模糊性。

2.1.3.3 水环境承载力与相关概念的关系解析

水环境承载力是一个与水资源承载力、水环境容量和水生态承载力既有联系又有区别的概念（如图 2-4 所示）。联系体现在它们的表征对象都是水系统，区别在于水资源承载力、水环境容量和水生态承载力只考察了水系统某一方面的功能和特性，而水环境承载力则全面考察了水量、水质与水生态以及与之相应的对人类活动的综合承载力。

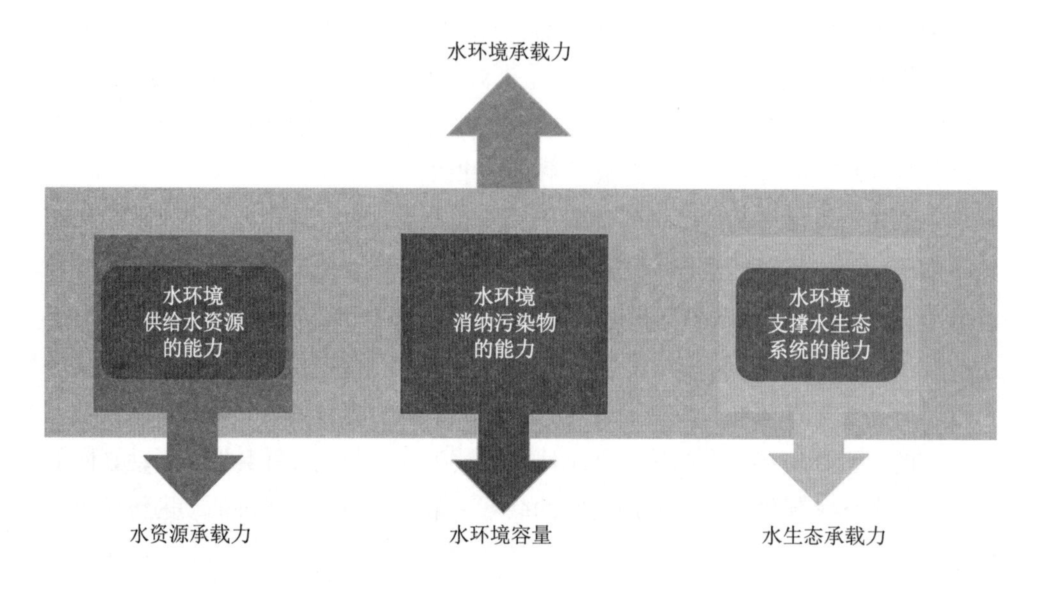

图 2-4 水环境承载力、水资源承载力、水环境容量与水生态承载力的关系

水资源承载力一方面指水体供给水资源的能力；另一方面也可指人类能从水体中获取的、在生活生产中利用的水资源，即可利用水资源量。后者往往受限于人类社会的技术经济条件，且在涉及具体的水资源承载力问题时，更常以可利用水资源量表示水资源承载力。水资源承载力体现了水环境在“水量”上的要求，同时它也是水环境容量和水生态承载力的物质基础。水的循环再生体系使水在自然环境和社会环境中不断地消耗、补充和再生，水资源承载力也随之产生动态变化。

水环境容量则体现了水环境的纳污能力。水环境容量一般指水体在满足一定水环境质量的条件下，天然消纳某种污染物的量。水环境容量是客观存在的值，人类活动和自然过程会造成水环境容量的变化，不同种类的污染物在同一水体环境下的水环境容量也不同。水环境容量体现了污染物在水体的迁移、转换等物化规律，也反映了水体对污染物的承载力，反映了水环境在“水质”上的要求。虽然水环境容量是客观量值，但在实际操作中，它的计算常根据不同的水质目标、功能分区等人为设定的标准而不同。

水生态承载力强调的是水体的生态功能，即水体在维持自身生态系统健康发展条件下，支撑人类活动的能力。良好的水生态承载力，一方面意味着应对人类生产生活带来的压力时，水生态系统可以较好地进行自我维持和调节，达到一定的水质、水量目标，不至于崩溃；另一方面指水生态系统可以为人类活动提供良好的生态服务功能，如防洪、景观娱乐、维持生物多样性、调节气候、保障农林牧渔业健康发展等。可以明显看出，水生态承载力体现了水环境在“水量”和“水质”两方面的要求，水体不仅需要保障自身的生态需水，还需要满足水生生物以及人类活动对水质、水量的要求，提供生态系统服务。

而水环境承载力是水资源承载力、水环境容量和水生态承载力三者合一的综合概念；在水功能上，既要求水体满足资源供给要求，也要求水体具有消纳污染物的能力，还强调了水体对生态系统的支撑能力；在水属性上，对水质和水量都进行了要求。水环境承载力不只是一个自然概念，也不脱离自然环境或社会环境独立存在，它其中的每一个方面都是自然环境和人类活动共同作用的结果。此外，水环境承载力是随着时间、空间动态变化的，如自然因素和社会因素对它存在的系统造成影响，水环境承载力会随着系统达到新的动态平衡而改变，所以对水环境承载力的研究应落脚于具体的时空条件下，并根据一定的社会经济发展程度和技术条件做出具体分析。

总的来说，水环境承载力强调自身的综合属性，而水环境容量、水资源承载力和水生态承载力在概念内涵上都有各自不同的侧重点；水环境容量侧重的是水环境消纳污染物的能力，即“水质”方面的承载力；水资源承载力指水环境供给水资源的能力或人类在生产生活中可利用水资源的能力，即“水量”方面的承载力；水生态承载力强调的是水体在维持自身生态系统健康发展条件下，支撑人类活动的能力，侧重的是水环境为生态系统提供生态用水、滋养水生生物的能力，即“水生态”方面的承载力。因此，水质、水量、水生态代表了水环境的 3 个方面；水环境承载力、水资源承载力、水环境容量和水生态承载力之间既有区别，又存在相互联系；其中，水资源承载力、水环境容量和水生态承载力分别是水环境承载力这一整体概念的分量表征，都是水环境承载力必不可少的一部分。

2.1.4 水环境承载力表征方法

为了进一步探讨环境承载力的物理意义与数学表述，曾维华等在 1991 年发表的《人口、资源与环境协调发展关键问题之一——环境承载力研究》一文中，定义了两个新概念——“发展变量”与“限制变量”，以此说明人类活动作用与环境约束条件间的关系。人类活动作用包括直接作用与间接作用，直接作用指人类生活直接消耗自然资源、排放废弃物等对环境的作用，可通过人口作用强度（人口数量与人口分布）度量；间接作用则是人类为提高生存条件，通过一些间接手段（利用自然资源与排放废弃物）作用于环境，可通过投资强度（投资方向、总额与规模）度量。在经济、技术高度发达的当今社会，后者往往占主导地位。发展变量是人类生活活动与经济开发活动作用的一种度量，它是一个多要素的集合体，其全体构成了一个集合——发展变量集合（D），集合中元素（d_i，i=1，…，n）

称为发展因子。可以设法量化这些发展因子。因此，发展变量可表示成 n 维空间的一个矢量，如式（2-1）所示。

$$\vec{\boldsymbol{d}}=(d_1,d_2,\cdots,d_n) \tag{2-1}$$

限制变量是环境约束条件的一种表示，是环境状况对人类活动的反作用。应当说明的是，这里的环境约束条件不是仅指大气、水体及土地等的环境质量状况，而是泛指对人类活动起不同限制作用的环境条件，它还包括自然资源的供给条件、居住与交通条件等。与发展变量一样，限制变量的全体构成一个限制变量集（D），其中元素（c_i，i=1，…，n）称为限制因子；通过量化后，限制变量构成 n 维空间的一个矢量，如式（2-2）所示。

$$\vec{\boldsymbol{c}}=(c_1,c_2,\cdots,c_n) \tag{2-2}$$

一般来讲，限制因子可分为以下 4 类：

①环境类限制因子，指大气与水体环境质量，以及生态稳定性与土壤侵蚀等条件限制因子；

②资源类限制因子，指土地资源、水资源等自然资源利用条件限制因子；

③工程类限制因子，指公路、供水及污水处理系统等市政工程设施限制因子；

④心理类限制因子，指人们根据对其周围环境的感受（如居住拥挤、交通与购物不便等）所提出的生活条件限制因子。

这 4 类限制因子并不是完全独立的，而是既相互联系，又相互依赖、相辅相成的统一体。在研究过程中，正确选择因子很重要，应避免其间关联性太大。另外，环境承载力研究所需工作量与所选限制因子的数目成正比；因此，一般来讲，在研究中只需考虑少数几个限制作用最强的限制因子。

在进行环境承载力分析之前，首先必须确定所选限制因子的限度，即在维持环境系统功能前提下，限制因子的最大值或最小值，它在限制变量 n 维空间中占有特殊位置。

$$\vec{\boldsymbol{c}}^*=(c_1^*,c_2^*,\cdots,c_n^*) \tag{2-3}$$

这些限度值 c_i^*（i=1，…，n）通常通过行政手段或专家研究确定。

发展变量集与限制变量集之间存在某种对应关系。发展变量集中每一发展因子均可在限制变量集中找到一个或多个限制因子与之对应，并且它们之间存在某种映射关系 f。

$$d_i=f_i(c_1,c_2,\cdots,c_n) \tag{2-4}$$

这一映射关系既可以是一组方程（差分方程或微分方程等），也可以是一个计算程序等，它的确定是环境承载力分析的关键与主要障碍。通常，这些映射关系均是可逆的，即存在其逆映射 f_i^{-1} 。

$$c_i = f_i^{-1}(d_1,d_2,\cdots,d_n) \tag{2-5}$$

前已叙及，发展变量是人类活动作用的某种度量；发展变量集中每一发展因子均与人类活动作用强度（可由人口作用强度与投资强度表示）间存在某种映射关系 g_i。

$$d_i = g_i(o,p) \tag{2-6}$$

式中：o —— 投资强度；

p —— 人口数量。

所谓环境承载力，即为限制因子分别达到其限度值时，环境所能承受人类活动作用的阈值，它可由以下两个层次描述。

①以各发展因子的阈值表示，由下面规划模式确定：

$$\begin{cases} \mathrm{CCE}_i = \max d_i \\ c_i = f_i^{-1}(d_1, d_2,\cdots, d_n) \leqslant c_i^* \quad (i = 1, 2, \cdots, n) \end{cases} \tag{2-7}$$

式中：CCE_i —— 环境承载力在发展因子 d_i 方面的分量。由此可得一个地区的环境承载力：

$$\overrightarrow{\mathbf{CCE}} = \left(\mathrm{CCE}_1,\mathrm{CCE}_2,\cdots,\mathrm{CCE}_n\right) \tag{2-8}$$

它实质上为发展变量空间中占有特殊位置的 1 个 n 维矢量。在本例研究中采用的是这种表示方法。

②由人类活动作用强度表示，利用以下规划模式确定：

$$\begin{cases} \max P \\ \max O \\ c_i = f_i^{-1}(d_1, d_2,\cdots, d_n) \leqslant c_i^* \quad (i = 1, 2, \cdots, n) \\ d_i = g_i(o,p) \end{cases} \tag{2-9}$$

由此可得维持环境系统功能（限制因子不超过其限度值）前提下，人类活动作用强度的阈值。

同理，水环境承载力的承载对象是人类活动，包括取水、排水、居住和观赏等，有方向、强度和规模等属性，这就决定了水环境承载力的力学矢量特征。对水环境承载力进行量化，即需要寻求发展变量与限制变量之间的关系。在此，发展变量表示人类社会与经济发展对水环境作用的强度，通常利用水资源利用量和污染物排放量描述；限制变量表示水资源禀赋和水环境容量对人类活动的约束，是水环境对人类活动反作用的表现。

2.1.5 水环境承载力各分量核算方法

2.1.5.1 水资源承载力分量核算方法

如前文所述，在涉及具体的水资源承载力问题时，常用可利用水资源量表示水资源承载力，那么对水资源承载力分量的核算即对可利用水资源量的核算。可利用水资源量是在能够预见的期限内实现河道水资源承载力的水功能生态目标所需的，能够符合各类生产发展、经济社会、水环境景观等多种需求的最大用水量。

一个地区的可利用水资源量主要包括地表水可利用量与地下水可开采量，计算时需将两者相加，再减去重复计算量。估算公式如下。

$$W_{可利用水资源量}=W_{地表水可利用量}+W_{地下水可开采量}-W_{重复计算量} \tag{2-10}$$

$$W_{重复计算量}=\rho(W_{渠渗}+W_{田渗}) \tag{2-11}$$

式中：ρ—— 可开采系数。

（1）地表水可利用量

地表水资源量包括地表水可利用量、不可以被利用水量和不能被利用水量。为了维护生态系统的良性发展而不能被开采利用的水资源即为不可以被利用水量，该水量是保证自然生态系统环境的必要条件，即生态需水量。不能被利用水量指受种种因素和条件的限制，无法被利用的水量，即超出工程最大调蓄能力和供水能力的洪水量。地表水可利用量可以由多年平均地表水资源量减去不可以被利用的生态需水量和不可能被利用的汛期下泄洪水量得到，如式（2-12）所示。

$$W_{地表水可利用量}=W_{地表水资源量}-W_{生态需水量}-W_{洪水弃水量} \tag{2-12}$$

生态需水量是保持生态环境用水的重要载体，指河流为了维持河流生态系统及河道内外生态系统结构和功能的完整应保持的需水量。根据其功能和利用现状，可分为维持河道基本功能的蓄水量、保持河湖湿地的补给用水量以及河口生态环境的需水量；其中，河道内生态基础流量主要指维持河道基本功能的流量，包括防止河道断流、保持水体合理的自净能力、河道冲沙输沙以及维持河湖水生生物生存的水量。在计算时主要考虑河道基流，计算时的常用方法是 Tennant 法，又称 Montana 法，这是一种水文学方法。该法是在考虑保护鱼类及野生动物、娱乐和有关环境资源的河流流量状况下，按照年平均流量的占比推荐河流基流。Tennant 法根据流量级别及其对生态的有利程度，将河道内生态需水量确定为不同的级别，从“极差”到“最大”共 8 个级别，并针对不同级别推荐了河流生态用水流量占多年平均流量的比例（如表 2-1 所示）。

表 2-1 河流流量状况分级标准

流量描述	推荐的基流（10 月—翌年 3 月）平均流量占比/%	推荐的基流（4—9 月）平均流量占比/%
最大	200	200
最佳	60～100	60～100
极好	40	60
非常好	30	50
好	20	40
中或差	10	30
差或最小	10	10
极差	0～10	0～10

Tennant 法的计算过程相对简单，只要计算出多年平均流量，利用相应级别的占比即可确定年内不同时段的生态需水量，对全年求和即可求得全年的生态需水量。该法不需要现场测量，有水文站点的河流的年平均流量可以从历史资料获得，没有水文站点的河流的年平均流量通过可以接受的水文技术获得。

洪水弃水量是在除去能够被开采利用和蓄水工程调蓄的水量之后所剩下的水量。水资源开采利用方式、规模、现状、水体环境以及人类与水系统的作用关系是影响汛期洪水量的主要方面，并且在上述众多因素中来水现状以及水利工程的蓄水程度发挥决定性作用，计算公式如式（2-13）所示。

$$\beta=f(Q,V) \tag{2-13}$$

式中：β —— 区域弃水率；

Q —— 区域来水状况；

V —— 水资源载体的调蓄现状，即总调蓄库容。

区域来水具有天然属性和不可调控性，故具有社会属性的调蓄工程库容量是影响弃水率的主要因子，考虑到弃水主要发生在汛期，弃水率随调蓄工程库容量的增大而减小，如式（2-14）所示。

$$\beta = f(Q_{汛}, V) \propto Q_{汛}/V \tag{2-14}$$

式中：$Q_{汛}$ —— 区域汛期的来水量。

（2）地下水可开采量

浅层地下水可开采量指在经济合理、技术可行且利用后不会造成地下水位持续下降、水质恶化、地面沉降等环境地质问题的情况下，允许从地下含水层中取出的最大水量。

在浅层地下水已经开发利用的地区，多年平均浅层地下水实际开采量、地下水位动态特征、现状条件下总补给量等三者之间关系密切、互为平衡。通过对区域水文地质条件的分析，依据地下水总补给量、地下水位观测、实际开采量等系列资料，进行模拟操作演算，确定出可开采系数，进而计算区域的地下水可开采量，如式（2-15）所示。

$$Q_{可采}=\rho Q_{总补} \tag{2-15}$$

式中：$Q_{可采}$ —— 开采量；

$Q_{总补}$ —— 地下水总补给量；

ρ —— 开采系数。

2.1.5.2 水环境容量核算方法

水环境容量是基于水环境质量模型（水质模型）反演推导而来。水质模型通过模拟水体中污染物的物理、化学及生物的迁移转化过程，得到控制断面的模拟污染物浓度。水环境容量为当控制断面污染物浓度达到水质目标时，核算允许排放的污染物最大值，即满足水功能目标前提下，水体所能容纳污染物的阈值。

（1）水质模型

水质模型是描述污染物在水体中运动变化规律及其影响因素相互关系的数学表达式。水质模型结构的选取直接影响水环境容量研究结果的精确程度和数据数量、质量需求。过于简单的水质模型难以反映水体特点和污染物在水体中的迁移转化规律，在研究结果的准确性上可能存在欠缺；而过于复杂的水质模型不仅要求高质量、数量众多的数据、参数，而且由于社会、经济、技术等因素的限制，其研究结果在实际中缺乏可行性。因此，在选择水环境容量水质模型时，应根据研究对象、水力条件、实际需求、模型成熟度等多方面因素确定。

根据不同的分类标准，水质模型可分为不同类别（如表 2-2 所示）。

表 2-2　水质模型分类

分类标准	类别	描述
模拟对象	①河流模型 ②湖库模型 ③河口模型 ④海洋模型	根据模拟对象（河流、湖库、河口与海洋）与研究需求，选择水质模型。其中，河流水质模型以一维稳态模型为主，如果是模拟排污口污染带水质分布，也可采用二维水质模型；根据研究需要，湖库水质模型可选择零维模型、分层模型或三维模型；对于河口水质模型，通常选择潮平均稳态模型；对于海洋，则一般采用三维水质模型

分类标准	类别	描述
水质组分	①单组分模型 ②耦合模型 ③多组分模型	BOD-DO 耦合模型能较成功表述受有机污染的河流水质变化； 多组分模型比较复杂，考虑水质因素较多，如综合的水生生态模型
时间	①稳态模型 ②动态模型	数学表达式和输入条件不随时间变化的是稳态模型，可用于模拟水质的物理、化学和水力学过程； 相反是动态模型，用于计算径流、暴雨等过程，描述水质瞬时变化
空间	①零维模型 ②一维模型 ③二维模型 ④三维模型	零维模型中不存在空间环境质量上的差异，主要用于湖泊和水库模拟； 一维模型横向和垂向混合均匀，仅考虑纵向变化，适用于中小河流； 二维模型垂向混合均匀，考虑纵向和横向的变化，可用于宽而浅型江、河、湖、库水域； 三维模型考虑三维空间变化，适用于排污口附近水域计算
模型性质	①黑箱模型 ②白箱模型 ③灰箱模型	黑箱模型由系统输入直接计算输出，对污染物在水体中的变化一无所知； 白箱模型对系统过程和变化机制有完全透彻的了解； 灰箱模型介于其间，目前水质模型基本属于灰箱模型
变量特点	①确定性模型 ②随机性模型	确定性模型对 1 组给定的输入条件，只有 1 个确定的解，是使用最广泛的模型； 随机性模型输入条件和变量具有随机性，其解不稳定且不唯一
反应动力学	①纯输移模型 ②纯反应模型 ③生化模型 ④输移和反应模型 ⑤生态模型	纯输移模型模拟排污口附近不随时间衰减的保守型污染物在水体中的迁移转化规律； 纯反应模型只考虑发生化学和生物化学反应； 生化模型描述有限空间中生物有机质与化学环境之间的关系； 输移和反应模型模拟随时间衰减的非保守型污染物运动规律，不仅要考虑输移，还要考虑衰减； 生态模型不仅描述生物过程，还描述输移和水质要素变化

在实际应用中，一般都根据污染物与水体的混合情况以及不同层次的水质管理需要，将水质模拟简化为二维、一维乃至零维处理。

（2）水环境容量模型

在水环境质量模型建立基础上，首先对水体进行控制单元划分、排污口调查与概化，然后设定控制断面；最后根据研究需求，选择确定条件和不确定条件下的水环境容量核算模型。其中，不确定条件下的水环境容量核算又可分为随机水环境容量核算和季节性水环境容量核算。前者基于水文参数统计学上的不确定性，后者基于雨旱季节更替对水文水质参数的不确定影响，是确定条件下水环境容量核算的一种延伸。

1）水环境容量基本计算公式

可采用单位时间内通过某一断面的污染物量（即通量）表征水环境容量。水中的物质随水流运动，若用该物质在某一断面处的平均浓度乘以相应的流量，则可得到该物质单位时间内通过该断面的量。

$$W = \bar{C} \times Q \tag{2-16}$$

式中：W —— 单位时间内通过断面的某物质的量，g/s；

$\bar{C}$ —— 该物质的断面平均质量浓度，mg/L；

Q —— 断面处流量，m^3/s。

水环境容量以特定水域满足某个水环境目标值为约束条件。假设以控制断面水质达标代表整个水环境功能区达标，那么控制断面处，河流可承载的污染物的量表示为：

$$W_s = C_s \times Q \tag{2-17}$$

式中：W_s —— 控制断面处河流可承载的污染物的量，g/s；

C_s —— 某物质的水质标准值，mg/L。

2）水环境容量计算模型

①确定条件下的水环境容量核算。

在确定的水文条件下，根据水体的类型、规模、排污口分布和污染现状不同，选取不同的水质模型进行水环境容量的核算（如表 2-3 所示）。

表 2-3　不同水体类型的水质模型选择

水体类型	规模类别	适用水质模型
河流	水网地区、河段内均匀混合	河流零维模型
	污染物在河段横断面上均匀混合、$Q<150\ m^3/s$ 的中小型河段	河流一维模型
	污染物在河段横断面上非均匀混合、$Q \geqslant 150\ m^3/s$ 的大型河段	河流二维模型
	感潮河段	河口一维模型
湖库	污染物均匀混合的中小型湖库	湖库均匀混合模型
	污染物非均匀混合的大型湖库	湖库非均匀混合模型
	营养状态指数＞50	富营养化模型
	平均水深＜10 m，水体交换系数＜10	分层模型

对在确定条件下的水环境容量核算模型，需要确定模型中的设计流量、流速和水质目标等。

a）河流零维模型。

河流零维模型的水环境容量如式（2-18）所示。

$$M=(C_s-C_0)(Q+Q_p) \tag{2-18}$$

式中：M—— 水环境容量，g/s；

C_s—— 水质目标质量浓度值，mg/L；

C_0—— 初始断面的污染物质量浓度，mg/L；

Q—— 初始断面的入流流量，m^3/s；

Q_p—— 污水排放流量，m^3/s。

b）河流一维模型。

河流一维模型的水环境容量如式（2-19）所示。

$$M=[C_s-C_0\exp(-kx/u)](Q+Q_p) \tag{2-19}$$

式中：M—— 水环境容量，g/s；

C_s—— 水质目标质量浓度值，mg/L；

C_0—— 初始断面的污染物质量浓度，mg/L；

Q—— 初始断面的入流流量，m^3/s；

Q_p—— 污水排放流量，m^3/s；

x—— 沿河段的纵向距离，m；

u—— 设计流量下河道断面的平均流速，m/s；

k—— 污染物衰减系数，s^{-1}。

c）河流二维模型。

河流二维模型的水环境容量如式（2-20）所示。

$$M=\left\{C_s-\left[C_0+\frac{m}{h\sqrt{\pi E_y x\nu}}\exp\left(-\frac{\nu y^2}{4xE_y}\right)\right]\exp\left(-\frac{kx}{\nu}\right)\right\}(Q+Q_p) \tag{2-20}$$

式中：M—— 水环境容量，g/s；

C_s—— 水质目标质量浓度值，mg/L；

C_0—— 初始断面的污染物质量浓度，mg/L；

Q—— 初始断面的入流流量，m^3/s；

Q_p—— 污水排放流量，m^3/s；

E_y—— 污染物横向扩散系数，m^2/s；

y—— 到岸边的横向距离，m；

ν —— 设计流量下水体平均流速，m/s；

h —— 设计流量下水体平均水深，m；

k —— 污染物衰减系数，s^{-1}；

m —— 河段入河排污口污染物排放速率，g/s；

x —— 控制断面与排污口的纵向距离，m。

②随机水环境容量核算。

一般而言，在影响水环境容量的众多因素中，除河水流量外，其他影响因素也都是随机波动的变量，这就决定了水环境容量的随机波动性，其概率分布由各种因素的联合概率分布确定。在满足某一水域功能标准条件下，由影响水环境容量的各种因素的联合概率分布确定的某一水域所能容纳的某种污染物的最大负荷量，即称为随机水环境容量。

随机水环境容量由两部分组成：稀释随机水环境容量与同化随机水环境容量。对于保守型污染物，其随机水环境容量主要由前者组成，其计算是基于简单的河流水质稀释模型。

$$\mathrm{WEC}=(C_1-C_s)\times Q_s \tag{2-21}$$

$$\mathrm{MPDC}=C_r\times Q_r=C_1(Q_s+Q_r)-C_s\times Q_s \tag{2-22}$$

式中：WEC（Water Environmental Capacity） —— 水环境容量；

MPDC（Maximum Permit Discharge Capacity） —— 最大允许排污负荷；

C_r —— 排污浓度；

Q_r —— 废水排放量；

C_s —— 上游来水的污染物浓度；

Q_s —— 上游来水的流量；

C_1 —— 水质目标。

③季节性水环境容量核算。

季节性水环境容量指在传统的全年水环境容量基础上，在水体水质超标风险可接受的前提下，充分考虑不同季节间水环境容量参数的动态变化，由此达到科学、灵活指导允许排污量的制定，以及更充分利用水体自净能力的目的。

季节性水环境容量的核算步骤包括收集研究对象的相关信息，对其水环境现状进行评价，确定主要污染物以及水环境容量计算指标；分析研究对象是否适合于季节性分析；设计季节划分方案；选择水质模型，划分计算单元；计算各季节划分方案的环境容量和水质超标风险；最后得出季节性的水环境容量。

2.1.5.3 水生态系统服务功能核算方法

水生态系统服务功能指水生态系统及其生态过程所形成及所维持的人类赖以生存的自然环境条件与效用。根据水生态系统提供服务的机制、类型和效用，把水生态系统的服务功能划分为提供产品、调节功能、文化功能和生命支持功能 4 类。水生态系统可以提供人类生活及生产用水、水力发电、内陆航运、水产品生产、基因资源等产品，也有水文调节、河流输送、水资源蓄积与调节、侵蚀控制、水质净化、气候调节等功能。不仅如此，水生态系统还可具有教育价值、灵感启发、美学价值、生态旅游价值等文化功能，也具备光合产氧、氮循环、水循环、初级生产力和提供生境等生命支持功能，其中主要功能及其核算方法如表 2-4 所示。

表 2-4　水生态系统服务功能核算指标及其核算方法

水生态系统服务功能	核算指标	核算方法
提供产品	生活用水	系数法
	生产用水	系数法
	水库水电生产	产水量评估模型
调节功能	水质净化	养分持留模型
	河流输送	泥沙输移比例模型
文化功能	旅游休闲娱乐	旅行费用法
生命支持功能	生境质量	生境质量模型

（1）产水量评估模型

产水量是基于水热耦合假设和年平均降水量数据进行核算的，首先要确定每个栅格单元 x 的年平均产量 $Y(x)$，如式（2-23）所示。

$$Y(x)=\left(1-\frac{\text{AET}(x)}{P(x)}\right)\times P(x) \tag{2-23}$$

式中：$\text{AET}(x)$ —— 栅格单元 x 的年实际蒸散发量；

$P(x)$ —— 栅格单元 x 的年降水量。

其中，在水量平衡公式中，植被蒸散发量与年降水量之比可采用 Budyko 水热耦合平衡假设公式计算，如式（2-24）所示。

$$\frac{\mathrm{AET}(x)}{P(x)}=1+\frac{\mathrm{PET}(x)}{P(x)}-\left[1+\left(\frac{\mathrm{PET}(x)}{P(x)}\right)^{\omega}\right]^{1/\omega} \tag{2-24}$$

式中：PET(x) —— 潜在蒸散量；

ω —— 土壤性质的非物理量参数。

（2）养分持留模型

养分持留模型假定非点源的水污染物输出都可以有植被作为拦截过滤器加以拦截过滤，通过计算每一个斑块的养分元素的量，计算整体流域的养分输出和持留。该模型主要分为两部分，即年平均径流量计算与每一景观地块上的污染物的持留量。年平均径流量主要根据产水模型计算，每一景观地块上的污染物的持留量模型如式（2-25）所示。

$$\mathrm{ALV}_x=\frac{\lambda_x}{\overline{\lambda_{\mathrm{W}}}}\times \mathrm{pol}_x \tag{2-25}$$

式中：ALV_x —— 斑块 x 的调整负荷值；

pol_x —— 该斑块类型的污染物输出系数；

$\frac{\lambda_x}{\overline{\lambda_{\mathrm{W}}}}$ —— 水文敏感性得分；

λ_x —— 斑块 x 的流量指标；

$\overline{\lambda_{\mathrm{W}}}$ —— 该流域的平均径流指数。

$$\lambda_x=\lg\left(\sum_U Y_U\right) \tag{2-26}$$

式中：$\sum_U Y_U$ —— 斑块 x 流量路径上产水量总和。

（3）泥沙输移比例模型

流域土壤侵蚀和坡面径流泥沙淤积是决定径流中含沙量的自然过程，河流泥沙的主要来源包括流域地表侵蚀、上游河槽冲刷、河岸侵蚀以及重力侵蚀。集水区输沙总量 E 是各栅格单元输沙量 E_i 的总和，即各栅格单元年土壤侵蚀量（usle_i）与泥沙输移比（SDR_i）的乘积。

$$\mathrm{usle}_i=R_i\times K_i\times \mathrm{LS}_i\times C_i\times P_i \tag{2-27}$$

式中：R_i —— 降水侵蚀性因子；

K_i —— 土壤可侵蚀性因子；

LS_i —— 坡度坡长因子；

C_i —— 植被覆盖和作物管理因子；

P_i —— 水土保持措施因子。

$$E=\sum_i E_i=\text{usle}_i\times \text{SDR}_i \tag{2-28}$$

（4）生境质量模型

InVEST 模型的生境质量模块基于土地利用，通过栖息地及其胁迫源之间的相互作用模拟栖息地质量，从而空间化表达生物多样性。土地利用图上的建设用地、耕地、交通道路等对栖息地有胁迫作用的地类被认为是胁迫源。影响生物栖息地质量的因素包括 5 个方面：栖息地本身的类型，每种胁迫源本身的胁迫强度，栖息地和胁迫源的空间距离，政府机构、社会组织、法律等对栖息地的保护程度，每种栖息地对每类胁迫源的敏感程度（孙传谆等，2015）。

InVEST 模型采用生境质量指数评价生境质量，从而计算出栖息地质量，计算结果用[0，1]之间的数值表示，值越大，栖息地质量越高，如式（2-29）所示。

$$i_{rxy}=1-d_{xy}/d_{r\max} \tag{2-29}$$

式中：i_{rxy} —— 栅格 y 的胁迫因子 r_y 对栅格中生境的胁迫作用；

d_{xy} —— 栅格 x 与栅格 y 之间的直线距离；

$d_{r\max}$ —— 胁迫因子 r 的最大影响距离。

$$D_{xj}=\sum_{r=1}^{R}\sum_{y=1}^{Y_r}\left(W_r/\sum_{r=1}^{R}W_r\right)r_y i_{rxy}\beta_x S_{jr} \tag{2-30}$$

式中：D_{xj} —— 在生境类型 j 中栅格 x 的生境胁迫水平；

W_r —— 胁迫因子的权重，表明某一胁迫因子对所有生境的相对破坏力；

β_x —— 栅格 x 的可达性水平，1 表示极容易达到；

S_{jr} —— 生境类型 j 对胁迫因子 r 的敏感性，该值越接近 1 表示越敏感；

r_y —— 栅格 y 对应胁迫因子 r 的胁迫程度。

$$Q_{xj}=H_j\left(1-\frac{D_{xj}^z}{D_{xj}^z+k^z}\right) \tag{2-31}$$

式中：Q_{xj} —— 在生境类型 j 中栅格 x 的生境质量；

H_j —— 生境适合性；

k 和 z —— 尺度参数，是常数。

2.2 水环境承载力研究理论方法体系

2.2.1 水环境承载力理论基础

2.2.1.1 可持续发展理论

可持续发展强调 3 个主题：代际公平、区域公平以及社会经济发展与人口、资源、环境间的协调性。在可持续发展理论的指导下，资源的可持续利用、人与环境的协调发展取代了以前片面追求经济增长的发展观念。可持续发展是一种哲学观，是关于自然界和人类社会发展的哲学观，可作为水环境承载力研究的指导思想和理论基础，而水环境承载力研究则是可持续发展理论在水系统管理领域的具体体现和应用。

2.2.1.2 水-生态-社会经济复合系统理论

流域（区域）水系统是具有层次结构和整体功能的复合系统，由社会经济系统、水生态系统、水环境系统和水资源系统组成。水资源与水环境既是该复合系统的基本组成要素，又是社会经济系统和水生态系统存在和发展的支持条件。水环境承载力对地区的发展起着重要的作用，水系统状况的变化往往导致区域环境变化、土地利用和土地覆被改变、社会经济发展方式变化等。水-生态-社会经济复合系统理论也是水环境承载力研究的基础，应将水系统作为生态经济系统的一员，从水系统-自然生态系统-社会经济系统耦合机理上综合考虑水环境对地区人口、资源、环境和经济协调发展的支撑能力。

2.2.1.3 自然-人工二元模式下的水文循环过程与机制

随着人类活动的加强，原有的一元流域（区域）天然水循环模式受到严重挑战，人类活动不仅改变了流域（区域）降水、蒸发、入渗、产流、汇流特性，而且在原有的天然水循环内产生了人工侧支循环，形成了天然循环与人工循环此消彼长的二元动态水循环过程。具有二元结构的水系统演化不仅构成了社会经济发展的基础，是水生态与水环境的控制因素，同时也是诸多水问题的共同症结所在，因此它也是进行水环境承载力研究的一个基石。

2.2.1.4 水环境容量理论基础

水体自净指在物理作用、化学作用和生物作用下，受污染的水体逐渐自然净化、水质复原的过程。水体自净大致分为三类，即物理净化、化学净化和生物净化，它们同时发生，相互影响，共同作用。

（1）物理净化

物理净化指污染物质由于稀释、扩散、混合和沉淀等过程而降低浓度。污水进入水体后，可沉性固体在水流较弱的地方逐渐沉入水底，形成污泥。悬浮体、胶体和溶解性污染物因混合、稀释，浓度逐渐降低。对河流来说，用参与混合的河水流量与污水流量之比表示污水的稀释程度。污水排入河流经相当长的距离才能达到完全混合，因此这一比值是变化的。达到完全混合的距离受许多因素的影响，主要有稀释比、河流水文情势、河道弯曲程度、污水排放口的位置和形式等。在湖泊、水库和海洋中影响污水稀释的因素还有水流方向、风向和风力、水温和潮汐等。

（2）化学净化

化学净化指水体的氧化还原、酸碱反应、分解化合和吸附凝聚等化学作用或物理化学作用，使污染物的存在形态发生变化，浓度降低。流动的水体从空气中溶入氧气，使污染物中铁、锰等重金属离子氧化，生成难溶物质析出沉降。在一定酸性环境中，某些元素形成易溶性化合物，随水流输移并稀释。在中性或碱性条件下，某些元素形成难溶化合物而沉降。天然水体中的胶体和悬浮物质微粒，吸附和凝聚水中污染物，随水流移动或逐渐沉降。

（3）生物净化

生物净化指生物活动尤其是微生物对有机物的氧化分解，使污染物的存在形态发生变化，污染物总量和浓度降低。工业有机废水和生活污水排入水域后，即产生分解转化，并消耗水中溶解氧。水中一部分有机物消耗于腐生微生物的繁殖，转化为细菌机体；另一部分转化为无机物；细菌又成为原生动物的食料。在这一过程中，水体中有机物逐渐转化为无机物，水质得到净化。如果有机物过多，氧气消耗量大于补充量，水中溶解氧不断减少，最终因缺氧，有机物由好氧分解转为厌氧分解，于是水体变黑发臭。

自然界各类水体都具有一定的自净能力，这由水自身的理化特征所决定，同时也是自然界赋予人类的宝贵财富。如果能够科学有效地利用水的自净功能，就可以降低水体的污染程度，使有限的水资源发挥最大的效益。但对特定地区、一定时间内水体的自净能力是有限的。在确定允许排入水体的污染物的量（即水环境容量）时，水体自净能力是一个重要的决策因素。

2.2.1.5 水生态系统服务功能理论基础

生态系统服务功能可以理解为各类生态系统在各环节中行使的有益于人类存在和起支持作用的环境要素和效用。而水生态系统服务功能即水生态系统在生物的进化发展过程中显示出的功能和贡献。多年研究资料表明，对水生态系统服务功能的分类各具特色，并无相关导则和标准规范，但大致都与欧阳志云等（1999）和赵同谦等（2003）所提出的分类结果和功能类型有关。

（1）生物多样性与生物栖息地维持功能

水生态系统不只为各种水生生物和陆生生物等物种提供相应的生存条件和环境，也为每种生物物种的进化和繁殖提供了适宜的条件，对生物多样性的维持提供了重大的保障。由于水生态系统在总体上为各类生物物种的繁衍提供舒适、温度适宜的场所和生境条件，因此生态系统的健康发展关系着生物栖息地的完整和保存。由于不同的物种和种群在受外界环境的影响下形成了不同的抵抗力和适应能力，而其栖息地的适宜程度即核心关键。因此，生态系统对生物和栖息地的维持功能以及对物种的保存和避免物种的灭绝具有重大意义。

水作为维持生物多样性中最基本但也是最重要的自然因素，是生物生存不断进化的前提，因此水生态系统的生物多样性维持功能是保证生态平衡和自然界中一切生物生存发展、繁衍生息的重要基础。而生物生境栖息地的维持也是水生态系统健康的重要保证，强调对生态系统中各类生物生存繁衍空间场所的保障。

（2）产品提供与农业生产功能

生态系统中，由低营养级生物生产者和次级生产者为各类高营养级的生物提供生产和合成相应的有机质和产品，为生物的基本生存提供了物质保障。生态系统不仅为人类生活提供重要的物质基础，同时也是基本的能源来源。产品提供与农业生产功能指水生态系统的直观生产功能，反映水生态系统的产出能力，也是其他生物生存的基础条件，主要为地区提供粮食、肉类、蛋、奶、水产品和棉、油等产品，在提供产品的同时，支持第一产业的发展。

（3）水源涵养与水文调节功能

水源涵养和水文调节都是陆地生态系统能够提供的水文服务功能。水源涵养一般可以通过恢复植被、建设水源涵养区达到控制土壤沙化、降低水土流失的目的，是养护水资源的举措。绿化是水源涵养的主要技术措施之一。植被素有“绿色水库”之称，具有涵养水源、调节气候的功效，是促进自然界水分良性循环的有效途径之一，对调节径流，防止水、旱灾害，合理开发、利用水资源具有重要意义。水源涵养能力与植被类型、盖度、枯落物组成、土层厚度及土壤物理性质等因素密切相关。

水文调节功能是陆地生态系统对自然界中水的各种运动变化所发挥的作用，表现为通过生态系统对水的利用、滤过等影响和作用，水在时间、空间、数量等方面发生变化的现象和过程。生态系统通过蒸散和利用消耗水资源、截留等方式改变水的时间和空间分配特征，导致水文情势发生变化，从而产生有利（如调节洪峰、增加枯水季节径流）或不利（如加剧洪涝和干旱灾害）的影响。水文调节功能在维护流域水量平衡、减轻洪旱灾害和应对气候变化等方面发挥着极其重要的作用。

（4）人居保障与城市发展功能

人居保障与城市发展功能是水生态系统最基本的生态功能之一，为人类的生产、生活提供水资源，包括提供饮用水、工业用水、农业用水等方面。水作为一种资源，为人类的基本生活和社会交流提供了保障，同时，城市作为人口密集的地区，水资源的丰裕程度也制约着当地的发展。人类自身的认知和体验能力使水资源也作为其生活娱乐活动中的重要组成部分，水资源具有十分重要的文娱功能，其具有的十足自然魅力让人们在其中陶冶自身、放松心境，对人类的文明发展具有长远的影响。

（5）水土保持与生态修复功能

水土保持是维护水生态安全的主体措施，而流域（区域）的安全系统也离不开当地生态系统的水土保持能力。因此对流域（区域）的综合治理关系着总体功能强弱和水土保持能力的优劣。水土保持与生态修复功能是水生态系统中最后一种功能类型，同时也是最关键的一项功能，流域（区域）的水土保持与生态修复功能的强弱关系着区域的稳定和平稳发展，也是地区长治久安、和谐进步的关键因素，因此对此项服务功能的关注要着力提高。

2.2.2 水环境承载力研究方法框架体系

鉴于目前水环境承载力概念处于百家争鸣的研究现状，本书首先对水环境承载力的概念进行界定，进而在水环境承载力概念内涵研究基础上，从水环境承载力分类体系、表征指标体系与评价方法，以及分区与水环境承载力约束下区域发展规模结构优化调控等角度，建立流域（区域）水环境承载力理论方法框架。

在水环境承载力概念界定方面，基于水环境、水资源与水生态三者的关系，剖析水环境承载力与水资源承载力、水环境容量、水生态承载力的概念之间的关系，进而对水环境承载力的概念进行界定。

水环境承载力评价方面，在系统归纳总结现有流域（区域）水环境承载力评价文献所建立的指标体系基础上，建立一套完整的评价指标体系，以科学客观地评价水环境承载力。根据实际水环境承载力评价工作需求与数据收集情况，选择适当的水环境承载力评价模型。在流域（区域）水环境承载力评价结果分析基础上，甄别流域（区域）水环境承载力承载状态及其致因；进一步，针对致因，从双向调控角度，提出缓解水环境承载力承载状态的对策建议。

水环境承载力分区方面，在系统归纳总结国内外水环境承载力评价与相关全国气象、水文与人口、社会经济分区等研究成果基础上，构建多尺度水环境承载力分区技术体系，具体包括水资源供给能力分区与水环境容量分区；进一步，结合不同地区社会、经济发展差异造成的用水需求差异和水污染物排放差异，利用环境承载力量化与评价或统计聚类方法，开展多尺度（流域尺度与全国尺度）水环境承载力承载状态分区；进一步，根据不同水环境承载力承载类型区的特点与超载致因，提出缓解水环境超载态势的水环境承载力双向调控策略与分区管理政策。

水环境承载力约束下区域发展规模结构优化调控方面，一方面，基于城市水代谢理论，利用系统动力学模型构建水环境承载力动态仿真模型；并根据传统城市水代谢模式和新型城市水代谢模式，结合水环境承载力双向调控措施进行情景设置，利用迭代分析构建水环境承载力约束下区域发展规模结构优化调控模型，进而确定较优的社会经济发展模式。另一方面，从社会-经济-水环境-水资源系统结构和功能模拟入手，构建社会-经济-水环境-水资源系统动力学模型，模拟 BAU（Business as Usual）、规划和理想 3 种不同发展情景下社会经济发展对水资源和水环境的影响程度，确定影响较大、不确定性较高且有待优化的因素，以此类因素为决策变量，建立水环境承载力不确定多目标优化模型，确定优化后的产业、行业结构与人口、经济规模。

水环境承载力研究方法体系的技术路线如图 2-5 所示。

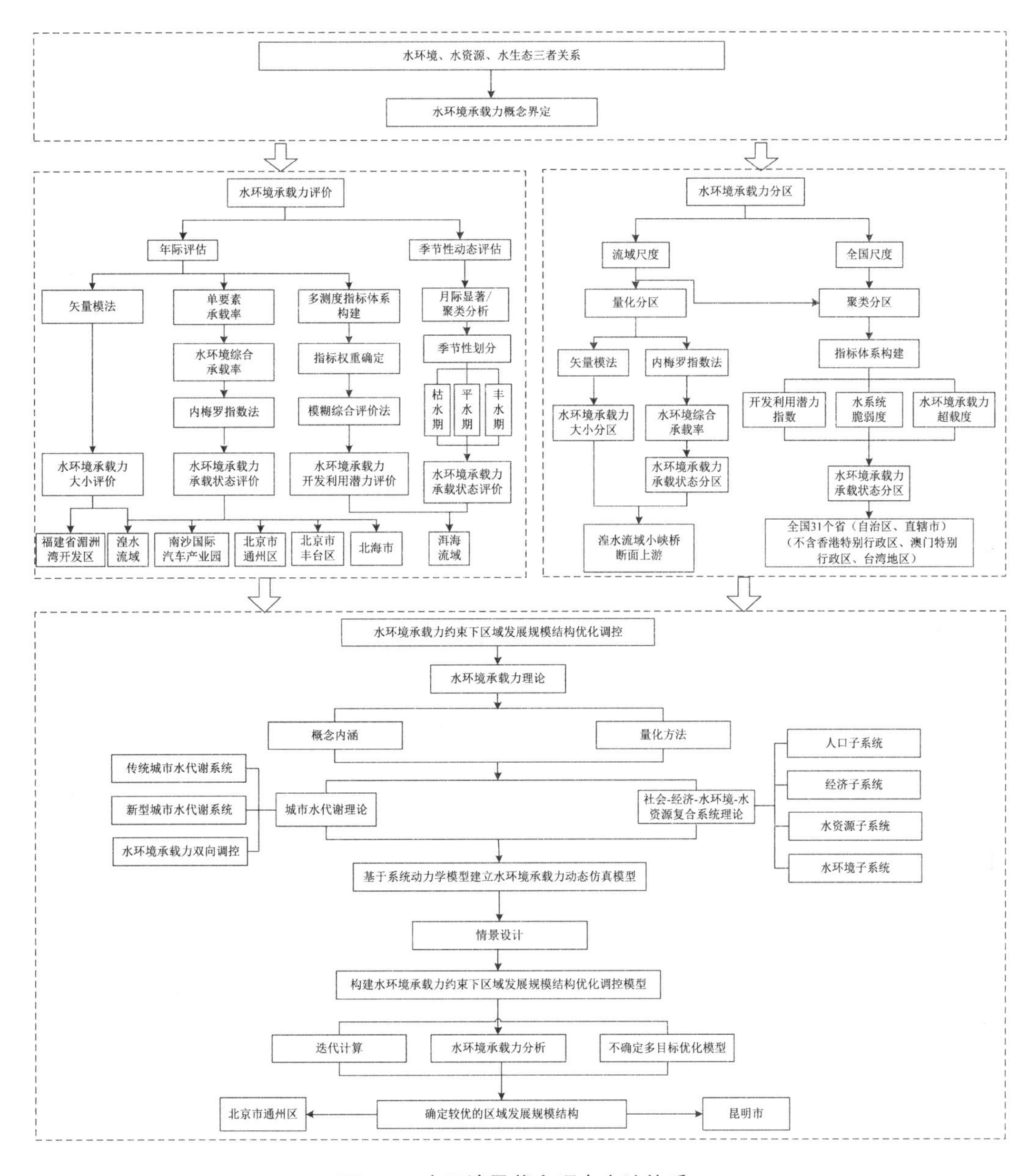

图 2-5 水环境承载力研究方法体系

2.3 水环境承载力评价方法体系

水环境承载力评价始于环境承载力大小评价，其原理为基于环境承载力的力学特征，采用矢量方法对环境承载力进行表征，用矢量模的大小对环境承载力进行评价。此后，水环境承载力评价更多借鉴矢量模法评价思路，通过评价指标体系评价水环境承载力，但评价目的不明确，水环境承载力概念内涵界定不清；由此导致指标体系偏重于表达流域或区域水系统的可持续发展状态或能力，虽然体系庞大，但并未表征出水环境承载力的大小或承载状态。本研究从水环境承载力概念入手，以长期以来在水环境承载力评价领域的案例积累为基础，归纳总结出一套水环境承载力评价技术方法体系，包括 3 种评价内容或对象：水环境承载力大小、水环境承载力承载状态以及水环境承载力开发利用潜力。

（1）水环境承载力大小量化方法

水环境承载力量化评价指评价水环境承载力的大小，即在可持续发展目标下，区域水环境对人类社会经济活动承载的能力。水环境承载力量化评价主要从水环境容量、水资源供给能力、水生态功能 3 个方面进行评价。水环境容量指在满足水环境功能区划目标前提下，水体所能容纳的最大污染负荷量，其大小与水质目标、污染物特性有关，在选定水环境容量大小评价指标时，需要根据该区域污染状况，选择 COD、氨氮、总氮、总磷等对水环境质量影响最大的污染物作为研究对象，计算相应的水环境容量大小。水资源承载力指在一定的水资源开发利用能力下，既能满足居民生活、工农业生产等社会经济发展用水，又能满足生态需水的水资源承载能力，其大小与区域的降水、自然地理等条件有关；随着跨区域调水、水库建设以及再生水利用等科学技术的发展，区域的水环境资源供给能力也在提高，因此可以根据地区实际供水情况，选择地表水资源量、地下水资源量、区域调水量等作为评价指标。水生态承载力指水生态系统对人类社会经济发展的支持能力，主要体现在水生态系统的供给能力、调节能力和支持能力等，水生态系统不仅为人类生活和社会经济发展提供物质生产原料，还具有水文调节、河流输送、水质净化等调节能力以及维持生态过程的生命支持能力，可以选取水源涵养能力、土壤保持、水质净化、提供生境等指标表征水生态承载力的大小。

（2）水环境承载力承载状态评价方法

水环境承载力承载状态评价指评价区域水环境的承载状态，既包括社会环境对水环境的压力，又包括水环境对社会环境的承载力。压力主要来源于居民生活生产、地表径流、大气沉降等污染源产生的污染物质，以及对水资源和生态环境的开发利用，再结合水环境承载力可以对水环境进行各分量评价或者综合评价。依据水环境要素对人类生存与活动影响的重要程度，从水环境承载率、水资源承载率、水生态承载状态三方面评价水环境承载力承载状态。可以结合污染源污染物的排放情况，选取 COD、氨氮、总氮、总磷等主要污染物表征水环境质量状况，再采用内梅罗指数法计算水环境综合承载率。水资源承载率指水资源开发利用量与水资源供给量之间的比值，水资源开发利用量主要包括居民生活用水、工业生产用水、农业生产用水、旅游业用水、畜牧业用水、生态环境用水等，通过核算不同用途的水资源开发利用量，确定水资源承载率。随着人口的增长和经济社会的高速发展，水生态系统承受的压力越来越大，主要包括陆域污染物的排放造成的水环境恶化、水资源开发利用量增加、闸坝修建和调控对河流水生态的影响以及陆地绿地面积减少和不透水面增加带来的地表径流污染增加等，因此可以选择地表径流污染负荷量、水质净化能力、不透水面占比、自然生态空间占比、河流水文连通度等指标评价水生态承载状态；最后结合各分量评价结果，采用合适的评价方法评价区域水环境承载状态。

（3）水环境承载力开发利用潜力评价方法

水环境承载力开发利用潜力评价基于一个地区社会经济发展条件对水环境承载力的影响。一般而言，虽然区域的社会经济发展水平越高，污染物排放量和水资源开发利用强度也越高，但是对水环境的重视程度也越高，因此不能片面地从社会压力角度评价水环境开发利用潜力，需要基于水环境承载状态，再结合该地区的社会、经济、教育和科技等发展水平进行综合评价。可以选取万元 GDP 水耗、人均水耗、万元 GDP 污染物排放量、人均生活污水排放量等指标表征水资源利用与污染物排放强度；选取环保投资占比、第三产业占比、城市化率、城镇生活污水集中处理率、再生水利用率、绿地覆盖率等指标表征区域发展能力；最后选择合适的评价方法对整个区域的水环境承载力开发利用潜力进行综合评价。

此外，对部分地区而言，降雨时空变化明显，河流的水位、流量、径流量、流速等水文特征的季节变化明显，而与水量相关的该地区水环境容量、水资源供给能力等也具有明显的季节性变化特征，不同季节的水环境承载力大小、承载状态也不同；因此，考虑到降雨以及水资源量是影响一个地区水环境承载力大小以及压力大小的重要因素，对四季分明的地区而言，水环境承载力呈现明显的时空分布特征，因此，应从年际评价和季节性动态评价两个角度对水环境承载力进行评价。

①从年际评价角度，本书从水环境承载力大小、水环境承载力承载状态以及水环境承载力开发利用潜力三方面对一个地区的水环境承载力进行评价。水环境承载力大小主要与该区域的污染状况、水环境功能区目标、水资源量、水生态状态等相关，因此选择可以表征水环境容量、水资源供给能力以及水生态服务功能的指标，采用矢量模法等评价方法对该地区的水环境承载力大小进行评价。一个地区的水环境承载力承载状态包括两个方面，一是水环境对社会环境的支持力，二是社会环境由于污染物排放、水资源和生态环境的开发利用给水环境造成的压力；可以选择从 COD 承载率、氨氮承载率、水资源承载率等水环境要素出发，采用内梅罗指数法计算水环境综合承载率，评价其承载状态，也

可以根据该地区的实际情况，从水环境容载状态、水资源承载状态、水生态承载状态三方面，选择熵权法、突变级数法等其他评价方法评价该地区的水环境承载状态。水环境承载力既具有自然属性，也具有社会属性，一个地区的经济发展以及对环境保护的重视程度都会影响该区域今后的水环境承载力大小及其状态，因此可以基于水环境承载力承载状态评价结果，选择表征水资源利用与污染物排放强度以及地区发展能力的指标，采用突变级数法等其他方法评价该地区的水环境承载力开发利用潜力。突变级数法基本原理如下。

第一，根据评价目的，对评价总指标进行多层次分解，排列成倒立树状目标层次结构，并进行重要性排序，重要指标排在前面，次要指标排在后面（注意：因为一般突变系统某状态变量的控制变量不超过 4 个，所以一般各层指标分解不要超过 4 个；原始数据只需要知道最下层子指标的数据即可）。

第二，确定突变评价指标体系的突变系统类型；突变系统类型一共有 7 个，最常见的有 3 个，即尖点突变系统、燕尾突变系统和蝴蝶突变系统。

尖点突变系统模型为：$f(x)=x^4+ax^2+bx$ （2-32）

燕尾突变系统模型为：$f(x)=\frac{1}{5}x^5+\frac{1}{3}ax^3+\frac{1}{2}bx^2+cx$ （2-33）

蝴蝶突变系统模型为：$f(x)=\frac{1}{6}x^6+\frac{1}{4}ax^4+\frac{1}{3}bx^3+\frac{1}{2}cx^2+dx$ （2-34）

上面的$f(x)$表示 1 个系统的 1 个状态变量 x 的势函数，状态变量 x 的系数 a、b、c、d 表示该状态变量的控制变量。若 1 个指标仅分解为 2 个子指标，该系统可视为尖点突变系统；若 1 个指标可分解为 3 个子指标，该系统可视为燕尾突变系统；若 1 个指标能分解为 4 个子指标，该系统可视为蝴蝶突变系统。

第三，由突变系统的分歧方程导出归一公式。

根据突变理论，尖点突变系统归一公式为：$x_a=a^{\frac{1}{2}}$，$x_b=b^{\frac{1}{3}}$，式中 x_a 表示对应 a 的 x 值，x_b 表示对应 b 的 x 值。

燕尾突变系统的归一公式为：$x_a=a^{\frac{1}{2}}$，$x_b=b^{\frac{1}{3}}$，$x_c=c^{\frac{1}{4}}$ （2-35）

蝴蝶突变系统的归一公式为：$x_a=a^{\frac{1}{2}}$，$x_b=b^{\frac{1}{3}}$，$x_c=c^{\frac{1}{4}}$，$x_d=d^{\frac{1}{5}}$ （2-36）

在此，归一公式实质上是一种多维模糊隶属函数。

第四，利用归一公式进行综合评价。根据多目标模糊决策理论，对同一方案，在多种目标情况下，如设 A_1，A_2，…，A_m 为模糊目标，则理想的策略为 $C=A_1\cap A_2\cap\cdots\cap A_m$，其隶属函数为$\mu(x)=\mu_{A_1}(x)\cap\mu_{A_2}(x)\cap\cdots\cap\mu_{A_m}(x)$，式中$\mu_{A_i}(x)$为$A_i$的隶属函数，定义为此方案的隶属函数，即为各目标隶属函数的最小值。

对不同的方案，如设G_1，G_2，…，G_n，记A_i的隶属函数为$\mu_{G_i}(x)>\mu_{G_j}(x)$，则表示方案$G_i$优于方案$G_j$。因而，利用归一公式对同一对象各控制变量（即指标）计算出的对应的x值应采用“大中取小”原则，但对存在互补性的指标，通常用其平均数代替。

②从季节性动态评价角度，需要根据地区的降雨时空分布、水文特征、污染物排放等特点判断该地区是否具有显著的季节性特征，如果该地区有显著的季节性特征，则建议选取季节性动态评价的方法进行评价，即选择月际显著性的季节划分或者聚类分析等方法将 12 个月划分为平水期、丰水期、枯水期共 3 个时期，然后选择从 COD 承载率、氨氮承载率、水资源承载率等水环境要素出发，采用内梅罗指数法计算水环境综合承载率，对比分析不同时期的水环境承载力承载状态。

水环境承载力评价方法体系的技术路线如图 2-6 所示。

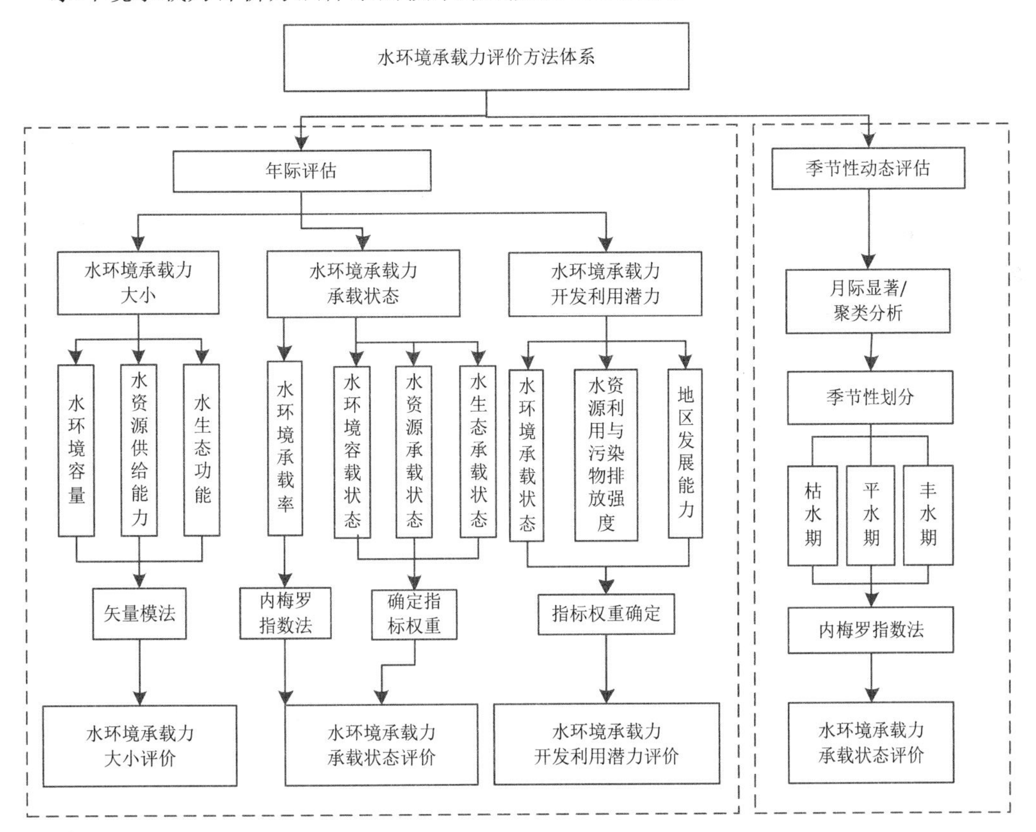

图 2-6 水环境承载力评价方法体系

2.4 水环境承载力分区方法体系

本书从流域与全国两个尺度，探讨不同尺度水环境承载力分区方法，并基于流域控制子单元和全国省级行政区划，开展多尺度水环境承载力分区实证研究。

①流域尺度上，在拥有水环境容量数据的情况下，基于国家控制单元划分成果，根据研究流域地形、水文、水功能区、排污口等实际情况，将研究流域控制区细化成若干控制子单元。从水环境容量和水资源供给两个角度，选择 COD 可利用环境容量、氨氮可利用环境容量和地表水资源量作为水环境承载力分量，采用矢量模法，量化各控制子单元水环境承载力大小并进行分区。依据水环境要素对人类生存与活动影响的重要程度，选择 COD 承载率、氨氮承载率和水资源承载率作为表征区域水环境承载力承载状态的指标分量，采用内梅罗指数法计算各控制子单元水环境综合承载率，进一步将水环境承载率划分为 5 个状态，即优秀、良好、弱超载、中超载与强超载状态，并据此进行水环境承载力承载状态分区。从区域水环境承载力承载状态、水系统脆弱程度与水环境承载力开发利用潜力 3 个角度，构建指标体系，综合评价水环境承载力并进行分区。基于划分的控制子单元，采用 k-均值聚类方法对控制子单元进行聚类分析，依据聚类结果所反映的指标特征对水环境承载力进行分区，划分并命名各控制子单元。k-均值聚类方法的核心思想及主要公式如下。

k-均值聚类方法的核心思想为首先从所给 n 个数据对象中随机选取 k 个对象作为初始聚类中心点，对剩下的其他对象，根据其与所选 k 个中心点的相似度（距离），分别分配给与其最相似的聚类，然后重新计算所获聚类的聚类中心，即该聚类中所有对象的均值。不断重复上述过程直至标准测度函数开始收敛为止。其基本计算流程如下。

首先，从 n 个控制子单元中选取 k 个控制子单元作为初始聚类中心 $Z_j(I)$，并令 I=1。其次，分别计算每个控制子单元到 k 个聚类中心的距离 $d[x_i,Z_j(I)]$，如果满足：

$$d[x_i,Z_k(I)]=\min\{d[x_i,Z_j(I)]\} \tag{2-37}$$

则 x_i 属于第 k 类。计算误差平方和准则函数，公式如下：

$$J_c(I)=\sum_{j=1}^{k}\sum_{x\in k}\left|x-Z_j(I)\right|^2 \tag{2-38}$$

令 I=I+1，重新计算 k 个新的聚类中心（取该聚类中所有控制子单元属性的平均值），公式如下：

$$Z_j(I)=\frac{1}{n}\sum_{i=1}^{n_j}x_i^{(j)} \quad (x_i^{(j)}\in k) \tag{2-39}$$

不断重复这一过程直至标准测度函数开始收敛为止，ξ 取 $J_c(I)$的 10^{-6}，即

$$\left|J_c(I)-J_c(I-1)\right|<\xi \tag{2-40}$$

②全国尺度上，在缺乏水环境容量数据的情况下，基于省级行政单元，遵循指标确定的通用原则，同时考虑数据的可获得性及可操作性，从水环境容量和水资源供给两个角度，构建水环境承载力相对大小量化指标体系。采用尖点突变系统模型和蝴蝶突变系统模型及其势函数，计算水环境承载力相对大小并分区。构建水环境承载力承载状态和水资源承载力承载状态评价指标体系，基于尖点突变系统模型和蝴蝶突变系统模型及其势函数，根据归一公式计算各控制变量的初始模糊隶属函数值，进而评价水环境承载力承载状态和水资源承载力承载状态并对其进行分区。考虑到不同区域社会、经济与环境系统的复杂性与多样性，从区域水环境承载力承载状态、水资源承载力承载状态与水环境承载力开发利用潜力 3 个角度，采用燕尾突变系统模型，对水环境承载力进行综合评价并进行分区。采用 k-均值聚类方法对各省级行政单元进行聚类分析，依据聚类结果所反映的指标特征对水环境承载力进行分区。

水环境承载力分区方法体系的技术路线如图 2-7 所示。

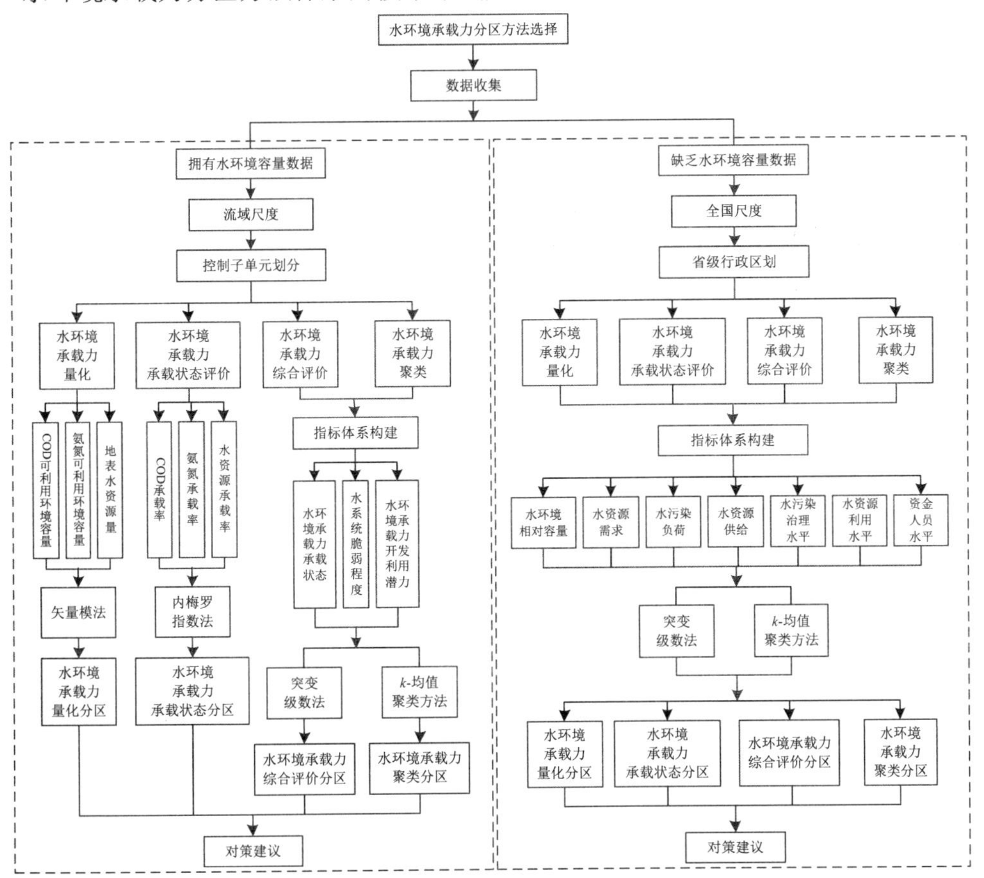

图 2-7 水环境承载力分区方法体系

2.5 水环境承载力约束下的区域发展规模结构优化调控方法体系

本书基于城市水代谢和社会-经济-水环境-水资源复合系统两种理论方法，分别探讨水环境承载力约束下的区域发展规模结构优化调控。

①在基于城市水代谢的区域发展规模结构优化调控方面，首先对传统城市水代谢系统和新型城市水代谢系统的特征及优劣进行比较。一般来说，传统的城市水代谢系统采取的主要对策是充分利用现有水代谢系统的构筑物和管网，但当前传统方式都已经进入了发展的“瓶颈”期。所以为了提高城市环境承载力，可采用从内部和外部双向调控水环境承载力的方案，利用水的循环利用与再生利用过程真正实现“代谢”目的，以新型城市水代谢系统弥补传统城市水代谢系统的不足。新型的城市水代谢系统可以构建更完备的构筑物和管网，采取更多的方法提高水环境承载力，包括再生水（二级再生水和深度再生水）的利用、二级再生水回补河道、水的循环利用、提高污水处理能力和处理级别等多种方式。通过对比发现，提高水环境承载力需要以构建新型城市水代谢系统为基础，并以此设计双向调控方案。传统城市水代谢系统及新型城市水代谢系统双向调控方案如表 2-5 所示。

表 2-5 传统城市水代谢系统及新型城市水代谢系统双向调控方案

调控方向	调控目标	调控措施	传统城市水代谢系统	新型城市水代谢系统
城市外部	提高水资源的供给能力	筑坝蓄水	√	√
		区外调水	√	√
		再生水利用		√
	提高对水污染的承受能力	二级再生水回补河道		√
城市内部	降低水资源的利用强度	节约用水	√	√
		水的循环利用		√
	减少水污染的排放负荷	源头控制	√	√
		末端治理	√	√
		提高污水处理能力		√
		提高污水处理级别		√

其次，在系统动力学的支持下，按照步骤，构建城市水代谢动态仿真模型，以模拟城市中水的代谢。建立系统动力学模型的步骤包括确定系统分析的目的、确定系统边界和

主要变量、模型设计、确定参数取值、模型检验与修正、参数灵敏性分析、模型模拟仿真（情景模拟）、结果分析与政策制定等。使用该方法时需要分析各因素与城市水环境承载力之间的影响和反馈机制，模拟传统城市不可持续水代谢情景和新型城市可持续水代谢情景下的城市水环境承载力。城市水代谢系统中与城市水环境承载力相关的反馈回路有3个（如图2-8所示）。

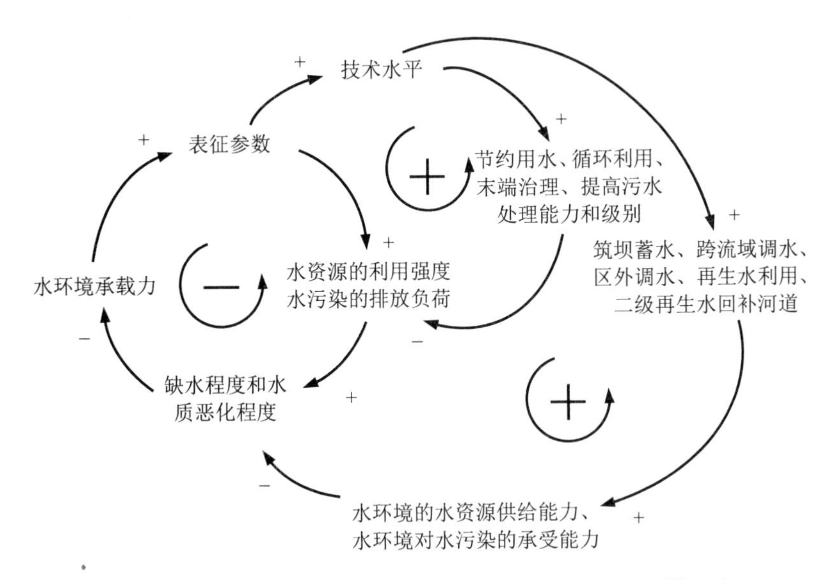

图2-8 城市水代谢系统中与水环境承载力相关的反馈回路

最后，在水代谢模型下，将水质-水量二维矢量模的综合表征方法和人口规模、经济规模的综合表征方法相结合，以前者为水环境承载力的量化提供约束条件，求解后者，以达到优化调控区域发展规模结构的目的，其逻辑结构如图2-9所示。

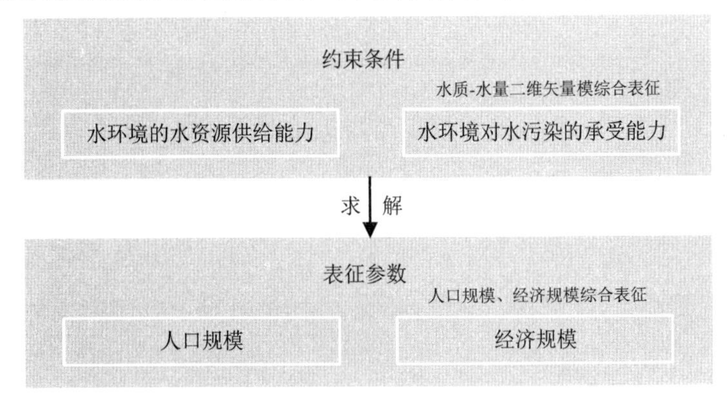

图2-9 基于水代谢的城市水环境承载力模型逻辑结构

②在基于社会-经济-水环境-水资源复合系统的区域发展规模结构优化调控方面，首先基于系统动力学动态模拟仿真方法，明晰水环境承载力与社会、经济发展压力的关系，从社会-经济-水环境-水资源复合系统的结构和功能模拟入手，建立社会-经济-水环境-水资源复合系统动态仿真模型，主要考虑人口、经济、水资源和水环境等子系统，在 BAU、规划和理想 3 种不同发展情景下进行模拟，分析预测在 3 种情景下区域未来社会经济发展对水资源、水环境的利用影响程度，以及水环境承载力承载状态。其次，基于模拟结果，利用不确定多目标优化模型，以经济规模及人口最大化为目标，以水环境承载力分量、产值及人均 GDP 作为约束，对区域发展规模和结构进行优化，提出产业发展指导目录之后，依据模型得到的人口规模，进一步对人口空间布局进行优化，提出人口调控方案。

不确定多目标优化模型（IFMOP）的基本形式可以归结如下：

$$\min f_k^{\pm} = C_k^{\pm} X^{\pm}, \quad k = 1,2,\cdots,p \tag{2-41}$$

$$\max f_l^{\pm} = C_l^{\pm} X^{\pm}, \quad l = p+1, p+2,\cdots,q \tag{2-42}$$

$$A_i^{\pm} X^{\pm} \leqslant b_i^{\pm}, \quad i = 1,2,\cdots,m \tag{2-43}$$

$$A_i^{\pm} X^{\pm} \geqslant b_j^{\pm}, \quad j = m+1, m+2,\cdots,n \tag{2-44}$$

$$X^{\pm} \geqslant 0 \tag{2-45}$$

式中：$X^{\pm} \in \{\Re^{\pm}\}^{t\times l}$，$C_k^{\pm} \in \{\Re^{\pm}\}^{l\times t}$，$C_l^{\pm} \in \{\Re^{\pm}\}^{l\times t}$，$A_i^{\pm} \in \{\Re^{\pm}\}^{l\times t}$，$A_j^{\pm} \in \{\Re^{\pm}\}^{l\times t}$，其中$\Re^{\pm}$表示不确定数的集合。

水环境承载力约束下的区域发展规模结构优化调控方法体系的技术路线如图 2-10 所示。

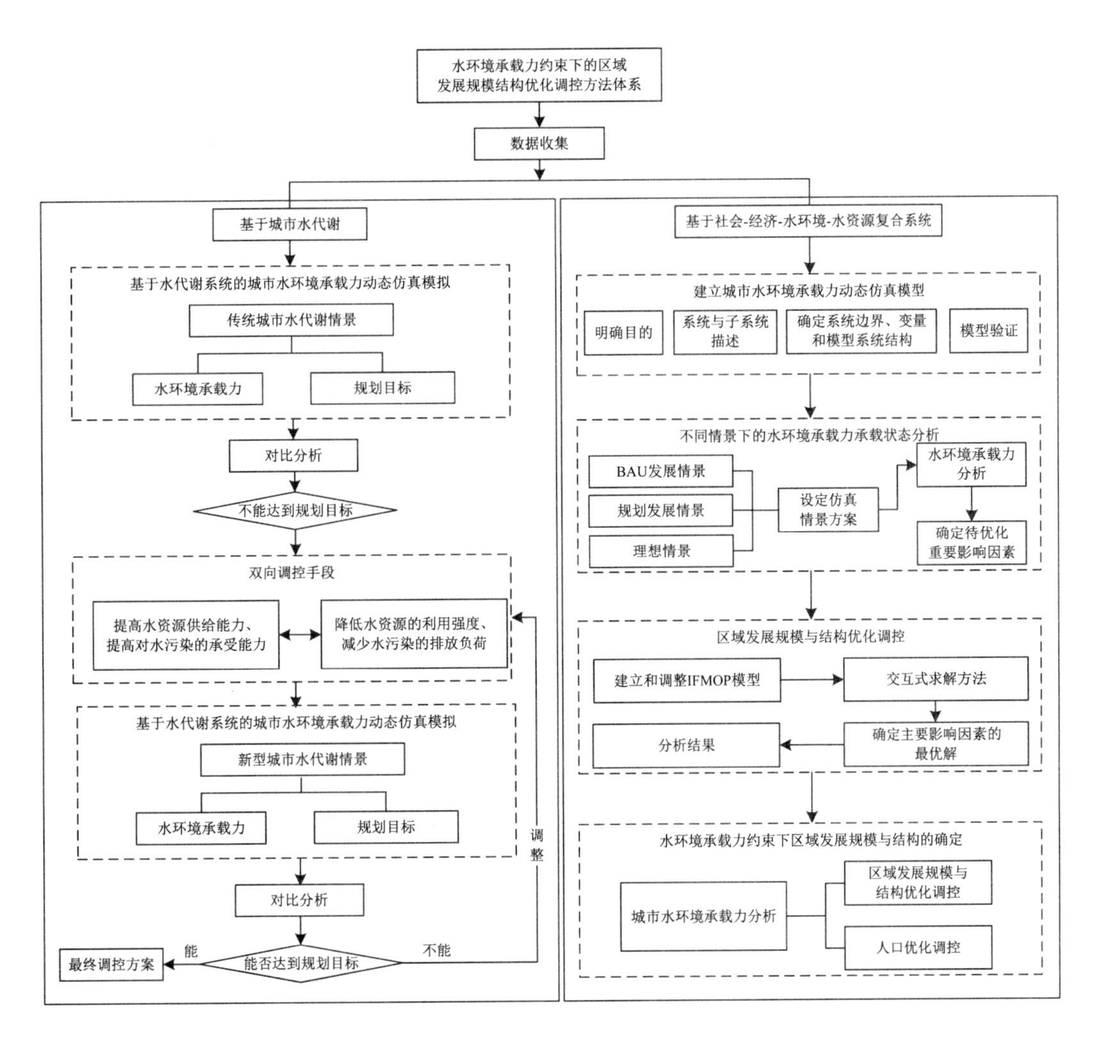

图 2-10 水环境承载力约束下的区域发展规模结构优化调控方法体系

第二篇

水环境承载力评价

第3章　水环境承载力评价理论方法

水环境承载力评价始于环境承载力大小评价，其原理为基于环境承载力的力学特征，采用矢量方法对环境承载力进行表征，用矢量模的大小对环境承载力进行评价（曾维华等，1997）。此后，水环境承载力评价更多借鉴矢量模法评价思路，通过建立指标体系评价水环境承载力，但评价目的不明确，水环境承载力概念内涵界定不清；由此导致指标体系偏重于表达流域或区域水系统的可持续发展状态或能力。虽然评价指标体系庞大，但并未表征出水环境承载力的大小或承载状态。本书从水环境承载力概念入手，根据评价对象与评价目的的不同，以长期以来在水环境承载力评价领域的案例积累为基础，归纳总结出三类水环境承载力评价技术方法体系，包括3种类型：①水环境承载力量化评价，即水环境承载力大小评价；②水环境承载力承载状态评价，即通过承载率（人类活动强度与水环境承载力的比）等指数评价水环境承载力承载状态；③水环境承载力开发利用潜力评价，即综合考虑水环境承载力承载状态、人类活动强度以及水环境承载力双向调控（提高水环境承载力、降低人类活动强度以减少人类活动对环境的压力）能力，评价水环境承载力开发利用潜力。

3.1　水环境承载力大小评价

为了对水环境承载力进行量化，需要探寻发展变量与限制变量之间的关系。发展变量可表征人类活动对水环境作用的强度，通常用水资源利用量与污染物排放量描述；限制变量表示水资源禀赋和水环境容量对人类活动的约束，是水环境状况对人类活动反作用的表现。

发展变量可表示为 n 维空间的矢量：

$$\vec{\boldsymbol{d}}=(d_1,d_2,\cdots,d_n) \tag{3-1}$$

同理，限制变量也可表示为 n 维空间的矢量：

$$\vec{c} = (c_1, c_2, \cdots, c_n) \tag{3-2}$$

一般情况下，发展变量与限制变量之间存在某种关系；对某种限制变量，总有若干发展变量与之相关联，其间存在某种反映发展变量与限制变量关系的函数 f_i，函数 f_i^{-1} 为函数 f_i 的反函数：

$$c_i = f_i(d_i),\quad d_i = f_i^{-1}(c_i) \tag{3-3}$$

研究区域内的水环境承载力即为不突破限制变量阈值前提下发展变量的阈值，同样可以表示成 n 维空间的矢量：

$$\begin{cases} \overrightarrow{d^*} = (d_1^*, d_2^*, \cdots, d_n^*) \\ \overrightarrow{d^*} = \max(\vec{d}) \\ \vec{c} = f(\vec{d}) \leqslant \overrightarrow{c^*} \end{cases} \tag{3-4}$$

矢量模法将水环境承载力视为 n 维空间的 1 个矢量，这一矢量随人类社会经济活动方向和大小的不同而不同。通过比较水环境承载力矢量的大小（或称矢量的模）比较不同区域水环境承载力的大小。由于水环境承载力的各分量具有不同的量纲，因此，为比较水环境承载力的大小，首先必须对其各分量进行归一化处理。

假设对人类社会行为作用方向相同的 m 个地区的水环境承载力进行比较，不妨设此 m 个地区水环境承载力为 E_j（$j = 1, 2, \cdots, m$）。

再设此水环境承载力由 n 个分量组成，即有：

$$\boldsymbol{E_j} = (E_{1j}, E_{2j}, \cdots, E_{nj}) \tag{3-5}$$

对 n 个分量进行归一化处理，公式如下：

$$E'_{ij} = E_{ij} \Big/ \sum_{j=1}^{m} E_{ij} \quad (i = 1, 2, \cdots, n) \tag{3-6}$$

式中：E'_{ij}——各分量归一化值。

第 j 个地区的水环境承载力大小即可用其归一化后矢量的模表示，公式如下：

$$\left|E'_j\right| = \sqrt{\sum_{j=1}^{n} E'^2_{ij}} \tag{3-7}$$

3.2 水环境承载力承载状态评价

通过水环境承载率（或称开发利用强度）评价某一区域水环境承载力承载状态。承载率指区域环境承载量（各要素指标的现实取值）与该区域环境承载量阈值（各要素指标上限值）的比值，即相对应的发展变量（即人类活动强度，也可理解为人类活动给水系统带来的压力）与水环境承载力（水环境承载力各分量的上限值）的比值；环境承载量阈值可以是容易得到的理论最佳值或预期达到的目标值（标准值）。应用承载率指标进行水环境承载力的评价，可以清晰地反映某地区水环境发展现状与理想值或目标值的差距，评价环境承载的压力现状。

3.2.1 各分量承载率

单要素环境承载率（I_k）的表达式为：

$$I_k = \frac{\mathrm{ECQ}_k}{\mathrm{ECC}_k} \tag{3-8}$$

式中：k —— 某单一环境要素；

I —— 环境承载率；

ECQ —— 环境承载量（Environmental Carrying Quantity）；

ECC —— 环境承载力（Environmental Carrying Capacity）。

依据水环境要素对人类生存与活动影响的重要程度，选用 COD 承载率、氨氮承载率、水资源承载率作为表征区域水环境承载力的指标，各分量承载率评价公式如下：

COD 承载率=COD 排放量/COD 可利用环境容量 （3-9）

氨氮承载率=氨氮排放量/氨氮可利用环境容量 （3-10）

水资源承载率=用水总量/水资源可利用量 （3-11）

其中，水资源可利用量是该地区水资源总量扣除水体生态环境需水量、由供水设施提供的可利用水量。

3.2.2 水环境综合承载率

区域水环境综合承载率的计算采用内梅罗指数法，该方法克服了平均值法各要素分担的缺陷，兼顾了单要素污染指数平均值和最高值，可以突出超载最严重的要素的影响和作用，计算公式如下：

$$R_{\mathrm{e}} = \sqrt{\frac{\overline{P}^2 + P_{\max}^2}{2}} \tag{3-12}$$

$$\overline{P} = \frac{1}{n}\sum_{i=1}^{n} P_i \tag{3-13}$$

$$P_i = \frac{E_i}{C_i} \tag{3-14}$$

式中：R_e —— 区域水环境承载率；

$\overline{P}$ —— 各要素承载率的平均值；

P_{max} —— 各要素承载率的最大值；

P_i —— 第 i 种要素承载率；

E_i —— 第 i 种要素现实值；

C_i —— 第 i 种要素上限值。

当 $0<R_e<1$ 时，人类活动对水系统的压力小于环境承载力，水系统处于水环境承载力适载状态；当 $R_e>1$ 时，水系统处于超载状态。

考虑到不同区域的环境状况特征，将水环境承载率初步划分为 5 个状态（如表 3-1 所示）。

表 3-1　水环境承载率等级划分

状态分级	承载率值	含义
优秀	≤0.5	水环境负荷较低
良好	（0.5，1]	水环境负荷相对较轻
弱超载	（1，1.5]	水环境负荷已超出临界值，处于环境弱超载状态
中超载	（1.5，2]	水环境处于可能发生污染的中超载状态
强超载	＞2	水环境处于容易发生污染的强超载状态

3.3　水环境承载力开发利用潜力评价

在系统归纳总结现有流域（区域）水环境承载力评价文献所建立的指标体系基础上，建立一套完整的评价指标体系，以科学客观地评价水环境承载力开发利用潜力。为了直观地显示目标层的促进因素和制约因素、全面评价水环境承载力开发利用情况，采用多指标测度体系评价水环境承载力开发利用潜力。表 3-2 所示为初步构建的水环境承载力开发利用潜力评价指标体系，其准则层包括区域水环境承载率、区域水资源利用与污染物排放强度以及区域发展能力。

表 3-2 水环境承载力开发利用潜力评价指标体系

目标层	准则层	指标层		单位
水环境承载力开发利用潜力评价指标体系	区域水环境承载率	水资源承载率		%
		COD 承载率		%
		氨氮承载率		%
		水环境容量丰裕度指数		%
		水环境容量紧缺度指数		—
		水环境容量季节变异系数		—
		……		
	区域水资源利用与污染物排放强度	水资源	万元工业增加值耗水量	m^3/元
			人均生活用水量	m^3/万人
			单位面积水资源量	m^3/m^2
			水资源可利用率	%
		水环境	万元工业增加值 COD 排放量	t/元
			万元工业增加值氨氮排放量	t/元
			人均生活 COD 排放量	t/万人
			人均生活氨氮排放量	t/万人
	区域发展能力	公路网密度		km/km^2
		城市化率		%
		平均受教育年限		a
		GDP 增长率		%
		第三产业占比		%
		全社会劳动生产率		元/人
		环保投资占 GDP 比重		%
		研发经费内部支出占 GDP 的比重		%
		非农业产业比重		%

根据表 3-2 建立的多指标测度指标体系，通过不同方法分别计算得出准则层 3 个指标（区域水环境承载率、区域水资源利用与污染物排放强度、区域发展能力）的评价值，再利用这 3 个指标作为评价指标体系的目标层，构建水环境承载力开发利用潜力的测度体系。即：

$$Q = f\left(U_A, U_B, U_C\right) \tag{3-15}$$

式中：Q —— 水环境承载力开发利用潜力函数；

U_A —— 区域水环境承载率；

U_B —— 区域水资源利用与污染物排放强度；

U_C —— 区域发展能力。

其中，区域水环境承载率核算采用内梅罗指数法；区域水资源利用与污染物排放强度、区域发展能力的评价采用熵权-模糊综合评判法，以避免层次分析法确定权重过于主观的问题。

熵权法是一种根据各项指标观测值所提供的信息的大小（即信息熵）确定指标权重的客观赋权方法。其原理为：在信息论中，熵是对不确定性的一种度量。信息量越大，不确定性就越小，熵也就越小；信息量越小，不确定性就越大，熵也就越大。根据熵的特性，可以通过计算熵值判断一个事件的随机性及无序程度，也可以用熵值判断某个指标的离散程度，指标的离散程度越大，该指标对综合评价的影响越大，则其权重也就越大。熵权法具体计算步骤如下所示。

对于正向指标（越大越好型），其标准化处理公式如下：

$$f_{ij}=(X_{ij}-X_{j\min})/(X_{j\max}-X_{j\min}) \tag{3-16}$$

对于负向指标（越小越好型），其标准化处理公式如下：

$$f_{ij}=(X_{j\max}-X_{ij})/(X_{j\max}-X_{j\min}) \tag{3-17}$$

式中：X_{ij} —— 第 i 个区域第 j 项指标的原始值；

$X_{j\max}$ —— 第 j 项指标的最大值；

$X_{j\min}$ —— 第 j 项指标的最小值。

某项指标的信息效用值越大，其权重也越大，计算公式如下：

$$p_{ij}=f_{ij}\Big/\sum_{i=1}^{n}f_{ij} \tag{3-18}$$

$$d_j=1+\frac{1}{\ln n}\sum_{i=1}^{n}p_{ij}\ln p_{ij} \tag{3-19}$$

$$w_j=d_j\Big/\sum_{j=1}^{n}d_j \tag{3-20}$$

式中：n —— 指标个数；

d_j —— 第 j 项指标的信息效用值；

w_j —— 第 j 项指标的权重。

根据熵权法确定各指标权重后，利用模糊综合评价法对区域水环境承载力开发利用潜力进行综合评价。模糊综合评价法是一种基于模糊数学的综合评价方法，即用模糊数学对受到多种因素制约的事物或对象做出一个总体的评价。它具有结果清晰、系统性强的特点，能较好地解决模糊的、难以量化的问题，适合各种非确定性问题的解决。对区域水资源利用与污染物排放强度、区域发展能力进行评价，就是要判断哪些区域水环境承载力开发水平“大”、哪些相对“小”一些，哪些区域水环境承载力发展能力“大”、哪些相对“小”一些。而对“大”与“小”的概念界定中并没有明确的界限。这就需要应用模糊数学的方法，通过确定模糊集合和隶属度函数，并与权重之间进行适当的运算，对区域水资源利用与污染物排放强度、区域发展能力做出综合评价。模糊综合评价的计算步骤如下。

（1）确定评价因素（指标）集 U

设 $U=\{u_1, u_2,\cdots, u_n\}$，其中 $u_1, u_2,\cdots, u_n$ 为被评价对象的各因素。首先建立因素集合，将指标层分为因素集，其中因素集 $U=\{U_1,\cdots, U_p\}$，表示指标体系中的 p 个准则层，这里只有 1 个指标层，即开发水平（或发展能力）。子因素集 $U_i=\{U_{i1}, U_{i2},\cdots, U_{im}\}$，其中 m 为每个准则层下的指标个数。U_{im} 即为万元工业增加值耗水量、万元工业增加值 COD 排放量、万元工业增加值氨氮排放量等指标。

（2）确定评价等级（评语）集 V

设 $V=\{v_1, v_2,\cdots, v_n\}$，其中 $v_1, v_2,\cdots, v_n$ 为各等级（评语）。

（3）确定模糊（关系）矩阵 $\boldsymbol{R}$

对每个单评价因素 u_i（i=1, 2,⋯, n）进行评价，得到 V 上的模糊集（$r_{i1}, r_{i2},\cdots, r_{im}$）。它是从 U 到 V 的 1 个模糊映射 f，由 f 可以确定 1 个模糊关系矩阵 $\boldsymbol{R}$，即：

$$\boldsymbol{R}=\begin{bmatrix} r_{11} & r_{12} & \cdots & r_{1m} \\ r_{21} & r_{22} & \cdots & r_{2m} \\ \vdots & \vdots & & \vdots \\ r_{n1} & r_{n2} & \cdots & r_{nm} \end{bmatrix} \tag{3-21}$$

实际上，在之前进行指标数据无量纲化处理时，就已经建立了模糊关系。因此，直接用处理后的数据即可。通过隶属度函数的计算，得到 1 个 $\boldsymbol{R}_{m\times n}$ 的模糊评价矩阵，其中 m 为评价指标的个数，n 为评价对象个数。

（4）确定评价权重集 W

通过熵值法确定的权重 W，设各因素 $u_1, u_2,\cdots, u_n$ 所对应的权重分别为 $w_1, w_2,\cdots, w_n$，则 W=（$w_1, w_2,\cdots, w_n$），可看成是 U 的模糊集。

（5）综合评价

模糊综合评价的模型为：

$$\boldsymbol{B}=\boldsymbol{W}\circ\boldsymbol{R} \tag{3-22}$$

$$\text{或 } \boldsymbol{B}=(b_1,b_2,\cdots,b_m)=(w_1,w_2,\cdots,w_n)\circ\begin{bmatrix} r_{11} & r_{12} & \cdots & r_{1m} \\ r_{21} & r_{22} & \cdots & r_{2m} \\ \vdots & \vdots & & \vdots \\ r_{n1} & r_{n2} & \cdots & r_{nm} \end{bmatrix} \tag{3-23}$$

$\boldsymbol{B}$ 称为模糊综合评价集，即为模糊综合评价的结果。b_j（j=1, 2,⋯, m）为模糊综合评价指标，反映了因素集中元素对各等级的总体隶属程度。式中，“$\circ$”为模糊合成算子 $\boldsymbol{M}(\otimes,\Theta)$，“$\otimes$”和“$\Theta$”是模糊变换的两种运算。模糊合成算子 $\boldsymbol{M}(\otimes,\Theta)$ 由两步运算组成：首先进行第一步“$\otimes$”运算，用于 w_i 对 r_{ij} 的修正；然后进行第二步“Θ”运算，用于 w_i 对 r_{ij} 的综合。其具体表现形式为：

$$\boldsymbol{B}=\boldsymbol{W}\circ\boldsymbol{R}=(b_1,b_2,\cdots,b_m)=\left(w_1\otimes r_{1j}\right)\Theta\left(w_2\otimes r_{2j}\right)\Theta\cdots\Theta\left(w_n\otimes r_{nj}\right)\quad (j=1,2,\cdots,m) \tag{3-24}$$

3.4 水环境承载力动态评价

根据降雨时空分布、水文特征、污染物排放等特点判断该地区是否适合于季节性分析；如果适合，则需采用基于月际显著性的季节划分方法或者聚类分析的方法将 12 个月划分为平水期、丰水期、枯水期共 3 个时期，最后分别评价并比较分析不同季节的水环境承载力大小以及水环境承载力承载状态的变化。

（1）基于月际显著性的季节划分方法

通常情况下，将 1 年划分成的“季节”数量越多，越能充分反映水环境容量和水资源量的动态变化，从而根据水环境承载力动态调节排污量和取水量，就越能充分利用水体的水资源和自净能力。但是，划分的“季节”数越多，管理就越复杂，管理费用随之提高，同时也不利于水域的污水处理系统运行。在进行基于月际水环境承载力的季节划分方法中，通常将 1 年分为雨季、旱季两个季节，划分的方法可分为两种：根据研究对象 12 个月的月设计流量值，凭经验人为确定 1 个流量临界值，流量低于（或等于）临界值的月份归为枯水季，流量高于（或等于）临界值的月份归为丰水季，最后形成 1 种季节划分方案。另一种是先将 12 个月中最枯月划为旱季，剩下 11 个月为雨季；然后，将靠近最枯月的 2 个月中流量小的那个月与最枯月并为旱季，剩下 10 个月为雨季；依此类推，直至将 12 个月都划分为旱季为止，共有 12 种方案（其中 12 个月都为旱季的划分方案即为传统的水环境承载力核算方法，作为对照方案）。并对各季节划分方案的月流量进行差异显著性分析，若差异显著，则该划分方案适合进行季节性动态水环境承载力核算；若差异不显著，则不适合，从 12 种方案中剔除该方案。

（2）基于聚类分析的季节划分方法

聚类分析是根据变量之间存在的不同程度相似性，将变量划分为若干类，同类的变量之间的“距离”较小。基于聚类分析的季节划分方法中，首先核算该地区的水环境容量、水资源供给量、主要污染物的排放量、水资源开发利用量；然后以 12 个月作为聚类对象，以上 4 个数据作为聚类变量进行聚类分析。

第4章　湄洲湾新经济开发区水环境承载力大小评价

湄洲湾拥有广阔的深海良港，具有建设港口城市的有利条件。根据“七五”期间编制的《福建省国土空间规划（1990—2000年）》，到2000年，在湄洲湾建设3个大规模城镇（秀屿、肖厝与东吴）、5个主导产业与10个大规模码头。随着该地区开发强度的不断加大，人口增长、资源短缺与环境污染问题将不断加剧，会阻碍该地区的社会经济发展。为避免走“先污染，后治理”的老路，确保区域可持续协调发展，在编制《福建省国土空间规划（1990—2000年）》的同时，由北京大学牵头，清华大学、北京师范大学与福建省环境科学研究所共同参与启动了《湄洲湾新经济开发区环境污染综合防治规划》（以下简称《综合防治规划》）编制工作。在规划总报告编制过程中，提出环境承载力概念，并对开发区内4个主要城镇（秀屿、肖厝与东吴，东岭作为规划预备地）进行了环境承载力量化研究。

4.1　湄洲湾新经济开发区概况

4.1.1　地理位置

湄洲湾位于福建省沿海中部、泉州市和莆田市会合处，具体为莆田市仙游县、城厢区、秀屿区和泉州市惠安县、泉港区交汇处，其中泉州港、肖厝港和斗尾港是“中国少有，世界不多”的多泊位天然深水良港。湄洲湾三面环山，湄洲岛横亘湾口；往湾内5 n mile，盘屿、大竹屿、小竹屿、小霜屿等呈东北—西南排布；再往内7 n mile，有罗屿、横屿和洋屿平列，形成三道屏障，避风避浪条件极好。湄洲湾深入内陆约18 n mile，航道既长且宽。湄洲湾沿岸港分为东吴港区、秀屿港区、肖厝港区、斗尾港区等4个港区。

4.1.2　气象水文

湄洲湾多年平均气温20.2℃，极端最高气温39.2℃，极端最低气温-0.3℃。多年平均降水量在 977.5～1 317.6 mm 之间。降雨主要集中在 4—9 月，其降水量占全年的 80%。多年平均雾日数（能见度小于 1 km）为崇武站 30 d、秀屿 14 d、山腰 8 d、三江口 12 d。雾日主要集中在 3—6 月，雾在日出后 2～3 h 内消失。湄洲湾属于亚热带海洋性气候，湾内无大河流入，流入湾内的年径流量约为 3.77 亿 m^3；与潮流量相比，径流量所占的比重极微，海水中含沙量低，平均含沙量为 0.012～0.02 kg/m^3，湄洲湾是不冻不淤的清水港。

4.1.3 地形地貌

秀屿港区、东吴港区属海边岸地带，陆域多为红土台地。秀屿港区可供开发的陆域面积约 40 km^2，东吴港区可供开发建设的面积为 95 km^2。湄洲湾土地资源条件也适合发展综合性港口城市，湄洲湾两侧多为矮丘、红土台地和沿海冲积平原，不算东岭待开发区，就有 224 km^2 的土地可供开发与发展工业。并且这部分土地大多贫瘠，为自然荒漠。因此，如果发展工业及港口城镇，与农业征地的矛盾不大。

4.1.4 水资源与水环境

湄洲湾是一个深入内陆的半封闭狭长海湾，南北长 33 km，东西宽 30 km。港湾水域面积 516 km^2，其中平均低潮位以下的水域面积超过 374 km^2。纳潮量达 24.23 亿 m^3，且退潮速度大于涨潮速度，自净能力强。

湄洲湾地区地处台湾海峡“雨阴区”，湾内无大河流入，属于水资源不足区域，沿岸水资源十分短缺，必须从区外调水。

4.2 水环境承载力各分量核算

4.2.1 限制因子的选择

人类在发展活动中，总是希望社会经济进步尽可能快，环境状态要尽可能好。就水环境而言，限制因子的限值越大越好，水环境承载力也越大越好，水环境规划的根本任务就是研究在一定的社会经济水平上，在一定的地区内，对其限制因子的限值。因而，应该科学地界定水环境承载力。

在 n 维发展变量空间中，水环境承载力是该空间中的 1 个矢量，对同一地区而言，这一矢量随人类社会活动方向的不同而有不同的方向；对同一人类社会行为的作用方向而言，这一矢量随地区的不同而有不同的大小。这就是说，比较不同地区水环境承载力的大小必须以人类社会行为作用方向相同为前提，这时只需比较水环境承载力矢量的大小

（或称绝对值，或称矢量的模）即可。湄洲湾新经济开发区水环境承载力的量化计算采用矢量模法（方法参见第 3 章内容）。在对湄洲湾新经济开发区各规划区水环境承载力的研究中，主要从水环境质量、水生生态稳定性（以不出现赤潮为界）与水资源 3 个方面选择限制因子进行定量分析。其中，水环境质量方面的限制因子选择养殖业最为敏感的污染物（油）；水生生态稳定性方面的限制因子选择赤潮的控制污染物（总磷）；水资源方面选择可供水量作为限制该区域发展的重要限制因子。另外，按“七五”期间编制的《福建省国土空间规划（1990—2000 年）》，湄洲湾规划区只包含秀屿、肖厝与东吴，东岭作为规划备用地；因此，本研究在此将东岭纳入评价范围，进行水环境承载力的量化评价。

4.2.2 水环境承载力各分量量化

4.2.2.1 水环境质量方面的分量

湄洲湾的开发活动对海域的影响中，主要受关注的是对滩涂养殖业的影响。由于滩涂养殖业对油类的污染最敏感，所以在此选择油的排放量为发展因子，体现人类经济活动在海域环境方面的开发强度和规模。油污染程度对滩涂养殖业的适宜性标准如表 4-1 所示。

表 4-1 油污染程度对滩涂养殖业的适宜性标准

油污染程度/（mg/L）	滩涂养殖适宜性	油污染程度/（mg/L）	滩涂养殖适宜性
＜0.05	无影响	0.10～0.20	控制养殖
0.05～0.10	适宜养殖	＞0.20	不宜养殖

按照规划，湄洲湾沿岸有 7 个主要排污口；利用清华大学建立的湄洲湾水环境质量模拟模型，得到这 7 个排污口排放的污染物对湾内海域中 14 个主要养殖功能区控制点污染物浓度的贡献率（如表 4-2 所示）。海域某养殖功能区控制点 j 的污染物浓度可以表示为：

$$C_j = \sum_{i=1}^{7} M_i \times a_{ji} + C_{j\mathrm{B}} \tag{4-1}$$

式中：C_j —— j 控制点污染物的浓度；

$C_{j\mathrm{B}}$ —— j 控制点污染物的本底浓度；

M_i —— 第 i 排污口排放污染物总量；

a_{ji} —— 第 i 排污口排放的污染物对第 j 控制点污染物浓度的贡献率（响应系数，如表 4-2 所示）。

表 4-2　浓度响应系数

单位：%

排污口编号 i / 功能区编号 j	1	2	3	4	5	6	7
1	100	30	20	10	25	20	25
2	80	40	30	10	35	30	25
3	75	60	50	15	100	100	30
4	40	40	30	20	45	70	35
5	20	20	20	30	20	25	25
6	10	10	20	20	10	10	10
7	150	50	40	15	30	30	25
8	110	90	80	10	40	50	30
9	70	70	70	20	50	70	30
10	20	20	20	50	25	25	10
11	120	80	80	30	70	80	30
12	40	40	35	60	50	70	40
13	10	10	10	30	10	10	10
14	5	5	5	15	5	5	5

根据湄洲湾滩涂养殖业的分布、海域功能区划以及上述浓度响应系数，选择 1 区、2 区、3 区、4 区、5 区、6 区、7 区、8 区、9 区、10 区、14 区共 11 个区作为养殖控制区并分以下 3 种情景进行分析。

①油类污染物质量浓度控制在 0.2 mg/L 水平上，由此得到的最大允许排污量即为满足各养殖功能区控制点适宜浓度要求条件下，7 个排污口最大的允许排放量之和，可由下列线性规划模式确定：

$$\max\sum_{i=1}^{7}M_i \tag{4-2}$$

$$\begin{cases}\sum\limits_{i=1}^{7}a_{ji}\times M_i+C_{j\mathrm{B}}=0.2\\ 0.3M_i'\leqslant M_i\leqslant M_i'\end{cases}\quad(i=1,2,\cdots,7;\ j=1,2,\cdots,11) \tag{4-3}$$

式中：M_i' —— 第 i 排污口未经处理的最大污染物排放量，如采用二级处理，污染物削减率为 70%，则污染物排放量为 $0.3M_i'$。

②油类污染控制质量浓度在 0.05～0.10 mg/L 之间，由此得到的最大允许排污量为发展因子的极限。类似地，可由下述线性规划模式确定：

$$\max\sum_{i=1}^{7}M_i \tag{4-4}$$

$$\begin{cases}\sum_{i=1}^{7}a_{ji}\times M_i+C_{jB}\leqslant 0.1 \\ 0.3M_i'\leqslant M_i\leqslant M_i'\end{cases}\quad (i=1,2,\cdots,7;j=1,2,\cdots,11) \tag{4-5}$$

③根据水产养殖功能区划，1 区、2 区、4 区、8 区、10 区、14 区保持养殖功能，油类污染控制质量浓度在 0.05～0.20 mg/L 之间；3 区、5 区、6 区、7 区、9 区牺牲养殖功能，油类污染控制质量浓度在 0.2～0.5 mg/L 之间。由此可建下述线性规划模式：

$$\max\sum_{i=1}^{7}M_i \tag{4-6}$$

$$\begin{cases}0.05\leqslant\sum_{i=1}^{7}a_{ji}\times M_i+C_{jB}\leqslant 0.2 & (i=1,2,4,8,10,14;j=1,2,\cdots,11) \\ 0.2\leqslant\sum_{i=1}^{7}a_{ji}\times M_i+C_{jB}\leqslant 0.5 & (i=3,5,6,7,9;j=1,2,\cdots,11) \\ 0.3M_i'\leqslant M_i\leqslant M_i' & \end{cases} \tag{4-7}$$

表 4-3 为上述模式所得的计算结果。

表 4-3 质量浓度响应系数

区名	第一种情景	第二种情景	第三种情景
秀屿	0.163	0.163	0.163
东吴	1.31	0.95	0.92
肖厝	0.955	0.17	1.05
东岭	1.6	1.6	1.6

据此可得下述结论：

①秀屿地区可排的最大油类污染物量较小，必须采用二级污水处理设施。

②东吴地区可允许排的最大油类污染物量较大，没有必要采取高级污水治理措施，肖厝地区要注意排污口的选择。

③东岭地区可允许排的最大油类污染物量较其他三区大很多，工业发展重点可以考虑布置在该区。应当注意的是，肖厝地区的第三种情景优化排污负荷反而比第一种情景最大允许排污负荷大，这是因为 3 区、5 区、6 区、7 区、9 区已经放弃养殖功能，即对这几个区限制因子的限度放宽，养殖功能不再作为其限制条件。

4.2.2.2 水生生态稳定性方面的分量

《湄洲湾新经济开发区环境污染综合防治规划》生态专项研究结果表明：不同排污口排放单位总氮与总磷时对湾内总氮与总磷的浓度均值的贡献是一样的。基于这一结论，选用生态专项两个代表方案，利用生态-动力学模式预测浮游生物种群数量及氮、磷富营养化指数（DIN 与 DIP）的变化，得出富营养化指数 D 与总磷排放强度的关系：D=0.227 38+0.585 5TP。

由此推算可得，D=0.8 为超富营养的临界值，并选总磷（TP）排放量为这一方面的发展因子；由于当 D=0.8 时，TP=0.978 t/d，这即为该发展因子的极限值。

根据《综合防治规划》报告，秀屿、东吴与肖厝 3 个规划小区建成以后，总磷排放量为 0.82 t/d，小于 0.978 t/d；因此按规划设计前的发展规模尚不足以导致赤潮发生，但余量也仅有 0.158 t/d，如果再进一步发展工业、增加人口，则需采取相应的污水治理措施，方可消除赤潮现象发生的可能。

4.2.2.3 水资源方面的分量

湄洲湾沿岸水资源短缺，为适应经济发展的需要，必须由区外调水，调水方案分南、北两部分：南岸由晋江东溪洪濑取水供肖厝，到第三期位置总共需投资 6 525.5 万元，供水能力 6 m^3/s。北岸主要依靠对东坝水库和木兰溪灌区水利工程进行挖潜、改造与调整，解决东吴与秀屿的供水问题，估计需工程投资 2 435.2 万元，供水能力 0.95 m^3/s。

一般来说，衡量某一地区水资源对其经济开发活动的支持能力时，可用该区水资源的可利用量描述。但对像湄洲湾规划区这样水资源利用量几乎为零的情况，则可用其由区外调水的能力（以调单位水资源所需的工程费用）进行半定量描述。肖厝、东吴与秀屿三区每日调 1 m^3 所需的工程费用分别为 126 元、297 元与 297 元。如果东岭也由洪濑经洛阳泵站调水，则可根据东岭及肖厝与洛阳泵站的距离和肖厝规划区区外调水能力估算东岭的区外调水能力。初步测算大约每天调 1 m^3 水所需的工程费用为 92.4 元。由此可知 4 个规划小区供水能力排序为东岭＞肖厝＞秀屿＞东吴。

4.3 水环境承载力综合评价

根据以上分析结果，将水环境承载力各分量归一化并得到如下结果。

秀屿：$\vec{E}$=(0.04, 0.20, 0.132)

东吴：$\vec{E}$=(0.325, 0.20, 0.132)

肖厝：$\vec{E}$=(0.237, 0.20, 0.132)

东岭：$\vec{E}$=(0.397, 0.40, 0.424)

据此计算出的各规划区水环境承载力的综合指数为：秀屿 0.059，东吴 0.404，肖厝 0.440，东岭 0.705，排序为东岭＞肖厝＞东吴＞秀屿。各分区的量化评价结果如图 4-1 所示。

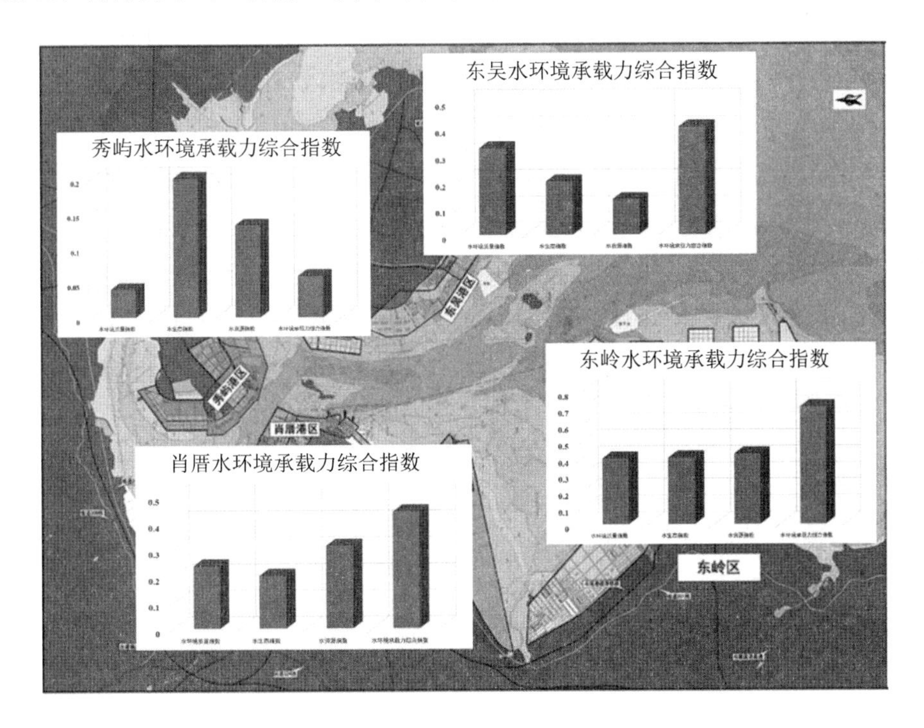

图 4-1　湄洲湾分区水环境承载力量化评价

湄洲湾新经济开发区水环境承载力量化评价结果表明：

①水资源是该地区的主要限制因子，为满足该地区人口增长与经济发展，必须从区外调水，提高该地区的水资源承载力。

②在 4 个区中，秀屿的水环境承载力最小；作为文化行政中心尚可，不宜作为工业开发区。

③肖厝的水环境承载力较大，在该区发展石油炼制、石化和海洋化工是可以接受的，但由于环境空气分量相对较小，必须关注环境空气污染问题。

④尽管东吴的水环境承载力大于秀屿，可以发展电力行业，但由于水资源承载力相对较低，如果建设 600 万 t 钢厂，必须解决水资源紧缺问题。

⑤东岭是 4 个区中水环境承载力最大的区，有供发展重工业的水环境承载条件，可作为工业发展规划预留用地。

4.4 结论与建议

从湄洲湾新经济开发区水环境承载力量化评价结果可以看出，湄洲湾新经济开发区水环境承载力较大。水资源是湄洲湾规划区影响人类生活与工业开发的最大限制因素。湄洲湾沿岸水资源短缺，为适应本区人口增长、工业发展以及经济发展的需要，必须由区外调水。在水环境质量方面，秀屿地区可排的最大油类污染物量较小，必须采用二级污水处理设施；东吴地区可允许排的最大油类污染物量较大，没有必要采取高级污水治理措施；肖厝地区要注意排污口的选择；东岭地区可允许排的最大油类污染物量较其他三区大很多，规划工业的发展重点考虑布置在该区。另外，规划设计的发展规模尚不足以导致赤潮发生，但余量并不充足，如果再进一步发展工业、增加人口，则需采取相应的污水治理措施，方可消除赤潮现象发生的可能。

第5章　南沙国际汽车城水环境承载力承载状态评价

5.1　广州市南沙国际汽车城概况

5.1.1　自然环境概况

5.1.1.1　地理位置

广州市南沙地区位于珠三角中部河网地带，南端濒临珠江出海口，东临狮子洋与东莞市隔洋相望、西以洪奇沥水道与中山市相邻、北邻沙湾水道与市桥和广州新城相接。南沙国际汽车城包括两块用地，一块主要位于黄阁片区，另一块位于珠江管理区。规划区地理位置如图5-1所示。

5.1.1.2　气象水文

广州市南沙地区地处北回归线以南，属亚热带海洋季风性气候，雨量充沛。多年平均气温为21.9℃，极端最高气温和极端最低气温分别为37.5℃、−4℃。历年日照时数为1 575～2 130 h。多年平均降水量为1 684.5 mm，夏季降水量占全年降水量的44%以上，冬季仅占6%；年平均气压为1 010.4 hPa，相对湿度为81%。该地区的主导风向有明显的季节性特征，夏半年以东南风为主导风向，冬半年则以北风为主，常年平均风速为2 m/s，静风频率占12%。受海洋影响，该区域的夏、秋季节易出现台风灾害；据多年资料统计，20世纪50年代到21世纪初的50年间共312个热带气旋在沿海地区登陆，其中台风达104个。

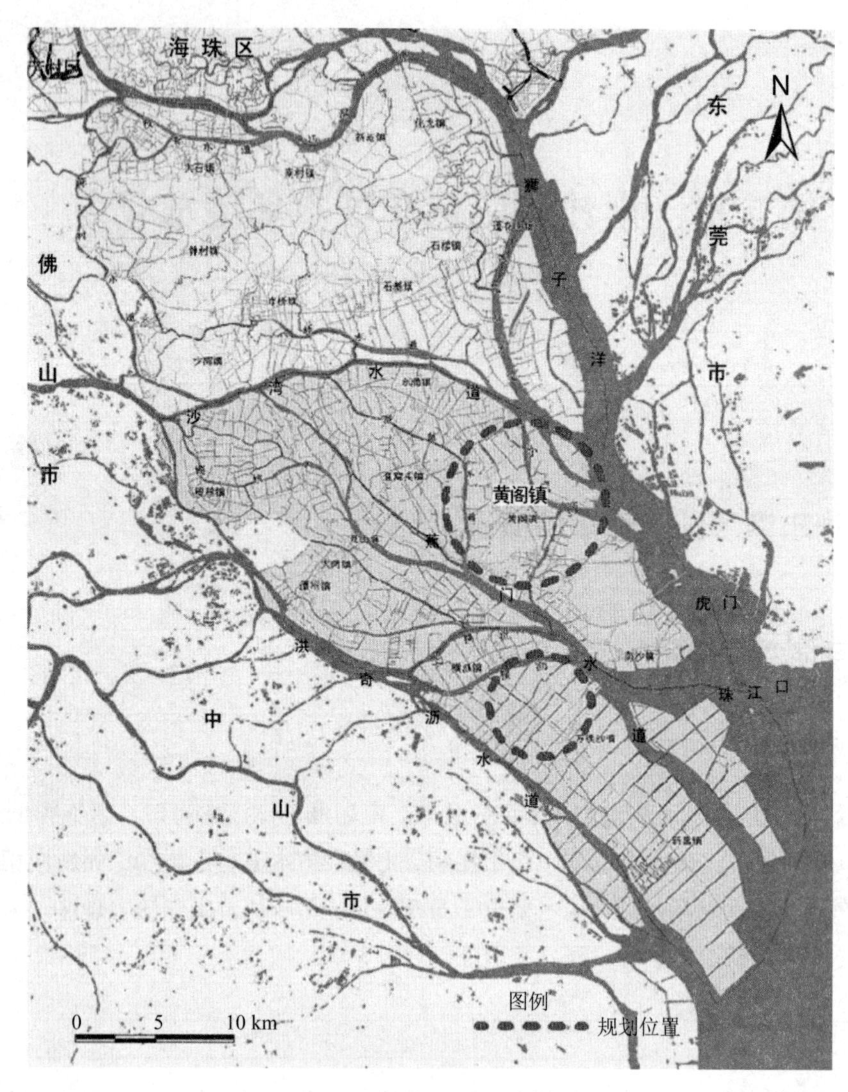

图 5-1 规划区地理位置

广州市南沙地区大部分区域为农田，基本农田保护区面积达 2 259 hm^2。其中，汽车城所在的黄阁片区的森林覆盖率为 6.3%，在该地区属中等水平。林业用地总面积为 455.3 hm^2，其中森林与经济林面积分别为 120.4 hm^2、334.9 hm^2。森林的主要树种为马尾松、湿地松、相思、桉树和竹子等，经济林则主要为荔枝、龙眼、杧果与柑橘等。黄阁镇建成区居住绿地面积为 14 255 m^2，绿地率高达 38.33%。规划区植被分布如图 5-2 所示。

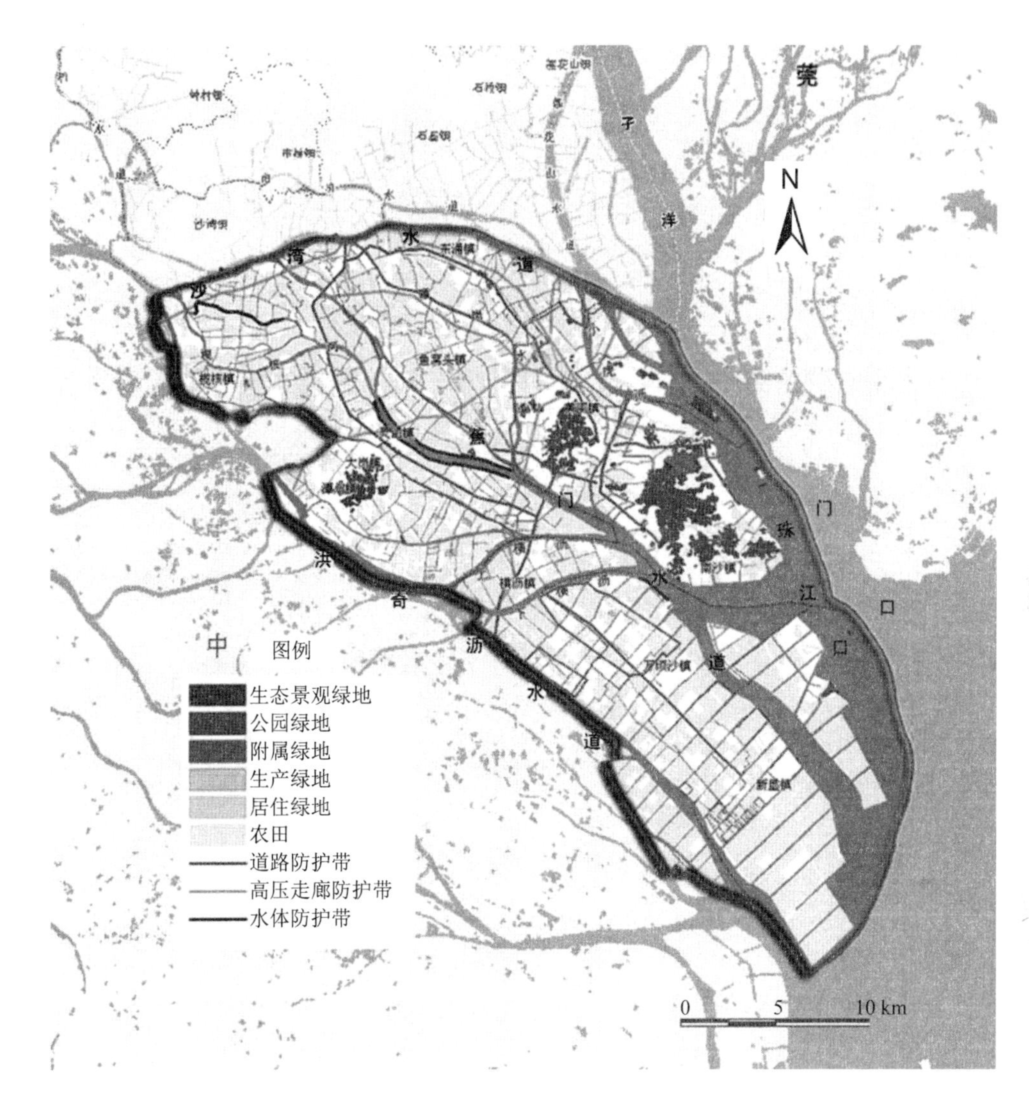

图 5-2 规划区植被分布

广州市南沙地区河网交错，河流多自西北流向东南。上源为西江、北江二江，流经的主要河道有蕉门水道、洪奇沥水道和狮子洋水道，入蕉门、洪奇沥、狮子洋出海（如图 5-3 所示）。各河道均属感潮河段。潮汐属不正规半日潮，在 1 个太阳日里，出现 2 次高潮与 2 次低潮，且高潮位沿程递增；落潮差大于涨潮差，且枯季大于汛期；越往上游，涨潮历时越短，落潮历时与之相反，径流作用越强，落潮历时越短。由于受地形的影响，大潮与小潮均滞后 2～3 d。

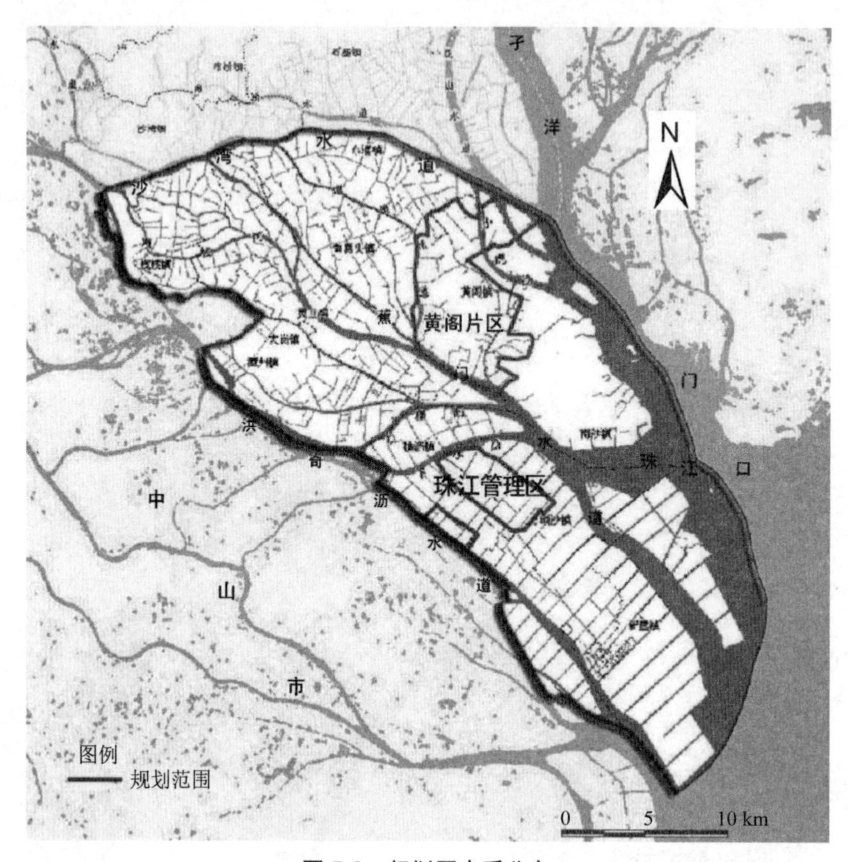

图 5-3 规划区水系分布

（1）蕉门水道

蕉门水道上游接沙湾水道分流的榄核河、浅海、西樵水道和骝岗水道等支流；至中游接洪奇沥水道的分支上横沥、下横沥。干流从西樵口至万顷沙十五涌东为 51 km，支流总长为 56.77 km。上游平均河宽为 285 m，河口宽为 1 350 m。平均水深为 6.42 m，最大水深为 12 m，河道平均横断面面积为 8 660 m^2。上游流量为 3 580 m^3/s，下游流量为 9 325 m^3/s。蕉门水道与规划范围内相邻河段从骝岗水道汇入处到蕉门滘止，约为 4.7 km。

（2）洪奇沥水道

洪奇沥水道在西南边界，上接沙湾水道李家沙分流，以下陆续接容桂水道、眉蕉海、泥沙角的西江支流。在义沙围头向东分上横沥、下横沥两支出蕉门水道。由李家沙起至万顷沙十五涌西干流长 36.2 km。河宽沿程变化很大，上游河宽 207 m，容桂水道宽 778 m，大奎沙宽 907 m，义沙围头宽 1 161 m；过了下横沥在冯马庙收窄 533 m。平均河深为 5.38 m，最深 7 m。洪奇沥水道口淤积快，水道逐渐萎缩，逼使水沙从下横沥夺蕉门入海。

（3）狮子洋水道

狮子洋水道是南沙地区最大的东部边界水道，北接北江的芦苞、西南涌、佛山涌、平洲水道、前后航道和流溪河等支流，东北接东江，在化龙、柏塘尾接沙湾水道。狮子洋水道河宽水深，从深井起宽 932 m，至狮子洋海鸥围宽 2 000 m，虎门出口宽 5 800 m；平均水深为 10.2 m，最深 17.8 m。

（4）骝岗水道

骝岗水道在沙鼻头接沙湾水道，在亭角处汇入蕉门水道，全长约16 km，流量为 310 m^3/s，与规划区相邻长度约为 6 km，河宽 50～280 m。

5.1.1.3 地形地貌

规划区内以低丘平原为主，中部地势高，周围低。北部以沙湾水道冲积平原为主，南部主要是以沙田为主的连片冲积平原。根据成因与形态，南沙地区地貌类型有以下四类。

流水地貌：高丘陵的山顶高度在 250～500 m 之间，分布于南沙镇黄山鲁，全区最高的山的海拔高度为 295.3 m；低丘陵的山高度在 250 m 以下，分布于南沙镇和黄阁镇。

海成地貌：三角洲平原分布于黄阁片区、珠江管理区，主要是沙田、围田和少量岗地，该区地面平坦，由北、西北向东南降低，间有丘陵或山点缀；海蚀崖、海蚀平台、海蚀洞分布于黄阁片区的小虎山、大虎山。

潮间带地貌：海成沙坝（沙堤）或沙滩分布于万顷沙的龙穴岛铜鼓山东侧；草滩分布于洪奇沥水道和珠江糖厂；基岩砾石滩分布于万顷沙的龙穴岛东侧。

海底地貌：水下浅滩分布于虎门、蕉门、洪奇沥门的出海海域；下滩槽分布于虎门、蕉门、洪奇沥门的出海海域。

规划区地形地貌如图 5-4 所示。

5.1.1.4 水资源概况

南沙地区主要有虎门、蕉门、洪奇沥 3 条水道，径流量为 4.82 亿 m^3，多年平均过境流量为 1 377 亿 m^3。其中虎门水道 603 亿 m^3、蕉门水道 565 亿 m^3、洪奇沥水道 209 亿 m^3，分别约占珠江年径流总量的 18%、17%、6%。全区现有蕉东联围等九大联围外江堤防，总长 236.3 km。

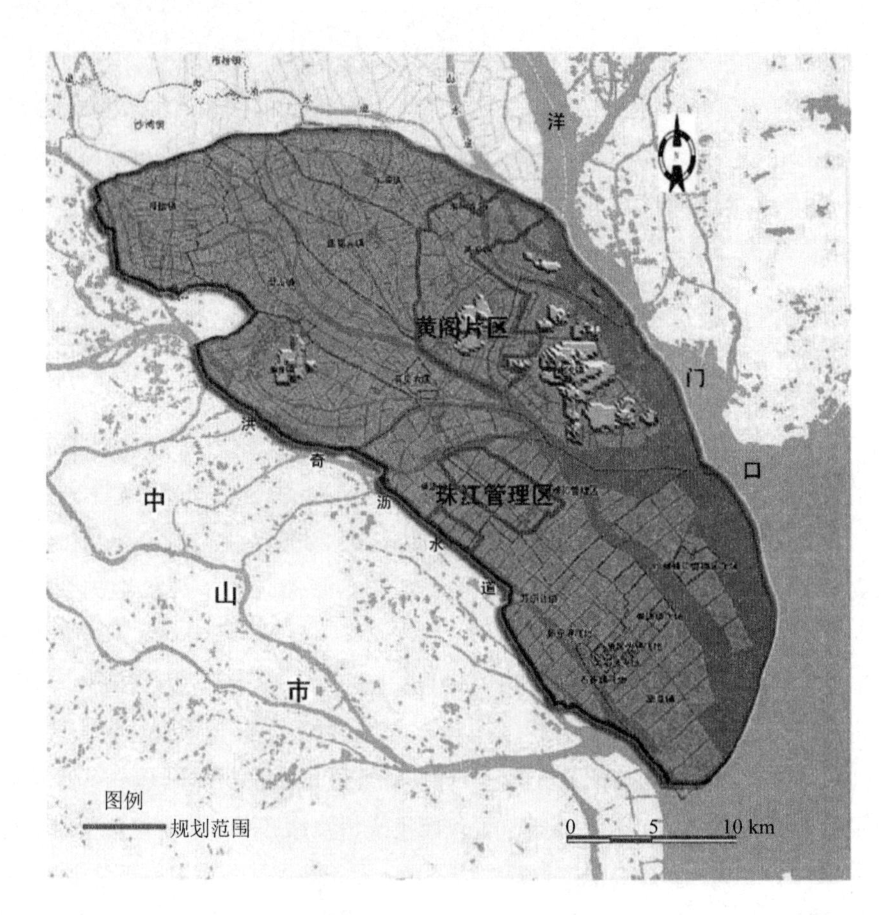

图 5-4 规划区地形地貌

南沙地区水资源量丰富，但由于开发速度较快，小虎沥水道、蕉门水道和洪奇沥水道都受到了不同程度的污染。尽管该地区环境容量的绝对值较大，但在时间（丰水期、平水期、枯水期）和空间（不同河道）上的分布都存在不均匀性。因此，在南沙国际汽车城的规划实施过程中，需要对水环境容量进行合理的分配，使汽车城的发展对环境的影响降到最低限度。

5.1.1.5 土地利用

南沙国际汽车城按照规划范围（如图 5-5 所示）计算，黄阁片区规划用地 130.45 km^2，珠江管理区用地约为 19.55 km^2，总用地约为 150.0 km^2。

图 5-5 南沙国际汽车城发展规划范围示意

5.1.2 社会经济概况

根据广州市番禺区 2000 年国民经济统计资料，2000 年规划区内黄阁镇地方生产总值为 50 047 万元，其中第一产业、第二产业、第三产业总产值分别为 5 982 万元、27 535 万元、16 530 万元；工农业总产值为 76 661 万元（现行价），其中工业总产值为 66 550 万元，农业总产值为 10 111 万元。

根据珠江管理区 2003 年统计资料，规划区内珠江管理区农业用地面积为 54 900 亩

（其中：耕地 24 300 亩，鱼塘 11 800 亩，林用地 6 800 亩，滩涂围垦 12 000 亩）。①蔬菜种植面积 11 730 亩，产量 7 595 t，产值 1 185 万元。②花卉园艺种植面积 1 049 亩，产量 37 万株，产值 2 270 万元。③水果种植面积 16 343 亩，产量 24 768 t，产值 3 357 万元，其中香蕉种植面积 15 025 亩，产量 24 489 t，产值 3 189 万元。④甘蔗种植面积 2 672 亩，产量 20 024 t，产值 753 万元。⑤塘鱼养殖面积 11 798 亩，产量 5 874 t，产值 10 242 万元。⑥生猪饲养量 5 529 头，肉猪上市量 2 359 头，产量 194 t，产值 218 万元。⑦家禽饲养量 43 万只，出栏 37 万只，产值 457 万元。⑧奶牛饲养量 2 518 头，产奶 4 646 t，产值 1 702 万元。社会总产值 8.7 亿元。

规划区的工业企业以制糖、酒精、服装、机械、建筑材料和开采矿石为主，农产品以稻谷、甘蔗为主，兼种香蕉、荔枝、花生、蔬菜等，其中较为有名的是“蕉门红番薯、大井番石榴”。渔业养殖在本地区占有相当重要的地位，主要养殖种类为小虎麻虾、鲚鱼、鳗鱼、三大家鱼等。

南沙国际汽车城发展规划范围内的人口由就业人口、服务人口及原有居民三部分构成。根据规划的汽车产业用地估计，汽车城黄阁片区工业人口约为 5 万人，珠江管理区人口约为 7.5 万人，合计就业人口约 12.5 万人；根据国内其他产业园区的服务人口与就业人口比例，以及国际的标准，估计汽车城所需的服务行业就业人口约为 3 万人；规划范围内，黄阁片区和珠江管理区原有居民总共约 5 万人，这部分可以作为服务人口，并考虑人口的自然增长率及机械增长率，估计南沙国际汽车城总规划人口约为 20 万人。

5.2 水环境开发强度预测

5.2.1 水资源利用需求预测

将汽车城远期的整车年产量分为 3 种情景，即高方案、中方案、低方案。汽车城的发展目标为中方案，高方案的整车年产量比中方案增加10%，低方案的整车年产量比中方案减少 30%；发动机产量的变化类似。

5.2.1.1 工业用水量预测

据调查和有关资料（统计年鉴），规划区（其中黄阁片区已包括小虎岛部分）内除汽车产业外的一些主要用水企业（包括原有的和拟建的）的用水量如表 5-1 所示。这些企业由于逐步实施清洁生产战略，生产工艺在不断地改进，所以用水量随年份会有所减少或者增加不多，因此用水量不按年份计算，统一按最大生产规模时的用水量计算。

表 5-1 规划区内各企业新鲜水用量 单位：万 t/a

区域	类型	单位	新鲜水量
黄阁片区	原有	广东梅山糖业总公司	7 483
		广东兴亚药业有限公司	0.6
		广州市莲丰调味食品厂	0.6
		番禺雅士达陶瓷制品有限公司	3.5
		广州番禺东兴水泥厂	0.4
		明兴（番禺）五金塑料制品有限公司	5.7
		广州市番禺日晖制衣厂	1
		广州市番禺恒丰花艺制品有限公司	0
		银利（广州）电子电器实业有限公司	3.8
		安捷利（番禺）电子实业有限公司	3
		番禺致远有色金属加工有限公司	0.8
	拟建	电装（广州）有限公司	2.2
		广州立白企业集团有限公司广州立智化工有限公司	0.8
		广州捷士多铝合金有限公司	0.5
		中国东方电气集团公司出海基地	6.4
		广州南沙开发区黄阁地区集中供热工程南沙（黄阁）热电厂	17.1
		久泰能源（广州）有限公司（15 万 t/a）	14.4
		广州南沙龙沙有限公司 9 000 t/a 烟酰胺工程	3.7
		年产 20 万 t 聚氯乙烯（PVC）建设项目	199.7
	总计		7 747.2
珠江管理区拟建		广州市福万田化工有限公司	5.4
		广州帝基五金制品有限公司	40.81

除此之外，根据部分汽车公司建设项目环境影响评价报告与《中国环境统计年鉴（2001 年）》，参考前文的情景设计，可预测规划区不同情景下汽车整车和零部件生产用水量（如表 5-2 所示）。

表 5-2 各规划期不同情景下汽车整车和零部件生产用水量 单位：万 t/a

单位	近中期	远期		
		低方案	中方案	高方案
广州丰田汽车有限公司	51.45	144.06	205.80	226.38
广州丰铁汽车部件有限公司	1.91	5.348	7.64	8.404
广汽丰通钢业有限公司	0.19	0.532	0.76	0.836
三五汽车部件有限公司	2.20	6.16	8.80	9.68
广州马鲁雅斯管路系统有限公司	0	0	0	0
广州双叶汽车部件有限公司	1.96	5.488	7.84	8.624

单位	近中期	远期		
		低方案	中方案	高方案
广州中精汽车部件有限公司	9.43	26.404	37.72	41.492
丰爱（广州）汽车座椅部件有限公司建设项目	2.24	6.272	8.96	9.856
爱德克斯（广州）汽车零部件有限公司	0.77	2.163	3.09	3.399
广州樱泰汽车饰件有限公司建设项目	1.30	3.64	5.20	5.72
总计	71.45	200.07	285.81	314.39

5.2.1.2 生活需水量估算

参考广州市及世界发达国家的生活用水定额和实地调查的成果，确定规划区各规划期城镇居民用水定额，根据各规划期人口总量估算各规划期生活用水量（其中黄阁片区已包括小虎岛部分），结果如表 5-3 所示。

表 5-3 各阶段规划区生活用水量

区域	用水指标	近中期	远期
	用水定额/［L/（人·d）］	340	340
黄阁片区	人口总量/万人	16.89	25.34
珠江管理区		5.09	7.63
黄阁片区	用水量/（万 t/a）	2 096.05	3 144.69
珠江管理区		631.67	946.88

综合以上计算，汽车城的水资源需求量如表 5-4 所示。

表 5-4 水资源需求情况 单位：万 t/a

区域	项目	近中期	远期		
			低方案	中方案	高方案
黄阁片区	工业	7 818.65	7 947.27	8 033.01	8 061.59
	生活	2 096.05	3 144.69	3 144.09	3 144.69
	合计	9 914.70	11 091.96	11 177.70	11 206.28
珠江管理区	工业	46.21	46.21	46.21	46.21
	生活	631.67	946.88	946.88	946.88
	合计	677.88	993.09	993.09	993.09

5.2.2 水污染物排放量预测

根据对汽车城及其周边地区已有污染源的调研和拟建污染源的分析，以及汽车城规划人口和人均日用水量，结合各污水收集系统处理率及污水最终入河量的预测，可得汽车城各规划期不同情景下水污染物的处理排放量，结果如表 5-5 所示。

表 5-5 水污染物处理排放量 单位：t/a

区域	污染物类型	近中期	远期		
			低方案	中方案	高方案
黄阁片区	COD_{Cr}	654.4	99.8	1 069.4	1 092.6
	NH_3-N	126.3	192.3	195.6	196.7
珠江管理区	COD_{Cr}	535.2	626.6	632.1	634.1
	NH_3-N	75.6	96.8	96.9	96.9

5.3 水环境承载力核算

5.3.1 水资源承载力

汽车城位于珠江下游河网地带，流经的主要河道有蕉门水道、洪奇沥水道和狮子洋水道，入蕉门、洪奇沥、狮子洋出海。汽车城水资源总量扣除生态需水量（包括河道基流和入海流量）即为该区可供利用的水资源量。

5.3.1.1 汽车城水资源总量

广州市南沙地区虎门、蕉门与洪奇沥门三大口门的涨潮量、落潮量及径流量如表 5-6 所示。

表 5-6 南沙地区三大口门潮量及径流量 单位：亿 m^3/a

潮量及径流量	虎门	蕉门	洪奇沥门	总量
涨潮量	2 288	325	97	2 710
落潮量	2 891	890	306	4 087
径流量	603	565	209	1 377

这三大口门流经的一些地区（其中珠江管理区是横沥镇和万顷沙镇的一部分）及其面积如表 5-7 所示。

表 5-7　三大口门流经的地区及其面积

水道	地区	面积/km²
虎门水道	黄阁镇	53.80
	南沙镇	87.04
蕉门水道	鱼窝头镇	54.48
	灵山镇	77.74
	黄阁镇	53.80
	万顷沙镇	99.92
	横沥镇	47.64
	南沙镇	87.04
	新垦镇	139.34
洪奇沥水道	大岗镇	59.94
	横沥镇	47.64
	新垦镇	139.34
	万顷沙镇	99.92

水资源总量按面积分配到各地区，则规划区内水资源总量如表 5-8 所示。

表 5-8　规划区内水资源总量

区域	水资源总量/（亿 t/a）
黄阁片区	281.20
珠江管理区	35.14

5.3.1.2　生态需水量

南沙国际汽车城位置特殊，面临珠江口，生态需水不但要考虑河道基流，还要考虑入海流量。

河道基流指维持河流生态系统的基本存在，保持其结构稳定和功能正常发挥所需的水量。根据 Tennant 法，规划区汛期和非汛期河道基流取“最佳”等级，河道基流量必须保证达到平均径流量的 60%～100%，在此取 80%。表 5-9 为 Tennant 法推荐的基流标准。

表 5-9　Tennant 法推荐的基流标准（平均流量占比）

月份	最佳	极好	非常好	好	中或差	差或最小	极差
10 月一翌年 3 月	60～100	40	30	20	10	10	0～10
4—9 月	60～100	60	50	40	30	10	0～10

入海需水量指满足河口地区生态环境需求与维持生态系统平衡所需的水量。二者是满足不同功能所需水量，是有重复的，其中的最大值为生态需水量。据有关研究成果，珠江流域多年平均入海水量占流域多年平均径流量的90.4%。假设南沙地区主要水体入海水量占多年平均径流量的比例与全流域保持一致，则南沙地区水体的入海水量应保证达到径流总量的90.4%。

利用以上方法及表5-9，可以计算规划区生态需水量（如表5-10所示）。

表5-10　规划区主要水体生态需水量　　单位：亿 m^3/a

区域	河道基流量	入海需水量	生态需水量
黄阁片区	224.96	254.20	254.20
珠江管理区	28.11	31.77	31.77

5.3.1.3　水资源可利用量

规划区内水资源总量减去生态需水量即为规划区内可利用水资源量（如表 5-11 所示）。

表5-11　规划区可利用水资源量　　单位：亿 m^3/a

区域	水资源总量	生态需水量	可利用水资源量
黄阁片区	281.20	254.20	27.00
珠江管理区	35.14	31.77	3.37

5.3.2　水环境容量

5.3.2.1　水环境容量核算模型

根据南沙国际汽车城综合设施配套之市政设施配套规划，将在黄阁片区和珠江管理区分别设立污水处理厂，黄阁片区、珠江管理区污水处理厂出水分别排入小虎沥水道、蕉门水道。鉴于规划区内 COD_{Cr} 和 NH_3-N 的污染较为严重，选择 COD_{Cr} 和 NH_3-N 水环境容量作为该区域水环境容量指标。采用的二维水环境容量核算模型如式（5-1）所示。

$$W=\left[C_s\exp\left(\frac{k}{86\,400u}x\right)-C_0\right]H\sqrt{\pi M_y ux}\left[\exp\left(-\frac{uy^2}{4M_y x}\right)+\exp\left(-\frac{u(2B-y)^2}{4M_y x}\right)\right]^{-1} \tag{5-1}$$

边界条件：$y_{max} \leqslant \frac{1}{3}B$；$x_{max} \leqslant 1\,500$

式中：W —— 计算河段水体纳污能力，g/s；

C_s、C_0 —— 控制断面水质目标和上游断面来水水质，mg/L；

B —— 计算河段平均水体宽度，m；

H —— 计算河段平均水深，m；

k —— 计算河段综合衰减系数，d^{-1}；

u —— 计算河段平均流速，m/s；

M_y —— 断面横向混合系数，m^2/s；

y、x —— 混合区最大允许宽度与长度，m。

5.3.2.2 模型参数的选择和估值

（1）混合区最大允许宽度与长度

水环境容量对混合带的允许范围的约束条件是：对一般河流，混合带长度控制在 1 200～1 500 m 范围内；对大江大河，混合区控制在 1～2 km^2 范围内，宽度不能超过河宽的 1/3，长度不超过 1 500 m。

（2）横向混合系数 M_y

根据《环境影响评价技术导则　地表水环境》（HJ 2.3—2018），横向混合系数 M_y 可用泰勒（Taylor）法计算：

$$M_y = (0.058H + 0.006\,5B)\sqrt{gHI} \tag{5-2}$$

式中：g —— 重力加速度，m/s^2，取 9.808 m/s^2；

I —— 河道坡降。

（3）降解系数

由于降解系数与温度等因素有较大关系，因此，一般 COD 综合降解系数的取值范围为 0.05～0.45。从保护水源、确保水质目标（偏安全）的角度，河道水体 COD 的降解系数取 0.09 d^{-1}，NH_3-N 的降解系数取 0.08 d^{-1}。

（4）河流流量

《广州市水资源保护规划》中，对集中式生活饮用水水源区，采用 95%保证率下最枯月平均流量；重点集中式生活饮用水水源区，采用97%保证率下最枯月平均流量；一般河流采用90%保证率下最枯月平均流量。在小虎沥水道和蕉门水道允许纳污量的计算中，为保障水环境安全，采用 90%保证率下最枯月平均流量。

（5）水域背景值和水质保护目标

根据广东省《水环境功能区区划（试行方案）》所定的水质保护目标，小虎沥水道和蕉门水道执行《地表水环境质量标准》（GB 3838—2002）中的III类标准。小虎沥水道和蕉门水道的水域背景值根据现状水质监测结果确定，为保障水质安全，取最不利值或监测值的最大值。

5.3.2.3 水环境容量计算结果与分析

黄阁片区污水处理厂出水排入小虎沥水道，小虎沥水道属珠江狮子洋分支之一，上游与珠江前航道、东江北干流相连，下游与伶仃洋相连，从海心沙到小虎围，全长 8.3 km。小虎沥水道平均河宽 200 m，水深 3～5 m，流量为 1 200 m^3/s，90%保证率下最枯月平均流量为 62 m^3/s，属宽浅型河流。

根据汽车城发展规划，珠江管理区污水处理厂位于零部件配套工业二区，其处理后的水排入蕉门水道。珠江管理区污水处理厂排污口附近蕉门水道平均河宽取 650 m，平均水深取 6.42 m，蕉门水道 90%保证率下最枯月平均流量取 242 m^3/s。

参考相关资料，小虎沥水道和蕉门水道水环境容量核算模型计算参数分别如表 5-12 和表 5-13 所示。

表 5-12 小虎沥水道水环境容量计算参数

参数	取值	参数	取值
平均水深/m	4	COD 降解系数/（d^{-1}）	0.09
平均河道宽度/m	200	NH_3-N 降解系数/（d^{-1}）	0.08
河道坡降	0.001	COD 背景质量浓度/（mg/L）	14.0
设计流量/（m^3/s）	62	NH_3-N 背景质量浓度/（mg/L）	0.56

表 5-13 蕉门水道水环境容量计算参数

参数	取值	参数	取值
平均水深/m	6.42	COD 降解系数/（d^{-1}）	0.09
平均河道宽度/m	650	NH_3-N 降解系数/（d^{-1}）	0.08
河道坡降	0.001	COD 背景质量浓度/（mg/L）	14.0
设计流量/（m^3/s）	242	NH_3-N 背景质量浓度/（mg/L）	0.21

采用上述水环境容量计算模型，得到黄阁片区污水处理厂排污口与珠江管理区污水处理厂对应排污口的水环境容量（如表 5-14 所示）。

表 5-14 水环境容量

单位：t/a

区域	污染物类型	水环境容量
黄阁片区	COD_{Cr}	1 511.4
	NH_3-N	603.9
珠江管理区	COD_{Cr}	7 509.3
	NH_3-N	4 353.4

5.4 水环境承载力承载状态评价

利用第3章提到的内梅罗指数法进行区域水环境承载率的计算，结果如表5-15所示。

表 5-15 区域水环境承载率

区域	指标	近期	远期		
			低方案	中方案	高方案
黄阁片区	水资源承载率	0.04	0.04	0.04	0.04
	COD 承载率	0.43	0.66	0.71	0.72
	NH_3-N 承载率	0.21	0.32	0.32	0.32
	水环境承载率	0.34	0.52	0.56	0.57
珠江管理区	水资源承载率	0.02	0.03	0.03	0.03
	COD 承载率	0.07	0.08	0.08	0.08
	NH_3-N 承载率	0.02	0.02	0.02	0.02
	水环境承载率	0.056	0.064	0.064	0.064

5.5 结论与建议

从水环境承载率计算结果可以看出，规划区内水资源十分丰富，远期两个片区水资源承载率分别为0.04、0.03。就水环境承载力而言，该地区尚有一定开发利用潜力；但到远期，黄阁片区的COD承载率已达60%～70%，有必要控制开发强度。

第6章　北京市丰台区水环境承载力承载状态评价

6.1　丰台区概况

6.1.1　自然环境概况

6.1.1.1　地理位置

丰台区位于北京市西南部，辖区面积 305.53 km^2，周边相邻 8 个区，东临朝阳区，北接东城区、西城区、海淀区和石景山区，西北为门头沟区，西南和东南为房山区和大兴区。全区呈东西狭长形，最西端王佐镇的千灵山至最东端的南苑乡四道口村，东西相距 35 km；南北最宽处 14 km。永定河自北而南由石景山流经本区进入大兴区，长约 15 km 的河段将丰台区分为东、西两部分。研究区行政区划如图 6-1 所示。

6.1.1.2　气象水文

丰台区的气候为典型的北温带半湿润大陆性季风气候，夏季高温多雨，冬季寒冷干燥，春、秋短促。全年无霜期 180～200 d，西部山区较短。2007 年平均降水量为 483.9 mm，为华北地区降水最多的地区之一。降水季节分配很不均匀，全年降水的 80%集中在夏季 6 月、7 月、8 月，7 月、8 月有大雨。永定河古称无定河、浑河，属全国四大防洪江河之一的海河水系，在北京境内流经门头沟、石景山、丰台、房山、大兴 5 个区，河段长约 170 km，流域面积近 3 200 km^2。

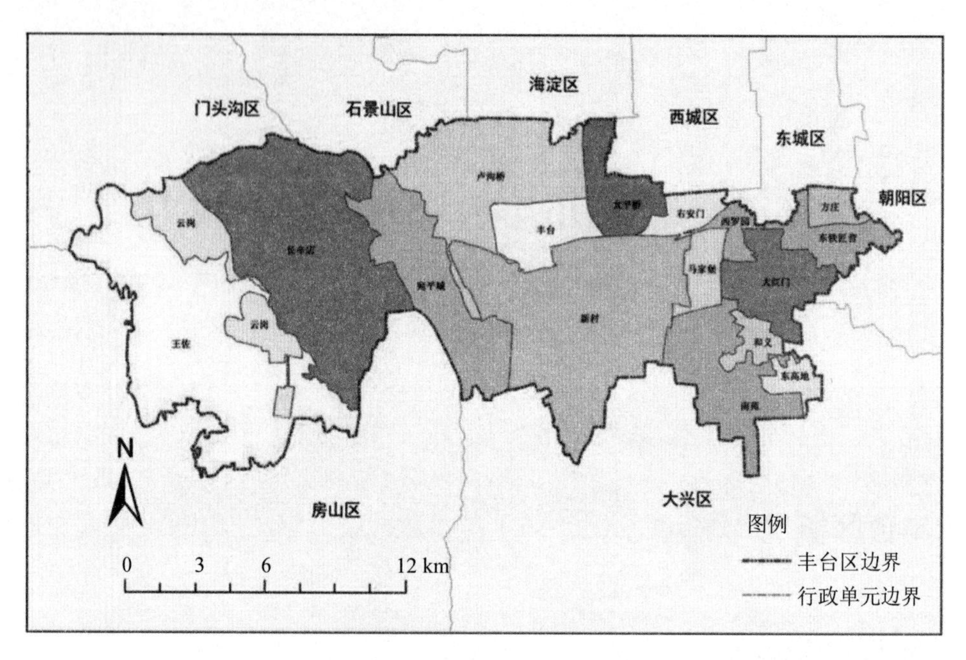

图 6-1 北京市丰台区行政区划

6.1.1.3 地形地貌

丰台区地势西北高、东南低，呈阶梯下降。按地形分为 3 个地貌区：第一地貌区为低山与丘陵，低山分布在后甫营以北，面积为 800 hm^2，其中石灰岩占 2/3。丘陵分布于梨园村、大沟村以北的为碎屑沉积丘陵，以南的为石灰岩质丘陵。第二地貌区为台地，位于永定河以西，八宝山断裂和良乡—前门断裂之间。第三地貌区为平原，在永定河以西王佐乡东部和长辛店乡东部的东河沿、张郭庄、长辛店、赵辛店村，土地面积 2 800 hm^2。东部凉水河以北与城区接壤地带，海拔 40 m，属古永定河冲积扇高位平原，面积 1 400 hm^2。低位平原分布于永定河以东，面积为 1.57 万 hm^2，海拔从 60 m 向东南降到 35 m，平均坡降为 1%。

6.1.1.4 水资源概况

丰台区内多年平均降水量为 567.1 mm，受连续多年干旱与永定河断流的影响，地表水资源严重短缺，地下水位持续下降，人均水资源量不足 150 m^3，是北京市人均水资源量的一半。2010 年，全区平均年用水总量为 2.18 亿 m^3；而地下水和地表水的可用量为 1.07 亿 m^3，加上由市政管网引进的客水 0.56 亿 m^3，年总可利用量为 1.63 亿 m^3，年缺水量达 0.55 亿 m^3，远超出本区水资源承载力，水资源紧缺形势十分严峻，开辟新水源势在必行。

6.1.2 社会经济概况

6.1.2.1 社会经济

2014 年，全区实现地区生产总值 1 091.6 亿元，比上年增长 8.3%。其中，第一产业增加值 0.8 亿元，下降 33.5%；第二产业增加值 253.3 亿元，增长 8.1%；第三产业增加值 837.5 亿元，增长 8.5%。三次产业结构为 0.1∶23.2∶76.7。全区完成地方公共财政预算收入 86.1 亿元，比上年增长 12%，地方公共财政预算支出 152.9 亿元，增长 1.5%。

6.1.2.2 人口规模

2014 年年末，全区常住人口 230 万人，其中常住外来人口 85.1 万人，常住人口密度为 7 528 人/km^2。在常住人口中，城镇人口 228.6 万人，乡村人口 1.4 万人。全区常住人口出生率为 9.43‰，死亡率为 4.56‰，自然增长率为 4.87‰。年末全区户籍人口 112.8 万人。

6.2 水环境开发强度预测

6.2.1 水资源需求预测

6.2.1.1 水资源需求预测方法

一般采用趋势外推法预测水资源需求。趋势外推法是根据过去用水及相关指标的趋势变动规律建立模型，从而得到预测水平年的需水量。这种方法应用比较方便，但其用水机制不太明确，目前还没有一种方法能定量反映诸多因素对需水量的定量影响，因而趋势外推法是需水预测的常用方法之一。

趋势外推法满足两个假定：①假定事物发展过程没有跳跃性变化；②假定事物发展因素也决定事物未来的发展，其条件是不变或变化不大。

多项式曲线外推法模型的一般性形式如下：

$$y_t = b_0 + b_1 t + b_2 t^2 + \cdots + b_k t^k \tag{6-1}$$

（k 取 1、2、3 时分别为一次线性模型、二次抛线模型和三次抛线模型）

指数曲线模型为：

$$y_t = a\mathrm{e}^{bt} \tag{6-2}$$

求解指数曲线模型参数的方法是先做对数变换，将其转化为直线模型，然后用最小二乘法求出模型参数。

修正的指数曲线预测模型为：

$$y_t = a + bc^t \tag{6-3}$$

除此之外，还主要有对数曲线模型、龚珀兹与皮尔曲线。

通过绘制散点图选择趋势模型进行处理，即将时间序列的数据绘制成以时间 t 为横轴、时序观察值为纵轴的图形，观察并将其变化曲线与各类模型的图形进行比较，以便选择较为合适的模型。

在用差分法对数据进行修匀处理、使非平稳序列达到平稳序列时，一般用的差分有一阶差分和二阶差分。

一阶差分可以表示为：

$$y_t' = y_t - y_{t-1} \tag{6-4}$$

二阶差分可以表示为：

$$y_t'' = y_t' - y_{t-1}' = y_t - 2y_{t-1} + y_{t-2} \tag{6-5}$$

仅仅依靠图形法等直观方法选择趋势曲线模型并不总能取得较好的拟合优度。为了找出最优的拟合曲线，一般使用不同的曲线模型拟合，并比较它们的拟合标准误差，标准误差最小的曲线模型为最好的拟合曲线模型。这一过程可以通过计算机很方便地完成。

6.2.1.2 水资源需求预测结果

采用情景分析方法预测水资源需求，设定 3 种情景，分别是：①BAU 情景即按现状发展，或曰基准情景；②新常态情景，根据丰台区节能规划的产业结构变化和节水目标，转变经济发展方式，降低经济发展速度；③超常规情景，即经济发展速度较快、转变经济发展方式受挫情景。

（1）BAU 情景下的水资源需求预测

水资源需求总量是农业用水、工业用水、第三产业用水、生活用水和生态用水等需求量之和。按照现状经济发展模式预测未来水资源需求量。计算得出各产业和居民生活在 2020 年及 2030 年的水资源需求量。

BAU 情景下丰台区各部分需水量如表 6-1 所示，BAU 情景下丰台区水资源需求总量将逐年上升。全区总需水量由 2013 年的 1.415 亿 m^3 增加到 2020 年的 1.910 亿 m^3；到 2030 年，全区总需水量将增加到 2.725 亿 m^3。第一产业、第二产业比例的下调使单位 GDP 综合需水量大幅度下降，从 2013 年的 144.37 m^3/万元下降至 2020 年的 103.68 m^3/万元和 2030 年的 62.48 m^3/万元。

水资源消费仍以生活用水为主，2020 年和 2030 年的生活用水量分别占水资源需求总量的 57.5%和 54.4%。2020 年生活用水量为 1.098 亿 m^3，2030 年为 1.482 亿 m^3。

表 6-1 BAU 情景下丰台区水资源需求量预测 单位：亿 m^3

项目	2013 年	2020 年	2030 年
农业用水	0.058 3	0.066 6	0.082 3
工业用水	0.149	0.202	0.345
第三产业用水	0.310	0.500	0.713
生活用水	0.874	1.098	1.482
生态用水	0.023 7	0.043	0.103
合计	1.415	1.910	2.725

（2）新常态情景下的水资源需求预测

根据《丰台区水资源综合规划》，在人们节水意识提高、加强管理、采取各种节水措施的情况下预测水资源需求。进一步合理布局和调整农作物种植结构，强化措施、加大投入、推行节水灌溉等。通过提高技术水平，以实现单位 GDP 用水量降低、节水的目的，推动节水器具的使用。在新常态情景下，研究在各种规划、目标等的限制下水资源需求的改变。

新常态情景 1 实际上就是目标导向发展情景，该情景下丰台区水资源需求量预测结果如表 6-2 所示。目标导向发展情景下，丰台区未来的水资源需求总量远小于 BAU 情景下，且逐年降低。2020 年和 2030 年的水资源需求总量分别为 1.416 亿 m^3 和 1.332 亿 m^3，均远小于 BAU 情景下的水资源需求总量（分别为 1.910 亿 m^3 和 2.725 亿 m^3）。其中，人均生活水耗由 2013 年的 38.67 m^3/人下降到 2020 年的 33.27 m^3/人，再到 2030 年的 30 m^3/人，人均生活水耗逐年降低。农业占比很小、逐步淘汰，且推行节水灌溉等措施，因此 2030 年农业用水几乎消失。由此可见，通过规划目标等强制要求降低水资源消耗的效果明显。

表 6-2 新常态情景 1 下丰台区水资源需求量预测 单位：亿 m^3

项目	2013 年	2020 年	2030 年
农业用水	0.058 3	0.029 6	0.002 5
工业用水	0.149	0.139	0.120
第三产业用水	0.310	0.487	0.567
生活用水	0.874	0.732	0.600
生态用水	0.023 7	0.028	0.042
合计	1.415	1.416	1.332

新常态情景 2 下，2020 年和 2030 年的水资源需求总量分别为 1.507 亿 m^3 和 1.577 亿 m^3（如表 6-3 所示），均大于新常态情景 1 下的水资源需求总量，因此推荐情景为新常态情景 1。

表 6-3　新常态情景 2 下丰台区水资源需求量预测　单位：亿 m^3

项目	2013 年	2020 年	2030 年
农业用水	0.058 3	0.029 6	0.002 5
工业用水	0.149	0.139	0.120
第三产业用水	0.310	0.487	0.567
生活用水	0.874	0.823	0.845
生态用水	0.023 7	0.028	0.042
合计	1.415	1.507	1.577

（3）超常规情景下的水资源需求预测

在超常规发展情景下，节水措施进展不利，实施受阻，水资源利用强度居高不下，与 BAU 情景相比，耗水量有可能更大。超常规情景下的水资源需求量预测结果如表 6-4 所示。

表 6-4　超常规情景下丰台区水资源需求量预测　单位：亿 m^3

项目	2013 年	2020 年	2030 年
农业用水	0.058 3	0.072 5	0.089 9
工业用水	0.149	0.390	0.767
第三产业用水	0.310	0.687	1.034
生活用水	0.874	1.086	1.496
生态用水	0.023 7	0.062	0.122
合计	1.415	2.298	3.510

在超常规情景下，丰台区未来的水资源需求总量比 BAU 情景下有较大增幅。2020 年和 2030 年的水资源需求总量分别为 2.298 亿 m^3 和 3.510 亿 m^3，均大于 BAU 情景下的水资源需求总量（分别为 1.910 亿 m^3 和 2.725 亿 m^3）。由此可见，人口的增加和经济的快速增长，导致工业、生活水资源需求快速增长；必须加大生活节水与工业节水力度，特别是水的循环利用和再生水的充分利用。

6.2.2 水污染物排放预测

6.2.2.1 水污染物排放预测方法

一般应用排放系数法预测水污染物排放量。

工业污染物排放量预测表达式如下：

$$P_t = W_t \times C_t \times 10^{-6} \tag{6-6}$$

$$C_t = \sum W_i C_i / W_0 \tag{6-7}$$

式中：P_t —— 预测目标年工业污染物排放量，t；

W_t —— 预测目标年废水排放量，m³；

C_t —— 预测目标年废水排放质量浓度，mg/L；

W_i —— 预测目标年某工业行业废水排放量；

C_i —— 预测基准年某工业行业污染物质量浓度，如该行业已达到相应的污染物排放标准，需选用标准规定的质量浓度值，如未达到污染物排放标准，则选用实际质量浓度值；

W_0 —— 预测基准年工业废水排放量。

生活污染物排放量预测表达式如下：

$$P_{tu} = W_{tu} \times C_{tu} \times 10^{-6} \tag{6-8}$$

$$C_{tu} = C_{t0} \times (1-\beta) + C_{t1} \times \beta \tag{6-9}$$

式中：P_{tu} —— 预测目标年生活污染物排放量，t；

W_{tu} —— 预测目标年生活污水排放量，m³；

C_{tu} —— 预测目标年生活污染物质量浓度，mg/L；

C_{t0} —— 预测基准年生活污染物质量浓度值；

C_{t1} —— 应执行的污水处理厂排放标准中相应级别的质量浓度值；

β —— 污水处理率。

6.2.2.2 水污染物排放预测结果

水污染物排放预测与水资源需求预测一样，采用情景分析的预测方法，与水资源对应 3 种情景，分别是：①BAU 情景，按现状发展，即基准情景；②新常态情景，根据丰台区节能规划的产业结构变化和节水目标，转变经济发展方式，降低经济发展速度，即减排情景；③超常规情景，在社会经济较快发展、污染物排放强度居高不下的情况下预测水污染状况，即环保规划受挫情景。

（1）BAU 情景下的水污染物排放预测

BAU 情景下丰台区 COD、NH_3-N 排放量的预测结果如表 6-5 和表 6-6 所示。在丰台区未来的发展进程中，各类污染源的污水和 COD、NH_3-N 的排放量均有下降，以工业和生活下降最为明显。随着工业污染源治理的加强和产业结构的调整，水污染物构成将有较大变化。其中，工业废水、生活污水仍是主要的污染源，农业废水比例相对下降，而随着人民生活水平的提高和城镇化进程的加快，污水和 COD、NH_3-N 排放量占比逐年上升，远期将成为主要污染源之一。

表 6-5 BAU 情景下丰台区 COD 排放量预测　　单位：t

项目	2013 年	2020 年	2030 年
农业	307	239	176
工业和生活	4 700	2 172	1 602
合计	5 007	2 411	1 778

表 6-6 BAU 情景下丰台区 NH_3-N 排放量预测　　单位：t

项目	2013 年	2020 年	2030 年
农业	20.0	15.5	10.3
工业和生活	460.6	235.6	156.7
合计	480.6	251.1	167.0

（2）新常态情景下的水污染物排放预测

根据《丰台区“十二五”环境保护规划》，在人们环保意识提高、加强管理、采取各种减排措施的情况下预测水污染物排放量。可通过建设城镇污水处理厂和配套管网、提高污水集中处理率、开展小区中水回用、加大工业结构调整和工业污染源治理力度、开展农业面源污染治理等措施对区内污水加以控制。在新常态情景下，研究在各种规划、目标等的限制下水污染物排放量的改变。

新常态情景 1 即目标导向发展情景，该情景下丰台区水污染物排放量预测结果如表 6-7 和表 6-8 所示。该发展情景下，丰台区未来的水污染物排放量比 BAU 情景下小。2020 年和 2030 年的 COD 排放量分别为 2 288 t 和 1 370 t，NH_3-N 排放量分别为 238.3 t 和 158.4 t，均小于 BAU 情景下的水污染物排放总量。由此可见，通过规划目标等强制要求降低水污染物排放的效果明显。

新常态情景 2 下，2020 年和 2030 年的 COD 排放量分别为 2 338 t 和 1 634 t，NH_3-N 排放量分别为 243.5 t 和 189.1 t（如表 6-9 和表 6-10 所示），均高于新常态情景 1 下的水污染物排放总量。因此推荐情景为新常态情景 1。

表 6-7　新常态情景 1 下丰台区 COD 排放量预测　　单位：t

项目	2012 年	2020 年	2030 年
农业	307	227	136
工业和生活	4 700.08	2 062	1 234
合计	5 007.08	2 289	1 370

表 6-8　新常态情景 1 下丰台区 NH_3-N 排放量预测　　单位：t

项目	2012 年	2020 年	2030 年
农业	20.0	14.7	9.8
工业和生活	460.6	223.6	148.7
合计	480.6	238.3	158.5

表 6-9　新常态情景 2 下丰台区 COD 排放量预测　　单位：t

项目	2012 年	2020 年	2030 年
农业	307	232	162
工业和生活	4 700.08	2 107	1 472
合计	5 007.08	2 339	1 634

表 6-10　新常态情景 2 下丰台区 NH_3-N 排放量预测　　单位：t

项目	2012 年	2020 年	2030 年
农业	20.0	15.0	11.7
工业和生活	460.6	228.4	177.4
合计	480.6	243.4	189.1

从预测结果看，丰台区未来的污水和 COD 排放以生活源为主，工业污染逐步得到控制。未来由于小区中水回用设施的建设，生活污水排放量有所下降。未来生活水污染物排放量有明显降低。而由于清洁生产的推广、治污设施的建设和工业用水重复利用率的提高，工业污染可得到有效的控制。另外，污水处理厂规模的扩大和污水集中处理率的提高也使污染物削减能力大大提高。且按照北京市最新城市污水综合排放标准，要求达到地表Ⅳ类水排放标准，COD 浓度小于 30 mg/L（一级 A 排放限值为 50 mg/L），NH_3-N 浓度小于 1.5 mg/L（一级 A 排放限值为 5 mg/L）。污水处理率 2015 年达到 90%以上，2020 年达到 95%以上，2030 年达到 98%以上。

（3）超常规情景下的水污染物排放预测

在超常规发展情景下，减排措施进展不利，实施受阻，水污染物排放强度居高不下，与 BAU 情景相比，污染物排放量有可能更大。超常规情景下的水污染物排放量预测结果如表 6-11 和表 6-12 所示。

表 6-11 超常规情景下丰台区 COD 排放量预测 单位：t

项目	2012 年	2020 年	2030 年
农业	307	279	252
工业和生活	4 700.08	2 533	2 291
合计	5 007.08	2 812	2 543

表 6-12 超常规情景下丰台区 NH_3-N 排放量预测 单位：t

项目	2012 年	2020 年	2030 年
农业	20.0	17.2	14.8
工业和生活	460.6	261.2	224.6
合计	480.6	278.4	239.4

在超常规情景下，丰台区未来的水污染物排放量比 BAU 情景下更大。2020 年和 2030 年的 COD 排放量分别为 2 812 t 和 2 543 t，NH_3-N 排放量分别为 278.4 t 和 239.4 t。由此可见，人口的增加和经济的快速增长，导致水污染物产生量增加；必须加大生活减排与工业减排力度。

6.3 水环境承载力分量核算

6.3.1 水环境容量

首先对丰台区建立水质模型。对河流而言，一维模型假定污染物浓度仅在河流纵向上发生变化，主要适用于同时满足以下条件的河段：①宽浅河段；②污染物在较短的时间内基本能混合均匀；③污染物浓度在断面横向方向变化不大，横向和垂向的污染物浓度梯度可以忽略。

由于近年该地区连续干旱，境内河流径流量锐减，地表水受到严重污染，丰台区地表水环境质量大多为劣Ⅴ类，目前已经没有剩余水环境容量，水污染物的排放无法按水环境容量进行总量控制。因此，暂时采用目标总量控制指标，以后随着丰台区水环境质量逐渐改善，再逐步过渡到容量总量控制。

根据丰台区“十二五”期间水污染物排放总量控制目标，基准年（2012年）所确定的 COD 排污目标为 4 686.37 t，而到“十二五”时期末（2015 年）目标为 3 027 t；2012 年 NH_3-N 排污目标为 448.03 t，而到“十二五”时期末（2015 年）目标为 308 t。

采用经济发展与排放系数趋势递推法确定丰台区 2020 年和 2030 年的排放目标。2020 年所确定的 COD 总量控制目标为 2 592.71 t，而到 2030 年目标为 2 017.62 t；2020 年

NH_3-N 总量控制目标为 274.13 t，而到 2030 年目标为 235.12 t。

6.3.2 水资源承载力

可利用的水资源量是该地区水资源总量扣除水体生态需水量，由供水设施提供的可利用水量。

6.3.2.1 水资源总供给量

区域水资源可供给量主要包括区域地表水资源量、地下水资源量、跨流域调水资源量、污水回用量、雨水利用量和海水利用量等。

6.3.2.2 生态需水量计算（Tennant 法）

计算生态需水时主要考虑河道基流，常用方法是 Tennant 法，又称 Montana 法，这是一种水文学方法。该法是在考虑保护鱼类、野生动物、娱乐和有关环境资源的河流流量状况下，按照年平均流量的占比推荐河流基流。Tennant 法根据流量级别及其对生态的有利程度，将河道内生态需水量确定为不同的级别，从“极差”到“最大”共 8 个级别，并针对不同级别推荐了河流生态用水流量占多年平均流量的比例，如表 6-13 所示。

表 6-13 河流流量状况分级标准

流量描述	推荐的基流（10 月—翌年 3 月）平均流量占比/%	推荐的基流（4—9 月）平均流量占比/%
最大	200	200
最佳	60～100	60～100
极好	40	60
非常好	30	50
好	20	40
中或差	10	30
差或最小	10	10
极差	0～10	0～10

Tennant 法的计算过程相对简单，即只要计算出多年平均流量，利用相应级别的占比即可确定年内不同时段的生态需水量，对全年求和即可求得全年的生态需水量。该法不需要现场测量，有水文站点的河流年平均流量的估算可以从历史资料获得，没有水文站点的河流通过可以接受的水文技术获得。

6.3.2.3 供水设施可提供的水量

地表水资源供水量包括蓄水工程供水量和引提水工程量。

对地表蓄水工程，根据来水条件、工程规模进行调节计算，小型蓄水工程及塘坝采用复蓄系数法进行计算，也就是对工程情况进行分类，采用典型调查法，分析不同地区各类工程的复蓄系数。

用下式计算地表引提工程的供水量：

$$W_{供引提}=\sum_{i=1}^{n}\min(Q_i,H_i,X_i) \tag{6-10}$$

式中：Q_i—— i 时段取水口的可引流量；

H_i —— i 时段工程的引提能力；

X_i —— i 时段需水量；

n —— 计算时段数。

地下水的供水量用以下公式进行计算：

$$W_{供地下}=\sum_{i=1}^{n}\min(Q_i,H_i,X_i) \tag{6-11}$$

式中：Q_i —— i 时段机井提水量；

H_i —— i 时段当地地下水可开采量；

X_i —— i 时段需水量；

n —— 计算时段数。

参考《丰台区“十二五”水资源规划》，经过测算，丰台区全区多年平均地表水资源总量为 4 066 万 m^3，多年平均地下水资源量为 10 681 万 m^3，扣除重复计算的量，全区多年平均水资源量为 11 881 万 m^3。

应该说明的是，水资源供给能力的测算是在考虑供水现状的基础上，兼顾城市供水基础设施与区外调水及区内再生水回用。一方面，要考虑现有工程设施更新改造和续建配套后，新增的各规划水平年不同保证率下的水资源供给能力，以及工程老化、水库淤积和因上游用水增加造成的来水量减少等对水资源供给能力的影响；另一方面，还要考虑地表水厂不同水质的相应供水能力。

6.4 丰台区管控单元水环境承载力承载状态评价

利用水环境承载率计算方法对丰台区分管控单元进行水环境承载力承载状态评价，

基于丰台区环境承载力开发利用潜力评价多测度体系，计算得到丰台区各管控单元环境承载力开发利用潜力。按照数据收集情况，对未获取的数据采用数据替代的方法。例如，分管控单元 GDP 数据无法获取，以各管控单元税收比例划分全区 GDP 进行评价。评价结果如表 6-14 和图 6-2～图 6-5 所示。

从表 6-14 和图 6-2～图 6-5 可以看出，对 2013 年丰台区不同的管控单元来说，总体上河西地区的水环境承载率、水资源利用与污染物排放强度高于河东地区，在区域发展能力方面，河东地区则高于河西地区。其中，云岗、东高地、南苑以及长辛店水环境承载率较高，分别为 3.63、2.98、2.65 和 2.57；云岗、长辛店以及东高地 3 个区域的水资源利用与污染物排放强度高于其他区域，均在 4.50 以上，这说明丰台区水环境承载问题较为集中，解决好这 3 个管控单元的水环境承载问题，丰台区的问题就解决了一大半。区域发展能力方面，总体上丰台区河东地区的发展能力较强，其中方庄、丰台、新村和太平桥区域表现出较高的发展能力值。

表 6-14　2013 年丰台区分管控单元水环境承载力开发利用潜力评价

区域	区域水环境承载率（–）	水资源利用与污染物排放强度（–）	区域发展能力（+）	水环境承载力综合评价指数
王佐	1.23	1.30	0.96	0.866 5
云岗	3.63	5.65	0.59	0.058 0
长辛店	2.57	5.81	0.84	0.462 4
宛平城	0.86	1.06	0.93	0.884 1
卢沟桥	1.50	1.55	0.94	0.842 5
丰台	0.94	1.07	1.34	0.935 4
新村	0.87	1.10	1.32	0.935 1
太平桥	0.89	1.18	1.43	0.942 4
右安门	0.82	1.22	0.97	0.887 3
马家堡	0.75	1.26	0.92	0.879 7
南苑	2.65	2.66	0.73	0.682 6
西罗园	0.94	1.07	0.89	0.873 0
和义	1.42	3.94	0.65	0.655 2
东高地	2.98	4.61	0.69	0.539 2
大红门	1.00	1.28	0.94	0.873 1
方庄	0.43	0.53	1.66	1.000 0
东铁匠营	0.86	1.25	1.13	0.908 4

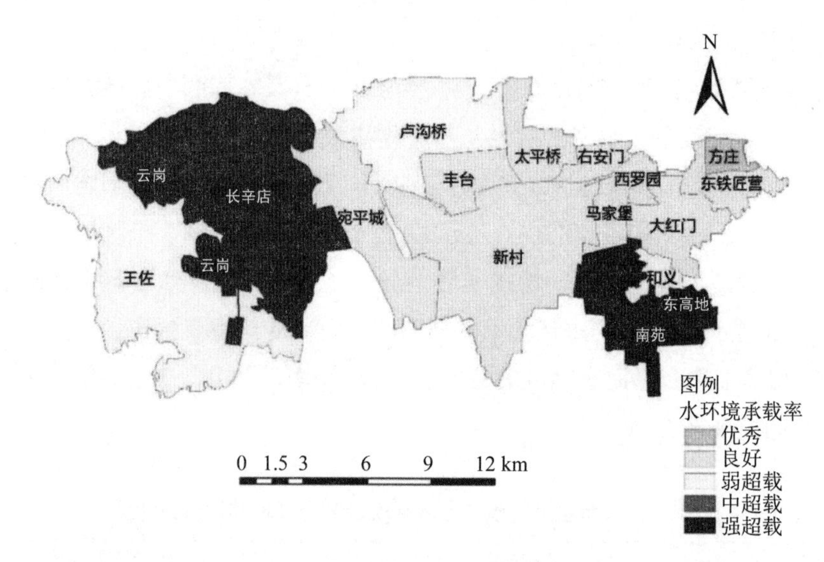

图 6-2 丰台区水环境承载率分布

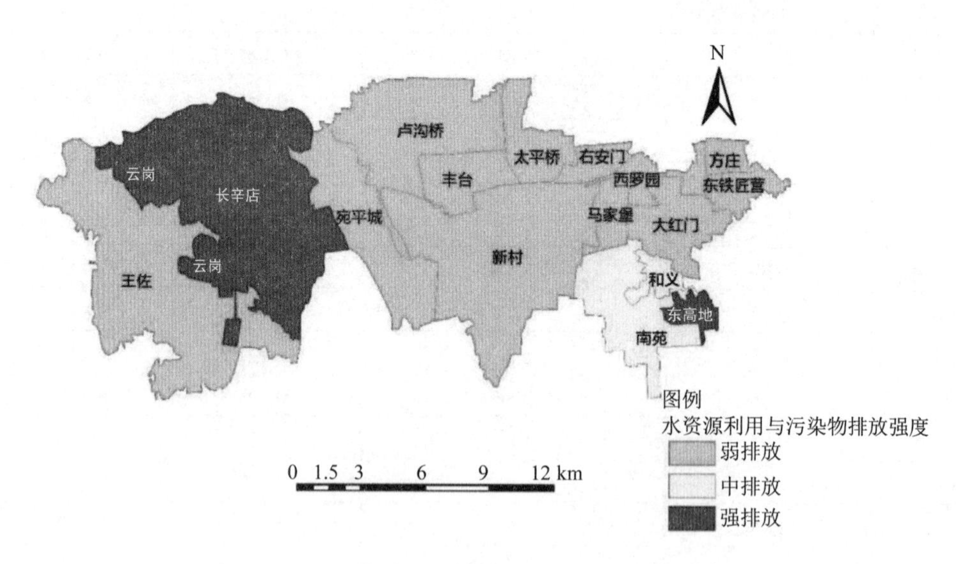

图 6-3 丰台区水资源利用与污染物排放强度评价

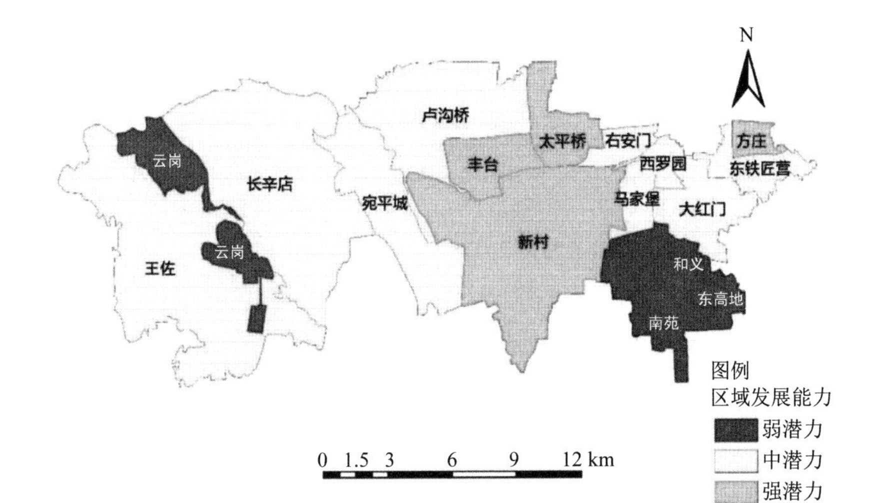

图 6-4 丰台区区域发展能力评价

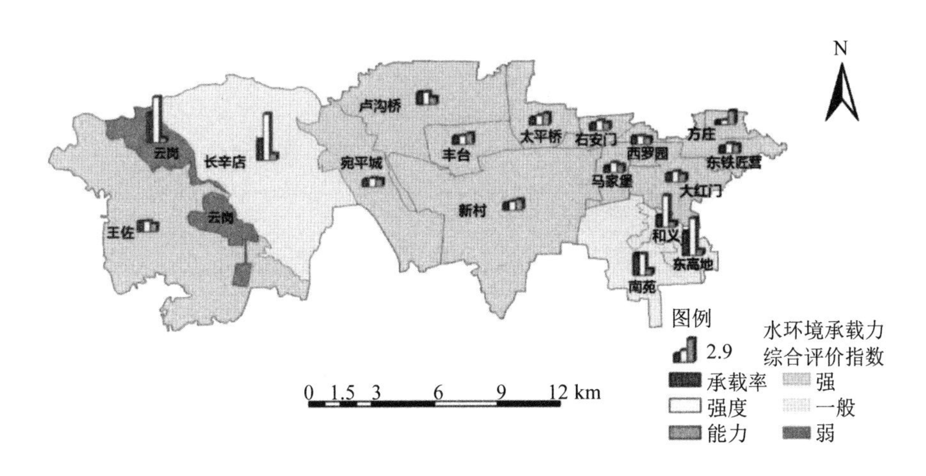

图 6-5 丰台区水环境承载力综合评价指数分布

6.5 丰台区水环境承载力承载状态综合评价

6.5.1 基于水环境承载率方法的水环境承载力承载状态评价结果

利用前文提到的内梅罗指数法进行区域水环境承载率的计算，得到丰台区 2008—2013 年区域水环境承载率（如图 6-6 和表 6-15 所示）。

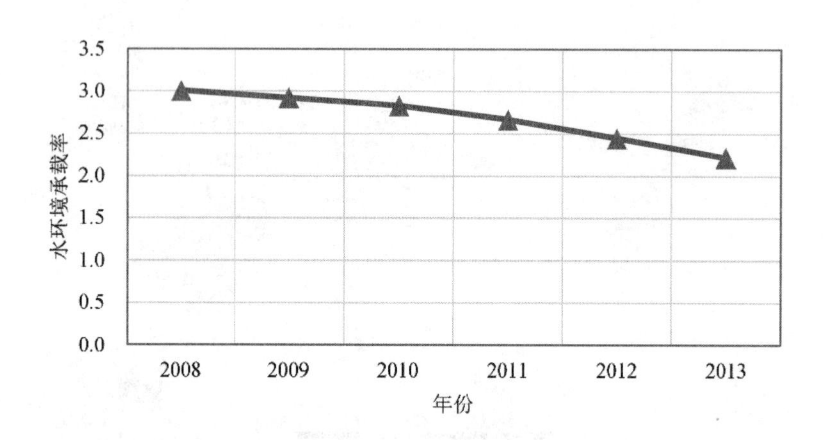

图 6-6 丰台区水环境承载率变化

表 6-15 2008—2013 年丰台区区域水环境承载率

	指标	2008 年	2009 年	2010 年	2011 年	2012 年	2013 年
单要素承载率	水资源承载率	0.98	1.05	1.14	1.13	1.17	1.22
	COD 承载率	2.42	2.30	2.20	2.13	2.03	1.75
	NH_3-N 承载率	3.57	3.45	3.33	3.12	2.82	2.54
综合承载率	最大值	3.57	3.45	3.33	3.12	2.82	2.54
	平均值	2.32	2.27	2.22	2.13	2.01	1.84
	内梅罗指数	3.01	2.92	2.83	2.67	2.45	2.22

从图 6-6 和表 6-15 可以看出，丰台区一直处于水环境承载力超载状态，这主要是由于水污染物排放远远超出了水环境容量。不过随着末端处理措施的普及，丰台区水环境承载率一直在下降，说明丰台区的各种环保举措是切实有效的。

6.5.2 基于水环境承载力多测度体系的评价结果

基于丰台区水环境承载力开发利用潜力评价多测度体系，综合整理得到丰台区水环境承载力开发利用潜力（如表 6-16 所示）。其中，区域水环境承载率和水资源利用与污染物排放强度是逆向指标，数值越大，承载率和水资源利用与污染物排放强度越高，也就是环境压力越大，开发利用水平越低；数值越小，承载率和水资源利用与污染物排放强度越低，也就是环境压力越小，开发利用水平越高。区域发展能力是正向指标，数值越大，发展能力越大。承载率超过 1，表示已经超载，数值越大，超载越严重，负数值（-）表示超载的倍数；水资源利用与污染物排放强度及区域发展能力超过 1，表示已经超过全国平均值，数值越大，超过全国平均值越多，数值表示是全国平均水平的几倍。

表 6-16 2008—2013 年丰台区水环境承载力开发利用潜力评价

年份	区域水环境承载率（-）	水资源利用与污染物排放强度（-）	区域发展能力（+）	水环境承载力综合评价指数
2008	3.01	1.43	0.99	0.216 0
2009	2.92	1.36	1.03	0.614 4
2010	2.83	1.46	1.07	0.423 7
2011	2.67	1.41	1.06	0.717 2
2012	2.45	1.29	1.11	0.916 8
2013	2.22	1.40	1.15	0.923 6

从表 6-16 可以看出，对 2008—2013 年的丰台区来说，随着时间的推移，丰台区的区域水环境承载率、水资源利用与污染物排放强度呈现降低趋势，区域发展能力总体呈上升趋势，且发展能力上升趋势较为平稳。综合评价指数也总体呈现上升趋势，在 2010 年有 1 个小低谷，之后综合评价指数值呈现快速上升，到 2013 年达到最高，同时也放缓了增长速率。

6.6 结论与建议

丰台区云岗、长辛店以及东高地 3 个区域的水资源利用与污染物排放强度高于其他区域，均在 4.50 以上，这说明丰台区水环境承载问题较为集中，解决好这 3 个管控单元的水环境承载问题，丰台区的问题就解决了一大半。区域发展能力方面，总体上丰台区河东地区的发展能力较强，其中方庄、丰台、新村和太平桥区域表现出较高的发展能力值。

从丰台区整体水环境承载力承载状态看，随着时间的推移，丰台区的区域水环境承载率、水资源利用与污染物排放强度呈现降低趋势，区域发展能力总体呈上升趋势，且发展能力上升趋势较为平稳。综合评价指数也总体呈现上升趋势，在 2010 年有 1 个小低谷，之后综合评价指数值呈现快速上升，到 2013 年达到最高，同时也放缓了增长速率。

第 7 章　北京市通州区水环境承载力承载状态评价

7.1　通州区概况

7.1.1　自然环境概况

7.1.1.1　地理位置

通州区位于北京市东南部，京杭大运河北端，北纬 39°36′～40°02′，东经 116°32′～116°56′。东西宽 36.5 km，南北长 48 km，全区面积 907 km^2，占北京市面积的 5.4%，是北京市远郊区县中面积最小、人口密度最大的一个区（截至 2005 年）。该区北邻顺义区，西接朝阳区，西南与大兴区相连，南面同河北省廊坊市、天津市武清区接壤，东面隔潮白河与河北省香河县、大厂回族自治县、三河市为邻（如图 7-1 所示，2005 年时密云、延庆未撤县设区）。

7.1.1.2　气象水文

通州区属大陆性季风气候区，受冬、夏季风影响，形成春季干旱多风、夏季炎热多雨、秋季天高气爽、冬季寒冷干燥的气候特征。全年平均气温为 13.8℃，年平均最高气温为 17.4℃，年平均最低气温为 5.8℃，最热月 7 月平均气温为 25.7℃，最冷月 1 月平均气温为−5.1℃，年极端最高气温为 40.3℃，极端最低气温为−21℃，无霜期 190 d 左右。春季日平均气温稳定通过 0℃的平均初日为 3 月 2 日，秋季日平均气温稳定降至 0℃以下的平均日期为 11 月 26 日；全年高于 0℃的持续日数为 269 d。通州区年平均降水量 620.9 mm，其中 65%的降水集中在 7 月、8 月。雨热同季，但是降水季节分配不均，常年发生春旱、夏涝。降水年际变化大，对排水系统提出较高要求。

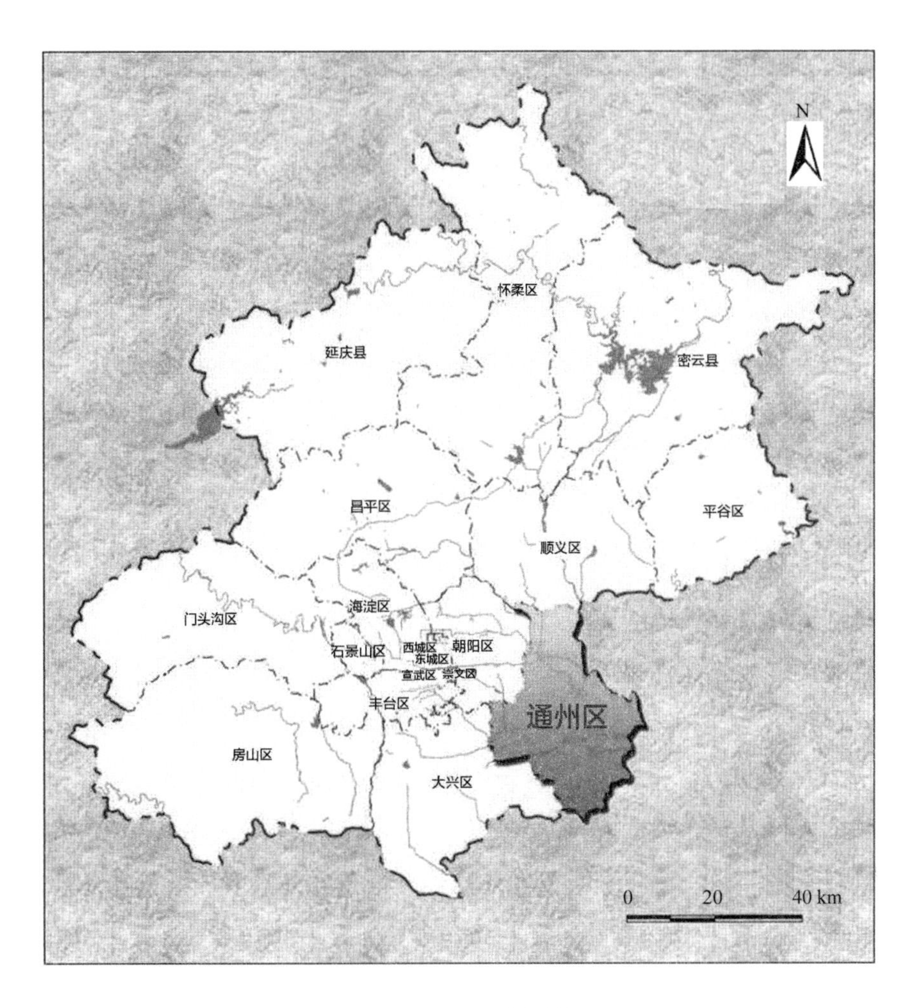

图 7-1 通州区地理位置

7.1.1.3 地形地貌

全区地势平坦而略有起伏，境内地貌可分为阶地地貌、泛滥平原地貌、河漫滩地貌、沙丘地貌、人为地貌等。境域北部，由张家湾东北经通州镇至宋庄一线西北部地区，地面高程均在 20 m 以上，地形较为复杂，呈缓坡状态遗迹和沙丘等阶地地貌特征；东部北运河与潮白河之间地区，由于近代河流泛滥堆积作用，其地势表现为近河床高、远河床低的态势，形成顺河床延伸的条形洼地；西部与南部为永定河流域；地势呈现东高西低之势；由于古河改道和流水冲刷等原因，北部徐辛庄、永顺地区有坡岗地；风蚀和风力搬运作用造成北运河、潮白河沿岸有沙丘存在；南部低洼易涝地区还有盐碱土分布。

7.1.1.4 水资源

全区多年平均水资源总量约为 2.16 亿 m^3，人均水资源占有量约为 410 m^3。根据通州区水资源评价资料，全区可利用水资源量为 30 032 万 m^3，其中地表水可利用总量平均为 10 360 万 m^3。地下水资源比较丰富，多年平均降雨入渗补给量为 14 452 万 m^3，地表水入渗补给量为 2 780 万 m^3，农业灌溉水入渗补给量为 3 610 万 m^3，年可开采量约为 2 亿 m^3。多年来，由于需水大于供水，只有靠加大地下水开采量谋求解决需水量的不足。1980—2004 年，通州区地下水水位呈下降趋势，据全区地下水观测井资料，1980 年地下水平均埋深为 2.8 m，2004 年地下水平均埋深为 7.61 m。事实上，由于地表水资源的短缺，加上地下水多年超量开采，地下水亏损严重，致使水井出水量逐年减少，根据核算，供水量逐年减幅为7%左右。而随着经济的发展和城市化进程的加快，每年的需水量以 9.3%左右的速度递增。因此，通州区水资源的供需矛盾日益突出，缺口逐年加大。

7.1.2 社会经济概况

7.1.2.1 社会经济

2011 年，地方财政收入完成 122.3 亿元，同比减少 29.9%。其中，公共财政收入完成 40.4 亿元，同比增长 27.8%；基金收入完成 81.9 亿元，同比减少 61.09 亿元。2011 年区级总财力实现 274.72 亿元（本年实现总财力 184.15 亿元）。2011 年财政总支出 143.87 亿元。其中，公共财政支出 81.33 亿元，基金支出 62.54 亿元。全区经济实现平稳较快发展，为全区经济和社会事业健康发展创造了积极条件。

7.1.2.2 人口规模

2011 年全区常住人口为 118.4 万人，同 2000 年第五次全国人口普查相比，10 年共增加 51 万人，增长 75.7%。平均每年增加 5.1 万人，年平均增长率为 5.8%。全区常住人口中，外省市来京人员为 43.5 万人，占常住人口的 36.7%。

7.2 通州区发展情景设计

通州区的发展情景包括以下 3 种：惯性发展情景、目标导向发展情景与可持续发展情景。其中惯性发展情景就是按目前趋势发展、不加任何控制的情景属于对照情景。目标导向发展情景则是根据规划目标设计的情景。可持续发展情景则是在目标导向发展情景基础上，强化节水、减排手段设计的可持续发展情景。应用系统动力学模型，对设计的3种发展情景进行模拟，并结合水环境承载力分析，确定在水环境承载力约束下，能够实现通州区区域发展目标的发展模式，为未来的发展决策提供科学依据。

建立通州区系统动力学模型的主要目的是对通州区的社会经济发展所造成的环境污染强度进行预测和评价。根据通州区的区域定位和要求，将整个系统分解为人口、经济、水资源和水环境4个子系统（如图7-2所示）。利用该系统动力学模型进行通州区惯性发展情景、目标导向发展情景与可持续发展情景的水环境开发强度分析。

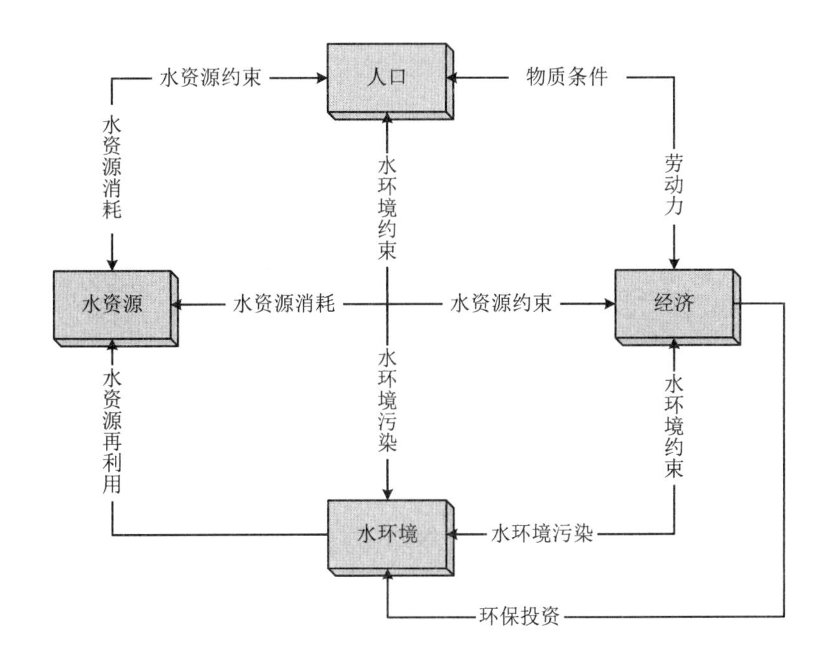

图7-2　各子系统及其关系

7.3　水环境开发强度预测

7.3.1　水资源需求预测

7.3.1.1　惯性发展情景

惯性发展情景下通州区水资源需求预测结果如表7-1和图7-3所示。惯性发展情景下，通州区水资源需求总量将逐年上升。全区总需水量由2004年的2.96亿m^3增加到

2010 年的 3.41 亿 m^3，年均递增 2.39%；2020 年全区总需水量将增加到 3.69 亿 m^3，与 2010 年相比，年均递增 0.79%。第一产业比例的下调使单位 GDP 综合需水量有较大幅度下降，从 2004 年的 221.23 m^3/万元下降至 2010 年的 121.14 m^3/万元和 2020 年的 56.29 m^3/万元。

表 7-1　惯性发展情景下通州区水资源需求量预测　　单位：亿 m^3

项目	2004 年	2010 年	2015 年	2020 年
生活	0.34	0.38	0.39	0.39
城镇	0.20	0.25	0.28	0.29
农村	0.15	0.13	0.12	0.10
生产	2.60	2.57	2.72	2.82
第一产业	2.20	2.00	1.97	1.95
第二产业	0.24	0.36	0.47	0.53
工业	0.22	0.32	0.41	0.46
建筑业	0.02	0.04	0.06	0.07
第三产业	0.16	0.21	0.28	0.34
环境	0.02	0.46	0.47	0.48
合计	2.96	3.41	3.58	3.69

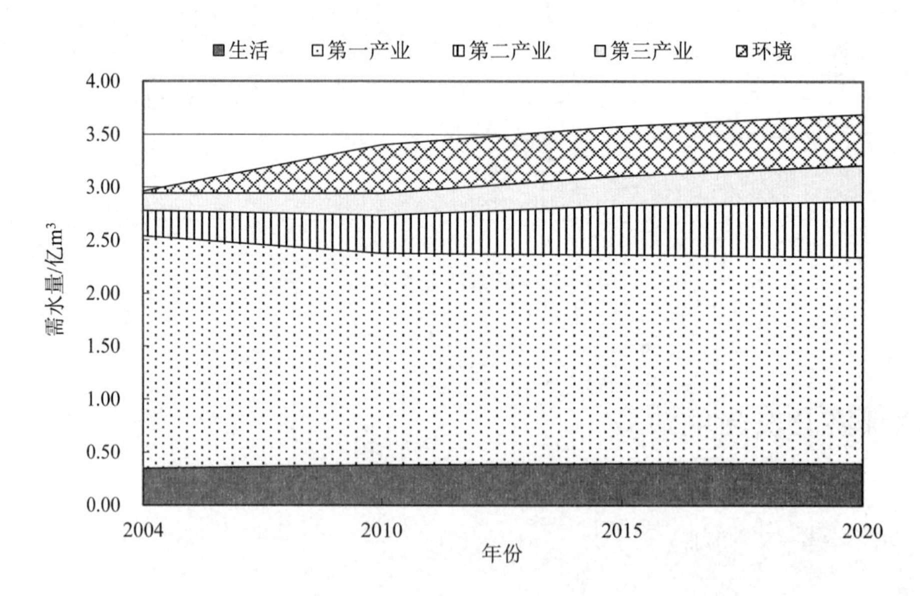

图 7-3　惯性发展情景下通州区水资源需求量

水资源消费仍以第一产业用水为主，2010 年和 2020 年的第一产业需水量分别占水资源需求总量的 67.11%和 59.63%。农业灌溉需水的减少主要取决于种植结构调整和节水灌溉方式的变化。自 20 世纪 90 年代以来，通州区节水灌溉发展很快，2003 年节水灌溉率已达到 98.8%，基本实现全面节水，节水潜力较小。但由于种植结构调整，大田作物灌溉面积减少，喷灌面积减少，地下管灌面积增加，因此“十一五”期间农业需水有一定程度的缩减，但减幅不大，其后趋于稳定。2010 年农业需水量为 2.00 亿 m^3，比 2004 年下降 9.09%；2020 年为 1.95 亿 m^3，比 2010 年下降 2.5%。

通州区环境用水包括城市公共绿地需水和河流生态需水两部分。以河流多年平均流量的10%作为河流生态环境需水量，不考虑潮白河的生态需水，以北运河出境、入境天然径流量的 1/2 作为多年平均径流量，则生态需水量为 3 815 万 m^3。加上城市公共绿地需水，2010 年和 2020 年通州区环境需水量分别为 0.46 亿 m^3 和 0.48 亿 m^3。

7.3.1.2 目标导向发展情景

目标导向发展情景下通州区水资源需求量预测结果如表 7-2 所示。

表 7-2 目标导向发展情景下通州区水资源需求量预测 单位：亿 m^3

项目	2004 年	2010 年	2015 年	2020 年
生活	0.34	0.41	0.48	0.51
城镇	0.20	0.28	0.37	0.41
农村	0.15	0.13	0.12	0.10
生产	2.60	3.08	3.35	3.44
第一产业	2.20	2.47	2.58	2.57
第二产业	0.24	0.36	0.42	0.41
工业	0.22	0.31	0.35	0.32
建筑业	0.02	0.04	0.06	0.08
第三产业	0.16	0.26	0.35	0.46
环境	0.02	0.46	0.47	0.48
合计	2.96	3.95	4.30	4.43

目标导向发展情景下，通州区的水资源需求总量比惯性发展情景下增幅更大。2010 年和 2020 年的水资源需求总量分别为 3.95 亿 m^3 和 4.43 亿 m^3，分别比 2004 年增长 33.45% 和 49.66%，均大于惯性发展情景下的水资源需求总量（分别为 3.41 亿 m^3 和 3.69 亿 m^3）。由此可见，人口的快速增长和经济的高速发展对水资源供给带来的压力是很明显的。目标导向发展情景下，2010 年和 2020 年的生活需水量比惯性发展情景下分别高出 0.03 亿 m^3 和 0.12 亿 m^3；生产需水量则分别高出 0.51 亿 m^3 和 0.62 亿 m^3。

各部分水资源需求量如图 7-4 所示。从预测结果看，第一产业需水量在 2015 年后将有所下降，主要是由于产业结构的调整使第一产业比例下调，种植结构的调整使粮食作物面积大幅度减少，在蔬菜和林果生产中发展更加节水的微灌，使农业综合灌溉指标有所下降。但第一产业仍是主要的耗水部门，2010 年和 2020 年第一产业需水量分别占水资源需求总量的 62.53%和 58.01%。一方面是由农业生产本身的耗水特性决定的，另一方面是由于通州区农业节水已发展到一定的水平（2003 年节水灌溉面积约占实际灌溉面积的 98.8%），节水空间相对其他产业较小。

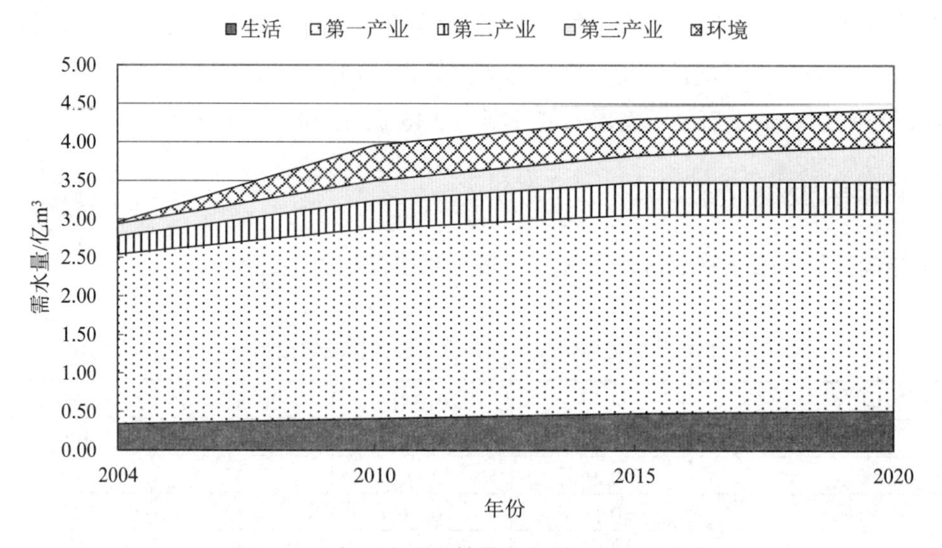

图 7-4 目标导向发展情景下通州区水资源需求量

另外，通过抑制高耗水的造纸、石化、医药化工、化纤、橡胶塑料等行业的发展，提高企业内部用水的重复利用率，工业需水量有所下降。第三产业由于发展迅速，需水量还将持续增加。

7.3.1.3 可持续发展情景

可持续发展情景下，利用系统动力学模型模拟通州区水资源需求情况，并与目标导向发展情景的模拟结果进行比较，结果如表 7-3 和图 7-5 所示。

表 7-3 可持续发展情景与同样导向发展情景下通州区水资源需求量比较　　单位：亿 m^3

项目	2004 年		2010 年		2015 年		2020 年	
	可持续	目标导向	可持续	目标导向	可持续	目标导向	可持续	目标导向
生活	0.35	0.35	0.30	0.41	0.34	0.49	0.35	0.51
城镇	0.20	0.20	0.17	0.28	0.22	0.37	0.25	0.41
农村	0.15	0.15	0.13	0.13	0.12	0.12	0.10	0.10

项目	2004 年		2010 年		2015 年		2020 年	
	可持续	目标导向	可持续	目标导向	可持续	目标导向	可持续	目标导向
生产	2.60	2.60	3.03	3.08	3.25	3.35	3.30	3.44
第一产业	2.20	2.20	2.47	2.47	2.58	2.58	2.57	2.57
第二产业	0.24	0.24	0.30	0.35	0.31	0.41	0.26	0.40
工业	0.22	0.22	0.26	0.31	0.25	0.35	0.18	0.32
建筑业	0.02	0.02	0.04	0.04	0.06	0.06	0.08	0.08
第三产业	0.16	0.16	0.26	0.26	0.35	0.35	0.46	0.46
环境	0.02	0.02	0.46	0.46	0.47	0.47	0.48	0.48
合计	2.96	2.96	3.79	3.95	4.06	4.3	4.13	4.43

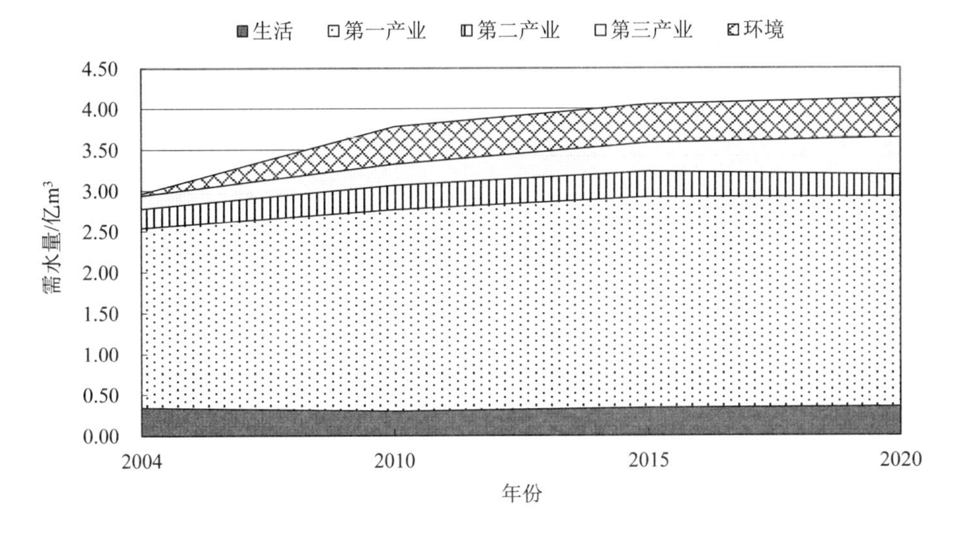

图 7-5 可持续发展情景下通州区水资源需求量

从表 7-3 和图 7-5 可以看出，2004—2020 年，随着人口与经济的不断增长，通州区水资源总需求量不断增加，其中第三产业增长迅速。第一产业、第二产业需水量到 2015 年前后达到顶点，以后有所下降。与目标导向发展情景相比，可持续发展情景下的水资源需求量有所下降。万元 GDP 需水量与人均综合水耗均逐渐降低（如表 7-4 所示）。

表 7-4 通州区可持续发展情景下水资源利用强度指标及其分阶段目标

指标	控制目标			
	2004 年	2010 年	2015 年	2020 年
万元 GDP 需水量/（m^3/万元）	221	118	64	34
人均综合水耗/（m^3/人）	364	381	341	318

表 7-5 和图 7-6 为可持续发展情景下各工业行业需水量占工业需水量的比例，通过产业结构的调整和工业用水重复利用率的提高，可持续发展情景下通州区的工业需水量比目标导向发展情景下有所下降。通过行业结构调整，化工、造纸等重污染行业的需水量明显下降。

表 7-5 可持续发展情景下通州区各工业行业需水量预测

项目	2004 年		2010 年		2015 年		2020 年	
	需水量/万 m³	占比/%	需水量/万 m³	占比/%	需水量/万 m³	占比/%	需水量/万 m³	占比/%
采矿业	0.5	0	0.6	0	0.6	0	0.5	0
食品加工	196.3	9	280.2	11	306.2	12	238.3	13
服装纺织	176.3	8	236.3	9	231.3	9	168.0	9
木材家具	34.9	2	47.7	2	44.8	2	12.1	1
造纸	271.1	13	206.9	8	113.8	5	63.4	3
印刷文教	68.1	3	95.8	4	110.5	4	93.6	5
石化	2.2	0	2.6	0	2.3	0	1.5	0
医药化工	593.3	27	632.5	25	533.2	22	316.3	17
化纤	1.9	0	1.8	0	1.4	0	1.0	0
橡胶塑料	155.6	7	150.0	6	129.5	5	89.3	5
非金属	75.1	3	102.1	4	114.5	5	110.3	6
金属加工	361.2	17	488.8	19	520.4	21	387.4	21
设备制造	194.8	9	279.7	11	326.5	13	312.3	17
其他制造业	9.6	0	9.5	0	7.0	0	5.1	0
电力、燃气及水	17.7	1	22.9	1	28.8	1	30.1	2
合计	2 158.6		2 557.4		2 470.8		1 829.2	

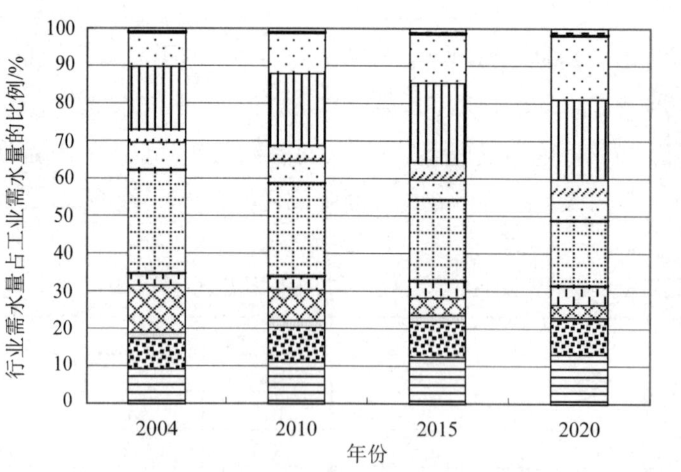

图 7-6 可持续发展情景下各工业行业需水量占工业需水量的比例

7.3.2 水污染物排放预测

7.3.2.1 惯性发展情景

惯性发展情景下通州区污水及 COD 排放量预测结果如表 7-6 所示。

表 7-6 惯性发展情景下通州区污水及 COD 排放量预测

项目		2004 年	2010 年	2015 年	2020 年
污水/万 t	生活	2 744	3 014	3 133	3 146
	工业	1 390	2 132	2 794	3 125
	第三产业	1 291	1 645	2 208	2 750
	合计	5 425	6 791	8 135	9 021
COD/t	生活	17 599	21 598	24 248	26 082
	工业	3 878	5 621	6 686	6 362
	第三产业	2 690	6 221	10 526	14 214
	合计	24 167	33 440	41 460	46 658
	削减量	8 087	13 445	18 749	23 464
	排放量	16 080	19 995	22 711	23 194

注：削减量为经过城镇污水处理厂处理后污染物的削减量。

预测结果表明，各类污染源的污水和 COD 排放量均有上升，以第三产业上升最为明显。根据模型模拟结果，2010年，通州区生活、工业和第三产业的污水排放量为6 791万 t，经城镇污水处理厂处理后，COD 实际排放量为19 995 t，两者分别比2004年增加25.18%、24.35%。2020年，三部分废水排放量共计将达到9 021万 t，COD 削减后排放量为23 194 t，分别比2010年增加32.84%、16.00%。

随着工业污染源治理的加强和产业结构的调整，通州区污水构成将有较大变化。其中，生活污水仍是主要的污染源，工业废水比例相对下降，而第三产业的迅速发展使其污水及 COD 排放量占总排放量的比例逐年上升，远期将成为主要的污染源之一。

根据《北京市通州区水资源综合规划》，当时通州区内所有河段水质均不符合相应水功能目标，水质均为劣V类。监测的 9 条河流中有 7 条属于严重污染，有 1 条（凉水河）属重度污染，几乎所有监测断面的阴离子表面活性剂、NH_3-N、BOD 和石油类都超标。随着污染物排放量的增加，通州区水环境质量的恶化有加重趋势。

7.3.2.2 目标导向发展情景

目标导向发展情景下通州区污水及 COD 排放量预测结果如表 7-7 所示。

表 7-7 目标导向发展情景下通州区污水及 COD 排放量预测

项目		2004 年	2010 年	2015 年	2020 年
污水/万 t	生活	2 744	3 284	3 860	4 105
	工业	1 390	1 977	2 135	1 706
	第三产业	1 291	2 050	2 825	3 667
	合计	5 425	7 311	8 820	9 478
COD/t	生活	17 599	23 843	30 587	34 872
	工业	3 878	5 084	4 982	3 110
	第三产业	2 690	8 333	20 034	45 369
	合计	24 167	37 260	55 603	83 351
	削减量	8 087	17 118	32 971	62 811
	排放量	16 080	20 142	22 632	20 540

预测结果表明，通州区的污水和 COD 排放量将有较大幅度增长，2020 年污水和 COD 排放量分别比 2004 年增加 74.71%和 27.74%，由于污水处理能力的提高，COD 排放量增长速度小于污水排放量增长速度，2015 年后 COD 排放量有所下降。

生活污染源所占比例仍然很大。根据通州新城的功能定位，未来通州区主要功能为城市综合服务中心，人口将会不断增加，生活污水的产生量也会随之增大。另外，由于第三产业将作为通州区的重点发展产业，餐饮、服务、会展、娱乐等行业排放的污水量也将迅速增长，逐渐成为主要的污染源。

7.3.2.3 可持续发展情景

可持续发展情景与目标导向发展情景下通州区污水和 COD 排放量预测结果如表 7-8 所示。

表 7-8 可持续发展情景与目标导向发展情景下通州区污水及 COD 排放量比较

项目		2004 年		2010 年		2015 年		2020 年	
		可持续	目标导向	可持续	目标导向	可持续	目标导向	可持续	目标导向
污水/万 t	生活	2 744	2 744	2 159	3 284	2 395	3 860	2 470	4 105
	工业	1 390	1 390	1 508	1 977	1 287	2 135	591	1 706
	第三产业	1 291	1 291	2 050	2 050	2 825	2 825	3 667	3 667
	合计	5 425	5 425	5 717	7 311	6 507	8 820	6 728	9 478
COD/t	生活	17 599	17 599	22 718	23 843	29 122	30 587	33 237	34 872
	工业	3 878	3 878	3 134	5 084	2 306	4 982	949	3 110
	第三产业	2 690	2 690	7 754	8 333	17 556	20 034	37 443	45 369
	合计	24 167	24 167	33 606	37 260	48 984	55 603	71 629	83 351
	削减量	8 087	8 087	20 805	17 118	36 149	32 971	60 770	62 811
	排放量	16 080	16 080	12 801	20 142	12 835	22 632	10 859	20 540

预测结果表明，通州区的污水和 COD 排放以生活源和第三产业为主，工业污染逐步得到控制。“十一五”期间，由于小区中水回用系统的建设，生活污水排放量有所下降，但其后由于人口的增加，排放量仍将继续上升。随着大型娱乐服务场地的兴起，第三产业污水和水污染物排放量将有明显增长。而由于清洁生产的推广、治污设施的建设和工业用水重复利用率的提高，工业污染可得到有效的控制。另外，污水处理厂规模的扩大和污水集中处理率的提高也使污染物削减能力大大提高。2020 年，COD 削减量将达到产生量的 84.84%。

可持续发展情景与目标导向发展情景下污水及 COD 排放量的预测结果如图 7-7 和图 7-8 所示。

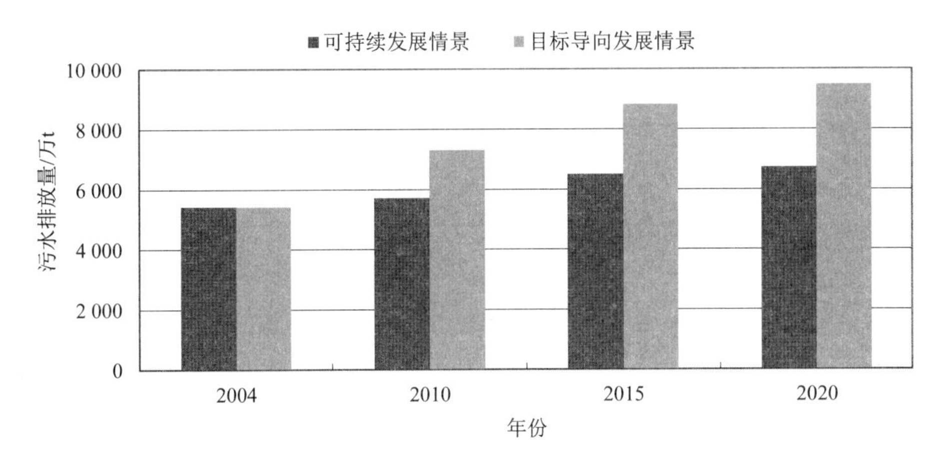

图 7-7　可持续发展情景与目标导向发展情景下污水排放量的比较

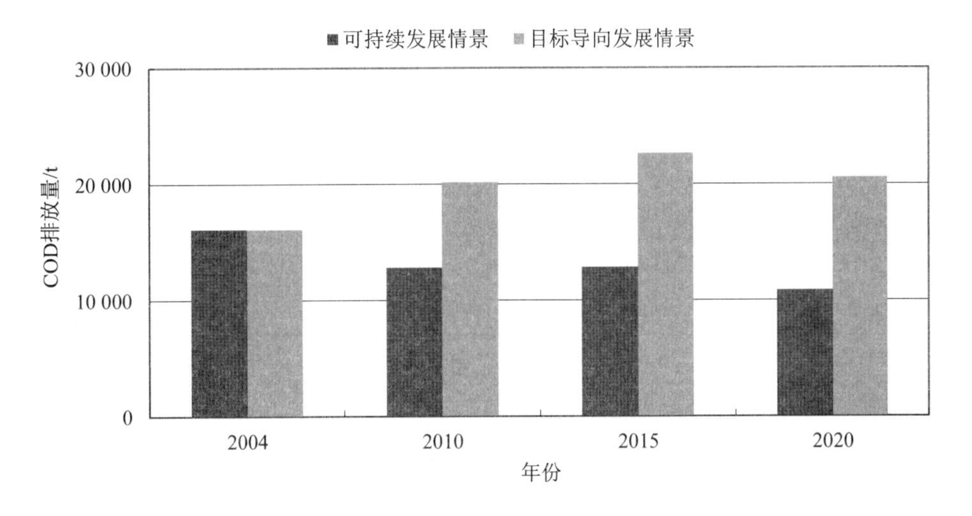

图 7-8　可持续发展情景与目标导向发展情景下 COD 排放量的比较

通过比较可以看到，可持续发展情景下通州区污水及COD排放量较目标导向情景下明显减少。其中，2010年全区污水、COD排放量分别比目标导向发展情景下下降21.80%、36.45%，2020年分别下降29.02%、47.13%。一方面是因为生活、生产的节水减少了污水的排放，另一方面是因为污水集中处理规模的扩大提高了污染物削减能力。虽然可持续发展情景下污水和COD的排放量得到了进一步的控制，但COD的排放量仍随着人口的增加和生产规模的扩大不断攀升，水环境污染负荷依然很重。

可持续发展情景下各工业行业COD排放量的预测结果如表7-9和图7-9所示。通过一系列工业结构调整措施的实施，化工、造纸等高污染行业的排污量明显下降，在工业COD排放总量中的占比逐年缩减。其他行业的污染物排放量也逐渐下降，工业污染整治效果明显。

表7-9　可持续发展情景下通州区各工业行业COD排放量预测

项目	2004年		2010年		2015年		2020年	
	排放量/t	占比/%	排放量/t	占比/%	排放量/t	占比/%	排放量/t	占比/%
采矿业	5	0.13	0	0.01	0	0.02	0	0.03
食品加工	760	19.59	278	8.88	272	11.79	131	13.80
服装纺织	309	7.97	351	11.21	184	7.99	30	3.12
木材家具	52	1.34	70	2.24	55	2.40	7	0.69
造纸	865	22.31	609	19.42	230	9.98	49	5.16
印刷文教	79	2.05	105	3.35	109	4.71	59	6.21
石化	1	0.01	1	0.02	1	0.03	0	0.01
医药化工	1 005	25.91	728	23.23	485	21.04	97	10.27
化纤	4	0.10	2	0.06	1	0.04	0	0.03
橡胶塑料	97	2.49	74	2.37	51	2.19	12	1.29
非金属	60	1.55	80	2.57	87	3.77	77	8.13
金属加工	446	11.49	583	18.61	584	25.30	344	36.28
设备制造	170	4.40	227	7.26	228	9.90	134	14.18
其他制造业	10	0.25	9	0.28	5	0.20	1	0.13
电力、燃气及水	16	0.41	15	0.49	15	0.65	6	0.68
合计	3 879	—	3 132	—	2 307	—	947	—

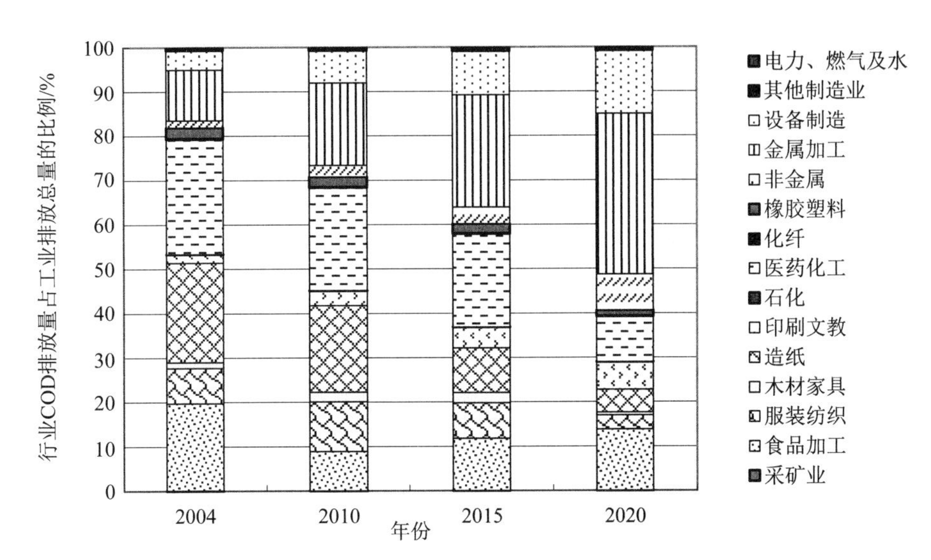

图 7-9 可持续发展情景下通州区各工业行业 COD 排放量占工业排放总量的比例

7.4 水环境承载力各分量核算

7.4.1 水环境容量

7.4.1.1 惯性发展情景

通州区水环境 COD 的理想容量为 3 558.06 t/a。2010 年和 2020 年通州区 COD 排放量分别为 19 995 t 和 23 194 t，排放量将远远超过水环境容量。惯性发展情景下，通州区各年 COD 排放量与水环境容量如图 7-10 所示。

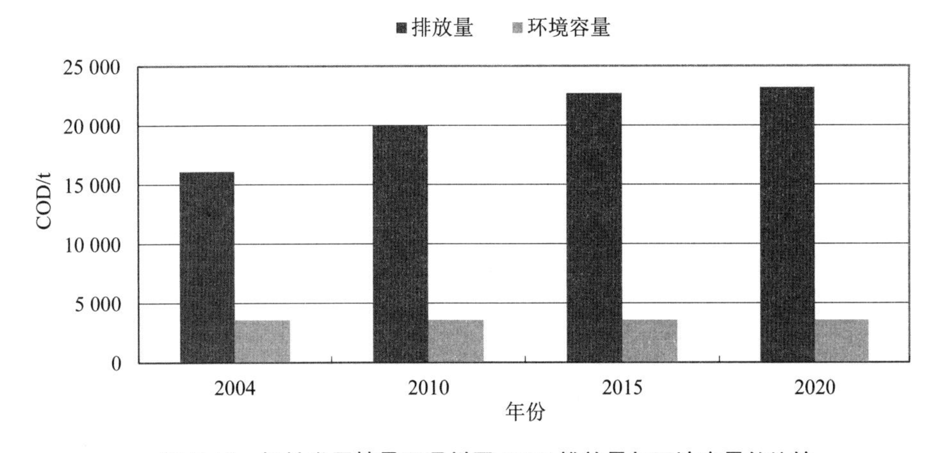

图 7-10 惯性发展情景下通州区 COD 排放量与环境容量的比较

为缓解水污染物排放量与环境容量的矛盾，一方面必须调整产业结构与行业结构，大力推广清洁生产，从源头控制污染物的产生，同时加强末端治理措施，提高污水处理能力，减少污染物排放；另一方面，还需要增加河道生态需水的补给，提高地表水体对污染物的稀释和自净能力，提高水环境容量，改善河流水质。

7.4.1.2 目标导向发展情景

通州区水环境 COD 的理想容量为 3 558.06 t/a。目标导向发展情景下，通州区各年 COD 排放量与环境容量如图 7-11 所示。

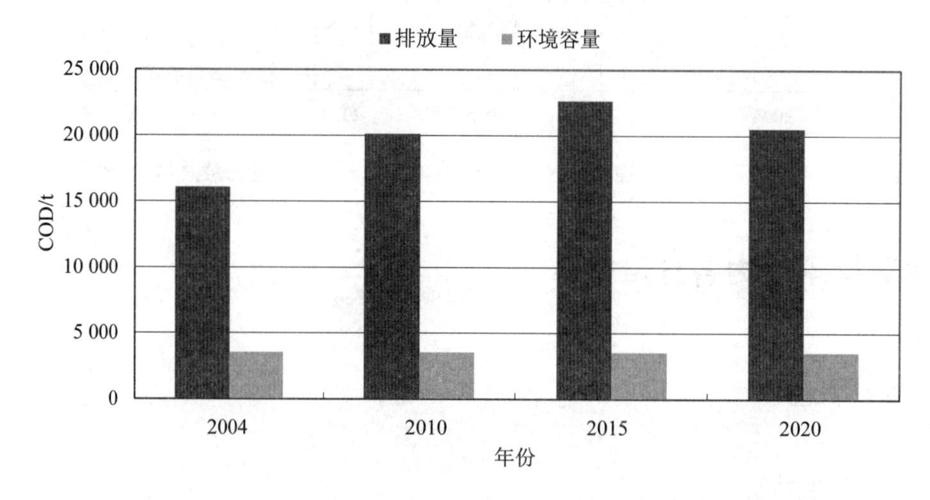

图 7-11 目标导向发展情景下通州区 COD 排放量与环境容量的比较

通过比较可以看到，通州区 COD 排放量远大于水环境容量，2015 年排放量最高，为环境容量的 6 倍，水环境污染问题十分严重。要解决通州区水环境污染问题，除了加大污染控制力度外，还需要加大河道生态修复力度，改善水体水质，提高河流稀释和自净能力，进而增加水环境容量。

7.4.1.3 可持续发展情景

（1）零方案

通州区水环境 COD 的理想容量为 3 558.06 t/a。可持续发展情景零方案下，通州区各年 COD 排放量与环境容量如图 7-12 所示。

通过比较可以看到，虽然可持续发展情景下 COD 的排放得到了进一步的控制，但由于通州区河流污染严重，环境容量十分有限，COD 排放量仍远远大于环境容量。2010 年的 COD 排放量约为环境容量的 4 倍，2020 年为 3 倍。水污染问题仍然十分严重。

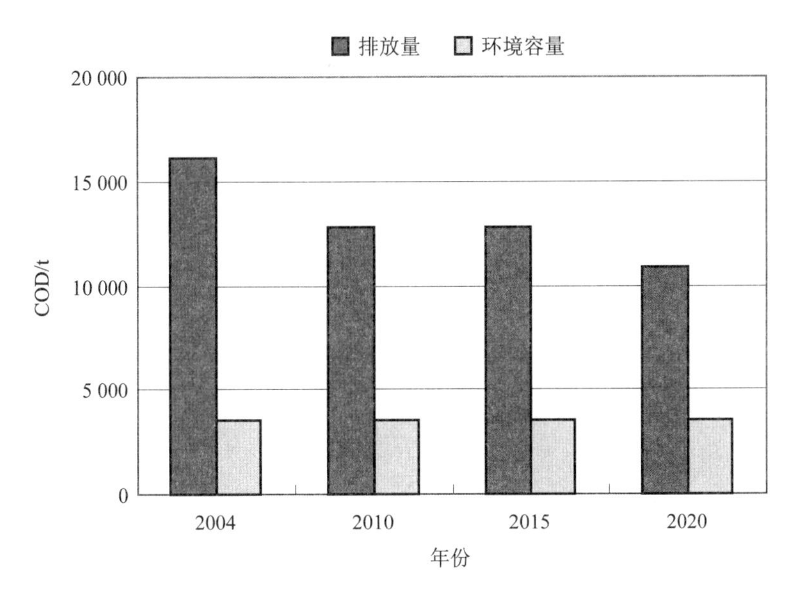

图 7-12　可持续发展情景零方案下通州区 COD 排放量与环境容量的比较

（2）替代方案

通过对零方案的分析发现，通州区 COD 排放量远大于水环境容量，这与通州区的实际情况相符。通州区近年来天然径流量不断下降，地表水体的自净能力有限，加之上游来水水质本身超过水环境功能标准，地表水没有稀释容量，水环境容量资源紧缺。尽管 COD 排放量逐年降低，但 COD 排放量与水环境容量之间仍有很大缺口。因此，必须从提高水环境容量角度考虑，缓解这一矛盾，具体措施包括：

①运用水质/水量联合调度技术，在南水北调水中抽出一部分用于补给河道环境用水，或者在上游修建调节水库，通过下泄合理的生态基流，调节水资源时空分布，可以在一定程度上改善河流水环境质量，提高通州区地表水环境容量。

②到 2020 年，通州区规划建设处理能力大于 5 000 m^3/d 的污水处理厂 8 处。其中，中心城区 4 处，包括通州、永顺、河东与张家湾；漷县、台湖、永乐、西集各 1 处；另外，其他村镇还会修建一些小城镇的污水处理厂。对于小城镇的污水处理厂，可考虑对污水做深度处理或结合人工湿地进一步脱氮除磷。一方面，进一步去除污染物，降低污染负荷；另一方面，深度处理后的水可返回天然水体，提高河道径流量与水环境容量，缓解水环境容量资源紧缺问题。

通过污水深度处理后的出水达到准Ⅳ类的城市污水综合排放标准，处理后再生水回补湖水，补给河道生态环境用水。

通州区河道生态需水量为 3 815 万 m^3/a。假设这部分补给河道的再生水水质可满足

Ⅳ水质标准，忽略污水排放量 q，且假设所有河流均采用地表水环境Ⅴ类水质标准；那么，由此增加的地表水环境稀释容量可通过下列公式计算：

$$\Delta E_{稀释}=(C_{s5}-C_{s4})\times\Delta Q\times 86.4 \tag{7-1}$$

水环境自净容量采用的模型如下：

$$E_{自净}=86.4C_sQ_0(e^{kx/u}-1) \tag{7-2}$$

由此可见，自净容量与河流径流量成正比。因此

$$\Delta E_{自净}=\frac{\Delta Q}{Q_0}\times E_{自净} \tag{7-3}$$

式中：$\Delta E_{稀释}$ —— 增加的地表水环境稀释容量，kg/d；

$\Delta E_{自净}$ —— 增加的自净容量，kg/d；

$E_{自净}$ —— 自净水环境容量，kg/d；

C_s —— 地表水环境质量标准，mg/L，如表 7-10 所示；

Q_0 —— 河流多年平均径流量，m^3/s；

ΔQ —— 河道补给水量，m^3/s；

k —— 水质降解系数，d^{-1}；

x —— 河流间距，km；

u —— 河流流速，km/d。

表 7-10　水质标准 C_s 数值　单位：mg/L

项目	COD 质量浓度	NH_3-N 质量浓度
Ⅳ类水质标准 C_s	30	1.5
Ⅴ类水质标准 C_s	40	2.0

补给的河道生态需水（3 815 万 m^3/a）相当于 1.2 m^3/s，假设补给的这部分河道生态需水按河流流量等比例分配给各条河流，则增加的水环境容量如表 7-11 所示。

表 7-11　可持续发展情景替代方案下的水环境容量　单位：t/a

项目	E_0	$\Delta E_{稀释}$	$\Delta E_{自净}$	E
COD	3 558.06	381.5	181.15	4 120.71

替代方案下 COD 水环境容量为 4 120.71 t/a，与各年 COD 排放量的比较如图 7-13 所示。

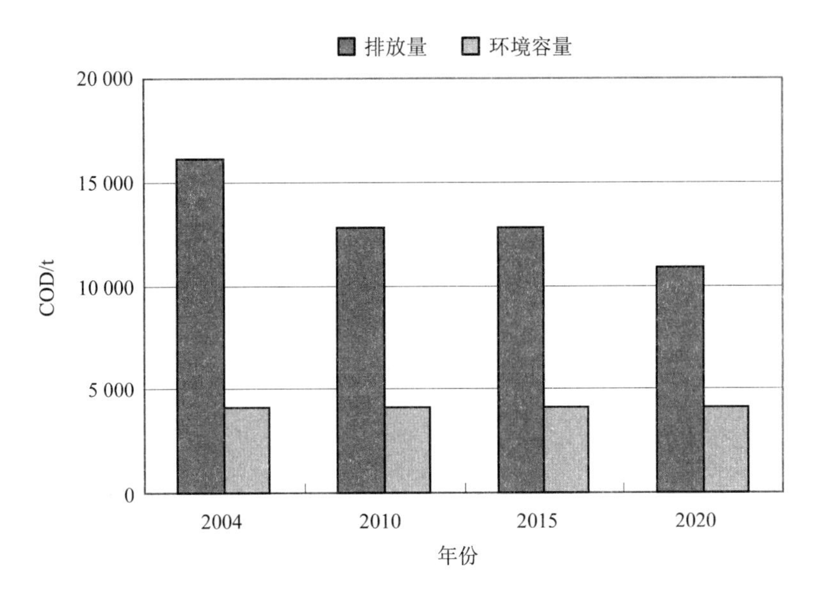

图 7-13 可持续发展情景替代方案下通州区 COD 排放量与环境容量对比

通过比较可以看到，替代方案下虽然保证了河道生态用水的补给，但由于污染排放量大，仍然不能满足环境容量要求，河流水体污染严重。根据前面的假设条件，若补给的河道生态用水为 ΔQ，河流的环境容量为：

$$E = E_0 + \Delta E_{稀释} + \Delta E_{自净} = E_0 + (C_{s5} - C_{s4}) \times \Delta Q + \frac{\Delta Q}{Q_0} \times E_{自净} \tag{7-4}$$

经计算，若要使河流水体水环境质量达标，2010 年需要的水质满足地表水Ⅳ类标准的河道生态补给水量为 4.78 亿 m^3。若补给水水质满足地表水III类标准，则 2010 年需 3.15 亿 m^3（如表 7-12 所示）。

表 7-12 可持续发展情景下河道补给水量预测 单位：亿 m^3

补给水水质	2010 年	2010 年	2020 年
Ⅳ类	4.78	4.80	3.78
III类	3.15	3.16	2.49

7.4.2 水资源承载力分量

7.4.2.1 惯性发展情景

根据相关研究成果，通州区内可利用的水资源以地下水为主，另外还有少量地表水。

经测算，通州区多年平均总补给量为 2.445 7 亿 m^3，扣除地下水灌溉入渗补给量后，通州区多年平均地下水资源量为 2.132 7 亿 m^3。20 世纪 90 年代以来，由于过分依赖地下水以及遭遇持续干旱年，地下水开采实际已处于超采状态，地下水位持续下降。为了维持采补平衡，今后地下水开采量不应大于 1.956 6 亿 m^3。

由于河水污染严重，通州区实际利用的地表水很少，从 2003 年及 2004 年地表水的利用数据看，2003 年利用地表水 985 万 m^3，2004 年利用地表水 1 200 万 m^3，在地表水水质没有得到明显改善之前，地表水的可供给量以 800 万 m^3 计算。

综上所述，惯性发展情景下通州区的水资源供给量为 2.036 6 亿 m^3。

惯性发展情景下通州区水资源需求总量与可利用量的比较如图 7-14 所示。通过对比可以看到，通州区水资源短缺的情况仍然突出且不断加剧。2010 年，全区缺水 1.37 亿 m^3，2020 年缺水 1.65 亿 m^3，水资源的不足将会严重制约通州区社会经济的发展。因此必须开源与节流并举，解决通州区水资源供需矛盾。

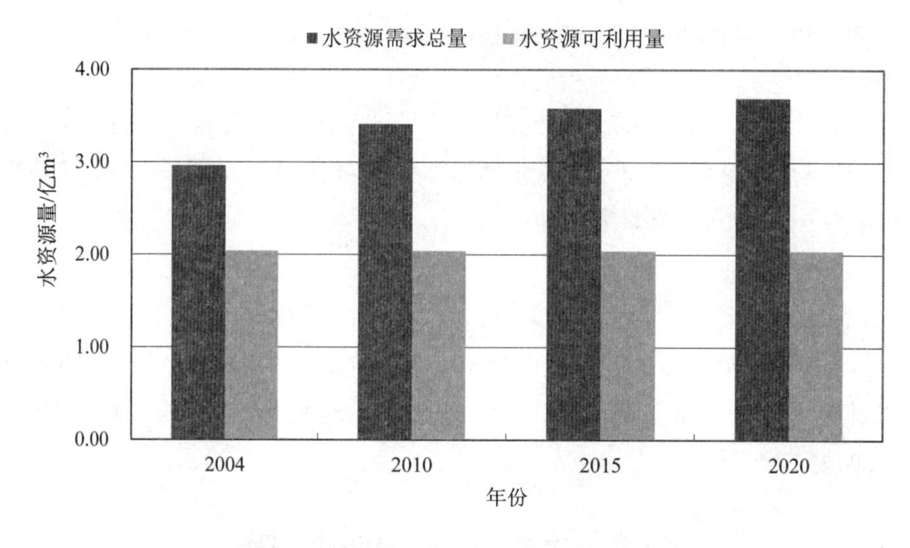

图 7-14　惯性发展情景下通州区水资源供需量的比较

7.4.2.2　目标导向发展情景

目标导向发展情景下，通州区的水资源供给量同惯性发展情景下，也为 2.036 6 亿 m^3。

目标导向发展情景和惯性发展情景下通州区水资源需求总量与可供利用量的比较如图 7-15 所示。通过对比可以看到，目标导向发展情景下，由于生活和生产需水的增加，水资源供需矛盾将进一步加剧。目标导向发展情景下，2010 年缺水 1.91 亿 m^3，2020 年缺水 2.39 亿 m^3，水资源缺口较惯性发展情景更大，水资源的不足将会严重制约通州区社会经济和环境的健康发展。

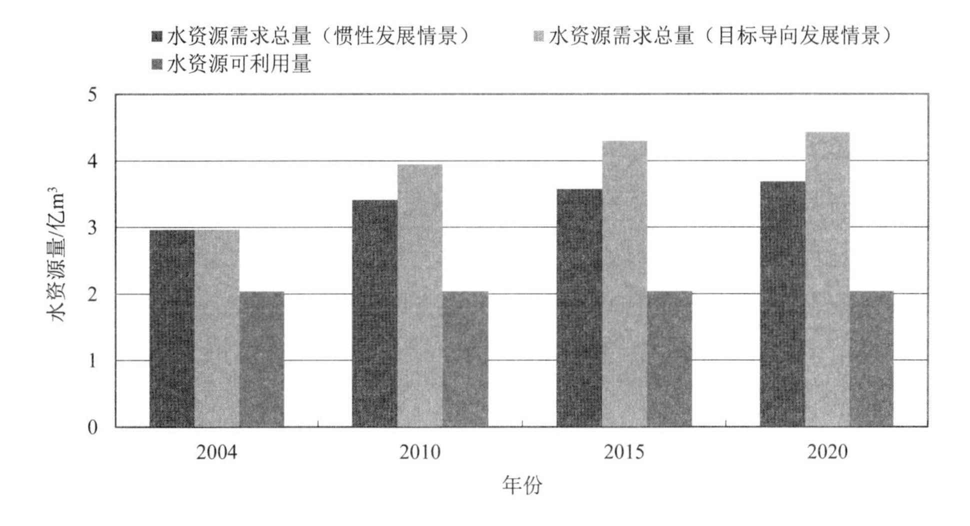

图 7-15　目标导向发展情景和惯性发展情景下通州区水资源供需量的比较

7.4.2.3　可持续发展情景

由于目标导向发展情景下较之惯性发展情景下人类活动给水系统带来的压力更大，远远超过水系统的承载力。有必要设计一种强化情景即在目标导向发展情景基础上，设计的一种可持续发展情景，它是一种理想化情景，是在能够最大限度地实现区域人口、经济发展目标的前提下，通过发展循环经济、增加环保投入等一系列措施，提高水环境承载力，以降低区域开发强度，缓解区域人口与经济高速发展给环境带来的巨大压力；确保区域协调持续发展。

（1）零方案

零方案下的水资源供给能力指不采取任何调整措施时，通州区实际的水资源供给能力。通州区的水资源供给量为 2.036 6 亿 m^3，包括 1.956 6 亿 m^3 的地下水和 800 万 m^3 的地表水。而根据预测结果，可持续发展情景下通州区 2010 年和 2020 年的水资源需求总量分别为 3.79 亿 m^3 和 4.13 亿 m^3，需求大于供给。由于水资源的供需不平衡，人们将不得不大量开采地下水，地下水的长期超采将会对地区生态系统构成严重的威胁。

（2）替代方案

为了缓解通州区水资源紧缺局面，必须开辟新的水源，具体包括雨洪水综合利用、再生水综合利用、区外市政管网水和南水北调水等。如果考虑新辟水源，通州区 2010 年和 2020 年的水资源可利用量分别为 4.885 5 亿 m^3、5.716 2 亿 m^3。具体如表 7-13 所示。

表 7-13　可持续发展情景替代方案下通州区水资源可利用量　　　单位：万 m^3

项目	2010 年	2020 年
地表水（雨洪）	800	800
地下水	19 566	19 566
区内再生水	6 877	11 753
区外再生水	17 812	15 768
区外市政管网供水	3 800	3 800
南水北调水	0	5 475
水资源可利用量	48 855	57 162

可持续发展情景替代方案下水资源供需的比较如图 7-16 所示。

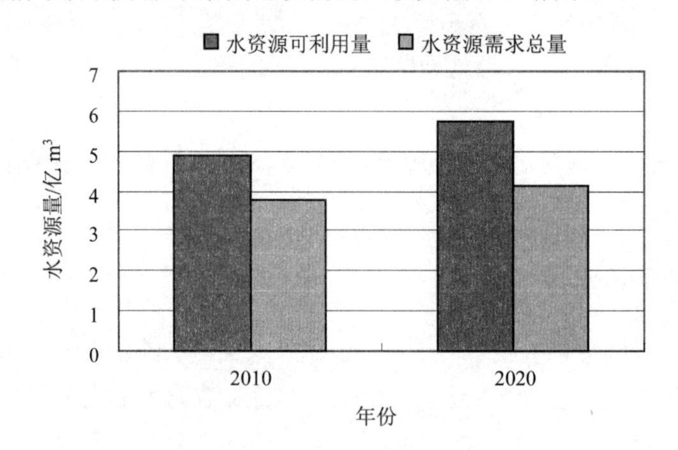

图 7-16　可持续发展情景替代方案下水资源供需的比较

通过比较可以看到，替代方案下通州区的水资源供给总量能满足地区生活、生产、生态需求。但是由于其中约一半为二级再生水，水质不能达到生活用水标准，用途受到限制。因此，应在水资源合理配置和统一调度基础上，实现通州区水资源分质分级利用，如表 7-14 所示。

表 7-14　水资源配置

水源	用途
二级再生水	农业灌溉、回补河道
深度再生水	公共服务、工业用水、绿化用水
汛期地表水	农业灌溉
区外市政管网引水和南水北调水	优先用于新城的城市居民生活、公共服务、工业和建筑业用水，多余的用于回补地下水
地下水	优先满足居民生活、公共服务、工业用水、绿化用水，同再生水和汛期地表水联合用于农业灌溉

7.5 水环境承载力承载状态综合评价

通州区水环境承载力承载状态综合评价采用环境承载率评价方法。该种方法需要通过计算环境承载率评价环境承载力的大小。在实际操作中，水环境承载量指某一时期水环境系统实际承受的人类系统的作用量值，可通过实际调查或监测得出。应用该方法进行通州区水环境承载力评价，可以从评价结果清晰地看出该地区水环境发展现状与理想值或目标值的差距，具有一定的现实意义。

通州区的水环境承载率评价与丰台区的评价相比，只进行了水环境承载率方法的研究和计算，具体计算方法可参考第 3 章水环境承载力各分量承载率评价和水环境综合承载率计算方法。

利用水环境承载力综合评价方法对惯性发展情景、目标导向发展情景和可持续发展情景下通州区区域水环境进行综合评价，结果如表 7-15～表 7-17 所示。

表 7-15 惯性发展情景下通州区水环境承载力综合评价结果

评价指标	2010 年			2020 年		
	指标值	*I*	*C*	指标值	*I*	*C*
水资源需求量/（亿 t/a）	3.41	1.67	4.74	3.69	1.81	5.47
水资源可供利用量/（亿 t/a）	2.04			2.04		
COD_{Cr} 排放量/（t/a）	19 995	5.62		23 194	6.52	
COD_{Cr} 环境容量/（t/a）	3 558			3 558		

表 7-16 目标导向发展情景下通州区水环境承载力综合评价结果

评价指标	2010 年			2020 年		
	指标值	*I*	*C*	指标值	*I*	*C*
水资源需求量/（亿 t/a）	3.95	1.94	4.82	4.43	2.17	4.95
水资源可供利用量/（亿 t/a）	2.04			2.04		
COD_{Cr} 排放量/（t/a）	20 142	5.66		20 540	5.77	
COD_{Cr} 环境容量/（t/a）	3 558.06			3 558.06		

表 7-17 可持续发展情景下通州区水环境承载力综合评价结果

评价指标	2010 年			2020 年		
	指标值	I	C	指标值	I	C
水资源需求量/（亿 t/a）	3.79	0.78	2.59	4.13	0.72	2.21
水资源可供利用量/（亿 t/a）	4.89			5.72		
COD_{Cr} 排放量/（t/a）	12 801	3.11		10 859	2.64	
COD_{Cr} 环境容量/（t/a）	4 120.71			4 120.71		

从表 7-15～表 7-17 可以看出，在惯性发展情景下，通州区 2010 年和 2020 年水资源及 COD 的环境承载力承载率都将大于 1，尤其是 COD，分别达到 5.62 和 6.52；其次是水资源，分别为 1.67 和 1.81。说明惯性发展情景下，COD 排放强度、水资源利用强度都将超过其水环境承载力相应分量，使 2010 年和 2020 年通州区综合水环境承载力承载率分别达到了 4.74 和 5.47，且远期开发强度与环境承载力的矛盾将进一步加剧。

目标导向发展情景下，通州区 2010 年和 2020 年水资源及 COD 的水环境承载力承载率也都将大于 1，尤其是 COD，分别为 5.66 和 5.77。说明目标导向发展情景下，COD 排放强度、水资源利用强度都将超过其承载力，使 2010 年和 2020 年通州区水环境承载力综合承载率分别达到了 4.82 和 4.95，区域开发强度与水环境承载力的矛盾将越来越大。

可持续发展情景下，尽管统合利用雨洪水与再生水，以及区外市政管网水与南水北调水，使 2010 年与 2020 年水资源承载力分量的承载率降至 0.78 与 0.72；但是，由于水环境容量分量过低，其承载率仍维持在 3.11 与 2.64；由此导致即使采用大量可持续发展策略，通州区 2010 年与 2020 年的综合水环境承载力承载率仍大于 1，分别为 2.59 与 2.21。由此可见，通州区水环境承载力“短板”不是水资源，而是水环境容量。按照规划目标发展，很难确保通州区水系统持续健康发展，只能控制其社会经济发展规模，降低其人口与经济发展目标。

7.6 结论与建议

从通州区水环境承载力评价结果可以看出，惯性发展情景以及目标导向发展情景下通州区的水环境污染和水资源短缺问题十分严重。同时这两个问题又会互相影响，加速通州区水环境的恶化。由于地表水污染严重，地区供水多依赖地下水开采；对地下水的持续超采和遭遇多年干旱使通州区地下水水位持续下降。随着人口的增长和经济的发展，生活和生产对水资源的需求将会日益增加，生态需水的补给就更为紧缺，使原本污染就很严重的河道的环境容量更为有限，水环境进一步恶化。为保障居民的饮用水安全和经济的持续发展，同时也为了促进生态系统的健康发展，一方面，必须开辟新的水源，补给必要的生态需水；另一方面，要加大节水力度，降低需水总量，缩小水资源供需缺口。同时，更要加大水污染控制力度，减少污水排放量，提高污水处理能力。

综合利用雨洪水、再生水、区外市政管网水和南水北调水等能使水资源供需矛盾基本得以解决。但是由于长期以来河流污染严重，又得不到足够的生态用水补给，水环境容量十分有限，所以即使采取了一系列污染控制措施补给河道生态用水、增加水环境容量，通州区水环境容量仍然小于污染物排放量；2010 年和 2020 年 COD 水环境容量承载率分别为 3.11 与 2.64，水环境污染问题仍然存在。解决这个问题的重要途径包括：一是对潮白河水系和北运河水系的主要河流及支流进行综合生态治理，修复和强化河道生态系统，并且尽可能地补给河道生态用水，提高河道的稀释能力和自净能力，提高环境容量；二是降低通州区社会经济发展目标，控制其发展规划，优化其产业用水结构，加强水污染治理与水生态修复，降低人类活动给通州区水系统带来的压力；由此，才能真正实现流域水系统的可持续发展。

第 8 章　北海市水环境承载力承载状态评价

8.1　北海市概况

8.1.1　自然环境概况

8.1.1.1　地理位置

北海市地处广西壮族自治区南部，北部湾东北岸，位于东经 108°50′45″～109°47′28″、北纬 20°26′～21°55′34″之间。有涠洲、斜阳二岛，素有“大小蓬莱”之称，距市区大陆 20.2 n mile。全市行政区域陆地面积 3 337 km^2，其中市区面积 957 km^2，6 个有居民海岛面积 68.4 km^2，海岸线长 668.98 km。北海市地势从北向南倾斜，东北、西北为丘陵，南部沿海为台地和平原，南流江下游为冲积平原，沿海多港滩，市区地形南北狭、东西长，呈犀牛角状。北海市辖三区一县，包括海城区、银海区、铁山港区和合浦县，其行政区划图如图 8-1 所示。

8.1.1.2　气象水文

南流江是北海市境内最大的河流。南流江经合浦县东北部的曲樟乡流入合浦县境内，经常乐镇、石康镇、石湾镇后分为三支，一支流经总江口，在党江镇分三处入海；一支经沙岗镇入海；另一支经周江，在廉州镇的烟楼村入海。南流江分流入海，并且在出海处形成网状河系，造就了广西最大的三角洲——南流江三角洲。三角洲地势低平，水网密布，水、土、光、热条件都十分优越，是广西重要农业产区，其外沿也多岛屿、滩涂，适宜捕捞和海产养殖。星岛湖（洪潮江水库）位于北海市北部，是与钦州市共有的湖泊，也是北海市最大的湖泊。2014 年，北海市各区县平均气温为 23.3～23.6℃，与历年平均气温相比，北海市市区偏高 0.4℃，涠洲岛偏高 0.2℃，合浦县偏高 0.6℃；北海市各区县年降水量为 1 940.9～2 509.4 mm，与历年平均年降水量相比，北海市市区偏多 41%，涠洲岛偏

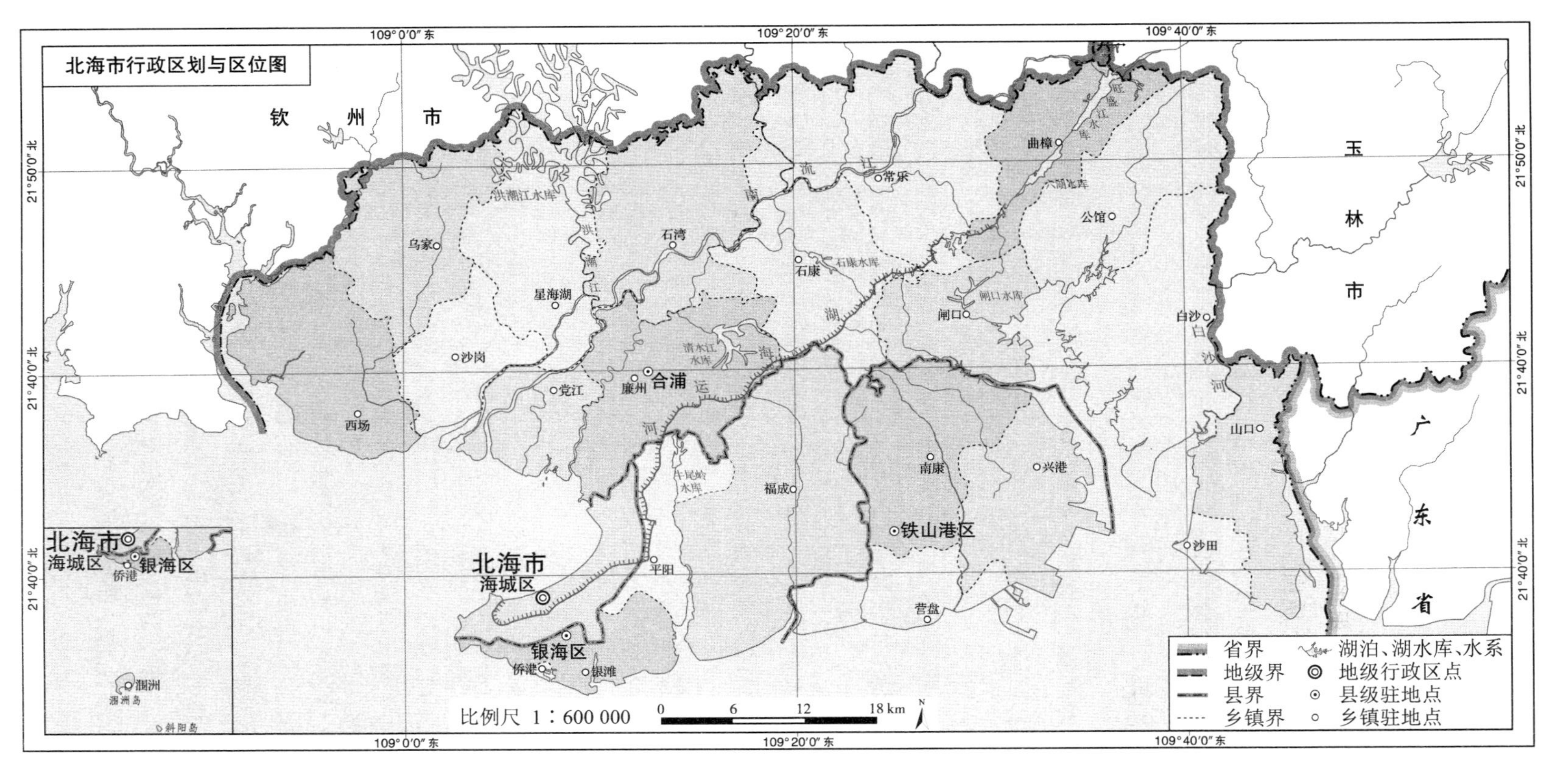
北海市行政区划与区位图
钦州市
玉林市
广东省
北海市
海城区
银海区
铁山港区
合浦
廉州
山口
沙田
白沙
公馆
曲樟
闸口
兴港
南康
营盘
常乐
石康
福成
石湾
党江
星海湖
沙岗
乌家
西场
平阳
侨港
银滩
涠洲
涠洲岛
斜阳岛
洪潮江水库
清水江水库
牛尾岭水库
石康水库
闸口水库
小江水库
省界
地级界
县界
乡镇界
湖泊、湖水库、水系
地级行政区点
县级驻地点
乡镇驻地点
比例尺 1：600 000
0 6 12 18 km
109°0′0″东
109°20′0″东
109°40′0″东
21°40′0″北
21°50′0″北

图 8-1 北海市行政区划

多 34%，合浦县偏多 10%；北海市各区县日照时数为 1 726.8～2 210.4 h，与历年平均值相比，北海市市区偏少 215.1 h，涠洲岛偏少 3.1 h，合浦县偏多 161.9 h。

8.1.1.3 地形地貌

地势从北向南倾斜，东北、西北为丘陵，南部沿海为台地和平原。海滨平原土地占市区总面积的 70%以上，土质由砂质黏土、砂砾构成，地层结构稳定，承压力强，一般为 18～25 t/m^2。海洋滩涂面积约占市区土地总面积的 20%，土地耐力较低，为 12～16 t/m^2。平均海拔 10～15 m。最高峰 554 m（五点梅），市区最高点 120 m（冠头岭）。

8.1.1.4 水资源概况

2014 年，北海市各区县年降水量为 1 940.9～2 509.4 mm。北海市境内河流属桂南沿海诸河水系，境内共有大小河流 290 多条，其中流域面积大于 10 km^2 的河流有 85 条，河流总长 1 469 km。南流江是境内最大的河流，流域集水面积 9 232 km^2，干流河长 285 km（其中本市境内河长 100.4 km）。2014 年，境内产水资源总量 32.27 亿 m^3，其中地表水资源量 31.22 亿 m^3、地下水资源量 8.26 亿 m^3，人均水量 2 182 m^3，略低于全国人均水量（2 200 m^3），低于全区人均水量（3 870 m^3）。入境水量 71.93 亿 m^3，出海水量 95.0 亿 m^3。截至 2014 年，有 39 座水库（其中大型 3 座、中型 4 座），总库容量为 20.68 亿 m^3。2015 年、2020 年、2030 年水资源总量控制指标分别为 12.12 亿 m^3、12.55 亿 m^3、12.79 亿 m^3。

8.1.2 社会经济概况

8.1.2.1 社会经济

2014 年全市实现地区生产总值 856 亿元，按可比价计算，与 2013 年相比增长 12.5%。其中，第一产业增加值 151.4 亿元，增长 3%；第二产业增加值 454.5 亿元，增长 18.7%；第三产业增加值 250.2 亿元，增长 5.3%。三次产业结构调整为 17.7∶53.1∶29.2，与 2013 年相比，第一产业、第三产业分别回落 1.7 个百分点和 0.5 个百分点，第二产业上升 2.3 个百分点。三次产业贡献率分别为 3.5%、84%、12.5%，分别拉动经济增长 0.4 个百分点、10.5 个百分点、1.6 个百分点；其中，工业贡献率接近 80%，在拉动经济增长 9.9 个百分点的同时，进一步加大了北海市的工业化进程。另外，2014 年北海市固定资产投资 756.2 亿元，与 2013 年相比增长 16.5%；规模以上工业总产值 1 597.9 亿元，增长 22.7%，增加值 388.4 亿元，增长 21.5%；财政收入 127.4 亿元，增长 12.1%；社会消费品零售总额 185.8 亿元，增长 11.2%；外贸进出口总额 35 亿美元，增长 29.7%；城镇居民人均可支配收入 25 818 元，增长 10.3%；农村居民人均纯收入 9 079 元，增长 10.2%。

8.1.2.2 人口规模

2014 年年末，北海市户籍人口达到 169.31 万人，其中海城区 29.84 万人，银海区 15.80 万人，铁山港区 18.02 万人，合浦县 105.65 万人；根据国家统计局 2014 年开展的人口变动及劳动力抽样调查推算，全市常住人口 160.37 万人，其中海城区 35.94 万人，银海区 18.70 万人，铁山港区 14.85 万人，合浦县 90.88 万人。全市城镇化率 54.46%，城镇人口 87.33 万人，其中海城区城镇化率 99.28%、城镇人口 35.68 万人；银海区城镇化率 66.68%、城镇人口 12.47 万人；铁山港区城镇化率 29.70%、城镇人口 4.41 万人；合浦县城镇化率 38.26%、城镇人口 34.77 万人。

8.2 北海市水环境承载力承载状态现状评价

利用水环境承载率方法进行北海市水环境承载力承载状态现状评价。从承载率的定义可以看出，承载率数值越大，则对应的人类活动对区域水系统的压力也就越大，若承载率大于 1，则表示此项要素已经超载，承载率越大，也就说明水环境承载力超载状态越严重。

根据《北海市城市环境总体规划（2014—2030 年）》以及相关研究成果，计算得到 2006—2011 年的北海市水环境承载率。从图 8-2 和表 8-1 中可以看出，对北海市来说，城市水环境承载率呈下降趋势，也就是说污染物排放总量有所降低，但北海市的水环境承载率仍然偏高，已经超载，处于较易发生污染的危机状态。而水环境污染物 COD、NH_3-N 是决定城市水环境承载率的主要指标。

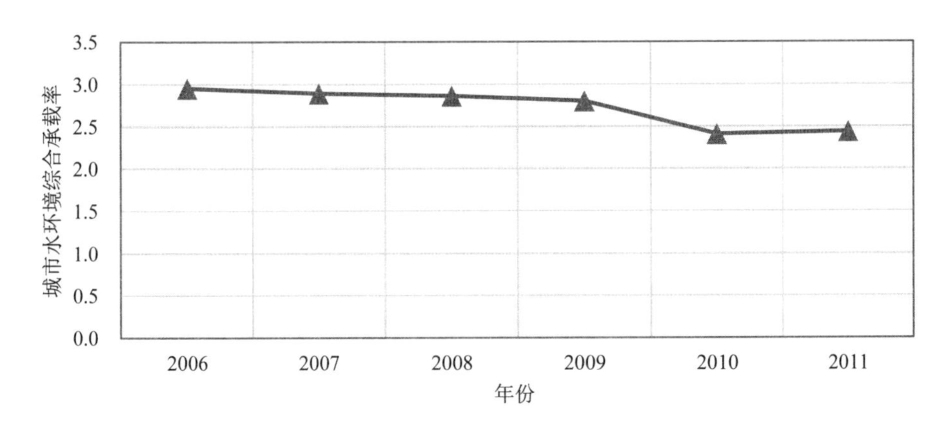

图 8-2 2006—2011 年北海市城市水环境综合承载率

表 8-1 2006—2011 年北海市城市水环境承载率

目标	指标	2006 年	2007 年	2008 年	2009 年	2010 年	2011 年
单要素承载率	水资源承载率	0.47	0.83	0.23	0.47	0.61	0.34
	COD 承载率	2.42	2.30	2.20	2.13	2.30	1.76
	NH_3-N 承载率	3.57	3.45	3.53	3.42	2.82	3.06
综合承载率	最大值	3.57	3.45	3.53	3.42	2.82	3.06
	平均值	2.15	2.19	1.99	2.01	1.91	1.72
	内梅罗指数	2.95	2.89	2.86	2.80	2.41	2.48

从图 8-3～图 8-6 和表 8-2 可以看到，海城区、银海区、铁山港区的 NH_3-N 承载率和 COD 承载率较高，这是因为水环境容量的计算中没有考虑排入海湾的容量，所以计算得到的排入河道的水环境容量就特别小，而现有的排放量远远超过了环境容量，大大超载，特别是海城区的 COD 超载了 2 000 多倍，虽然海城区工业源 COD 排放量相对其他区县小，但生活污染源 COD 排放量大，水环境容量仅有 9.1 t，导致海城区 COD 严重超载。为了避免数值相差过于悬殊，设定承载率的限值为 100，若承载率大于 100，则该值即设定为 100。

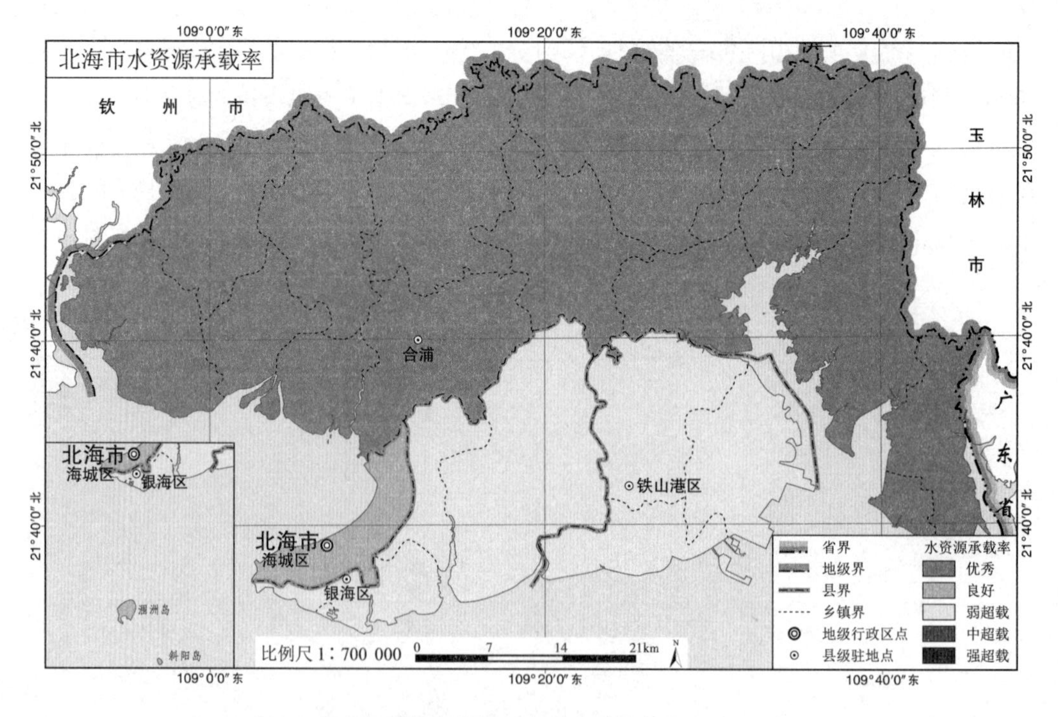

图 8-3 北海市各区县水资源承载率分布

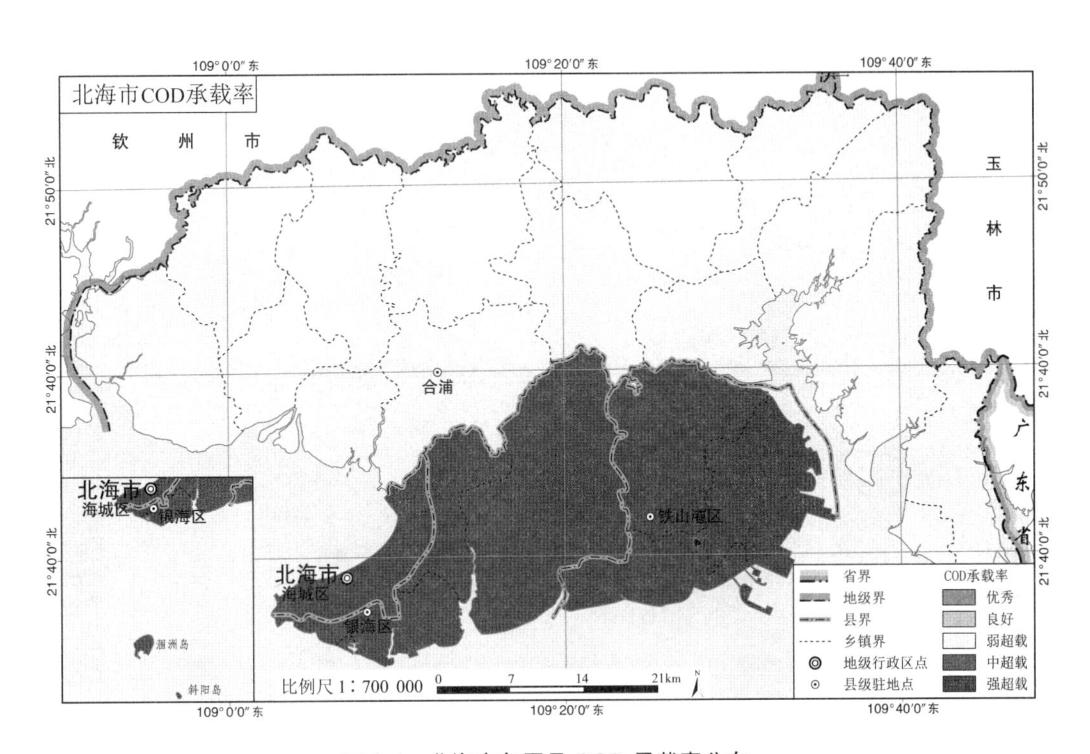

图 8-4　北海市各区县 COD 承载率分布

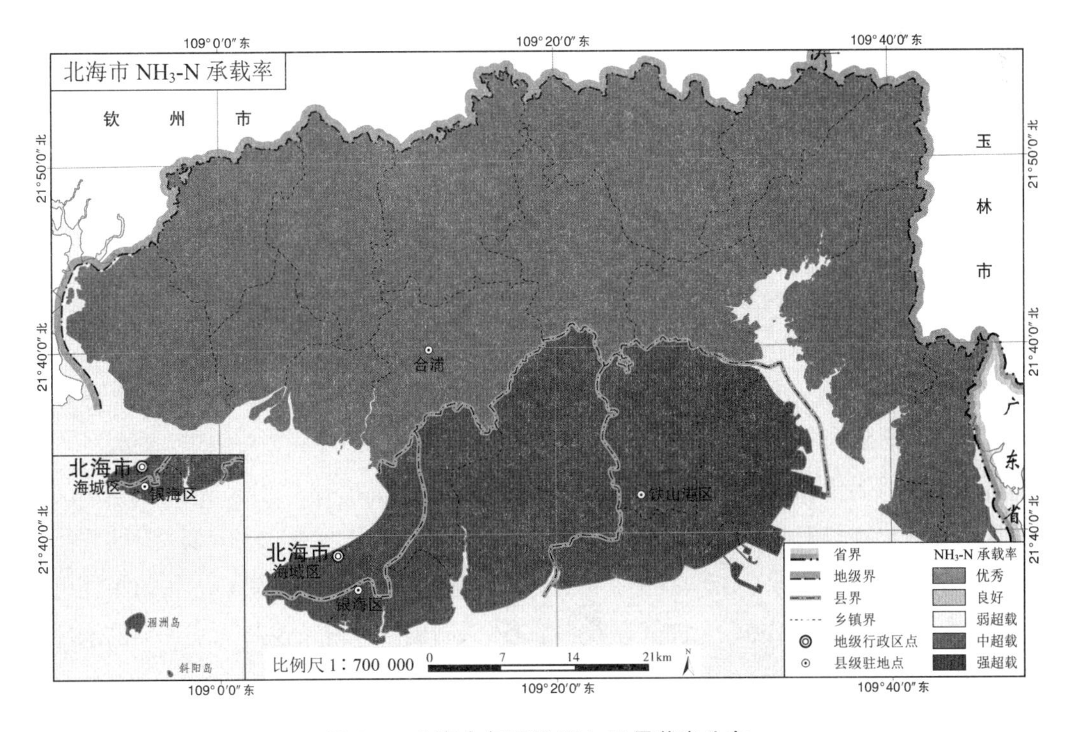

图 8-5　北海市各区县 NH_3-N 承载率分布

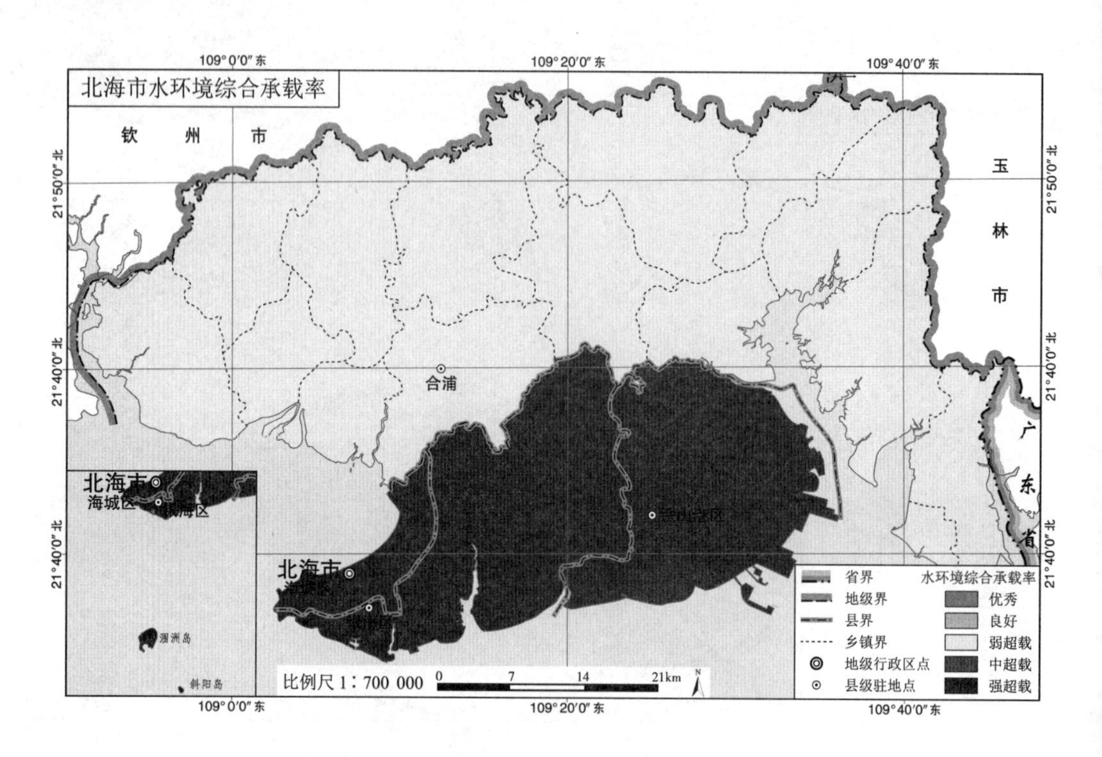

图 8-6 北海市各区县水环境综合承载率分布

表 8-2 2011 年北海市及各区县区域水环境承载率

目标	指标	北海市	合浦县	海城区	银海区	铁山港区
单要素承载率	水资源承载率	0.34	0.18	0.64	1.06	1.25
	COD 承载率	1.76	1.07	505.44	6.06	6.28
	NH_3-N 承载率	3.06	1.65	2 263.01	14.29	12.38
综合承载率	最大值	3.06	1.65	100	14.29	12.38
	平均值	1.72	0.97	100	7.14	6.64
	内梅罗指数	2.48	1.35	100	11.29	9.93

排海情景：上文中水环境容量的计算仅考虑内陆河流水环境容量，没有考虑近岸海域的水环境容量；由于海城区、银海区与铁山港区水污染物排放相对集中，而处于入海口的河流水环境容量又相对较低，由此导致这 3 个区水环境承载率奇高。对沿海城市而言，污水处理厂出水排海是必然选择。因此，参考《广西壮族自治区碧海行动计划》研究结论，北海市廉州湾近海海域 COD 容量约 36 765 t/a，无机氮容量约 1 862 t/a，铁山港区近海海域 COD 容量约 19 913 t/a，无机氮容量约 1 256 t/a，确定北海市及其 4 个区县的水环境容量分布状况。

考虑排海方案，北海市 COD 和 NH_3-N 理想水环境容量分别可达 76 440 t/a 和 3 936 t/a，

COD 和 NH_3-N 理想水环境容量大大增加，计算得出的水环境承载率及水环境综合承载率如图 8-7 和表 8-3 所示。

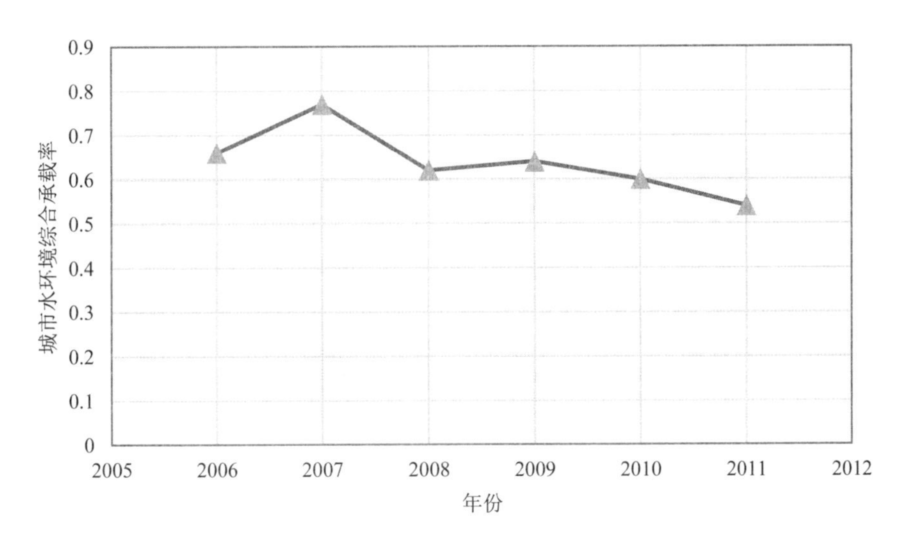

图 8-7　2006—2011 年北海市城市水环境综合承载率（排海情景）

表 8-3　2006—2011 年北海市区域水环境承载率（排海情景）

目标	指标	2006 年	2007 年	2008 年	2009 年	2010 年	2011 年
水环境承载率	COD 承载率	0.61	0.58	0.55	0.53	0.57	0.44
	NH_3-N 承载率	0.72	0.70	0.72	0.70	0.57	0.61
综合承载率	最大值	0.72	0.83	0.72	0.70	0.61	0.61
	平均值	0.60	0.70	0.50	0.57	0.58	0.46
	内梅罗指数	0.66	0.77	0.62	0.64	0.60	0.54

加入近海水环境容量之后，北海市水环境综合承载率大大地降低，也就是北海市水资源承载力分量承载率较小，均未达到超载的状态，但 NH_3-N 承载力分量承载率仍处于一般状态，需要注意。

参考《广西壮族自治区碧海行动计划》研究结论，北海市廉州湾近海海域 COD 容量约 36 765 t/a，无机氮容量约 1 862 t/a，铁山港区近海海域 COD 容量约 19 913 t/a，无机氮容量约 1 256 t/a。考虑到合浦县如果设置集中污水处理厂，出水排海的可能性不大，只有沿海的银海区、海城区修建的集中污水处理厂出水集中排海，由此，将廉州湾 COD 和 NH_3-N 理想水环境容量按银海区、海城区现状污染负荷比例分配到两区，得到加入近海水环境容量之后北海市及各区县 2011 年水环境承载率的计算结果（如表 8-4 所示），其各区县的承载率分布情况如图 8-8～图 8-10 所示。

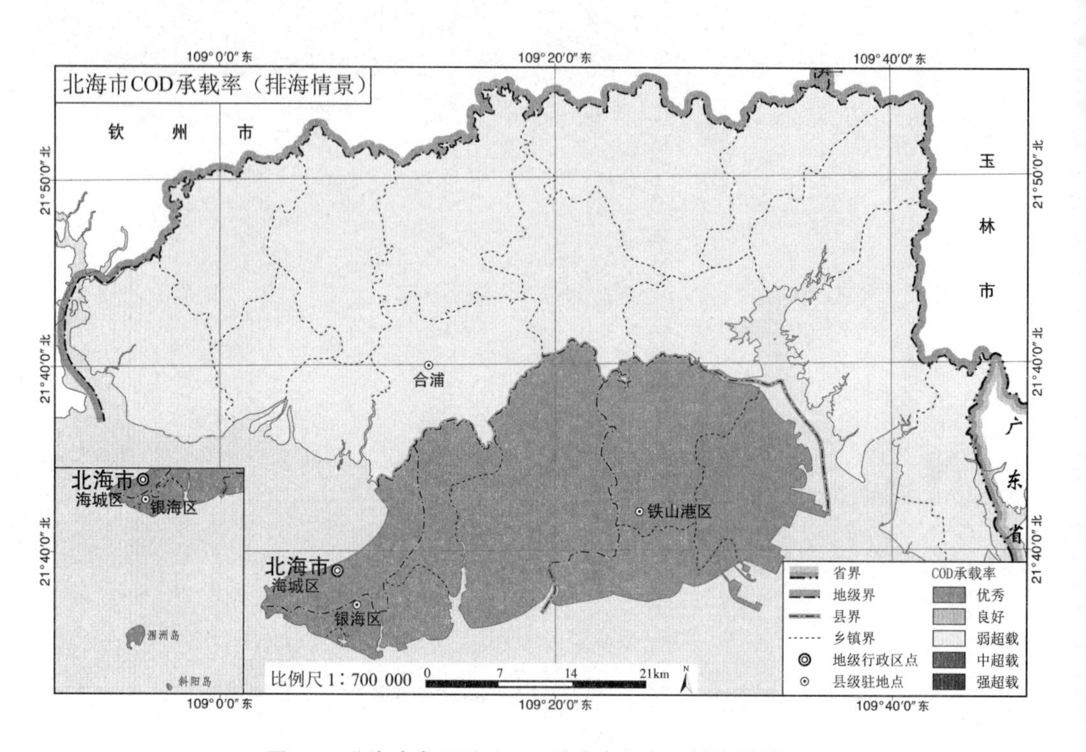

图 8-8 北海市各区县 COD 承载率分布（排海情景）

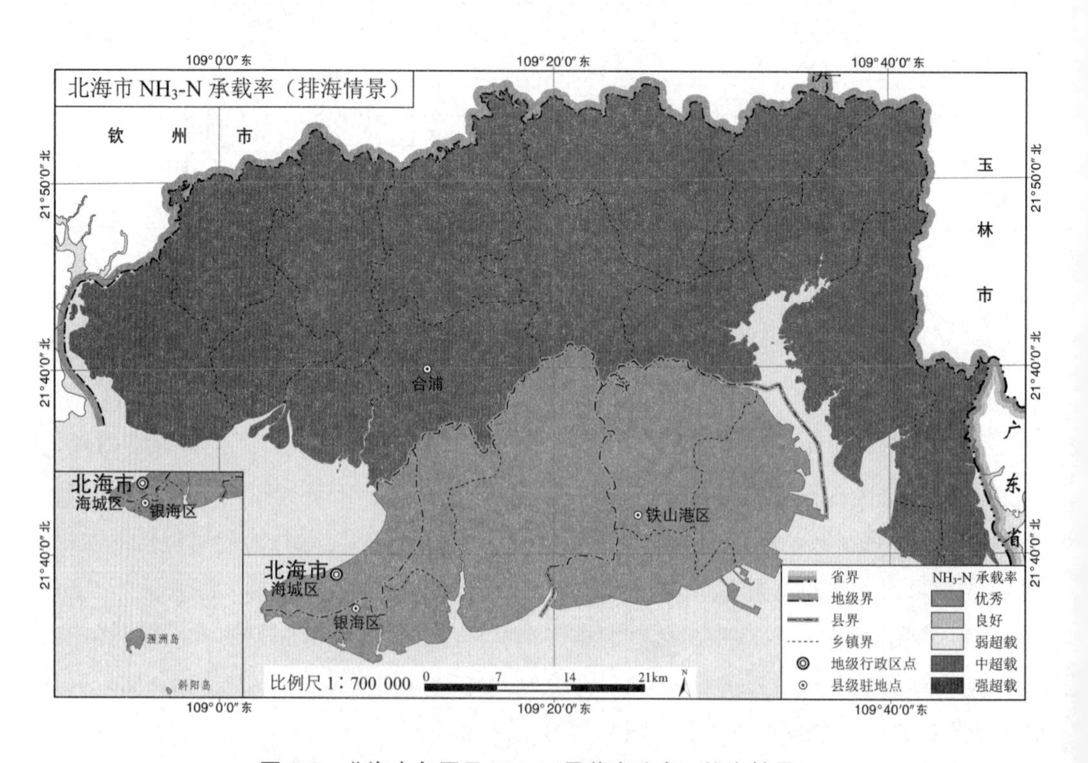

图 8-9 北海市各区县 NH_3-N 承载率分布（排海情景）

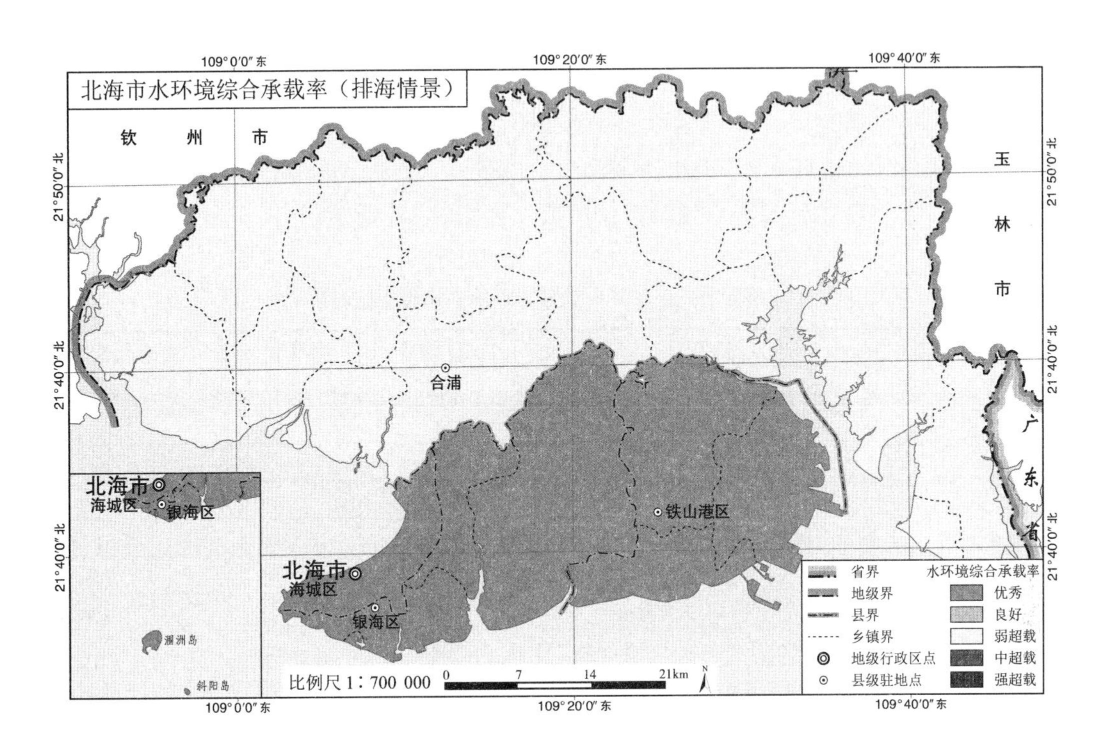

图 8-10 北海市各区县水环境综合承载率分布（排海情景）

表 8-4 2011 年北海市及各区县区域水环境承载率（排海情景）

目标	指标	北海市	合浦县	海城区	银海区	铁山港区
水环境承载率	COD 承载率	0.44	1.03	0.22	0.26	0.24
	NH_3-N 承载率	0.61	1.58	0.40	0.50	0.26
综合承载率	最大值	0.61	1.58	0.64	1.06	1.25
	平均值	0.46	0.93	0.42	0.61	0.58
	内梅罗指数	0.54	1.30	0.54	0.86	0.98

加入近海水环境容量之后，除了合浦县之外，其他三区的水环境综合承载率大大降低，水污染物不再是决定水环境综合承载率的主要因素，海城区、银海区水资源承载力分量承载率较小，均未达到超载的状态，但合浦县水环境综合承载率仍然较高。

8.3 水环境开发强度预测

8.3.1 水资源需求预测

采用情景分析方法预测水资源需求，设定 3 种情景，分别是：①BAU 情景，按现状发展，即基准情景；②规划情景 1，根据《北海市国民经济和社会发展第十二个五年规划纲要》和《北海市水资源综合规划》目标，即节水情景；③规划情景 2，即超常规发展，在发展速度较快、水资源利用强度居高不下的情况下，预测水资源需求状况，即节水规划受挫情景。北海市水资源需求预测情景参数设置如表 8-5 所示。

表 8-5 北海市水资源需求预测情景参数设置

目标年	指标	BAU 情景	规划情景 1	规划情景 2
2015	水田灌溉亩均用水量/m^3	1 458	1 445	1 450
	万元工业增加值水耗/（m^3/元）	72	76	70
	人均生活用水量/（m^3/人）	93	95	90
2020	水田灌溉亩均用水量/m^3	1 448	1 461	1 440
	万元工业增加值水耗/（m^3/元）	54	61	51
	人均生活用水量/（m^3/人）	104	108	100
2030	水田灌溉亩均用水量/m^3	1 306	1 402	1 300
	万元工业增加值水耗/（m^3/元）	39	44	36
	人均生活用水量/（m^3/人）	128	134	125

8.3.1.1 BAU 情景下的水资源需求预测

水资源需求总量是农业用水、工业用水、生活用水和生态用水等需求量之和，按照现状经济发展模式预测未来水资源需求量。

BAU 情景下北海市各部分需水量如表 8-6 所示，BAU 情景下北海市水资源需求总量将逐年上升。全市总需水量由 2012 年的 11.08 亿 m^3 增加到 2020 年的 13.13 亿 m^3，到 2030 年全市总需水量将增加到 16.28 亿 m^3。第一产业比例的下调使单位 GDP 综合需水量有较大幅度下降，从 2012 年的 192 m^3/万元下降至 2020 年的 83 m^3/万元和 2030 年的 41 m^3/万元。

表 8-6 BAU 情景下北海市水资源需求量预测　　单位：亿 m^3

项目	2012 年	2015 年	2020 年	2030 年
农业用水	7.97	7.87	7.79	7.49
工业用水	1.38	1.80	3.00	5.43
生活用水	1.53	1.70	1.99	2.75
生态用水	0.20	0.25	0.34	0.61
合计	11.08	11.62	13.12	16.28

水资源消费仍以农业用水为主，2020 年和 2030 年的农业用水量分别占水资源需求总量的 59%和 46%。2020 年农业需水量为 7.79 亿 m^3，2030 年为 7.49 亿 m^3。

8.3.1.2 规划情景 1 下的水资源需求预测

根据《北海市水资源综合规划》，在人们节水意识提高、采取各种节水措施的情况下预测水资源需求。进一步合理布局和调整农作物种植结构，加大投入、推行节水灌溉等。通过提高技术水平，以实现单位 GDP 用水量降低、节水的目的，推动节水器具的使用。在规划情景 1 下，研究在各种规划、目标等的限制下，水资源需求的改变。

规划情景 1 实际上就是目标导向发展情景，该情景下北海市水资源需求量预测结果如表 8-7 所示。目标导向发展情景下，北海市未来的水资源需求总量比 BAU 情景下小。2020 年和 2030 年的水资源需求总量分别为 12.19 亿 m^3 和 14.08 亿 m^3，均小于 BAU 情景下的水资源需求总量（分别为 13.12 亿 m^3 和 16.28 亿 m^3）。由此可见，通过规划目标等强制要求降低水资源消耗的效果明显。

表 8-7 规划情景 1 下北海市水资源需求量预测 单位：亿 m^3

项目	2012 年	2015 年	2020 年	2030 年
农业用水	7.97	7.73	7.29	6.12
工业用水	1.38	1.70	2.66	4.81
生活用水	1.53	1.65	1.92	2.62
生态用水	0.20	0.25	0.32	0.53
合计	11.08	11.33	12.19	14.08

8.3.1.3 规划情景 2 下的水资源需求预测

规划情景 2 为超常规发展情景，也就是该情景下，节水措施进展不利，实施受阻，水资源利用强度居高不下，与 BAU 情景相比，耗水量有可能更大。规划情景 2 下的水资源需求量预测结果如表 8-8 所示。

表 8-8 规划情景 2 下北海市水资源需求量预测 单位：亿 m^3

项目	2012 年	2015 年	2020 年	2030 年
农业用水	7.97	7.73	7.62	6.40
工业用水	1.38	2.06	3.34	10.00
生活用水	1.53	1.65	2.05	3.01
生态用水	0.20	0.25	0.35	0.75
合计	11.08	11.69	13.36	20.16

在规划情景 2 下，北海市未来的水资源需求总量比 BAU 情景下有较大增幅。2020 年和 2030 年的水资源需求总量分别为 13.36 亿 m^3 和 20.16 亿 m^3，均大于 BAU 情景下的水资源需求总量（分别为 13.12 亿 m^3 和 16.28 亿 m^3）。由此可见，人口的增加和经济的快速增长，导致工业、生活水资源需求快速增长；必须加大生活节水与工业节水力度，特别是水的循环利用和再生水的充分利用。

8.3.2 水污染物排放预测

水污染物排放预测与水资源需求预测一样，采用情景分析的预测方法，与水资源对应 3 种情景，分别是：①BAU 情景，按现状发展，即基准情景；②规划情景 1，根据《北海市国民经济和社会发展第十二个五年规划纲要》和《北海市“十二五”环境保护规划》，即减排情景；③规划情景 2，即超常规发展，在发展速度较快、污染物排放强度居高不下的情况下预测水污染物排放情况，即环保规划受挫情景。

8.3.2.1 BAU 情景下的水污染物排放预测

表 8-9 与表 8-10 分别为 BAU 情景下 COD 与 NH_3-N 排放量预测结果。在北海市未来的发展进程中，各类污染源的污水和 COD、NH_3-N 的排放量均有下降，以工业下降最为明显。随着工业污染源治理的加强和产业结构的调整，水污染物构成将有较大变化。其中，农业污水、生活污水仍是主要的污染源，工业废水比例相对下降，而随着人民生活水平的提高和城镇化进程的加快，污水和 COD、NH_3-N 排放量占比逐年上升，远期将成为主要污染源之一。随着污染物排放量的增加，北海市的水环境质量恶化有加重趋势。

表 8-9 BAU 情景下北海市 COD 排放量预测　　单位：t

项目	2012 年	2015 年	2020 年	2030 年
农业	9 806	9 406	8 964	7 920
工业	9 908	7 425	7 431	4 841
生活	12 528	8 148	6 681	5 908
合计	32 242	24 979	23 076	18 669

表 8-10 BAU 情景下北海市 NH_3-N 排放量预测　　单位：t

项目	2012 年	2015 年	2020 年	2030 年
农业	844	885	798	621
工业	129	90	90	59
生活	1 267	922	864	764
合计	2 240	1 897	1 752	1 444

8.3.2.2 规划情景 1 下的水污染物排放预测

根据《北海市环境保护规划》，在人们环保意识提高、加强管理、采取各种减排措施的情况下预测水污染物排放量。可通过建设城镇污水处理厂和配套管网、提高污水集中处理率、开展小区中水回用、加大工业结构调整和工业污染源治理力度、开展农业面源污染治理等措施对市内污水加以控制。在规划情景 1 下，研究在各种规划、目标等的限制下，水污染物排放量的改变。

规划情景 1 即目标导向发展情景，该情景下北海市水污染物排放量预测结果如表 8-11 和表 8-12 所示。目标导向发展情景下，北海市未来的水污染物排放量比 BAU 情景下小。2020 年和 2030 年的 COD 排放量分别为 22 379 t 和 16 995 t，NH_3-N 排放量分别为 1 688 t 和 1 311 t，均小于 BAU 情景下的水污染物排放总量。由此可见，通过规划目标等强制要求降低水污染物排放的效果明显。

表 8-11 规划情景 1 下北海市 COD 排放量预测 单位：t

项目	2012 年	2015 年	2020 年	2030 年
农业	9 806	10 021	8 747	6 480
工业	9 908	6 605	6 198	4 037
生活	12 528	8 000	7 434	6 478
合计	32 242	24 626	22 379	16 995

表 8-12 规划情景 1 下北海市 NH_3-N 排放量预测 单位：t

项目	2012 年	2015 年	2020 年	2030 年
农业	844	875	747	509
工业	129	90	84	55
生活	1 267	922	857	747
合计	2 240	1 887	1 688	1 311

从预测结果看，北海市未来的污水和 COD、NH_3-N 排放以生活源为主，工业污染逐步得到控制。未来由于小区中水回用设施的建设，生活污水排放量有所下降；但由于人口增加，COD、NH_3-N 排放量仍将继续上升。未来随着城镇化进程的加快，生活水污染物排放量降低较慢。而由于清洁生产的推广、治污设施的建设和工业用水重复利用率的提高，工业污染可得到有效的控制。另外，污水处理厂规模的扩大和污水集中处理率的提高也使污染物削减能力大大提高。

8.3.2.3 规划情景 2 下的水污染物排放预测

规划情景 2 为超常规发展情景，也就是该情景下，减排措施进展不利，实施受阻，水污染物排放强度居高不下，与 BAU 情景相比，污染物排放量有可能更大，预测结果如表 8-13 和表 8-14 所示。

在规划情景 2 下，北海市未来的水污染物排放总量比 BAU 情景下有较大增幅。2020 年和 2030 年的 COD 排放量分别为 25 074 t 和 20 863 t，NH_3-N 排放量分别为 1 892 t 和 1 588 t。由此可见，人口的增加和经济的快速增长，导致工业、生活水资源需求快速增长，水污染物产生量增加；必须加大生活减排与工业减排力度。

表 8-13 规划情景 2 下北海市 COD 排放量预测 单位：t

项目	2012 年	2015 年	2020 年	2030 年
农业	9 806	9 236	8 954	6 774
工业	9 908	8 515	8 265	6 680
生活	12 528	7 941	7 855	7 409
合计	32 242	25 692	25 074	20 863

表 8-14 规划情景 2 下北海市 NH_3-N 排放量预测 单位：t

项目	2012 年	2015 年	2020 年	2030 年
农业	844	831	771	525
工业	129	119	113	112
生活	1 267	1 032	1 008	951
合计	2 240	1 982	1 892	1 588

8.4 水环境承载力各分量核算

8.4.1 水环境容量分量

根据《北海市城市环境总体规划（2014—2030 年）》，经水环境容量核算，在不考虑排海的情况下，北海市主要地表水环境功能区（包括感潮河段）COD 和 NH_3-N 理想水环境容量分别为 19 762 t/a 和 818 t/a。

8.4.2 水资源承载力分量

根据《广西北海市水资源综合规划（2015—2025 年）》中的可供水量预测成果，在 50%

保证率的水平下，可供水量在2015年、2020年、2025年分别为17.7亿m^3、18.0亿m^3、18.2亿m^3。由此预测2030年可供水量为18.5亿m^3。

8.5 北海市水环境承载力承载状态预测评价

8.5.1 水资源承载状态预测评价

表8-15为不同情景下水的水资源承载率计算结果。2015年、2020年所有情景水资源承载率都小于1，都可以满足水资源需求。但对规划情景2，到2030年水资源需求量为20.17亿m^3，在水利设施不断发展的前提下也不可能达到，因此水资源承载力无法满足规划情景2下的水资源需求，规划情景2在水资源层面无法实现。3种情景下的水资源承载率如表8-15所示。

表8-15 不同情景下的水资源承载率

情景	2012年	2015年	2020年	2030年
BAU情景	0.87	0.66	0.73	0.88
规划情景1	0.87	0.64	0.68	0.76
规划情景2	0.87	0.66	0.74	1.09

从表8-15中可以看出，水资源承载力完全可以承载目前的水资源需求，但随着经济社会的发展，水资源需求量不断增加，水资源逐渐不足，尤其在规划情景2中，到2030年，水资源承载率达到了1.09，用水出现缺口。

8.5.2 水环境承载力承载状态预测评价

不同情景下的COD承载率、NH_3-N承载率如表8-16和表8-17所示，从表中可以看出，无论哪种情景，不考虑排海的情况下，水环境容量都不能承载水污染物排放，尤其是NH_3-N，2030年排放量是水环境容量的1.6～1.9倍，超标严重。目前水环境承载力不足已经成为限制北海市发展的短板。北海市必须新建污水处理厂，提高污水处理能力，降低水污染物排放量，这是北海市亟待解决的问题。

表8-16 不同情景下的COD承载率

情景	2012年	2015年	2020年	2030年
BAU情景	1.63	1.26	1.17	0.94
规划情景1	1.63	1.25	1.13	0.86
规划情景2	1.63	1.30	1.27	1.06

表 8-17 不同情景下的 NH_3-N 承载率

情景	2012 年	2015 年	2020 年	2030 年
BAU 情景	2.74	2.32	2.14	1.76
规划情景 1	2.74	2.31	2.06	1.60
规划情景 2	2.74	2.42	2.31	1.94

排海情景：若水污染物可以排海，COD 和 NH_3-N 理想水环境容量分别可达 76 440 t/a 和 3 936 t/a。水环境承载率如表 8-18 和表 8-19 所示。可满足北海市生活和工业排放要求，水环境承载力将不会继续成为北海市发展的短板，但需要注意排海 COD、NH_3-N 不能影响海域的正常生态功能。

表 8-18 不同情景下的 COD 承载率（排海情景）

情景	2012 年	2015 年	2020 年	2030 年
BAU 情景	0.42	0.33	0.30	0.24
规划情景 1	0.42	0.32	0.29	0.22
规划情景 2	0.42	0.34	0.33	0.27

表 8-19 不同情景下的 NH_3-N 承载率（排海情景）

情景	2012 年	2015 年	2020 年	2030 年
BAU 情景	0.57	0.48	0.45	0.37
规划情景 1	0.57	0.48	0.43	0.33
规划情景 2	0.57	0.50	0.48	0.40

8.5.3 水环境综合承载率预测评价

北海市水环境综合承载率预测评价结果如图 8-11～图 8-16 和表 8-20～表 8-25 所示。

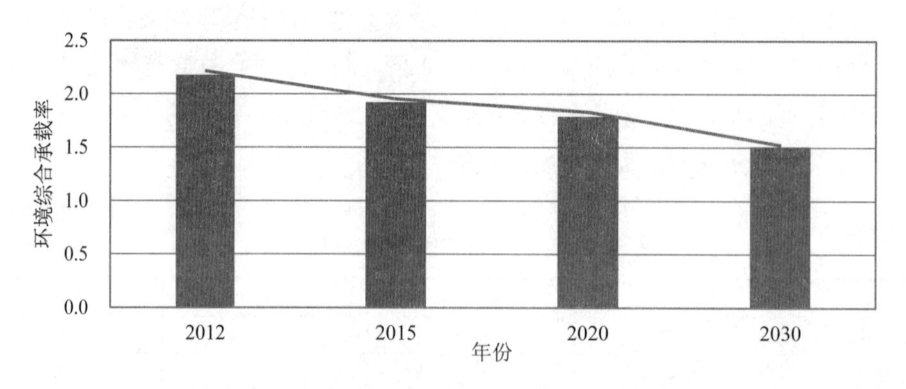

图 8-11 BAU 情景下北海市未来水环境综合承载率

表 8-20　BAU 情景下北海市未来水环境承载率

目标	指标	2012 年	2015 年	2020 年	2030 年
单要素承载率	水资源承载率	0.87	0.66	0.73	0.88
	COD 承载率	1.63	1.26	1.17	0.94
	NH_3-N 承载率	2.74	2.32	2.14	1.76
综合承载率	最大值	2.74	2.32	2.14	1.76
	平均值	1.41	1.41	1.35	1.20
	内梅罗指数	2.18	1.92	1.79	1.51

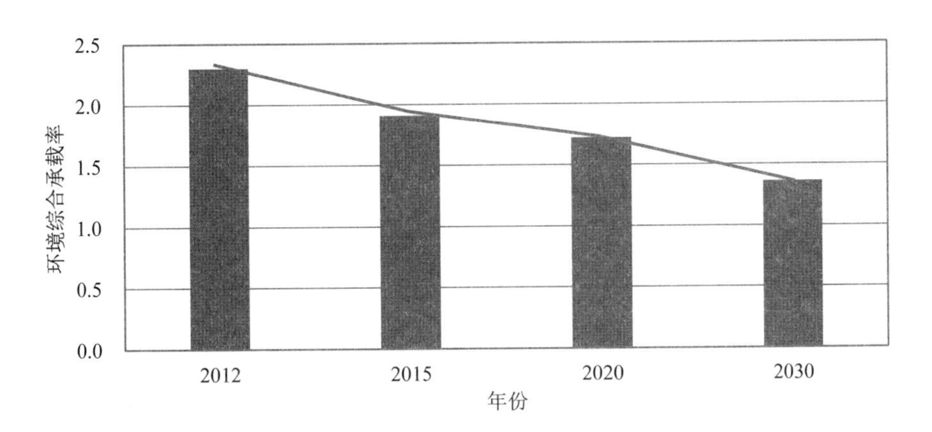

图 8-12　规划情景 1 下北海市未来水环境综合承载率

表 8-21　规划情景 1 下北海市未来水环境承载率

目标	指标	2012 年	2015 年	2020 年	2030 年
单要素承载率	水资源承载率	0.87	0.64	0.68	0.76
	COD 承载率	1.63	1.25	1.13	0.86
	NH_3-N 承载率	2.74	2.31	2.06	1.60
综合承载率	最大值	2.74	2.31	2.06	1.60
	平均值	1.75	1.40	1.29	1.07
	内梅罗指数	2.30	1.91	1.72	1.36

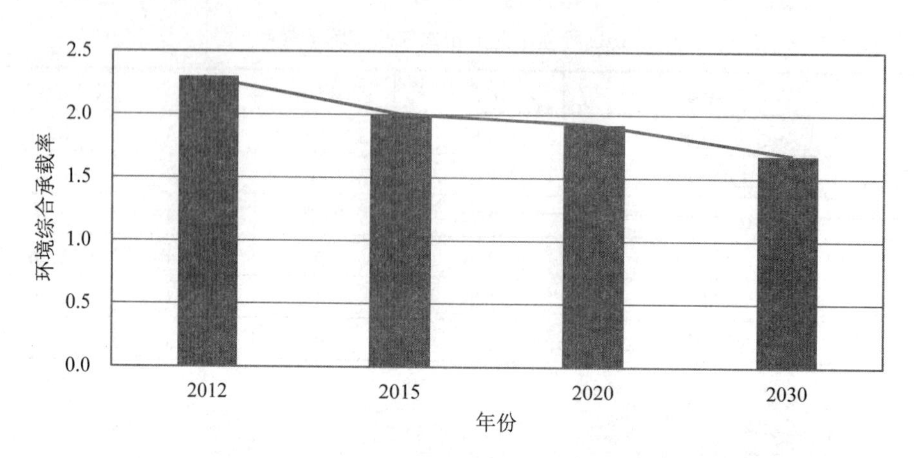

图 8-13　规划情景 2 下北海市未来水环境综合承载率

表 8-22　规划情景 2 下北海市未来水环境承载率

目标	指标	2012 年	2015 年	2020 年	2030 年
单要素承载率	水资源承载率	0.87	0.66	0.74	1.09
	COD 承载率	1.63	1.30	1.27	1.06
	NH_3-N 承载率	2.74	2.42	2.31	1.94
综合承载率	最大值	2.74	2.42	2.31	1.94
	平均值	1.75	1.46	1.44	1.36
	内梅罗指数	2.30	2.00	1.92	1.68

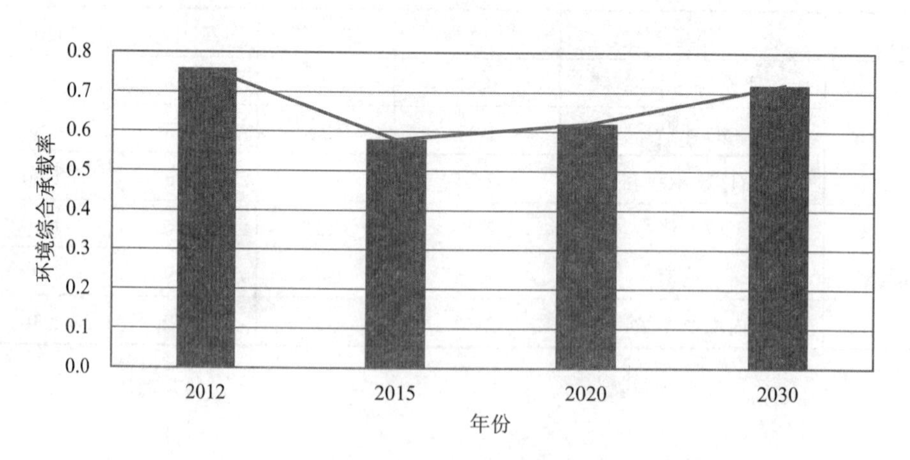

图 8-14　BAU 情景下北海市未来水环境综合承载率（排海情景）

表 8-23 BAU 情景下北海市未来水环境承载率（排海情景）

目标	指标	2012 年	2015 年	2020 年	2030 年
单要素承载率	水资源承载率	0.87	0.66	0.73	0.88
	COD 承载率	0.42	0.33	0.30	0.24
	NH_3-N 承载率	0.57	0.48	0.45	0.37
综合承载率	最大值	0.87	0.66	0.73	0.88
	平均值	0.62	0.49	0.49	0.50
	内梅罗指数	0.76	0.58	0.62	0.72

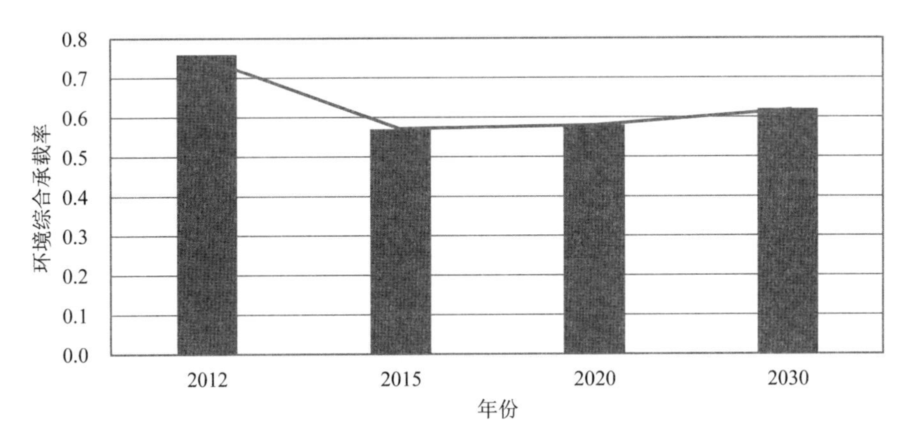

图 8-15 规划情景 1 下北海市未来水环境综合承载率（排海情景）

表 8-24 规划情景 1 下北海市未来水环境承载率（排海情景）

目标	指标	2012 年	2015 年	2020 年	2030 年
单要素承载率	水资源承载率	0.87	0.64	0.68	0.76
	COD 承载率	0.42	0.32	0.29	0.22
	NH_3-N 承载率	0.57	0.48	0.43	0.33
综合承载率	最大值	0.87	0.64	0.68	0.76
	平均值	0.62	0.48	0.47	0.44
	内梅罗指数	0.76	0.57	0.58	0.62

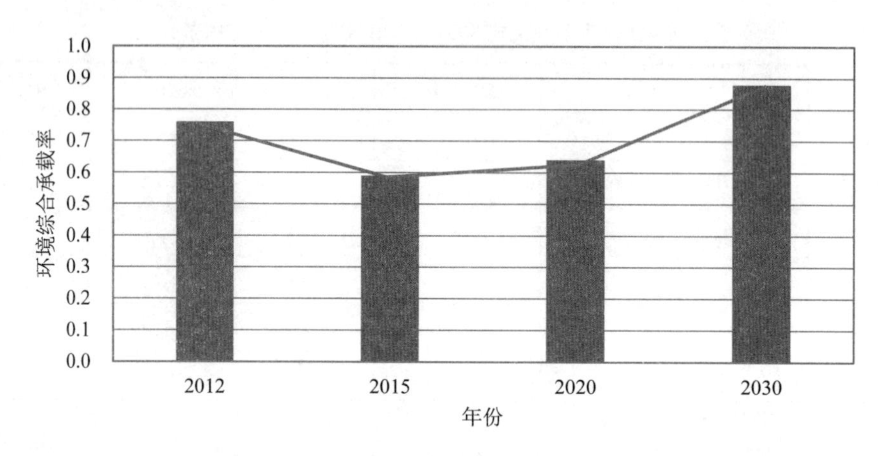

图 8-16 规划情景 2 下北海市未来水环境综合承载率（排海情景）

表 8-25 规划情景 2 下北海市未来水环境承载率（排海情景）

目标	指标	2012 年	2015 年	2020 年	2030 年
单要素承载率	水资源承载率	0.87	0.64	0.74	1.09
	COD 承载率	0.42	0.34	0.33	0.27
	NH_3-N 承载率	0.57	0.50	0.48	0.40
综合承载率	最大值	0.87	0.66	0.74	1.09
	平均值	0.62	0.50	0.52	0.59
	内梅罗指数	0.76	0.59	0.64	0.88

8.6 结论与建议

从 BAU 情景、规划情景 1、规划情景 2、BAU 情景（排海情景）、规划情景 1（排海情景）、规划情景 2（排海情景）下北海市未来水环境承载率的情况可知：就单要素承载率大小看，在 2020 年后水资源承载率将越来越大。不考虑排海的情况下，水环境污染物 COD、NH_3-N 超载严重，是决定综合承载率的主要因素；水环境污染问题成为水环境承载力约束下北海市的主要问题，导致水环境综合承载率较大，只有加强管理才能使 2030 年承载率控制在一般状态。若考虑排海的情况，水环境压力将不是主要的决定因素。综合来说，规划情景 1 下的各种要素承载率较小，应选为推荐情景，加强管理控制，保证未来水环境综合承载率在可接受的范围内。

第 9 章　湟水流域小峡桥断面上游水环境承载力大小评价

9.1　研究区概况

9.1.1　自然环境概况

9.1.1.1　地理位置

研究区位于湟水河国控断面——小峡桥上游，属于湟水流域。研究区面积约为 1.03 万 km^2，约占湟水流域总面积的 34%。研究区涵盖西宁市辖区、大通回族土族自治县、湟中县（2019 年 12 月 6 日，国务院批复撤县设区）、湟源县、互助土族自治县（部分）及海晏县（部分），共 89 个乡、镇、街道办事处，是湟水流域乃至青海省人口、经济相对集中的地区，研究区地理区位如图 9-1 所示。

9.1.1.2　气象水文

根据长时间系列气象资料统计，研究区多年平均降水量为 460.5 mm。降水的时间分配不均匀，年内变化较大，主要集中在 6—9 月，占全年总降水量的 70%；降水量年际变化也相对较大，最大年降水量为最小年降水量的 2～3 倍。研究区多年平均水面蒸发量为 943.8 mm，主要集中在春末夏初的 5—7 月，其蒸发量约占全年的 40%。

研究区干流、支流之间呈树枝状水系，河网密度为 0.153 km/km^2，河流不均匀系数为 0.9。主要支流包括哈利涧河、西纳川、云谷川、北川河、沙塘川、东峡河、林川河、柏木峡河、药水河、南川河等（如图 9-2 所示）。

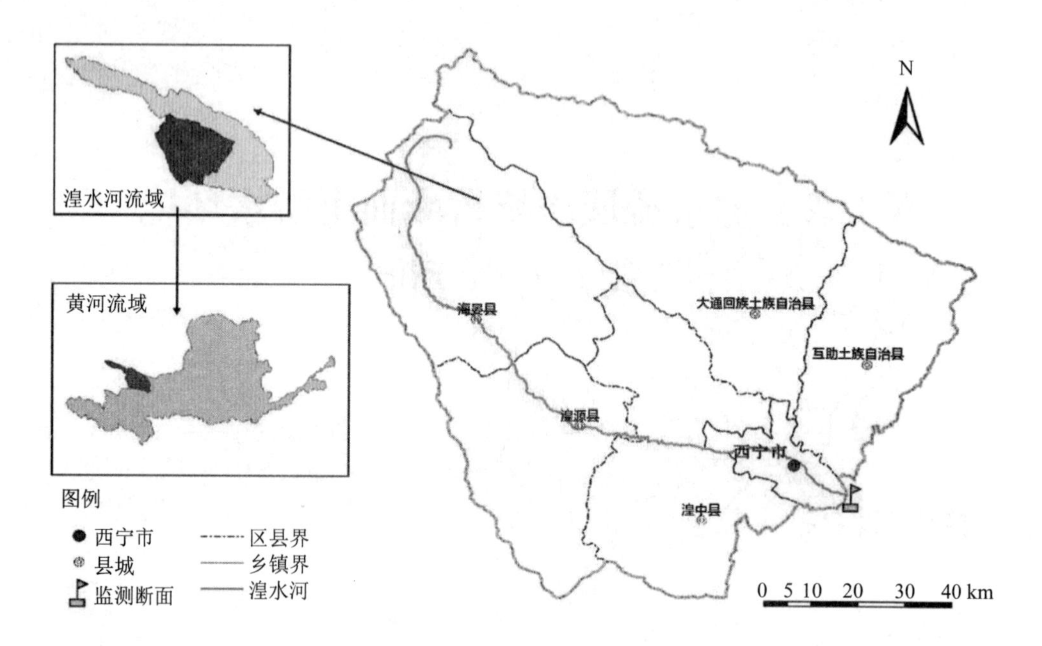

图 9-1 研究区地理区位

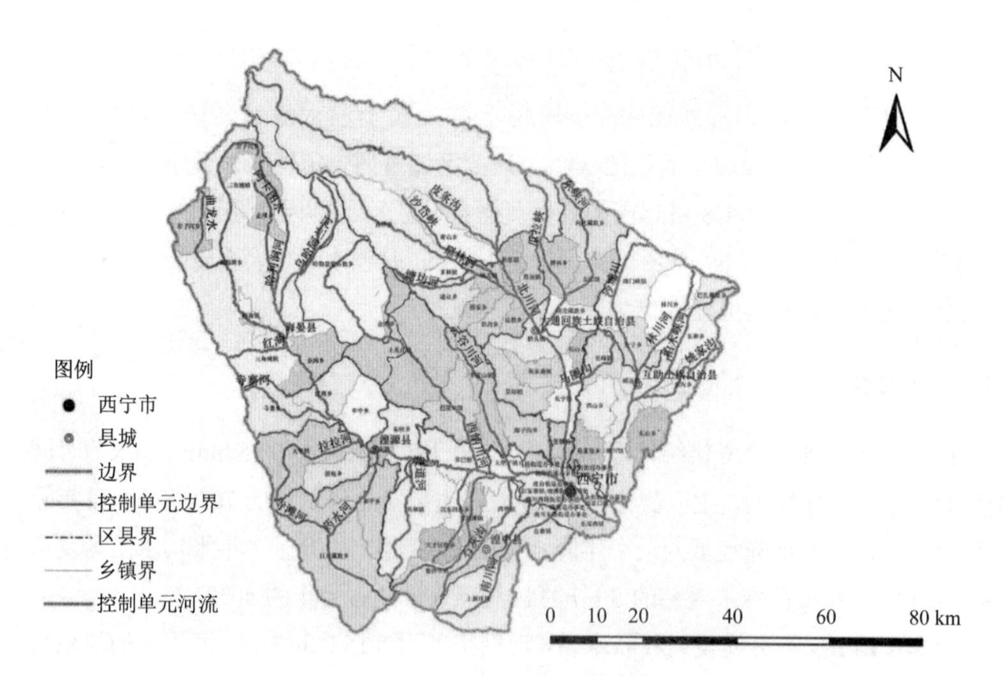

图 9-2 湟水流域小峡桥断面上游的河流水系

9.1.1.3 地形地貌

研究区地势西北高、东南低，范围内高山、丘陵交错分布，地形复杂多样，属祁连山系的西北—东南走向山地丘陵地形，地形最高处 4 836 m，最低处 2 169 m，相对高差达 2 667 m。盆地区两岸河谷阶地宽阔，水热条件及植被较好，耕地肥沃，农业生产历史悠久，是青海省东部地区主要农业生产基地；在海拔 2 550～2 931 m 之间的丘陵和低山地区，分布有大量的旱耕地，植被稀疏，土壤贫瘠，干旱和水土流失严重；在靠近南北分水岭山坡一带，地势高，气候阴湿寒冷，当地称为脑山地区，分布有一定数量的旱耕地和草山，局部山坡伴生天然林，主要作为当地畜牧业基地，湟水流域小峡桥断面上游的地形地貌如图 9-3 所示。

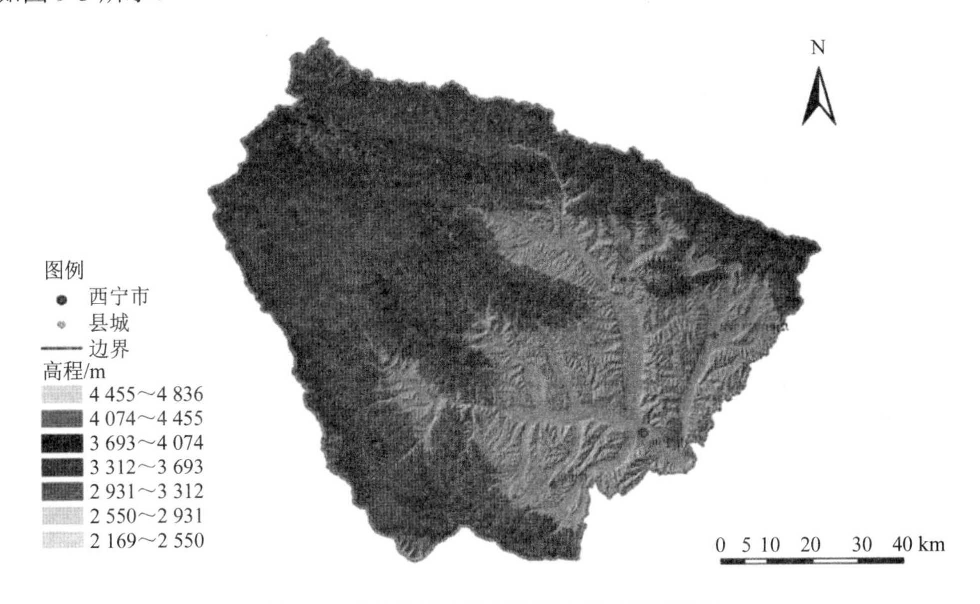

图 9-3 湟水流域小峡桥断面上游的地形地貌

9.1.2 社会经济概况

9.1.2.1 社会经济

2014 年，研究区全年完成地区生产总值约 1 211 亿元，其中西宁市辖区 GDP 约为 860 亿元，约占研究区总 GDP 的 71%，是研究区经济最发达的地区。其次为湟中县，其 GDP 约为 150 亿元，约占研究区总 GDP 的 12.4%。研究区涵盖的海晏县地区 GDP 最小，约为 9.4 亿元。

9.1.2.2 人口规模

2014 年，研究区总人口约为 260 万人，其中城镇人口约为 220 万人、农村人口约为 40 万人。研究区人口主要分布在西宁市辖区，约占人口总数的 45%。其次为湟中县和大通回族土族自治县，总人口分别约为 51 万人和 46 万人。研究区涵盖的海晏县地区总人口最少，约为 3.6 万人，约占人口总数的 1.4%。

9.2 控制子单元划分

在全国控制单元、青海省“十三五”期间水环境控制单元基础上，根据湟水流域、区域水系特征，以自然水系汇水范围作为陆域划分基准，考虑区域社会经济发展现状，结合行政区划，将研究区细化为 16 个控制子单元，结果如图 9-4 所示。

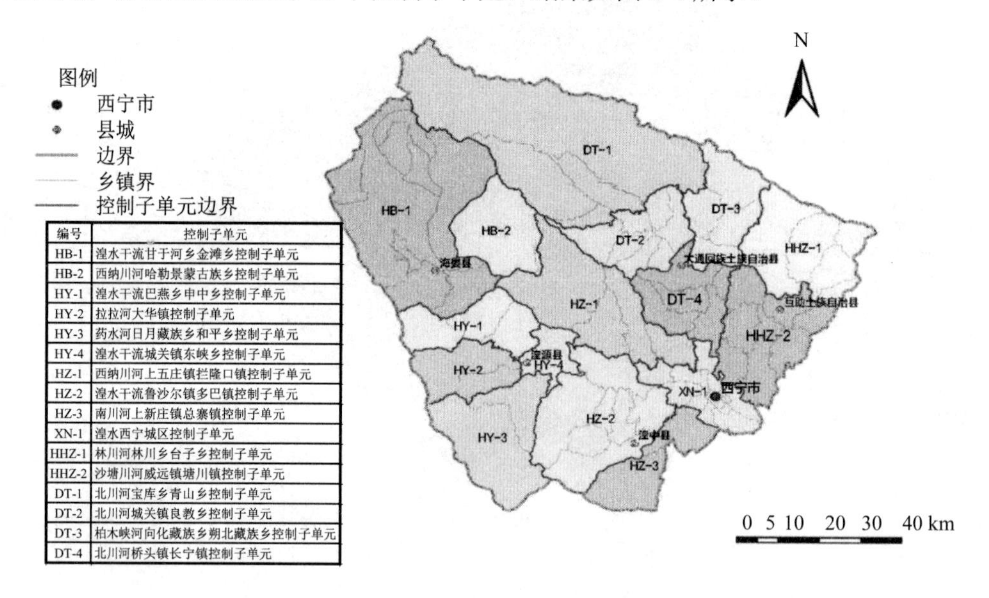

编号	控制子单元
HB-1	湟水干流甘于河乡金滩乡控制子单元
HB-2	西纳川河哈勒景蒙古族乡控制子单元
HY-1	湟水干流巴燕乡申中乡控制子单元
HY-2	拉拉河大华镇控制子单元
HY-3	药水河日月藏族乡和平乡控制子单元
HY-4	湟水干流城关镇东峡乡控制子单元
HZ-1	西纳川河上五庄镇拦隆口镇控制子单元
HZ-2	湟水干流鲁沙尔镇多巴镇控制子单元
HZ-3	南川河上新庄镇总寨镇控制子单元
XN-1	湟水西宁城区控制子单元
HHZ-1	林川河林川乡台子乡控制子单元
HHZ-2	沙塘川河威远镇塘川镇控制子单元
DT-1	北川河宝库乡青山乡控制子单元
DT-2	北川河城关镇良教乡控制子单元
DT-3	柏木峡河向化藏族乡朔北藏族乡控制子单元
DT-4	北川河桥头镇长宁镇控制子单元

图 9-4 控制子单元划分结果

9.3 数据来源

本研究所涉及的气象、水文数据来源于研究区内各县市的气象站点和水文监测站；水质数据来源于研究区各监测断面的监测数据；污染物排放数据来源于《青海省统计年鉴（2014）》、青海省污染源普查数据、各县市统计年鉴及国民经济社会发展统计资料等。

COD 与 NH_3-N 的降解系数借鉴前人研究成果确定（陈龙等，2016；郭儒等，2 008），COD 降解系数为 0.25 d^{-1}，NH_3-N 降解系数为 0.2 d^{-1}。土地利用数据为湟水流域小峡桥断面上游水系 2014 年土地利用数据；遥感影像数据为 Landsat TM/OLI 遥感影像；进而在 ArcGIS 软件的支持下，对各控制子单元内土地利用类型的面积进行统计；利用河段长度与河段上下游首尾相连的直线距离之比确定河流蜿蜒度；将各控制子单元中的湿地类型转化为栅格数据，导入景观格局指数计算软件 Fragstats 中计算获取湿地连通性和聚集度。

9.4 基于突变级数法的水环境承载力大小评价

9.4.1 水环境承载力大小评价指标体系构建

考虑到不同控制子单元社会、经济与环境系统的复杂性与多样性，衡量水环境承载力的指标体系难以涵盖区域所有活动。因此，从各系统中选择有代表性、易量化、易获取的指标进行定性与定量相结合的分析。从各控制子单元水环境、水资源和水生态 3 个角度，构建湟水流域小峡桥断面上游水环境承载力大小评价指标体系（如表 9-1 所示）。

表 9-1 湟水流域小峡桥断面上游水环境承载力大小评价指标体系

目标层	准则层	指标层	单位
水环境承载力综合评价	水环境	实际 COD 环境容量	t/a
		实际 NH_3-N 环境容量	t/a
	水资源	地表水资源量	亿 m^3
		降水量	mm/a
		水面面积占比	%
	水生态	河流蜿蜒度	—
		湿地面积占比	%
		湿地连通性	—
		湿地聚集度	—

水环境主要由实际 COD 环境容量和实际 NH_3-N 环境容量 2 个指标表征。实际 COD 环境容量和实际 NH_3-N 环境容量指在不影响水的正常功能和用途的情况下，水体所能容纳的 COD 和 NH_3-N 的量，其大小与水质目标、水体特征、污染物特性以及水环境利用方式相关。根据环境保护部环境规划院的“湟水流域水环境承载力研究”成果报告得到各控制子单元 COD 和 NH_3-N 的环境容量，在此的 COD 和 NH_3-N 的环境容量是理想环境容量减去高功能水体的容量，其中，理想环境容量是河流本身的属性，高功能水体的容量

指饮用水水源区和源头水的环境容量。

水资源主要由地表水资源量、降水量和水面面积占比 3 个指标表征。地表水资源量指该区域内储存水资源的总和，它包括河流水资源、水库湖泊水资源和其他表面储存的各种水资源；降水量指从天空降落到地面上的液态或固态（经融化后）水，未经蒸发、渗透、流失，而在水平面上积聚的深度；水面面积占比指一定区域范围内承载水域功能的区域面积占区域总面积的比例。

水生态主要由河流蜿蜒度、湿地面积占比、湿地连通性和湿地聚集度 4 个指标表征。河流蜿蜒度由河流中心线与河流流域中心线的比值决定；湿地面积占比指湿地区域面积占区域总面积的比例；湿地连通性指湿地景观空间结构单元相互之间连续性的度量，可以选择"斑块连接度指数"反映自然湿地结构上的"连通性"；湿地聚集度指湿地景观中不同斑块类型的非随机性或聚集程度。

河流蜿蜒度、湿地连通性、湿地聚集度的计算方法如下所示。

（1）河流蜿蜒度

$$S = L_r / L_v \tag{9-1}$$

式中：S —— 蜿蜒度；

L_r —— 所测河段本身的长度；

L_v —— 河段上下游首尾相连的直线距离。

计算结果中，S=1 为顺直河段，S<1.2 为低度蜿蜒河段，1.2≤S≤1.4 为中度蜿蜒河段，S>1.4 为高度蜿蜒河段。L_r 根据控制单元的河流情况绘制为线状要素，L_v 根据所绘制的河流线状要素进一步绘制（如图 9-5 所示）。数据的处理可在 ArcMap 中进行，并利用属性表进一步读取 L_r 和 L_v 的长度。对存在多段河流的区域，按长度求各河段的权重并计算每个子区域河流蜿蜒度的综合值，作为该子区域的河流蜿蜒度。

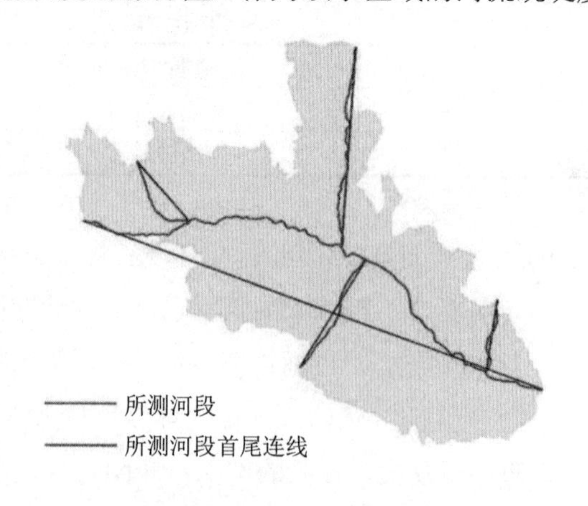

图 9-5 河流蜿蜒度计算示意

（2）湿地连通性

$$\text{COHESION}=\left(1-\frac{\sum_{i=1}^{n}p_{ij}}{\sum_{i=1}^{n}p_{ij}\sqrt{a_{ij}}}\right)\left(1-\frac{1}{\sqrt{A}}\right)^{-1}\times 100 \quad (9\text{-}2)$$

式中：p_{ij} —— 景观类型 i 中斑块 j 的周长上的像元数；

a_{ij} —— 景观类型 i 中斑块 j 的像元数；

A —— 景观中像元的总数量。

（3）湿地聚集度

$$\text{AI}=\left(\frac{g_{ii}}{\max\to g_{ii}}\right)\times 100 \quad (9\text{-}3)$$

式中：g_{ii} —— 同种斑块类型 i 像元间的邻接数；

$\max\to g_{ii}$ —— 当斑块类型 i 达到最大聚集时像元间的邻接数。

9.4.2 突变级数法介绍

9.4.2.1 突变级数法计算方法

突变级数法是一种对评价目标进行多层次分解，然后利用突变理论与模糊数学相结合产生突变模糊隶属函数，再由归一公式进行综合量化运算，最后归一为 1 个参数，即求出总的隶属函数，从而对评价目标进行排序分析的一种综合评价方法。该方法的特点是没有对指标采用专家打分、主观赋予权重，而是考虑了各评价指标的相对重要性，从而减少了主观性又不失科学性、合理性，而且计算简易准确，其应用范围广泛。

9.4.2.2 指标权重的确定

突变级数法的关键步骤是要确定同一层各指标的相对重要程度，即权重。一般采用熵权法确定指标权重。基本步骤如下。

第一步：对 n 个样本、k 个指标，则 X_{ij} 为第 i 个样本的第 j 个指标的数值（i=1, 2,⋯, n；j=1, 2,⋯, k）。

第二步：由于每个指标的单位不一致，必须对数据进行标准化处理。

设 k 个指标 X_1，X_2，⋯，X_k，其中 $X_k=\{x_1,x_2,\cdots,x_n\}$。假设对各指标数据标准化后的值为 Y_1，Y_2，⋯，Y_k。正向指标和负向指标数值代表的含义不同（正向指标数值越高越好，负向指标数值越低越好），因此，对正向指标和负向指标需要采用不同的算法进行数据标准化处理。

对于正向指标：

$$Y_{ij}=\frac{x_{ij}-\min x_i}{\max x_i-\min x_i} \tag{9-4}$$

对于负向指标：

$$Y_{ij}=\frac{\max x_i-x_{ij}}{\max x_i-\min x_i} \tag{9-5}$$

第三步：计算第 j 个指标下第 i 个样本值占该指标的比重 p_{ij}。

$$p_{ij}=\frac{Y_{ij}}{\sum_{i=1}^{n}Y_{ij}} \tag{9-6}$$

第四步：计算第 j 个指标的熵值。

$$e_j=-\frac{\sum_{i=1}^{n}p_{ij}\ln p_{ij}}{\ln n}，其中 e_j\geqslant 0 \tag{9-7}$$

第五步：计算信息熵冗余度（差异）。

$$d_j=1-e_j \tag{9-8}$$

第六步：计算各指标的权重。

$$w_j=\frac{d_j}{\sum_{j}^{k}d_j} \tag{9-9}$$

经过计算，各级指标权重如表 9-2 所示。

表 9-2　湟水流域小峡桥断面上游水环境承载力评价指标权重

目标层	准则层	一级权重	指标层	二级权重
水环境承载力综合评价	水环境	0.438 3	实际 COD 环境容量	0.525 9
			实际 NH_3-N 环境容量	0.474 1
	水资源	0.481 3	地表水资源量	0.399 7
			降水量	0.265 7
			水面面积占比	0.334 6
	水生态	0.128 2	河流蜿蜒度	0.361 7
			湿地面积占比	0.407 4
			湿地连通性	0.117 7
			湿地聚集度	0.113 2

9.5 水环境承载力大小评价结果分析

水环境容量分量主要由实际 COD 环境容量和实际 NH_3-N 环境容量 2 个指标表征，采用尖点突变系统模型；水资源主要是由地表水资源量、降水量和水面面积占比 3 个指标表征，采用燕尾突变系统模型；水生态主要由河流蜿蜒度、湿地面积占比、湿地连通性和湿地聚集度 4 个指标表征，采用蝴蝶突变系统模型；综合评价由水环境、水资源和水生态 3 个指标表征，采用燕尾突变系统模型。利用归一公式对同一对象各互补性指标计算出对应的 x 值，用其平均数代替，非互补性的指标采用“大中取小”原则，最终评价结果如表 9-3 所示。

表 9-3 湟水流域小峡桥断面上游水环境承载力综合评价结果

编号	名称	水环境	水资源	水生态	综合评价
DT-1	北川河宝库乡青山乡控制子单元	0.000 0	0.846 1	0.896 7	0.631 0
DT-2	北川河城关镇良教乡控制子单元	0.208 2	0.377 5	0.797 6	0.717 4
DT-3	柏木峡河向化藏族乡朔北藏族乡控制子单元	0.248 0	0.000 0	0.832 3	0.527 8
DT-4	北川河桥头镇长宁镇控制子单元	0.579 5	0.356 0	0.611 7	0.771 6
HB-1	湟水干流甘子河乡金滩乡控制子单元	0.400 1	0.622 6	0.867 1	0.830 3
HB-2	西纳川河哈勒景蒙古族乡控制子单元	0.000 0	0.236 3	0.983 9	0.494 0
HHZ-1	林川河林川乡台子乡控制子单元	0.230 3	0.458 8	0.600 0	0.723 5
HHZ-2	沙塘川河威远镇塘川镇控制子单元	0.272 0	0.361 1	0.650 1	0.715 6
HY-1	湟水干流巴燕乡申中乡控制子单元	0.211 2	0.412 5	0.704 3	0.718 0
HY-2	拉拉河大华镇控制子单元	0.142 6	0.000 0	0.205 4	0.398 6
HY-3	药水河日月藏族乡和平乡控制子单元	0.204 7	0.000 0	0.840 1	0.515 6
HY-4	湟水干流城关镇东峡乡控制子单元	0.195 3	0.378 1	0.785 2	0.712 2
HZ-1	西纳川河上五庄镇拦隆口镇控制子单元	0.056 5	0.258 8	0.646 0	0.596 3
HZ-2	湟水干流鲁沙尔镇多巴镇控制子单元	0.287 9	0.492 3	0.762 5	0.765 5
HZ-3	南川河上新庄镇总寨镇控制子单元	0.148 9	0.055 9	0.604 3	0.549 4
XN-1	湟水西宁城区控制子单元	1.000 0	0.394 4	0.753 7	0.853 2

9.5.1 水环境容量分量大小评价结果

利用 ArcGIS 10.2 软件分析 16 个控制子单元的水环境容量分量大小评价结果，其空间分布如图 9-6 所示。

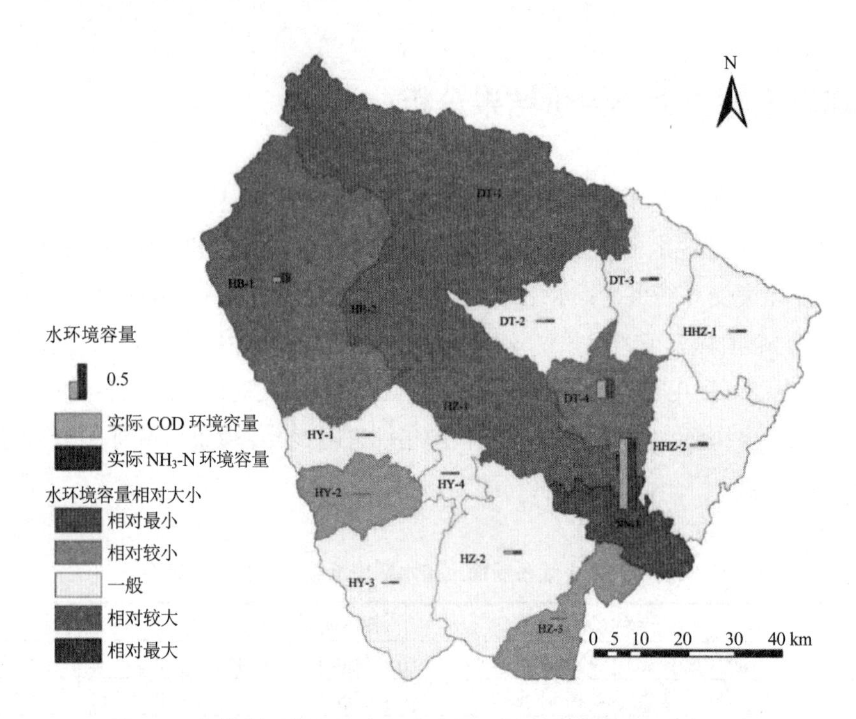

图 9-6　各控制子单元的水环境容量分量大小评价结果空间分布

如图 9-6 所示，各控制子单元中，水环境容量分量大小评价结果最高的是 XN-1，其次是 HB-1、DT-4，最低的是 DT-1、HB-2、HZ-1。在湟水流域小峡桥断面上游的 16 个控制子单元中，DT-1、HB-2、HZ-1 和 HY-3 区域主要位于河流上游，是高功能水体，属于限制开发区，可利用的环境容量极低，而 DT-1、HB-2、HZ-1 三区的排污行为仍然存在，实际 COD 环境容量、实际 NH_3-N 环境容量为 0 或者接近于 0，所以 DT-1、HB-2、HZ-1 的水环境容量分量大小评价结果最低；HB-1、HY-1、HY-2、DT-3、HHZ-1 属于控制开发区，区域内开发强度极低，需要严格地保护水体、林地、草地等绿色生态空间，可利用环境容量低，但是 HB-1 区域内建设面积少，相对于其他区域内排污行为少，所以水环境容量分量大小评价结果比较高；DT-2、DT-4 和 HY-4 主要位于流域的中游，属于优先开发区，可利用的环境容量比位于限制开发区和控制开发区内的其他区域高，又因为 DT-4 区域内人口密集，分配的环境容量高于 DT-2 和 HY-4，所以水环境容量分量大小评价结果高；HHZ-2、XN-1、HZ-2 和 HZ-3 位于流域下游人口稠密、经济发达区域，其人口约占研究区总人口的 63.6%，属于重点开发区，可利用的环境容量高于其他区域，其水环境容量分量大小评价结果也高于其他区域，而 XN-1 位于最下游，人口最为密集、经济发达，综合考虑 XN-1 区经济发展和环境条件，该区域内的实际 COD 环境容量和实际 NH_3-N 环境容量远远高于其他区域，故而 XN-1 的水环境容量分量大小评价结果最高。

9.5.2 水资源分量大小评价结果

利用 ArcGIS 10.2 软件分析 16 个控制子单元的水资源分量大小评价结果，其空间分布如图 9-7 所示。

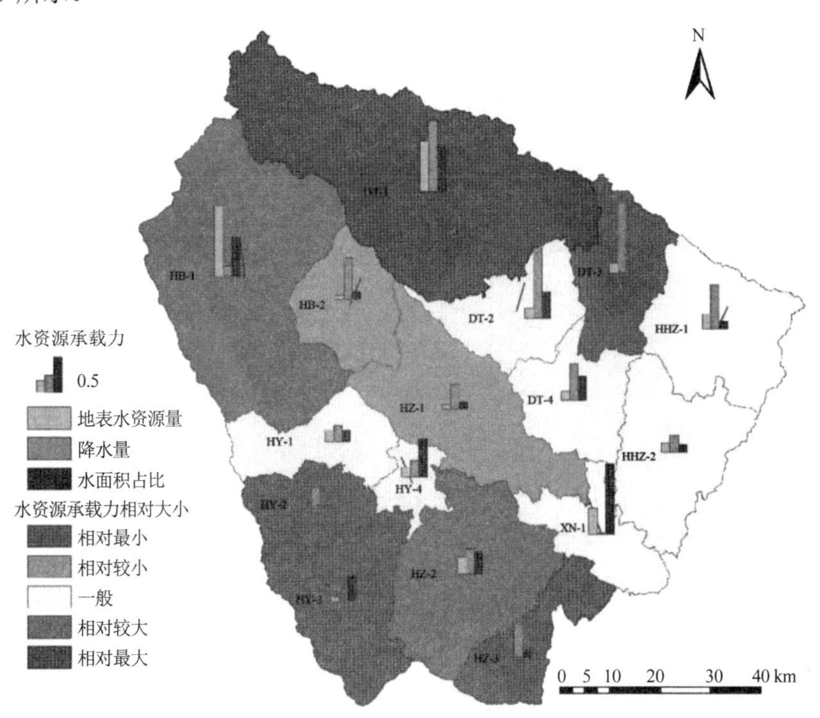

图 9-7 各控制子单元的水资源分量大小评价结果空间分布

如图 9-7 所示，各控制子单元中，水资源分量大小评价结果最高的是 DT-1，其次是 HB-1、HZ-2，最低的是 HY-2、HY-3、DT-3、HZ-3。在 16 个控制子单元内，DT-1 和 HB-1 位于整个流域的最上游，流域支流众多，水域、林地、湿地和草地等其他绿色空间占比大，绿地可以通过对降水的截留、吸收和下渗而具有涵养水源的作用，因此 DT-1 和 HB-1 的水资源分量大小评价结果高，又因为 DT-1 是整个流域内地表水资源量最高的区域，所以 DT-1 区域的水资源分量大小评价结果最高；HB-2、HZ-1、HY-1、HY-4、DT-2、DT-3、DT-4、HHZ-1 和 HY-2 位于该流域的中游，除了 HY-2 和 DT-3 区域，其他区域地表水资源量、水面面积占比大，年降水量大，所以水资源分量大小评价结果要高于 HY-2 和 DT-3；HZ-2、HY-3、HZ-3、XN-1 和 HHZ-2 位于流域的中下游，人口众多，地表水资源量少，但是 HZ-2 区域降水量和水面面积占比较大，所以水资源分量大小评价结果要高于其他下游区域，而 HY-3 区域降水量少，HZ-3 水面面积占比小，所以水资源分量大小评价结果最低。

9.5.3 水生态分量大小评价结果

利用 ArcGIS 10.2 软件分析 16 个控制子单元的水生态分量大小评价结果，其空间分布如图 9-8 所示。

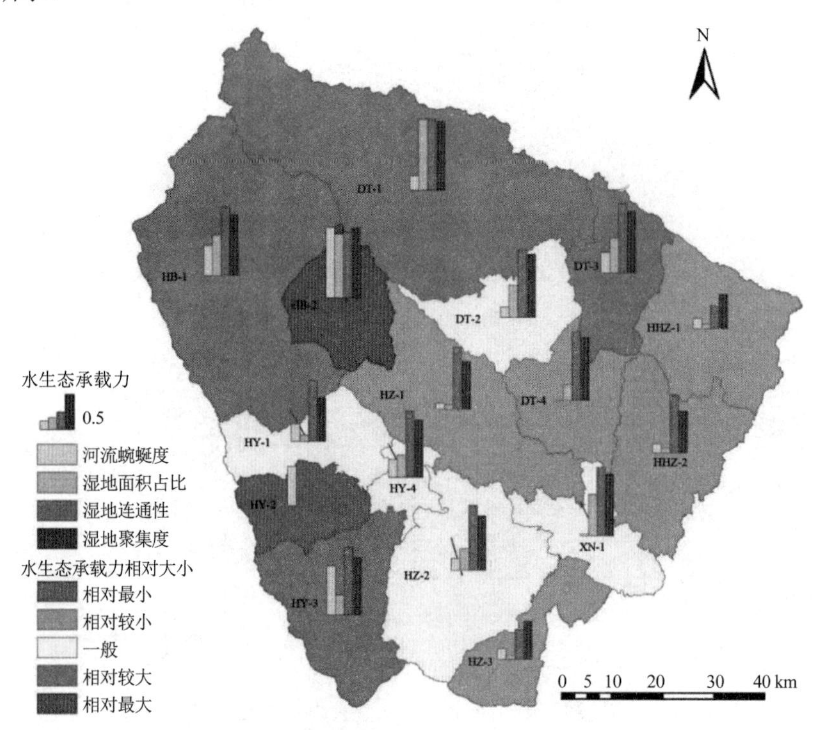

图 9-8　各控制子单元的水生态分量大小评价结果空间分布

如图 9-8 所示，各控制子单元中，水生态分量大小评价结果最高的是 HB-2，最低的是 HY-2。在湟水流域小峡桥断面上游的 16 个控制子单元中，HB-1、DT-3、DT-1 和 HB-2 位于流域的中上游地区，但是 HB-2 区域人为作用小，对生态系统的干扰小，河流蜿蜒度高，湿地面积占比大，生物种类多，湿地景观的连通性和聚集度好，所以水生态分量大小评价结果最高；HY-3、HY-1、HY-4、HZ-1、DT-2、DT-3、DT-4、HHZ-1、HHZ-2 和 HY-2 位于该流域的中游，人为作用大，对生态系统的干扰程度高，除了 HY-3、HY-4 和 DT-2 区域，其他区域的湿地面积占比低，所以水生态分量大小评价结果比较低，虽然 HY-2 区域河流蜿蜒度高，但是该区域的湿地面积占比最低，所以水生态分量大小评价结果最低；HZ-2、XN-1 和 HZ-3 位于流域的下游，属于重点开发区，经济发达、人口稠密，人为干扰程度高，但是 HZ-2 和 XN-1 区域绿化程度高，湿地面积占比高，生物量丰富，所以水生态分量大小评价结果要高于 HZ-3 区域。

9.5.4 水环境承载力大小综合评价结果

利用 ArcGIS 10.2 软件分析 16 个控制子单元的水环境承载力大小综合评价结果，其空间分布如图 9-9 所示。

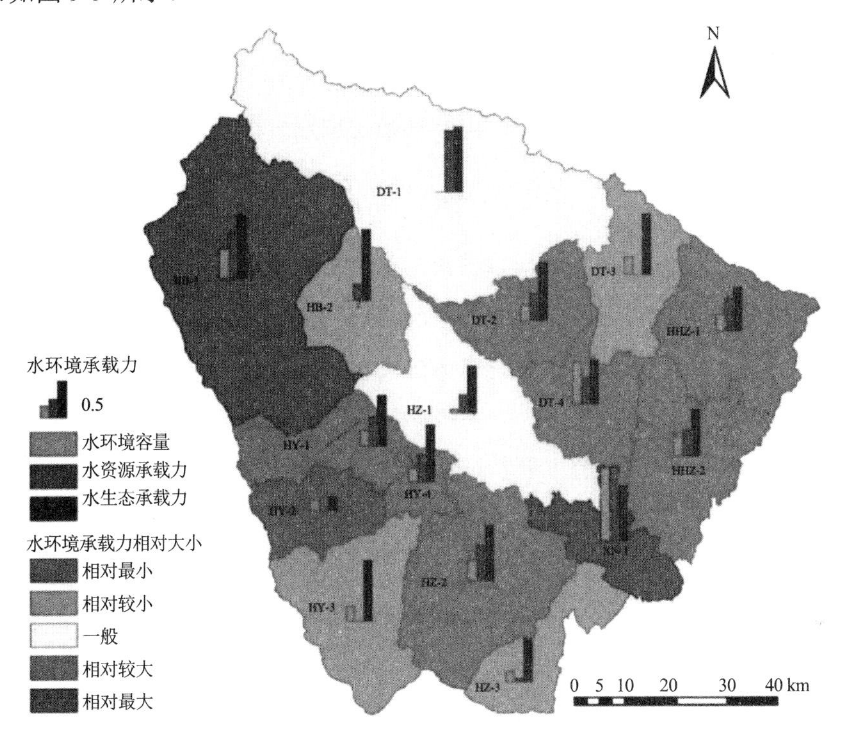

图 9-9 水环境承载力大小综合评价结果空间分布

如图 9-9 所示，各控制子单元中，水环境承载力大小综合评价结果最高的是 HB-1 和 XN-1，综合评价结果最低的是 HY-2。在 16 个控制子单元中，虽然 HB-1、DT-1 和 HB-2 都位于该流域的中上游，水资源和水生态状态好，但是 DT-1 和 HB-2 都位于限制开发区，属于高功能水体，水环境质量要求高，且区域内排污现象仍然存在，所以水环境状态要低于 HB-1，因此 HB-1 的综合评价结果最高；DT-2、DT-4、HHZ-1、HHZ-2、HY-1、HY-4 位于该流域的中游，区域间的水环境、水资源和水生态状态良好，且差异性小，所以综合评价结果比较接近；HZ-1、HY-2、DT-3 和 HY-3 位于流域的中游，虽然 HZ-1 属于限制开发区，水环境质量要求高，现有的水环境状态差，但是区域内的水资源丰富，对水生态系统的干扰小，所以综合评价结果高，而 HY-2 区域位于控制开发区，水环境、水资源和水生态状态差，所以综合评价结果最低；HZ-2、XN-1 和 HZ-3 区域位于流域的下游，属于重点开发区，水环境质量要求低，虽然 3 个区域的水生态状态好，且评价结果基本无差异，但是 XN-1 区域的水环境承载力大小综合评价结果要远高于其他两个区域，所以 XN-1 区域的综合评价结果高。

9.6 结论与建议

从水环境、水资源和水生态的角度出发，采用突变级数法综合评价湟水流域小峡桥断面上游的水环境承载力大小，研究区域的功能区划和绿色空间占比是影响水环境承载力评价结果的主要因素。由于高功能水体的要求高，可利用的环境容量小，因此水环境状态差；水体、林地和草地等其他绿色空间占比高的区域水资源丰富、生物多样性指数高，水资源和水生态状态好。因此对各控制子单元的水环境承载力大小综合评价结果表明：HB-1 和 XN-1 水环境承载力最大，HY-2 水环境承载力最小。

根据湟水流域小峡桥断面上游的水环境承载力大小综合评价结果，结合当地的实际情况，提出以下两点建议：

①应针对不同控制子单元的主要特征，因地制宜地提出引导管控措施，实现水环境差异化、精细化管理，重点关注水环境承载力低、生态脆弱的区域；

②增加湿地、林地、草地等其他绿地面积，涵养水源、提高水环境承载力，根据当地的经济、社会、环境条件，实行退耕还湿、退耕还林、退耕还草和增加城市低影响开发设施建设等措施。

第10章　湟水流域小峡桥断面上游水环境承载力承载状态评价

随着对环境可持续发展的深入研究，国内外已有较多学者在水环境承载力评价方面进行诸多研究，并应用于流域（Wang et al.，2013）、湖泊（Ding et al.，2015）、城市（Venkatesan et al.，2011）和工业（Mao et al.，2012）等各领域。在水环境承载力评价方面，常用方法有灰色关联分析法（Liu，2013）、多目标优化法（Zhu et al.，2010）、层次分析法（Zhang et al.，2014）、模糊综合评价法（Meng et al.，2009）等，这些评价方法主要通过对评价指标赋权，以指数形态分辨水环境所处的综合状态，计算和操作过程相对简洁，可重复性强，应用较为广泛。在上述较常用的评价方法中，指标体系的构建和指标权重的确定将直接影响水环境承载力评价结果的可靠性与有效性，因此，科学合理地确定指标体系与权重对水环境承载力的评价研究十分重要。

目前，在水环境承载力评价体系中，指标体系的构建往往遵循科学、合理和适用性的原则，受主观因素影响较大，缺乏客观依据（邵强等，2004）。权重的确定方法则主要分为两类（李成等，2016；刘秋艳等，2017）：一类是由专家根据经验判断各评价指标的相对重要程度，然后经过综合处理获得指标权重的方法，如专家调查法、层次分析法等；这类方法主观性较强，受人为干扰较大。另一类是直接依据各指标数据的特征确定各评价指标权重的客观方法，如灰色关联法、熵权法和多元统计法等；这些方法在一定程度上能够消除主观因素的干扰，但是灰色关联法、熵权法无法反映指标间的相关关系，不能解决指标间信息重叠的问题；主成分分析法和因子分析法等多元统计法，通常假定指标间是线性关系，而水环境承载力的指标体系很多情况下是非线性的；因此，使用该类方法时也会产生一定的偏差。

结构方程模型（Structural Equation Modeling，SEM）整合了因子分析、路径分析和多重性回归分析等方法，兼备探索性研究和验证性研究的双重能力，并具有处理多个因变量、同时估计因子间结构和关系的优点（吴明隆，2010）。该模型考虑了误差因素的影响，弥补了因子分析的缺点，可以精确估计观察变量和潜在变量之间的关系（薛景丽等，2012），能够较准确地量化不同指标对水环境承载力的影响关系。因此，本研究基于结构方程模型确定水环境承载力评价体系，并确定权重，较好地弥补了以往指标体系构建和权重确定方法的不足。

本研究以湟水流域小峡桥断面上游为例，以流域自然汇水边界为主兼顾行政单元，将研究区划分为16个控制子单元。通过路径分析建立水环境承载力结构方程模型，并基于结构方程模型潜变量和测变量的选择构建水环境承载力综合评价体系；同时，基于模型的运行结果，确定指标权重；进一步应用向量模法对不同控制子单元的水环境承载力承载状态进行综合评价，从而为湟水流域上下游水系统的持续健康发展提供科学依据。

10.1 结构方程模型的建立

结构方程模型凭借优良的多变量分析技巧和处理错综复杂关系的强大能力，被越来越多的环境领域学者所采用，并在湖泊及流域水质研究中取得重要进展（颜小品等，2013），这为水环境承载力综合评价体系的建立和权重的确定提供了技术支撑。结构方程模型的结构分为测量模型和结构模型两部分，分别是测量方程和结构方程。测量方程以因子分析的方式描述潜变量与测变量之间的关系；结构方程则通过路径关系图直观地展示潜变量之间的关系。在结构方程模型中，用潜变量或隐变量表征无法直接测量的现象问题；用测变量或显变量表征可直接测量的现象问题（Malaeb et al.，2000; Arhonditsis et al.，2006）。

测量模型：

$$\begin{aligned} \boldsymbol{X} &= \boldsymbol{\Lambda}_X \boldsymbol{\xi} + \boldsymbol{\delta} \\ \boldsymbol{Y} &= \boldsymbol{\Lambda}_Y \boldsymbol{\eta} + \boldsymbol{\varepsilon} \end{aligned} \tag{10-1}$$

式中：ξ—— 潜外生变量矩阵；

$\boldsymbol{X}$—— ξ的测量变量矩阵；

$\boldsymbol{\Lambda}_X$—— 测量变量矩阵$\boldsymbol{X}$和潜外生变量矩阵$\boldsymbol{\xi}$之间的关系测量系数矩阵；

$\boldsymbol{\delta}$—— 方程残差矩阵；

$\boldsymbol{\eta}$—— 潜内生变量矩阵；

$\boldsymbol{Y}$—— $\boldsymbol{\eta}$的测量变量矩阵；

$\boldsymbol{\Lambda}_Y$—— 潜内生变量矩阵$\boldsymbol{\eta}$和$\boldsymbol{Y}$之间的关系测量系数矩阵；

$\boldsymbol{\varepsilon}$—— 方程残差矩阵。

其中，$\boldsymbol{\delta}$与ξ、$\boldsymbol{\eta}$、ε不存在相关性，ε与$\boldsymbol{\eta}$、ξ、$\boldsymbol{\delta}$也不存在相关性。

结构模型：

$$\boldsymbol{\eta} = \boldsymbol{B}\boldsymbol{\eta} + \boldsymbol{\Gamma}\xi + \zeta \tag{10-2}$$

式中：ξ—— 外源潜变量；

$\boldsymbol{\eta}$—— 内生潜变量；

$\boldsymbol{B}$—— 内生潜变量间关系的内生潜变量系数矩阵；

$\boldsymbol{\Gamma}$—— 外源潜变量对内生潜变量影响的关系系数矩阵；

ζ—— 方程的残差项，即方程中$\boldsymbol{\eta}$未被解释的部分。

10.1.1 结构方程模型路径分析

如图 10-1 所示，水环境承载力承载状态由水环境承载力和人类活动给水系统带来的压力共同决定；容量越大，压力越小，则水环境承载力承载状态越趋于安全，水环境质量越好；因此，本研究的指标体系构建从水环境承载力和水环境压力两个角度出发。

①对水环境承载力的表征，主要从产流和水源涵养能力、水质净化能力、上游水质状况 3 个方面出发。其中，产流和水源涵养能力即“水量”方面的承载力；水质净化能力即“水质”方面的承载力；而上游水质状况则强调了水环境的“本底值”大小；这 3 个方面较完善地反映了水环境承载力。

由大气环流、海陆位置和地形决定的“降水量”是研究区产流的本底值，是影响区域水环境承载力的重要因素；同时，从土地利用因素对水环境承载力的影响机理方面，考虑到林地和草地具有蓄含降雨、水源涵养并影响区域的产流能力；因此，选择“林地面积占比”、“草地面积占比”、“水面面积占比”和“年降水量”表征产流和水源涵养能力。考虑到湿地具有拦截污染物的水质净化能力（郗敏等，2006），连通性和聚集度分别是景观对生态流的便利程度及相互分散性的表征（孙贤斌等，2010；吴际通等，2014），而蜿蜒度高的河流所具有的植物、微生物资源更为丰富，有助于提高河流的自净能力（徐彩彩等，2014）。因此，选择“湿地面积占比”、“湿地连通性”、“湿地聚集度”和“河流蜿蜒度”表征水质净化能力。

②在水环境压力方面，社会经济活动会给水系统带来巨大压力，表现为水资源需求与污染物排放。对水环境压力大小的表征，本研究从点源负荷和面源负荷两个方面出发。点源负荷主要有工业废水的直接排放，部分城市生活服务等用水直接排放进入水体；面源负荷则主要包括农村生产用地中耕地化肥和农药过量使用造成的污染、牲畜养殖等污染以及城市不透水面由于降雨径流所形成的污染等。其中，建设用地和耕地是面源污染过程中主要的土地利用类型（聂发辉，2008；周婷等，2009）；此外，农业生产过程中施用化肥（主要是 N、P 元素的流失）是面源排放量增加的主要因素（钱晓雍等，2011）。因此，选择“不透水面面积占比”、“耕地面积占比”和“化肥施用量”表征面源负荷。

综上所述，考虑数据的可获得性及土地利用对水环境承载力和水环境压力的影响机理，确定如图 10-1 所示的影响路径，以反映不同影响因素与水环境承载力承载状态的关系。

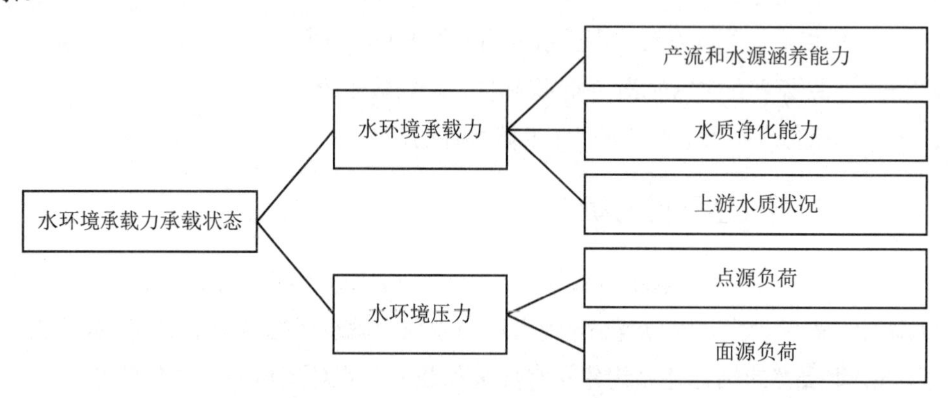

图 10-1 路径分析与结构方程模型构架

10.1.2 潜变量与测变量选取

从图 10-1 可以看出，模型构架中的主体变量都不能通过直接测量而得到，需要用其他指标具体反映，这些不可直接测量的变量即为潜变量，而用以表征潜变量的可直接测量的指标即为测变量。基于科学性、系统性、可靠性和可操作性的原则，同时考虑数据的可搜集性，各潜变量对应的表征测变量如表 10-1 所示。

表 10-1 结构方程模型潜变量与测变量的选择

潜变量	测变量	单位
水环境承载力承载状态	COD 质量浓度	mg/L
	NH_3-N 质量浓度	mg/L
水环境承载力	COD 可用环境容量	t
	NH_3-N 可用环境容量	t
水环境压力	COD 排放入河量	t
	NH_3-N 排放入河量	t
产流和水源涵养能力	年降水量	mm
	林地面积占比	%
	草地面积占比	%
	水面面积占比	%
水质净化能力	湿地连通性	—
	湿地面积占比	%
	湿地聚集度	—
	河流蜿蜒度	—

潜变量	测变量	单位
上游水质状况	上游来水 COD 质量浓度	mg/L
	上游来水 NH_3-N 质量浓度	mg/L
点源负荷	COD 点源排放量	t
	NH_3-N 点源排放量	t
面源负荷	不透水面面积占比	%
	耕地面积占比	%
	化肥施用量	t/a

（1）产流和水源涵养能力潜变量及其对应测变量

对产流和水源涵养能力两个潜变量，其测变量的选择主要是从土地利用、景观格局对产流和水源涵养能力影响的角度出发。林地和草地具有减小雨水的冲击度、改善土壤结构及防止水土流失等作用，具有蓄含降雨、水源涵养的能力；此外，林地、水面面积会影响区域小气候，有助于提高降雨量并影响区域的产流能力。因此，选择“年降水量”、“林地面积占比”、“草地面积占比”和“水面面积占比”作为产流和水源涵养能力的测变量。

（2）水质净化能力潜变量及其对应测变量

土地利用和景观格局对水质净化能力产生的影响主要表现为提高或降低水系统对污染物的稀释降解能力。湿地具有十分重要的生态功能，面积大、连通性高的湿地能够拦截更多的污染物并提高污染物在湿地中的停留时间，有助于水质净化；连通性反映景观对生态流的便利或阻碍程度，具有良好连通性的湿地景观可以更为有效地实现其生态功能；聚集度描述的是不同景观要素的团聚程度或景观要素在景观中的相互分散性；而蜿蜒度高的河流所具有的植物、微生物资源更为丰富，有助于提高河流的自净能力。因此，选择“湿地面积占比”、“湿地连通性”、“湿地聚集度”和“河流蜿蜒度”作为水质净化能力的测变量。

（3）面源负荷潜变量及其对应测变量

建设用地和耕地是面源污染过程中主要的土地利用类型，它们会提高地表径流量，减少下渗水量和植被的截留水量，增强对土壤和污染物的冲刷作用。而农业生产过程中施用化肥（主要是 N、P 元素的流失）是面源排放量增加的主要因素。因此选取“化肥施用量”、“不透水面面积占比”和“耕地面积占比”作为面源负荷的测变量。

（4）点源负荷、水环境承载力承载状态与上游水质状况潜变量及其对应测变量

COD 是我国水体污染物中最主要的代表物之一，水中 COD 越高，水体中还原性物质含量越高，会造成水中溶解氧浓度降低，进而导致水生生物缺氧、死亡，使水质腐败变臭。NH_3-N 是水体中的主要耗氧污染物，可导致水富营养化现象的产生，是水质污染程

度的重要指标之一。因此，选择 COD 质量浓度、NH_3-N 质量浓度作为水环境承载力承载状态和上游水质状况的测变量；“COD 点源排放量”“NH_3-N 点源排放量”作为点源污染物排放的测变量，以表征点源负荷的大小。

（5）水环境承载力、水环境压力潜变量及其对应测变量

水环境承载力指水系统对污染物的最大承受限度和提供水资源供给的能力，它的大小取决于环境本身的状况，更注重自然属性；而水环境压力指人类社会、经济活动所产生的污染、资源消耗等，与水环境承载力相比，更注重社会属性。因此，为保证与水质指标和点源负荷测变量指标的一致性，选择“COD 排放入河量”“NH_3-N 排放入河量”作为水环境压力的测量指标，“COD 可用环境容量”“NH_3-N 可用环境容量”作为水环境承载力的测量指标。

10.1.3 控制子单元的划分

为了获取更多的数据样本量，在全国控制单元、青海省“十三五”期间水环境控制单元划分的基础上，根据湟水流域地形、水文、水功能区、排污口等实际情况，以自然水系汇水范围作为陆域划分基准，将研究区细化为 16 个控制子单元，结果如图 10-2 所示。

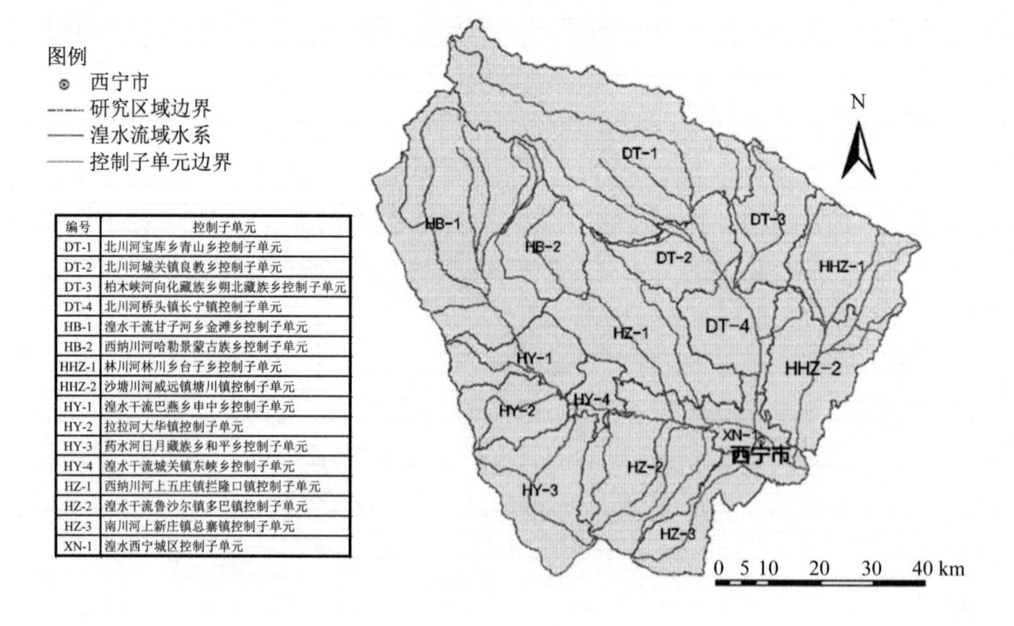

编号	控制子单元
DT-1	北川河宝库乡青山乡控制子单元
DT-2	北川河城关镇良教乡控制子单元
DT-3	柏木峡河向化藏族乡朔北藏族乡控制子单元
DT-4	北川河桥头镇长宁镇控制子单元
HB-1	湟水干流甘子河乡金滩乡控制子单元
HB-2	西纳川河哈勒景蒙古族乡控制子单元
HHZ-1	林川河林川乡台子乡控制子单元
HHZ-2	沙塘川河威远镇塘川镇控制子单元
HY-1	湟水干流巴燕乡申中乡控制子单元
HY-2	拉拉河大华镇控制子单元
HY-3	药水河日月藏族乡和平乡控制子单元
HY-4	湟水干流城关镇东峡乡控制子单元
HZ-1	西纳川河上五庄镇拦隆口镇控制子单元
HZ-2	湟水干流鲁沙尔镇多巴镇控制子单元
HZ-3	南川河上新庄镇总寨镇控制子单元
XN-1	湟水西宁城区控制子单元

图 10-2　控制子单元划分结果

10.1.4 结构方程模型建立

在土地利用、景观格局和污染物排放量对水环境承载力承载状态影响路径分析的基础上，建立面向水环境承载力评价的结构方程模型，并将收集的土地利用、水文、水质、气象和污染物排放量数据构成待建结构方程的样本数据组。将原始数据标准化后，形成SPSS 数据格式，导入 AMOS 软件中，运用极大似然法估计（Arhonditsis et al.，2006）进行结构方程模型的量化计算，以确定模型结构及标准化系数。

10.2 水环境承载力综合评价

10.2.1 综合评价指标体系的构建

基于结构方程模型的路径分析及潜变量和测变量的选择，构建如表 10-2 所示的水环境承载力综合评价指标体系。

表 10-2 水环境承载力综合评价指标体系

目标层	准则层	领域层	指标层
水环境承载力承载状态	水环境承载力	上游水质状况	上游来水 COD 质量浓度
			上游来水 NH_3-N 质量浓度
		产流和水源涵养能力	年降水量
			林地面积占比
			草地面积占比
			水面面积占比
		水质净化能力	湿地连通性
			湿地面积占比
			湿地聚集度
			河流蜿蜒度
	水环境压力	点源负荷	COD 点源排放量
			NH_3-N 点源排放量
		面源负荷	不透水面面积占比
			耕地面积占比
			化肥施用量

10.2.2 权重的确定

基于结构方程模型的计算结果，确定各变量之间的相关作用系数，进而计算各层指标的权重，计算公式如式（10-3）所示。

$$\lambda_i = \frac{|\beta_i|}{\sum_{i=1}^{n}|\beta_i|} \tag{10-3}$$

式中：λ_i —— 不同指标相对于总目标的权重；

β_i —— 结构方程模型不同指标层中潜变量与潜变量或测变量与潜变量间的直接相关作用系数；

i —— 指标数，i=1, 2,⋯, n。

10.2.3 数据标准化

为了消除指标体系中各指标间量纲的差异，本研究采用极差法对原始数据进行标准化处理，处理方法如式（10-4）所示（李磊等，2014）。

$$\text{发展类指标：} \quad x_i' = \frac{x_i - \min x_i}{\max x_i - \min x_i}$$

$$\text{限制类指标：} \quad x_i' = \frac{\max x_i - x_i}{\max x_i - \min x_i} \tag{10-4}$$

式中：x_i —— 原始数据；

x_i' —— 标准化后的数据；

$\max x_i$ —— 对 x_i 取最大值；

$\min x_i$ —— 对 x_i 取最小值。

年降水量、水面面积占比、河流蜿蜒度等承载力指标为发展类指标；耕地面积占比、化肥施用量、COD 点源排放量等压力指标为限制类指标。发展类指标即正向指标，其数值越大，表明水环境承载力越强；限制类指标即负向指标，数值越小，表明水环境承载力承载率越大。

10.2.4 计算综合评价指数

利用层次分析（AHP）方法计算出各指标的权重后，采用“模加和”法求得水环境承载力承载状态的综合评价指数，计算方法如式（10-5）所示（李美荣等，2012）。

$$|E| = \sqrt{\sum_{i=1}^{n} \lambda_i \times x_i'} \qquad (10\text{-}5)$$

式中：$|E|$ —— 水环境承载力承载状态综合评价指数；

λ_i —— 第 i 个指标相对于总目标的权重；

x_i' —— 第 i 个指标标准化后的指标数值；

i —— 指标数，i=1, 2,⋯, n。

10.3 水环境承载力承载状态评价结果

10.3.1 结构方程模型运行结果分析

结构方程模型能够识别外生潜变量之间可能存在的相关关系以及外生变量和内生变量之间的因果关系；路径系数的大小反映了不同潜变量与水环境承载力承载状态的相关性（吴明隆，2010；武文杰等，2010）。经过运行，结构方程模型的计算结果如图 10-3 所示。

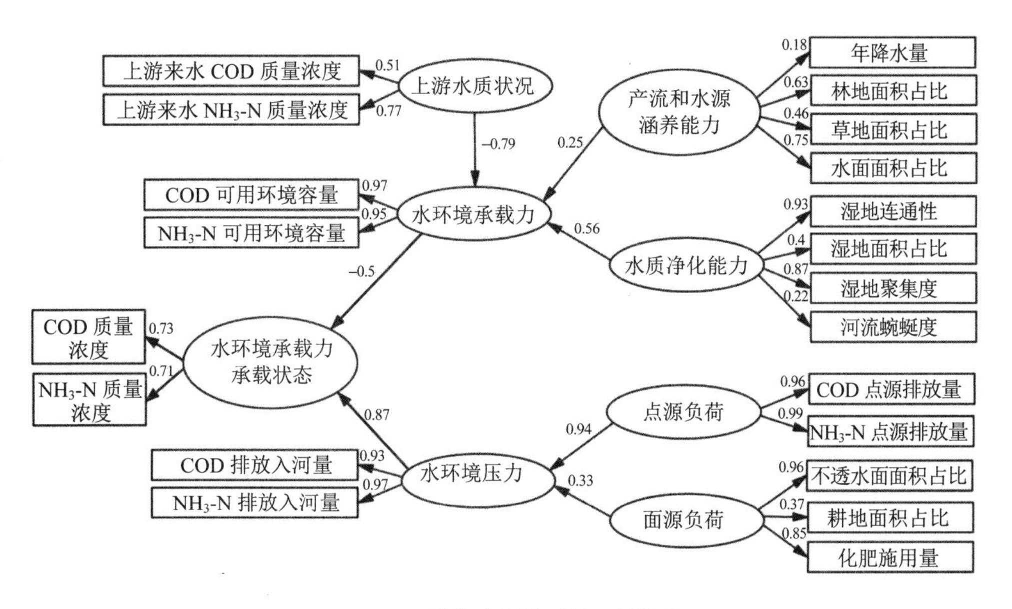

图 10-3 结构方程模型的计算结果

结果表明：在湟水流域小峡桥断面上游，水环境承载力和水环境压力与水环境承载力承载状态的相关系数分别为−0.50 和 0.87，说明以 COD 可用环境容量和 NH_3-N 可用环境容量所表征的水环境承载力与以 COD 质量浓度和 NH_3-N 质量浓度所表征的水环境承载力承载状态呈负相关关系，即水环境承载力越大，污染物质量浓度越低，水质状况越好；以 COD 排放入河量和 NH_3-N 排放入河量所表征的水环境压力与以 COD 质量浓度和 NH_3-N 质量浓度所表征的水环境承载力承载状态呈显著正相关关系，即水环境压力越大，污染物质量浓度越高，水质状况越差。

水环境承载力与上游水质状况呈显著的负相关关系，相关系数为−0.79。水环境承载力与水质净化能力呈显著的正相关性，相关系数为 0.56。而产流和水源涵养能力与水环境承载力的正相关性较弱，相关系数仅为 0.25。其中，林地面积占比和水面面积占比与产流和水源涵养能力呈显著的正相关性，作用系数分别为 0.63 和 0.75。湿地连通性和湿地聚集度与水质净化能力呈显著的正相关性，相关系数分别为 0.93 和 0.87。点源负荷与水环境压力呈显著的正相关性，相关系数为 0.94；而面源负荷与水环境压力的正相关性相对较弱，相关系数仅为 0.33；其中，不透水面面积占比和化肥施用量与面源负荷呈显著的正相关性，相关系数分别为 0.96 和 0.85。

10.3.2 权重的计算结果分析

基于结构方程模型的计算结果，利用式（10-3）确定各指标权重，计算结果如表 10-3 所示。

表 10-3 各指标对应权重

准则层	权重	领域层	权重	指标层	权重
水环境承载力	0.37	上游水质状况	0.49	上游来水 COD 质量浓度	0.40
				上游来水 NH_3-N 质量浓度	0.60
		产流和水源涵养能力	0.16	年降水量	0.09
				林地面积占比	0.31
				草地面积占比	0.23
				水面面积占比	0.37
		水质净化能力	0.35	湿地连通性	0.38
				湿地面积占比	0.17
				湿地聚集度	0.36
				河流蜿蜒度	0.09
水环境压力	0.63	点源负荷	0.74	COD 点源排放量	0.49
				NH_3-N 点源排放量	0.51
		面源负荷	0.26	不透水面面积占比	0.44
				耕地面积占比	0.17
				化肥施用量	0.39

从表 10-3 中可以看出，对水环境承载力承载状态而言，水环境承载力和水环境压力的权重分别为 0.37 和 0.63，水环境压力对水环境承载力承载状态的权重远大于水环境承载力的权重，说明人类活动带来的压力负荷是影响湟水流域小峡桥断面上游水环境质量的主要因素，其对水环境质量的影响程度大于水环境承载力带来的影响。对水环境承载力而言，上游水质状况对水环境承载力的影响最大，权重为 0.49；水质净化能力次之，权重为 0.35；最后是产流和水源涵养能力，权重为 0.16；这体现了上游水质对水环境承载力影响的重要性，也从另一方面反映了流域分区精细化管理的重要性。而对水环境压力而言，点源负荷和面源负荷对水环境压力的权重分别为 0.74 和 0.26，点源负荷权重几乎是面源负荷权重的 3 倍，说明点源负荷依然是影响湟水流域小峡桥断面上游水环境承载力承载状态的最主要因素之一。

对产流和水源涵养能力而言，水面面积占比和林地面积占比的权重较大，分别为 0.37 和 0.31；草地面积占比次之，权重为 0.23；年降水量权重最小，仅为 0.09；说明增加研究区的林地面积占比、草地面积占比和水面面积占比是提高该区域产流和水源涵养能力的有效措施。湿地连通性和湿地聚集度对水质净化能力的影响较大，权重分别为 0.38 和 0.36，其次为湿地面积占比和河流蜿蜒度，权重分别为 0.17 和 0.09；说明增加湿地连通性和湿地聚集度能够显著地改善区域水质净化能力，因此对湟水流域小峡桥断面上游，不仅要关注湿地面积占比，更要关注湿地聚集度和连通性。COD 点源排放量和 NH_3-N 点源排放量对点源负荷的影响相差不大。不透水面面积占比和化肥施用量是影响面源负荷的重要因素，权重分别为 0.44 和 0.39；耕地面积占比次之，权重仅为 0.17。

10.3.3 水环境承载力承载状态综合评价结果分析

根据权重的计算结果，利用“模加和”法分别计算湟水流域小峡桥断面上游 16 个控制子单元的水环境承载力承载状态综合评价指数，并按照从大到小依次划分为好、较好、一般、较差和差 5 个级别，具体计算结果如图 10-4 所示。

从图 10-4 中可以看出，湟水流域小峡桥断面上游水环境承载力承载状态呈现出明显的梯度特征，计算结果与湟水流域小峡桥断面上游的实际情况较为吻合。其中，HB-1、HB-2 和 DT-1 等 3 个控制子单元均位于研究区主要河流的上游，大多为源头水保护区，隶属中国易危物种及地方重点保护鱼类栖息地，拥有较高的水质本底值；此外，这些区域人口、经济规模最小，由人为因素造成的压力负荷最小，故 3 个控制子单元的水环境承载力承载状态最好。建议该部分区域以水源涵养功能和河流廊道生态功能修复为重点，加强草甸湿地和珍稀濒危鱼类栖息地保护，禁止或限制开发；以保持水环境承载力承载状态一直不超载。

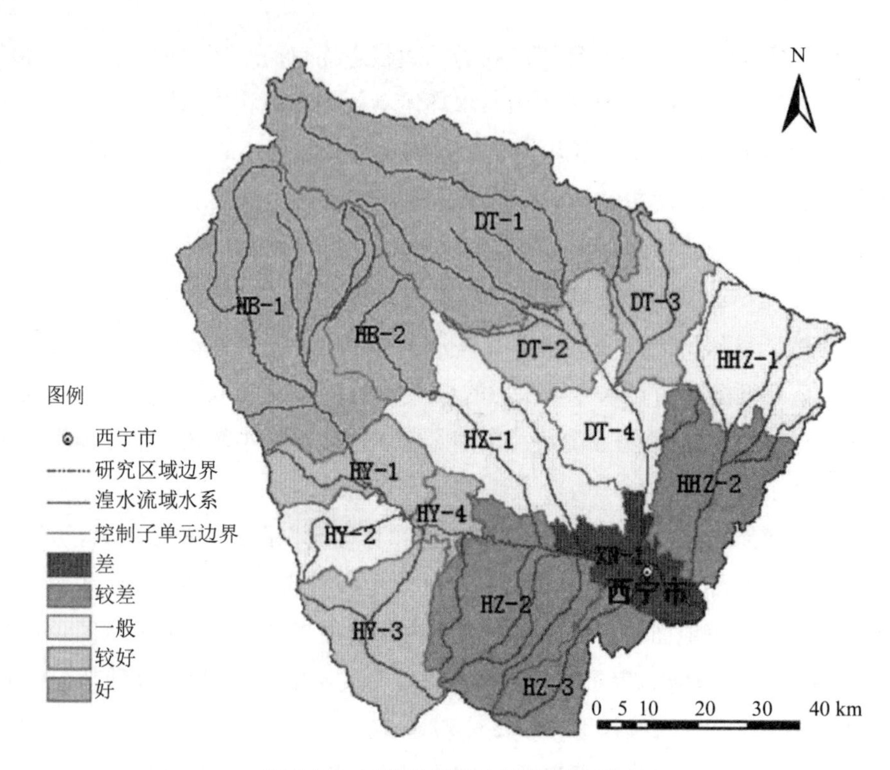

图 10-4　水环境承载力承载状态分布

DT-2、DT-3、HY-1、HY-3、HY-4 等 4 个控制子单元均位于研究区河流的中上游，水质的本底值较好，拥有相对较高的水质净化能力、产流和水源涵养能力，也属于人口、经济规模较不发达的区域，农业、工业及生活产生的压力较小，故也具有相对较好的水环境承载力承载状态。考虑到湟水流域的海晏至西宁河段为我国重点保护的濒危特有鱼类栖息地，建议该区以鱼类栖息地规模、功能保护和河流廊道连通性及水流连续性修复为主，以保障下泄生态流量，以维持较好的水环境承载力承载状态。

HY-2、HZ-1、HHZ-1 和 DT-4 的水环境承载力承载状态为一般。其中，HY-2、HZ-1 和 HHZ-1 控制子单元内的拉拉河、西纳川河和林川河河段均属于源头和水源地，为高功能水体，水系统脆弱度高，拥有较低的实际水环境容量，且点源负荷和面源负荷处于研究区的中等偏下水平，故呈现出一般的水环境承载力承载状态。北川河中游所在的 DT-4 控制子单元则处于社会经济较发达区域，工业、农业需水量大且排污较多，具有较高的水环境压力，但是该区域具有较高的水资源丰裕度，且高功能水体相对较少，水系统脆弱度较低，拥有较大的水环境承载力，故该控制子单元的水环境承载力承载状态仍为一般。建议 DT-4 控制子单元以河流基本生态功能维持为重点，协调开发与保护的关系，改善水环境质量。

HZ-2、HZ-3、HHZ-2 和 XN-1 主要位于研究区河流的中下游，均属于人口密集、工业集聚的经济发达区域，主要的水系包括湟水干流、南川河和北川河等。其中，湟水干流入河污染物相对集中，与干流纳污能力分布不匹配，局部河段入河污染物严重超过其水域的纳污能力；位于 XN-1 控制子单元的湟水干流、南川河和北川河等西宁城市河段以25%左右的纳污能力承载了全流域约 80%的污染负荷；巨大的水环境压力使湟水西宁河段及其下河段水环境承载力承载状态严重超载。此外，近年来，湟水流域水电站建设密集，破坏了河流连通性和河道景观，使河流廊道生态功能严重退化，进而严重降低了该流域的水环境承载力；因此，HZ-2、HZ-3、HHZ-2 和 XN-1 等 4 个控制子单元水环境承载力承载状况较差，且社会经济最发达，其中地处湟水干流的 XN-1 控制子单元的水环境承载力承载状况最差。建议 XN-1 这一控制子单元以减排为重点，通过实施工业点源、农业面源和城市面源综合治理工程及河道生态修复治理专项行动，减少污染物的入河量，以降低水环境压力；同时，在维持生态功能的前提下，优化土地利用和景观格局，提高河流自净功能和水源涵养能力，规范人为开发活动，禁止不合理开发和开垦。

10.4 结论与建议

①结构方程模型能够定量反映土地利用、景观格局及污染物排放等因素与水环境承载力承载状态的相关关系。计算结果显示，以点源负荷和面源负荷表征的水环境压力与水环境承载力承载状态呈显著的正相关关系，而以上游水质状况、产流和水源涵养能力和水质净化能力与水环境承载力承载状态呈显著的负相关关系。其中，林地面积占比、草地面积占比是影响研究区产流和水源涵养能力的关键因子；湿地连通性和湿地聚集度是影响研究区水质净化能力的主要因素；而面源负荷的主要影响因素是耕地面积占比和化肥施用量。

②结构方程模型的路径分析为水环境承载力承载状态综合评价指标体系的建立提供依据，其运行结果中的相关系数能够为权重的确定提供新的方法。研究结果表明：水环境压力对水环境承载力承载状态的权重远大于水环境承载力的权重，且点源负荷权重几乎是面源负荷权重的 3 倍，说明尽管我国近年来对环保污染治理进行了一系列的人力、物力、财力投入，但位处西北地区的湟水流域小峡桥断面上游区域，点源负荷依然是影响湟水流域小峡桥断面上游水环境承载力承载状态的最主要因素之一，仍需加大该区域的点源污染控制力度。

③水环境承载力承载状态综合评价结果显示：湟水流域小峡桥断面上游 16 个控制子单元的水环境承载力承载状态具有明显的梯度特征，总体而言，研究区上游区域水环境

承载力承载状态较好，中游区域水环境承载力承载状态一般，而下游区域水环境承载力承载状态较差；因此，应针对不同区域的社会、经济、环境和资源差异，进行分区化精细管理，因地制宜地制定水污染防治与水资源利用的政策措施。

④人口规模扩大和工业快速增长所导致的需水量增加，以及大量污水排放和农业面源污染是导致湟水流域小峡桥断面上游水体污染的主要原因。因此，从提高水环境承载力和减小水环境压力的双向调控角度出发，加强湟水流域水资源管理是改善湟水流域水环境质量、确保流域内经济社会可持续发展、实现生态环境良性循环的必要途径。

第 11 章　洱海流域水环境承载力开发利用潜力评价

11.1　洱海流域概况

洱海流域位于云南省大理白族自治州（如图 11-1 所示），地处澜沧江、金沙江和元江三大水系分水岭地带，属澜沧江、湄公河水系，流域面积为 2 565 km^2，地理坐标在东经 100°05′～100°17′、北纬 25°36′～25°58′之间；地处云南省大理白族自治州境内，地跨大理市和洱源县两个市县，是云南省第二大高原淡水湖泊，湖面面积约为 252 km^2，平均水深 10.8 m，蓄水量达 29.59 亿 m^3。流域境内有弥苴河、罗时江、永安江以及苍山十八溪等 117 条大小河溪，有茈碧湖、西湖和海西海等湖泊、水库，多年平均入湖水量为 8.04 亿 m^3，年均出湖水量为 8.03 亿 m^3。洱海流域属于低纬度高原亚热带季风气候，干湿季节分明，全年降水主要集中在 5—10 月，占全年降水量的 85%以上，多年平均湖面蒸发量为 1 208.6 mm。

11.2　指标体系的构建

在系统归纳总结现有流域（区域）水环境承载力评价文献所建立的指标体系基础上，建立一套完整的评价指标体系，以科学客观地动态评价水环境承载力开发利用潜力。本研究从流域水环境承载状态、流域水资源利用与污染物排放强度、流域水环境发展能力和流域水生态恢复能力 4 个方面构建水环境承载力开发利用潜力评价指标体系（如表 11-1 所示）。

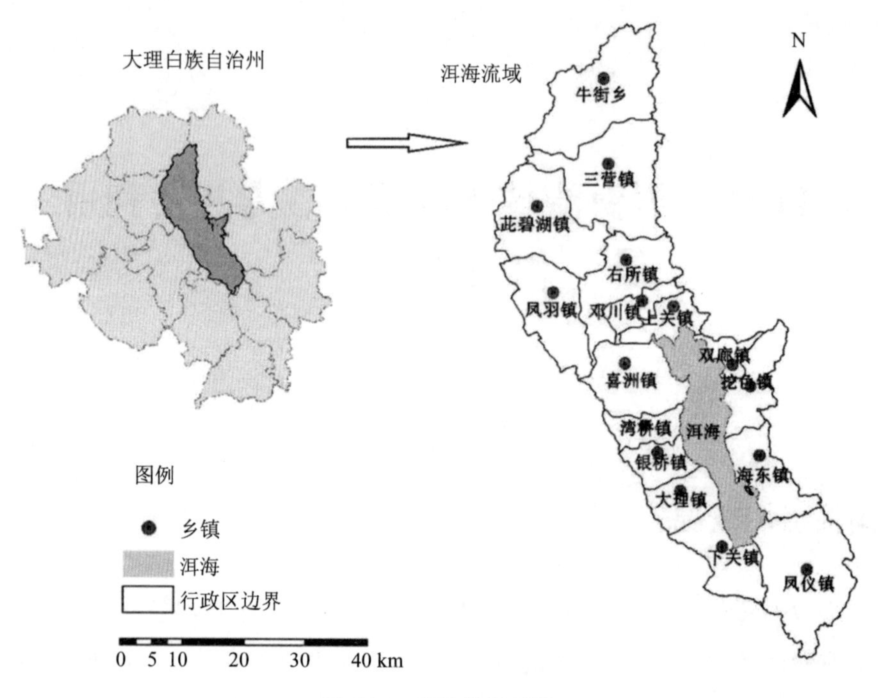

图 11-1 洱海流域区位

表 11-1 动态水环境承载力开发利用潜力评价指标体系

目标层	准则层	指标层		单位
水环境承载力开发利用潜力	流域水环境承载力承载状态	水资源承载率		%
		COD 承载率		%
		TN 承载率		%
		TP 承载率		%
	流域水资源利用与污染物排放强度	水资源	万元 GDP 耗水量	m^3/万元
			人均生活用水量	m^3/人
			旅游业用水比例	%
		水环境	万元 GDP 的 COD 排放量	t/万元
			万元 GDP 的 NH_3-N 排放量	t/万元
			万元 GDP 的 TN 排放量	t/万元
			万元 GDP 的 TP 排放量	t/万元
	流域水环境发展能力	城市化率		%
		污水处理率		%
		GDP 增长率		%
		第三产业占比		%
		科研经费投资占 GDP 的比重		%
	流域水生态恢复能力	水源涵养能力		—
		径流调节能力		—
		岸边带去污能力		—

11.3 水环境承载力开发利用潜力分量的核算

11.3.1 流域水环境承载力承载状态核算

利用污染负荷核算方法、水环境容量核算模型、水资源量核算和需水量模型，核算出2011—2016年洱海流域主要污染物负荷、水环境容量以及水资源量和需水量，根据单要素环境承载率计算相应年份的水资源承载率、COD承载率、TN承载率、TP承载率。进一步，基于突变级数法，计算流域水环境承载力承载状态指数。

11.3.2 流域水资源利用与污染物排放强度、流域水环境发展能力的核算

通过收集大理市和洱源县的2011—2016年统计年鉴、环境统计数据、气象水文数据、污染源资料等基础数据资料，确定表征流域水资源利用与污染物排放强度和流域水环境发展能力的相应指标；再参考《洱海流域水环境保护治理“十三五”规划》《第一次全国污染源普查——畜禽养殖业源产排污系数手册》《大理市给水排水工程专项规划》《云南省用水定额》等，确定流域水资源利用与污染物排放强度。进一步，基于突变级数法，分别求出流域水资源利用与污染物排放强度指数、流域水环境发展能力指数。

11.3.3 流域水生态恢复能力的核算

水生态系统不仅为人类提供物质生产的原料（如水资源、水产品等），同时还具有水质净化、水文调节、河流输送、水资源蓄积与调节等功能。现阶段，河流生态压力主要来源于陆域点源、面源排放，陆域及其岸边带植被覆盖率、不透水占比低的流域可以减少由于地表径流带来的面源污染，具有较高的生态恢复能力。因此，结合洱海流域的水生态系统特点，选择水源涵养能力、径流调节能力、岸边带去污能力3个指标表征流域水生态恢复能力，然后基于突变级数法，求出流域水生态恢复能力指数。

11.3.3.1 水源涵养能力

水源涵养能力指植被拦蓄降水的功能，也指生态系统内多个水文过程及其水文效应的综合表现。水源涵养能力的核算方法主要有土壤蓄水能力法、综合蓄水法、冠层截留剩余法、水量平衡法等。本研究主要采用操作性强、所需参数较少且易获取的冠层截留法核算水源涵养能力。

在降雨过程中，没有被灌木层截留而落到地表的雨水因重力的作用不断通过土壤下

渗，但被植物覆盖的土壤通常不会因水分饱和而产生地表径流，因此冠层截留剩余的水量就是水源涵养量，可以通过降水量和冠层截留率计算所得，计算公式为：

$$W = P\times\eta\times F \tag{11-1}$$

式中：W—— 各斑块水源涵养量，mm；

P—— 斑块平均降水量，mm；

η—— 各斑块冠层截留率，%；

F—— 区域各斑块冠层截留率调整系数，量纲一，主要依据斑块覆盖度和全国各地类植被盖度平均值进行调整，具体模型如式（11-2）所示：

$$F_i=1+\frac{c-c_{\text{mean}}}{2} \tag{11-2}$$

式中：F_i—— 功能区 i 斑块冠层截留率调整系数；

c—— i 斑块的植被盖度；

c_{mean}—— 2015 年全国各植被类型的平均植被盖度。

因此，整个区域的水源涵养能力是各地类水源涵养能力的总和与其总面积之间的比值，计算模型如式（11-3）所示：

$$I_{\text{w}}=\left(\sum_{i=1}^{n}A_i\times W_i\right)\Big/A \tag{11-3}$$

式中：I_{w}—— 评价区域的径流调节能力，量纲一；

W_i—— 各地类水源涵养能力，量纲一；

A_i—— i 斑块的面积，$\sum_{i=1}^{n}A_i$ 的值为 A。

11.3.3.2 径流调节能力

径流调节包含着大气、水分、植被和土壤等生物物理过程，其变化将直接影响区域水文、植被和土壤等状况，是区域生态系统状况的重要指示器。各斑块径流调节能力的计算公式如式（11-4）所示：

$$\text{WC}=100\times\partial\times K\times F \tag{11-4}$$

式中：∂—— 全国各地类平均径流调节系数，%；

K—— 产流降水量占降水总量的比例，将计算区以秦岭—淮河为界限划分为南方区和北方区，北方区 K 值取 0.4，南方区 K 值取 0.6；

F—— 区域各斑块冠层载留率调整系数，量纲一。

因此，整个区域的径流调节能力是各地类径流调节能力的总和与其总面积之间的比值，计算模型如式（11-5）所示：

$$I_{\mathrm{a}}=\left(\sum_{i=1}^{n}A_i\times \mathrm{WC}_i\right)\Big/A \tag{11-5}$$

式中：I_{a} —— 评价区域的径流调节能力，量纲一；

WC_i —— 各地类径流调节能力，量纲一；

A_i —— i 斑块的面积，$\sum_{i=1}^{n}A_i$ 的值为 A。

11.3.3.3 岸边带去污能力

岸边带去污能力由岸边带连通度和岸边带覆盖度2个指标通过几何平均的方法获得，岸边带连通度和岸边带覆盖度的计算方法如式（11-6）和式（11-7）所示。

斑块连接度指数可衡量相应景观类型自然连接的程度，其取值所处范围为0～100。当斑块类型分布变得聚集，其值增加。在高于渗透极限值的情况下，该值对斑块形状不敏感。关键景观类型占景观类型的比例减少并分割成不连接的斑块，该值趋近于0；关键景观类型占景观类型的比例增加，分布变得聚集，指数值增加。

类型水平斑块连接度指数公式为：

$$\mathrm{COHESION}=\left(1-\frac{\sum_{i=1}^{n}p_{ij}}{\sum_{i=1}^{n}p_{ij}\sqrt{a_{ij}}}\right)\left(1-\frac{1}{\sqrt{A}}\right)^{-1}\times 100 \tag{11-6}$$

景观水平斑块连接度指数公式为：

$$\mathrm{COHESION}=\left(1-\frac{\sum_{i=1}^{m}\sum_{j=1}^{n}p_{ij}}{\sum_{i=1}^{m}\sum_{j=1}^{n}p_{ij}\sqrt{a_{ij}}}\right)\left(1-\frac{1}{\sqrt{A}}\right)^{-1}\times 100 \tag{11-7}$$

连接度指数在景观水平和类型水平两个层次上都适用，但公式结构有所不同。公式中的 p_{ij} 表示景观类型 i 中斑块 j 的周长上的像元数，a_{ij} 表示景观类型 i 中斑块 j 的像元数，A 表示景观中像元的总数量。

岸边带连通度指数反映岸边带结构上的“连通性”。将岸边带数据转化为栅格数据，导入 Fragstats 4.2 中计算岸边带绿地的连接度（COHESION），其中林地、草地、沼泽地和建设用地中绿地需要合并为同一个类型（即岸边带绿地）进行计算。

本研究以河流、湖泊所在位置为基准，向周边做 100 m 缓冲区，按分区计算缓冲区内绿色植被（包括林地、草地、沼泽地和建设用地中绿地）的面积，进一步与区域内河流、湖泊缓冲区面积做比，获得岸边带绿地的覆盖度情况。

缓冲区的绘制及岸边带绿地提取：在属性表中按属性选择方式选中河流和湖泊类型。单击 ArcMap 中的“生成缓冲区”按钮，勾选“使用选中要素”，单击“下一步”；缓冲区宽度设置为 100 m。单击“完成”按钮。使用生成的缓冲区提取（clip）土地利用数据，获得河流与湖泊周边 100 m 范围内的地物类型。进一步使用分割（split）工具，以新的分区单元要素进行分割，分入 10 个区域中。按子研究区统计林地、草地、沼泽地和建设用地中绿地面积。

11.4 基于突变级数法的水环境承载力开发利用潜力评价

通过突变级数法分别计算得出准则层 4 个指标（流域水环境承载力承载状态、流域水资源利用与污染物排放强度、流域水环境发展能力和流域水生态恢复能力）的评价值，再以这 4 个指标为目标层构建水环境承载力开发利用潜力评价指标体系。即：

$$Q = f(U_A, U_B, U_C, U_D) \tag{11-8}$$

式中：Q —— 水环境承载力开发利用潜力函数；
U_A —— 流域水环境承载力承载状态指数；
U_B —— 流域水资源利用与污染物排放强度指数；
U_C —— 流域水环境发展能力指数；
U_D —— 流域水生态恢复能力指数。

基于突变级数法评价的基本原理和主要步骤，水环境承载力开发利用潜力指数计算的具体步骤如下。

①选择水资源承载率、COD 承载率、TN 承载率和 TP 承载率 4 个指标作为流域水环境承载力承载状态指数的计算指标；选择水资源（万元 GDP 耗水量、人均生活用水量和旅游业用水比例）和水环境（万元 GDP 的 COD 排放量、万元 GDP 的 NH_3-N 排放量、万元 GDP 的 TN 排放量和万元 GDP 的 TP 排放量）作为流域水资源利用与污染物排放强度指数的计算指标；选择城市化率、污水处理率、GDP 增长率、第三产业占比和科研经费投资占 GDP 的比重 5 个指标作为流域水环境发展能力指数的计算指标；选择水源涵养能力、径流调节能力和岸边带去污能力 3 个指标作为流域水生态恢复能力指数的计算指标。

②数据标准化：由于各指标量纲与数量级存在差异，需要对原始数据进行标准化处理。

正向型指标标准化公式：

$$P_j=(X_j-X_{j\min})/(X_{j\max}-X_{j\min}) \tag{11-9}$$

负向型指标标准化公式：

$$P_j=(X_{j\max}-X_j)/(X_{j\max}-X_{j\min}) \tag{11-10}$$

③采用熵权法确定指标权重，进而确定控制变量（C_1、C_2、C_3）的重要程度为 C_1＞C_2＞C_3。

④建立燕尾突变模型的势函数，公式如下：

$$V_x=x^5+C_1x^3+C_2x^2+C_3x \tag{11-11}$$

式中：x —— 状态变量；

C_1、C_2、C_3 —— 控制变量。

⑤利用归一公式进行综合量化递归运算，求出系统的突变隶属度值。

$$X_1=C_1^{\frac{1}{2}},\quad X_2=C_2^{\frac{1}{3}},\quad X_3=C_3^{\frac{1}{4}} \tag{11-12}$$

根据初始模糊隶属函数值，按归一公式计算各控制变量对应的 X 值时须遵循互补原则与非互补原则。若控制变量间相互关联作用不明显，则 X 值遵循“大中取小”的非互补原则；若控制变量间相互关联作用明显，则遵循互补原则（取控制变量相应的突变级数值的平均值作为系统的 X 值）。

⑥分别算出流域水环境承载力承载状态指数、流域水资源利用与污染物排放强度指数、流域水环境发展能力指数和流域水生态恢复能力指数，进而用同样的方法计算得到水环境承载力开发利用潜力指数。

11.5 水环境承载力开发利用潜力评价结果分析

根据表 11-1 所建立的指标体系，基于突变级数法评价的主要步骤及式（11-9）～式（11-12），流域水环境承载力承载状态指数、流域水资源利用与污染物排放强度指数、流域水环境发展能力指数、流域水生态恢复能力指数和水环境承载力开发利用潜力指数的计算结果如表 11-2 所示，水环境承载力开发利用潜力指数的变化曲线如图 11-2 所示。

表 11-2 2011—2016 年洱海流域水环境承载力开发利用潜力

年份	流域水环境承载力承载状态指数	流域水资源利用与污染物排放强度指数	流域水环境发展能力指数	流域水生态恢复能力指数	水环境承载力开发利用潜力指数
2011	0.94	0.70	0.67	0.53	0.65
2012	0.93	0.90	0.58	0.77	0.60
2013	0.98	0.88	0.81	0.32	0.36
2014	0.64	0.81	0.82	0.44	0.72
2015	0.57	0.95	0.73	0.71	0.64
2016	0.25	0.29	0.50	0.66	0.73

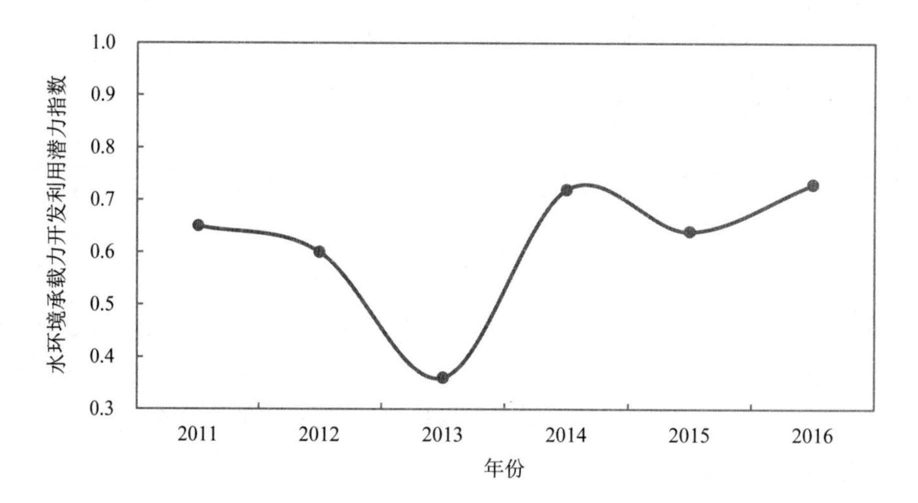

图 11-2 2011—2016 年洱海流域水环境承载力开发利用潜力指数

由图 11-2 可知，2011—2016 年，除 2013 年水环境承载力开发利用潜力指数较低外，洱海流域的水环境承载力开发利用潜力指数基本上表现为上升趋势的波浪形变化。整体而言，洱海流域的水环境承载力开发利用潜力指数相对还是比较高的。其中，由于 2013 年的流域水环境承载力承载状态指数最大（水环境承载力承载状态最差）、流域水资源利用与污染物排放强度指数相对较高且流域水生态恢复能力指数较低，2013 年的水环境承载力开发利用潜力指数相对较小，而随着国家的重视和资金的投入，2014—2016 年的水环境承载力开发利用潜力指数相对较大。这说明近年来，随着国家的重视和资金的投入，洱海流域的污染物排放强度和水资源利用强度有所降低，水环境承载力承载状态有所改善，且流域水环境承载力开发利用潜力和流域水生态恢复能力均有所提高，但是水质指标 TP 承载率和 TN 承载率依然处于超载状态，COD 承载率和水资源承载率均处于不超载的状态。这可能是由于早期大理截污工程建设以后，工业废水污染和生活污染已经不再是洱海污染的关键问题，而面源污染的解决是洱海流域水质改善应该关注的重点。

洱海流域年际水环境承载力开发利用潜力评价结果表明：其年际水环境承载力开发利用潜力指数都呈现出显著的波动特征，这也是水环境承载力动态评价的现实意义所在。因此，相关管理部门在今后的管理决策中，应充分考虑水环境承载力的动态特征，针对性地采取调控措施和治理手段，以有利于流域的可持续发展。

第12章　洱海流域季节性动态水环境承载力承载状态评价

季节性动态水环境承载力指在传统的全年水环境承载力基础上，在水资源供需平衡与水体水质超标风险可接受的前提下，充分考虑不同季节间影响水环境承载力的参数的动态变化特征。与水环境承载力的广义、狭义概念相对应，广义的季节性动态水环境承载力是季节水资源供给能力与水环境容量的综合表征，而狭义的季节性动态水环境承载力仅指季节性水环境容量。提出季节性水环境承载力概念的目的在于：精细化管理，科学、灵活指导水资源开发利用与污染减排，以及更充分地利用流域水资源供给和水体自净能力。

12.1　流域季节性动态水环境承载力承载状态评价方法框架

首先，通过对研究区信息的调研和整理，根据研究区的水质监测数据、水环境功能区的水质目标、污染源资料、基础地理信息、水文气象资料等基础数据对流域的水环境现状进行评价，确定主要污染物、水环境容量、水资源量和水资源开发利用量的指标值；其次，分析研究区是否适合于季节性分析，如果适合，则选择月际显著性的季节划分或者聚类分析等方法将12个月划分为平水期、丰水期、枯水期共3个时期，否则只能计算年际水环境承载力承载状态；再次，分别核算流域平水期、丰水期、枯水期3个时期主要污染物的水环境污染负荷及其水环境容量、水资源量和水资源开发利用量；最后，采用承载率评价季节性水环境承载力承载状态。流域季节性动态水环境承载力承载状态评价方法框架如图12-1所示。

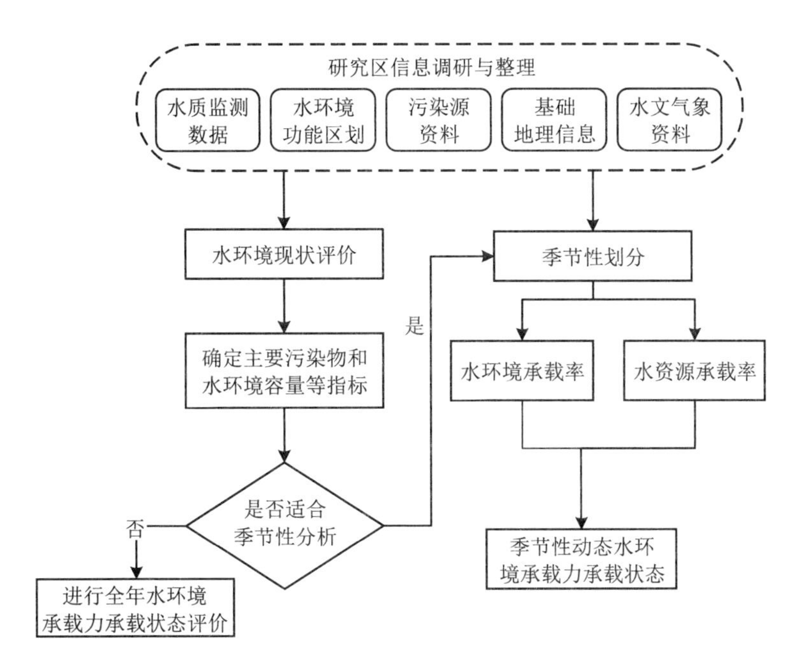

图 12-1　流域季节性动态水环境承载力承载状态评价方法框架

12.1.1　季节性污染负荷核算方法

根据排污特点，污染源可以分为季节性污染源和非季节性污染源。季节性污染源指排污量在季节间存在明显变化的污染源，非季节性污染源在排污时不存在明显的季节性变化。根据排放污染物的空间分布方式，可以将污染源划分为点源和非点源；根据污水产生来源，污染源可以分为生活源、种植业源、畜禽养殖源、工业源等；城镇生活源、农村生活源、工业源、规模化畜禽养殖源等的污染物排放量一般不随季节发生明显波动，这些污染源可视为非季节性污染源。而种植业源等污染源的污染物产生与否以及排污量大小在季节间存在显著差异，这与污染物的产生原因以及降水有关。

12.1.1.1　季节性污染负荷

根据污染源排污特点，季节性污染源主要有种植业非点源污染和旅游业点源污染。

种植业污染负荷的主要来源为化肥中 N 和 P 的流失，影响化肥流失的主要因素为化肥施用量和化肥流失系数，而不同季节的化肥施用量具有很大差异。种植业非点源污染负荷的计算如式（12-1）所示：

$$L_i = E_i Q_i \tag{12-1}$$

式中：i —— 月份；

L_i —— 污染物（包括 NH_3-N、TN 和 TP）的月流失总量，kg；

E_i —— 固定耕作方式下污染物的流失系数，%，耕作方式在《第一次全国污染源普查——农业污染源：肥料流失系数手册》中选取；

Q_i —— 农作物的月际化肥施用量，kg。

旅游业产生的废水主要包括餐饮业产生的餐厨废水和住宿业产生的洗浴、洗涤等污水，其中 COD、BOD、动植物脂肪和 SS 等的浓度远远高于一般的生活污水。旅游业点源污染负荷根据流域内餐饮、旅店企业各月份接待人数和人均污染负荷排放量确定，如式（12-2）所示：

$$W_i = 10A_iF_i \tag{12-2}$$

式中：i —— 月份；

W_i —— 第 i 月旅游业污染负荷量，kg；

A_i —— 第 i 月接待人次，万人次；

F_i —— 第 i 月排污系数，g/人次，其取值根据《生活源产排污系数及使用说明》（2011 年修订版）和当地社会经济发展水平确定。

12.1.1.2 非季节性污染负荷

非季节性污染源主要有城镇生活源、农村生活源、工业源、规模化畜禽养殖源。

工业源和规模化畜禽养殖源的全年排放负荷根据流域污染普查或环境统计数据获取；城镇（或农村）生活污水污染负荷量主要根据流域各区域的城镇（或农村）人口及平均城镇（或农村）人口污染负荷排放量确定，如式（12-3）所示：

$$W = 3.65AF \tag{12-3}$$

式中：W —— 城镇（或农村）生活污水污染负荷量，t/a；

A —— 区域城镇（或农村）人口数量，万人；

F —— 城镇（或农村）居民生活排污系数，g/（人·d），其取值根据《生活源产排污系数及使用说明》（2011 年修订版）和当地社会经济发展水平确定。

根据三类点源的排放特点，城镇（或农村）生活源、工业源和规模化畜禽养殖源均无季节性动态变化特征，因此季节性排污负荷即根据全年排污负荷平均分配至各月。

12.1.2 洱海流域水环境容量核算模型

在确定的水文条件下，根据湖泊的类型、规模、排污口分布和污染现状不同，选取不同的水质模型进行不同时期的水环境容量核算（如表 12-1 所示）。

表 12-1 不同湖库的水质模型选择

规模类别	适用水质模型
污染物均匀混合的中小型湖库	湖库均匀混合模型
污染物非均匀混合的大型湖库	湖库非均匀混合模型
营养状态指数＞50	富营养化模型
平均水深＜10 m，水体交换系数＜10	分层模型

根据洱海流域水环境容量的特点，COD 和 NH_3-N 环境容量采用一维水质模型计算，如式（12-4）～式（12-7）所示。

$$V\frac{\mathrm{d}C}{\mathrm{d}t}=Q_{\mathrm{in}}C_{\mathrm{in}}-Q_{\mathrm{out}}C_{\mathrm{out}}-KVC \tag{12-4}$$

式中：V —— 此水体的容积，m^3；

Q_{in} —— 入湖流量，m^3/d；

Q_{out} —— 出湖流量，m^3/d；

C_{in} —— 入湖污染物质量浓度，g/m^3；

C_{out} —— 出湖污染物质量浓度，g/m^3；

K —— 污染物的一阶降解速率，d^{-1}；

C —— 湖中污染物的质量浓度，g/m^3。

当湖泊中污染物质量浓度达到水质标准（C_{s}）值时，上式可以转换为：

$$V\frac{\mathrm{d}C}{\mathrm{d}t}=V\frac{C_{\mathrm{s}}-C_x}{\mathrm{d}t}=Q_{\mathrm{in}}C_{\mathrm{in}}-Q_{\mathrm{out}}C_{\mathrm{s}}-KVC_{\mathrm{s}} \tag{12-5}$$

式中：C_x —— 现时湖中污染物质量浓度，g/m^3。

那么环境容量 L（单位为 t/a）可以由下式计算：

$$L=V\frac{C_{\mathrm{s}}-C_x}{\Delta t}+Q_{\mathrm{out}}C_{\mathrm{s}}+KVC_{\mathrm{s}} \tag{12-6}$$

湖泊中的 TN、TP 环境容量采用狄龙模型计算，如式（12-7）所示。

$$M_{(\text{N或P})}=\frac{P_{\mathrm{S}}hQ_{\mathrm{a}}A}{\dfrac{W_{\text{出}}}{W_{\text{入}}}\cdot V} \tag{12-7}$$

式中：P_{S} —— 湖库中 N（P）的年平均控制质量浓度，g/m^3；

h —— 湖库的平均水深，m；

Q_{a} —— 湖库的年出流水量，m^3/a；

A —— 湖库水面积，m^2；

$W_{出}$ —— 年出湖的 N（P）量，t/a；

$W_{入}$ —— 年入湖的 N（P）量，t/a；

V —— 设计水文条件下的湖库容积，m^3。

12.1.3 洱海流域水资源量核算模型

12.1.3.1 洱海流域水资源量核算方法

湖泊流域水资源量等于流域的水资源总供给量扣除水体生态环境需水量。其中，流域水资源总供给量主要包括流域地表水资源量、地下水资源量、跨流域调水资源量、污水回用量和雨水利用量等。

生态需水主要考虑湖泊基础流量，本研究采用 Tennant 法估算湖泊生态需水量。该法是在考虑保护鱼类、野生动物、娱乐和有关环境资源的湖泊流量状况下，按照年平均流量的占比推荐生态基流。Tennant 法根据流量级别及其对生态的有利程度，将湖泊生态需水量确定为不同的级别，从“极差”到“最大”共 8 个级别，并针对不同级别推荐了湖泊生态用水流量占多年平均流量的比例（如表 12-2 所示）。

表 12-2 湖泊流量状况分级标准

流量描述	推荐的基流（10 月一翌年 3 月）平均流量占比/%	推荐的基流（4—9 月）平均流量占比/%
最大	200	200
最佳	60～100	60～100
极好	40	60
非常好	30	50
好	20	40
中或差	10	30
差或最小	10	10
极差	0～10	0～10

12.1.3.2 流域水资源季节分配方法

流域水资源量主要取决于降水、蒸发、气温等气象条件变化。从水资源来源角度，降水与蒸发之差越大，则水资源越丰富，反之则匮乏。因此，可根据月际的降水量与蒸发量之差，按比例将全年的水资源量分配到各月。

根据流域气候特点，蒸发量可采用高桥浩一郎公式进行核算，如式（12-8）、式（12-9）

所示：

$$E=\frac{3100R}{3100+1.8R^2\exp\left(\frac{344t}{235+t}\right)} \tag{12-8}$$

式中：E —— 月地面实际蒸发量，mm；

R —— 月平均降水量，mm；

t —— 月平均气温，℃。

由此可得到各月的水资源量：

$$W_i=W\cdot\frac{R_i-E_i}{\sum_{i=1}^{12}(R_i-E_i)} \tag{12-9}$$

式中：i —— 月份；

W_i —— 第 i 月的水资源量；

W —— 全年总水资源量；

E_i —— 第 i 月的蒸发量；

R_i —— 第 i 月的降水量。

12.1.4 流域需水量核算方法

根据流域水系统的组成元素，流域需水主要可分为生活（包括城镇生活和农村生活）需水、工业生产需水、种植业生产需水、规模化畜禽养殖业需水、旅游业需水 5 个部分。其中，种植业生产需水和旅游业需水随季节波动较大，其余各类需水均可按照全年需水量平均分配至各月。

12.1.4.1 生活需水

生活需水根据流域内的人口和用水定额确定，如式（12-10）所示：

$$R=P\times\alpha \tag{12-10}$$

式中：R —— 居民生活需水量；

P —— 流域内人口，分为城镇居民和农村居民两类；

α —— 居民生活用水定额，也分为城镇居民和农村居民两类，其取值根据当地的用水定额确定。

12.1.4.2 工业生产需水和规模化畜禽养殖业需水

根据流域内污染普查数据中的取水量，确定全年的工业生产需水和规模化畜禽养殖业需水，再平均分配至各月。

12.1.4.3 种植业生产需水

种植业生产需水与作物的生长周期以及流域的降水、光照、蒸发等气象因素均密切相关，根据 FAO 提供的 CROPWAT 模型，可以得到不同气候条件下的作物需水量，如式（12-11）所示：

$$\mathrm{ET}_0=\frac{0.408\Delta(R_\mathrm{n}-G)+\gamma\dfrac{900}{T+273}U_2(e_\mathrm{s}-e_\mathrm{a})}{\Delta+\gamma(1+0.34U_2)} \tag{12-11}$$

式中：ET_0 —— 作物蒸散量（需水量），mm；

R_n —— 作物表面净辐射量，MJ/（$\mathrm{m}^2\cdot\mathrm{d}$）；

G —— 土壤热通量，MJ/（$\mathrm{m}^2\cdot\mathrm{d}$）；

T —— 平均气温，℃；

U_2 —— 离地面 2 m 处的风速，m/s；

e_s —— 饱和水汽压，kPa；

e_a —— 实际水汽压，kPa；

Δ —— 饱和水汽压与温度相关曲线的斜率，kPa/℃；

γ —— 温度计常数，kPa/℃。

对不同的农作物，有不同的作物系数。对 ET_0 进行调整，得到实际农作物的单位面积需水量 ET_C，如式（12-12）所示：

$$\mathrm{ET}_\mathrm{C}=K_\mathrm{C}\times\mathrm{ET}_0 \tag{12-12}$$

式中：ET_C —— 实际农作物的单位面积需水量，mm；

K_C —— 不同作物调整系数。

在充分灌溉条件下，当有效降水量大于作物需水量时，种植业需水量为 0；当有效降水量小于作物需水量时，种植业需水量为作物需水量与有效降水量的差值。其中，有效降水量的计算如式（12-13）所示：

$$P_{有效（月）}=\begin{cases}P_{月}\times(125-0.2\times P_{月})/125 & P_{月}\leqslant 250\ \mathrm{mm}\\ 125+0.1\times P_{月} & P_{月}>250\ \mathrm{mm}\end{cases} \tag{12-13}$$

式中：$P_{月}$ —— 月降水量；

$P_{有效（月）}$ —— 月有效降水量。

由此可得到各月的种植业需水量。

12.1.4.4 旅游业需水

旅游业需水根据每月的旅游人口和旅游业人均接待用水定额确定，如式（12-14）所示：

$$R_i = P_i \times \alpha \quad (12\text{-}14)$$

式中：i —— 月份；

R_i —— 第 i 月的旅游业需水；

P_i —— 第 i 月旅游业接待人次；

α —— 旅游业人均接待用水定额，根据当地用水定额和社会经济水平确定。

12.2 水环境承载力分量的核算及季节性划分方案的确定

12.2.1 水环境承载力分量核算

12.2.1.1 污染负荷核算

根据大理市和洱源县的 2015 年人口统计数据，以及城镇和农村的污水处理情况，可以核算出城镇和农村生活源的 COD、TN、TP 的排放量。根据洱海流域环境统计数据和工业废水排放及其处理处置方式，可以核算出工业污染物的排放量。洱海流域施用的化肥主要是尿素和普钙，由于不同类型耕地的种植模式、施肥水平及管理措施不同，其 N、P 流失系数也有所差异，根据第一次全国污染源普查结果，结合洱海流域实地监测结果，可以核算出洱海流域的农业排放情况。流域内的畜禽养殖主要以牛、猪、鸡为主，参考《第一次全国污染源普查——畜禽养殖业源产排污系数手册》，可以计算出洱海流域规模化畜禽养殖的排污量。洱海流域的旅游资源丰富，根据洱海流域旅游业的情况，将其污染源分为住宿和餐饮两部分，参考《第一次全国污染源普查——住宿、餐饮源产排污系数手册》，洱海流域的旅游住宿属于二区一般小型旅馆；洱海流域餐饮排污属五区，按小型餐饮服务业计算；由住宿及餐饮的产排污系数和污水处理情况，可以核算出洱海流域的排污量。

经过核算出的2015年洱海流域城镇生活源、农村生活源、工业源、种植业源、规模化畜禽养殖源和旅游业源等污染源的污染负荷量，根据其季节性排污特点，按照不同的季节性划分方法，将全年污染负荷分配到各月。

12.2.1.2 水环境容量核算

根据洱海流域水环境容量的特点，COD和NH_3-N环境容量采用一维水质模型计算，湖泊中的TN、TP环境容量采用狄龙模型计算，最终可以得到洱海流域2015年逐月的COD、TN和TP的水环境容量。

12.2.1.3 水资源量核算

根据湖泊流域季节性水资源量分配方法，季节性水资源量取决于降水、蒸发等气象条件的变化。因此，可根据月际的降水量与蒸发量之差，按比例将全年的水资源量分配到各月。

12.2.1.4 需水量核算

洱海流域总需水量按照用途主要分为生活需水、工业生产需水、规模化畜禽养殖业需水、种植业生产需水和旅游业需水。其中，生活需水主要根据城镇人口和农村人口以及《大理市给水排水工程专项规划》中的综合用水定额确定；工业生产需水量、规模化畜禽养殖业需水量主要依据2015年洱海流域环境统计数据确定全年用水量，根据工业生产需水、规模化畜禽养殖业需水的非季节性用水特征，将全年用水平均划分到各月，从而核算出各月的工业生产需水量与规模化畜禽养殖业需水量；种植业生产需水量主要根据《云南省用水定额》（DB 53/T 168—2013）中的种植业用水定额以及洱海流域种植结构，确定全年平均需水定额，再由彭曼公式，基于洱海流域水文和气象条件得到种植业各月需水量的分配比例，确定每月种植业生产需水量；旅游业需水根据各月的接待人数和旅游业人均接待用水定额确定。

12.2.2 季节性划分方案

本研究选取欧式距离作为季节划分的月际差异描述距离，如式（12-15）所示：

$$d(x,y)=\sqrt{\sum_{i=1}^{n}(x_i-y_i)^2} \tag{12-15}$$

式中：$d(x,y)$——x月和y月之间的欧式距离；

i——月份；

n —— 变量个数，n=4，4 个变量分别为水环境容量、水资源承载力、排污量和需水量。

对各月的欧式距离进行核算后，采用 k-均值聚类方法进行聚类分析。k-均值聚类方法先随机选取 k 个对象作为初始的聚类中心，然后计算每个对象与各初始聚类中心之间的距离，把每个对象分配给距离其最近的聚类中心，聚类中心及分配给它们的对象就代表一个类别。当全部对象均被分配后，每个聚类中心会根据现有对象重新计算，由此不断迭代至没有对象重新分配给不同的聚类，误差平方和局部最小。根据聚类结果和现实情况分析，将 12 个月分为三类，第一类包括 6—9 月，第二类包括 3—5 月和 10 月，第三类包括 1—2 月和 11—12 月。从气候条件角度，4—10 月属于洱海流域的雨季，1—2 月和 11—12 月属于旱季，在雨季水资源承载力有所增加，与此同时，非点源污染也有一定程度的提高；从水环境压力角度，6—9 月属于旅游业旺季，生活需水和生活污水量均有所增加，该季节也属于农作物需水的较高时段，水环境压力增加；通过洱海流域水环境承载力和水环境压力季节性分布的综合考虑，将洱海流域的季节分为丰水期（6—9 月）、平水期（3—5 月和 10 月）、枯水期（11 月—翌年 2 月），共 3 个时期。

12.3 洱海流域季节性动态水环境承载力承载状态评价

根据 2015 年各季节的 COD、TN、TP 水环境容量及其污染负荷，通过承载率法计算得出各季节的 COD 承载率、TN 承载率和 TP 承载率；通过对水资源量和需水量的分析，计算得出季节性水资源承载率（如表 12-3 所示）；最后综合分析洱海流域各季节的 COD 承载率、TN 承载率、TP 承载率和水资源承载率，结果如表 12-3 和图 12-2 所示。

表 12-3 洱海流域季节性 COD 承载率、TN 承载率、TP 承载率、水资源承载率

承载率	枯水期	平水期	丰水期
COD 承载率	0.832	0.882	0.874
TN 承载率	1.139	1.230	1.696
TP 承载率	1.279	1.181	1.695
水资源承载率	1.291	0.502	0.251

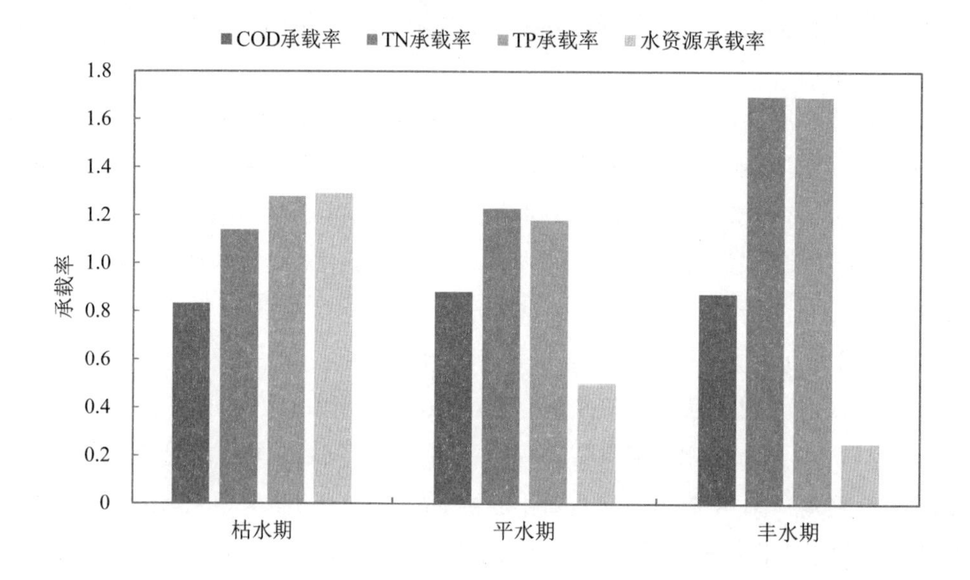

图 12-2　洱海流域季节性 COD 承载率、TN 承载率、TP 承载率、水资源承载率

由图 12-2 可以发现，COD 承载率季节性变化不大，说明 COD 污染源排放的污染物与季节无关，入湖的 COD 污染物质的量与季节性变化无关，也反映出 COD 入湖方式不受降水、地表径流的影响，进而说明，在洱海流域 COD 的点源污染比重大、非点源污染比重小。TN 承载率、TP 承载率变化与 COD 承载率变化不同，呈现季节性变化特征，丰水期的 TN 承载率、TP 承载率均高于枯水期；一些面源污染随地表径流的增多而进入湖泊中，增加了流域的水环境污染负荷，尤其是种植业的 TN、TP 污染负荷，由此说明洱海流域需要合理使用 N、P 肥料。洱海流域位于季风区，降水集中在每年 6—9 月，水资源丰富，所以水资源承载率低，水资源承载力承载状态良好。而冬季降水少，经常会发生河流断流现象，所以水资源承载率高，并且水资源的需求量超过了流域水资源量，严重超载；主要是因为每年冬季入湖河流断流，地表水资源量小，所以冬季水资源承载率超载情况严重，而每年 7—9 月是降水最集中的月份，所以地表水资源量充足。

利用内梅罗指数法综合评价洱海流域的水环境承载力承载状态，结果如表 12-4 和图 12-3 所示。

表 12-4　洱海流域季节性水环境承载力承载状态

季节	水环境承载力承载状态
枯水期	1.215
平水期	1.098
丰水期	1.441

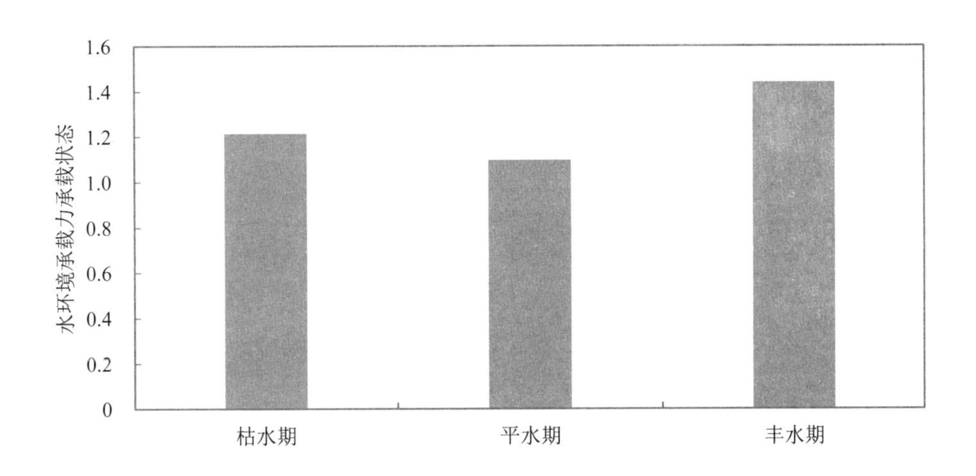

图 12-3 洱海流域季节性水环境承载力承载状态

由图 12-3 可以发现，水环境承载力承载状态的季节性变化规律与 TN 承载率、TP 承载率基本一致，与水资源承载率相反；丰水期的水环境承载力承载状态高于平水期和枯水期，但是均处于超载状态。虽然丰水期的水资源承载率最低，但是降水产生的地表径流将农田等地表的污染物带入湖泊，增加了水环境压力负荷，降低了流域水环境容量，流域呈现超载状态；不仅如此，丰水期也是藻类易爆发的时期，底泥中的磷盐会进入水体中，造成水体富营养化，引起水质恶化，相关管理部门应重点关注丰水期的水环境状况。枯水期和平水期的降水量要低于丰水期，水资源承载率也高于丰水期，但枯水期的农业生产强度、旅游业活动强度要低于其他两个时期，因此地表径流量小，进入湖泊水体的污染物的量也会降低，但是由于断流等现象，对水资源的需求也会增加。丰水期、平水期和枯水期的水环境承载力承载状态与 TN 承载率、TP 承载率相关程度大，因此洱海流域还应该注意对 N、P 营养盐的管理和控制，减少对氮营养的使用，降低 TN、TP 入湖量，从而提高 TN 和 TP 水环境容量，降低其压力负荷，提高流域水环境质量，达到保护水生态系统的目的。

12.4 洱海流域季节性水环境承载力双向调控措施

12.4.1 提高水环境承载力调控措施的筛选

洱海流域季节性水环境承载力承载状态的动态评价结果表明枯水期水资源承载力承载状态处于超载状态，而丰水期和平水期的水资源承载力承载状态均处于不超载状态；

结合洱海流域的情况，筛选出以下提高水环境承载力的调控措施。

（1）在枯水期采取外源调水

水资源调度是水资源管理不可或缺的一部分，是水资源管理决策实现的具体手段，是落实江河流域水量分配并配置到具体用户的管理过程。由于水污染和水生态退化问题日益严重，以改善水质和维持河湖生态基流为目的的水质水量联合调度成为水资源调度的重要组成。因此，在枯水期（11 月—翌年 2 月），可以采取外源调水的措施，以弥补洱海流域枯水期水资源不足的情况，满足流域的生产和生活需求，从而缓解洱海流域在枯水期水环境承载力（水量方面）超载的状况。

（2）平水期和丰水期则采取雨水初期径流收集与调蓄

平水期和丰水期的水资源承载率均处于不超载状态，降水充足，因此，建议平水期和丰水期采取雨水初期径流收集与调蓄的措施。随着城镇化力度不断加大，不透水面面积增加，雨水径流量逐渐增大。雨水初期径流污染调蓄池是一种雨水收集设施，主要是把雨水径流的高峰流量暂留其内，待地表径流量下降后再从调蓄池中将储存的雨水初期径流污水通过污水管道输送至污水处理厂，既能规避雨水洪峰，提高雨水利用率，对排水区域间的排水调度起到积极作用，又能控制初期雨水对受纳水体的污染，减少初期雨水对城市河流的污染，达到控制面源污染、保护水体水质的目的。雨水初期径流污染调蓄池一般占地较大，应尽量利用现有设施或天然场所建设雨水调蓄池，可降低建设费用，取得良好的社会效益。有条件的地方可根据地形、地貌等条件，结合停车场、运动场、公园等建设集水调蓄、防洪、城市景观、休闲娱乐等于一体的多功能调蓄池。

（3）增大雨水回用率

将经过简单处理的雨水回用为城市绿化、街道洒扫和景观等处的生态型用水是重要的开源措施，而在贫水、缺水地区，雨水是一种重要的甚至是主要的水资源，通过实施雨水边沟、硅砂滤水井以及雨水收集池等雨水收集回用工程，充分回收利用雨水，能够达到水资源循环利用的目的。因此，建议洱海流域充分考虑降水的季节性特征，从保护水环境及充分利用水资源的角度出发，发展适合减轻雨水污染及增加雨水回用的处理工艺（如在雨水调节池后设简单的沉淀及砂滤装置）；建议将建筑与广场、道路、绿地入渗雨水收集系统相结合，雨水经过雨水边沟自然排入渗水井中，然后通过雨水管道排入附近的雨水收集池中，以达到入渗为主、分段收集、联调联蓄的目的，以提高雨水回用能力。

（4）修建季节性流量调节水库

我国的水库调度大多采用常规调度的方式，即利用径流调节理论和水能计算方法确定满足水库既定任务的蓄泄过程，制定调度图或者调度规则，以指导水库运行。但是常规方法通常是从事先拟定的极其有限的方案中选择较好的方案，没有针对季节性改变的灵活调控措施。另一方面，N、P 营养盐浓度在不同的季节有着不同的变化规律；通常来说，水库浮游植物藻类生物量丰度在夏季最高；支流浮游植物藻类生物量丰度在冬春季节较高，在夏秋季节较低。此外，水库叶绿素 a 与营养盐之间的相关性较支流强，且有季节性变化规律。因此，可以根据季节性特点，在洱海流域修建季节性流量调节水库。

（5）完善给水管网，防止跑冒滴漏

给水管网系统是一个庞大复杂的“反应器”，经水厂处理合格的水，在管网中会发生一系列的物理反应、化学反应及生物反应而导致水质下降，用户对水量和水质要求的提高也加大了供水系统的运行难度。我国给水管网大多老化，跑冒滴漏现象十分严重，进而造成水资源的大量流失。因此，完善给水管网、防止跑冒滴漏是提高水环境承载力的有效调控措施。对此，建议洱海流域建立与实际管网系统特征相符的动态模型，进行信息的查询显示、现状分析（供水路径、水流方向、管道负荷、供水趋势等）、事故处理分析、实用辅助改（扩）建以及漏失控制、优化调度、水质监控等，以此作为诊断管网异常、提高管理水平的保证，为优化管理、优化调度及优化改（扩）建提供参考依据。

（6）提高污水再生回用率

城市污水经再生处理后，可用于农业灌溉、工业回用、市政用水、地下水回灌、居民生活杂用水，甚至可作为生活饮用水，但实际应用中，操作简单、经济上可以承受是城市污水回用考虑的重要因素。因此，建议洱海流域根据用户对水质的要求，以及污水中各种污染物的含量，可以采用生物处理、砂滤、硝化、脱氮、絮凝沉淀、活性炭吸附、离子交换、膜析、消毒等多种处理技术，组合为能够达到处理要求的工艺流程，实现城市污水的再生回用。

（7）二级再生水回补河道

再生水水质介于污水和自来水之间，再生水是城市污水、废水经净化处理后达到国家再生水回用标准的水体，因此，二级再生水补给河道，能够提高水体功能等级；此外，河道中引入再生水后，使河道水体流动，强化了大气复氧作用，再加上再生水本身的 DO 浓度较高，使河道水体的 DO 浓度增加；再生水回用后，河水的浊度通常能够得到一定的改善，进而能够提高水体的纳污能力；因此，再生水回补给河道，能够在水质方面提高水环境承载力，以改善水质恶化情况。

（8）在水华暴发严重期进行清水补给，加大换水量

首先，处理蓝藻水华，打捞是最为直接、有效的办法，但是效率较低；其次是物理、化学及生物等除藻药剂，效率较高，但是存在一定的环境和生态风险；最后，就是清水补给，加大换水量，可稀释潮水，加大外排等。清水补给是向受污染比较严重的河流或者湖泊中注入未受到污染的清洁水体，降低污染水体的污染负荷，达到改善水体水质的目的。

清水补给是一种物理稀释的过程，虽然没有削减污染物质的含量，但是调水的同时提高了河道的水动力条件，使水体的复氧含量增加，有利于河道自净能力的提高，以提高水环境承载力。

（9）曝气增氧，提高水体自净能力

水体中有机质降解需要溶解氧，充足的溶解氧有利于水体自净。对污染比较重、未达标的水体，可通过持续曝气增氧，使水体自净能力得以恢复并提升；由此提高水体对污染物的消纳能力，即提高水环境承载力分量水环境容量。

（10）生态护岸

生态护岸的主要功能是防洪安全、固土护坡、水土保持、缓冲过滤、净化水质、生态修复、改善环境、美化景观等。生态护岸工程应在满足人类需求的前提下，使工程措施对河流的生态系统冲击最小化，不仅对水流的流量、流速、冲淤平衡、环境外观等影响最小，还可以创造适合动物栖息、植物生长、微生物生长的多样化环境，因此，建议洱海流域建立生态护岸，以提高水环境承载力。

12.4.2 降低水环境压力调控措施的优选

洱海流域季节性水环境承载力承载状态的动态评价结果表明：TN 承载率和 TP 承载率在丰水期、平水期、枯水期都处于超载状态；枯水期水资源承载状态超载，平水期和丰水期不超载；COD 承载率在丰水期、平水期、枯水期均处于不超载状态，这说明早期大理截污工程建设以后，工业废水污染和生活污染已经不再是洱海污染的关键问题，而面源污染控制是洱海流域水质改善应该关注的重点。

（1）丰水期更严格地控制废水排放量

气象条件是蓝藻水华发生的主要诱因，蓝藻喜高温，在高温季节（7—10 月），蓝藻能快速增殖；蓝藻暴发需较充足的光照条件，雨季后期（9—10 月）是洱海藻类水华暴发的高风险期，可能形成较重的蓝藻水华。丰水期是洱海蓝藻水华暴发严重的季节，因此，在丰水期，应该更严格地控制废水的排放量，最大限度地降低对洱海水质的污染。

（2）采用合适的污水处理工艺

为提高洱海的季节性纳污能力，防止水体产生富营养化，如何降低污水处理厂出水中的 N、P 浓度是关键。根据洱海的种植业和旅游业分散的特点，应采用一些 N、P 去除效果好且投资省、占地小、能耗低的污水处理新工艺。

（3）严禁非法侵占湖滨带

考虑到洱海的环境容量，建议重新规划网箱养殖，同时可投放食藻鱼类，减轻水体 N、P 负荷，缓和水体富营养化。严禁非法侵占湖滨带，包括围垦和养鱼，减少污染物的排放量，提高水体自净能力。

（4）优化调整产业结构，由源头控制产业发展给水系统带来的压力

产业结构作为污染物产生的质和量的“控制体”，对污染物种类、规模以及形成原因存在直接或间接的影响，产业组合类型和产业强度在很大程度上决定了产业发展对环境的胁迫；从某种意义上讲，产业结构会直接影响到区域环境效率的高低。反过来讲，区域环境效率的高低在一定程度上也反映了区域产业结构及布局的合理性。因此，调整产业结构，发展低耗水工业行业以及服务业行业，提高用水效率，淘汰落后企业，推动现代化管理与技术进步，可以从源头降低产业发展给水系统带来的压力。

（5）科学施肥，大力发展有机肥料

洱海流域粮食、蔬菜、花卉作物的施肥仍然以“经验施肥”“跟风施肥”为主，突出表现为过量与不足并存。建议加快测土配方施肥技术推广普及，强化配方肥推广应用，推进科学施肥技术。此外，云南省动植物种类繁多，有机肥料资源丰富，但利用率低。因此，建议大力发展有机肥料，在施肥中实现有机、无机、生物相结合，以培肥地力，确保农业生产的可持续发展。

（6）采取河流修复技术，切实加强湖滨带后期管护工作

根据洱海现状，可考虑建立环湖湿地保护带，如在沿湖地势低洼、易涝处种植芦苇、香蒲等植物，有效阻滞、截留地表径流携带的悬浮物，降解 N、P 营养物和其他有机物。在湖泊滨岸也可种植一些水生植物，如芦苇、茭草等，具有很好的物理阻滞作用；通过消浪，促使沉积，降低沉积物的再悬浮，并大量吸收水体和沉积物中的营养盐。通过构建各种因地制宜的湿地、生态隔离带和生态沟等实现对污染物的阻断和去除，建立污染物入湖前的最后控制屏障。

（7）合理开发土地利用与景观格局

通过植被恢复、合理的土地利用模式构建，如发展水源林、生态风景林、经济林以增加植被覆盖等，增强土壤蓄水功能，并通过水土流失阻断工程措施，实现对 N、P 流失的控制。

（8）错峰生产，合理利用洱海流域水环境容量

无论是洱海流域水环境容量，还是农业面源与旅游业（餐饮与客栈）污染物排放，都具有很强的季节性。在 TN、TP 超载严重的丰水期，通过错峰生产等手段适当限制流域内食品等行业生产，可以减少 TN、TP 的排放，抵消旅游旺季导致的 TN、TP 排放的增加，实现洱海流域水污染物排放总量的动态调整，合理利用洱海流域水环境容量资源。

第三篇

水环境承载力分区

第 13 章　水环境承载力分区理论方法

13.1　水环境承载力分区指标体系构建

水环境承载力是水系统从资源与环境角度为人类生产生活提供相应支撑的能力，而人类生产生活规模与强度及不同经济、技术及管理水平与能力也会对水环境承载力及其承载状态的变化产生显著影响。因此，在构建水环境承载力分区指标体系时，须对水系统的自然属性和人类系统产生的社会属性两个方面加以综合考量。

13.1.1　无水环境容量数据条件下分区指标体系构建

在缺乏水环境容量数据的情况下，水环境容量相对大小可以由地表水资源量、入境水资源量、Ⅰ～Ⅲ类河流水质断面占比及劣Ⅴ类河流水质断面占比决定。地表水资源量和入境水资源量越多，Ⅰ～Ⅲ类河流水质断面占比越大，理想水环境容量越大，而劣Ⅴ类河流水质断面占比越小，可利用的剩余水环境容量越大。考虑到不同区域社会、经济与环境系统的复杂性与多样性，衡量水环境承载力的指标体系难以涵盖区域所有活动。因此，从各系统中选择有代表性、易量化、易获取的指标进行定性与定量相结合的分析。从水环境承载力承载状态、水资源承载力承载状态、水环境承载力开发利用潜力与水环境脆弱度 4 个方面，构建无水环境容量数据条件下的水环境承载力分区指标体系，具体如表 13-1 所示。

表 13-1　水环境承载力分区指标体系（无水环境容量数据）

目标层	准则层	指标层	单位
水环境承载力承载状态	水环境容量	地表水资源量	亿 m^3
		入境水资源量	亿 m^3
		Ⅰ～Ⅲ类河流水质断面占比	%
		劣Ⅴ类河流水质断面占比	%

目标层	准则层	指标层	单位
水环境承载力承载状态	水污染负荷	点源 COD 排放量	万 t
		点源 NH_3-N 排放量	万 t
		非点源 COD 排放量	万 t
		非点源 NH_3-N 排放量	万 t
水资源承载力承载状态	水资源承载力	水资源总量	亿 m^3
		人均水资源量	m^3/人
	水资源需求	农业用水总量	亿 m^3
		工业用水总量	亿 m^3
		生活用水总量	亿 m^3
		生态用水总量	亿 m^3
水环境承载力开发利用潜力	水资源利用水平	万元工业增加值用水量	m^3
		工业用水重复利用率	%
		工业用水节水率	%
	水污染治理水平	万元工业增加值 COD 排放量	t
		万元工业增加值 NH_3-N 排放量	t
		城市污水处理厂集中处理率	%
	资金人员水平	GDP	亿元
		环境污染治理投资占比	%
		工业废水治理投资占比	%
		环保系统人员总数	人
水环境脆弱度	国家级自然保护区面积占比		%
	源头水保护区河流长度占比		%

13.1.2 有水环境容量数据条件下分区指标体系构建

在流域（区域）拥有水环境容量数据的情况下，反映水环境消纳污染物能力大小的水环境容量由 COD 可利用环境容量和 NH_3-N 可利用环境容量表征；反映水资源供给能力强弱的水资源承载力由地表水资源量表征。水环境承载力作为一个复杂综合系统，与水体自然禀赋形成的承载能力和脆弱程度、外部压力及投资和技术变化导致的开发利用潜力变化息息相关。人口、经济、技术、自然禀赋及水环境管理目标等诸多影响因素对水环境承载力产生某种程度的正向或负向反馈。因此，仅仅依靠单一分量对环境承载力进行评价分区研究是不充分的，往往容易忽略水环境承载力部分固有属性在空间分异上的特征。考虑到不同区域社会、经济与环境系统的复杂性与多样性，衡量水环境承载力的指标体系难以涵盖区域所有活动。因此，从各系统中选择有代表性、易量化、易获取的指标进行定性与定量相结合的分析。从水环境承载力大小、水环境承载力承载状态、水系统脆弱度与水环境承载力开发利用潜力 4 个方面，构建有水环境容量数据条件下的水环境承载力分区指标体系，具体如表 13-2 所示。

表 13-2 水环境承载力分区指标体系（有水环境容量数据）

<table>
<tr><th>目标层</th><th colspan="2">准则层</th><th>指标层</th><th>单位</th></tr>
<tr><td rowspan="14">水环境承载力分区指标体系</td><td colspan="2" rowspan="3">水环境承载力大小</td><td>COD 可利用环境容量</td><td>t</td></tr>
<tr><td>NH_3-N 可利用环境容量</td><td>t</td></tr>
<tr><td>地表水资源量</td><td>亿 m^3</td></tr>
<tr><td colspan="2" rowspan="3">水环境承载力承载状态</td><td>COD 承载率</td><td>%</td></tr>
<tr><td>NH_3-N 承载率</td><td>%</td></tr>
<tr><td>地表水资源承载率</td><td>%</td></tr>
<tr><td rowspan="6">水系统脆弱度</td><td rowspan="3">水资源脆弱度</td><td>耕地面积占比</td><td>%</td></tr>
<tr><td>工业企业取水量占比</td><td>%</td></tr>
<tr><td>人口占比</td><td>%</td></tr>
<tr><td rowspan="3">水环境脆弱度</td><td>Ⅰ～Ⅱ类水质河段占比</td><td>%</td></tr>
<tr><td>Ⅲ类水质河段占比</td><td>%</td></tr>
<tr><td>Ⅳ类水质河段占比</td><td>%</td></tr>
<tr><td colspan="2" rowspan="2">水环境承载力开发利用潜力</td><td>GDP</td><td>亿元</td></tr>
<tr><td>第一产业、第二产业、第三产业固定资产投资额</td><td>亿元</td></tr>
</table>

13.2 综合指标值量化

13.2.1 无水环境容量数据条件下容量指标值量化

突变级数法基于突变理论构造数学模型，可以对具有非连续、阶跃式特征的系统进行多目标或准则评价。突变理论研究动态系统的势函数 V_x，势函数由表征系统行为的状态变量 x 和影响其行为的控制变量 C 构成，通过将状态曲面的奇点集映射到控制空间，得到状态变量在控制空间的轨迹，即分叉集。处于分叉集中的控制变量将令系统从一种质态跳跃到另一种质态，导致突变的发生。由分叉集可以获得反映状态变量与控制变量之间关系的分歧方程，通过分歧方程导出归一公式，将系统内部各控制变量的不同质态归化为可比较的同种质态。

在该模型中，将可能出现突变的量称作状态变量，而将引起突变的原因且连续变化的因素称作控制变量。势函数通过系统的状态变量和控制变量描述系统的行为。这样，在各种可能变化的状态变量和控制变量的集合条件下，构造状态空间和控制空间。通过联立求解 V_x'和 V_x''，得到系统平衡状态的临界点。突变模型的势函数 V_x 的所有临界点集合成一个平衡曲面。通过对 V_x 求一阶导数，并令 $V_x'=0$，即可得到该平衡曲面方程。该平衡曲面的奇点集可以通过二阶导数 $V_x''=0$ 求得。由上述 $V_x'=0$ 和 $V_x''=0$ 消去 x 可得到由状态变量表示的反映状态变量与控制变量间关系的分解形式的分歧集方程。分歧集方程表明诸控制变量满足此方程时，系统就会发生突变。直接利用分歧集方程还不能进行评价、分析，因为状态变量与控制变量的取值范围不统一。为了实际运算方便，必须将各突变模型中状态变量和控制变量取值（称之为突变级数）范围限制在 0～1，由归一公式表达。通过分解形式的分歧集方程可导出归一公式，归一公式将系统内部各控制变量的不同质态归化为可比较的同一种质态，即用状态变量表示的质态。运用归一公式，可求出表征系统状态特征的系统总突变隶属函数值。常用突变模型及相关公式如表 13-3 所示。

表 13-3　常用突变模型及相关公式

突变模型	控制变量个数	势函数	分歧方差	归一公式
折叠模型	1	$V_x=x^3+C_1x$	$C_1=-3x^2$	$X_1=C_1^{\frac{1}{2}}$
尖点模型	2	$V_x=x^4+C_1x^2+C_2x$	$C_1=-6x^2$ $C_2=5x^3$	$X_1=C_1^{\frac{1}{2}}$ $X_2=C_2^{\frac{1}{3}}$
燕尾模型	3	$V_x=x^5+C_1x^3+C_2x^2+C_3x$	$C_1=-6x^2$ $C_2=8x^3$ $C_3=-3x^4$	$X_1=C_1^{\frac{1}{2}}$ $X_2=C_2^{\frac{1}{3}}$ $X_3=C_3^{\frac{1}{4}}$
蝴蝶模型	4	$V_x=x^6+C_1x^4+C_2x^3+C_3x^2+C_4x$	$C_1=-10x^2$ $C_2=20x^3$ $C_3=-15x^4$ $C_4=4x^5$	$X_1=C_1^{\frac{1}{2}}$ $X_2=C_2^{\frac{1}{3}}$ $X_3=C_3^{\frac{1}{4}}$ $X_4=C_4^{\frac{1}{5}}$

根据初始模糊隶属函数值，按归一公式计算各控制变量对应的 X 值时须遵循互补原则与非互补原则。若控制变量间相互关联作用不明显，则 X 值遵循“大中取小”的非互补原则；若控制变量间相互关联作用明显，则取控制变量相应的突变级数值的平均值作为系统的 X 值。

基于突变理论的评价方法将突变理论与模糊数学相结合，首先对评价目标进行多层次因素分解，再通过对分歧集的归一化处理，得到 1 种突变模糊隶属度函数，最后归一为 1 个综合指数，即求出总的隶属函数，进行综合评价。

13.2.2 有水环境容量数据条件下容量指标值量化

13.2.2.1 水环境承载力大小量化

矢量模法将水环境承载力视为 n 维空间的 1 个矢量，这一矢量随人类社会经济活动方向和大小的不同而不同。通过比较水环境承载力矢量的大小（或称矢量的模）比较不同区域水环境承载力的大小。由于水环境承载力的各分量具有不同的量纲，因此，为比较水环境承载力的大小，首先必须对其各分量进行归一化处理。

假设对人类社会行为作用方向相同的 m 个地区的水环境承载力进行比较，不妨设此 m 个地区水环境承载力为 $\boldsymbol{E}_j$（$j=1,2,\cdots,m$）。

再设此水环境承载力由 n 个分量组成，即有：

$$\boldsymbol{E}_j=(E_{1j},E_{2j},\cdots,E_{nj}) \tag{13-1}$$

对 n 个分量进行归一化处理，公式如下：

$$E'_{ij}=E_{ij}\bigg/\sum_{j=1}^{m}E_{ij}\quad(i=1,2,\cdots,n) \tag{13-2}$$

式中：E'_{ij}——各分量归一化值。

第 j 个地区的水环境承载力大小即可用其归一化后矢量的模表示，公式如下：

$$\left|E'_j\right|=\sqrt{\sum_{j=1}^{n}E'^2_{ij}} \tag{13-3}$$

13.2.2.2 水环境承载力承载状态量化

承载率反映出地区水环境发展现状与理想值或目标值之间的差距，若承载率大于 1，则表明此项要素已超载。数值越大，说明人类活动对水环境造成的压力越大、危害程度越高。综合承载率兼顾了单要素承载率的平均值与最高值，可以突出超载最严重的要素的影响与作用，计算公式如下：

$$C=\sqrt{\frac{(\max L_i)^2+(\mathrm{ave}L_i)^2}{2}} \tag{13-4}$$

$$L_i=\frac{E_i}{C_i} \tag{13-5}$$

式中：C—— 水环境综合承载率；

$\max(L_i)$ —— 各要素承载率最大值；

$\mathrm{ave}(L_i)$ —— 各要素承载率平均值；

L_i —— 第 i 种要素承载率；

E_i —— 第 i 种要素现实值；

C_i —— 第 i 种要素目标值。

考虑到各地区的环境状况特征，将水环境承载率初步划分为5个状态（如表13-4所示）。

表 13-4 水环境承载率等级划分

状态分级	承载率值
优秀	≤0.5
良好	（0.5，1]
弱超载	（1，1.5]
中超载	（1.5，2]
强超载	＞2

13.2.2.3 水系统脆弱度量化

（1）水资源脆弱度

水资源需求体通常是一个包含农业、工业、人口等因素的复合系统，在区域水资源丰裕程度一定的前提下，农业、工业及生活需求主体对水资源需求程度越强烈，水资源供给规模越大、频率越高。在自然状态下，水资源自我补充、自我恢复的能力相对越弱，其脆弱性越大。不同地区水资源自然禀赋、人口与经济规模、水资源开发利用技术水平存在差异，导致各地区在社会经济发展过程中实际需求并获得的水资源量与本地河流天然径流总量间存在差异，人口相对集中、经济相对发达的地区，对水资源的需求相对更加强烈，并可依靠自身经济、技术等实力获得远远大于本地自然供给的水资源量。因此，基于河流天然径流总量，考虑人口、经济等因素，将径流总量进行适当分配，并据此计算各地区水资源丰裕度。此外，考虑水资源需求主体的全面性及数据的易量化、易获取性，选择耕地面积占比、工业企业取水量占比及人口占比作为评价水资源脆弱度的指标，利用熵权法相对客观地确定各指标权重值，进而计算水资源脆弱度，计算公式如下：

$$V_{\mathrm{r}} = \frac{\alpha_1 P_{\mathrm{c}} + \beta_1 P_{\mathrm{e}} + \theta_1 P_{\mathrm{p}}}{A_{\mathrm{w}}} \tag{13-6}$$

$$A_{\mathrm{w}} = s_i \Big/ \sum_{i=1}^{n} s_i \tag{13-7}$$

式中：V_r —— 水资源脆弱度；

P_c —— 耕地面积占比；

P_e —— 工业企业取水量占比；

P_p —— 人口占比；

A_w —— 地表水资源丰裕度；

s_i —— 第 i 个区域基于人口与经济规模实际可获得的地表水资源量；

α_1 —— 耕地面积占比；

β_1 —— 工业企业取水量占比；

θ_1 —— 人口占比的权重值。

（2）水环境脆弱度

某区域自然保护区、饮用水水源地保护区和源头水等高功能水体越多，则该区域水环境允许排放的污染物浓度越低，允许排放量越小，承受人类活动带来的压力的能力相对越小。在同等污染物排放水平的条件下，水环境越容易受到伤害或损害，其脆弱度越大。选择Ⅰ～Ⅱ类水质河段占比、Ⅲ类水质河段占比和Ⅳ类水质河段占比作为评价水环境脆弱度的指标，根据不同水质目标允许排放的污染物浓度等级，分别赋予不同等级分数，Ⅰ～Ⅱ类水质赋予 3 分、Ⅲ类水质赋予 2 分、Ⅳ类水质赋予 1 分，进而计算水环境脆弱度，计算公式如下：

$$V_e = 3P_{\text{I}\sim\text{II}} + 2P_{\text{III}} + P_{\text{IV}} \tag{13-8}$$

式中：V_e —— 水环境脆弱度；

$P_{\text{I}\sim\text{II}}$ —— Ⅰ～Ⅱ类水质河段占比；

P_{III} —— Ⅲ类水质河段占比；

P_{IV} —— Ⅳ类水质河段占比。

（3）水系统脆弱度

水系统涵盖水资源子系统与水环境子系统，水系统脆弱度受水资源脆弱度与水环境脆弱度的综合作用与影响。利用熵权法相对客观地确定水资源脆弱度和水环境脆弱度权重，进而计算水系统脆弱度，计算公式如下：

$$V_s = \alpha_2 V_r + \beta_2 V_e \tag{13-9}$$

式中：V_s —— 水系统脆弱度；

α_2 —— 水资源脆弱度；

β_2 —— 水环境脆弱度的权重。

13.2.2.4 水环境承载力开发利用潜力量化

水环境承载力开发利用潜力受经济、人口、技术、管理等多种因素的作用与影响，其数值反映出区域的社会、经济发展潜力及其对水环境纳污和资源供给能力的潜在影响。根据数据的可获得性，选择 GDP 和固定资产投资额作为反映各控制子单元水环境承载力开发利用潜力的指标。将研究区内各区县的第一产业、第二产业、第三产业相关数据按照控制子单元的城乡人口占比计算 GDP 和固定资产投资额。构建尖点突变模型，计算开发利用潜力指数，其势函数公式如下：

$$V_x = x^4 + C_1 x^2 + C_2 x \tag{13-10}$$

式中：x —— 状态变量；

C_1、C_2 —— 控制变量。

采用熵权法确定指标权重，进而确定控制变量的重要程度。利用归一公式进行综合量化递归运算，求出系统突变隶属度值，若 $C_1 > C_2$，则计算公式如下：

$$X_1 = C_1^{\frac{1}{2}}，\ X_2 = C_2^{\frac{1}{3}} \tag{13-11}$$

13.3 指标权重分配

熵值可以反映出某个指标的离散程度，离散程度越大，对综合评价影响越大，其权重相应越大。熵权法可以消除权重确定过程中的主观因素，使评价结果更符合实际。由于各项指标度量单位不同，需要对其进行标准化处理。

对于正向指标（越大越好型），其标准化处理公式如下：

$$f_{ij} = (X_{ij} - X_{j\min}) / (X_{j\max} - X_{j\min}) \tag{13-12}$$

对于负向指标（越小越好型），其标准化处理公式如下：

$$f_{ij} = (X_{j\max} - X_{ij}) / (X_{j\max} - X_{j\min}) \tag{13-13}$$

式中：X_{ij} —— 第 i 个区域第 j 项指标的原始值；

$X_{j\max}$ —— 第 j 项指标的最大值；

$X_{j\min}$ —— 第 j 项指标的最小值。

某项指标的信息效用值越大，其权重也越大，计算公式如下：

$$p_{ij}=f_{ij}/\sum_{i=1}^{n}f_{ij} \tag{13-14}$$

$$d_j=1+\frac{1}{\ln n}\sum_{i=1}^{n}p_{ij}\ln p_{ij} \tag{13-15}$$

$$w_j=d_j/\sum_{j=1}^{m}d_j \tag{13-16}$$

式中：n —— 指标个数；

d_j —— 第 j 项指标的信息效用值；

w_j —— 第 j 项指标的权重。

13.4 水环境承载力综合评价分区方法

13.4.1 水环境承载力综合评价

在流域（区域）拥有水环境容量数据的情况下，将流域（区域）水环境承载力大小、水环境承载力承载状态、水系统脆弱度与水环境承载力开发利用潜力 4 项指标作为控制变量，将水环境承载力综合评价结果作为状态变量，构建蝴蝶突变模型，计算水环境承载力综合评价值，其势函数及突变隶属度值计算公式如下：

$$V_x=x^6+C_1x^4+C_2x^3+C_3x^2+C_4x \tag{13-17}$$

$$X_1=C_1^{\frac{1}{2}}，\quad X_2=C_2^{\frac{1}{3}}，\quad X_3=C_3^{\frac{1}{4}}，\quad X_4=C_4^{\frac{1}{5}} \tag{13-18}$$

式中：x —— 状态变量；

C_1、C_2、C_3、C_4 —— 控制变量；

X_1、X_2、X_3、X_4 —— 突变隶属度值。

13.4.2 基于 GIS 的综合评价分区

采用自然断点分类法对计算结果进行分类。该方法是进行空间可视化描述的方法之一，根据曲线统计规律将数据中不连续的地方作为分级的依据，在确保各类之间差异最大化的同时，实现对数据的等级划分。自然断点分类法基于固有数据实现自然分组，原始要素被划分为若干个类别，对这些类别，该方法将在数据值差异相对较大的位置处设置分组边界。通过识别分类间隔，可以对相似值进行最恰当的分组，并使各类别之间的差异最大化。

13.5 水环境承载力聚类分区方法

13.5.1 k-均值聚类分区

k-均值聚类方法是聚类分析中的一种基本分类方法，因其理论可靠、算法简单、收敛速度快、能有效处理大数据集而被广泛使用。k-均值聚类方法的核心思想为首先从所给 n 个数据对象中随机选取 k 个对象作为初始聚类中心点，对剩下的其他对象，根据其与所选 k 个中心点的相似度（距离），分别分配给与其最相似的聚类，然后重新计算所获聚类的聚类中心，即该聚类中所有对象的均值。不断重复上述过程直至标准测度函数开始收敛为止。其基本计算流程如下。

首先，从 n 个控制子单元中选取 k 个控制子单元作为初始聚类中心 $Z_j(I)$，并令 I=1。其次，分别计算每个控制子单元到 k 个聚类中心的距离 $d[x_i,Z_j(I)]$，如果满足：

$$d[x_i,Z_k(I)]=\min\{d[x_i,Z_j(I)]\} \tag{13-19}$$

则 x_i 属于第 k 类。计算误差平方和准则函数，公式如下：

$$J_c(I)=\sum_{j=1}^{k}\sum_{x\in k}\left|x-Z_j(I)\right|^2 \tag{13-20}$$

令 I=I+1，重新计算 k 个新的聚类中心（取该聚类中所有控制子单元属性的平均值），公式如下：

$$Z_j(I)=\frac{1}{n}\sum_{i=1}^{n_j}x_i^{(j)} \quad (x_i^{(j)}\in k) \tag{13-21}$$

不断重复这一过程直至标准测度函数开始收敛为止，ξ 取 $J_c(I)$的 10^{-6} 次方，即：

$$\left|J_c(I)-J_c(I-1)\right|<\xi \tag{13-22}$$

13.5.2 轮廓系数验证

理想的聚类效果应该具有最小的簇内距离和最大的簇间距离，即具有最小的簇内凝聚度和最大的簇间分离度，轮廓系数结合内聚度和分离度两种因素，将数据集中的任一对象与本簇中其他对象及其他簇中对象的相似性进行量化，且将量化后的两种相似性以某种形式组合，获得聚类优劣的评价标准。

对于第 i 个对象，计算该对象到其所属簇中所有对象的平均距离，记为 a_i；计算该对象到所有非所属簇中对象的平均距离，记为 b_i。轮廓系数计算公式如下：

$$S_i = \frac{b_i - a_i}{\max(a_i, b_i)} \tag{13-23}$$

轮廓系数值在−1～1 间变化，趋近于 1 代表内聚度和分离度都相对较优，聚类效果相对较好。

第14章　湟水流域小峡桥断面上游水环境承载力分区

14.1　水环境承载力分区指标体系构建

在湟水流域小峡桥断面上游各控制子单元拥有水环境容量计算结果的情况下，考虑到不同控制子单元社会、经济与环境系统的复杂性与多样性，衡量水环境承载力的指标体系难以涵盖控制子单元所有活动。因此，从各系统中选择有代表性、易量化、易获取的指标进行定性与定量相结合的分析。从各控制子单元水环境承载力大小、水环境承载力承载状态、水系统脆弱度与水环境承载力开发利用潜力4个方面，构建湟水流域小峡桥断面上游水环境承载力分区指标体系（如表14-1所示）。

表14-1　湟水流域小峡桥断面上游水环境承载力分区指标体系

<table>
<tr><th>目标层</th><th colspan="2">准则层</th><th>指标层</th><th>单位</th></tr>
<tr><td rowspan="14">水环境承载力分区指标体系</td><td colspan="2" rowspan="3">水环境承载力大小</td><td>COD可利用环境容量</td><td>t</td></tr>
<tr><td>NH_3-N可利用环境容量</td><td>t</td></tr>
<tr><td>地表水资源量</td><td>亿m^3</td></tr>
<tr><td colspan="2" rowspan="3">水环境承载力承载状态</td><td>COD承载率</td><td>%</td></tr>
<tr><td>NH_3-N承载率</td><td>%</td></tr>
<tr><td>地表水资源承载率</td><td>%</td></tr>
<tr><td rowspan="6">水系统脆弱度</td><td rowspan="3">水资源脆弱度</td><td>耕地面积占比</td><td>%</td></tr>
<tr><td>工业企业取水量占比</td><td>%</td></tr>
<tr><td>人口占比</td><td>%</td></tr>
<tr><td rowspan="3">水环境脆弱度</td><td>Ⅰ～Ⅱ类水质河段占比</td><td>%</td></tr>
<tr><td>Ⅲ类水质河段占比</td><td>%</td></tr>
<tr><td>Ⅳ类水质河段占比</td><td>%</td></tr>
<tr><td colspan="2" rowspan="2">水环境承载力开发利用潜力</td><td>GDP</td><td>亿元</td></tr>
<tr><td>第一产业、第二产业、第三产业固定资产投资额</td><td>亿元</td></tr>
</table>

14.2 综合指标值量化及分区

14.2.1 水环境承载力大小量化及分区

水体主要污染物 COD、NH_3-N 的可利用环境容量指理想容量扣除自然保护区、饮用水水源保护区等高功能水体容量后的可利用剩余容量。此外，受数据限制，地表水资源量考虑各控制子单元内的主要河流，其他河流及地下水未计算在内。各控制子单元可利用水环境容量和地表水资源量统计如表 14-2 所示。由于水环境承载力的各分量指标值具有不同的量纲，因此，为比较水环境承载力的大小，必须对其各分量进行归一化处理（如表 14-3 所示）。根据矢量模法公式，在对各分量指标进行归一化处理的基础上，计算各控制子单元水环境承载力大小，其结果如表 14-4 所示。

表 14-2 控制子单元水环境容量和地表水资源量统计

编号	名称	COD 可利用环境容量/t	NH_3-N 可利用环境容量/t	地表水资源量/亿 m^3
HB-1	湟水干流甘子河乡金滩乡控制子单元	1 224.10	98.20	8.07
HB-2	西纳川河哈勒景蒙古族乡控制子单元	0.00	0.00	0.76
HY-1	湟水干流巴燕乡申中乡控制子单元	340.00	14.50	1.65
HY-2	拉拉河大华镇控制子单元	103.40	6.00	0.33
HY-3	药水河日月藏族乡和平乡控制子单元	170.50	20.20	0.77
HY-4	湟水干流城关镇东峡乡控制子单元	258.50	12.60	1.44
HZ-1	西纳川河上五庄镇拦隆口镇控制子单元	14.50	0.40	0.85
HZ-2	湟水干流鲁沙尔镇多巴镇控制子单元	683.00	34.30	2.21
HZ-3	南川河上新庄镇总寨镇控制子单元	130.10	6.20	0.36
XN-1	湟水西宁城区控制子单元	14 598.40	737.80	3.21
HHZ-1	林川河林川乡台子乡控制子单元	307.10	23.20	1.96
HHZ-2	沙塘川河威远镇塘川镇控制子单元	402.90	39.80	1.34
DT-1	北川河宝库乡青山乡控制子单元	0.00	0.00	5.87
DT-2	北川河城关镇良教乡控制子单元	251.80	17.10	1.43
DT-3	柏木峡河向化藏族乡朔北藏族乡控制子单元	425.00	25.40	1.43
DT-4	北川河桥头镇长宁镇控制子单元	3 685.20	208.80	1.31

表 14-3 水环境承载力各分量归一化值

编号	名称	COD 可利用环境容量归一化值	NH_3-N 可利用环境容量归一化值	地表水资源量归一化值
HB-1	湟水干流甘子河乡金滩乡控制子单元	0.054 2	0.078 9	0.244 6
HB-2	西纳川河哈勒景蒙古族乡控制子单元	0.000 0	0.000 0	0.023 2
HY-1	湟水干流巴燕乡申中乡控制子单元	0.015 0	0.011 7	0.050 0
HY-2	拉拉河大华镇控制子单元	0.004 6	0.004 8	0.010 1
HY-3	药水河日月藏族乡和平乡控制子单元	0.007 5	0.016 2	0.023 3
HY-4	湟水干流城关镇东峡乡控制子单元	0.011 4	0.010 1	0.043 6
HZ-1	西纳川河上五庄镇拦隆口镇控制子单元	0.000 6	0.000 3	0.025 8
HZ-2	湟水干流鲁沙尔镇多巴镇控制子单元	0.030 2	0.027 6	0.066 9
HZ-3	南川河上新庄镇总寨镇控制子单元	0.005 8	0.005 0	0.010 8
XN-1	湟水西宁城区控制子单元	0.646 1	0.592 8	0.097 3
HHZ-1	林川河林川乡台子乡控制子单元	0.013 6	0.018 6	0.059 4
HHZ-2	沙塘川河威远镇塘川镇控制子单元	0.017 8	0.032 0	0.040 6
DT-1	北川河宝库乡青山乡控制子单元	0.000 0	0.000 0	0.178 0
DT-2	北川河城关镇良教乡控制子单元	0.011 1	0.013 7	0.043 5
DT-3	柏木峡河向化藏族乡朔北藏族乡控制子单元	0.018 8	0.020 4	0.043 2
DT-4	北川河桥头镇长宁镇控制子单元	0.163 1	0.167 8	0.039 8

表 14-4 控制子单元水环境承载力大小

编号	名称	水环境承载力大小
HB-1	湟水干流甘子河乡金滩乡控制子单元	0.151 6
HB-2	西纳川河哈勒景蒙古族乡控制子单元	0.013 4
HY-1	湟水干流巴燕乡申中乡控制子单元	0.030 9
HY-2	拉拉河大华镇控制子单元	0.007 0
HY-3	药水河日月藏族乡和平乡控制子单元	0.017 0
HY-4	湟水干流城关镇东峡乡控制子单元	0.026 7
HZ-1	西纳川河上五庄镇拦隆口镇控制子单元	0.014 9
HZ-2	湟水干流鲁沙尔镇多巴镇控制子单元	0.045 3
HZ-3	南川河上新庄镇总寨镇控制子单元	0.007 6
XN-1	湟水西宁城区控制子单元	0.509 4
HHZ-1	林川河林川乡台子乡控制子单元	0.036 8
HHZ-2	沙塘川河威远镇塘川镇控制子单元	0.031 6
DT-1	北川河宝库乡青山乡控制子单元	0.102 7
DT-2	北川河城关镇良教乡控制子单元	0.027 1
DT-3	柏木峡河向化藏族乡朔北藏族乡控制子单元	0.029 7
DT-4	北川河桥头镇长宁镇控制子单元	0.137 0

基于表 14-4 计算的各控制子单元水环境承载力大小，采用 ArcGIS 软件将计算结果从小到大依次划分为小、较小、适中、较大及大 5 个级别，并据此对各控制子单元水环境承载力大小进行分区，结果如图 14-1 所示。

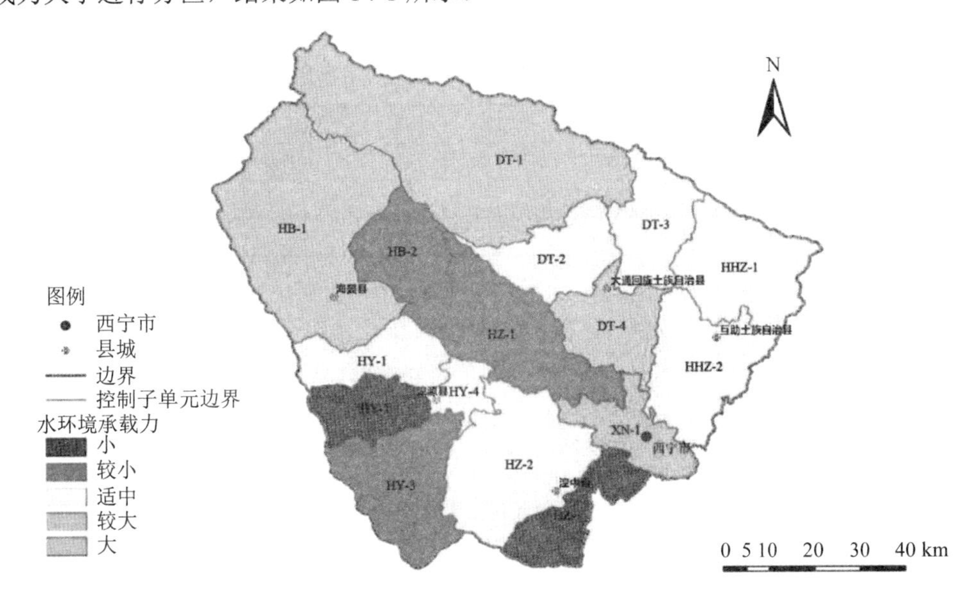

图 14-1 水环境承载力大小分区结果

由表 14-4 和图 14-1 可知，XN-1 控制子单元水环境承载力最大，得益于 COD 可利用环境容量与 NH_3-N 可利用环境容量最大。其次为 HB-1、DT-4 和 DT-1 控制子单元，其中 HB-1 控制子单元地表水资源最丰富，COD 可利用环境容量与 NH_3-N 可利用环境容量相对较大。DT-4 控制子单元的 COD 可利用环境容量与 NH_3-N 可利用环境容量较大，仅次于 XN-1。尽管显示 DT-1 控制子单元水环境承载力较大，但该控制子单元内均为高功能水体，已无可利用的环境容量；然而由于地表水资源相对丰富，水资源供给能力相对较强，一定程度上弥补了承载力计算过程中可利用环境容量最小导致的差距。HY-2 控制子单元水环境承载力最小，其次为 HZ-3 控制子单元；两者的可利用环境容量与地表水资源量均表现为相对匮乏，导致水环境承载力整体相对最小。此外，HB-2 控制子单元也已无 COD 可利用环境容量与 NH_3-N 可利用环境容量，且地表水资源相对匮乏，尽管承载力稍大于 HY-2 控制子单元与 HZ-3 控制子单元，但整体表现较差。

14.2.2 水环境承载力承载状态量化及分区

考虑水环境要素对人类生产生活影响的重要程度及数据的易获得性，选择 COD 承载率、NH_3-N 承载率和地表水资源承载率作为表征水环境承载力承载状态的指标分量。地表水资源量考虑各控制子单元内的主要河流，其他河流及地下水未计算在内。用水总量仅考虑工业和居民生活，农业及生态用水未计算在内。根据《青海省用水定额》，确定城镇与农村居民综合生活用水定额如表 14-5 所示。

表 14-5 城镇与农村居民综合生活用水定额 单位：L/（人·d）

地区	城镇居民综合生活用水定额	农村居民综合生活用水定额
西宁	230	161
互助土族自治县	170	119
海晏县	140	98

根据 2014 年研究区统计数据、污染排放普查数据及《湟水流域小峡桥与润泽桥断面水质达标实施方案》的测算结果，各控制子单元的 COD 年入河量、NH_3-N 年入河量及年用水量如表 14-6 所示。

表 14-6 控制子单元污染物入河量与用水量

编号	COD 入河量/t	NH_3-N 入河量/t	用水量/亿 m^3
HB-1	93.86	14.18	0.016 2
HB-2	11.94	1.38	0.001 4
HY-1	227.29	20.73	0.019 7
HY-2	225.04	13.31	0.023 1
HY-3	135.62	14.52	0.016 6
HY-4	441.70	49.53	0.035 5
HZ-1	540.58	55.98	0.095 8
HZ-2	1 372.49	149.80	0.265 3
HZ-3	985.18	102.90	0.153 1
XN-1	14 602.53	2 158.21	1.093 0
HHZ-1	120.80	17.50	0.057 8
HHZ-2	3 455.31	96.56	0.130 0
DT-1	322.49	36.32	0.030 7
DT-2	1 326.37	136.61	0.097 5
DT-3	297.83	40.08	0.038 6
DT-4	5 340.16	364.53	0.488 0

由表 14-2 与表 14-6 可知，HB-2 与 DT-1 控制子单元已无可利用环境容量，其承载率计算结果将出现无穷大的情况，不利于后续计算的开展。理论上，上述两个控制子单元已无可利用环境容量，任何污染物排放行为将对控制子单元内的水环境系统造成巨大损害，直到导致崩溃。但实际的排污行为依然存在，特别是 DT-1 控制子单元的污染物入河量相

对较大。因此，基于 HB-2 与 DT-1 控制子单元的实际情况，一切排污行为均应该被禁止。从这个角度出发，可以认为上述两个控制子单元均无污染物入河量。采用内梅罗指数法计算各控制子单元水环境综合承载率，结果如表 14-7 所示，既克服了平均值法各要素分担的缺陷，又兼顾了单要素污染指数的平均值和最高值，可以突出超载最严重的要素的影响和作用。

表 14-7 控制子单元承载率

编号	COD 承载率	NH_3-N 承载率	地表水资源承载率	水环境综合承载率
HB-1	0.076 7	0.144 4	0.002 0	0.114 9
HB-2	0.000 0	0.000 0	0.001 8	0.001 3
HY-1	0.668 5	1.429 5	0.012 0	1.126 5
HY-2	2.176 4	2.217 7	0.069 5	1.888 4
HY-3	0.795 4	0.718 9	0.021 6	0.668 9
HY-4	1.708 7	3.930 6	0.024 7	3.083 4
HZ-1	37.281 3	139.957 9	0.112 7	107.431 5
HZ-2	2.009 5	4.367 4	0.120 3	3.447 1
HZ-3	7.572 5	16.596 7	0.429 8	13.089 8
XN-1	1.000 3	2.925 2	0.340 7	2.299 9
HHZ-1	0.393 4	0.754 4	0.029 5	0.601 3
HHZ-2	8.576 1	2.426 1	0.097 0	6.604 5
DT-1	0.000 0	0.000 0	0.005 2	0.003 9
DT-2	5.267 6	7.988 8	0.068 0	6.463 2
DT-3	0.700 8	1.578 1	0.027 1	1.241 2
DT-4	1.449 1	1.745 8	0.371 9	1.493 6

基于表 14-7 计算的各控制子单元水环境综合承载率大小，采用 ArcGIS 软件，按照数值每间隔 0.5，从小到大依次划分为优秀、良好、弱超载、中超载及强超载 5 个级别，数值越大，级别越高，说明污染越严重。COD 承载率、NH_3-N 承载率分区结果分别如图 14-2、图 14-3 所示。在此基础上，对各控制子单元水环境承载力承载状态进行分区，结果如图 14-4 所示。

由图 14-2 可知，COD 处于超载状态的控制子单元有 9 个，超过总数的一半，主要位于湟水流域小峡桥断面上游的中下部人口、工业相对密集的区域。一方面，上述控制子单元 COD 可利用环境容量相对匮乏；另一方面，生产生活活动产生的污染物数量较多，对水环境造成的压力较大。由表 14-7 可知，HZ-1 控制子单元的 COD 承载率约为 37，超载极其严重。相比之下，HB-1 与 HZZ-1 控制子单元的 COD 承载率较低，反映出上述两个控制子单元承受的人类活动带来的压力相对较小。

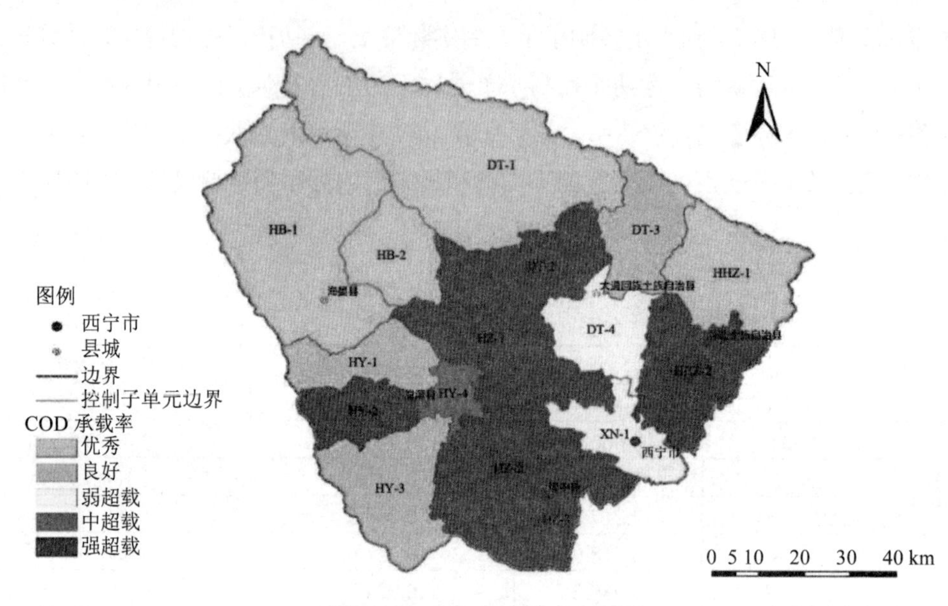

图 14-2 COD 承载率分区结果

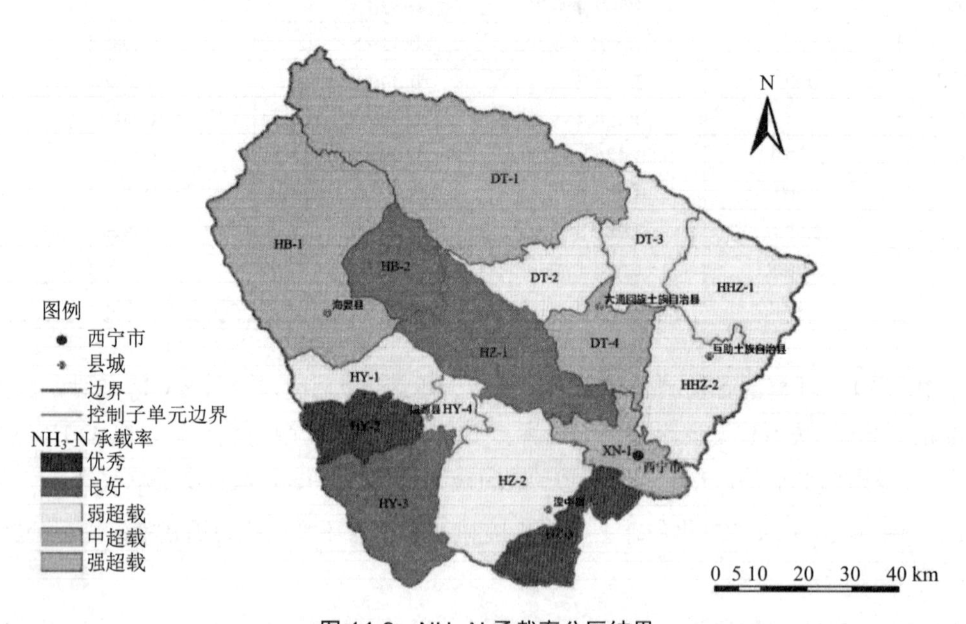

图 14-3 NH_3-N 承载率分区结果

由图 14-3 可知，NH_3-N 处于超载状态的控制子单元占据多数，数量为 11 个。与 COD 相同，处于超载状态的控制子单元主要位于湟水流域小峡桥断面上游人口、工业相对密集的区域。一方面，NH_3-N 可利用环境容量相对匮乏，导致 NH_3-N 承载力相对较小；另一方面，人类活动产生的污染物数量较多，对水环境造成的压力相对较大。由表 14-7 可知，HZ-1 控制子单元 NH_3-N 入河量约为其容量的 140 倍，超载极其严重。其次为 HZ-3 控制子单元，NH_3-N 排放对水环境产生的压力约为其承载力的 16.6 倍。相比之下，HB-1 控制子单元 NH_3-N 承载率较低，承载状态表现优秀，反映出该控制子单元承受的污染负荷相对较小。

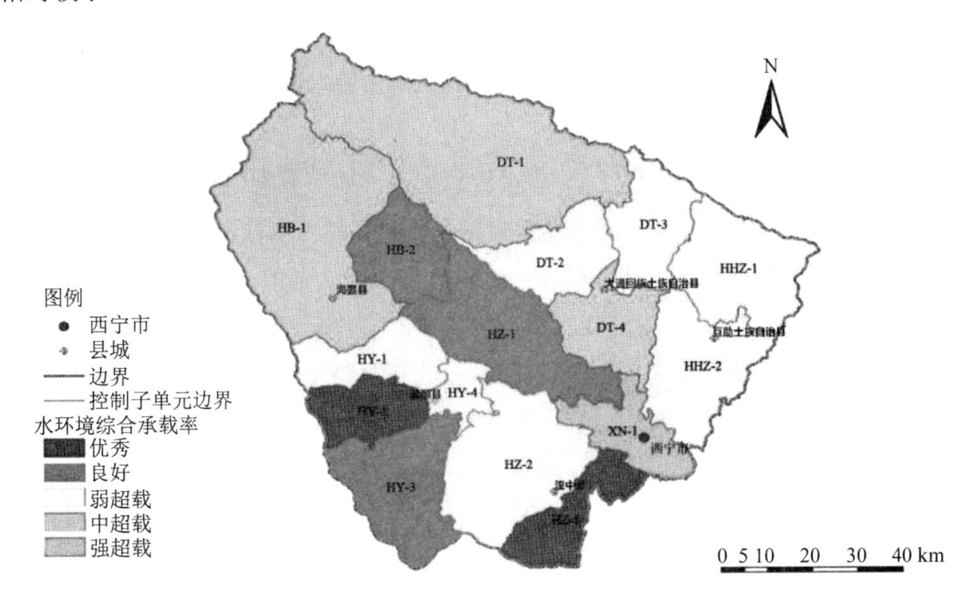

图 14-4　水环境综合承载率分区结果

由于地表水资源承载率均小于 0.5，根据等级划分标准，均处于优秀状态，因此，并未对地表水资源承载率进行分区。由图 14-4 可知，16 个控制子单元中，11 个处于超载状态，比例达到 68.75%。基于行政单元划分而言，湟中县（HZ-1、HZ-2 和 HZ-3）和西宁市辖区（XN-1）的水环境均处于强超载状态，由于该区域内人口稠密、工业聚集，人类生产生活活动对水环境造成的压力远远超过其自身承载能力，导致水环境承载力承载状态均表现为强超载。其中，HZ-1 控制子单元的水环境综合承载率最大，约为 107。一方面因为该控制子单元内高功能水体较多，COD 可利用环境容量和 NH_3-N 可利用环境容量分别仅有 14.50 t 和 0.40 t；另一方面因为水环境承受的压力相对较大，COD 入河量和 NH_3-N 入河量分别为 540.58 t 和 55.98 t，分别超载约 37 倍和 140 倍。其次为 HZ-3 控制子单元，COD 和 NH_3-N 分别超载约 7.6 倍和 16.6 倍。相比之下，HB-1 控制子单元承载状态表现优秀，其综合承载率仅为 0.114 9，主要得益于相对较大的可利用环境容量和相对较小的污染负荷。由于 HB-2 和 DT-1 控制子单元内均为高功能水体，已无可利用环境容量，一切排污行为均应被禁止。因此，假定其污染物入河量为 0，承载状态同样表现优秀。

14.2.3 水系统脆弱度量化及分区

（1）水资源脆弱度分区

不同地区水资源自然禀赋、人口与经济规模、水资源开发利用技术水平存在差异，导致各地区在社会经济发展过程中实际需求并获得的水资源量与本地的河流天然径流总量间存在差异，人口相对集中、经济相对发达的地区，对水资源的需求相对更加强烈，并可以依靠自身的经济、技术等实力获得远远大于本地自然供给的水资源量。因此，基于河流天然径流总量，考虑人口、经济等因素，将径流总量进行适当分配，计算各地区的水资源丰裕度。考虑水资源需求主体的全面性及数据的易量化、易获取性，根据 2014 年研究区统计数据和污染排放普查数据，选择耕地面积占比、工业企业取水量占比及人口占比作为评价水资源脆弱度的指标，利用熵权法相对客观地确定各指标权重值（如表 14-8 所示）。计算各控制子单元水资源脆弱度（如表 14-9 所示），依托 ArcGIS 软件将计算结果从小到大依次划分为低、较低、适中、较高及高 5 个级别，并据此对水资源脆弱度进行分区，结果如图 14-5 所示。

表 14-8　各指标权重值

指标	权重
耕地面积占比	0.59
工业企业取水量占比	0.19
人口占比	0.22

表 14-9　控制子单元水资源脆弱度

编号	耕地面积占比	工业企业取水量占比	人口占比	可获得的地表水资源丰裕度	水资源脆弱度
HB-1	0.030 2	0.002 7	0.012 5	0.010 0	2.116 9
HB-2	0.000 5	0.000 0	0.001 5	0.000 9	0.699 6
HY-1	0.044 4	0.000 0	0.013 0	0.007 3	3.959 0
HY-2	0.029 4	0.000 0	0.011 6	0.008 9	2.248 9
HY-3	0.040 0	0.000 0	0.010 9	0.006 2	4.226 1
HY-4	0.006 9	0.000 4	0.016 8	0.013 7	0.575 8
HZ-1	0.100 1	0.000 3	0.045 8	0.037 6	1.841 1
HZ-2	0.119 1	0.114 1	0.096 1	0.078 7	1.437 1
HZ-3	0.038 3	0.061 6	0.054 7	0.044 2	1.048 8
XN-1	0.013 1	0.210 2	0.448 5	0.579 1	0.252 8

编号	耕地面积占比	工业企业取水量占比	人口占比	可获得的地表水资源丰裕度	水资源脆弱度
HHZ-1	0.109 9	0.022 3	0.037 1	0.024 8	3.115 0
HHZ-2	0.161 0	0.042 7	0.072 5	0.058 9	2.022 7
DT-1	0.056 2	0.000 0	0.018 4	0.011 8	3.160 4
DT-2	0.090 1	0.000 0	0.051 1	0.036 2	1.780 7
DT-3	0.069 7	0.000 5	0.022 5	0.014 6	3.158 5
DT-4	0.090 9	0.545 2	0.087 0	0.067 4	2.618 0

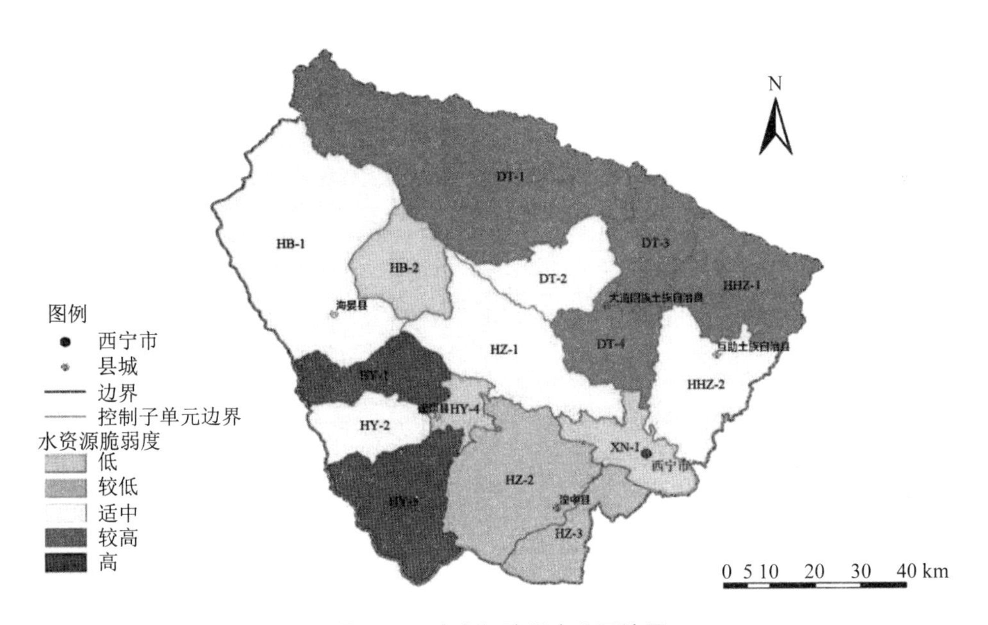

图 14-5 水资源脆弱度分区结果

由表 14-8 和图 14-5 可知，研究区内水资源脆弱度整体呈现出自上游至下游逐渐升高趋势。下游是人口相对集中、经济相对发达的地区，对水资源的需求相对更加强烈，并可以依靠自身的经济、技术等实力获得远远大于本地自然供给的水资源量。HB-2 控制子单元尽管从地理位置上看位于流域上游，但其耕地、人口和工业发展规模在 16 个控制子单元中最小，对水资源需求程度较低，其水资源脆弱度也处于低水平。HY-3 控制子单元水资源脆弱度最大，为 4.226 1；其次为 HY-1 控制子单元。两者可获得的水资源相对匮乏，导致地表水资源丰裕度相对较低。加之农业生产和城镇生活对水资源存在一定需求，导致上述两个控制子单元水资源脆弱度高。相比之下。XN-1 控制子单元是人口、工业最集中的地区，尽管水资源需求程度较高，但凭借较强的经济、技术水平，可以增加其可获得的水资源量，使 XN-1 控制子单元水资源脆弱度最小。

（2）水环境脆弱度分区

某地区自然保护区、饮用水水源地保护区和源头水等高功能水体越多，则该地区水环境允许排放的污染物浓度越低，允许排放量越小，承受人类活动给水系统带来的压力的能力相对越小，在同等污染物排放水平的条件下，水环境越容易受到伤害或损害，其脆弱度越大。选择Ⅰ～Ⅱ类水质河段占比、Ⅲ类水质河段占比和Ⅳ类水质河段占比作为评价水环境脆弱度的指标，根据《青海省水功能区划（2015—2020年）》及环境保护部环境规划院“湟水流域水环境承载力研究”项目提供的资料，计算各控制子单元的各类水质河段占比。根据不同水质目标允许排放的污染物浓度等级，分别赋予不同等级的分数，Ⅰ～Ⅱ类水质赋予3分、Ⅲ类水质赋予2分、Ⅳ类水质赋予1分，计算各控制子单元的水环境脆弱度，结果如表14-10所示。

表14-10 控制子单元的各类水质河段占比

编号	Ⅰ～Ⅱ类水质河段占比/%	Ⅲ类水质河段占比/%	Ⅳ类水质河段占比/%	水环境脆弱度
HB-1	50.94	49.06	0.00	2.509 4
HB-2	100.00	0.00	0.00	3.000 0
HY-1	48.79	51.21	0.00	2.487 9
HY-2	71.36	28.64	0.00	2.713 6
HY-3	66.06	33.94	0.00	2.660 6
HY-4	0.00	100.00	0.00	2.000 0
HZ-1	78.26	21.74	0.00	2.782 6
HZ-2	30.58	69.42	0.00	2.305 8
HZ-3	0.00	67.14	32.86	1.671 4
XN-1	0.00	9.20	90.80	1.092 0
HHZ-1	52.88	47.12	0.00	2.528 8
HHZ-2	0.00	87.34	12.66	1.873 4
DT-1	100.00	0.00	0.00	3.000 0
DT-2	26.61	73.39	0.00	2.266 1
DT-3	34.93	65.07	0.00	2.349 3
DT-4	12.90	87.10	0.00	2.129 0

基于表14-10的计算结果，依托ArcGIS软件将计算结果从小到大依次划分为低、较低、适中、较高及高5个级别，并据此对水环境脆弱度进行分区，结果如图14-6所示。

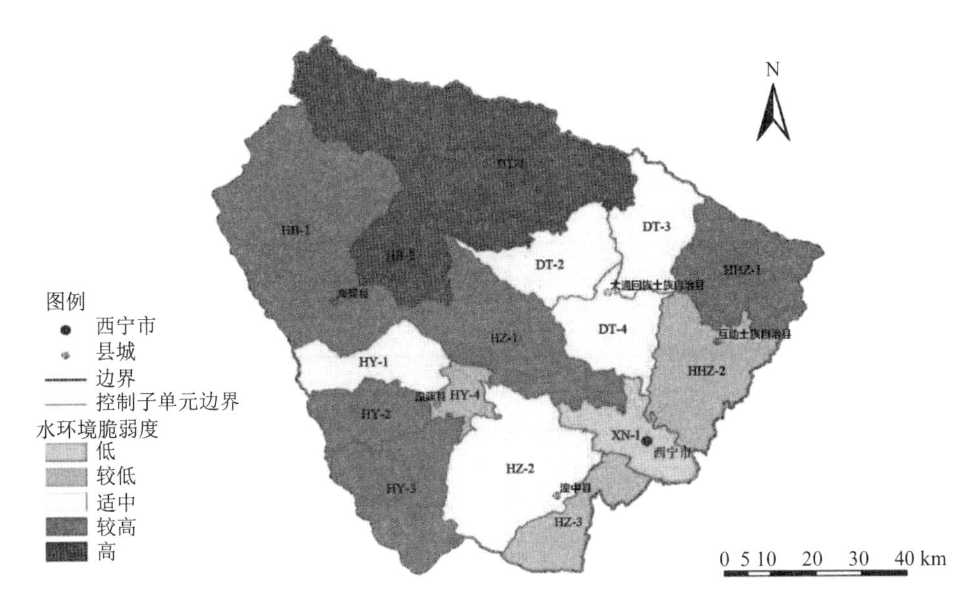

图 14-6 水环境脆弱度分区结果

由表 14-10 和图 14-6 可知，研究区内水环境脆弱度整体呈现出自上游至下游逐渐降低的趋势。这与Ⅰ～Ⅱ类水质河段等高功能水体主要集中于流域上游，Ⅲ、Ⅳ类水质河段主要集中于流域下游的空间分布格局密切相关。DT-1 与 HB-2 控制子单元水环境脆弱度最大，均为 3.000 0。主要由于上述两个控制子单元内均为Ⅰ～Ⅱ类水质河段等高功能水体，允许排放的污染物浓度低，允许排放量小，在同等污染物排放水平的条件下，水环境最容易受到损害。其次为 HZ-1 和 HY-2 控制子单元，其Ⅰ～Ⅱ类水质河段占比均超过 70%，其中 HZ-1 内Ⅰ～Ⅱ类河段占比接近 80%，导致上述两个控制子单元的水环境脆弱度相对较大。相比之下，XN-1 控制子单元内Ⅳ类水质河段占比约为 90%，使其水环境脆弱度最小。其次为 HZ-3 与 HHZ-2，由于人口、工业相对集中，其Ⅳ类水质河段占比增加，使其水环境脆弱度相对较小。

（3）水系统脆弱度分区

水系统涵盖水资源子系统和水环境子系统，水系统脆弱度受水资源脆弱度与水环境脆弱度的综合作用和影响。利用熵权法相对客观地确定水资源脆弱度和水环境脆弱度权重值（权重值计算结果如表 14-11 所示），进一步计算各控制子单元的水系统脆弱度，结果如表 14-12 所示。依托 ArcGIS 软件将计算结果从小到大依次划分为低、较低、适中、较高及高 5 个级别，并据此对水系统脆弱度进行分区，结果如图 14-7 所示。

表 14-11　各指标权重值

指标	水资源脆弱度	水环境脆弱度
权重	0.41	0.59

表 14-12　控制子单元水系统脆弱度

编号	水系统脆弱度	编号	水系统脆弱度
HB-1	2.348 5	HZ-3	1.416 1
HB-2	2.056 8	XN-1	0.747 9
HY-1	3.091 1	HHZ-1	2.769 1
HY-2	2.523 1	HHZ-2	1.934 6
HY-3	3.302 4	DT-1	3.065 7
HY-4	1.416 1	DT-2	2.067 1
HZ-1	2.396 6	DT-3	2.681 1
HZ-2	1.949 6	DT-4	2.329 5

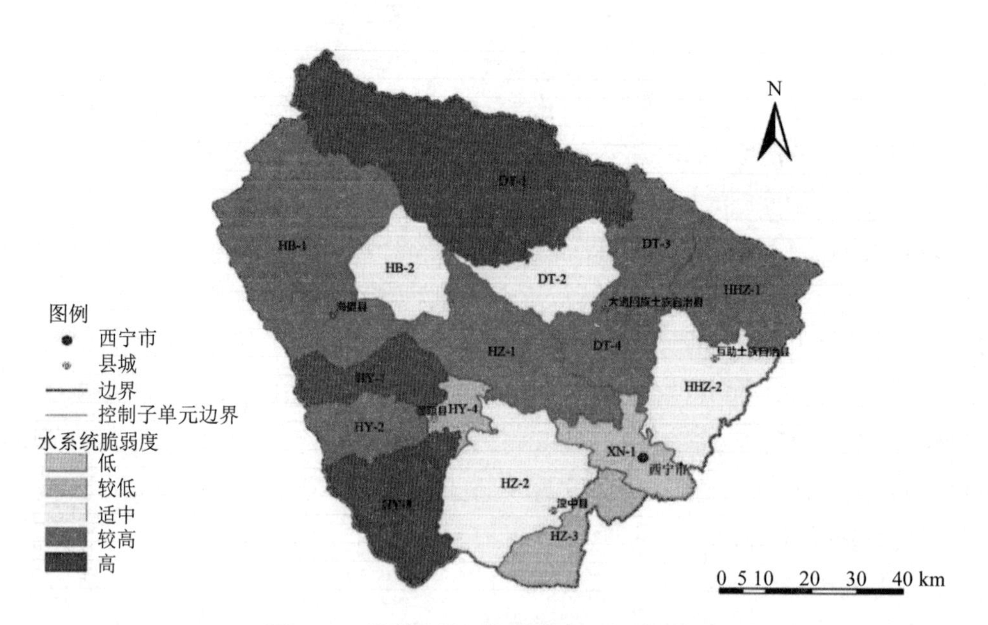

图 14-7　控制子单元水系统脆弱度分区结果

由表 14-12 和图 14-7 可知，16 个控制子单元的水系统脆弱度最大为 3.302 4，最小为 0.747 9，其空间分布格局整体呈现出自河流上游至下游逐渐减弱的趋势。由于研究区内主要河流上游Ⅰ～Ⅱ类水质河段占比较大，属于高功能水体范畴的河段相对较多，导致位于河流上游的控制子单元的水环境脆弱度相对较大。相比之下，河流下游Ⅳ类水质河段占比明显增加，如 XN-1 内Ⅳ类水质河段占比约为 90%，水环境脆弱度明显降低。此外，流域上游部分控制子单元（HB-1、HB-2 和 DT-2）农业、工业及生活需水量相对较低，水资源脆弱度相对较小，可以一定程度上抵消高水环境脆弱度产生的负向影响。而流域下游控制子单元（如 XN-1 和 HZ-3），尽管人口、工业相对聚集，但凭借较强的经济、技术水平，可一定程度上增加其所需的水资源量，进一步降低水资源脆弱度。整体而言，水环境脆弱度是影响水系统脆弱度的主要因素，水环境脆弱度呈现出明显的“上游更脆弱”特征，导致水系统脆弱度也呈现出“上游更脆弱”特征。

14.2.4 水环境承载力开发利用潜力量化及分区

考虑到数据的可获取性，选择 GDP 和固定资产投资额作为反映各控制子单元水环境承载力开发利用潜力的指标。将研究区内各区县的第一产业、第二产业、第三产业相关数据按照控制子单元的城乡人口占比计算 GDP 和固定资产投资额。构建尖点突变模型，计算各控制子单元水环境承载力开发利用潜力相对大小，按照数值从小到大依次划分为小、较小、适中、较大及大 5 个级别，并据此对水环境承载力开发利用潜力进行分区，结果如表 14-13 和图 14-8 所示。

表 14-13 控制子单元水环境承载力开发利用潜力

编号	分项指标归一化值		水环境承载力开发利用潜力
	GDP	固定资产投资额	
HB-1	0.214 9	0.137 2	0.176 0
HB-2	0.000 0	0.000 0	0.000 0
HY-1	0.124 7	0.058 6	0.091 7
HY-2	0.200 6	0.119 4	0.160 0
HY-3	0.115 7	0.052 8	0.084 3
HY-4	0.242 6	0.158 4	0.200 5
HZ-1	0.344 9	0.132 1	0.238 5
HZ-2	0.441 4	0.193 8	0.317 6
HZ-3	0.361 0	0.147 7	0.254 3
XN-1	1.000 0	1.000 0	1.000 0
HHZ-1	0.257 7	0.123 1	0.190 4
HHZ-2	0.398 4	0.263 9	0.331 1
DT-1	0.189 1	0.077 5	0.133 3
DT-2	0.308 7	0.153 7	0.231 2
DT-3	0.208 1	0.088 6	0.148 4
DT-4	0.405 7	0.224 7	0.315 2

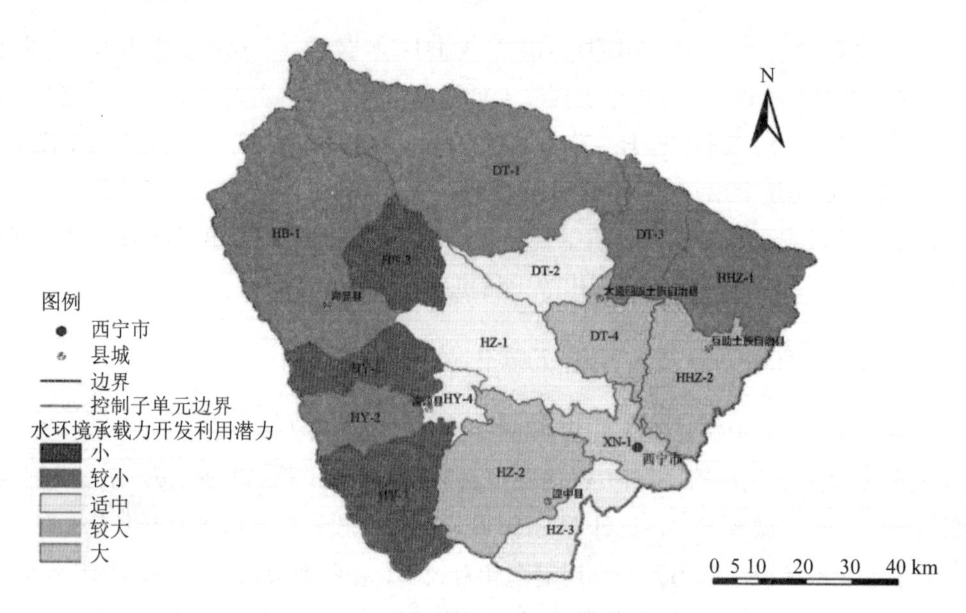

图 14-8 水环境承载力开发利用潜力分区结果

由图 14-8 可知，位于流域上游的控制子单元因人口、工业等规模相对较小，其 GDP 和固定资产投资额较小，导致其水环境承载力开发利用潜力整体表现较低，其中，HB-2 控制子单元的水环境承载力开发利用潜力最小。相比之下，流域下游的部分控制子单元因人口相对集中、经济相对发达，GDP 和固定资产投资额较大，未来可获得更多资金用于水污染防治和水资源高效利用，因此，水环境承载力开发利用潜力整体表现较高。其中，XN-1 控制子单元的水环境承载力开发利用潜力最大。

14.3 水环境承载力综合评价分区

14.3.1 评价分区结果分析

水环境承载力影响控制子单元的发展质量与潜力，通过综合评价各控制子单元水环境承载力，可以明确空间差异，进而因地制宜地制定政策措施。由于 HB-2 与 DT-1 控制子单元已无可利用环境容量，但实际排污行为依然存在，且污染物入河量相对较大，因此在计算综合评价值的过程中，设定其水环境承载率归一化值为 0，以利于后续计算的开展。各控制子单元水环境承载力综合评价结果如表 14-14 所示。依据综合评价结果，参考主体功能区划分思想与理念，从开发方式角度，将研究区划分为限制开发区、控制开发区、优化开发区和重点开发区，结果如图 14-9 所示。

表 14-14　控制子单元水环境承载力综合评价结果

编号	分项指标归一化值			水环境承载力综合评价值
	水环境综合承载率	水系统脆弱度	水环境承载力开发利用潜力	
HB-1	0.999 7	0.611 1	0.735 8	0.782 2
HB-2	0.000 0	0.698 3	0.000 0	0.232 8
HY-1	0.997 4	0.287 7	0.580 8	0.622 0
HY-2	0.995 6	0.552 4	0.711 4	0.753 1
HY-3	0.998 4	0.000 0	0.562 7	0.520 4
HY-4	0.992 7	0.859 3	0.770 4	0.874 2
HZ-1	0.000 0	0.595 5	0.818 6	0.471 4
HZ-2	0.991 9	0.727 7	0.903 9	0.874 5
HZ-3	0.968 0	0.859 3	0.837 0	0.888 1
XN-1	0.994 6	1.000 0	1.000 0	0.998 2
HHZ-1	0.998 6	0.456 9	0.756 5	0.737 4
HHZ-2	0.984 3	0.731 7	0.916 9	0.877 6
DT-1	0.000 0	0.304 4	0.666 3	0.323 6
DT-2	0.984 6	0.695 4	0.809 8	0.829 9
DT-3	0.997 1	0.493 2	0.692 5	0.727 6
DT-4	0.996 5	0.617 2	0.901 5	0.838 4

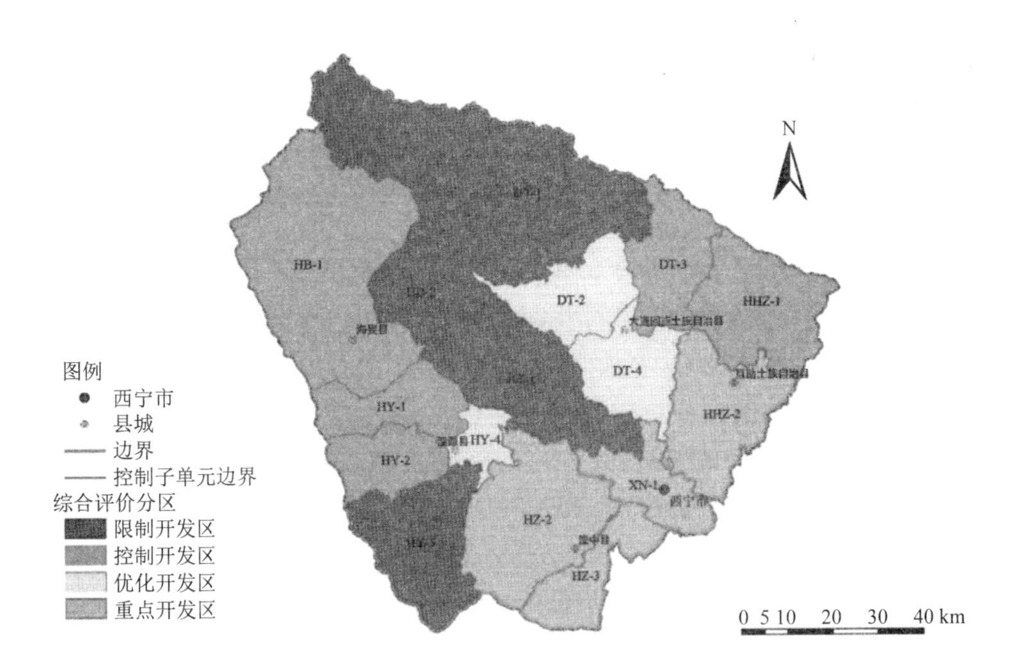

图 14-9　水环境承载力综合评价分区结果

14.3.2 分区管控措施

针对不同分区特点提出的各分区管控措施统计如表 14-15 所示，其中限制开发区包含综合评价排名后四位的控制子单元，是综合评价结果相对最差的地区。该分区内水环境超载严重，其中，HZ-1 控制子单元是研究区内按计算结果考虑超载最严重的地区，HB-2 与 DT-1 控制子单元是按实际情况考虑超载最严重的地区。该分区主要位于河流上游，高功能水体占比最大，水环境脆弱度最高。由于该分区人口、经济等规模最小，导致其水环境承载力开发利用潜力最小。因此，该分区不具备大规模高强度工业化、城镇化开发的条件，必须以保护和修复生态环境、提供生态产品为首要任务，严格控制生产生活活动的规模和强度，引导超载脆弱区域人口和产业逐步有序转移。

表 14-15 各分区管控措施

分区	控制子单元	管控措施
限制开发区	DT-1、HB-2、HZ-1、HY-3	保护和修复生态环境、提供生态产品，严控人类活动规模和强度，引导人口和产业逐步有序转移
控制开发区	HB-1、HY-1、HY-2、DT-3、HHZ-1	严格保护绿色生态空间，有效控制开发强度，因地制宜发展适宜产业、特色产业和服务业，有序转移部分人口至城市化地区
优化开发区	DT-2、DT-4、HY-4	合理控制人口规模，优化产业结构，加强工业园区污染集中处理和监管监测，推广测土配方施肥技术，实施污水处理厂提标改造工程
重点开发区	HHZ-2、XN-1、HZ-2、HZ-3	开展工业点源、农业面源和城市面源污染综合治理工程，开展河道生态修复治理专项行动，加快海绵城市建设

控制开发区约占研究区总面积的 33%，尽管水环境整体承载状态良好，但水系统脆弱度整体较大，且水环境承载力开发利用潜力整体较小。因此，该分区必须严格保护水体、林地、草地等绿色生态空间，有效控制开发强度，形成点状开发、面上保护的空间结构。可因地制宜发展不影响生态系统功能的适宜产业、特色产业和服务业，构建环境友好型的产业结构。此外，有序转移部分人口至城市化地区，减轻人口对生态环境的压力。

优化开发区主要位于流域中游，水环境超载严重，水系统脆弱度处于中等水平，水环境承载力开发利用潜力相对较大。该分区必须合理控制人口规模，引导人口均衡、集聚分布。同时，加大污染减排力度，通过采取优化产业结构、加强工业园区污染集中处理和监管监测、推广测土配方施肥技术、实施污水处理厂提标改造工程等措施，减少工业、农业和城镇生活源污染物排放量。

重点开发区属于流域下游人口稠密、经济发达区域，其人口约占研究区总人口的63.6%，GDP 约占研究区 GDP 的 81.7%，水环境承载力开发利用潜力最大。尽管水环境重度超载，但水系统脆弱度最小。因此，该分区必须以污染减排为重点，通过开展工业点源、农业面源和城市面源污染综合治理工程及河道生态修复治理专项行动，减少污染物入河量，降低污染压力。同时，以海绵城市建设为切入点，大力提高城市雨水综合利用能力。

14.4 水环境承载力聚类分区

14.4.1 聚类分区结果分析

基于水环境承载力大小、水环境承载力承载状态、水系统脆弱度与水环境承载力开发利用潜力 4 项指标（如表 14-16 所示），利用 k-均值聚类方法对 16 个控制子单元进行合并分区，在 R 语言环境下编写轮廓系数计算程序，对聚类分区结果优劣进行有效评价。研究表明轮廓系数在 0.25～0.6，聚类中心可被有效识别。因此，确定 k=4 为最佳聚类数目，结果如图 14-10 所示。

表 14-16 控制子单元水环境承载力聚类分区综合指标值

编号	水环境承载力大小	水环境承载力承载状态	水系统脆弱度	水环境承载力开发利用潜力
HB-1	0.151 6	0.114 9	2.348 5	0.176 0
HB-2	0.013 4	0.001 3	2.056 8	0.000 0
HY-1	0.030 9	1.126 5	3.091 1	0.091 7
HY-2	0.007 0	1.888 4	2.523 1	0.160 0
HY-3	0.017 0	0.668 9	3.302 4	0.084 3
HY-4	0.026 7	3.083 4	1.416 1	0.200 5
HZ-1	0.014 9	107.431 5	2.396 6	0.238 5
HZ-2	0.045 3	3.447 1	1.949 6	0.317 6
HZ-3	0.007 6	13.089 8	1.416 1	0.254 3
XN-1	0.509 4	2.299 9	0.747 9	1.000 0
HHZ-1	0.036 8	0.601 3	2.769 1	0.190 4
HHZ-2	0.031 6	6.604 5	1.934 6	0.331 1
DT-1	0.102 7	0.003 9	3.065 7	0.133 3
DT-2	0.027 1	6.463 2	2.067 1	0.231 2
DT-3	0.029 7	1.241 2	2.681 1	0.148 4
DT-4	0.137 0	1.493 6	2.329 5	0.315 2

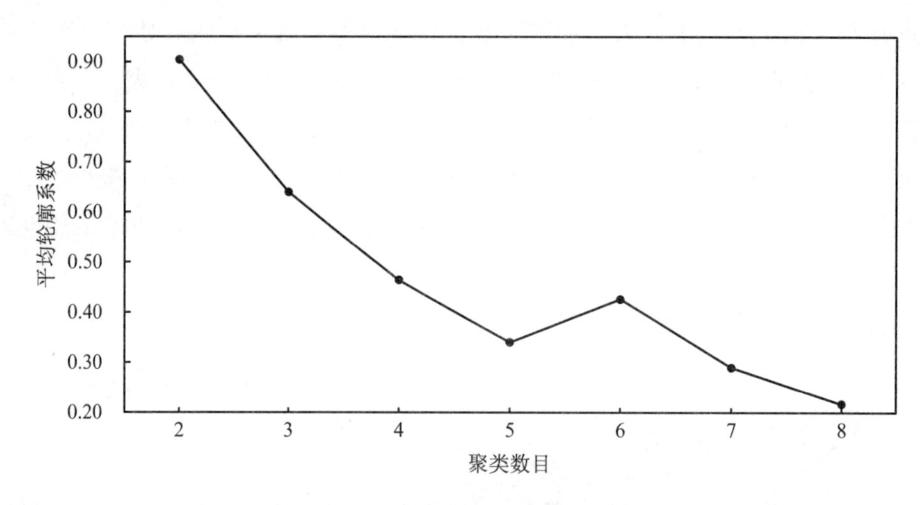

图 14-10　不同聚类数目的平均轮廓系数

根据聚类分区结果，参考当地相关宏观规划，并结合各聚类分区命名及特征分析（如表 14-17 所示），将研究区划分为重点保护水环境脆弱区、优先节水水资源脆弱区、优化开发水环境超载区和重点开发高开发潜力区，结果如图 14-11 所示。

表 14-17　各分区命名及特征

分区	水环境承载力大小	水环境承载力承载状态	水系统脆弱度	水环境承载力开发利用潜力
重点保护水环境脆弱区	较小	实际超载严重	水环境脆弱度最大	最小
优先节水水资源脆弱区	偏小	轻度超载	水资源脆弱度最大	较小
优化开发水环境超载区	偏大	轻至重度超载	较小	较大
重点开发高开发潜力区	较大	重度超载	最小	最大

重点保护水环境脆弱区包括 DT-1、HB-1、HB-2、HZ-1 和 HY-2 控制子单元，该分区主要位于研究流域上游，Ⅰ～Ⅱ类水质河段占比最大，可利用环境容量最少，水环境脆弱度最高。由于 DT-1 和 HB-2 控制子单元已无可利用环境容量，尽管理论假定其污染物入河量为 0，但实际排污行为依然存在，水环境实际处于超载状态。此外，HZ-1 控制子单元超载倍数最多，是研究区内按计算结果考虑超载最严重的地区。同时，由于该分区人口、经济等规模最小，导致其水环境承载力开发利用潜力最小。

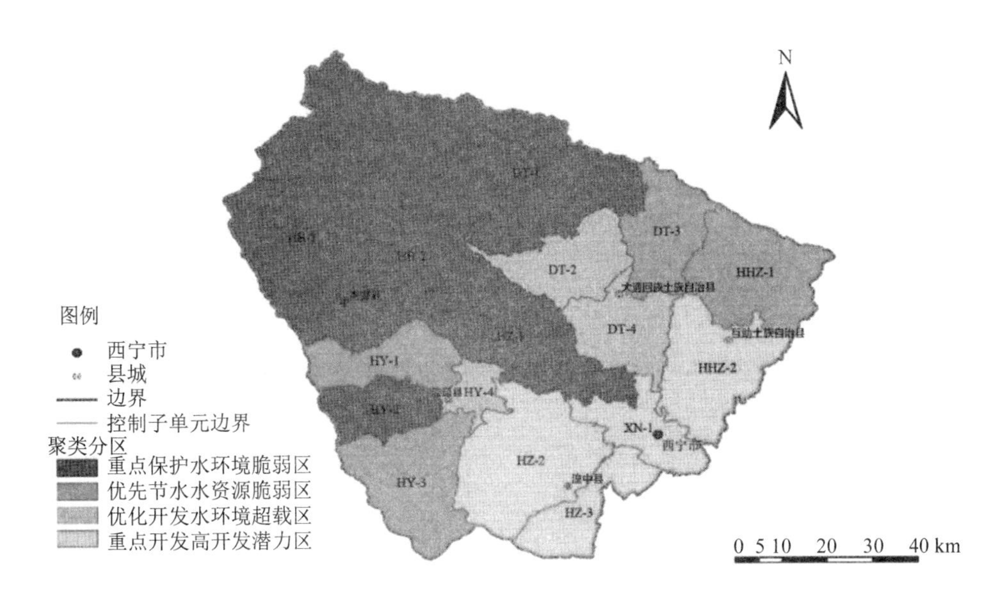

图 14-11 水环境承载力聚类分区结果

优先节水水资源脆弱区包括 DT-3、HHZ-1、HY-1 和 HY-3 控制子单元，该分区水环境承载力处于中等偏下水平，水环境承载力承载状态偏向于轻度超载，整体超载程度较小。尽管工业企业相对较少，但耕地面积相对较多，农业需水量相对较大。加之水资源丰裕度相对较小，该分区水资源脆弱度最大，其中，HY-3 控制子单元水资源脆弱度最大，其次为 HY-1 控制子单元。相比于水环境超载，水资源脆弱问题更加突出。

优先开发水环境超载区包括 DT-2、DT-4 和 HY-4 控制子单元，该分区主要位于流域中游，水环境整体超载严重。尽管农业、工业需水量相对较大，但水资源丰裕度相对较高，且高功能水体相对较少，使水系统脆弱度较小。该分区 GDP 和固定资产投资额相对较大，污染减排潜力相对较大，因此可进行优化开发。

重点开发高开发潜力区包括 HHZ-2、XN-1、HZ-2 和 HZ-3 控制子单元，该分区位于研究流域下游，人口约占研究区总人口的 63.6%，GDP 约占研究区 GDP 的 81.7%。尽管水环境重度超载，但水环境承载力相对较大，水资源脆弱度最小，且水环境承载力开发利用潜力最大。人口稠密、经济发达、发展潜力巨大，可作为重点进行工业化、城镇化开发的地区。

14.4.2 分区管控措施

各聚类分区管控措施如表14-18所示，其中重点保护水环境脆弱区主要位于河流上游，水环境脆弱且实际超载严重，加之水环境承载力开发利用潜力最小，应限制进行大规模、高强度工业化、城镇化开发，引导超载脆弱区域人口逐步有序转移至城市化地区，保护大片开敞生态空间，如水面、林地、草地等。此外，可因地制宜地发展不影响生态系统功能的适宜产业和特色产业，形成环境友好型产业结构。

表 14-18 各分区管控措施

分区	管控措施
重点保护 水环境脆弱区	限制开发，转移人口，保护生态空间，发展环境友好型产业
优先节水 水资源脆弱区	发展节水型农业，完善灌溉用水计量设施，改良土壤
优化开发 水环境超载区	区外调水，再生水利用，优化产业结构，加强工业园区污染集中处理和监管监测，推广测土配方施肥技术，实施污水处理厂提标改造工程
重点开发 高开发潜力区	提高区域产业准入条件和调整产业结构，加强工业园区污染集中处理和工业企业监管，加快城区污水处理厂提标改造，实施中水回用和管网改造工程，完善污水收集管网，加快海绵城市建设

优先节水水资源脆弱区耕地面积相对较多，农业需水量相对较大。相比于环境轻微超载，水资源脆弱问题更加突出。因此，该分区应重点发展节水型农业，推广渠道防渗、管道输水、喷灌、微灌等节水灌溉技术。完善灌溉用水计量设施，建立以优化配置水资源、节约用水为目标的计量体系，提高用水效率和效益，促进水资源健康可持续利用。同时通过改良土壤，培肥地力，留住土壤水。

优先开发水环境超载区人口、工业相对集中，水环境呈现轻至重度超载状态，但污染减排潜力相对较大。因此，该分区一方面需要采取区外调水、再生水利用等措施，提高水环境承载力；另一方面，加大污染减排力度，通过优化产业结构、加强工业园区污染集中处理和监管监测、推广测土配方施肥技术、实施污水处理厂提标改造工程等措施，减少工业、农业和城镇生活源污染物排放量。

重点开发高开发潜力区人口密集、经济发达，尽管水环境重度超载，但水环境承载力开发利用潜力巨大。因此，该分区应加强工业园区污染集中处理和工业企业监管，明确企业减排责任，提高区域产业准入条件和调整产业结构。此外，加快城区污水处理厂提标改造，实施中水回用和管网改造工程，尽快完善污水收集管网。同时，以海绵城市试点建设为契机，加快海绵城市建设，提高城市雨水综合利用能力，降低城市面源污染负荷。

第 15 章　全国水环境承载力分区

当前，我国水环境问题突出，严重制约社会、经济的可持续发展。水环境作为影响社会、经济系统发展的关键因素之一，其承载能力对区域发展有着至关重要的作用。通过对水环境承载力进行研究，可以衡量一定地区人类活动与环境的协调程度，从而为社会、经济与环境的协调发展提供科学依据。不同地区社会、经济、环境、资源条件差异显著，导致人类活动规模与强度、水环境容量及水资源可开发利用量存在巨大差异，由此产生的水环境承载力及其承载状态具有时空不均、动态突变等特征。通过采取分区手段，可以明确水环境承载力的空间差异，识别主导的超载因子，因地制宜地制定水污染防治措施，从而为水环境的差异化、精细化管理提供指导。

15.1　水环境承载力分区指标体系构建

在全国缺乏水环境容量数据的情况下，直接计算水环境承载力大小及承载率存在较大难度。水环境容量相对大小可以由地表水资源量、入境水资源量、Ⅰ～Ⅲ类河流水质断面占比及劣Ⅴ类河流水质断面占比决定。地表水资源量和入境水资源量越多，Ⅰ～Ⅲ类河流水质断面占比越大，理想水环境容量越大，而劣Ⅴ类河流水质断面占比越小，可利用的剩余水环境容量越大。遵循科学性原则、相对完备性原则及针对性原则，同时考虑数据的可获得性及可操作性，从水环境承载力承载状态、水资源承载力承载状态、水环境承载力开发利用潜力与水环境脆弱度 4 个方面，构建无水环境容量数据条件下的全国尺度的水环境承载力分区指标体系，具体如表 15-1 所示。

考虑到水环境承载力及其承载状态具有时空不均、动态突变等特征，基于突变理论构造突变模型及其势函数 V_x，依据已构建的指标体系，逐级递推求出各项综合指标的突变级数（隶属度），从而反映出各项综合指标值的相对大小。

表 15-1 水环境承载力分区指标体系

目标层	准则层	指标层	单位
水环境承载力承载状态	水环境容量	地表水资源量	亿 m^3
		入境水资源量	亿 m^3
		Ⅰ～Ⅲ类河流水质断面占比	%
		劣Ⅴ类河流水质断面占比	%
	水污染负荷	点源 COD 排放量	万 t
		点源 NH_3-N 排放量	万 t
		非点源 COD 排放量	万 t
		非点源 NH_3-N 排放量	万 t
水资源承载力承载状态	水资源承载力	水资源总量	亿 m^3
		人均水资源量	m^3
	水资源需求	农业用水总量	亿 m^3
		工业用水总量	亿 m^3
		生活用水总量	亿 m^3
		生态用水总量	亿 m^3
水环境承载力开发利用潜力	水资源利用水平	万元工业增加值用水量	m^3
		工业用水重复利用率	%
		工业用水节水率	%
	水污染治理水平	万元工业增加值 COD 排放量	t
		万元工业增加值 NH_3-N 排放量	t
		城市污水处理厂集中处理率	%
	资金人员水平	GDP	亿元
		环境污染治理投资占比	%
		工业废水治理投资占比	%
		环保系统人员总数	人
水环境脆弱度	国家级自然保护区面积占比		%
	源头水保护区河流长度占比		%

15.2 综合指标值评价分区

15.2.1 水环境承载力承载状态评价分区

各项原始指标值来源于《中国环境统计年鉴 2015》及各省、自治区、直辖市 2014 年环境统计公报。采用蝴蝶突变模型，分别计算各省、自治区、直辖市（不含香港特别行政区、澳门特别行政区和台湾地区）水环境容量相对大小和水污染负荷相对大小（如表 15-2 和表 15-3 所示），其中点源包括工业和城镇生活污染源，非点源为农业污染源。在此基础上，采用尖点突变模型计算各省、自治区、直辖市水环境承载力承载状态，评价结果如表 15-4 所示。

表 15-2　各省、自治区、直辖市水环境容量指标相对量化值

地区	地表水资源量	入境水资源量	Ⅰ～Ⅲ类河流水质断面占比	劣Ⅴ类河流水质断面占比
北京	0.000 0	0.020 1	0.831 1	0.740 0
天津	0.142 1	0.049 1	0.000 0	0.000 0
河北	0.309 4	0.045 8	0.826 8	0.833 6
山西	0.339 7	0.010 6	0.835 8	0.877 3
内蒙古	0.545 7	0.168 9	0.899 8	0.956 1
辽宁	0.403 8	0.050 3	0.565 7	0.935 8
吉林	0.485 2	0.057 9	0.911 9	0.963 6
黑龙江	0.654 2	0.000 0	0.873 3	0.975 1
上海	0.295 4	0.142 6	0.807 4	0.831 7
江苏	0.506 4	0.183 5	0.825 8	0.994 8
浙江	0.708 6	0.125 4	0.899 4	0.955 2
安徽	0.632 6	1.000 0	0.913 2	0.955 6
福建	0.724 0	0.059 8	0.987 7	0.997 0
江西	0.776 9	0.079 6	0.960 1	1.000 0
山东	0.355 1	0.153 8	0.845 4	0.953 7
河南	0.443 7	0.173 0	0.819 9	0.882 4
湖北	0.668 3	0.869 8	0.967 8	0.977 4
湖南	0.797 6	0.345 7	0.981 4	0.990 4
广东	0.788 3	0.517 1	0.942 4	0.963 6
广西	0.818 9	0.268 0	0.983 8	1.000 0
海南	0.539 0	0.000 0	0.983 8	1.000 0
重庆	0.616 3	0.000 0	0.972 9	0.992 6
四川	0.872 0	0.376 3	0.907 6	0.936 8
贵州	0.723 2	0.132 3	0.953 1	0.946 1
云南	0.790 3	0.407 0	0.929 9	0.965 5
西藏	1.000 0	0.000 0	1.000 0	1.000 0
陕西	0.518 7	0.000 0	0.853 3	0.944 6
甘肃	0.452 0	0.178 4	0.959 9	0.972 9
青海	0.646 3	0.101 8	0.990 7	0.990 8
宁夏	0.140 1	0.181 2	0.885 8	1.000 0
新疆	0.626 7	0.000 0	0.986 0	0.989 5

表 15-3 各省、自治区、直辖市水污染负荷指标相对量化值 单位：万 t

地区	点源 COD 排放量	点源 NH_3-N 排放量	非点源 COD 排放量	非点源 NH_3-N 排放量
北京	0.984 3	0.985 0	0.973 0	0.985 1
天津	0.979 3	0.977 7	0.959 4	0.980 0
河北	0.900 8	0.910 1	0.557 2	0.735 0
山西	0.936 9	0.943 4	0.932 4	0.942 9
内蒙古	0.941 7	0.949 9	0.729 3	0.942 9
辽宁	0.906 3	0.897 7	0.580 3	0.809 0
吉林	0.942 9	0.953 3	0.786 5	0.920 3
黑龙江	0.900 5	0.925 4	0.427 9	0.809 0
上海	0.959 0	0.943 9	0.990 0	0.990 1
江苏	0.764 2	0.803 6	0.845 1	0.769 6
浙江	0.854 0	0.874 2	0.922 6	0.864 9
安徽	0.858 7	0.903 7	0.844 6	0.785 8
福建	0.890 9	0.915 2	0.916 9	0.823 7
江西	0.869 6	0.915 6	0.906 9	0.844 8
山东	0.858 1	0.855 0	0.000 0	0.000 0
河南	0.847 1	0.871 7	0.627 1	0.527 8
湖北	0.836 3	0.879 7	0.804 5	0.716 4
湖南	0.796 3	0.836 3	0.752 4	0.509 6
广东	0.000 0	0.000 0	0.748 1	0.642 1
广西	0.850 5	0.922 0	0.916 9	0.864 9
海南	0.982 8	0.984 6	0.961 4	0.959 1
重庆	0.937 9	0.947 7	0.953 1	0.942 9
四川	0.784 2	0.869 4	0.768 6	0.604 2
贵州	0.938 9	0.962 0	0.978 3	0.964 4
云南	0.881 4	0.940 1	0.973 4	0.948 4
西藏	1.000 0	1.000 0	1.000 0	1.000 0
陕西	0.924 5	0.940 8	0.923 9	0.926 0
甘肃	0.947 1	0.957 7	0.945 2	0.980 0
青海	0.986 1	0.992 2	0.993 2	1.000 0
宁夏	0.977 1	0.984 3	0.961 0	0.995 1
新疆	0.926 9	0.956 8	0.846 0	0.937 3

表 15-4　各省、自治区、直辖市水环境承载力承载状态评价结果

地区	水环境容量相对大小	水污染负荷相对大小	水环境承载力承载状态评价值
北京	0.397 8	0.973 0	0.860 9
天津	0.047 8	0.959 4	0.671 2
河北	0.503 9	0.557 2	0.771 1
山西	0.515 9	0.932 4	0.883 8
内蒙古	0.642 6	0.729 3	0.858 5
辽宁	0.488 9	0.580 3	0.774 8
吉林	0.604 7	0.786 5	0.866 2
黑龙江	0.625 7	0.427 9	0.754 7
上海	0.519 3	0.943 9	0.887 7
江苏	0.627 6	0.764 2	0.865 2
浙江	0.672 1	0.854 0	0.900 0
安徽	0.875 4	0.785 8	0.921 5
福建	0.692 1	0.823 7	0.896 1
江西	0.704 2	0.844 8	0.904 4
山东	0.577 0	0.000 0	0.416 3
河南	0.579 7	0.527 8	0.780 2
湖北	0.870 8	0.716 4	0.900 7
湖南	0.778 8	0.509 6	0.817 0
广东	0.802 8	0.000 0	0.464 7
广西	0.767 7	0.850 5	0.918 9
海南	0.630 7	0.959 1	0.918 5
重庆	0.645 4	0.937 9	0.916 3
四川	0.773 2	0.604 2	0.847 6
贵州	0.688 7	0.938 9	0.926 0
云南	0.773 2	0.881 4	0.928 3
西藏	0.750 0	1.000 0	0.954 3
陕西	0.579 1	0.923 9	0.897 4
甘肃	0.640 8	0.945 2	0.917 2
青海	0.682 4	0.986 1	0.936 7
宁夏	0.551 8	0.961 0	0.900 3
新疆	0.650 5	0.846 0	0.893 1

基于表 15-4 计算的各省、自治区、直辖市水环境承载力承载状态评价结果，采用 ArcGIS 软件，按照数值从大到小依次划分为优秀、良好、轻度超载、中度超载及重度超载 5 个级别，数值越小，级别越高，说明超载越严重。并据此对各省、自治区、直辖市水环境承载力承载状态进行分区，结果如图 15-1 所示。

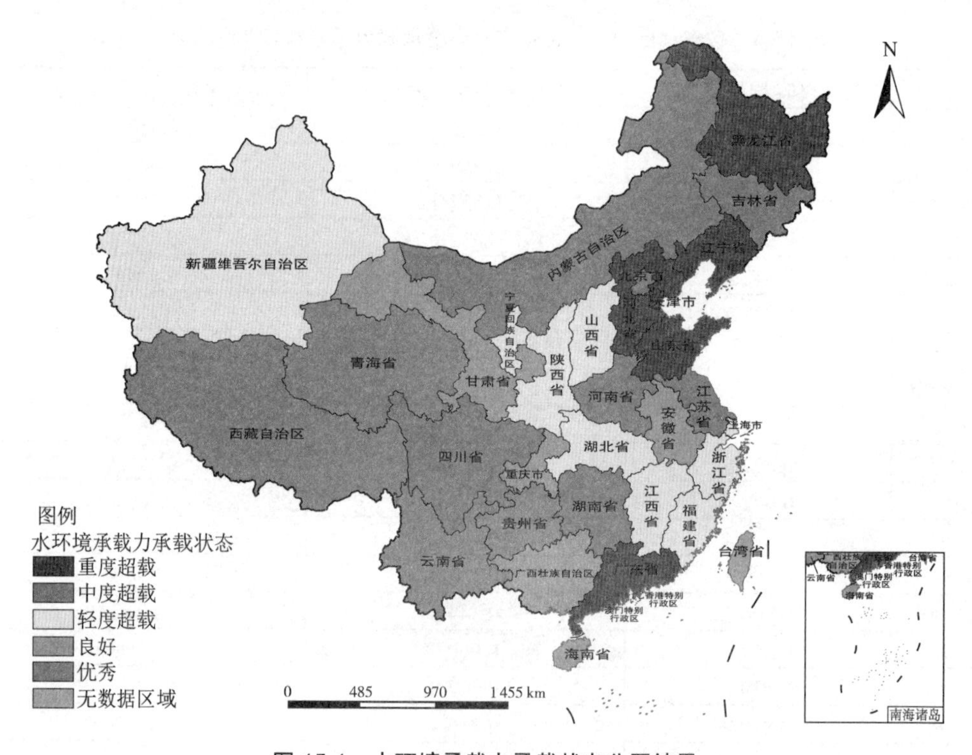

图 15-1 水环境承载力承载状态分区结果

由图 15-1 可知，东部和中部地区作为经济相对发达和人口相对集中的地区，水环境超载情况严重。与之相反，大多数西部地区水环境承载力承载状态表现较好。超载最严重的地区主要分布在环渤海地区、黑龙江和广东，频繁且强烈的人类生产生活活动对这些地区造成了巨大的水环境压力。由表 15-4 可知，山东超载程度最严重，其评价结果为 0.416 3；其次为广东省，其评价结果为 0.464 7。山东作为农业大省，农业非点源排放的 COD 和 NH_3-N 数量最大，同时点源 COD 和 NH_3-N 排放量较大，总体污染负荷较大。广东尽管水资源相对丰富，但可利用环境容量相对较小，且点源 COD 和 NH_3-N 排放量最大，导致水环境处于严重超载状态。环渤海地区的水环境容量相对较小，如天津的劣Ⅴ类水质河流占比最大（为 77%），加之该地区污染负荷相对较大，导致水环境承载力承载状态评价结果处于较低水平。与此形成对比的是，西藏、青海、云南和贵州在水环境承载力承载状况上表现较好，得益于水资源相对丰富且污染负荷相对较低，尤其是农业 COD 和 NH_3-N 排放量，相较于其他地区处于较低水平。

15.2.2 水资源承载力承载状态评价分区

各项原始指标值来源于《中国环境统计年鉴 2015》及各省、自治区、直辖市 2014 年环境统计公报，采用尖点突变模型和蝴蝶突变模型，分别计算各省、自治区、直辖市水资源承载力相对大小和水资源需求相对大小（如表 15-5 和表 15-6 所示）。在此基础上，采用尖点突变模型计算各省、自治区、直辖市水资源承载力承载状态，评价结果如表 15-7 所示。

表 15-5　各省、自治区、直辖市水资源承载力指标相对量化值

地区	水资源总量	人均水资源量	地区	水资源总量	人均水资源量
北京	0.132 3	0.011 6	湖北	0.589 8	0.103 4
天津	0.066 6	0.000 0	湖南	0.740 5	0.136 3
河北	0.279 4	0.022 1	广东	0.729 2	0.104 6
山西	0.284 0	0.040 4	广西	0.766 1	0.171 6
内蒙古	0.492 9	0.121 7	海南	0.439 2	0.172 9
辽宁	0.313 5	0.042 8	重庆	0.523 6	0.121 8
吉林	0.406 5	0.086 0	四川	0.833 1	0.148 1
黑龙江	0.596 3	0.130 5	贵州	0.648 7	0.155 4
上海	0.203 3	0.029 1	云南	0.730 3	0.160 2
江苏	0.445 4	0.055 2	西藏	1.000 0	1.000 0
浙江	0.633 8	0.118 9	陕西	0.426 4	0.078 2
安徽	0.558 7	0.092 9	甘肃	0.349 6	0.070 2
福建	0.649 9	0.149 7	青海	0.562 4	0.311 5
江西	0.716 6	0.158 6	宁夏	0.000 0	0.023 4
山东	0.315 4	0.023 3	新疆	0.545 9	0.149 0
河南	0.395 8	0.040 0			

表 15-6　各省、自治区、直辖市水资源需求指标相对量化值

地区	农业用水总量	工业用水总量	生活用水总量	生态用水总量
北京	1.000 0	0.992 8	0.964 0	0.840 2
天津	0.997 8	0.992 1	0.991 7	0.961 9
河北	0.912 0	0.950 5	0.946 1	0.896 4
山西	0.979 1	0.973 2	0.975 5	0.935 2
内蒙古	0.913 3	0.961 2	0.979 4	0.000 0
辽宁	0.947 3	0.954 3	0.945 3	0.901 2
吉林	0.947 1	0.945 4	0.974 1	0.930 9
黑龙江	0.756 4	0.940 5	0.962 3	0.977 3
上海	0.996 1	0.852 7	0.945 3	0.986 6
江苏	0.775 5	0.000 0	0.854 6	0.949 9
浙江	0.948 2	0.878 3	0.887 5	0.893 9
安徽	0.909 4	0.784 2	0.924 6	0.906 0
福建	0.943 2	0.829 8	0.925 8	0.939 5

地区	农业用水总量	工业用水总量	生活用水总量	生态用水总量
江西	0.889 8	0.864 7	0.937 2	0.961 9
山东	0.906 5	0.941 4	0.920 3	0.878 8
河南	0.927 7	0.885 8	0.920 3	0.881 4
湖北	0.898 8	0.790 9	0.897 8	0.990 2
湖南	0.864 6	0.797 5	0.894 2	0.949 9
广东	0.844 3	0.715 6	0.000 0	0.896 4
广西	0.857 1	0.875 7	0.902 6	0.955 9
海南	0.984 3	0.995 3	0.986 1	0.997 4
重庆	0.990 4	0.923 0	0.958 9	0.984 7
四川	0.907 4	0.904 4	0.891 8	0.917 5
贵州	0.973 4	0.943 4	0.965 0	0.988 4
云南	0.937 8	0.950 3	0.957 9	0.963 9
西藏	0.987 9	1.000 0	1.000 0	1.000 0
陕西	0.968 5	0.973 6	0.967 9	0.953 9
甘肃	0.941 6	0.976 2	0.984 6	0.967 8
青海	0.992 1	0.998 5	0.997 0	0.993 8
宁夏	0.966 3	0.993 0	0.998 7	0.957 9
新疆	0.000 0	0.975 1	0.975 2	0.891 5

表 15-7 各省、自治区、直辖市水资源承载力承载状态评价结果

地区	水资源承载力相对大小	水资源需求相对大小	水资源承载力承载状态评价值
北京	0.072 0	0.949 2	0.625 5
天津	0.033 3	0.985 9	0.588 9
河北	0.150 7	0.926 3	0.681 5
山西	0.162 2	0.965 7	0.695 6
内蒙古	0.307 3	0.713 5	0.723 9
辽宁	0.178 1	0.937 0	0.700 3
吉林	0.246 2	0.949 4	0.739 5
黑龙江	0.363 4	0.909 1	0.785 8
上海	0.116 2	0.945 1	0.661 1
江苏	0.250 3	0.645 0	0.682 1
浙江	0.376 4	0.902 0	0.789 8
安徽	0.325 8	0.881 0	0.764 7
福建	0.399 8	0.909 5	0.800 6
江西	0.437 6	0.913 4	0.815 9
山东	0.169 4	0.911 7	0.690 6
河南	0.217 9	0.903 8	0.716 8
湖北	0.346 6	0.894 4	0.776 1
湖南	0.438 4	0.876 5	0.809 6

地区	水资源承载力相对大小	水资源需求相对大小	水资源承载力承载状态评价值
广东	0.416 9	0.614 1	0.747 8
广西	0.468 8	0.897 8	0.824 7
海南	0.306 1	0.990 8	0.775 1
重庆	0.322 7	0.964 2	0.778 0
四川	0.490 6	0.905 3	0.833 9
贵州	0.402 1	0.967 5	0.811 6
云南	0.445 3	0.952 5	0.825 6
西藏	1.000 0	0.997 0	0.999 5
陕西	0.252 3	0.966 0	0.745 4
甘肃	0.209 9	0.967 6	0.723 6
青海	0.437 0	0.995 4	0.829 7
宁夏	0.011 7	0.979 0	0.550 6
新疆	0.347 4	0.710 5	0.740 9

基于表 15-7 计算的各省、自治区、直辖市水资源承载力承载状态评价结果，采用 ArcGIS 软件，按照数值从大到小依次划分为优秀、良好、轻度超载、中度超载及重度超载 5 个级别，数值越小，级别越高，说明超载越严重。并据此对各省、自治区、直辖市水资源承载力承载状态进行分区，结果如图 15-2 所示。

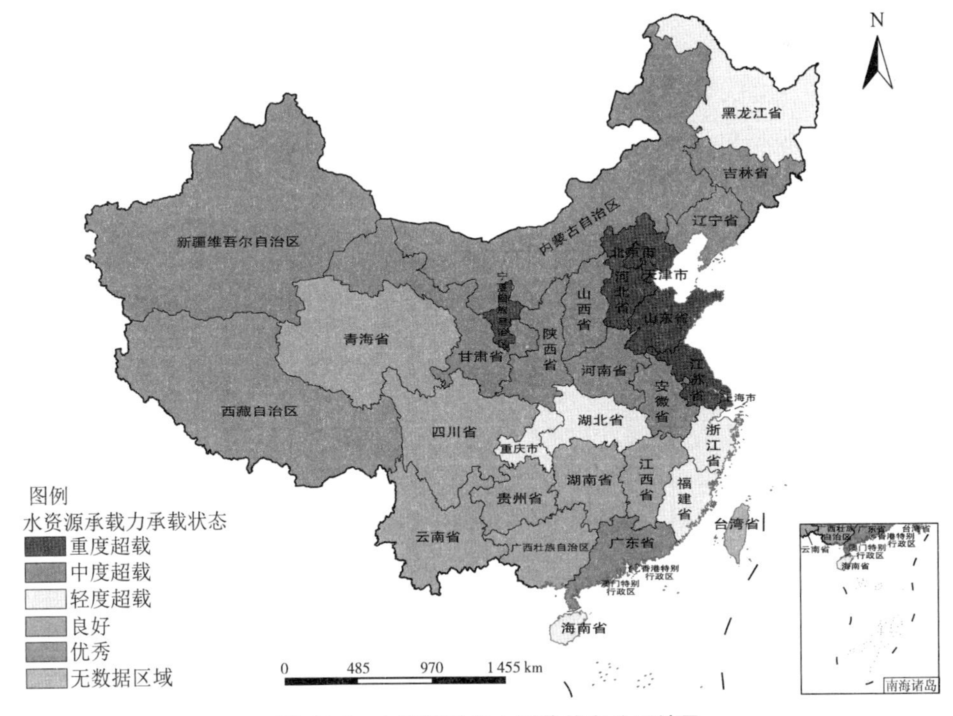

图 15-2 水资源承载力承载状态分区结果

由图 15-2 可知，整体而言，北方多数地区水资源承载力超载严重，而南方多数地区承载状态表现良好。这种空间分布格局与我国降水的空间分布格局基本吻合。南方地区降水较多，而北方地区降水较少，导致南方地区的水资源相对丰富。超载最严重的地区位于京津冀、长三角、山东、宁夏。其中，宁夏水资源承载力承载状态评价值最低，超载状态最严重。尽管水资源需求量相对较小，但因水资源最匮乏，其水资源承载力相对最小。其他地区一方面水资源相对匮乏，水资源承载力相对较小，如天津；另一方面水资源需求量相对较大，如河北和山东农业需求量相对较大、江苏工业需求量最大。相比之下，西南地区的西藏、四川、云南和贵州水资源承载力承载状态良好，尤其是西藏，水资源承载力承载状态最好，得益于丰富的水资源禀赋与相对较低的水资源需求。尽管湖北、浙江、福建和广东等地区水资源相对丰富，但水资源需求特别是工业用水量相对较大，导致水资源承载力超载。

15.2.3 水环境承载力开发利用潜力评价分区

水环境承载力开发利用潜力受技术、资金、人员等因素影响，从水资源利用水平、水污染治理水平和资金人员水平 3 个方面，选择有代表性、易量化、易获取的指标，构建指标体系。各项原始指标值来源于《中国环境统计年鉴 2015》及各省、自治区、直辖市 2014 年环境统计公报，采用燕尾突变模型，分别计算各省、自治区、直辖市水资源利用水平和水污染治理水平相对大小；采用蝴蝶突变模型，分别计算各省、自治区、直辖市资金人员水平相对大小。在此基础上，采用燕尾突变模型计算各省、自治区、直辖市水环境承载力开发利用潜力，评价结果如表 15-8 所示。

表 15-8 各省、自治区、直辖市水环境承载力开发利用潜力评价结果

地区	分项指标归一化值			水环境承载力开发利用潜力评价值
	水资源利用水平	水污染治理水平	资金人员水平	
北京	0.877 3	0.982 2	0.830 4	0.896 6
天津	0.870 8	0.983 5	0.808 4	0.887 6
河北	0.918 2	0.969 5	0.924 8	0.937 5
山西	0.932 7	0.958 7	0.870 8	0.920 7
内蒙古	0.925 2	0.952 3	0.865 4	0.914 3
辽宁	0.839 3	0.981 5	0.877 4	0.899 4
吉林	0.934 5	0.979 7	0.795 6	0.903 3
黑龙江	0.908 2	0.937 9	0.814 0	0.886 7
上海	0.877 6	0.991 2	0.862 7	0.910 5
江苏	0.907 7	0.970 8	0.953 6	0.944 0
浙江	0.924 6	0.980 9	0.952 4	0.952 6

地区	分项指标归一化值			水环境承载力开发利用潜力评价值
	水资源利用水平	水污染治理水平	资金人员水平	
安徽	0.925 6	0.976 7	0.863 0	0.921 8
福建	0.931 9	0.980 9	0.899 0	0.937 3
江西	0.931 4	0.968 4	0.839 3	0.913 0
山东	0.922 8	0.988 1	0.958 4	0.956 4
河南	0.911 2	0.977 6	0.926 9	0.938 6
湖北	0.912 0	0.962 3	0.868 9	0.914 4
湖南	0.942 1	0.934 2	0.872 0	0.916 1
广东	0.919 1	0.984 4	0.933 4	0.945 6
广西	0.898 8	0.930 5	0.843 3	0.890 9
海南	0.990 7	0.933 8	0.658 3	0.861 0
重庆	0.939 4	0.978 5	0.815 5	0.911 1
四川	0.935 5	0.973 1	0.900 1	0.936 2
贵州	0.934 0	0.910 2	0.808 3	0.884 2
云南	0.901 3	0.919 2	0.839 4	0.886 6
西藏	0.759 8	0.000 0	0.373 7	0.377 9
陕西	0.927 3	0.964 6	0.853 8	0.915 2
甘肃	0.791 8	0.773 2	0.808 2	0.791 1
青海	0.950 3	0.914 8	0.669 6	0.844 9
宁夏	0.848 4	0.000 0	0.717 6	0.522 0
新疆	0.912 3	0.864 4	0.844 8	0.873 8

基于表 15-8 计算的各省、自治区、直辖市水环境承载力开发利用潜力评价结果，采用 ArcGIS 软件，按照数值从小到大依次划分为小、较小、适中、较大及大 5 个级别，并据此对各省、自治区、直辖市水环境承载力开发利用潜力进行分区，结果如图 15-3 所示。

由图 15-3 可知，水环境承载力开发利用潜力自东部至西部呈现逐渐减弱趋势，这一趋势基本上与我国经济发展水平的空间分布趋势相对应。水资源利用水平和水污染治理水平与经济发展水平密切相关，江苏、浙江、广东等东部经济发达地区水环境承载力开发利用潜力相对较大，而西部多数地区因为相对较低的 GDP 和废水治理投资，导致其水环境承载力开发利用潜力较小。其中，西藏是水环境承载力开发利用潜力最小的地区，主要因为工业用水重复率、节水率、城市污水处理厂集中处理率等技术水平较低及环保投资金额、从业人员相对较少，导致其水环境承载力开发利用潜力相对最小。其次为宁夏，由于万元工业增加值用水量和万元工业增加值 COD 排放量最大，且环保投资金额、从业人员相对较少，致使其水环境承载力开发利用潜力也相对较小。但四川水环境承载力开发利用潜力相对较大，主要得益于较高的工业用水水平、环保投资金额及从业人员。此外，天津和黑龙江表现中等，一方面是天津的环保系统人员相对较少，且万元工业增加值用水量较高；另一方面是黑龙江工业用水重复利用率较低，进一步导致其水环境承载力开发利用潜力表现不强。

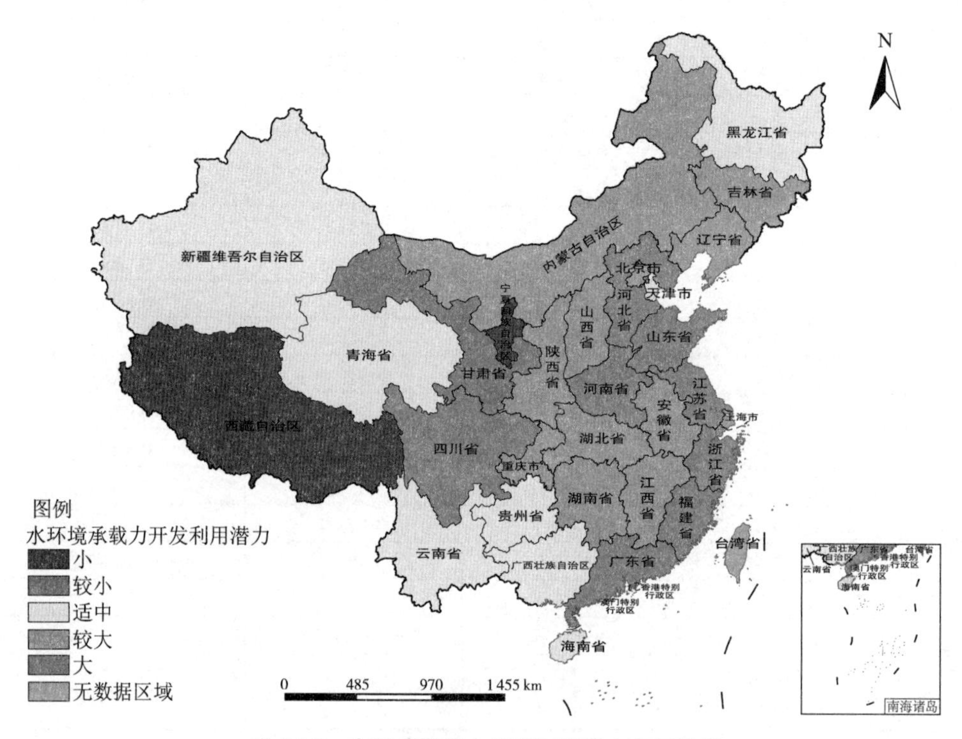

图 15-3　水环境承载力开发利用潜力分区结果

15.2.4　水环境脆弱度评价分区

水环境脆弱度反映水环境对人类活动产生的持续损害的敏感程度及水环境抵消潜在危害的适应能力的大小。考虑数据的可获得性及可操作性，选择国家级自然保护区面积占比和源头水保护区河流长度占比表征水环境脆弱度。原始指标值来源于《中国环境统计年鉴 2015》和《全国重要江河湖泊水功能区划手册》，采用尖点突变模型，分别计算各省、自治区、直辖市水环境脆弱度，评价结果如表 15-9 所示。

表 15-9　各省、自治区、直辖市水环境脆弱度评价结果

地区	分项指标归一化值		水环境脆弱度评价值
	国家级自然保护区面积占比	源头水保护区河流长度占比	
北京	0.986 4	1.000 0	0.993 2
天津	0.960 0	1.000 0	0.980 0
河北	0.989 8	0.954 6	0.972 2

地区	分项指标归一化值		水环境脆弱度评价值
	国家级自然保护区面积占比	源头水保护区河流长度占比	
山西	1.000 0	0.912 4	0.956 2
内蒙古	0.950 4	0.659 6	0.805 0
辽宁	0.896 5	0.838 8	0.867 6
吉林	0.909 1	0.842 2	0.875 7
黑龙江	0.894 8	0.824 3	0.859 5
上海	0.821 4	1.000 0	0.910 7
江苏	0.962 9	1.000 0	0.981 5
浙江	0.988 3	0.878 6	0.933 4
安徽	0.995 8	0.926 5	0.961 1
福建	0.979 1	0.911 0	0.945 0
江西	0.989 3	0.944 2	0.966 8
山东	0.989 0	0.982 3	0.985 7
河南	0.968 0	0.949 0	0.958 5
湖北	0.973 5	0.884 3	0.928 9
湖南	0.961 4	0.860 0	0.910 7
广东	0.982 0	0.929 3	0.955 6
广西	0.984 7	0.970 9	0.977 8
海南	0.935 1	0.000 0	0.467 5
重庆	0.955 6	0.913 9	0.934 7
四川	0.906 2	0.896 2	0.901 2
贵州	0.989 3	0.854 6	0.922 0
云南	0.947 1	0.629 3	0.788 2
西藏	0.000 0	0.742 8	0.371 4
陕西	0.962 8	0.884 3	0.923 5
甘肃	0.717 9	0.853 5	0.785 7
青海	0.242 8	0.487 3	0.365 1
宁夏	0.852 2	0.939 5	0.895 8
新疆	0.881 9	0.844 9	0.863 4

基于表 15-9 的计算结果，依托 ArcGIS 软件，将计算结果从大到小依次划分为低、较低、适中、较高及高 5 个级别，并据此对水环境脆弱度进行分区，结果如图 15-4 所示。

由图 15-4 可知，水环境脆弱度较高的地区主要分布在西部，如西藏、青海、新疆和内蒙古等。这些地区位于主要河流的上游，是重要的水源涵养地。其中，青海的水环境脆弱度最大，其评价结果最小，为 0.365 1；其次为西藏，评价结果为 0.371 4。由于国家级自然保护区和受保护的源头水河流占比较高，国家级自然保护区规模较大，受保护的源头水河流长度超过 2 000 km，导致水环境产生较低的适应能力和恢复能力，进而反映出高度的敏感性和脆弱性。相比之下，中部和东部地区由于位于主要河流的下游，且区域内国家级自然保护区面积占比相对较低，因此水环境脆弱度整体表现较低。

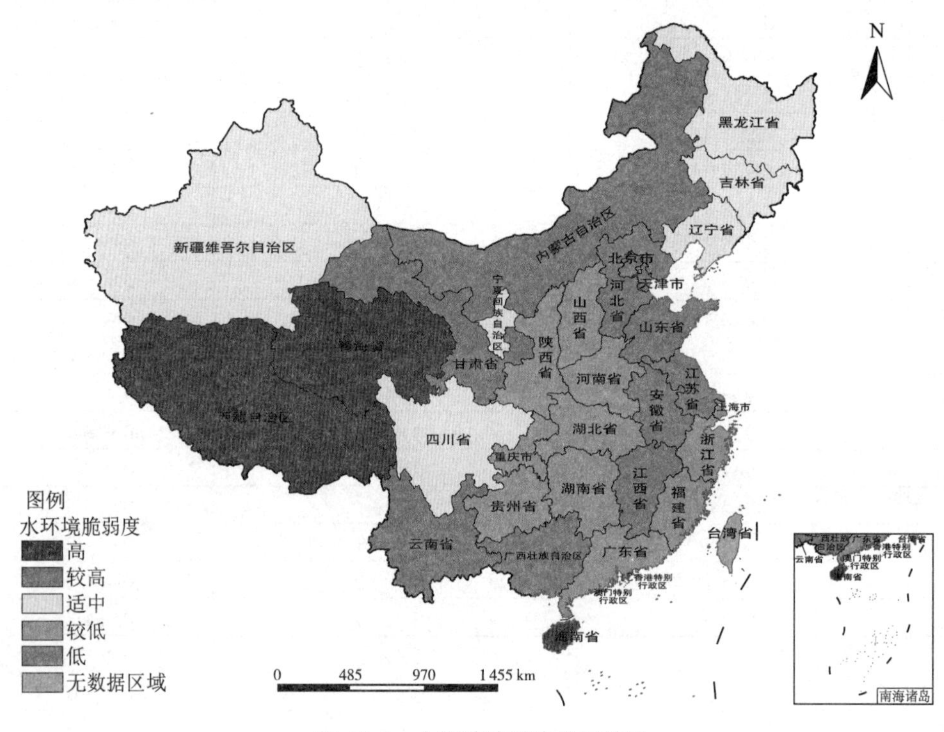

图 15-4　水环境脆弱度分区结果

15.3　水环境承载力聚类分区

15.3.1　聚类分区结果分析

基于水环境承载力承载状态、水资源承载力承载状态、水环境承载力开发利用潜力和水环境脆弱度 4 项指标（如表 15-10 所示），利用 k-均值聚类方法对 31 个省、自治区、直辖市进行合并分区，在 R 语言环境下编写轮廓系数计算程序，对聚类分区结果优劣进行有效评价。研究表明轮廓系数在 0.25～0.60 之间，聚类中心可被有效识别。因此，确定 k=4 为最佳聚类数目，结果如图 15-5 所示。

表 15-10　各省、自治区、直辖市水环境承载力聚类分区综合指标值

地区	水环境承载力承载状态评价值	水资源承载力承载状态评价值	水环境承载力开发利用潜力评价值	水环境脆弱度评价值
北京	0.860 9	0.625 5	0.896 6	0.993 2
天津	0.671 2	0.588 9	0.887 6	0.980 0
河北	0.771 1	0.681 5	0.937 5	0.972 2
山西	0.883 8	0.695 6	0.920 7	0.956 2
内蒙古	0.858 5	0.723 9	0.914 3	0.805 0
辽宁	0.774 8	0.700 3	0.899 4	0.867 6
吉林	0.866 2	0.739 5	0.903 3	0.875 7
黑龙江	0.754 7	0.785 8	0.886 7	0.859 5
上海	0.887 7	0.661 1	0.910 5	0.910 7
江苏	0.865 2	0.682 1	0.944 0	0.981 5
浙江	0.900 0	0.789 8	0.952 6	0.933 4
安徽	0.921 5	0.764 7	0.921 8	0.961 1
福建	0.896 1	0.800 6	0.937 3	0.945 0
江西	0.904 4	0.815 9	0.913 0	0.966 8
山东	0.416 3	0.690 6	0.956 4	0.985 7
河南	0.780 2	0.716 8	0.938 6	0.958 5
湖北	0.900 7	0.776 1	0.914 4	0.928 9
湖南	0.817 0	0.809 6	0.916 1	0.910 7
广东	0.464 7	0.747 8	0.945 6	0.955 6
广西	0.918 9	0.824 7	0.890 9	0.977 8
海南	0.918 5	0.775 1	0.861 0	0.467 5
重庆	0.916 3	0.778 0	0.911 1	0.934 7
四川	0.847 6	0.833 9	0.936 2	0.901 2
贵州	0.926 0	0.811 6	0.884 2	0.922 0
云南	0.928 3	0.825 6	0.886 6	0.788 2
西藏	0.954 3	0.999 5	0.377 9	0.371 4
陕西	0.897 4	0.745 4	0.915 2	0.923 5
甘肃	0.917 2	0.723 6	0.791 1	0.785 7
青海	0.936 7	0.829 7	0.844 9	0.365 1
宁夏	0.900 3	0.550 6	0.522 0	0.895 8
新疆	0.893 1	0.740 9	0.873 8	0.863 4

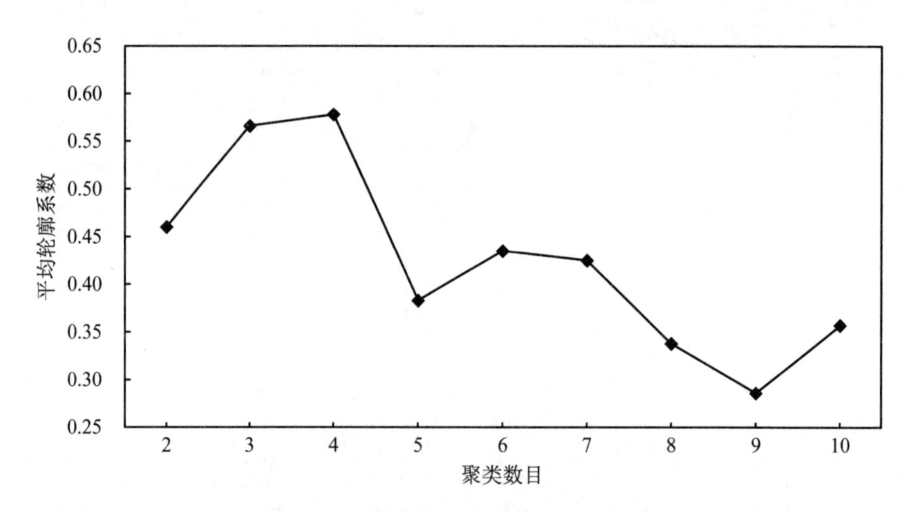

图 15-5 不同聚类数目的平均轮廓系数

根据聚类分区结果，按照各聚类分区特征及命名规则（如表 15-11 所示），将研究区划分为重点保护区、控制发展区、优化发展区和优先发展区，结果如图 15-6 所示。

表 15-11 各分区特征及命名

分区	地区	水环境承载力承载状态	水资源承载力承载状态	水环境承载力开发利用潜力	水环境脆弱度
分区一	西藏、青海、云南、贵州、广西、海南	优秀	良好	小或较小	高
分区二	新疆、甘肃、宁夏、陕西、山西、内蒙古、吉林	轻度超载	中至重度超载	较大	较高
分区三	北京、天津、河北、辽宁、山东、河南、江苏、上海、广东、黑龙江	中至重度超载	中至重度超载	大或较大	较低
分区四	四川、重庆、湖北、湖南、安徽、江西、浙江、福建	轻度至中度超载	良好或轻度超载	较大	较低

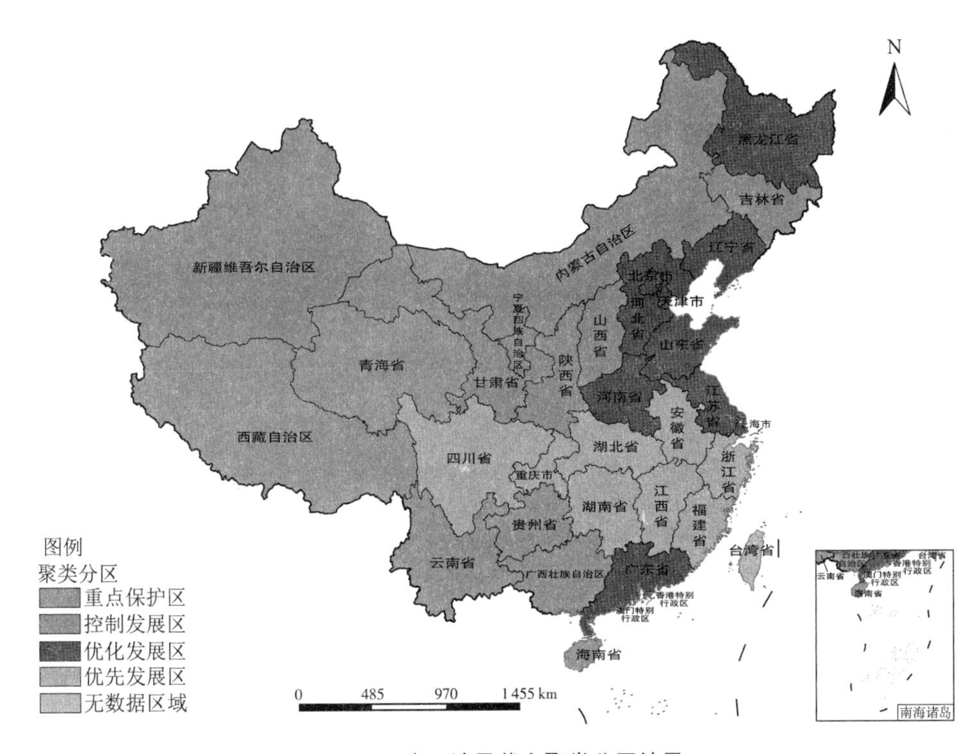

图 15-6 水环境承载力聚类分区结果

分区一为重点保护区，主要位于我国重要河流的中上游，包括西藏、青海、云南、贵州、广西和海南。该分区内水环境承载力承载状态整体表现为优秀，水资源承载力承载状态整体表现为良好，但受技术水平、经济规模和人员数量的限制，其水环境承载力开发利用潜力相对较小。此外，尽管水资源相对丰富，但该分区包括我国重要河流的源头水和具有特殊价值的自然保护区，属于水源涵养及水环境脆弱的地区。

分区二为控制发展区，包括新疆、甘肃、宁夏、陕西、山西、内蒙古和吉林。该分区由于气候干旱、降水较少，水资源相对匮乏。该分区的水环境承载力承载状态表现为轻度超载，水资源承载力承载状态表现为中至重度超载，相比于水环境超载，水资源超载问题更加突出。此外，该分区内水环境脆弱度较高，水环境承载力开发利用潜力处于中等水平。

分区三为优化发展区，包括北京、天津、河北、辽宁、山东、河南、江苏、上海、广东和黑龙江。该分区涵盖京津冀、长三角和珠三角地区，是全国人口相对集中、经济相对发达的区域，水污染负荷和水资源需求相对较大，导致该分区内水环境和水资源呈现中至重度超载状态。但得益于较高的技术和经济发展水平，水环境承载力开发利用潜力相对较大，未来的污染防治、资源利用潜力相对较大。

分区四为优先发展区，包括四川、重庆、湖北、湖南、安徽、江西、浙江和福建。该分区内水环境承载力处于中等偏上水平，水资源环境基础相对较好。尽管水环境承载状态整体表现为轻度至中度超载，但水资源承载力承载状态整体表现为良好或轻度超载，且水环境承载力开发利用潜力较大。

15.3.2 分区管控措施

分区一水环境承载力承载状态和水资源承载力承载状态良好，人类活动对水环境的干扰和损害程度相对较小，但水环境承载力开发利用潜力最小。因此，该分区应限制进行大规模、高强度工业化、城镇化开发，部分人口转移到城市化地区，保护大片开敞生态空间，如水面、林地、草地等。此外，可因地制宜地发展不影响生态系统功能的适宜产业和特色产业，形成环境友好型产业结构。

分区二水资源相对匮乏，相比于水环境超载，水资源超载问题更加突出。因此，该分区应重点发展节水型农业，推广渠道防渗、管道输水、喷灌、微灌等节水灌溉技术。推进工业企业再生水循环利用，理顺再生水价格体系，引导高耗水企业使用再生水，重点推进高耗水行业企业废水深度处理回用。改善城镇供水管网，全面推广节水器具，加大中水回用力度，将其回用于景观用水、城市绿化、道路清洁、汽车冲洗、居民冲厕、施工用水等领域。

分区三水环境和水资源呈现中至重度超载状态，但未来的污染防治、资源利用潜力相对较大。因此，该分区一方面需要通过区外调水、再生水利用等措施，增加可利用的水资源量；另一方面，通过采取工业节水、农业节水、生活节水及水循环利用等节水措施，降低水资源的利用量，同时通过源头控制污染、强化末端治理、提高污水处理能力和处理级别等手段控制污染排放量，减少水污染的排放负荷。

分区四水资源水环境基础设施相对较好，且水环境承载力开发利用潜力较大。水环境轻度超载，但水资源承载力承载状态整体表现良好。因此，该分区应通过源头控制污染、强化末端治理、提高污水处理能力和处理级别等手段控制污染排放量，减少水污染的排放负荷。

第四篇

水环境承载力约束下
区域发展规模结构优化调控

第 16 章　优化调控理论方法

16.1　基于城市水代谢系统仿真的优化调控方法

本研究方法是基于城市水代谢理论，探讨水环境承载力约束下区域社会经济发展规模结构的优化调控。在归纳总结相关研究成果基础上，提出从内部和外部双向调控水环境承载力的方案，并设计出新型城市水代谢以弥补传统城市水代谢的不足，其采用水的循环利用与再生利用过程真正实现持续健康水“代谢”目的，以此提高城市的水环境承载力，降低人类活动给水系统带来的压力。并采用系统动力学方法，开展基于水代谢的城市水环境承载力动态仿真研究，构建城市水代谢动态仿真模型。具体包括：首先，探讨传统城市水代谢和新型城市水代谢的特征及优劣，并提出提高水环境承载力需要以构建新型城市水代谢为基础，设计双向调控方案；其次，利用系统动力学方法，构建城市水代谢动态仿真模型，以模拟城市中水的代谢；最后，在水代谢模型下，将水质-水量二维矢量模的综合表征方法和人口规模及经济规模的综合表征方法相结合，以前者为水环境承载力的量化提供约束条件，求解后者，以达到优化调整社会经济发展规模、结构的目的。

16.1.1　基于城市水代谢提高水环境承载力的方案设计

16.1.1.1　水环境承载力的双向调控

水环境承载力的调控需从城市的内部和外部进行双向调控（如图 16-1 所示）。

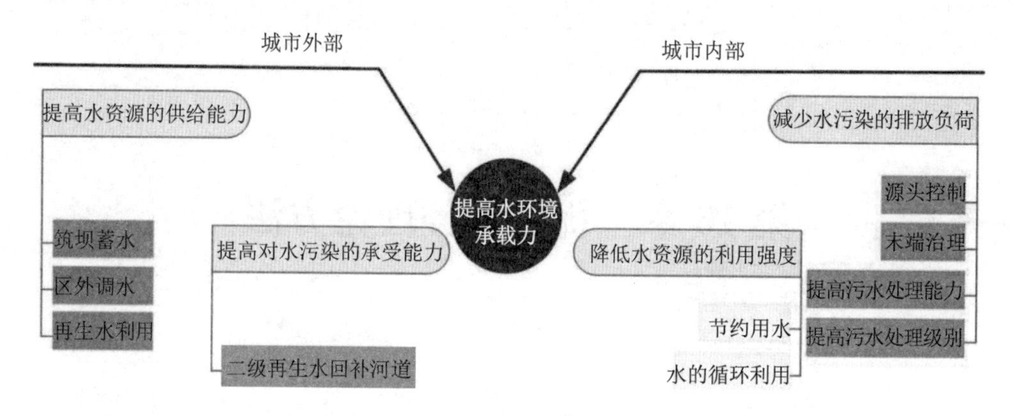

图 16-1 水环境承载力双向调控框架

（1）城市外部

在城市外部直接提高水环境承载力，包括提高水资源的供给能力和提高对水污染的承受能力。

提高水资源的供给能力指在上游大规模筑坝蓄水、区外调水、再生水利用等，以增加可利用的水资源量。

提高对水污染的承受能力指用二级再生水回补河道等，以恢复河道水体功能、提高河道的自净能力。

（2）城市内部

在城市内部间接提高水环境承载力，包括降低水资源的利用强度和减少水污染的排放负荷。

降低水资源的利用强度指采取工业节水、农业节水、生活节水、水的循环利用等多方面节水措施，降低水资源的利用量。

减少水污染的排放负荷指通过源头控制污染、强化末端治理、提高污水处理能力和处理级别等手段控制污染排放量。

双向调控的措施，无论是提高水资源的供给能力和提高对水污染的承受能力，还是降低水资源的利用强度和减少水污染的排放负荷，都需要完备的城市水代谢的支持，促进水在城市内的代谢过程，达到提高水环境承载力的目的。

因此，迫切需要建设完备的城市水代谢，以提高水环境承载力，缓解水环境对城市经济发展和人民生活的压力。

16.1.1.2 城市水代谢下提高水环境承载力的对策

（1）传统对策

为提高水环境承载力，传统的城市水代谢采取的主要对策就是充分利用现有水代谢的构筑物和管网，以及筑坝蓄水、区外调水、节约用水、源头控制及末端治理这 5 种方式（如图 16-2 所示）。从给水系统来说，要在上游大规模筑坝，雨季大量蓄水，旱季放流，即所谓“径流的时间平均化”，以提供更多的新鲜水源；同时要从区外调水，缓解当地水资源不足的局面。从用水系统来说，要节约用水，降低水资源的利用量，同时源头控制污染、强化末端治理，以减少污染物产生量。

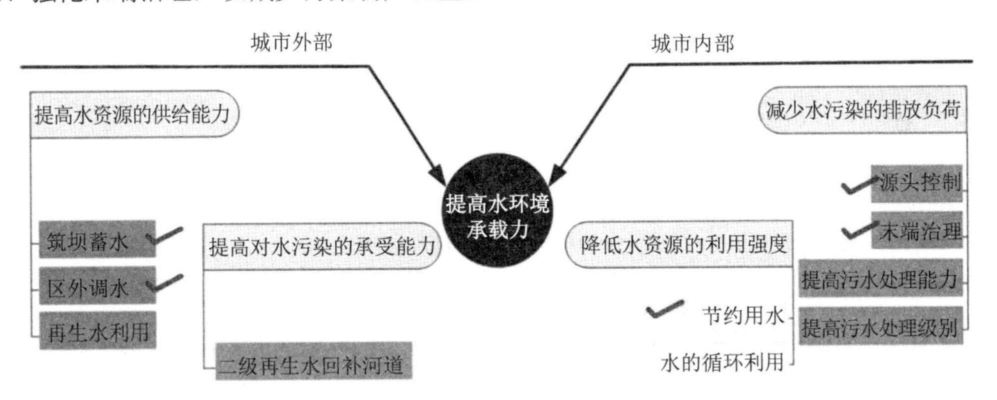

图 16-2 传统城市水代谢下能够采取的双向调控措施

事实上，无论是筑坝蓄水、区外调水，还是节约用水、源头控制污染、强化末端治理，都已经进入了发展的瓶颈期。从给水系统来说，一个时期内某地区可以供给的新鲜水量是有限的，不能无限开发，尤其是在经济规模已经很大、水利设施已经很先进的区域，很难满足该区域经济规模扩大化的需求。从用水系统来说，一个时期内某地区人民的生活水平是一定的，不能无限制地减少水资源的利用量；同时，工农业技术水平也是一定的，也不能无限制地改进工艺以减少污染物产生量。

可见，局限在传统的城市水代谢中，提高水环境承载力的措施并不会长期有效。需要一个新型的城市水代谢改革给水系统、用水系统、水处理系统，为水环境承载力的提高寻求新的出路。

（2）新型城市水代谢设计方案

为提高水环境承载力，新型的城市水代谢可以构建更完备的构筑物和管网，采取更多的方法提高水环境承载力，包括再生水（二级再生水和深度再生水）的利用、二级再生水回补河道、水的循环利用、提高污水处理能力和处理级别等多种方式（如图 16-3 所示）。

这些措施归根结底是要提高水资源的可再生能力。

提高水资源的可再生能力是未来提高水环境承载力的最有潜力的措施。在新型城市水代谢下，通过以上手段，可提高水资源的可再生能力，并实现提高水环境承载力的最终目的。

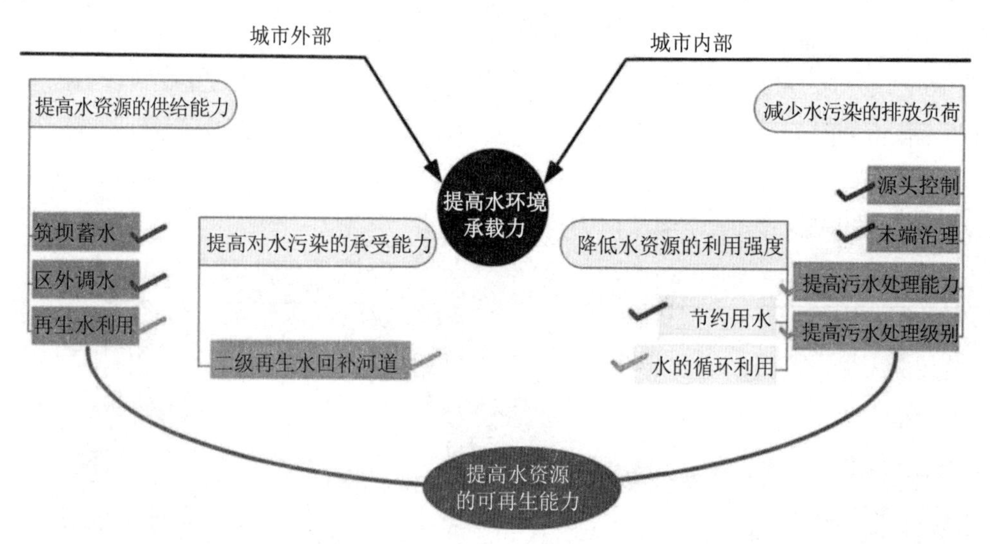

图 16-3　新型城市水代谢下能够采取的双向调控措施

16.1.2　城市水代谢系统动力学建模

建立系统动力学模型（SD 模型）的一般过程包括确定系统分析目的、确定系统边界和主要变量、模型设计、确定参数取值、模型检验与修正、参数灵敏度分析、模型模拟仿真（情景模拟）、结果分析与政策制定等步骤（如图 16-4 所示）。

（1）确定系统分析目的

系统分析的目的是明确要解决的问题和要达到的目的。本篇研究以城市水系统为对象，包括给水系统、用水系统、水处理系统、水再生系统，涉及居民生活方式、经济技术水平等诸多问题，系统内外关系错综复杂。

（2）确定系统边界和主要变量

划定出系统的边界，并确定系统的输入和输出。系统边界的划定是建立模型的基础。正确划分系统边界的基本原则是力图把那些与建模目的息息相关的量都划入界限，并保证系统边界是封闭的。

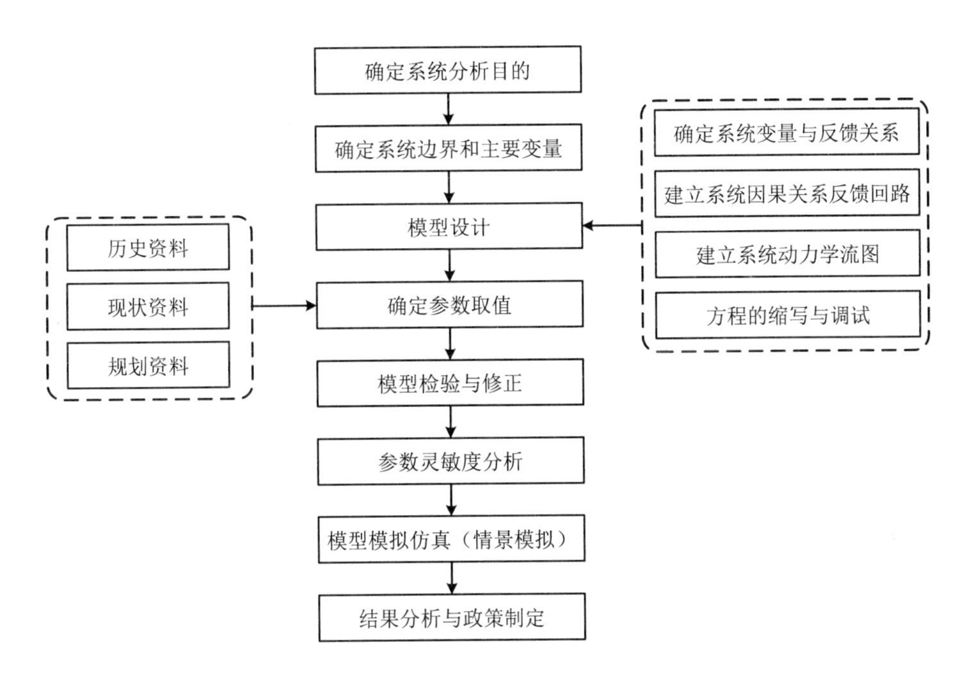

图 16-4　系统动力学模型建立及其应用

（3）模型设计

系统的重要特点是具有多层次性，它是由多个层次、多个复杂度的功能结构单元组成。因此，有必要将系统进行划分，分成相对独立的若干个子系统，研究各子系统内部以及子系统之间的因果反馈关系。在建立模型之前应清晰地了解整个系统的逻辑、明确系统中各要素之间的关系，并寻找反馈回路、绘制反馈图。

（4）确定参数取值

根据历史数据、现状数据和规划数据以及相应的实地调查资料，确定调控参数值。

（5）模型检验与修正

检验模型的真实性与可信度。首先进行一致性检验，然后对历史数据和系统动力学模型模拟结果进行比较，根据结果对模型和参数进行必要的修正，然后再做仿真测试，直到得到满意的结果为止。

（6）参数灵敏度分析

灵敏度分析指分析研究所建系统动力学模型的状态或输出变化对系统参数与周围条件变化的敏感程度，即对所建系统动力学模型的参数动态变化过程进行分析。通过参数灵敏度分析，可以明确哪些参数对系统输出影响较大，确定模型中较为灵敏的参数。

（7）模型模拟仿真（情景模拟）

分析设计研究区未来社会、经济与环境发展情景，应用建立的系统动力学模型，对设计发展情景进行模拟。

（8）系统分析与政策制定

基于发展情景模拟仿真结果，分析区域社会经济发展对资源、能源和环境的影响，提出缓解这些影响的政策建议，为未来的发展决策提供科学依据。

16.1.3 城市水代谢系统反馈回路分析

在本方法中，城市水环境承载力的表征参数有 4 个：人口、灌溉面积、牲畜数量、工业增加值等的阈值。与城市水环境承载力有关的反馈回路有 3 个（如图 16-5 所示）。

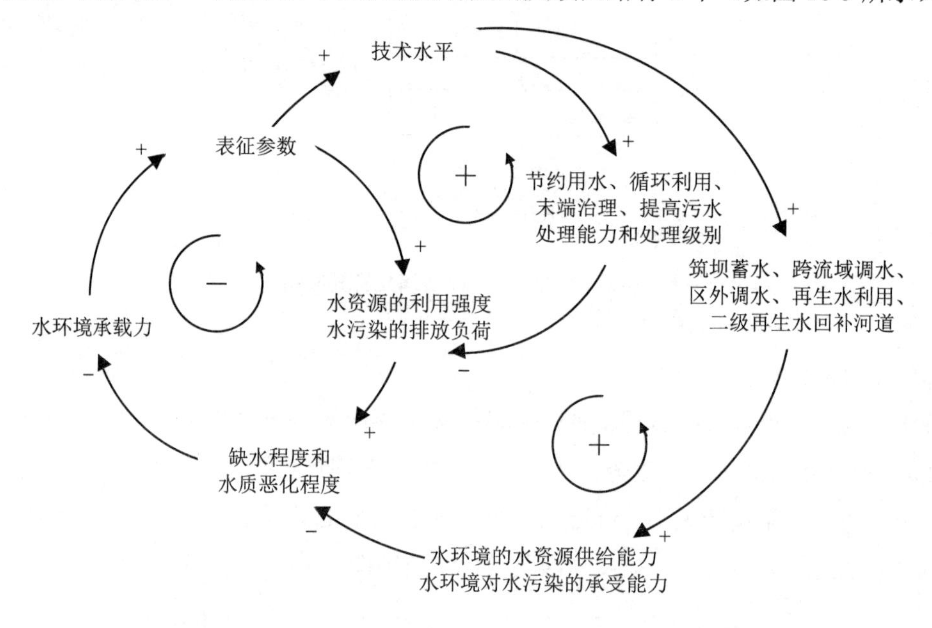

图 16-5 3 个反馈回路

反馈回路 1（如图 16-6 所示）可描述为：水环境承载力表征参数（人口、灌溉面积、牲畜数量、工业增加值等的阈值）$\xrightarrow{+}$ 水资源的利用强度和水污染的排放负荷 $\xrightarrow{+}$ 缺水程度和水质恶化程度 $\xrightarrow{-}$ 水环境承载力 $\xrightarrow{+}$ 表征参数。即人口、灌溉面积、牲畜数量、工业增加值的增加，会导致用水量增加、污染物排放量增加，这加剧了水环境的缺水程度和水质恶化程度，降低了水环境承载力，也减少了水环境所能承载的人口、灌溉面积、牲畜数量、工业增加值。

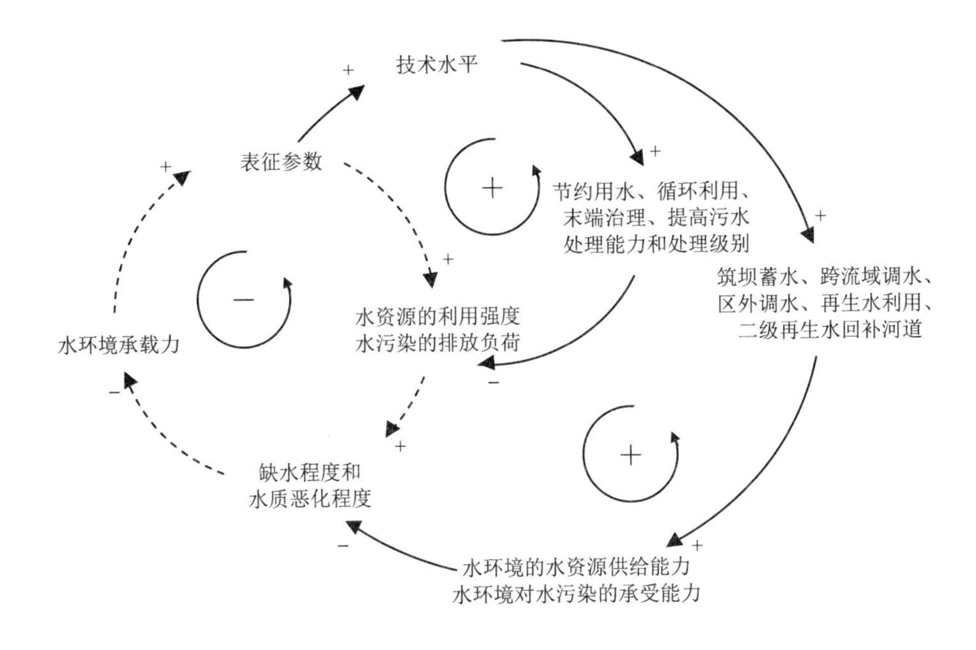

图 16-6　反馈回路 1

第一个反馈回路说明，如不采取任何措施，随着生活水平的提高和国民经济的发展，水环境承载力很可能会逐渐下降，相应地，其所能承载的人口、灌溉面积、牲畜数量、工业增加值也会下降，此时若依然一味地提高生活水平、发展国民经济，会造成资源环境的超负荷运行，并影响后代的生存环境。

因此，需要采取一定的措施，挽回第一个反馈回路不断恶化的困境。可以从第一个反馈回路中的“水资源的利用强度和水污染的排放负荷”以及“缺水程度和水质恶化程度”两个方面分别入手，构成另两个不断好转的反馈回路。

反馈回路 2（如图 16-7 所示）可描述为：水环境承载力表征参数（人口、灌溉面积、牲畜数量、工业增加值等的阈值）$\xrightarrow{+}$技术水平$\xrightarrow{+}$采取一定措施$\xrightarrow{-}$水资源的利用强度和水污染的排放负荷$\xrightarrow{+}$缺水程度和水质恶化程度$\xrightarrow{-}$水环境承载力$\xrightarrow{+}$表征参数。即人口、灌溉面积、牲畜数量、工业增加值的增加，会使人们增加研发投入、开展技术革新，采取一系列调控手段（节约用水、循环利用、末端治理、提高污水处理能力和处理级别），以减少用水量、减少污染物排放量，使水环境的缺水程度和水质恶化程度有所缓解，提高水环境承载力，也提高水环境所能承载的人口、灌溉面积、牲畜数量、工业增加值。

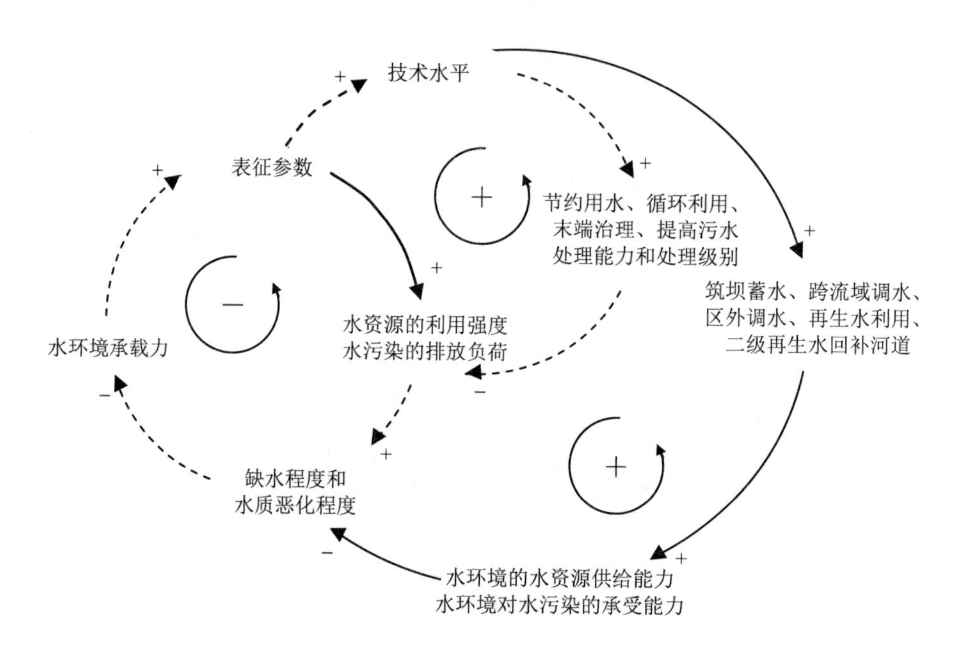

图 16-7 反馈回路 2

反馈回路 3（如图 16-8 所示）可描述为：水环境承载力表征参数（人口、灌溉面积、牲畜数量、工业增加值等的阈值）$\xrightarrow{+}$技术水平$\xrightarrow{+}$采取一定措施$\xrightarrow{+}$水环境的水资源供给能力和水环境对水污染的承受能力$\xrightarrow{-}$缺水程度和水质恶化程度$\xrightarrow{-}$水环境承载力$\xrightarrow{+}$表征参数。即人口、灌溉面积、牲畜数量、工业增加值的增加，会使人们增加研发投入、开展技术革新，采取一系列调控手段（筑坝蓄水、跨流域调水、区外调水、再生水利用、二级再生水回补河道），以提高水环境的水资源供给能力和水环境对水污染的承受能力，使水环境的缺水程度和水质恶化程度有所缓解，提高水环境承载力，也提高水环境所能承载的人口、灌溉面积、牲畜数量、工业增加值。

后两个反馈回路说明，系统可以通过积极的自我调控实现社会经济发展和水环境承载力的平衡，使系统趋于稳定。人类作为系统内部有意识、有创造能力的主体，通过提高供给、降低需求的双向调控措施，可提高水环境承载力，促进社会经济发展，实现社会发展和环境保护的“双赢”。同时，这些调控措施可以体现在基于水代谢的城市水环境承载力动态仿真模型的决策变量上，通过调节这些决策变量，可以模拟不同调控措施的效果，以此为依据进一步筛选最佳决策方案。

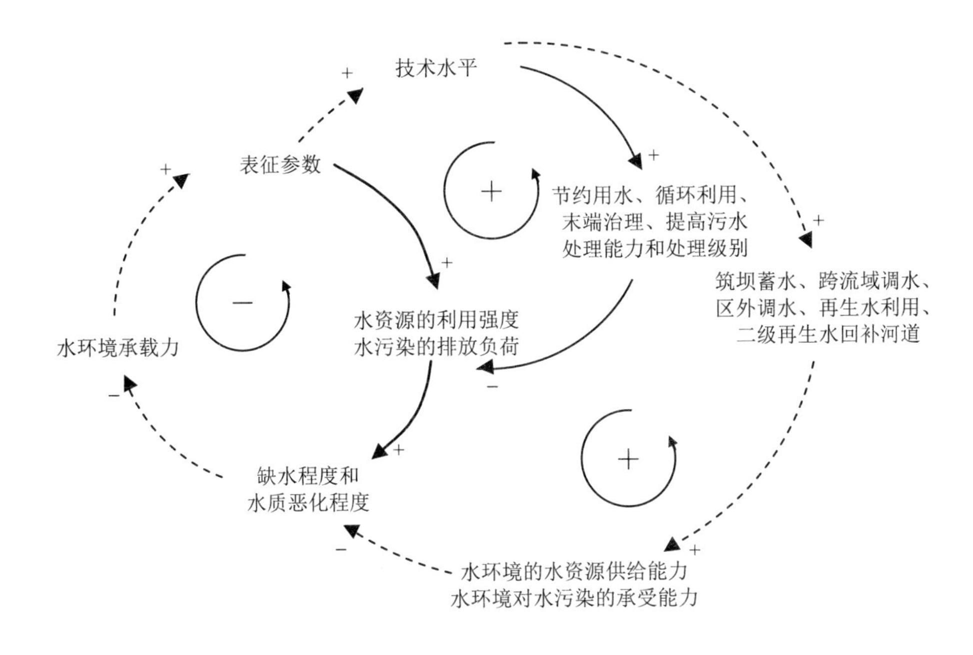

图 16-8 反馈回路 3

16.1.4 城市水代谢动态仿真模型

本模型所涉及的各种变量和参数如表 16-1 和表 16-2 所示。模型中的变量可分为状态变量、速率变量、辅助变量，模型中的参数可分为随时间变化的参数和不随时间变化的常量，其在模型中的图标与辅助变量相同。

表 16-1 状态变量和速率变量

状态变量	速率变量
城镇人口	城镇人口增长
农林业灌溉面积	农林业灌溉面积增长
牲畜头数	牲畜头数增长
工业增加值	工业增加值增长

表 16-2 辅助变量

给水系统	用水系统					水处理和水再生系统
	生活用水系统	生产用水系统			生态用水系统	
		农业	工业	服务业		
COD 排放供需差	总人口	农林业总灌溉面积	工业总增加值	服务业用水量	公共绿地面积	COD 排放量

给水系统	用水系统					水处理和水再生系统
	生活用水系统	生产用水系统			生态用水系统	
		农业	工业	服务业		
COD 调整因子	城镇生活 COD 产生量	农林业灌溉面积调整	工业增加值调整	服务业污水产生量	公共绿地用水	COD 产生量
优质水供给量	城镇生活 COD 产生浓度	农林业用水量	工业用水量	服务业取水量	生态用水量	COD 削减量
优质水供需差	城镇生活用水量	农林业废水产生量	工业废水产生量	服务业深度再生水利用量	生态取水量	COD 削减率
优质水量调整因子	城镇生活污水产生量	农林业取水量	工业取水量	服务业深度再生水回用率	生态二级再生水利用量	城镇生活 COD 排放量（直排）
优质水取水量	城镇生活深度再生水利用量	农林业污灌量	工业深度再生水利用量	服务业 COD 产生量		城镇生活 COD 排放量(污水处理厂排入河道)
深度再生水供给量	城镇生活取水量	农林业污灌率	工业 COD 产生量	服务业 COD 产生浓度		农村生活 COD 排放量
深度再生水供需差	农村人口	农林业 COD 产生量	工业 COD 产生浓度			农林业 COD 排放量
深度再生水量调整因子	农村生活 COD 产生量	农林业 COD 源强修正系数	工业深度再生水利用率			牲畜 COD 排放量
深度再生水利用量	农村生活用水量	农林业取水调整因子				污水处理厂处理工业废水的余力
劣质水供给量	农村生活污水产生量	牲畜总头数				工业废水进污水处理厂处理的比例
劣质水供需差	农村生活取水量	牲畜头数调整				工业废水在工厂内处理的比例
劣质水量调整因子		牲畜用水量				工业 COD 排放量(污水处理厂排入河道)
劣质水利用量		牲畜废水产生量				工业 COD 排放量(工厂排入河道)
水质水量调整因子		牲畜取水量				服务业 COD 排放量（直排）
		牲畜 COD 产生量				服务业 COD 产生量(污水处理厂排入河道)

城市水代谢模型结构示意如图 16-9 所示，具体模型结构如图 16-10～图 16-16 所示。给水系统提供新鲜水给生活用水系统、生产用水系统（农业、工业、服务业）、生态用水系统。水经过耗用，水量消耗、水质下降，进入水处理系统进行处理。其中，一部分生活用水、一部分工业用水和一部分服务业用水进入污水处理设施进行处理，然后排放进入自然水体；一部分农业用水、一部分工业用水由自身的水处理设施（如养殖场污水处理设施、工厂污水处理设施）进行处理，然后排放进入自然水体；还有一部分生活用水、一部分农业用水、一部分服务业用水、所有的生态用水直接排放进入自然水体。污水处理设施会将部分排水输入水代谢（如城市污水处理厂的深度处理厂、小区中水设施、建筑中水设施），水代谢会生产出二级再生水给农业、生态用水系统，生产出深度再生水给生活用水系统、工业、服务业，还会用二级再生水回补河道、改善水质。

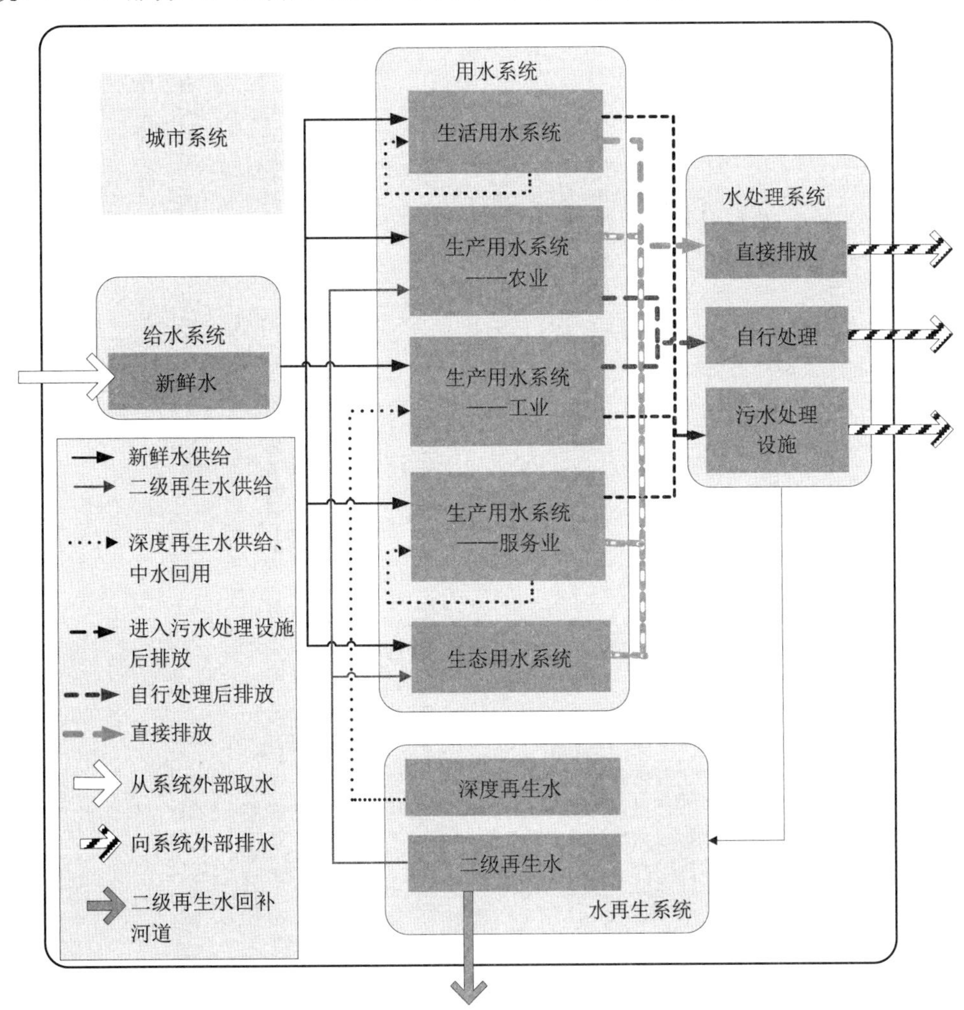

图 16-9 城市水代谢模型结构示意

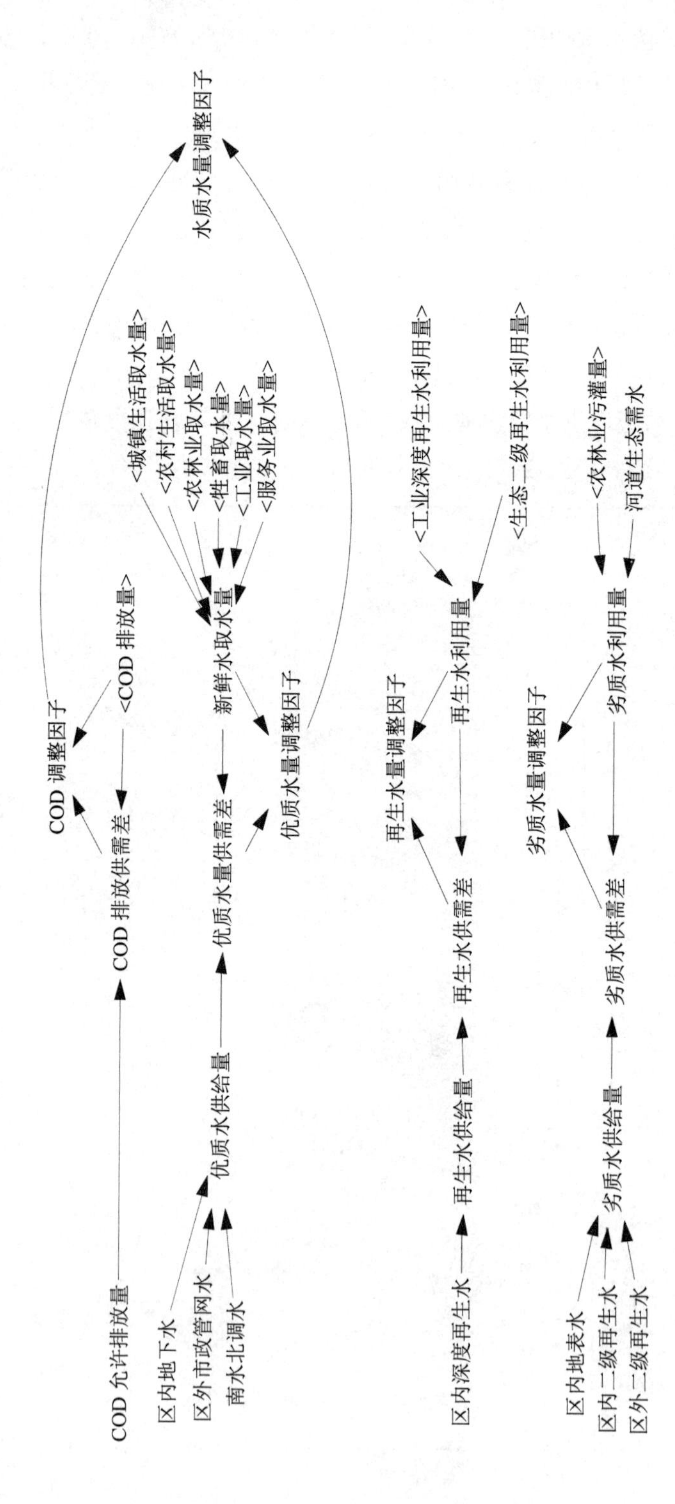

图 16-10 城市水代谢模型：给水系统

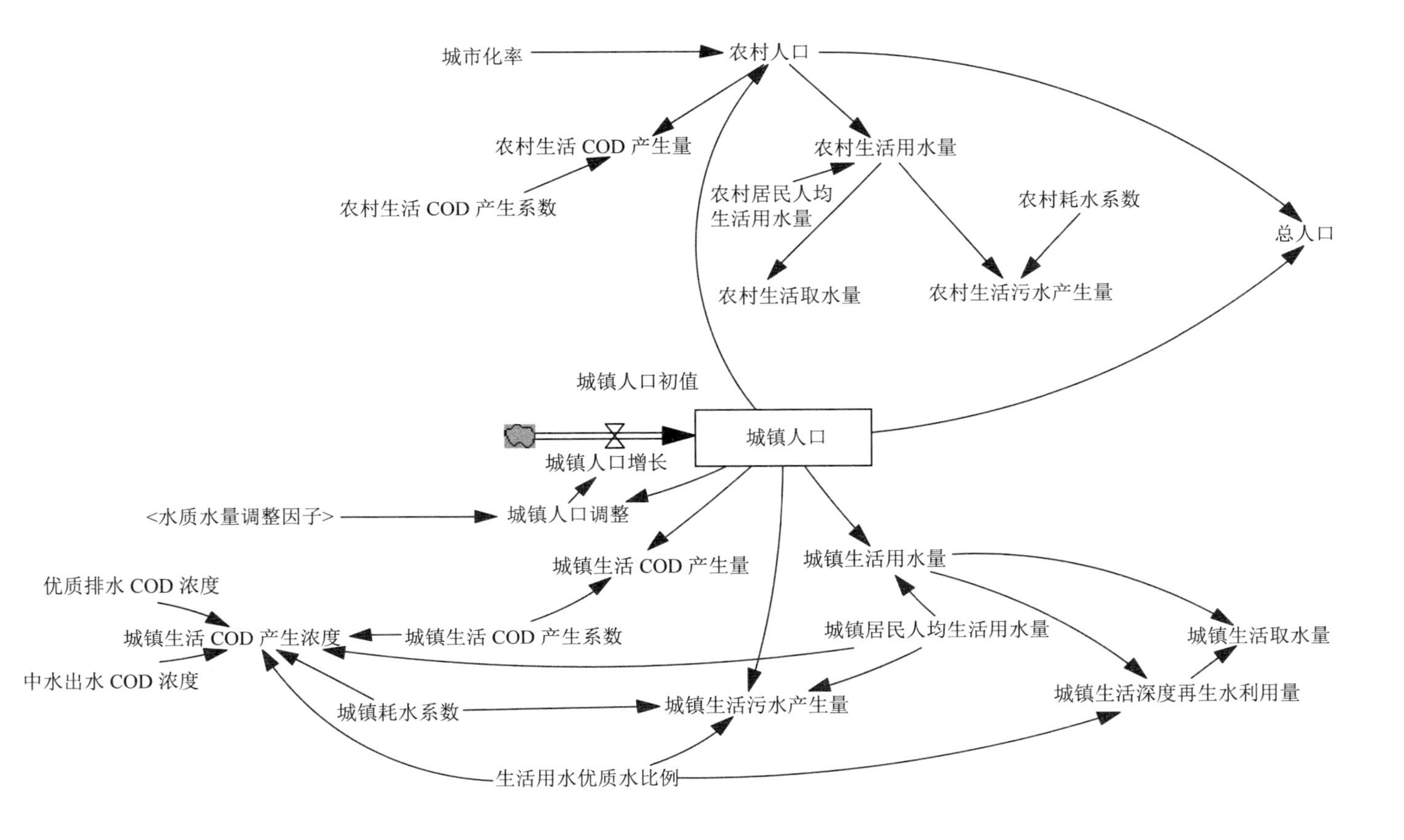

图 16-11 城市水代谢模型：用水系统——生活

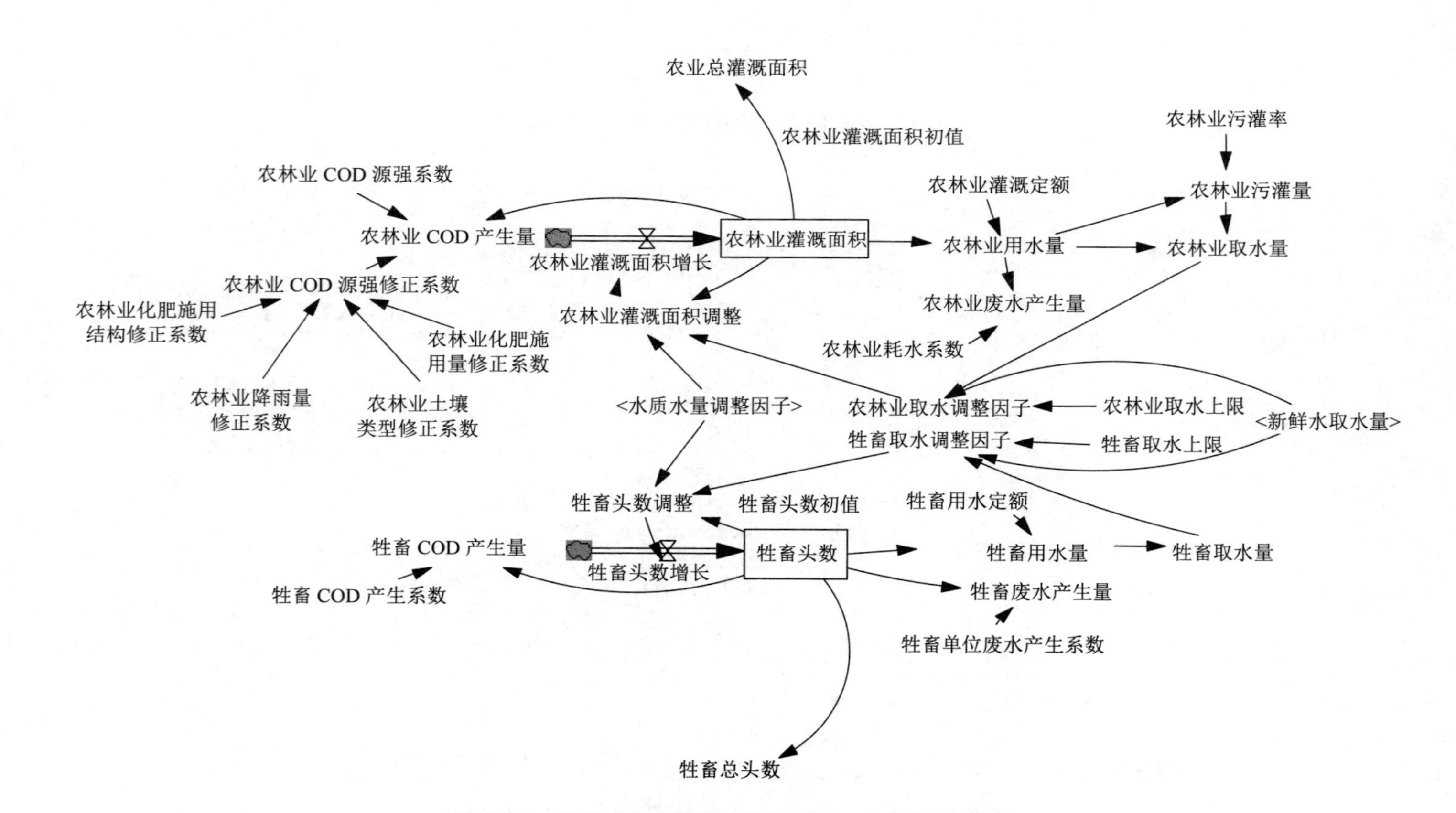

图 16-12 城市水代谢模型：用水系统——生产——农业

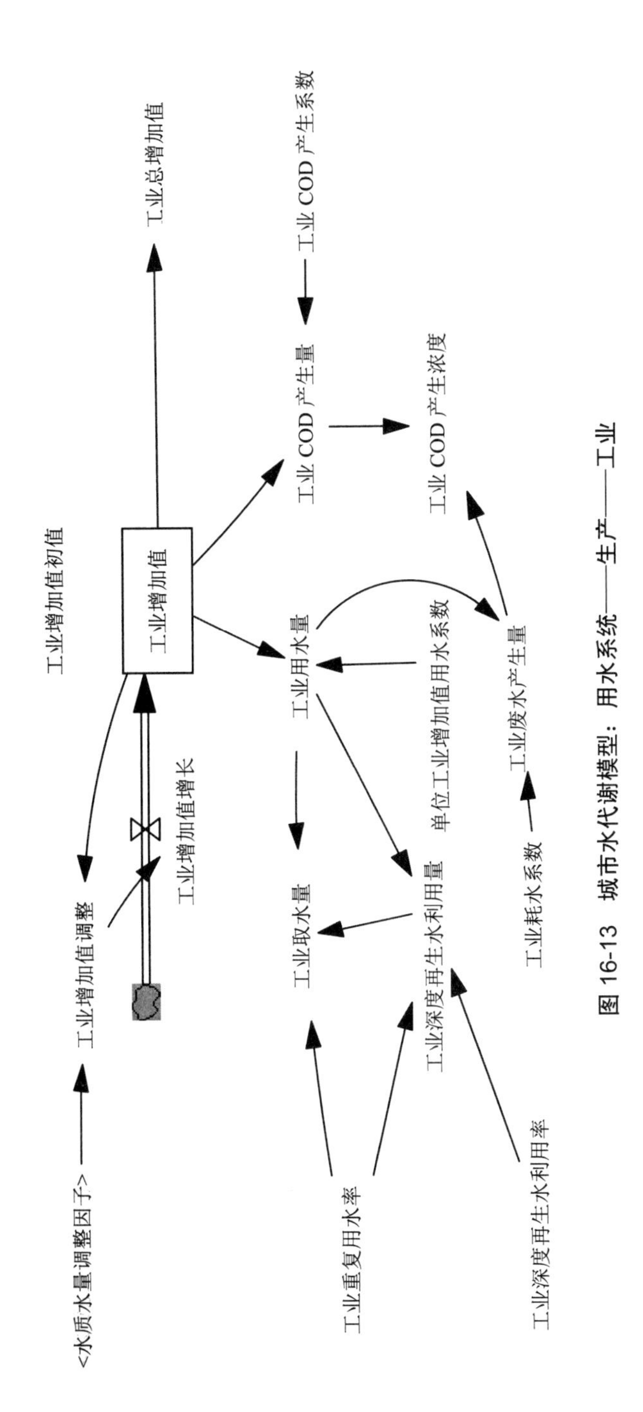

图 16-13 城市水代谢模型：用水系统——生产——工业

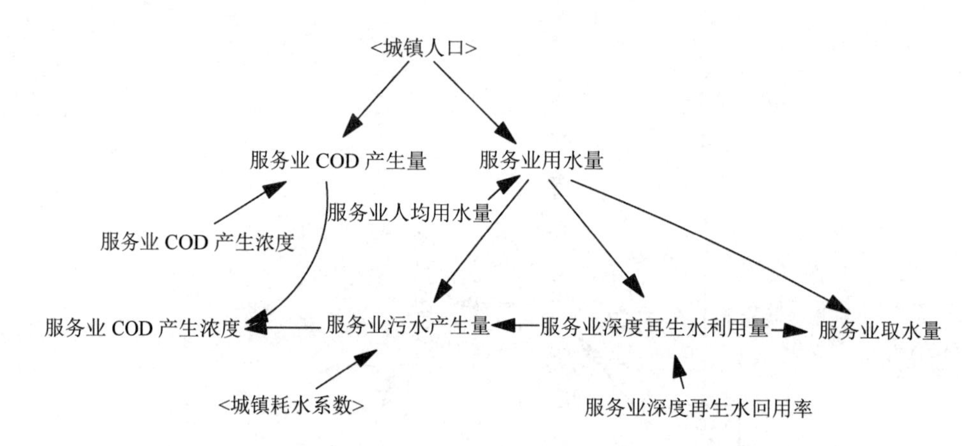

图 16-14 城市水代谢模型：用水系统——生产——服务业

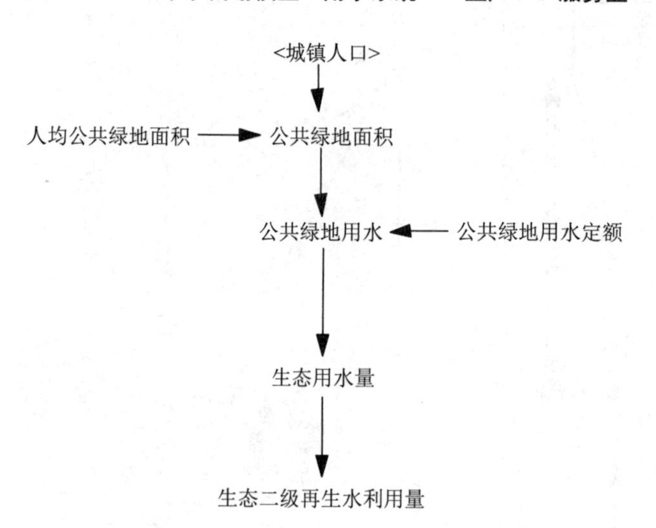

图 16-15 城市水代谢模型：用水系统——生态

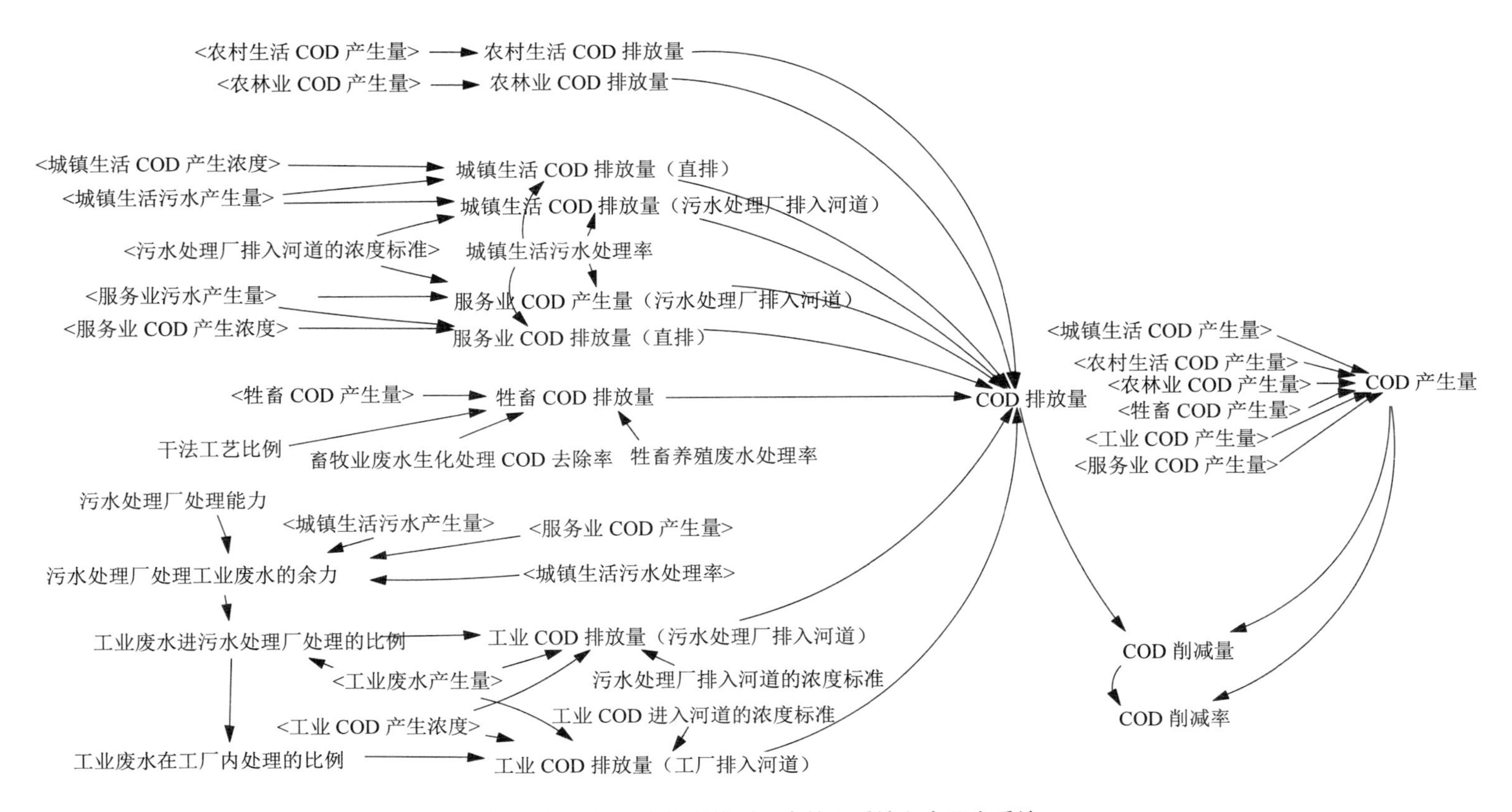

图 16-16 城市水代谢模型：水处理系统和水再生系统

变量和参数公式如表 16-3～表 16-6 所示，对生活、农业、工业、服务业、生态用水、水处理和水再生等各个部分的用水量、取水量、污水产生量、污染物产生量、污水排放量、污染物排放量都有描述。

表 16-3　生活用水系统相关公式

项目	城镇生活	农村生活
用水量	$C_c = E_c \times P_c$ 式中： C_c——城镇生活用水量，m^3； E_c——城镇居民人均生活用水量，m^3/人； P_c——城镇人口，人	$C_r = E_r \times P_r$ 式中： C_r——农村生活用水量，m^3； E_r——农村居民人均生活用水量，m^3/人； P_r——农村人口，人
取水量	$C'_c = C_c \times (1 - R_{cr})$ 式中： C'_c——城镇生活取水量，m^3； C_c——城镇生活用水量，m^3； R_{cr}——小区再生水回用率	$C'_r = C_r$ 式中： C'_r——农村生活取水量，m^3； C_r——农村生活用水量，m^3
污水产生量	$G_c = P_c \times E_c \times [R_c - (1 - R_{cu})]$ 式中： G_c——城镇生活污水产生量，m^3； R_{cu}——生活用水优质水比例； P_c——城镇人口，人； E_c——城镇居民人均生活用水量，m^3/人； R_c——城镇耗水系数	$G_r = C_r \times (1 - R_r)$ 式中： G_r——农村生活污水产生量，m^3； C_r——农村生活用水量，m^3； R_r——农村耗水系数
污染物产生量	$G_{cCOD} = P_c \times E_{cCOD}$ 式中： G_{cCOD}——城镇生活 COD 产生量，kg； P_c——城镇人口，人； E_{cCOD}——城镇生活 COD 产生系数，kg/人	$G_{rCOD} = P_r \times E_{rCOD}$ 式中： G_{rCOD}——农村生活 COD 产生量，kg； P_r——农村人口，人； E_{rCOD}——农村生活 COD 产生系数，kg /人

表 16-4　生产用水系统（农业）相关公式

项目	农林业	畜牧业
用水量（取水量）	$$C_{\mathrm{p}i}=E_{\mathrm{p}i}\times S_{\mathrm{p}i}$$ $$C_{\mathrm{p}}=\sum_{i=1}^{3}C_{\mathrm{p}i}$$ 式中： i——农林业各子项，包括水田水浇地、菜田、林果地； $C_{\mathrm{p}i}$——各子项的用水量，m^3； $E_{\mathrm{p}i}$——各子项的灌溉定额，m^3/亩； $S_{\mathrm{p}i}$——各子项的灌溉面积，亩； C_{p}——农林业的用水量，m^3	$$C_{\mathrm{s}i}=E_{\mathrm{s}i}\times S_{\mathrm{s}i}$$ $$C_{\mathrm{s}}=\sum_{i=1}^{4}C_{\mathrm{s}i}$$ 式中： i——牲畜各子项，包括大牲畜、猪、羊、家禽； $C_{\mathrm{s}i}$——各子项的用水量，m^3； $E_{\mathrm{s}i}$——各子项的用水定额，m^3/头； $S_{\mathrm{s}i}$——各子项的头数，头； C_{s}——牲畜用水量，m^3
废水产生量	$$G_{\mathrm{p}}=C_{\mathrm{p}}\times(1-R)$$ 式中： G_{p}——农林业的废水产生量，m^3； C_{p}——农林业的用水量，m^3； R——农林业耗水系数	$$G_{\mathrm{s}i}=E_{\mathrm{sg}i}\times S_{\mathrm{s}i}$$ $$G_{\mathrm{s}}=\sum_{i=1}^{4}G_{\mathrm{s}i}$$ 式中： i——牲畜各子项，包括大牲畜、猪、羊、家禽； $G_{\mathrm{s}i}$——各子项的废水产生量，m^3； $E_{\mathrm{sg}i}$——各子项的废水产生系数，m^3/头； $S_{\mathrm{s}i}$——各子项的头数，头； G_{s}——牲畜的废水产生量，m^3
污染物产生量	$$G_{\mathrm{pCOD}}=E_{\mathrm{COD}}\times S_{\mathrm{p}}\times R'$$ $$R'=R'_{\mathrm{p}1}\times R'_{\mathrm{p}2}\times R'_{\mathrm{p}3}\times R'_{\mathrm{p}4}$$ 式中： G_{pCOD}——农林业的 COD 产生量，kg； E_{COD}——农林业 COD 源强系数，kg/亩； S_{p}——农林业的灌溉面积，亩； R'——农林业 COD 源强修正系数； $R'_{\mathrm{p}1}$、$R'_{\mathrm{p}2}$、$R'_{\mathrm{p}3}$、$R'_{\mathrm{p}4}$——农林业的土壤类型修正系数、降水量修正系数、化肥施用量修正系数、化肥施用结构修正系数	$$G_{\mathrm{sCOD}i}=E_{\mathrm{sCOD}i}\times S_{\mathrm{s}i}$$ $$G_{\mathrm{sCOD}}=\sum_{i=1}^{4}G_{\mathrm{sCOD}i}$$ 式中： i——牲畜各子项，包括大牲畜、猪、羊、家禽； $G_{\mathrm{sCOD}i}$——各子项的 COD 产生量，kg； $E_{\mathrm{sCOD}i}$——各子项的 COD 产生系数，kg/头； $S_{\mathrm{s}i}$——各子项的头数，头； G_{sCOD}——牲畜的 COD 产生量，kg

表 16-5 生产用水系统（工业、服务业）相关公式

项目	工业	服务业
用水量	$C_{gi} = E_{gi} \times M_{gi}$ $C_g = \sum_{i=1}^{3} C_{gi}$ 式中： i——工业各子项，包括 13 个行业； C_{gi}——各子项的用水量，m^3； E_{gi}——各子项的单位工业增加值用水系数，m^3/万元； M_{gi}——各子项的工业增加值，万元； C_g——工业用水量，m^3	$C_f = E_f \times P_c$ 式中： C_f——服务业用水量，m^3； E_f——服务业人均用水量，m^3/人； P_c——城镇人口，人
取水量	$C'_{gi} = \frac{C_{gi} \times (1 - R'_g)}{1 + R_{gi}}$ $C'_g = \sum_{i=1}^{13} C'_{gi}$ 式中： C'_{gi}——各子项的取水量，m^3； C_{gi}——各子项的用水量，m^3； R_{gi}——各子项的工业重复用水率； R'_g——各子项的深度再生水利用率； C'_g——工业取水量，m^3	$C'_f = C_f \times (1 - R_{fr})$ 式中： C'_f——服务业取水量，m^3； C_f——服务业用水量，m^3； R_{fr}——服务业深度再生水回用率
污水产生量	$G_{gi} = C_{gi} \times (1 - R_g)$ $G_g = \sum_{i=1}^{13} G_{gi}$ 式中： G_{gi}——各子项的污水产生量，m^3； C_{gi}——各子项的用水量，m^3； R_g——工业耗水系数； G_g——工业污水产生量，m^3	$G_f = C_f \times (1 - R_{fr}) \times (1 - R_c)$ 式中： G_f——服务业污水产生量，m^3； C_f——服务业用水量，m^3； R_{fr}——服务业深度再生水回用率； R_c——城镇耗水系数
污染物产生量	$G_{gCODi} = E_{gCODi} \times M_{gi}$ $G_{gCOD} = \sum_{i=1}^{13} G_{gCODi}$ 式中： G_{gCODi}——各子项的 COD 产生量，kg； E_{gCODi}——各子项的 COD 产生系数，kg /万元； M_{gi}——各子项的工业增加值，万元； G_{gCOD}——工业 COD 产生量，kg	$G_{fCOD} = P_c \times E_{fCOD}$ 式中： G_{fCOD}——服务业 COD 产生量，kg； P_c——城镇人口，人； E_{fCOD}——服务业 COD 产生系数，kg/人

表 16-6　水处理系统和水再生系统相关公式

项目	生活		生产			
			农业			
	城镇生活	农村生活	农林业	畜牧业	工业	服务业
污水排放量	①集中式污水处理设施处理后排入河道 $D_{c1}=G_c\times\eta$ 式中： D_{c1}——该情况下城镇生活污水排放量，m^3； G_c——城镇生活污水产生量，m^3； η——城镇生活污水处理率 ②未处理直接排入河道 $D_{c2}=G_c\times(1-\eta)$ 式中： D_{c2}——该情况下城镇生活污水排放量，m^3； G_c——城镇生活污水产生量，m^3； η——城镇生活污水处理率	①未经处理直接排入河道 $D_r=G_r$ 式中： D_r——农村生活污水排放量，m^3； G_r——农村生活污水产生量，m^3	①未经处理直接排入河道 $D_p=G_p$ 式中： D_p——农林业废水排放量，m^3； G_p——农林业废水产生量，m^3	①自行处理排入河道 $D_s=G_s$ 式中： D_s——畜牧业废水排放量，m^3； G_s——畜牧业废水产生量，m^3	①集中式污水处理设施处理后排入河道 $D_{g1}=G_g\times\gamma$ 式中： D_{g1}——该情况下工业污水排放量，m^3； G_g——工业污水产生量，m^3； γ——工业污水进集中式污水处理设施处理的比例 ②自行处理排入河道 $D_{g2}=G_g\times(1-\gamma)$ 式中： D_{g2}——该情况下工业污水排放量，m^3； G_g——工业污水产生量，m^3； γ——工业污水进集中式污水处理设施处理的比例	①集中式污水处理设施处理后排入河道 $D_{f1}=G_f\times\eta$ 式中： D_{f1}——该情况下服务业污水排放量，m^3； G_f——服务业污水产生量，m^3； η——城镇生活污水处理率 ②未经处理直接排入河道 $D_{f2}=G_f\times(1-\eta)$ 式中： D_{f2}——该情况下服务业污水排放量，m^3； G_f——服务业污水产生量，m^3； η——城镇生活污水处理率

<table>
<tr><th rowspan="3">项目</th><th colspan="2">生活</th><th colspan="4">生产</th></tr>
<tr><th rowspan="2">城镇生活</th><th rowspan="2">农村生活</th><th colspan="2">农业</th><th rowspan="2">工业</th><th rowspan="2">服务业</th></tr>
<tr><th>农林业</th><th>畜牧业</th></tr>
<tr><td>污染物排放量</td>
<td>①集中式污水处理设施处理后排入河道
$D_{cCOD1}=D_{c1}\times C$
式中：
D_{cCOD1}——该情况下城镇生活COD排放量，kg；
D_{c1}——该情况下城镇生活污水排放量，m^3；
C——污水处理设施排入河道的浓度，kg/m^3
②未处理直接排入河道
$D_{cCOD2}=D_{c2}\times C_c$
式中：
D_{cCOD2}——该情况下城镇生活COD排放量，kg；
D_{c2}——该情况下城镇生活污水排放量，m^3；
C_c——城镇生活COD产生浓度，kg/m^3</td>
<td>①未经处理直接排入河道
$D_{rCOD}=G_{rCOD}$
式中：
D_{rCOD}——农村生活COD排放量，kg；
G_{rCOD}——农村生活COD产生量，kg</td>
<td>①未经处理直接排入河道
$D_{pCOD}=G_{pCOD}$
式中：
D_{pCOD}——农林业COD排放量，kg；
G_{pCOD}——农林业COD产生量，kg</td>
<td>①自行处理排入河道
$D_{sCODi}=G_{sCODi}\times[1-a-(1-a)\times R_{bi}\times R'_{bCOD}]$
$D_{sCOD}=\sum_{I=1}^{4}D_{sCODi}$
式中：
i——畜牧业各子项，包括大牲畜、猪、羊、家禽；
D_{sCODi}——各子项的COD排放量，kg；
G_{sCODi}——各子项的COD产生量，kg；
a——牲畜养殖干法工艺比例；
R_{bi}——各子项的废水处理率；
R'_{bCOD}——牲畜养殖废水生化处理COD去除率；
D_{sCOD}——畜牧业的COD排放量，kg</td>
<td>①集中式污水处理设施处理后排入河道
$D_{gCOD1}=D_{g1}\times C$
式中：
D_{gCOD1}——该情况下工业COD排放量，kg；
D_{g1}——该情况下工业污水排放量，m^3；
C——污水处理设施排入河道的浓度，kg/m^3
②自行处理排入河道
$D_{gCOD2}=D_{g2}\times C_g$
式中：
D_{gCOD2}——该情况下工业COD排放量，kg；
D_{g2}——该情况下工业污水排放量，m^3；
C_g——工业COD产生浓度，kg/m^3</td>
<td>①集中式污水处理设施处理后排入河道
$D_{fCOD1}=D_{f1}\times C$
式中：
D_{fCOD1}——该情况下服务业COD排放量，kg；
D_{f1}——该情况下服务业污水排放量，m^3；
C——污水处理设施排入河道的浓度，kg/m^3
②未经处理直接排入河道
$D_{fCOD2}=D_{f2}\times C_f$
式中：
D_{fCOD2}——该情况下服务业COD排放量，kg；
D_{f2}——该情况下服务业污水排放量，m^3；
C_f——服务业COD产生浓度，kg/m^3</td></tr>
</table>

16.1.5 基于水环境承载力的区域社会经济发展规模结构优化调控模型

本研究采用水质-水量二维矢量模的综合表征方法[如式（16-1）～式（16-4）所示]，求解地区水环境的水资源供给能力和对水污染的承受能力；进一步，以此作为约束条件，采用人口规模和经济规模的综合表征方法[如式（16-5）～式（16-8）所示]，求解地区水环境能够承载的人口规模和经济规模，寻求最优发展方案。

（1）可利用新鲜水量

$$W_1 = \alpha_S \times W_S + \alpha_G \times W_G + W_Y \tag{16-1}$$

式中：W_1——可利用新鲜水量；

W_S——地表水资源量；

W_G——地下水资源量；

W_Y——区外调水量；

α_S——地表水的开发率；

α_G——地下水的开发率。

（2）可利用二级再生水量

$$W_2 = W_{2r} \times \beta \tag{16-2}$$

式中：W_2——可利用二级再生水量；

W_{2r}——二级再生水处理能力；

β——出水率，一般取 0.8。

（3）可利用深度再生水量

$$W_3 = W_{3r} \times \beta \tag{16-3}$$

式中：W_3——可利用深度再生水量；

W_{3r}——深度再生水处理能力；

β——出水率，一般取 0.8。

（4）COD 允许排放量

可用公式计算，在实际研究中，可通过国家或地方的总量控制指标直接获取 COD 允许排放量。

$$E = C_S \times e^{kx/u} \times (Q_R + Q_E) - Q_R C_R \tag{16-4}$$

式中：E——COD 允许排放量；

C_S——COD 水质标准；

k——COD 降解系数；

x——与污染源的距离；

u——流速；

Q_R——上游来水的流量；

C_R——上游来水的 COD 浓度；

Q_E——污水流量。

（5）可承载的人口

$$
\begin{aligned}
P_{i+1} &= \frac{1}{\eta_{i+1}} \times P_{c(i+1)} = \frac{1}{\eta_{i+1}} \times [P_{ci} \times (1+\varphi_{i+1})] = \\
&\frac{1}{\eta_{i+1}} \left\{ P_{ci} \times [1+\min(\varphi_{(i+1)1}, \varphi_{(i+1)2}, \varphi_{(i+1)3}, \varphi_{(i+1)4})] \right\} \\
\varphi_{(i+1)1} &= \frac{W_{(i+1)1} - W'_{(i+1)1}}{W'_{(i+1)1}}, \ \varphi_{(i+1)2} = \frac{W_{(i+1)2} - W'_{(i+1)2}}{W'_{(i+1)2}} \\
\varphi_{(i+1)3} &= \frac{W_{(i+1)3} - W'_{(i+1)3}}{W'_{(i+1)3}}, \ \varphi_{(i+1)4} = \frac{E_{(i+1)} - E'_{(i+1)}}{E'_{(i+1)}}
\end{aligned}
\tag{16-5}
$$

式中：P_{i+1}——第 i+1 年可承载的人口；

η_{i+1}——第 i+1 年的城市化率；

P_{ci}——第 i 年可承载的城市人口；

φ_{i+1}、$\varphi_{(i+1)1}$、$\varphi_{(i+1)2}$、$\varphi_{(i+1)3}$ 和 $\varphi_{(i+1)4}$——第 i+1 年水质水量调整因子、新鲜水量调整因子、二级再生水量调整因子、深度再生水量调整因子和 COD 调整因子；

$W_{(i+1)1}$、$W_{(i+1)2}$、$W_{(i+1)3}$、和 $E_{(i+1)}$——可利用新鲜水量、可利用二级再生水量、可利用深度再生水量和 COD 允许排放量；

$W'_{(i+1)1}$、$W'_{(i+1)2}$、$W'_{(i+1)3}$、$E'_{(i+1)}$——新鲜水取水量、二级再生水取水量、深度再生水取水量和 COD 排放量。

（6）可承载的灌溉面积

$$
S_{p(i+1)} = S_{pi} \times (1+\varphi_{i+1}) = S_{pi} \times [1+\min(\varphi_{(i+1)1}, \varphi_{(i+1)2}, \varphi_{(i+1)3}, \varphi_{(i+1)4})] \tag{16-6}
$$

式中：$S_{p(i+1)}$和 S_{pi}——第 i+1 年和第 i 年可承载的灌溉面积。

（7）可承载的牲畜头数

$$S_{s(i+1)} = S_{si} \times (1+\varphi_{i+1}) = S_{si} \times [1+\min(\varphi_{(i+1)1}, \varphi_{(i+1)2}, \varphi_{(i+1)3}, \varphi_{(i+1)4})] \quad (16\text{-}7)$$

式中：$S_{s(i+1)}$和 S_{si} —— 第 i+1 年和第 i 年可承载的牲畜头数。

（8）可承载的工业增加值

$$M_{g(i+1)} = M_{gi} \times (1+\varphi_{i+1}) = M_{gi} \times [1+\min(\varphi_{(i+1)1}, \varphi_{(i+1)2}, \varphi_{(i+1)3}, \varphi_{(i+1)4})] \quad (16\text{-}8)$$

式中：$M_{g(i+1)}$和 M_{gi}——第 i+1 年和第 i 年可承载的工业增加值。

在模型中，水环境的水资源供给能力用新鲜水量、二级再生水量、深度再生水量表示，水环境对水污染的承受能力用 COD 允许排放量表示，人口规模用可承载的人口表示，经济规模用可承载的灌溉面积、可承载的牲畜头数、可承载的工业增加值表示（如图 16-17 所示）。

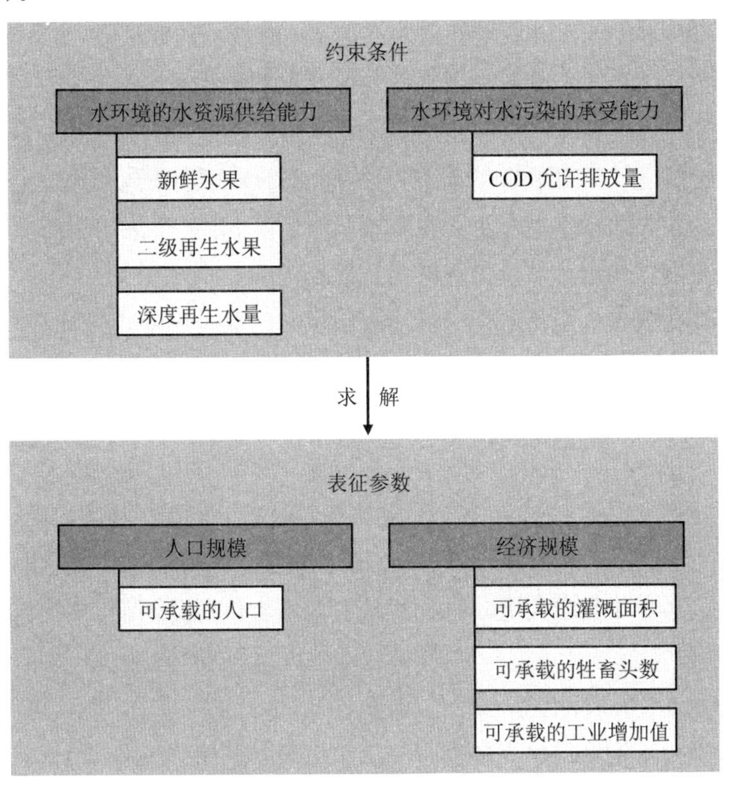

图 16-17　基于水代谢的城市水环境承载力模型逻辑结构

如图 16-18 所示，水环境承载力的表征参数的计算流程为：假设第 i+1 年的表征参数（如灌溉面积）等于第 i 年的灌溉面积。将第 i+1 年的灌溉面积代入水代谢模型，同时将

给定情景下第 i+1 年的水资源利用强度和水污染排放负荷也代入水代谢模型，即可计算出假设条件和给定情景下第 i+1 年农业灌溉所需的水资源利用量（包括新鲜水、深度再生水、二级再生水）以及农业污染物排放量。将其与该情景下第 i+1 年的水资源供给量和污染物允许排放量进行比较，即进行需求和供给的对比，计算出如下 4 个调整因子：

新鲜水量调整因子=（优质水供给量–新鲜水取水量）/新鲜水取水量　　(16-9)

深度再生水量调整因子=（深度再生水供给量–深度再生水利用量）/深度再生水利用量　　(16-10)

二级再生水量调整因子=（二级再生水供给量–二级再生水利用量）/二级再生水利用量　　(16-11)

COD 调整因子=（COD 允许排放量–COD 排放量）/COD 排放量　　(16-12)

由于要在水质、水量的双重约束下求解水环境能够承载的人口规模和经济规模，需要在新鲜水、深度再生水、二级再生水、COD 中寻找对水环境约束最大、最能限制人口规模和经济规模的因子，体现出多因素条件下水环境承载力的短板效应。因此，选取 4 个调整因子的最小值作为约束水环境承载力的水质水量调整因子：

水质水量调整因子 = min（新鲜水量调整因子，深度再生水量调整因子，二级再生水量调整因子，COD 调整因子）　　(16-13)

之前的计算结果是假设第 i+1 年的灌溉面积等于第 i 年的灌溉面积而得的，此时就要利用水质水量调整因子对这个假设值进行修正：

第 i+1 年的表征参数=第 i 年的表征参数×（1+水质水量调整因子）　　(16-14)

经过水质水量因子调整后，此时模型返回的数值才为第 i+1 年的表征参数。利用此值可进行下一年度的计算，即假设第 i+2 年的表征参数等于第 i+1 年的表征参数，进行下一轮的求解。

根据以上计算可见，第 i+1 年的水环境承载力取决于当年水环境的供给和需求两个方面，如果第 i+1 年的供给和需求与第 i 年一致，则第 i+1 年的水环境承载力也等于第 i 年的水环境承载力。如果其后所有年份的供给和需求继续保持不变，则水环境承载力也会稳定不变。

事实上，由于技术水平和经济水平的提高，人们总会采取手段，提高水环境的水资源供给能力和水环境对水污染的承受能力、降低水资源的利用强度和减少水污染的排放负荷，以提高水环境承载力，提高生活水平和促进经济发展。

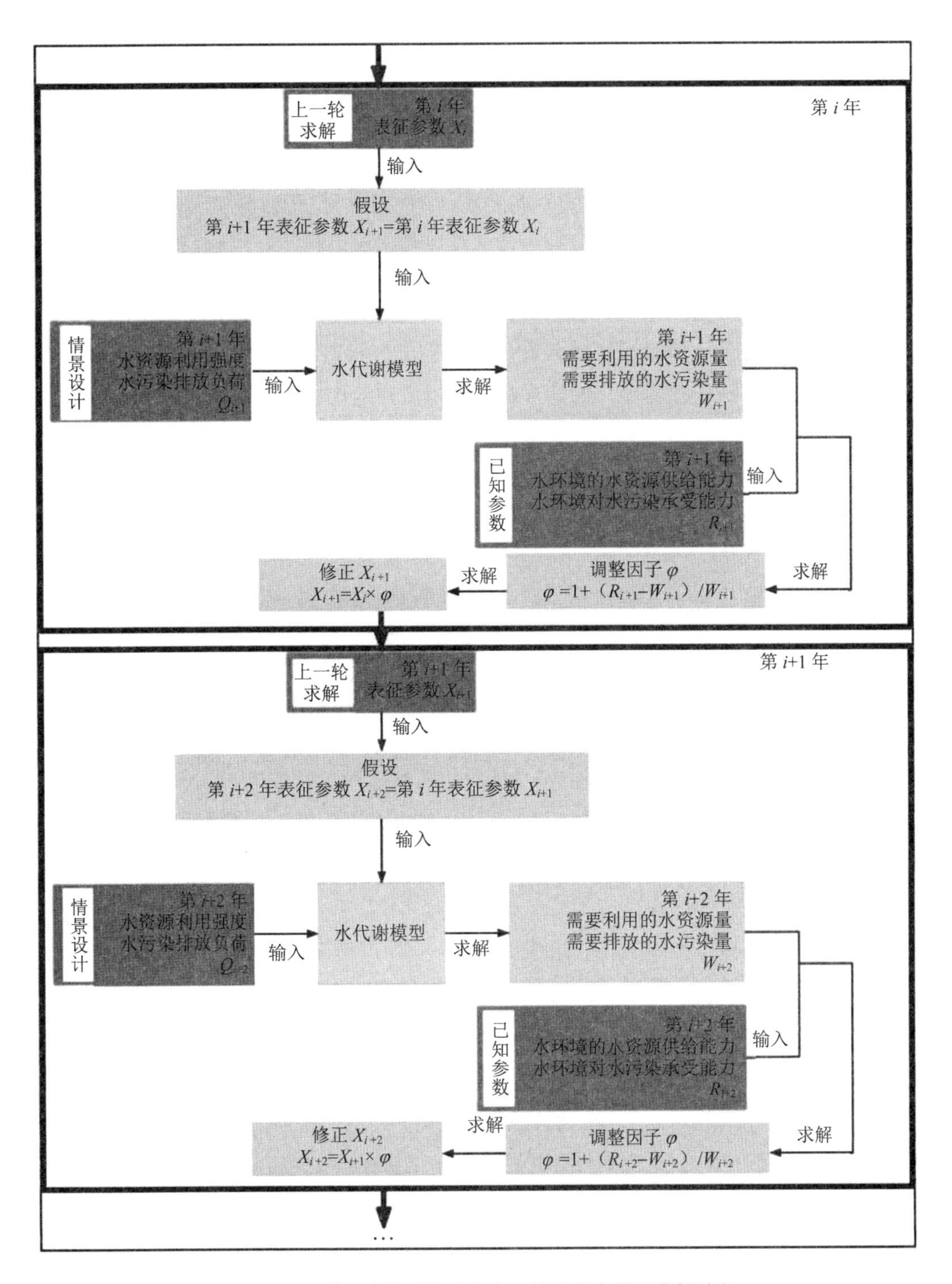

图 16-18 基于水代谢的城市水环境承载力模型求解流程

16.2 基于社会-经济-水环境-水资源系统的优化调控方法

16.2.1 基于社会-经济-水环境-水资源系统的水环境承载力动态调控模型

本方法从社会-经济-水环境-水资源系统的结构和功能模拟入手，建立社会-经济-水环境-水资源系统动态仿真模型，然后分别设计 BAU、规划和技术进步 3 种不同的发展情景并进行模拟，分析预测不同情景下的水环境承载力承载状态；进而在此基础上构建水环境承载力不确定多目标优化模型，确定水环境所能承载的人口、经济规模及产业结构。

本方法将系统分为人口、经济、水资源和水环境 4 个子系统进行研究，根据其因果关系，确定出各子系统的主要变量，分别建立各子系统的系统动力学模型；然后根据各子系统之间的关系，建立整个社会-经济-水环境-水资源系统的系统动力学模型。

（1）人口子系统

人口子系统是整个模型的核心组成部分之一，它与其他子系统之间有密切的联系。一方面，为经济发展提供劳动力；另一方面，居民生活需要消耗水资源以及向环境中排放污染物。在模型中，将总人口分为城镇人口和农村人口两部分。主要考虑常住人口，常住人口指实际经常居住在某地区一定时间（指半年以上）的人口。主要包括：①除离开本地半年以上（不包括在国外工作或学习的人）的全部常住本地的户籍人口；②户口在外地，但在本地居住半年以上的人口，或离开户口地半年以上而调查时在本地居住的人口；③调查时居住在本地，但在任何地方都没有登记常住户口的人口。

（2）经济子系统

经济子系统也是整个模型的核心组成部分之一。生产活动为整个区域带来经济效益，提供消费产品和就业机会；同时，经济的发展也需要消耗水资源和能源，并向环境排放污染物。在模型中，按照社会经济统计分类，将经济子系统分为第一产业、第二产业和第三产业 3 个模块。其中，第一产业包括种植业、畜牧业、林业、渔业和农林牧渔服务业；第二产业包括工业和建筑业两部分。在设计模型结构时，又将工业划分为非金属矿采选业、食品饮料制造业、烟草制品业、纺织及皮革制品业、造纸及纸制品业、印刷文教业、医药业、化工行业、非金属矿物制品业、冶金业、装备制造业、通信设备、计算机及其他电子设备制造业、电力和热力的生产供应业、燃气与水生产供应业、其他采矿业和其他行业等 17 个行业。

（3）水资源子系统

水资源子系统为其他系统提供水资源的持续支撑，支持着人口子系统的生命生存和经济子系统的产业发展，同时作为水生态的载体，水资源是水生态服务功能得以发挥的物质基础。总体而言，水资源子系统有其自然属性的功能，如组成水生态系统的核心物质、支撑生态系统发展并成为系统中物质、信息和能量传递的载体等；也有其社会属性功能，如为人类所开发利用、为生产生活提供可利用水资源。水资源的丰裕或短缺除了影响人类的生产生活、促进或制约产业发展，还将对生态环境功能造成影响。

（4）水环境子系统

水环境子系统分为污染产生和污染处理两个模块。居民生活和社会生产产生的污染物不断地被排放至水环境中，这类排放既有未经处理削减的直接排放，也有经过污染防治措施处理后的剩余污染物排放。社会经济的发展一方面可以提高污染物的收集处理率，另一方面也可以依靠提高技术水平、进行更多投资、提高排放标准等各类手段削减更多的污染物，以降低剩余污染物排放。水环境的污染将危及人口子系统中的人类健康，提高死亡率，降低迁入率，同时也会提高社会经济供用水的成本，制约生产发展。

根据以上分析，综合考虑子系统组成要素和要素之间的联系，形成系统的因果反馈回路（如图 16-19 所示）。

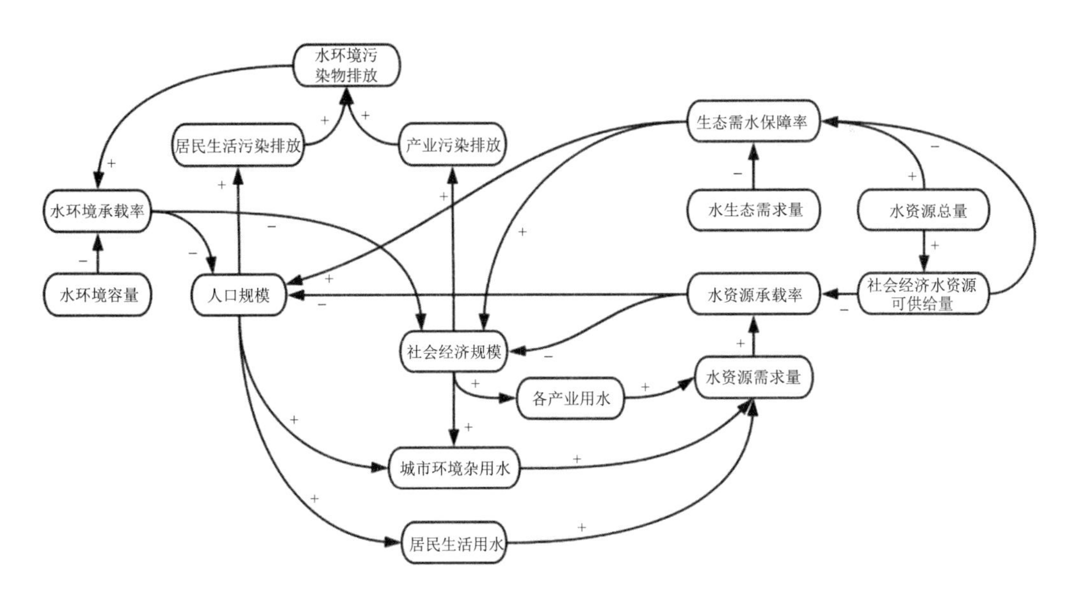

图 16-19 系统因果反馈回路

16.2.2 区域社会经济发展规模结构的优化调控方法

16.2.2.1 不确定多目标优化方法概述

在实际应用中，经常遇到需要尽可能使数个目标都达到最优的优化问题。例如在设计和研发新的产品时，不仅希望产品有好的性能，又需要其制造成本低廉，还需要考虑产品的可靠性以及外观是否吸引人等因素，这些目标的提高也许相互抵触，譬如好的性能会引起成本的升高，所以有必要在这些目标之间选取折中结果。这种多个目标在确定区域上的最优化问题就是多目标优化问题（Multi-objective Optimization Problem，MOP）。1968 年，康丁里（B. Contini）提出了不确定条件下的多目标规划方法，是直接引入区间数到一般多目标模型中，而省略参数的概率分布情况（Contini，1968）。此方法在许多环境规划、土地规划中已取得了较好的应用。加拿大里贾纳大学的黄国和团队在不确定性多目标规划方法方面开展了较多的研究。Huang 等（1997）建立灰色整数规划模型（GIP），该方法使不确定性信息在优化过程和求解结果中可以被有效地利用，并且没有更复杂的中间模型，对计算要求较低。Wu 等（1997）提出了不确定模糊多目标规划模型（IFMOP），成功应用在洱海流域水污染控制规划研究中。Huang（1998）提出了不确定性随机水资源管理模型（SWM），在农业系统中的水质管理研究中成功应用。

目前，多目标优化方法已经成功应用于多个领域，例如能源系统优化（Ahmadi et al.，2013）、工业生产过程优化（Ganjehkaviri et al.，2014）、能源消费预测与优化（Wu et al.，2013）、基于环境承载力的排污权分配（Huang et al.，2014）、水资源配置（Lv et al.，2012）、固体废弃物管理（Xi et al.，2010）、人力资源调度模型（Shahnazari-Shahrezaei et al.，2013）、供应链优化（Sabri et al.，2000）和基于水资源约束的产业结构优化（Gu et al.，2013）等。作为环境系统功能结构表征的环境承载力是由多个分量构成的，且总是存在许多不确定性，因此在研究环境承载力时选择不确定性多目标优化方法（Inexact fuzzy multi-objective programming，IFMOP）会更为有效，IFMOP 允许将不确定性作为区间直接引入规划流程中（Huang，1996）。该方法已成功地应用于工程应用，如在区域发展规划（Zou et al.，2000）、区域产业优化（Zhou et al.，2013）、城市环境承载力分析（Li，2012）和环境经济管理（Li et al.，2010）等方面。

一般 IFMOP 模型可以归结如下：

$$\min f_k^{\pm} = C_k^{\pm} X^{\pm}, \quad k = 1,2,\cdots,p \tag{16-15}$$

$$\max f_l^{\pm} = C_l^{\pm} X^{\pm}, \quad l = p+1, p+2,\cdots,q \tag{16-16}$$

$$A_i^{\pm} X^{\pm} \leqslant b_i^{\pm}, \quad i = 1,2,\cdots,m \tag{16-17}$$

$$A_j^{\pm}X^{\pm} \geqslant b_j^{\pm}, \quad j = m+1, m+2, \cdots, n \tag{16-18}$$

$$X^{\pm} \geqslant 0 \tag{16-19}$$

式中：$X^{\pm} \in \{\mathfrak{R}^{\pm}\}^{t \times l}$，$C_k^{\pm} \in \{\mathfrak{R}^{\pm}\}^{l \times t}$，$C_l^{\pm} \in \{\mathfrak{R}^{\pm}\}^{l \times t}$，$A_i^{\pm} \in \{\mathfrak{R}^{\pm}\}^{l \times t}$，$A_j^{\pm} \in \{\mathfrak{R}^{\pm}\}^{l \times t}$，$\mathfrak{R}^{\pm}$ 为不确定数的集合。

16.2.2.2 区域社会经济发展规模结构多目标优化模型

针对区域内发展因子和限制因子的特点，构建水环境承载力不确定多目标优化模型，设置目标函数和约束条件，目标函数包括区域经济总收益和人口规模两部分，约束条件考虑环境容量及水资源等水环境承载力分量约束、产值约束以及人均 GDP 约束等。构建模型如下。

（1）目标函数

$$\begin{aligned}
\max F = & \sum_{j=1}^{m}\left(\mathrm{SLAD}_j^{\pm}\right) + \sum_{l=1}^{n}\left(\mathrm{PLAD}_l^{\pm}\right) + \mathrm{TIAD}^{\pm} \\
& -\Bigg[\sum_{j=1}^{m}\left(\mathrm{SIAD}_j^{\pm}\right)\left(\mathrm{SIWWG}_j^{\pm}\right)\left(\mathrm{SIWWR}_j^{\pm}\right)\left(\mathrm{SIWWTR}_j^{\pm}\right)\left(1-\mathrm{SIWWTRR}_j^{\pm}\right) \\
& \left(\mathrm{SIWWTC}_j^{\pm}\right) + \sum_{l=1}^{n}\left(\mathrm{PIAD}_l^{\pm}\right)\left(\mathrm{PIWWG}_l^{\pm}\right)\left(\mathrm{PIWWR}_l^{\pm}\right)\left(\mathrm{PIWWTR}_1^{\pm}\right) \\
& \left(1-\mathrm{PIWWTRR}_l^{\pm}\right)\left(\mathrm{PIWWTC}_l^{\pm}\right) + \left(\mathrm{TIAD}^{\pm}\right)\left(\mathrm{TIWWG}^{\pm}\right)\left(\mathrm{TIWWR}^{\pm}\right) \\
& \left(\mathrm{TIWWTR}^{\pm}\right)\left(1-\mathrm{TIWWTRR}^{\pm}\right)\left(\mathrm{TIWWTC}^{\pm}\right)\Bigg] \\
& -\Bigg[\sum_{j=1}^{m}\left(\mathrm{SIAD}_j^{\pm}\right)\left(\mathrm{SIWWG}_j^{\pm}\right)\left(\mathrm{SIWWR}_j^{\pm}\right)\left(\mathrm{SIWWTR}_j^{\pm}\right)\left(\mathrm{SIWWTRR}_j^{\pm}\right)\left(\mathrm{SIWWRTC}_j^{\pm}\right) \\
& +\sum_{l=1}^{n}\left(\mathrm{PIAD}_l^{\pm}\right)\left(\mathrm{PIWWG}_l^{\pm}\right)\left(\mathrm{PIWWR}_l^{\pm}\right)\left(\mathrm{PIWWTR}_l^{\pm}\right)\left(\mathrm{PIWWTRR}_l^{\pm}\right)\left(\mathrm{PIWWRTC}_l^{\pm}\right) \\
& +\left(\mathrm{TIAD}^{\pm}\right)\left(\mathrm{TIWWG}^{\pm}\right)\left(\mathrm{TIWWR}^{\pm}\right)\left(\mathrm{TIWWTR}^{\pm}\right)\left(\mathrm{TIWWTRR}^{\pm}\right)\left(\mathrm{TIWWRTC}^{\pm}\right)\Bigg] \\
& -\frac{1}{p^{\pm}}\left[\sum_{j=1}^{m}\left(\mathrm{SIAD}_j^{\pm}\right)\left(\mathrm{SIEP}_{\mathrm{PUO}j}^{\pm}\right) + \sum_{l=1}^{n}\left(\mathrm{PIAD}_l^{\pm}\right)\left(\mathrm{PIEP}_{\mathrm{PUO}l}^{\pm}\right) + \left(\mathrm{TIAD}^{\pm}\right)\left(\mathrm{TIEP}_{\mathrm{PUO}}^{\pm}\right)\right] \\
& \left(\mathrm{UR}^{\pm}\right)\left(\mathrm{UDSD}_{\mathrm{PC}}^{\pm}\right)\left(\mathrm{UDSTR}_{\mathrm{STP}}^{\pm}\right)\left(1-\mathrm{UWWRR}_{\mathrm{STP}}^{\pm}\right)\left(\mathrm{UWWTC}_{\mathrm{STP}}^{\pm}\right)
\end{aligned}$$

$$-\frac{1}{p^{\pm}}\left[\sum_{j=1}^{m}\left(\mathrm{SIAD}_{j}^{\pm}\right)\left(\mathrm{SIEP}_{\mathrm{PUO}j}^{\pm}\right)+\sum_{l=1}^{n}\left(\mathrm{PIAD}_{j}^{\pm}\right)\left(\mathrm{PIEP}_{\mathrm{PUO}j}^{\pm}\right)+\left(\mathrm{TIAD}^{\pm}\right)\left(\mathrm{TIEP}_{\mathrm{PUO}}^{\pm}\right)\right]$$
$$\left(\mathrm{UR}^{\pm}\right)\left(\mathrm{UDSD}_{\mathrm{PC}}^{\pm}\right)\left(\mathrm{UDSTR}_{\mathrm{STP}}^{\pm}\right)\left(\mathrm{UWWRR}_{\mathrm{STP}}^{\pm}\right)\left(\mathrm{UWWRTC}_{\mathrm{STP}}^{\pm}\right)$$

$$-\frac{1}{p^{\pm}}\left[\sum_{j=1}^{m}\left(\mathrm{SIAD}_{j}^{\pm}\right)\left(\mathrm{SIEP}_{\mathrm{PUO}j}^{\pm}\right)+\sum_{l=1}^{n}\left(\mathrm{PIAD}_{j}^{\pm}\right)\left(\mathrm{PIEP}_{\mathrm{PUO}j}^{\pm}\right)+\left(\mathrm{TIAD}^{\pm}\right)\left(\mathrm{TIEP}_{\mathrm{PUO}}^{\pm}\right)\right]$$
$$\left(1-\mathrm{UR}^{\pm}\right)\left(\mathrm{RDSD}_{\mathrm{PC}}^{\pm}\right)\left(\mathrm{RDSTR}_{\mathrm{STP}}^{\pm}\right)\left(\mathrm{RWWTC}_{\mathrm{STP}}^{\pm}\right)$$

（16-20）

式中：$\mathrm{SLAD}_{j}^{\pm}$——第二产业第 j 行业的增加值，亿元/a；

$\mathrm{PLAD}_{l}^{\pm}$——第一产业第 l 行业的增加值，亿元/a；

$\mathrm{TIAD}^{\pm}$——第三产业的增加值，亿元/a；

$\mathrm{SIWWG}_{j}^{\pm}$——第二产业第 j 行业单位 GDP 废水产生量，t/万元；

$\mathrm{SIWWR}_{j}^{\pm}$——第二产业第 j 行业废水排放率；

$\mathrm{SIWWTR}_{j}^{\pm}$——第二产业第 j 行业废水处理率；

$\mathrm{SIWWTRR}_{j}^{\pm}$——第二产业第 j 行业处理水回用率；

$\mathrm{SIWWTC}_{j}^{\pm}$——第二产业第 j 行业处理废水单位处理费用，万元/t

$\mathrm{PIWWG}_{l}^{\pm}$——第一产业第 l 行业单位 GDP 废水产生量，t/万元；

$\mathrm{PIWWR}_{l}^{\pm}$——第一产业第 l 行业废水排放率；

$\mathrm{PIWWTR}_{l}^{\pm}$——第一产业第 l 行业废水处理率；

$\mathrm{PIWWTRR}_{l}^{\pm}$——第一产业第 l 行业处理水回用率；

$\mathrm{PIWWTC}_{l}^{\pm}$——第一产业第 l 行业处理废水单位处理费用，万元/t；

$\mathrm{TIWWG}^{\pm}$——第三产业单位 GDP 废水产生量，t/万元；

$\mathrm{TIWWR}^{\pm}$——第三产业废水排放率；

$\mathrm{TIWWTR}^{\pm}$——第三产业废水处理率；

$\mathrm{TIWWTRR}^{\pm}$——第三产业处理水回用率；

$\mathrm{TIWWTC}^{\pm}$——第三产业处理废水单位处理费用，万元/t

$\mathrm{SIWWRTC}_{j}^{\pm}$——第二产业第 j 行业回用废水单位处理费用，万元/t；

$\mathrm{PIWWRTC}_{l}^{\pm}$——第一产业第 l 行业回用废水单位处理费用，万元/t；

$\mathrm{TIWWRTC}^{\pm}$——第三产业回用废水单位处理费用，万元/t；

$p^{\pm}$——研究区域就业人口占全区域总人口的比例；

$\mathrm{SIEP}_{\mathrm{PUO}j}^{\pm}$——第二产业第 j 个行业单位产值从业人员数，人/万元；

$\mathrm{PIEP}_{\mathrm{PUO}l}^{\pm}$——第一产业第 l 个行业单位产值从业人员数，人/万元；

$\mathrm{TIEP}_{\mathrm{PUO}}^{\pm}$——第三产业单位产值从业人员数，人/万元；

$\mathrm{UR}^{\pm}$——城镇化率；

$\mathrm{UDSD}_{\mathrm{PC}}^{\pm}$——城市人均年生活污水排放量，t/人；

$\mathrm{UDSTR}_{\mathrm{STP}}^{\pm}$——城市污水处理厂生活污水收集处理率；

$\mathrm{UWWRR}_{\mathrm{STP}}^{\pm}$——城市污水处理厂生活污水回用率；

$\mathrm{UWWTC}_{\mathrm{STP}}^{\pm}$——城市污水处理厂生活污水单位处理费用，万元/t；

$\mathrm{UWWRTC}_{\mathrm{STP}}^{\pm}$——城市污水处理厂生活回用污水单位处理费用，万元/t；

$\mathrm{RDSD}_{\mathrm{PC}}^{\pm}$——农村人均年生活污水排放量，t/人；

$\mathrm{RDSTR}_{\mathrm{STP}}^{\pm}$——农村污水处理厂生活污水收集处理率；

$\mathrm{RWWTC}_{\mathrm{STP}}^{\pm}$——农村污水处理厂生活污水单位处理费用，万元/t。

人口目标主要考虑总人口与就业人口的比值同三次产业从业人口总数乘积的最大化。

$$\max P=\sum_{j=1}^{m}\frac{1}{p^{\pm}}\left(\mathrm{SIAD}_{j}^{\pm}\right)\left(\mathrm{SIEP}_{\mathrm{PUO}j}^{\pm}\right)+\sum_{l=1}^{n}\frac{1}{p^{\pm}}\left(\mathrm{SPIAD}_{l}^{\pm}\right)\left(\mathrm{PIEP}_{\mathrm{PUO}l}^{\pm}\right)+\frac{1}{p^{\pm}}\left(\mathrm{TIAD}^{\pm}\right)\left(\mathrm{TIEP}_{\mathrm{PUO}}^{\pm}\right) \tag{16-21}$$

（2）约束条件

COD 环境容量约束：

$$\begin{aligned}
&\sum_{j=1}^{m}\left(\mathrm{SIAD}_{j}^{\pm}\right)\left(\mathrm{SICOD}_{j}^{\pm}\right)\left(1-\mathrm{UCODRR}_{\mathrm{STP}}^{\pm}\right)+\sum_{l=1}^{n}\left(\mathrm{PIAD}_{l}^{\pm}\right)\left(\mathrm{PICOD}_{l}^{\pm}\right)\\
&\left(1-\mathrm{UCODRR}_{\mathrm{STP}}^{\pm}\right)+\left(\mathrm{TIAD}^{\pm}\right)\left(\mathrm{TICOD}^{\pm}\right)\left(1-\mathrm{UCODRR}_{\mathrm{STP}}^{\pm}\right)\\
&+\frac{1}{p^{\pm}}\left[\sum_{j=1}^{m}\left(\mathrm{SIAD}_{j}^{\pm}\right)\left(\mathrm{SIEP}_{\mathrm{PUO}j}^{\pm}\right)+\sum_{l=1}^{n}\left(\mathrm{PIAD}_{l}^{\pm}\right)\left(\mathrm{PIEP}_{\mathrm{PUO}l}^{\pm}\right)+\left(\mathrm{TIAD}^{\pm}\right)\left(\mathrm{TIEP}_{\mathrm{PUO}}^{\pm}\right)\right]\\
&\left(\mathrm{UR}^{\pm}\right)\left(\mathrm{UCOD}_{\mathrm{PC}}^{\pm}\right)\left(1-\mathrm{UCODRR}_{\mathrm{STP}}^{\pm}\right)\\
&+\frac{1}{p^{\pm}}\left[\sum_{j=1}^{m}\left(\mathrm{SIAD}_{j}^{\pm}\right)\left(\mathrm{SIEP}_{\mathrm{PUO}j}^{\pm}\right)+\sum_{l=1}^{n}\left(\mathrm{PIAD}_{l}^{\pm}\right)\left(\mathrm{PIEP}_{\mathrm{PUO}l}^{\pm}\right)+\left(\mathrm{TIAD}^{\pm}\right)\left(\mathrm{TIEP}_{\mathrm{PUO}}^{\pm}\right)\right]\\
&\left(1-\mathrm{UR}^{\pm}\right)\left(\mathrm{RCOD}_{\mathrm{PC}}^{\pm}\right)\left(1-\mathrm{RCODRR}_{\mathrm{STP}}^{\pm}\right)\\
&\leqslant \mathrm{CODECC}^{\pm}
\end{aligned} \tag{16-22}$$

NH_3-N 环境容量约束：

$$\sum_{j=1}^{m}(\mathrm{SIAD}_j^{\pm})\left(\mathrm{SICNH_3N}_j^{\pm}\right)\left(1-\mathrm{UNH_3NRR}_{\mathrm{STP}}^{\pm}\right)+\sum_{l=1}^{n}(\mathrm{PIAD}_l^{\pm})\left(\mathrm{PINH_3N}_l^{\pm}\right)$$

$$\left(1-\mathrm{UNH_3NRR}_{\mathrm{STP}}^{\pm}\right)+\left(\mathrm{TIAD}^{\pm}\right)\left(\mathrm{TINH_3N}^{\pm}\right)\left(1-\mathrm{UNH_3NRR}_{\mathrm{STP}}^{\pm}\right)$$

$$+\frac{1}{p^{\pm}}\left[\sum_{j=1}^{m}\left(\mathrm{SIAD}_j^{\pm}\right)\left(\mathrm{SIEP}_{\mathrm{PUO}j}^{\pm}\right)+\sum_{l=1}^{n}\left(\mathrm{PIAD}_l^{\pm}\right)\left(\mathrm{PIEP}_{\mathrm{PUO}l}^{\pm}\right)+\left(\mathrm{TIAD}^{\pm}\right)\left(\mathrm{TIEP}_{\mathrm{PUO}}^{\pm}\right)\right]$$

$$\left(\mathrm{UR}^{\pm}\right)\left(\mathrm{UNH_3N}_{\mathrm{PC}}^{\pm}\right)\left(1-\mathrm{UNH_3NRR}_{\mathrm{STP}}^{\pm}\right)$$

$$+\frac{1}{p^{\pm}}\left[\sum_{j=1}^{m}\left(\mathrm{SIAD}_j^{\pm}\right)\left(\mathrm{SIEP}_{\mathrm{PUO}j}^{\pm}\right)+\sum_{l=1}^{n}\left(\mathrm{PIAD}_l^{\pm}\right)\left(\mathrm{PIEP}_{\mathrm{PUO}l}^{\pm}\right)+\left(\mathrm{TIAD}^{\pm}\right)\left(\mathrm{TIEP}_{\mathrm{PUO}}^{\pm}\right)\right]$$

$$\left(1-\mathrm{UR}^{\pm}\right)\left(\mathrm{RNH_3N}_{\mathrm{PC}}^{\pm}\right)\left(1-\mathrm{RNH_3NRR}_{\mathrm{STP}}^{\pm}\right)$$

$$\leqslant \mathrm{NH_3NECC}^{\pm} \tag{16-23}$$

水资源约束：

$$\sum_{j=1}^{m}(\mathrm{SIAD}_j^{\pm})\left(\mathrm{SIWC}_j^{\pm}\right)\left(1-\mathrm{SIWRR}_j^{\pm}\right)+\sum_{l=1}^{n}(\mathrm{PIAD}_l^{\pm})\left(\mathrm{PIWC}_l^{\pm}\right)\left(1-\mathrm{PIWRR}_l^{\pm}\right)$$

$$+\left(\mathrm{TIAD}^{\pm}\right)\left(\mathrm{TIWC}^{\pm}\right)\left(1-\mathrm{TIWRR}^{\pm}\right)$$

$$+\frac{1}{p^{\pm}}\left[\sum_{j=1}^{m}\left(\mathrm{SIAD}_j^{\pm}\right)\left(\mathrm{SIEP}_{\mathrm{PUO}j}^{\pm}\right)+\sum_{l=1}^{n}\left(\mathrm{PIAD}_l^{\pm}\right)\left(\mathrm{PIEP}_{\mathrm{PUO}l}^{\pm}\right)+\left(\mathrm{TIAD}^{\pm}\right)\left(\mathrm{TIEP}_{\mathrm{PUO}}^{\pm}\right)\right]$$

$$\left(\mathrm{UR}^{\pm}\right)\left(\mathrm{UWC}_{\mathrm{PC}}^{\pm}\right)+$$

$$\frac{1}{p^{\pm}}\left[\sum_{j=1}^{m}\left(\mathrm{SIAD}_j^{\pm}\right)\left(\mathrm{SIEP}_{\mathrm{PUO}j}^{\pm}\right)+\sum_{l=1}^{n}\left(\mathrm{PIAD}_l^{\pm}\right)\left(\mathrm{PIEP}_{\mathrm{PUO}l}^{\pm}\right)+\left(\mathrm{TIAD}^{\pm}\right)\left(\mathrm{TIEP}_{\mathrm{PUO}}^{\pm}\right)\right]$$

$$\left(1-\mathrm{UR}^{\pm}\right)\left(\mathrm{RWC}_{\mathrm{PC}}^{\pm}\right)+\left(\mathrm{EEWC}\right)$$

$$\leqslant \mathrm{WS}^{\pm} \tag{16-24}$$

经济约束：

$$\mathrm{SIAD}_j^{\pm} \leqslant \mathrm{MAXSI}_j^{\pm};\ \mathrm{PIAD}_j^{\pm} \leqslant \mathrm{MAXPI}_j^{\pm};\ \mathrm{TIAD}^{\pm} \leqslant \mathrm{MAXTI}^{\pm} \tag{16-25}$$

$$\mathrm{MINSI}_j^{\pm} \leqslant \mathrm{SIAD}_j^{\pm};\ \mathrm{MINPI}_j^{\pm} \leqslant \mathrm{PIAD}_j^{\pm};\ \mathrm{MINTI}^{\pm} \leqslant \mathrm{TIAD}^{\pm} \tag{16-26}$$

人均 GDP 约束：

$$\sum_{j=1}^{m}\left(\mathrm{SIAD}_j^{\pm}\right)+\sum_{l=1}^{n}\left(\mathrm{PIAD}_l^{\pm}\right)+\mathrm{TIAD}^{\pm} \geqslant$$
$$\left[\sum_{j=1}^{m}\frac{1}{p^{\pm}}\left(\mathrm{SIAD}_j^{\pm}\right)\left(\mathrm{SIEP}_{\mathrm{PUO}j}^{\pm}\right)+\sum_{l=1}^{n}\frac{1}{p^{\pm}}\left(\mathrm{PIAD}_l^{\pm}\right)\left(\mathrm{PIEP}_{\mathrm{PUO}l}^{\pm}\right)+\frac{1}{p^{\pm}}\left(\mathrm{TIAD}^{\pm}\right)\left(\mathrm{TIEP}_{\mathrm{PUO}}^{\pm}\right)\right]\theta \tag{16-27}$$

非负约束：

$$\mathrm{SIAD}_j^{\pm} \geqslant 0;\ \mathrm{PIAD}_l^{\pm} \geqslant 0;\ \mathrm{TIAD}^{\pm} \geqslant 0 \tag{16-28}$$

式中：$\mathrm{SICOD}_j^{\pm}$——第二产业中第 j 行业单位 GDP 的 COD 排放量，t/万元；

$\mathrm{PICOD}_l^{\pm}$——第一产业中第 l 行业单位 GDP 的 COD 排放量，t/万元；

$\mathrm{TICOD}^{\pm}$——第三产业单位 GDP 的 COD 排放量，t/万元；

$\mathrm{UCODRR}_{\mathrm{STP}}^{\pm}$——城市污水 COD 的削减率；

$\mathrm{RCODRR}_{\mathrm{STP}}^{\pm}$——农村污水 COD 的削减率；

$\mathrm{UCOD}_{\mathrm{PC}}^{\pm}$——城市居民 COD 的人均年排放量，t/人；

$\mathrm{RCOD}_{\mathrm{PC}}^{\pm}$——农村居民 COD 的人均年排放量，t/人；

$\mathrm{CODECC}^{\pm}$——COD 的环境容量，t/a；

$\mathrm{SICNH_3N}_j^{\pm}$——第二产业中第 j 行业单位 GDP 的 NH_3-N 排放量，t/万元；

$\mathrm{PINH_3N}_l^{\pm}$——第一产业中第 l 行业单位 GDP 的 NH_3N 的排放量，t/万元；

$\mathrm{TINH_3N}^{\pm}$——第三产业单位 GDP 的 NH_3-N 排放量，t/万元；

$\mathrm{UNH_3NRR}_{\mathrm{STP}}^{\pm}$——城市污水 NH_3-N 的削减率；

$\mathrm{RNH_3NRR}_{\mathrm{STP}}^{\pm}$——农村污水 NH_3-N 的削减率；

$\mathrm{UNH_3N}_{\mathrm{PC}}^{\pm}$——城市居民 NH_3-N 的人均年排放量，t/人；

$\mathrm{RNH_3N}_{\mathrm{PC}}^{\pm}$——农村居民 NH_3-N 的人均年排放量，t/人；

$\mathrm{NH_3NECC}^{\pm}$——NH_3N 的环境容量，t/a；

$\mathrm{SIWC}_j^{\pm}$——第二产业中第 j 行业单位 GDP 的取水量，t/万元；

$\mathrm{SIWRR}_j^{\pm}$——第二产业中第 j 行业的水回用率；

$\mathrm{PIWC}_l^{\pm}$——第一产业中第 l 行业单位 GDP 的取水量，t/万元；

$\mathrm{PIWRR}_l^{\pm}$——第一产业中第 l 行业的水回用率；

$\mathrm{TIWC}^{\pm}$——第三产业单位 GDP 的取水量，t/万元；

$TIWRR^{\pm}$——第三产业的水回用率；

$UWC_{PC}^{\pm}$——城市居民人均年用水量，t/人；

$RWC_{PC}^{\pm}$——农村居民人均年用水量，t/人；

EEWC——年生态环境需水量，t/a；

$WS^{\pm}$——水资源的可利用量，t/a；

$MAXSI_j^{\pm}$——第二产业第 j 行业的增加值上限，亿元/a；

$MAXPI_l^{\pm}$——第一产业第 l 行业的增加值上限，亿元/a；

$MAXTI^{\pm}$——第三产业的增加值上限，亿元/a；

$MINSI_j^{\pm}$——第二产业第 j 行业的增加值下限，亿元/a；

$MINPI_l^{\pm}$——第一产业第 l 行业的增加值下限，亿元/a；

$MINTI^{\pm}$——第三产业的增加值下限，亿元/a。

16.2.2.3 区域社会经济发展规模结构多目标优化模型算法

IFMOP 模型的求解过程如下：①求解每一个单目标优化子模型；②建立偿付矩阵；③确定单个优化子模型最优解和模糊目标，分解目标函数；④引入模糊算子，并且建立子模型；⑤求解所产生的子模型。具体算法如图 16-20 所示。

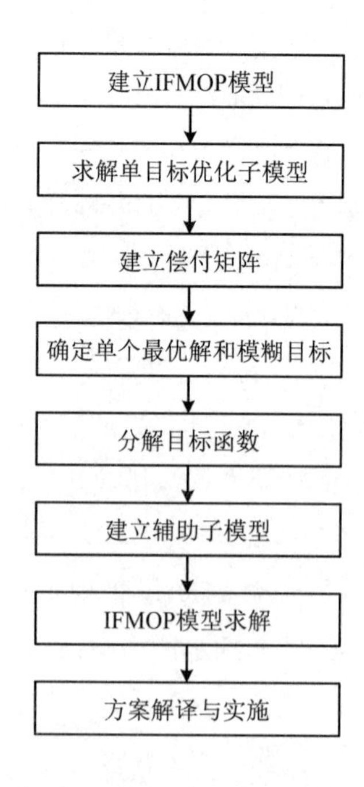

图 16-20 IFMOP 求解程序

（1）模糊线性规划（FLP）变换和模糊目标

1 个模糊目标的建立可以通过为每个目标或约束指定 1 个“抱负水平”和“容许水平”实现。一般 IFMOP 模型可以通过引入最小化算子$\lambda^{\pm}$转化为如式（16-30）～式（16-35）的形式：

$$\max \lambda^{\pm} \tag{16-29}$$

$$\text{s.t. } f_k^{\pm}(X^{\pm}) \leqslant f_k^{+} - \lambda^{\pm}(f_k^{+} - f_k^{-}),\ k = 1,2,\cdots,p \tag{16-30}$$

$$f_l^{\pm}(X^{\pm}) \geqslant f_k^{-} + \lambda^{\pm}(f_l^{+} - f_l^{-}),\ l = p+1, p+2,\cdots,q \tag{16-31}$$

$$A_i^{\pm} X^{\pm} \leqslant b_i^{+} - \lambda^{\pm}(b_i^{+} - b_i^{-}),\ i = 1,2,\cdots,m \tag{16-32}$$

$$A_j^{\pm} X^{\pm} \geqslant b_j^{-} + \lambda^{\pm}(b_j^{+} - b_j^{-}),\ j = m+1, m+2,\cdots,n \tag{16-33}$$

$$X^{\pm} \geqslant 0 \tag{16-34}$$

$$0 \leqslant \lambda^{\pm} \leqslant 1 \tag{16-35}$$

首先，对每一个单目标模型进行求解。每个目标函数的形式为 max$\lambda^{\pm}$或 min$\lambda^{\pm}$，约束条件的形式如式（16-30）～式（16-35）所示。求得解的形式如下：

$$X^{\pm(k)} = \{x_1^{\pm(k)}, x_2^{\pm(k)}, \cdots, x_l^{\pm(k)}\} \tag{16-36}$$

$$X^{\pm(l)} = \{x_1^{\pm(l)}, x_2^{\pm(l)}, \cdots, x_l^{\pm(l)}\} \tag{16-37}$$

其次，可以通过 $X^{\pm(k)}$和 $X^{\pm(l)}$获得的一组目标函数的值，由此建立矩阵，结构如下：

$$\begin{aligned} &f_1^{\pm}(X^{\pm(w)}) = \{f_1^{\pm}(X^{\pm(1)}), f_1^{\pm}(X^{\pm(2)}), \cdots, f_1^{\pm}(X^{\pm(p)}), \cdots, f_1^{\pm}(X^{\pm(q)})\};\\ &f_2^{\pm}(X^{\pm(w)}) = \{f_2^{\pm}(X^{\pm(1)}), f_2^{\pm}(X^{\pm(2)}), \cdots, f_2^{\pm}(X^{\pm(p)}), \cdots, f_2^{\pm}(X^{\pm(q)})\};\\ &\qquad\vdots\\ &f_q^{\pm}(X^{\pm(w)}) = \{f_q^{\pm}(X^{\pm(1)}), f_q^{\pm}(X^{\pm(2)}), \cdots, f_q^{\pm}(X^{\pm(p)}), \cdots, f_q^{\pm}(X^{\pm(q)})\} \end{aligned} \tag{16-38}$$

最后，可以得到“抱负水平”和“容许水平”。

“抱负水平”：

$$f_k^{-} = \min\{f_k^{-}(X^{\pm(w)}) | w = 1,2,\cdots,p,p+1,\cdots,q\}, k = 1,2,\cdots,p \tag{16-39}$$

$$f_l^{+} = \max\{f_l^{+}(X^{\pm(w)}) | w = 1,2,\cdots,p,p+1,\cdots,q\}, l = p+1,p+2,\cdots,q \tag{16-40}$$

“容许水平”

$$f_k^{+} = \max\{f_k^{+}(X^{\pm(w)}) | w = 1,2,\cdots,p,p+1,\cdots,q\}, k = 1,2,\cdots,p \tag{16-41}$$

$$f_l^{-} = \min\{f_l^{-}(X^{\pm(w)}) | w = 1,2,\cdots,p,p+1,\cdots,q\}, l = p+1,p+2,\cdots,q \tag{16-42}$$

（2）区间线性规划（ILP）变换

由于模糊算子$\lambda^{\pm}$上下限对所有的目标函数和约束条件可能不会始终发挥一致作用，为解决这一问题，采取的方法是引入两个独立的模糊算子$\lambda_1^{\pm}$和$\lambda_2^{\pm}$。然后可得到：

$$\max(\lambda_1^{\pm}+\lambda_2^{\pm}) \tag{16-43}$$

$$\text{s.t. } f_k^{\pm}(X^{\pm})\leqslant f_k^{+}-\lambda_1^{\pm}(f_k^{+}-f_k^{-}),k=1,2,\cdots,p \tag{16-44}$$

$$f_l^{\pm}(X^{\pm})\geqslant f_l^{-}+\lambda_2^{\pm}(f_l^{+}-f_l^{-}),l=p+1,p+2,\cdots,q \tag{16-45}$$

$$A_i^{\pm}X^{\pm}\leqslant b_i^{+}-\lambda_1^{\pm}(b_i^{+}-b_i^{-}),\ i=1,2,\cdots,m \tag{16-46}$$

$$A_j^{\pm}X^{\pm}\geqslant b_j^{+}+\lambda_2^{\pm}(b_j^{+}-b_j^{-}),\ j=m+1,m+2,\cdots,n \tag{16-47}$$

$$X^{\pm}\geqslant 0 \tag{16-48}$$

$$0\leqslant X_2^{\pm}\leqslant 1 \tag{16-49}$$

$$0\leqslant \lambda_2^{\pm}\leqslant 1 \tag{16-50}$$

在多目标问题中，目标函数系数的分布通常是不同的。因此，可以用目标分解方法解决此问题。目标函数可以被分解为两个子目标，其中之一是最大化目标，而另一个是最小化目标。因此，被分解得到的子目标函数的系数都是正数，所以可用 ILP 算法求解。

（3）IFMOP 子模型及求解

通过以上转换过程，可以得到两个子模型：

$$\max(\lambda_1^{-}+\lambda_2^{+}) \tag{16-51}$$

$$\text{s.t. } \sum_{s=1}^{t}c_{k's}^{+}x_s^{+}\leqslant f_{k'}^{+}-\lambda_1^{-}(f_{k'}^{+}-f_{k'}^{-}),k'=1,2,\cdots,q' \tag{16-52}$$

$$\sum_{s=1}^{t}|a_{is}|^{-}\text{Sign}(a_{is}^{\pm})x_s^{+}\leqslant b_i^{+}-\lambda_1^{-}(b_i^{+}-b_i^{-}),i=1,2,\cdots,m \tag{16-53}$$

$$\sum_{s=1}^{t}c_{l's}^{+}x_s^{+}\geqslant f_{l'}^{+}+\lambda_2^{+}(f_{l'}^{+}-f_{l'}^{-}),l'=q'+1,q'+2,\cdots,p' \tag{16-54}$$

$$\sum_{s=1}^{t}|a_{js}|^{-}\text{Sign}(a_{js}^{\pm})x_s^{+}\geqslant b_j^{-}+\lambda_2^{-}(b_j^{+}-b_j^{-}),j=m+1,m+2,\cdots,n \tag{16-55}$$

$$x_s^{+}\geqslant 0,s=1,2,\cdots,t \tag{16-56}$$

$$0\leqslant\lambda_1^{-}\leqslant 1,\ 0\leqslant\lambda_2^{+}\leqslant 1 \tag{16-57}$$

和

$$\max(\lambda_1^{+}+\lambda_2^{-}) \tag{16-58}$$

$$\text{s.t. } \sum_{s=1}^{t}c_{k's}^{-}x_s^{-}\leqslant f_{k'}^{+}-\lambda_1^{+}(f_{k'}^{+}-f_{k'}^{-}),k'=1,2,\cdots,q' \tag{16-59}$$

$$\sum_{s=1}^{t}\left|a_{is}\right|^{+}\operatorname{Sign}(a_{is}^{\pm})x_{s}^{-}\leqslant b_{i}^{+}-\lambda_{1}^{-}(b_{i}^{+}-b_{i}^{-}),i=1,2,\cdots,m \tag{16-60}$$

$$\sum_{s=1}^{t}c_{l's}^{-}x_{s}^{-}\geqslant f_{l'}^{+}+\lambda_{2}^{-}(f_{l'}^{+}-f_{l'}^{-}),l'=q'+1,q'+2,\cdots,p' \tag{16-61}$$

$$\sum_{s=1}^{t}\left|a_{js}\right|^{+}\operatorname{Sign}(a_{js}^{\pm})x_{s}^{-}\geqslant b_{j}^{-}+\lambda_{2}^{-}(b_{j}^{+}-b_{j}^{-}),j=m+1,m+2,\quad,n \tag{16-62}$$

$$x_{s}^{-}\geqslant 0,s=1,2,\cdots,t \tag{16-63}$$

$$x_{s}^{-}\leqslant x_{s,opt}^{+},s=1,2,\cdots,t \tag{16-64}$$

$$0\leqslant\lambda_{1}^{+}\leqslant 1,\ 0\leqslant\lambda_{2}^{-}\leqslant 1 \tag{16-65}$$

求解两个子模型，即可求得决策变量 $x_{s,opt}^{\pm}$。因此，目标函数的值 $f_{k}^{\pm}$ 和 $f_{l}^{\pm}$ 可以通过模型获得。

第 17 章　基于城市水代谢系统仿真的北京市通州区社会经济发展规模结构优化调控

17.1　通州区概况

通州区位于北京市东南部，京杭大运河北端，北纬 39°36′～40°02′、东经 116°32′～116°56′。东西宽 36.5 km，南北长 48 km，全区面积为 907 km^2，北邻顺义区，西接朝阳区，西南与大兴区相连，南面同河北省廊坊市、天津市武清区接壤，东面隔潮白河与河北省香河县、大厂回族自治县、三河市为邻。

（1）人口

2000—2003 年通州区人口如表 17-1 所示，总人口和城镇人口呈逐年上升趋势，农村人口呈逐年下降趋势。2003 年，通州区总人口为 61.04 万人，其中城镇人口为 23.86 万人，农村人口为 37.18 万人。

表 17-1　2000—2003 年通州区人口　　单位：万人

年份	总人口	城镇人口	农村人口
2000	59.74	19.08	40.66
2001	60.47	20.25	40.22
2002	60.71	22.01	38.70
2003	61.04	23.86	37.18

（2）经济

2000—2003 年通州区经济规模如表 17-2 所示，地区生产总值呈逐年上升趋势，第二产业和第三产业比重都得以提高，但第一产业的比重在逐年下降。2003 年通州区地区生产总值为 107.6 亿元，三产比例为 10.7∶48.7∶40.6。

表 17-2 2000—2003 年通州区经济规模

年份	地区生产总值/亿元	第一产业比重/%	第二产业比重/%	第三产业比重/%
2000	60.7	17.1	43.0	39.9
2001	73.4	14.7	45.6	39.6
2002	91.3	12.4	46.9	40.7
2003	107.6	10.7	48.7	40.6

（3）水量

根据 1980 年、1985 年、1990 年、1995 年、2000 年和 2003 年供水量和用水量的调查资料，对通州区历年供水变化趋势和用水变化趋势进行分析。

20 世纪八九十年代，通州区总供水量相对稳定，在 3.3 亿～3.9 亿 m^3 之间。1980 年地表水与地下水供水量基本持平，之后地表水供水量总体呈波动下降趋势，占总供水量的比例由 1980 年的 50.3%下降到 2000 年的 15.6%。进入 21 世纪，2003 年由于农作物播种面积大幅度减少，使总用水量也大幅减少，地表水供水量进一步减少到 985 万 m^3，仅占总供水量的 3.4%，而地下水供水量的比重达到了 96.6%（如表 17-3 所示）。

表 17-3 通州区历年供水量 单位：万 m^3

年份	地表水	地下水	总供水量
1980	19 500	19 303	38 803
1985	7 167	26 119	33 286
1990	5 435	31 462	36 897
1995	7 318	28 259	35 577
2000	5 472	29 698	35 170
2003	985	27 619	28 604

20 世纪 80 年代至 21 世纪初，通州区总用水量相对稳定，在 3.3 亿～3.9 亿 m^3 之间。总体上农业用水呈波动下降趋势，城镇生活和服务业用水呈显著上升趋势，农村生活用水、工业用水呈波动上升趋势。其中城镇生活和服务业、工业用水上升较快，这主要与通州区生活水平的提高和社会经济的发展有关。与此同时，农作物播种面积大幅减少，农业用水逐年下降。而农村生活用水所占比重上升较慢（如表 17-4 所示）。

（4）水质

通州区地处北京市下游，上游污水大量汇入，加之本地的生活污水和工业废水排放，区内河流污染严重，21 世纪初各河段均为劣Ⅴ类水体，剩余 COD 容量为零。通州区 COD 排放量呈逐年波动上升趋势（如表 17-5 所示），主要是生活污水造成的污染。20 世纪 80 年代至21世纪初，随着通州区人口的大量增加以及第三产业的飞速发展，生活污水排放量呈上升趋势，很多生活污水未经处理，直接排入河道。此外，通州区化工、造纸、酿造及机械制造等行业的工业污染也很严重，给通州区的水质带来了更大的压力。

表 17-4 通州区历年用水量 单位：万 m^3

年份	城镇生活和服务业	农村生活	农业用水	工业用水	总用水量
1980	406	865	35 532	2 000	38 803
1985	678	786	29 222	2 600	33 286
1990	998	1 164	31 831	2 904	36 897
1995	1 656	1 709	28 790	3 422	35 577
2000	2 310	2 113	27 423	3 324	35 170
2003	3 348	2 354	19 222	3 680	28 604

表 17-5 通州区历年 COD 排放量 单位：t

年份	COD 排放量	年份	COD 排放量
2002	4 531	2005	6 735
2003	5 220	2006	6 503
2004	9 241		

（5）规划目标

人口：根据《北京市通州区新城规划》与《通州区水资源综合规划》，2010年通州区总人口要达到100万人，2020年达到130万人。

灌溉面积：根据《通州区水资源综合规划》，2010年通州区灌溉面积要达到65.5万亩，2020年达到66万亩。

牲畜头数：根据《通州区水资源综合规划》，2010年通州区牲畜头数要达到136.8万头，2020年达到81.5万头。

工业增加值：根据《通州区国民经济和社会发展第十一个五年规划纲要》《北京市通州区“十一五”工业发展规划》《通州区水资源综合规划》，2010年通州区工业增加值要达到124亿元，2020年达到385亿元。

17.2 模型参数来源

模型选取2003年为基准年。为保证模型的合理性与准确性，模型取值主要来源于通州区统计数据和相关规划，在此基础上借鉴相关标准。其中，通州区统计数据主要为模型提供现状参数，通州区相关规划主要为模型的情景设计提供依据。

17.3 通州区水环境承载力情景设计

17.3.1 基本约束条件设计

在传统水代谢情景和新型水代谢情景下，基本约束条件是相同的，包括地下水资源供给量、COD 允许排放量及河流生态需水量。

（1）地下水资源供给量

通州区地下水多年平均可开采量为 1.956 6 亿 m^3，但 20 世纪后期到 21 世纪初，由于过分依赖地下水以及遭遇持续干旱年，地下水持续处于超采状态，地下水位持续下降。2003 年地下水开采量为 2.761 9 亿 m^3，根据《北京市通州区水资源综合规划》，逐步限制地下水开采，2010 年控制在 2.335 0 亿 m^3，2020 年以后控制在 1.890 6 亿 m^3（如图 17-1 所示）。

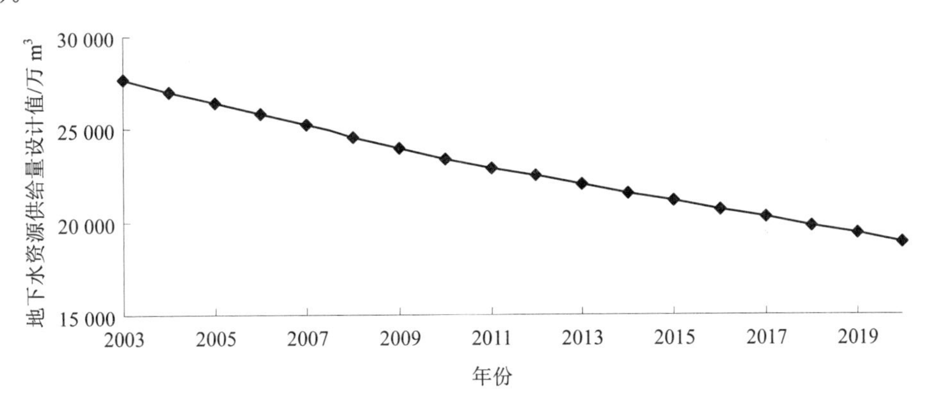

图 17-1 2003—2020 年地下水资源供给量设计值

（2）COD 允许排放量

随着通州区人口增加和经济发展，水体污染物排放量逐年增加。根据《通州区“十一五”大气和水污染物总量削减目标责任书》的要求，“十一五”时期末将 COD 排放量控制在 5 700 t 以内，以有效控制 COD 排放强度（如图 17-2 所示）。

（3）河流生态需水量

根据《北京市通州区水资源综合规划》的研究成果，通州区河流生态需水量为 3 815 万 m^3。

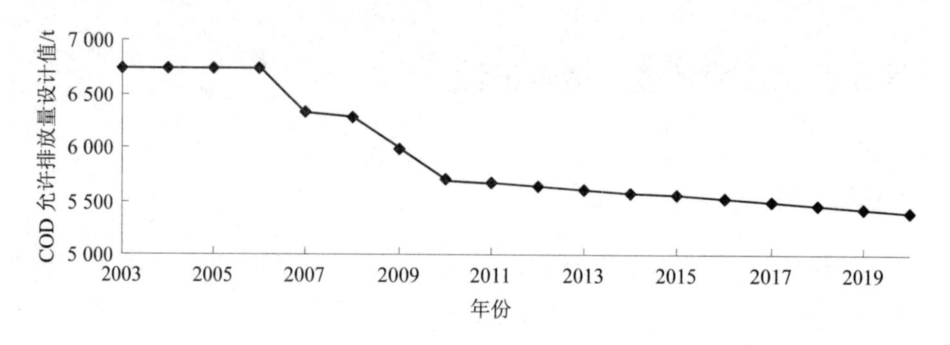

图 17-2 2003—2020 年 COD 允许排放量设计值

17.3.2 传统城市不可持续水代谢情景设计

传统城市不可持续水代谢情景即坡度情景，或称 BAU 情景，指保持现有城市水代谢不变的情况下，随着生活水平的提高和社会经济的发展，水资源利用强度增加、水污染排放负荷增加，加剧水资源短缺和水质恶化的程度，降低了水环境承载力。

分析传统城市不可持续水代谢情景是为了明确通州区在当时城市水代谢基础上发展下去，其水环境所能承载的人口规模和经济规模，及其与规划目标之间的差距，以此为依据，分析为实现规划目标所需采取的措施。

传统城市水代谢下，为提高水环境承载力，可采取筑坝蓄水、区外调水、节约用水、源头控制及末端治理等措施。

（1）筑坝蓄水

通州区可蓄积地表水作为劣质水资源进行利用。通州区地表水水质问题严重，虽然水量丰沛，但已经失去作为清洁水源的水环境功能。进入 21 世纪，通州区实际利用的地表水已经很少，主要是作为劣质水源进行灌溉，2003 年仅为 985 万 m^3。为减少农业灌溉对优质水源的依赖，规划将完善和扩建河道蓄水工程，尽量蓄积水质相对较好的汛期雨洪水量，用于农业灌溉。根据《北京市通州区雨洪利用规划》，通过补水，使潮白河 3 座橡胶坝的调蓄能力恢复到每年 2 400 万 m^3 的水平，按潮白河橡胶坝总调蓄能力的 1/3 作为拦蓄雨洪的地表水可供给量，规划 2010 年以后通州区地表水资源供给量可达到 800 万 m^3（如图 17-3 所示）。

（2）区外调水

通州区可从北京市政管网调水或开展南水北调工程，作为新鲜水资源进行利用。通州区近年来发展迅速，随着地下水持续超采，部分水源井出水量不断降低。为解决安全供水问题，规划自 2003 年起从北京市政自来水管网引水到通州城区，2010 年以后的年供给

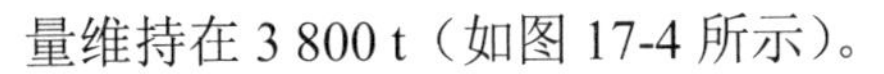
量维持在 3 800 t（如图 17-4 所示）。

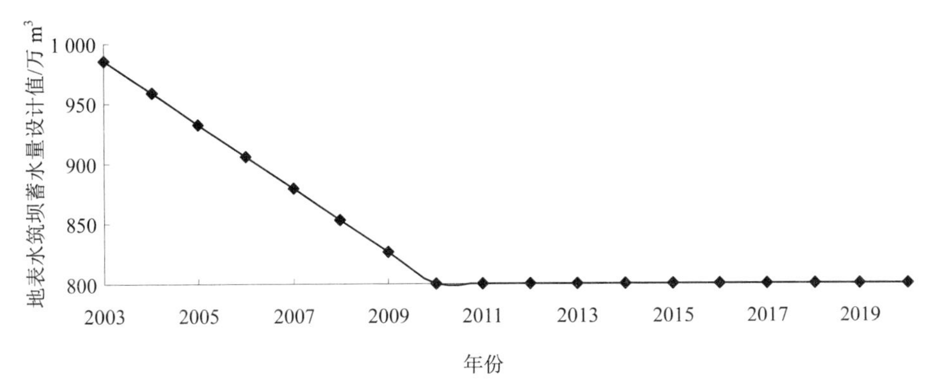

图 17-3　2003—2020 年地表水筑坝蓄水量设计值

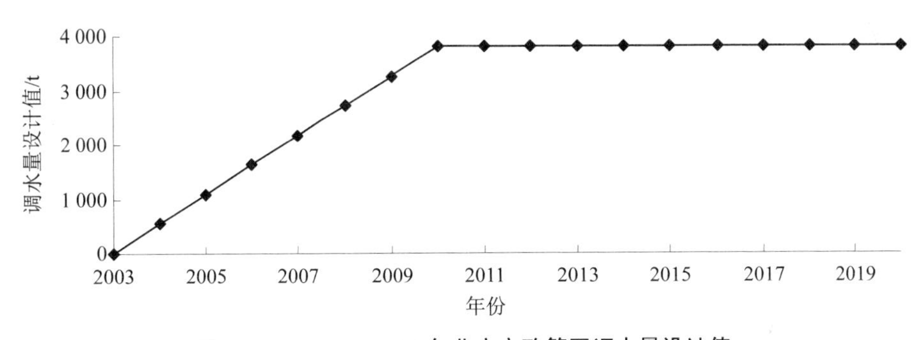

图 17-4　2003—2020 年北京市政管网调水量设计值

2010 年以后，通州区新城将逐步建成，但本区自来水供水能力无法满足新城发展需要。规划从 2016 年起由南水北调工程向通州区供水，根据《北京市南水北调中线京石段应急供水工程可行性研究报告》，2020 年以前南水北调工程向通州区年供水 7 300 t（如图 17-5 所示）。

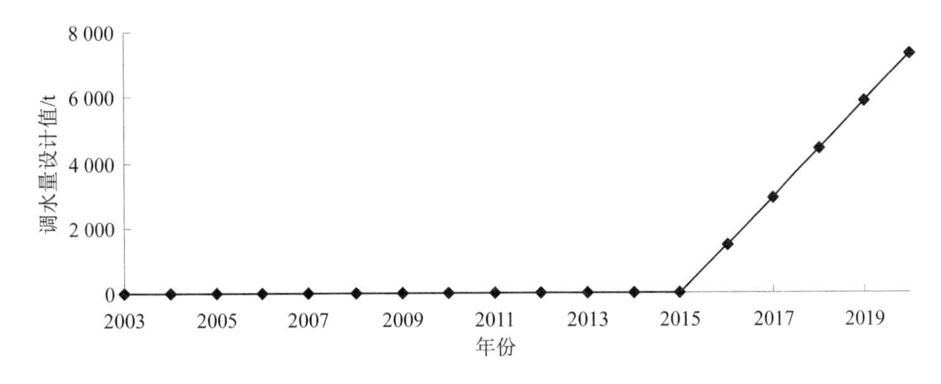

图 17-5　2003—2020 年南水北调工程调水量设计值

（3）节约用水、源头控制及末端治理

为提高水环境承载力，需要在一定限度内降低水资源利用强度和水污染排放负荷。

根据《北京市通州区环境保护目标管理考核结果》《北京市通州区环境质量报告书》《北京市通州区水资源综合规划》《2004 年北京市经济普查年鉴（通州卷）》《经济与环境：中国 2020》，确定 2003 年生活、生产、生态的水资源利用强度和水污染排放负荷现状值。

结合《北京市通州区环境保护与生态建设规划》《北京市通州区再生水利用规划》《北京市通州区新城规划》，确定传统城市不可持续水代谢情景下 2010 年和 2020 年的水资源利用强度和水污染排放负荷。

传统城市不可持续水代谢情景下水资源利用强度和水污染排放负荷的主要参数如表 17-6、表 17-7 所示。

表 17-6　传统城市不可持续水代谢情景下水资源利用强度设计值

项目	2003 年	2010 年	2020 年
城镇居民人均生活用水量/［L/（人·d）］	120	117	110
农村居民人均生活用水量/［L/（人·d）］	120	110	100
水田水浇地灌溉定额/（m^3/亩）	290	290	290
菜田灌溉定额/（m^3/亩）	570	570	570
林果业灌溉定额/（m^3/亩）	179	179	179
大牲畜用水定额/（m^3/头）	14.60	14.60	14.60
猪用水定额/（m^3/头）	9.86	9.86	9.86
羊用水定额/（m^3/头）	2.92	2.92	2.92
家禽用水定额/（m^3/只）	1.46	1.46	1.46
大牲畜规模化养殖比例	0.19	0.19	0.19
猪规模化养殖比例	0.26	0.26	0.26
羊规模化养殖比例	0.26	0.26	0.26
家禽规模化养殖比例	0.86	0.86	0.86
食品业单位工业增加值用水系数/（m^3/万元）	40.64	29.89	14.54
纺织业单位工业增加值用水系数/（m^3/万元）	64.52	47.60	23.42
服装皮革业单位工业增加值用水系数/（m^3/万元）	16.22	11.78	5.43
木材家具业单位工业增加值用水系数/（m^3/万元）	19.58	14.30	6.75
造纸业单位工业增加值用水系数/（m^3/万元）	252.30	187.30	94.30
印刷文教业单位工业增加值用水系数/（m^3/万元）	21.89	16.02	7.64
化工业单位工业增加值用水系数/（m^3/万元）	99.27	74.08	38.10
橡胶业单位工业增加值用水系数/（m^3/万元）	594.30	443.30	227.60

项目	2003 年	2010 年	2020 年
塑料业单位工业增加值用水系数/（m^3/万元）	49.14	36.45	18.31
非金属业单位工业增加值用水系数/（m^3/万元）	24.10	17.80	8.80
有色冶金业单位工业增加值用水系数/（m^3/万元）	90.34	67.54	34.96
金属业单位工业增加值用水系数/（m^3/万元）	16.63	12.22	5.93
设备制造业单位工业增加值用水系数/（m^3/万元）	15.28	11.20	5.38
服务业人均生活用水量/［L/（人·d）］	100	100	100
公共绿地用水定额/（m^3/m^2）	0.80	0.68	0.50

表 17-7 传统城市不可持续水代谢情景下水污染排放负荷设计值

项目	2003 年	2010 年	2020 年
城镇生活 COD 产生系数/（kg/人）	149.7	162.4	182.5
农村生活 COD 产生系数/（kg/人）	80.3	87.4	98.6
COD 源强系数/（kg/亩）	0.45	0.45	0.45
土壤类型修正系数	1	1	1
降水量修正系数	1	1	1
化肥施用量修正系数	1.10	0.98	0.80
化肥施用结构修正系数	1.30	1.22	1.10
大牲畜 COD 产生系数/（kg/头）	2 470	2 470	2 470
猪 COD 产生系数/（kg/头）	264	264	264
羊 COD 产生系数/（kg/头）	40	40	40
家禽 COD 产生系数/（kg/只）	11	11	11
牲畜养殖干法工艺比例	0.200	0.445	0.795
食品业 COD 产生系数/（kg/万元）	587.6	524.2	424.7
纺织业 COD 产生系数/（kg/万元）	437.8	388.8	311.9
服装皮革业 COD 产生系数/（kg/万元）	155.80	132.80	96.61
木材家具业 COD 产生系数/（kg/万元）	79.20	71.09	58.34
造纸业 COD 产生系数/（kg/万元）	6 539	5 630.	4 203.
印刷文教业 COD 产生系数/（kg/万元）	17.80	14.67	9.75
化工业 COD 产生系数/（kg/万元）	461.80	403.7	312.3
橡胶业 COD 产生系数/（kg/万元）	26.10	22.56	16.99
塑料业 COD 产生系数/（kg/万元）	12.0	10.52	8.19
非金属业 COD 产生系数/（kg/万元）	22.0	20.35	17.76
有色冶金业 COD 产生系数/（kg/万元）	587.6	524.2	424.7
金属业 COD 产生系数/（kg/万元）	437.8	388.8	311.9
设备制造业 COD 产生系数/（kg/万元）	155.80	132.80	96.61

项目	2003 年	2010 年	2020 年
食品业 COD 进入河道的浓度标准/（kg/m^3）	1.50	1.50	1.50
纺织业 COD 进入河道的浓度标准/（kg/m^3）	1.50	1.50	1.50
服装皮革业 COD 进入河道的浓度标准/（kg/m^3）	1.80	1.80	1.80
木材家具业 COD 进入河道的浓度标准/（kg/m^3）	1.50	1.50	1.50
造纸业 COD 进入河道的浓度标准/（kg/m^3）	3.50	3.50	3.50
印刷文教业 COD 进入河道的浓度标准/（kg/m^3）	1.50	1.50	1.50
化工业 COD 进入河道的浓度标准/（kg/m^3）	3.00	3.00	3.00
橡胶业 COD 进入河道的浓度标准/（kg/m^3）	1.50	1.50	1.50
塑料业 COD 进入河道的浓度标准/（kg/m^3）	1.50	1.50	1.50
非金属业 COD 进入河道的浓度标准/（kg/m^3）	1.50	1.50	1.50
有色冶金业 COD 进入河道的浓度标准/（kg/m^3）	1.50	1.50	1.50
金属业 COD 进入河道的浓度标准/（kg/m^3）	1.50	1.50	1.50
设备制造业 COD 进入河道的浓度标准/（kg/m^3）	1.50	1.50	1.50
服务业生活 COD 产生系数/（kg/人）	124.1	121.0	116.8

17.3.3 新型城市可持续水代谢情景设计

新型城市可持续水代谢情景指人类通过建立新型城市水代谢，提高水环境的水资源供给能力、提高水环境对水污染的承受能力、降低水资源的利用强度、减少水污染的排放负荷，以达到提高水环境承载力的目的，促进社会经济发展，实现社会发展和环境保护的“双赢”。

新型城市水代谢下，为提高水环境承载力，可在传统水代谢措施的基础上，采取再生水利用、二级再生水回补河道、水的循环利用、提高污水处理能力和处理级别等多种措施。

（1）再生水利用以及二级再生水回补河道

区内二级再生水供给量：规划 2020 年以前在通州碧水污水处理厂建设中水厂 1 座，在张家湾工业区建设张家湾中水处理厂 1 座，在永顺与河东各建设 1 座中水处理厂，配套管网设施建设，届时通州区每年可供给二级再生水 6 000 t。一部分二级再生水可用于农业污灌，另一部分可用于回补河道（如图 17-6 所示）。

区内深度再生水供给量：规划 2020 年以前在通州碧水污水处理厂建设中水厂 1 座，在张家湾工业区建设张家湾中水处理厂 1 座，在永顺与河东各建设 1 座中水处理厂，配套管网设施建设，届时通州区每年可供给深度再生水 2 040 t（如图 17-7 所示）。

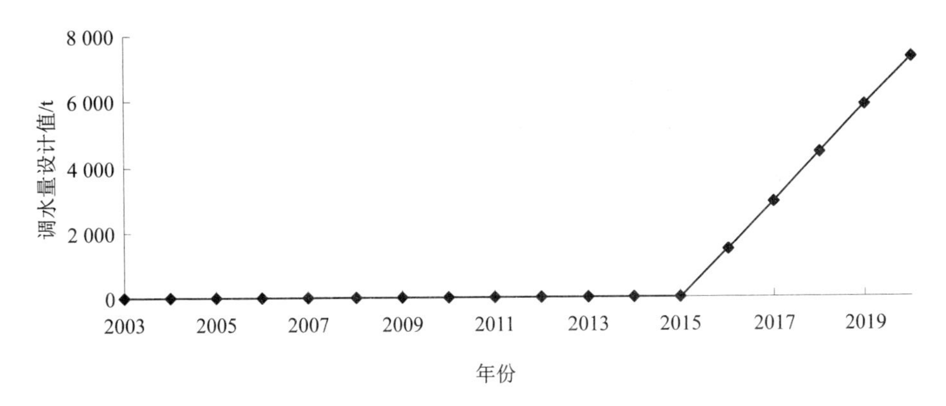

图 17-6　2003—2020 年区内二级再生水供给量设计值

图 17-7　2003—2020 年区内深度再生水供给量设计值

区外二级再生水供给量：根据《北京市“十一五”郊区再生水综合利用规划》，北京城区高碑店污水处理厂的二级再生水可通过通惠北干渠进入通州区，每年可供给 12 000 t。一部分二级再生水可用于农业污灌，另一部分可用于回补河道（如图 17-8 所示）。

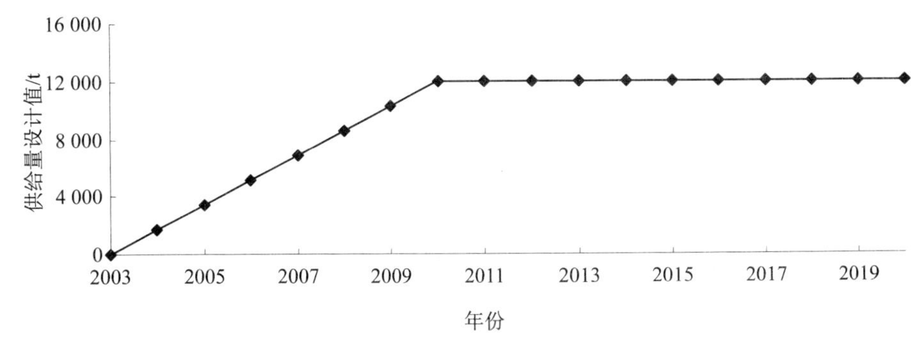

图 17-8　2003—2020 年区外二级再生水供给量设计值

生活用水优质水比例：生活污水是通州区的主要污染源之一，居民小区中水回用设施的建设相对落后，沐浴排水、盥洗排水、洗衣排水等优质排水直接进入城市污水管网或排入河道，浪费了大量的水资源，同时对水环境造成了严重的影响。因此，应在小区内增加中水站，以中水作为冲厕等杂用水，缩减生活用水中的优质水比例，节约宝贵的鲜水资源。另外，通过小区中水站的处理，可以削减生活污水中的部分污染物，从源头上控制污染物的产生（如图 17-9 所示）。

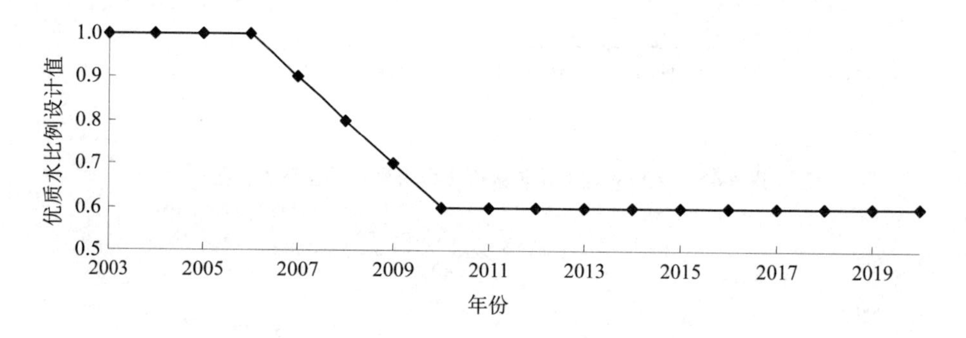

图 17-9　2003—2020 年生活用水优质水比例设计值

农业二级再生水污灌率：到 21 世纪初，通州区仍有部分农田进行污灌，但污灌率不高，根据《北京市通州区再生水利用规划》，随着基础设施的建设和再生水量的提高，将扩大再生水农业污灌面积、提高农业污灌率（如图 17-10 所示）。

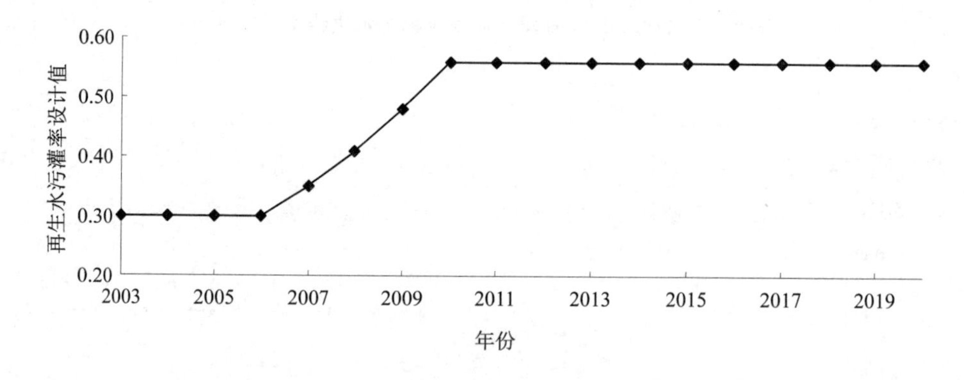

图 17-10　2003—2020 年农业二级再生水污灌率设计值

服务业深度再生水回用率、工业深度再生水利用率：到 21 世纪初，通州区生活、工业、服务业未利用再生水，根据《北京市通州区再生水利用规划》，将推进再生水设施建设，促进生活、工业、服务业利用再生水（如表 17-8 所示）。

表 17-8 新型城市可持续水代谢情景下服务业深度再生水回用率、工业深度再生水利用率设计值

项目	2003 年	2010 年	2020 年
服务业深度再生水回用率	0	0.1	0.1
食品业再生水利用率	0	0.036	0.096
纺织业再生水利用率	0	0.036	0.096
服装皮革业再生水利用率	0	0.036	0.096
木材家具业再生水利用率	0	0.036	0.096
造纸业再生水利用率	0	0.036	0.096
印刷文教业再生水利用率	0	0.036	0.096
化工业再生水利用率	0	0.282	0.752
橡胶业再生水利用率	0	0.036	0.096
塑料业再生水利用率	0	0.036	0.096
非金属业再生水利用率	0	0.282	0.752
有色冶金业再生水利用率	0	0.282	0.752
金属业再生水利用率	0	0.282	0.752
设备制造业再生水利用率	0	0.036	0.096

（2）水的循环利用

在新型城市可持续水代谢情景下，通过对水资源的循环利用，达到提高水的利用效率的目的，该措施涉及的参数如表 17-9 所示。

表 17-9 新型城市可持续水代谢情景下水的循环利用相关设计值

项目	2003 年	2010 年	2020 年
食品业工业重复用水率	0.15	0.22	0.24
纺织业工业重复用水率	0.20	0.29	0.32
服装皮革业工业重复用水率	0	0	0
木材家具业工业重复用水率	0.01	0.01	0.01
造纸业工业重复用水率	0.70	0.99	0.99
印刷文教业工业重复用水率	0	0	0
化工业工业重复用水率	0.69	0.99	0.99
橡胶业工业重复用水率	0.74	0.99	0.99
塑料业工业重复用水率	0.35	0.52	0.56
非金属业工业重复用水率	0.01	0.01	0.01
有色冶金业工业重复用水率	0.85	0.99	0.99
金属业工业重复用水率	0	0	0
设备制造业工业重复用水率	0.17	0.26	0.28

（3）提高污水处理能力和处理级别

在新型城市可持续水代谢情景下，通过提高污水处理能力和处理级别，达到减少污染物排放量的目的，该措施涉及的参数如表 17-10 所示。

表 17-10　新型城市可持续水代谢情景下污水处理能力和处理级别相关设计值

项目	2003 年	2010 年	2020 年
城镇生活污水处理率	0	0.66	0.99
污水处理厂处理能力/万 t	0	2.48	5.88
污水处理厂排入河道的浓度标准/（kg/m^3）	1.00	1.00	0.60
大牲畜养殖废水处理率	0.10	0.30	0.60
猪养殖废水处理率	0.20	0.35	0.60
羊养殖废水处理率	0.05	0.10	0.13
家禽养殖废水处理率	0.35	0.45	0.70

17.4　情景模拟结果

17.4.1　传统城市不可持续水代谢情景

传统城市不可持续水代谢情景下，通州区水环境可承载的人口、灌溉面积、牲畜头数、工业增加值如表 17-11 和图 17-11 所示。模拟结果表明，该情景下，采取筑坝蓄水、区外调水、节约用水、源头控制及末端治理等措施，2020 年通州区可承载的人口为 36.46 万人，可承载的灌溉面积为 17.23 万亩，可承载的牲畜头数为 37.61 万头，可承载的工业增加值为 59.05 亿元。

表 17-11　传统城市不可持续水代谢情景下水环境承载力

年份	可承载的人口/万人	可承载的灌溉面积/万亩	可承载的牲畜头数/万头	可承载的工业增加值/亿元
2003	32.64	30.15	94.50	27.79
2004	24.95	22.39	70.66	22.28
2005	24.27	21.15	66.22	22.68
2006	24.46	20.71	63.96	23.97
2007	24.92	20.44	62.10	25.56
2008	25.65	20.32	60.65	27.48
2009	26.17	19.99	58.56	29.23
2010	26.86	19.76	56.73	31.23

年份	可承载的人口/万人	可承载的灌溉面积/万亩	可承载的牲畜头数/万头	可承载的工业增加值/亿元
2011	27.81	19.68	55.32	33.61
2012	28.86	19.62	53.94	36.20
2013	29.94	19.52	52.43	38.91
2014	31.00	19.37	50.75	41.70
2015	32.03	19.16	48.91	44.55
2016	33.02	18.88	46.90	47.44
2017	33.95	18.55	44.73	50.33
2018	34.82	18.14	42.42	53.21
2019	35.62	17.68	39.98	56.06
2020	36.46	17.23	37.61	59.05

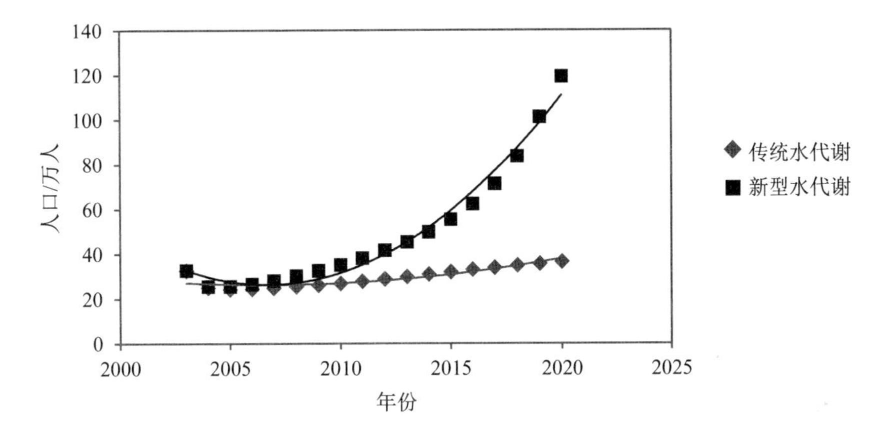

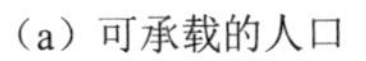
（a）可承载的人口

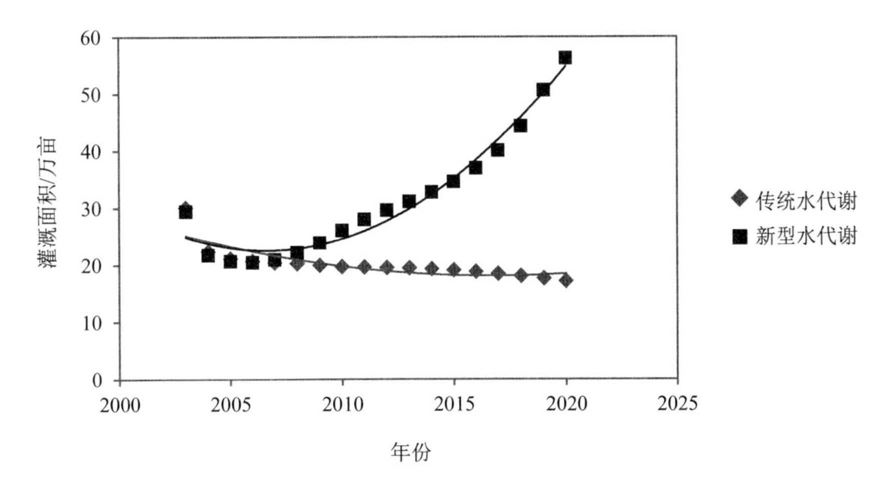

（b）可承载的灌溉面积

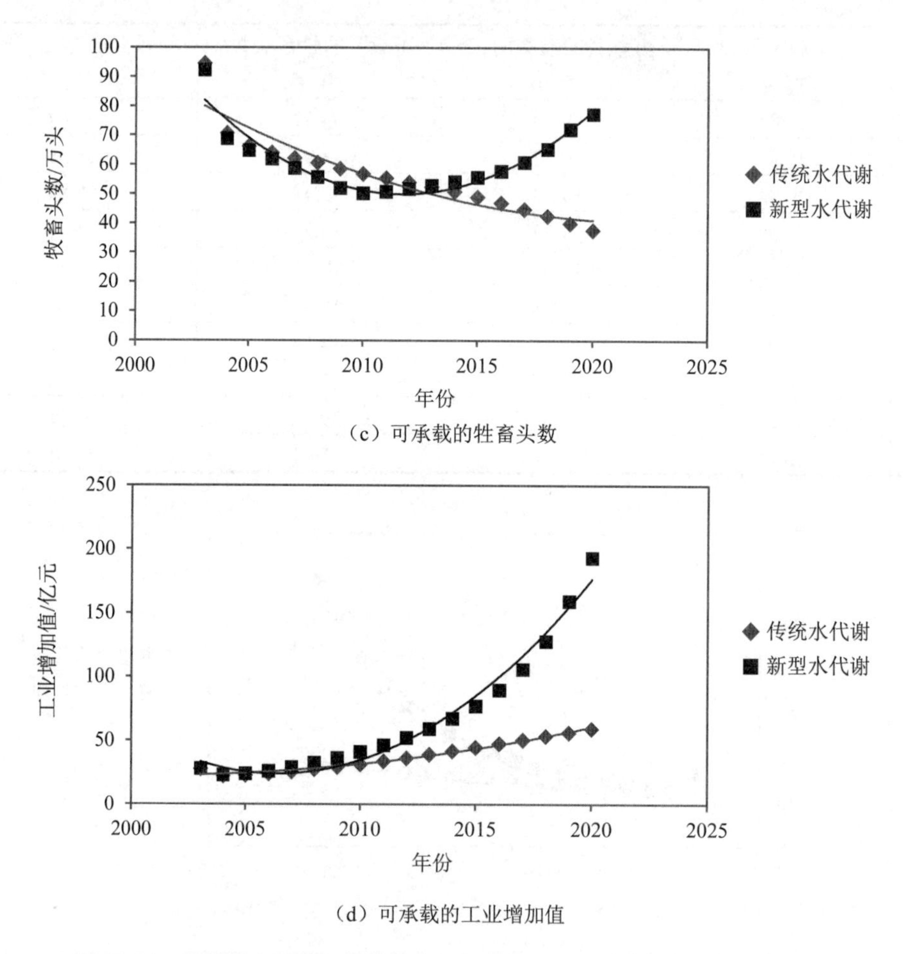

（c）可承载的牲畜头数

（d）可承载的工业增加值

图 17-11　通州区水环境可承载的人口、灌溉面积、牲畜头数、工业增加值

由此可见，传统城市不可持续水代谢情景下，虽然采取了诸多提高水环境承载力的措施，但水环境可承载的灌溉面积和牲畜头数依然下降，可承载的人口和工业增加值缓慢上升，具体原因如下。

①可承载的人口和工业增加值缓慢上升是因为水资源供给量缓慢增加、COD 允许排放量逐年下降。

虽采取筑坝蓄水、区外调水等措施提高水环境所能供给的水资源量，但效果并不显著。这是因为尽管筑坝蓄水蓄积的是水质相对较好的汛期雨洪水，但是受合流制溢流（CSO）与已被严重污染的地表水影响，大量蓄积水也被污染，能够被利用的蓄积量逐年下降，真正有利用价值的是区外调水。同时，地下水资源作为通州区最主要的水源，多年来都处于超采的状态，为保护水源地，要限制地下水的超采，地下水资源供给量也是逐年减少的。因此，虽采用多种措施，但水资源供给量并不能显著提高。与此同时，为响应国家减排的号召，COD 允许排放量也是逐年下降的。

此时，虽采取节约用水、源头控制及末端治理等措施减少水量的消耗和污染物的排放，但人民的生活水平是一定的，不能无限制地减少水资源的利用量，工农业技术水平也是一定的，也不能无限制地改进工艺以减少污染物产生量。这些措施不能抵消水资源供给量不足、COD 允许排放量减少对水环境承载力的影响。因此，在水质、水量双重约束下，可承载的人口和工业增加值缓慢上升。

②可承载的灌溉面积和牲畜头数并没有像可承载的人口和工业增加值那样维持缓慢上升的趋势，而是表现出下降的趋势，这是因为模型设置了农林业取水比例上限值和畜牧业取水比例上限值。

按照通州区发展趋势，要限制农业发展，扶持工业发展。根据《北京市通州区水资源综合规划》，对农林业取水比例上限、畜牧业取水比例上限进行如下设计：2010 年农林业取水占通州区总取水量的比例要限制在 56.4%以内、畜牧业取水占的比例要限制在 2.0%以内；2020 年农林业取水占通州区总取水量的比例要限制在 48.4%以内、畜牧业取水占的比例要限制在 1.3%以内。设置这两个参数的目的是使农业用水转移给生活用水和工业用水，使可承载的人口和工业增加值有所上升，与此同时，可承载的灌溉面积、牲畜头数则会下降。

17.4.2 新型城市可持续水代谢情景

新型城市可持续水代谢情景下，通州区水环境可承载的人口、灌溉面积、牲畜头数、工业增加值如表 17-12 和图 17-11 所示。结果表明，该情景下，采取再生水的利用、二级再生水回补河道、水的循环利用、提高污水处理能力和处理级别等多种措施，2020 年通州区可承载的人口为 119.26 万人，可承载的灌溉面积为 56.30 万亩，可承载的牲畜头数为 77.32 万头，可承载的工业增加值为 193.14 亿元。可见，新型城市可持续水代谢情景下，通州区水环境可承载的人口和工业增加值显著上升，可承载的灌溉面积和牲畜头数虽在模拟初期有所下降，但在模拟后期也显著上升，具体原因如下。

①可承载的人口和工业增加值显著上升是多种措施共同作用的结果，其中既有传统城市不可持续水代谢下筑坝蓄水、区外调水、节约用水、源头控制、清洁生产及末端治理等措施，又有新型城市水代谢下再生水的利用、二级再生水回补河道、水的循环利用、提高污水处理能力和处理级别等多种措施。这些措施增加了可利用的水资源量，降低了水资源的利用强度，减少了污染物的排放负荷。因此，水环境承载力提高，可承载的人口和工业增加值显著上升。

②可承载的灌溉面积和牲畜头数呈现出先低后高的趋势，这是因为通过设置初期农

林业取水比例上限和畜牧业取水比例上限两个参数，将农业用水转移给生活用水和工业用水，使可承载的灌溉面积和牲畜头数大幅下降。但是随着其他调控措施的加强，可承载的灌溉面积和牲畜头数在模拟后期显著提高。

表 17-12　新型城市可持续水代谢情景下水环境承载力

年份	可承载的人口/万人	可承载的灌溉面积/万亩	可承载的牲畜头数/万头	可承载的工业增加值/亿元
2003	32.81	29.44	92.27	27.93
2004	25.60	21.79	68.75	22.86
2005	25.61	20.69	64.78	23.92
2006	26.57	20.51	61.94	26.04
2007	28.18	21.00	58.72	28.90
2008	30.37	22.23	55.72	32.54
2009	32.54	23.95	51.97	36.35
2010	35.19	26.14	50.25	40.92
2011	38.25	28.06	50.77	46.22
2012	41.57	29.68	51.76	52.13
2013	45.36	31.20	52.86	58.96
2014	49.85	32.81	54.12	67.08
2015	55.35	34.67	55.69	77.00
2016	62.27	37.00	57.80	89.47
2017	71.29	40.07	60.79	105.69
2018	83.61	44.37	65.26	127.77
2019	101.23	50.66	72.09	159.31
2020	119.26	56.30	77.32	193.14

17.4.3　与规划目标的比较

由于当时通州区水环境质量恶化、基础设施薄弱、污染治理与生态修复工程投入不够，水环境承载力很低。新型城市可持续水代谢情景设计的目的是通过减压，提高水环境承载力，使水环境质量逐年改善。随着时间的推移，水环境承载力逐年提高，到 2020 年，可承载的人口、灌溉面积、牲畜头数都接近规划目标，只是可承载的工业增加值与规划目标还有一定差距（如图 17-12 所示）。

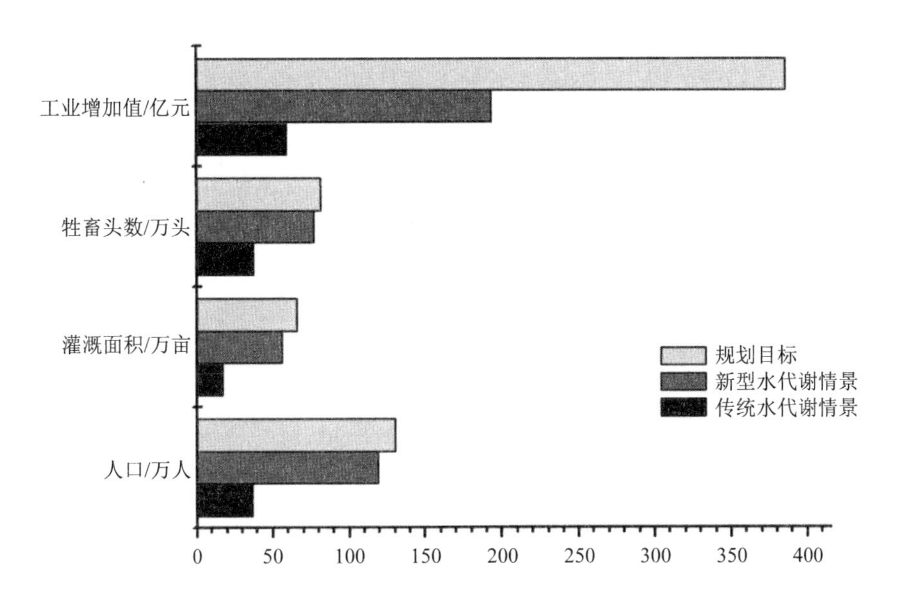

图 17-12 通州区传统水代谢情景和新型水代谢情景下水环境可承载的人口、灌溉面积、牲畜头数、工业增加值与规划目标的比较

17.5 模型灵敏度分析

本研究针对模型进行两种灵敏度分析：参数的变化对目标值产生的影响，以及基本约束条件的变化对目标值产生的影响。前者是改变表征水环境承载力调控措施的各种参数，分析水环境承载力调控措施的变化对水环境承载力的影响。后者是改变水质约束和水量约束，分析国家或地方相关政策的变化对水环境承载力的影响。

17.5.1 参数的变化对目标值产生的影响

在新型城市可持续水代谢情景下，对该情景与传统城市不可持续水代谢情景不同的参数进行灵敏度分析，分析提高水环境承载力的调控措施。

根据新型城市可持续水代谢情景下的调控措施，将进行灵敏度分析的参数分为3组，分别是与再生水利用相关的参数、与水的循环利用相关的参数以及与污水处理能力和处理级别相关的参数（如表 17-13 所示）。

表 17-13　需要进行灵敏度分析的参数

与再生水利用相关的参数	与水的循环利用相关的参数	与提高污水处理能力和处理级别相关的参数
区内二级再生水供给量 区内深度再生水供给量 区外二级再生水供给量 生活用水优质水比例 农业二级再生水污灌率 服务业深度再生水回用率 工业深度再生水利用率（13 个行业）	工业重复用水率（13 个行业）	城镇生活污水处理率 污水处理厂处理能力 污水处理厂排入河道的浓度标准 牲畜养殖的废水处理率（4 类牲畜）

在新型城市可持续水代谢情景下，设置每组参数的变化率为±10%，即使其在现有值的 90%～110%的范围内变化，预测可承载的人口、灌溉面积、牲畜头数、工业增加值的变化率。结果如表 17-14～表 17-16 所示。

表 17-14　与再生水利用相关的参数的灵敏度分析结果

参数变化	可承载的人口		可承载的灌溉面积		可承载的牲畜头数		可承载的工业增加值	
	2020 年预测值/万人	变化率/%	2020 年预测值/万亩	变化率/%	2020 年预测值/万头	变化率/%	2020 年预测值/亿元	变化率/%
上浮 10%	123.24	6.47	63.71	23.41	76.36	−2.40	199.59	6.47
取原值	119.26		56.30		77.32		193.14	
下降 10%	115.52		50.53		78.21		187.09	

表 17-15　与水的循环利用相关的参数的灵敏度分析结果

参数变化	可承载的人口		可承载的灌溉面积		可承载的牲畜头数		可承载的工业增加值	
	2020 年预测值/万人	变化率/%	2020 年预测值/万亩	变化率/%	2020 年预测值/万头	变化率/%	2020 年预测值/亿元	变化率/%
上浮 10%	119.30	0.17	56.19	−0.89	77.17	−0.90	193.21	0.17
取原值	119.26		56.30		77.32		193.14	
下降 10%	119.10		56.69		77.86		192.89	

表 17-16 与提高污水处理能力和处理级别相关的参数的灵敏度分析结果

参数变化	可承载的人口		可承载的灌溉面积		可承载的牲畜头数		可承载的工业增加值	
	2020 年预测值/万人	变化率/%	2020 年预测值/万亩	变化率/%	2020 年预测值/万头	变化率/%	2020 年预测值/亿元	变化率/%
上浮 10%	125.97	36.46	59.42	36.45	81.58	36.44	204.01	36.46
取原值	119.26		56.30		77.32		193.14	
下降 10%	82.49		38.89		53.40		133.60	

参数变化的灵敏度分析的结论如下。

①增加再生水资源量、提高再生水的利用率对可承载的人口、灌溉面积、工业增加值的提高有一定效果，尤其是能够显著提高可承载的灌溉面积，这是由于在通州区的总用水量中，农林业灌溉所需水资源的比例最大。此时若能够提高农业二级再生水污灌率（如上调 10%），用水效率提高，灌溉面积就会从 56.3 万亩显著增加到 63.71 万亩，增幅超过 10%。

但是，该措施会使可承载的牲畜头数略微降低。这是由于模型中对畜牧业用水量占通州区总用水量的比例进行了严格的限制，该措施能使通州区的总用水量下降，亦使畜牧业用水量下降；与此同时，畜牧业并没有再生水利用方面的措施予以辅助，因此可承载的牲畜头数会略微降低。虽然模型中也对农林业用水比例进行了限制，但由于农林业采取了提高农业二级再生水污灌率、充分利用再生水等措施，抵消了农林业用水的减少对种植面积的发展的不利影响。

②增加工业重复用水率会提高用水效率，促使可承载的人口和工业增加值略微提高。但该措施会使可承载的灌溉面积和牲畜头数减少，这是因为模型中对农林业用水比例和畜牧业用水比例进行了限制，增加工业重复用水率会使总用水量减少，使可以供给农林业和畜牧业的水资源量减少，可承载的灌溉面积和牲畜头数就会随之减少。

③提高污水处理率、污水处理能力、污水排放标准、牲畜养殖的废水处理率对水环境承载力的提高有显著效果，将相关参数上调10%，会使可承载的人口、灌溉面积、牲畜头数、工业增加值提高近20%。这是因为通州区水环境的弱势在于水质，这些措施都是减少水污染排放负荷、改善水质的有效措施。

综上，通过灵敏度分析可知，提高污水处理能力和处理级别对水环境承载力有促进作用，对可承载的人口、灌溉面积、牲畜头数、工业增加值都有显著效果。再生水利用也对可承载的人口、灌溉面积、工业增加值有一定促进作用，但对畜牧业有一定抑制作用。水的循环利用对可承载的人口和工业增加值也有促进作用，但效果不显著。

17.5.2 基本约束条件的变化对目标值产生的影响

通州区的地下水超采严重，而按照《北京市通州区水资源综合规划》，将严格限制地下水开采量。而COD允许排放量是国家下达的减排指标。两个基本约束条件都是国家或地方的政策所规定的，在此分析水质、水量政策的变化对水环境承载力的影响。

在新型城市可持续水代谢情景下，设置地下水资源供给量和COD允许排放量的变化率为±10%，即使其在现有值的90%～110%的范围内变化，预测可承载的人口、灌溉面积、牲畜头数、工业增加值的变化率。结果如表17-17、表17-18所示。

表17-17　地下水资源供给量的灵敏度分析结果

参数变化	可承载的人口		可承载的灌溉面积		可承载的牲畜头数		可承载的工业增加值	
	2020年预测值/万人	变化率/%	2020年预测值/万亩	变化率/%	2020年预测值/万头	变化率/%	2020年预测值/亿元	变化率/%
上浮10%	119.26	0	56.30	0	77.32	0	193.14	0
取原值	119.26		56.30		77.32		193.14	
下降10%	119.26		56.30		77.32		193.14	

表17-18　COD允许排放量的灵敏度分析结果

参数变化	可承载的人口		可承载的灌溉面积		可承载的牲畜头数		可承载的工业增加值	
	2020年预测值/万人	变化率/%	2020年预测值/万亩	变化率/%	2020年预测值/万头	变化率/%	2020年预测值/亿元	变化率/%
上浮10%	131.18	20	61.93	20	85.06	20	212.45	20
取原值	119.26		56.30		77.32		193.14	
下降10%	107.33		50.67		69.59		173.83	

基本约束条件变化的灵敏度分析的结论如下。

本模型是采用水质、水量双重约束求解水环境承载力的，从表17-17和表17-18的结果中可见：地下水资源供给量的变化对模型的影响为零，而COD允许排放量的变化对模型则有着极其显著的影响（COD允许排放量上浮10%，可承载的人口、灌溉面积、牲畜头数、工业增加值都上升10%）。这表明虽然采用水环境容量与水资源供给能力共同约束水环境承载力，但真正能够制约通州区水环境承载力的是水质约束，即COD允许排放量。事实上，通州区地处北京市下游，上游污水大量汇入，加之本地的生活污水和工业废水排放，区内河流污染严重，各河段均为劣Ⅴ类水体，剩余COD容量为零，灵敏度分析的结果符合通州区的水环境现状。

因此，在加强各种提高水环境承载力的调控措施的基础上，还应开展水生态修复、河道整治等工作，改善水质，降低水环境质量对水环境承载力的制约。

17.6 结论与建议

传统城市不可持续水代谢情景的模拟结果表明，该情景下，虽然采取了筑坝蓄水、区外调水、节约用水、源头控制及末端治理等措施，但水环境可承载的灌溉面积和牲畜头数依然下降，可承载的人口和工业增加值缓慢上升。2020 年通州区可承载的人口为 36.46 万人，可承载的灌溉面积为 17.23 万亩，可承载的牲畜头数为 37.61 万头，可承载的工业增加值为 59.05 亿元。

新型城市可持续水代谢情景下，采取再生水的利用、二级再生水回补河道、水的循环利用、提高污水处理能力和处理级别等多种措施，通州区水环境可承载的人口和工业增加值显著上升，可承载的灌溉面积和牲畜头数虽在模拟初期有所下降，但在模拟后期也显著上升。2020 年通州区可承载的人口为 119.26 万人，可承载的灌溉面积为 56.30 万亩，可承载的牲畜头数为 89.45 万头，可承载的工业增加值为 193.14 亿元。

新型城市可持续水代谢情景的模拟结果与规划目标还有一定差距，应控制人口增长，适当降低规划中的经济目标，以避免人民生活和经济发展对脆弱的水环境造成过多的压力。

对新型城市可持续水代谢动态仿真模型参数和约束条件进行灵敏度分析。结果表明，提高污水处理能力和处理级别对水环境承载力有促进作用，对可承载的人口、灌溉面积、牲畜头数、工业增加值都有显著效果；再生水利用也对可承载的人口、灌溉面积、工业增加值有一定促进作用，但对畜牧业有一定抑制作用；水的循环利用对可承载的人口和工业增加值也有促进作用，但效果不显著；虽然采用水环境容量与水资源供给能力共同约束水环境承载力，但真正能够制约通州区水环境承载力的是水质约束，即 COD 允许排放量。因此，一方面应加强各种提高水环境承载力的调控措施，另一方面还应开展水生态修复、河道整治等工作，改善水质，降低水环境质量对水环境承载力的制约。

第 18 章　水环境承载力约束下昆明市社会经济发展规模结构优化调控

18.1　昆明市概况

18.1.1　自然地理特征和行政区划

昆明作为云南省省会，位于云南省的中东部，是云南的政治、商业和文化中心，也是滇中城市群核心圈的中心城市，其位于东经 102°10′～103°40′、北纬 24°23′～26°22′之间。地处中国西南地区的云贵高原中部，北与四川省凉山彝族自治州隔金沙江相望；南与玉溪市接壤；东南有红河哈尼族彝族自治州与文山壮族苗族自治州；西邻楚雄彝族自治州；西北方向有攀枝花市、丽水市与大理白族自治州；东北方向有曲靖市与六盘水市。

2015 年，昆明市下辖 6 个行政区（盘龙、五华、西山、东川、呈贡和官渡）、7 个县（晋宁县、宜良县、富民县、嵩明县、禄劝彝族苗族自治县、寻甸回族彝族自治县、石林彝族自治县）和 1 个县级市（安宁）。全市南北长 237.5 km，东西宽 152 km，行政区总面积约为 21 012.5 km^2，具体行政区划如图 18-1 所示。

从地理环境看，昆明位于金沙江、南盘江、红河的分水岭地带，地势北高南低，中部隆起，东西两侧较低。总体而言，昆明市三面环山，全市以山地地貌为主，大部分地区海拔在 1 500～2 800 m 之间，主城区坐落在滇池盆地的北部，属断线盆地地貌，海拔在 1 900 m 左右，山区面积约占总面积的 84.9%。

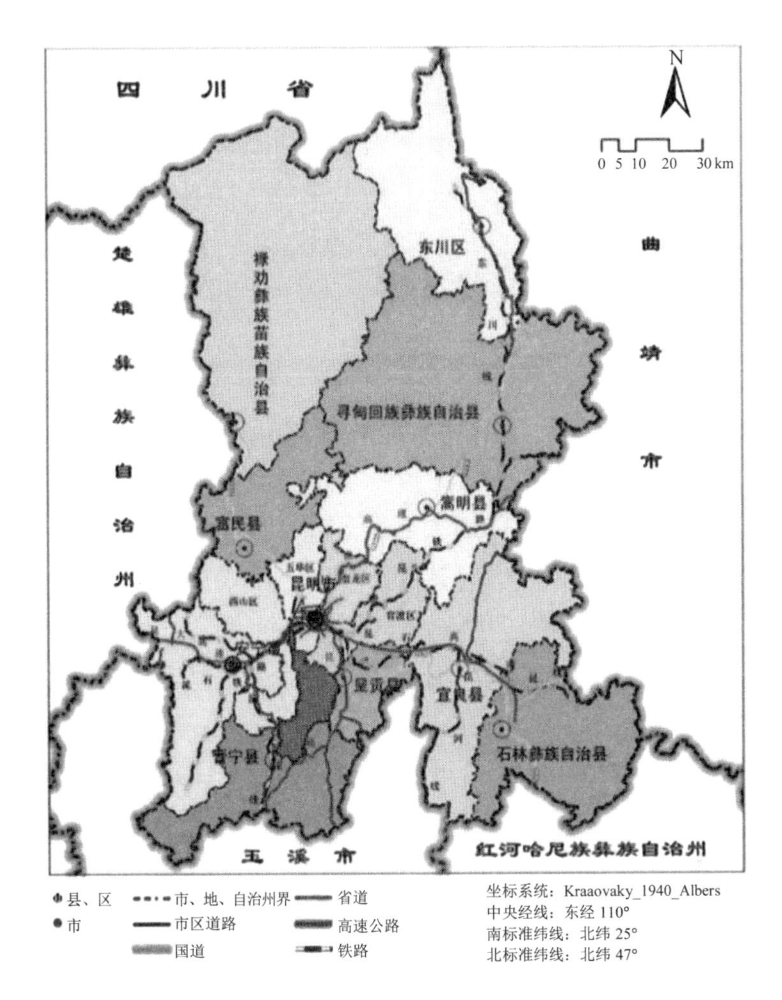

图 18-1 昆明市行政区划

18.1.2 人口与经济发展

根据《2015 年昆明市国民经济和社会发展统计公报》，截至 2015 年年底，昆明市常住人口为 687.7 万人，其中城镇人口为 467.7 万人，占 68.01%，农村人口为 220.0 万人，全市人口自然增长率为 5.98‰。

昆明市 2015 年全年地区生产总值（GDP）达 3 970.00 亿元，比 2014 年增长 8.0%，人均生产总值为 59 458 元。其中，第一产业增加值为 188.10 亿元，同比上年增长 5.8%；第二产业增加值为 1 588.38 亿元，同比增长 7.4%，其中建筑业、重工业和轻工业的增加值增长率分别为 10.0%、6.5%和 4.0%，；第三产业增加值为 2 193.52 亿元，同比增长 8.4%，其中旅游业总收入为 723.46 亿元，同比增长 17.7%；全市 2015 年三次产业结构为 4.7：

40.0∶55.3，其中，环保产业投资占GDP比例为3.7%。从昆明市的第二产业行业结构来看，昆明市已进入了工业化中期，传统工业产业不断升级改造，新材料、生物产业、先进装备制造业等高新产业增长速度较传统产业更高，所占比例也逐渐扩大。从产业结构来看，第二产业、第三产业是昆明发展的支柱产业，且昆明市大力调整传统产业，退二进三，第三产业比例不断提升，成为昆明市经济的重要增长点。

18.1.3 资源环境概况

（1）水资源

昆明市处于低纬度高原地区，为低纬度亚热带高原山地季风气候，冬暖夏凉，气候温和，年平均气温为15℃。

昆明市多年平均降水量为949.3 mm左右，5—10月的雨季降水约占全年降水的80%，多年平均水资源总量为64.95亿m^3。根据《云南省统计年鉴》数据，由于受到气候变化和周围环境的影响，水资源总量从2007年的65.38亿m^3下降至2011年的22.90亿m^3，在采取了一系列工程措施和节水措施之后，水资源总量呈逐渐回升趋势，2014年水资源总量达49.64 m^3。

昆明市对水资源的开发利用以地表水为主，辅以少量地下水。全市河流分属长江流域上游的金沙江、珠江流域上游的南盘江以及红河流域上游的元江等水系，水量主要来自大气降水。截至2015年年底，昆明市已建成各类水库820座，兴利总库容14.85亿m^3，蓄水总库容27.88亿m^3。滇池作为云贵高原水面面积最大的淡水湖泊，是昆明主城区的主要供水水体。滇池素有“高原明珠”“五百里滇池”的美誉，湖面海拔高度为1 886 m，湖面面积为306.3 km^2，多年平均水资源量为5.73亿m^3，容水量为15.7亿m^3。滇池流域面积为2 920 km^2，2015年流域内常住人口为399.3万人，约占昆明总人口的60%。以《云南省统计年鉴》2014年的数据计算，昆明市人均水资源量为749.1 m^3，仅为全省人均水资源量的20%。可以看出，昆明市属于水资源紧缺地区，水资源具有时空分布不均的特点，加之水源工程基础较为薄弱，并不能满足用水需求的增长，产业用水效率不高，没有深度挖掘节水潜力，随着社会经济的不断发展，昆明市水资源的供需矛盾将进一步加大。

（2）水环境

随着城市化进程的加快和持续快速的经济增长，昆明市不仅面临水资源日益紧缺的问题，也面临污染排放增加、地表水水质恶化的问题。其中，滇池流域以昆明市大约13.9%的面积支撑了全市80%的地区生产总值，是昆明市人口密度最高的区域，社会经济发展带来的污染物排放量已超过了流域内的水环境承载力。滇池流域内的水污染源主要包括陆上点源、农业面源、城市面源和水土流失。2015 年，滇池外海和草海皆处于中度富营养状态，水质皆为劣Ⅴ类，化学需氧量（COD_{Cr}）、总氮（TN）为主要超标指标。

（3）水生态

昆明市的城市建设导致农业用地和生态用地被不断蚕食，降低了区域内生物多样性，使生态景观格局趋向破碎化。此外，在城市开发过程中，排水系统等基础设施的建设仍处于落后状态，主城区大部分排水体制仍为雨污合流制。城市管网建设跟不上城市发展，污水处理能力也存在不足，以上因素使得城市污水不能被有效地收集和处理，从而导致中心城区的河道或沟渠水质污染严重，河流生态系统遭到严重破坏。此外，昆明市主城区内的河道多为硬直驳岸，滨岸缺少绿化带，河岸植被难以生长，也使河道无法充分发挥其生态服务功能。

18.2 昆明市水环境承载力系统动力学模型构建

18.2.1 系统动力学流图建立

（1）人口子系统

人口子系统流图中包含出生率、死亡率、人口迁入率、城镇化率、总人口、城镇人口和农村人口。总人口作为状态变量，是初始人口、出生人口、死亡人口和迁入人口随着时间变化累积的结果。人口子系统流图如图 18-2 所示。

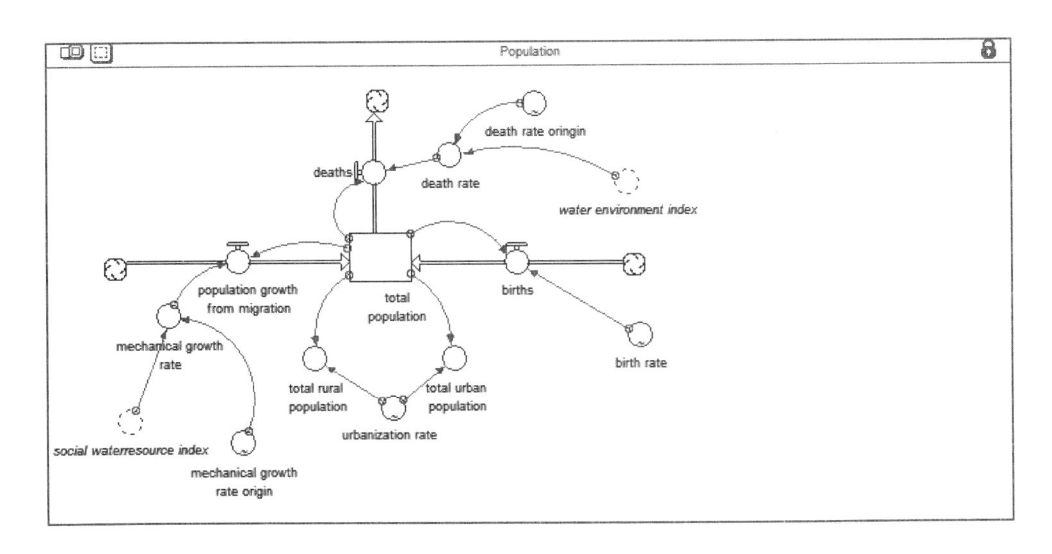

图 18-2 人口子系统流图

（2）经济子系统

经济子系统涉及的变量主要包括行业增加值年均增长率（I01～I23）、行业增加值（I01～I23）、工业增加值、建筑业增加值、第三产业增加值、第二产业增加值、第一产业增加值和地区生产总值。行业编号如表 18-1 所示。

表 18-1 行业编号

行业	编号	行业	编号
非金属矿采选业	I01	电力和热力的生产供应业	I13
食品饮料制造业	I02	燃气与水生产供应业	I14
烟草制品业	I03	其他采矿业	I15
纺织及皮革制品业	I04	其他行业	I16
造纸及纸制品业	I05	建筑业	I17
印刷文教业	I06	种植业	I18
医药业	I07	畜牧业	I19
化工行业	I08	林业	I20
非金属矿物制品业	I09	渔业	I21
冶金业	I10	农林牧副服务业	I22
装备制造业	I11	第三产业	I23
通信设备、计算机及其他电子设备制造业	I12		

经济子系统流图如图 18-3 所示。

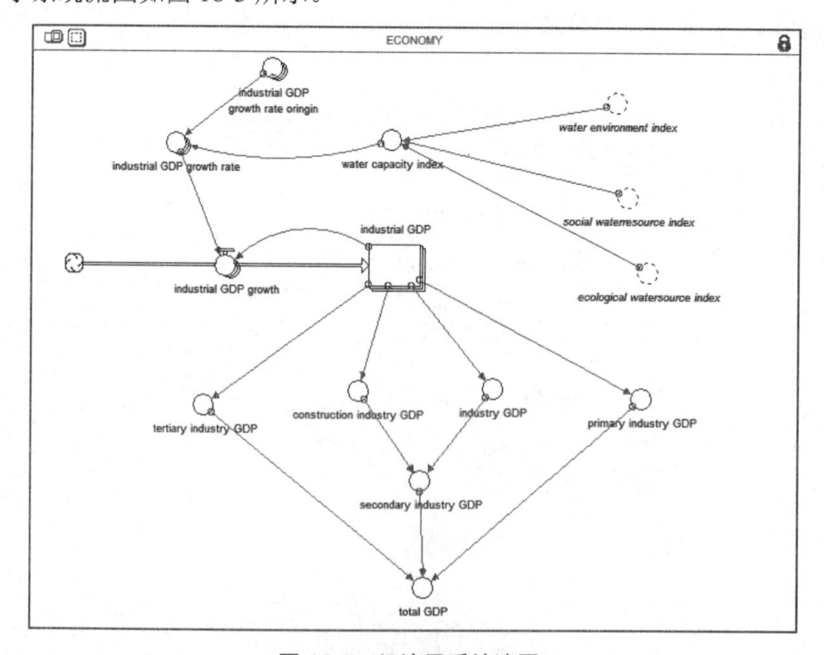

图 18-3 经济子系统流图

（3）水资源子系统

水资源子系统涉及的变量主要包括：各行业增加值用水强度（I01～I23）、各行业重复用水率（I01～I23）、各行业新鲜水取用量（I01～I23）、生产用水总量、生产新鲜水取用总量；城镇居民用水强度、农村居民用水强度、城镇生活用水量、农村生活用水量、生活用水总量；城市绿化面积、城市绿化面积增长率、城市绿化用水定额、城市道路面积、城市道路面积增长率、城市道路用水定额、城市环境杂用水总量；水资源总量、水资源需求总量、社会经济用水需水总量、河道生态需水量、社会经济供水量、再生水回用量、水资源承载指数、生态需水保障指数。

其中，城市道路面积和城市绿化面积作为状态变量，是两者的初始值和年面积增长值随着时间变化积累的结果。水资源子系统流图如图 18-4 所示。

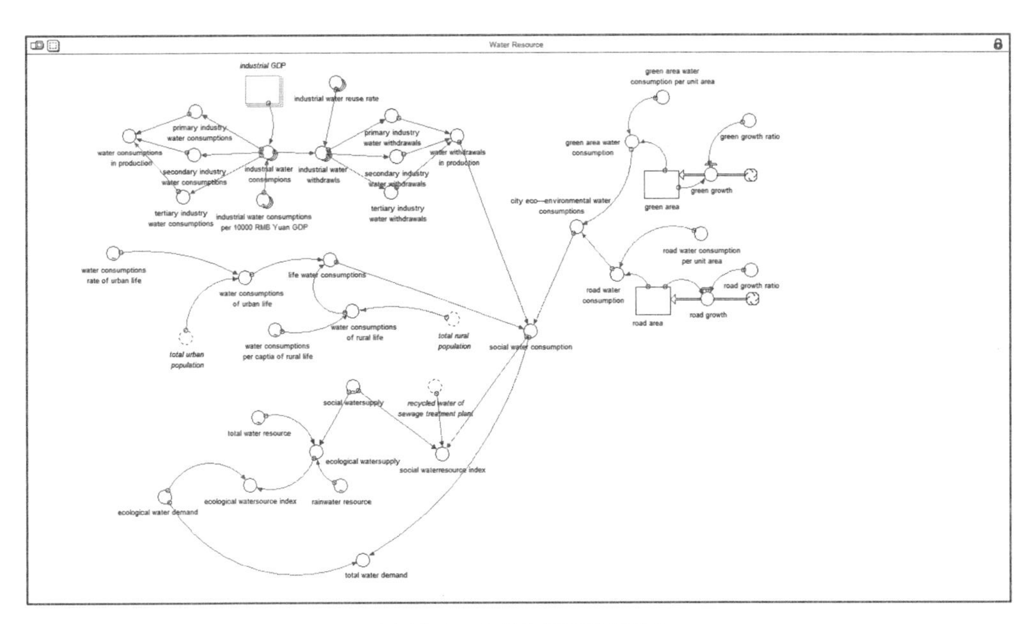

图 18-4　水资源子系统流图

（4）水环境子系统

水环境子系统分为两个模块，即污染产生子模块和污染处理子模块。

污染产生子模块的主要变量有：各行业增加值COD_{Cr}排放强度（I01～I23）、各行业增加值NH_3-N排放强度（I01～I23）、各行业增加值COD_{Cr}排放量（I01～I23）、各行业增加值NH_3-N排放量（I01～I23）；城镇生活COD_{Cr}排放强度、城镇生活NH_3-N排放强度、农村生活COD_{Cr}排放量、农村生活NH_3-N排放量、城镇生活污水产生量、农村生活污水产生量。

污染处理子模块的主要变量有：城镇生活污水排放量、农村生活污水排放量、各产业废水排放量、城镇污水处理厂污水处理量、农村污水处理厂污水处理量、城镇污水处理费用、农村污水处理费用、单位污水再生回用费用等；城镇污水处理厂污水 COD_{Cr} 浓度、农村污水处理厂污水 COD_{Cr} 浓度、城镇污水处理厂污水 NH_3-N 浓度、农村污水处理厂 NH_3-N 浓度、污水处理厂排放标准、污水再生回用标准、污水再生回用率、污水厂 COD_{Cr} 削减量、污水处理厂 NH_3-N 削减量、NH_3-N 削减成本、COD_{Cr} 总排放量、NH_3-N 总排放量、COD_{Cr} 环境承载指数、NH_3-N 环境承载指数、水环境承载指数。

水环境子系统流图如图 18-5 所示。

18.2.2 模型参数设定

方程参数为系统的整体运行提供支持，模型中的参数有初始值、常数值、函数、表函数等。对随时间变化不甚显著的参数亦近似地取为常数值，在模型中较多地使用了表函数，有效地处理了很多非线性问题。在本研究中参数的确定主要运用以下几种方法。

①趋势外推法。是根据过去和现在的发展趋势推断未来的方法，用于科技、经济和社会发展的预测。趋势外推的基本假设为未来是过去和现在连续发展的结果。当预测对象依时间变化呈现某种上升或下降趋势，且能找到 1 个合适的函数曲线反映这种变化趋势时，就可以用趋势外推法进行预测。本研究利用历史统计数据和趋势外推法确定参数取值，如污水再生利用率、城镇生活污水收集率等。

②平均值法。对部分随时间变化不显著的参数，依据尽量简化模型的原则，均取平均值作为常数值。如单位道路面积需水量和单位绿化面积需水量，是在对以往数据求平均值，再和《给水排水设计手册》上的设计单位用水定额进行比对，发现落在定额给出的范围之内，从而确定下来的。

③直接确定法。应用统计资料、调查资料确定参数，充分利用统计年鉴中数据作为初始值，如人口初始值、三次产业中各行业工业增加值初始值等，或根据昆明市各项相关规划等资料数据，确定模型中相应参数值。

本研究的数据资料主要来源于《昆明市统计年鉴》《云南省统计年鉴》《云南省水资源公报》《第一次全国污染源普查云南省农业污染源普查报告》《昆明市环境质量状况公报》《中国环境统计年报》《昆明市海绵城市建设专项规划》《昆明市生态建设与环境保护“十二五”规划》《昆明市城镇再生水利用专业规划》《滇池流域水污染防治规划》以及相关学者的研究结果等。

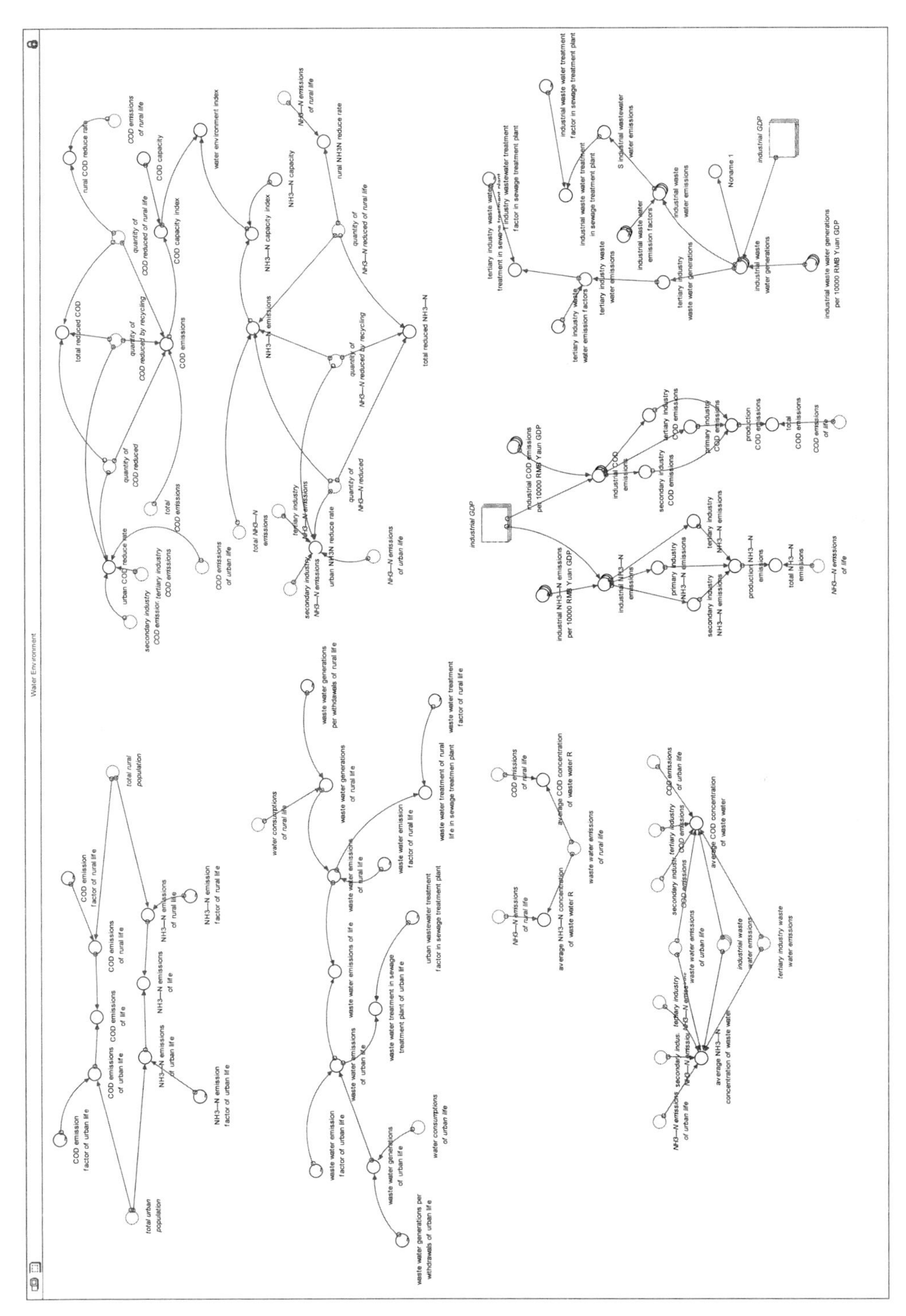

（a）污染产生子模块

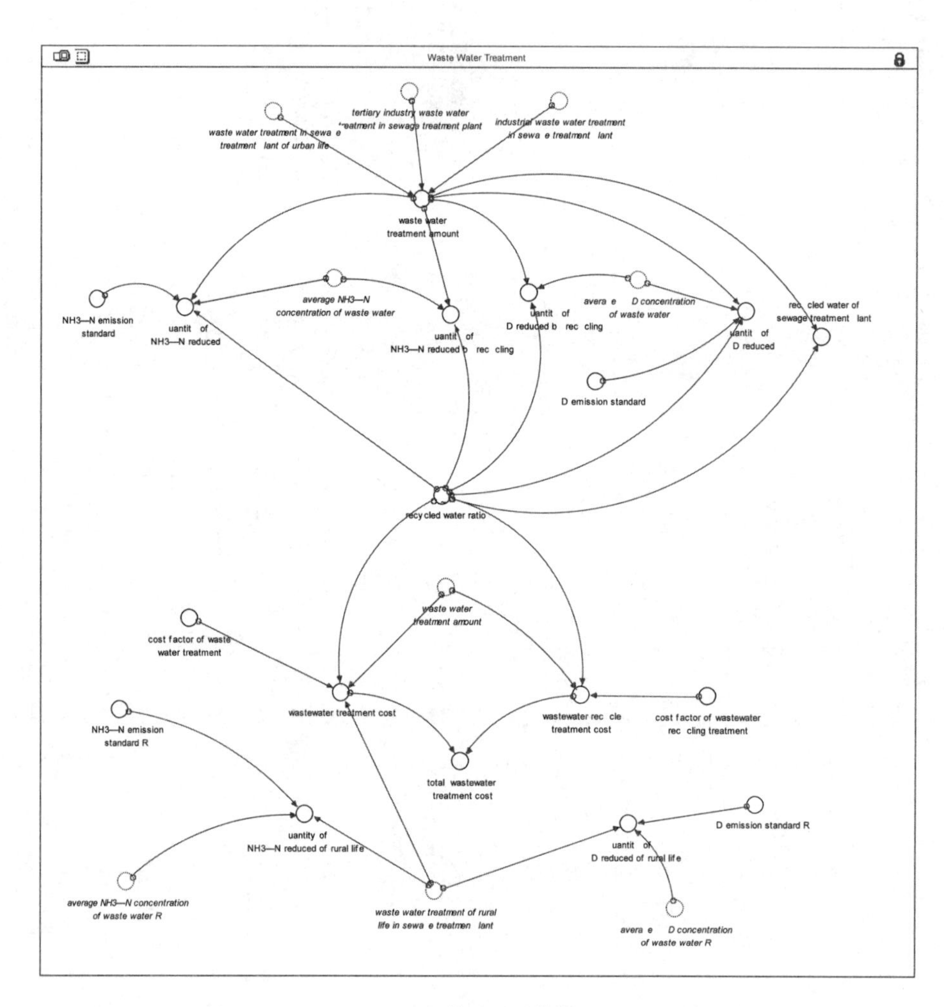

（b）污染处理子模块

图 18-5　水环境子系统流图

18.2.3 模型有效性检验

为了验证模型结构与现实情况的吻合程度，需要进行模型的有效性检验，检验模型获取的信息与行为是否可以反映实际情况的特性和趋势变化规律，通过对模型的验证分析，可以确认模型是否能够正确反映与理解所要解决的问题。

（1）直观性检验和运行检验

直观性检验建立在分析模型和现实系统的基础上，对建模过程中模型的边界选择、重要参数选择、因果反馈关系、系统动力学流图、方程表述等项目进行检验。目的在于检验模型逻辑是否有误、方程是否合理、运行机制是否能反映现实系统。运行检验则是通过模型运行过程和结果，检验模型方程的正确性，并确认变量量纲一致性，以及考察参数设置能否实现准确模拟。

本研究建立的系统动力学模型，可以很好地体现昆明市水系统内各要素（子系统）之间的关系、要素之间合理的因果反馈链，可以反映现实系统的结构；因此，所建模型可以通过直观性检验和运行检验。

（2）历史性检验

历史性检验是为了观察模型在仿真时各要素和实际值的偏差。仿真时，设置仿真的时间步长为 1 年，基准年为 2009 年（基准年的模型数值与实际值相同），模拟仿真的时间为 2010—2014 年。基于前文建立的模型，对昆明市的关键变量在 2010—2014 年的数值进行仿真，将实际值与模拟值相比较，计算相对误差，结果如表 18-2～表 18-6 所示。

表 18-2 人口实际值、模拟值与相对误差

年份	实际值/万人	模拟值/万人	相对误差/%
2010	643.92	635.03	−1.38
2011	648.64	642.29	−0.98
2012	653.30	649.65	−0.56
2013	657.90	657.12	−0.12
2014	662.60	664.69	0.32

表 18-3 地区生产总值实际值、模拟值与相对误差

年份	实际值/万元	模拟值/万元	相对误差/%
2010	21 203 031	21 208 954	0.03
2011	25 095 813	24 340 251	−3.01
2012	30 111 433	27 966 060	−7.12
2013	34 152 103	32 171 756	−5.80
2014	37 129 943	37 051 569	−0.21

表 18-4 水资源总需求量实际值、模拟值与相对误差

年份	实际值/万 t	模拟值/万 t	相对误差/%
2010	357 672	329 299.27	−7.93
2011	355 332	334 157.66	−5.96
2012	330 600	341 302.03	3.24
2013	332 500	351 253.50	5.64
2014	329 300	362 819.73	10.18

表 18-5 COD_{Cr} 排放量实际值、模拟值与相对误差

年份	实际值/t	模拟值/t	相对误差/%
2010	93 612	88 169.49	−5.81
2011	73 026	83 010.34	13.67
2012	67 227	78 711.76	17.08
2013	65 409	74 958.32	14.60
2014	63 734	71 625.23	12.38

表 18-6 NH_3-N 排放量实际值、模拟值与相对误差

年份	实际值/t	模拟值/t	相对误差/%
2010	8 352	8 091.92	−3.11
2011	7 173	7 845.85	9.38
2012	7 178	7 485.69	4.29
2013	6 772	7 267.71	7.32
2014	7 201	7 153.89	−0.65

对所建立的社会-经济-水环境-水资源系统的系统动力学模型进行了检验，变量模拟值相对误差基本控制在±15%之内，检验结果显示模型与昆明市人口、经济、水资源、水环境各要素实际运行的拟合程度较高。因数据选取时间区间仅为 5 年，个别变量短期内有幅度较大的波动，所以出现个别变量模拟值相对误差超过±15%的情况，这是正常现象，因为社会-经济-水环境-水资源系统本身就存在许多不确定性因素，某些年份由于地区发展政策、各种自然灾害或其他外部环境的影响，导致在模型中会出现个别变量相对误差较大的情况。可以说，系统模拟结果能够达到理想状态，数据结果有效可信，说明本研究所建立的社会-经济-水环境-水资源系统的系统动力学模型成立。

18.3 昆明市水环境承载力系统动力学运行仿真

18.3.1 发展情景设置

经济的快速发展会导致对资源和能源的需求增加、污染物排放加剧，高耗能、高污染产业的扩张又会加快环境的进一步恶化，而政府的政策调控在一定程度上又会对资源、能源和环境起到一定的积极作用，使经济社会良性运行，使系统有序平衡发展，系统内部不断优化和完善，从而使整个地区协调发展。

社会-经济-水环境-水资源系统是一个复杂的巨系统，很多因素会促使整个系统发生变化。情景分析法并不是要预测未来，而是设想哪些类型的未来是可能的，通过描述在不同的发展路线下各种“可能的未来”，从而可以结合水环境承载力分析研究社会经济发展过程中对资源、能源和环境带来的影响以及系统动态变化的各驱动因素，为地区协调发展提供合理的发展对策与建议。

本研究设置 3 种情景：BAU 发展情景、规划发展情景和可持续发展情景。

（1）BAU 发展情景

BAU 发展情景指按照昆明市社会、经济与环境的发展趋势，不加任何约束情况下的发展情景。

（2）规划发展情景

规划发展情景是在按照昆明市与云南省“十二五”规划、“十三五”规划及总体规划对昆明市各行业污染物减排目标、节能降耗目标，以及社会、经济发展目标的要求下，昆明市人口、经济、水资源与水环境等各子系统可能实现的状态。具体参数设置如表 18-7 所示。

表 18-7 昆明市规划发展情景参数设计

相关参数	设定依据	数值
GDP 增长率	《昆明市国民经济和社会发展第十三个五年规划纲要》	9.00%
三次产业比例	《昆明市国民经济和社会发展第十三个五年规划纲要》	4∶40∶56
人口迁移率	按 2005 年至今的平均迁移率取值	3.862‰
给水管网漏损率	《昆明市海绵城市建设专项规划》2025 年数值和 2014 年相似供水量下最优水平的平均值	6.39%
按漏损率修正的管网需水量		下降 5.84%
雨水回用率	《昆明市海绵城市建设专项规划》	9%
污水再生回用率	《云南省环境保护与生态建设第十三个五年规划纲要》	72.48%
第一产业用水强度	《全国水资源综合规划》	下降 15.16%

相关参数	设定依据	数值
万元工业增加值取水强度	《云南省国民经济和社会发展第十三个五年规划纲要》	下降 23%
第三产业用水强度	现状下全国平均水平	下降 38.46%
城镇生活用水强度	现状下云南省最优水平	下降 14.55%
农村生活用水强度	农村生活集中供水的平均定额与最低定额的中间值	下降 16.14%
第一产业污染物排放强度	按百分比处理	下降 15%
第二产业污染物排放强度		下降 7.5%
第三产业污染物排放强度		下降 7.5%
农村生活 COD_{Cr} 排放强度	按下降百分比处理	下降 7.5%
农村生活 NH_3-N 排放强度		下降 7.5%
城镇生活 COD_{Cr} 排放强度	云南省平均水平	下降 11.67%
城镇生活 NH_3-N 排放强度	云南省最优水平	下降 16.21%
城镇污水收集率	《昆明市环境保护与生态建设第十三个五年规划纲要》	90%
农村生活污水收集率	《昆明市海绵城市建设专项规划》	≥45%

（3）可持续发展情景

可持续发展情景是以昆明市与云南省“十二五”规划、“十三五”规划及总体规划中社会、经济发展要求以及国内各行业污染物排放先进水平、节能降耗先进水平为目标，昆明市人口、经济、水资源与水环境等各子系统可能实现的状态（如表 18-8 所示）。

表 18-8　昆明市可持续发展情景参数设计

相关参数	设定依据	数值
GDP 增长率	《昆明市国民经济和社会发展第十三个五年规划纲要》	9.00%
三次产业比例	《昆明市国民经济和社会发展第十三个五年规划纲要》	4∶40∶56
人口迁移率	按 2005 年至今的平均迁移率取值	3.862‰
给水管网漏损率	2014 年相似供水量下最优水平	3.77%
按漏损率修正的管网需水量		下降 8.42%
雨水回用率	《昆明市海绵城市建设专项规划》	10%
污水再生回用率	《昆明市环境保护与生态建设第十三个五年规划纲要》上升 10%	83.03%
第一产业用水强度	国际先进水平	下降 34.8%
万元工业增加值取水强度	《云南省国民经济和社会发展第十三个五年规划纲要》	下降 25%
第三产业用水强度	现状下全国最优水平	下降 57.69%
城镇生活用水强度	现状下全国最优水平	下降 32.12%
农村生活用水强度	农村生活集中供水最低定额	下降 24.15%
第一产业污染物排放强度	按百分比处理	下降 30%
第二产业污染物排放强度		下降 10%
第三产业污染物排放强度		下降 10%

相关参数	设定依据	数值
农村生活 COD_{Cr} 排放强度	按下降百分比处理	下降 10%
农村生活 NH_3-N 排放强度		下降 10%
城镇生活 COD_{Cr} 排放强度	现状下全国最优水平	下降 21.67%
城镇生活 NH_3-N 排放强度	现状下全国最优水平	下降 19.63%
城镇污水收集率	《昆明市环境保护与生态建设第十三个五年规划纲要》	95%
农村生活污水收集率	《关于昆明市农村污水治理行动的实施意见》	≥60%

18.3.2 BAU 发展情景下的模拟仿真结果

按 BAU 发展情景设置，以 2014 年为基准年，预测昆明市按当时发展趋势，2015—2025 年的人口-经济-水资源-水环境各子系统发展状况，结果如下。

（1）人口规模

BAU 发展情景下，2015—2025 年昆明市人口规模如图 18-6 所示。可见现状趋势发展下，昆明市维持着较高的人口迁入率，在快速城市化的同时总人口不断升高，总人口于 2020 年达 712.19 万人，其中城镇人口 603.22 万人，农村人口 108.97 万人；2025 年总人口达 753.94 万人，其中城镇人口 682.31 万人，农村人口 71.63 万人。农村劳动力和区外人口不断向城镇迁移和输入。

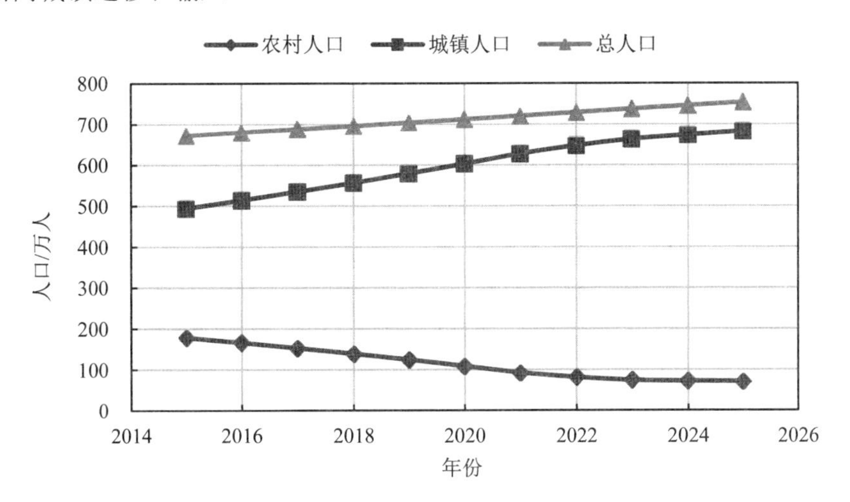

图 18-6 BAU 发展情景下 2015—2025 年昆明市人口规模情况

（2）经济发展

BAU 发展情景下，2015—2025 年昆明市的地区生产总值和三次产业增加值情况如图 18-7 和表 18-9 所示。在现状趋势下，昆明市经济飞速发展，实力不断提高。从产业结构来看，昆明市保持着“退二进三”的趋势。根据预测结果，2020 年昆明市地区生产总值将达到 8 803.14 亿元，三次产业增加值分别为 349.91 亿元、3 434.36 亿元、5 018.87 亿元，产业结构为 4∶39∶57。2025 年，地区生产总值达到 18 414.29 亿元，三次产业增加值分别为 595.30 亿元、6 938.67 亿元、10 880.32 亿元，产业结构为 3.2∶37.7∶59.1。各行业的增加值如表 18-10 所示，可以看出各行业的发展十分迅速。

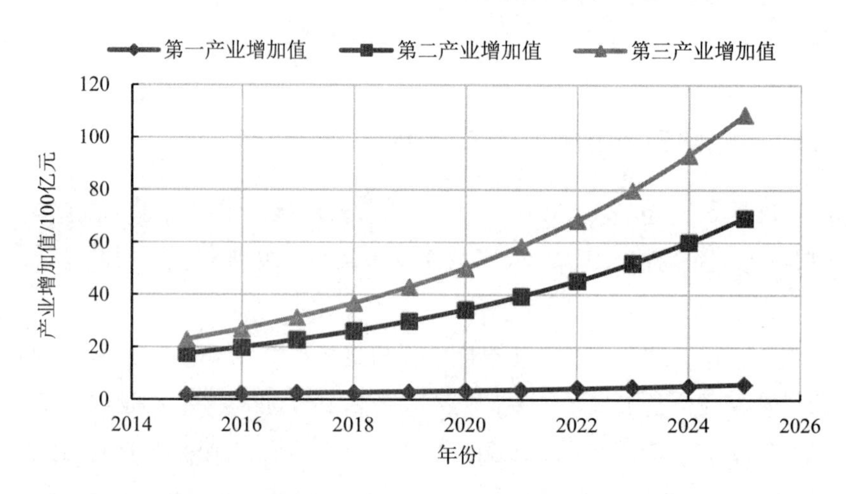

图 18-7 BAU 发展情景下 2015—2025 年昆明市三次产业增加值情况

表 18-9 BAU 发展情景下 2015—2025 年昆明市经济发展情况 单位：亿元

项目	2015 年	2020 年	2025 年
第一产业增加值	206.46	349.91	595.30
第二产业增加值	1 757.72	3 434.36	6 938.67
第三产业增加值	2 307.20	5 018.87	10 880.32
地区生产总值	4 271.38	8 803.14	18 414.29

表 18-10 BAU 发展情景下 2015—2025 年昆明市各行业增加值情况 单位：亿元

行业	2015 年	2020 年	2025 年
I01	40.14	67.33	112.59
I02	51.21	125.47	306.27
I03	339.99	523.16	803.16
I04	0.85	1.12	1.49
I05	1.15	1.52	2.01
I06	19.93	31.77	50.53
I07	70.61	125.05	219.74
I08	203.45	493.15	1 190.77

行业	2015 年	2020 年	2025 年
I09	20.59	37.74	68.99
I10	177.19	274.73	425.16
I11	127.71	226.15	399.44
I12	7.63	11.74	18.02
I13	107.17	167.49	261.22
I14	10.96	18.75	31.99
I15	44.84	118.48	311.74
I16	2.28	3.03	4.03
I17	532.03	1 207.68	2 731.55
I18	126.75	226.63	404.17
I19	66.88	106.13	168.08
I20	4.86	6.15	7.79
I21	2.46	2.92	3.46
I22	5.51	8.07	11.81
I23	2 307.20	5 018.87	10 880.32

（3）水资源与水生态需求

BAU 发展情景下，2015—2025 年昆明市的三次产业用水和生活用水情况分别如图 18-8 和图 18-9 所示，总体用水情况如表 18-11 所示。在现状趋势下，昆明市各产业用水量、生活用水量和城市环境用水量不断上升，总用水量于 2025 年达 50.38 亿 m^3。昆明市产业用水以第一产业为主，用水占比从 2015 年的 51.11%逐渐上升至 2025 年的 52.24%；第二产业用水占比则因为工业用水回用程度的提高而逐渐下降，由 2015 年的 43.64%逐渐下降至 2025 年的 39.28%；第三产业用水占比则因为第三产业增加值在地区生产总值中的占比升高而不断升高，从 2015 年的 5.25%上升至 2025 年的 8.49%。在生活用水中，城镇生活用水占比较大且不断增加，这是由于城镇居民生活用水定额较农村高，且昆明市在仿真时段内城镇化率不断提高。随着城市道路建设和绿化建设，城市环境用水量从 2015 年的 1.13 亿 m^3 增至 2025 年的 15.10 亿 m^3。生态需水量方面，本研究采用蒙大拿法（Tennant 法），取河道年均径流量的 30%作为满足河道维持生态系统需求的水量，同时也作为昆明市的水生态需水量。根据赵阳（2013）、王力（2014）、刘正伟（2011）对昆明市河道生态需水量的研究，取昆明市水生态需水量为 14.63 亿 m^3。第二产业各行业用水量预测如图 18-10 所示。

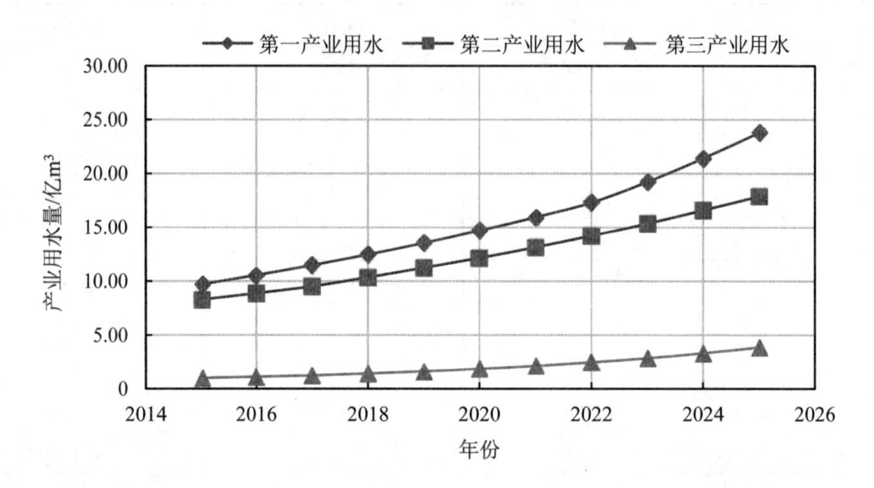

图 18-8 BAU 发展情景下 2015—2025 年昆明市三次产业用水情况

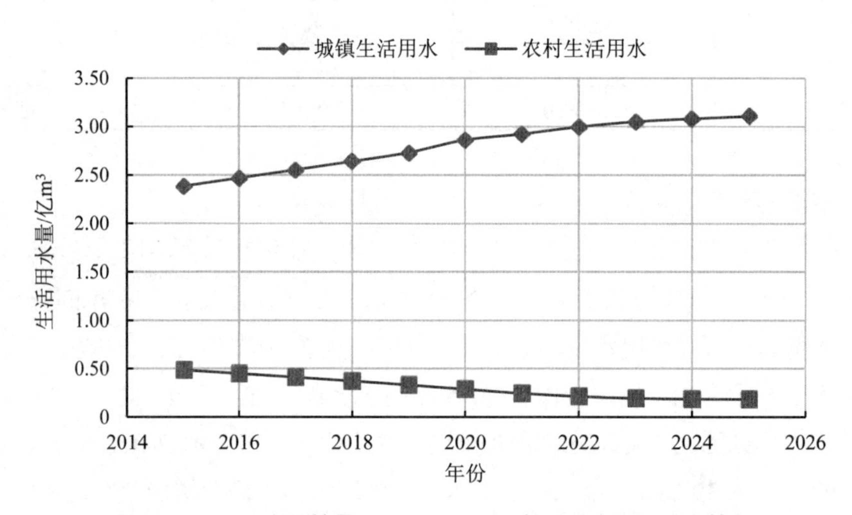

图 18-9 BAU 发展情景下 2015—2025 年昆明市生活用水情况

表 18-11 BAU 发展情景下 2015—2025 年昆明市总体用水情况　　单位：万 m^3

项目	2015 年	2020 年	2025 年
三次产业用水总量	189 870.64	286 976.75	455 845.62
生活用水总量	28 705.04	31 478.83	32 880.57
城市环境用水量	11 332.25	13 080.49	15 098.98
总用水量	229 907.93	331 536.07	503 825.17

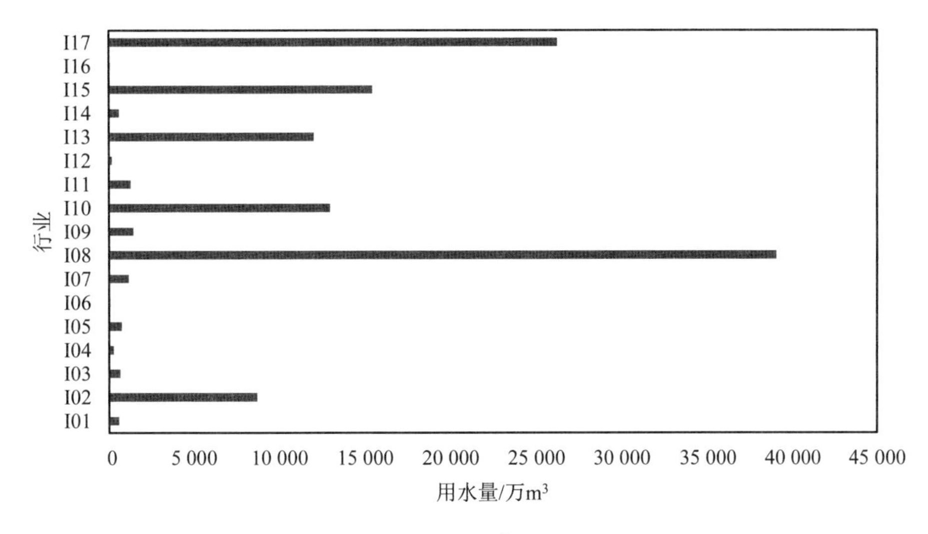

（a）2020 年

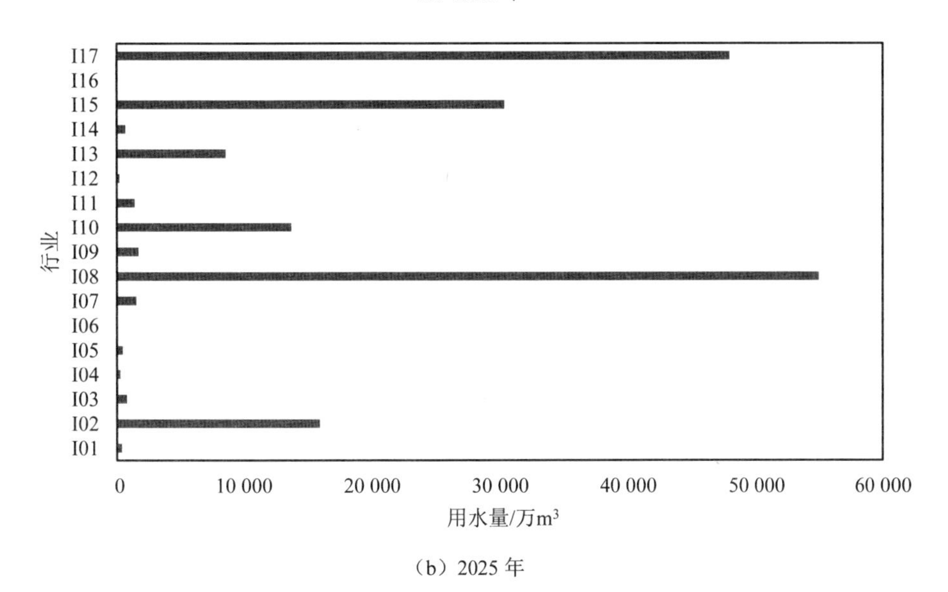

（b）2025 年

图 18-10　BAU 发展情景下 2020 年和 2025 年昆明市第二产业各行业用水量

从结果可知，用水量较大的第二产业行业主要包括化工行业、建筑业、其他采矿业、冶金业、电力和热力的生产供应业以及食品饮料制造业。

（4）污染物排放量

①COD_{Cr}。

BAU 发展情景下 2015—2025 年昆明市的生产和生活 COD_{Cr} 排放情况分别如图 18-11 和图 18-12 所示，COD_{Cr} 排放情况如表 18-12 所示。随着经济的高速发展，昆明市 COD_{Cr}

排放量不断增高，各产业排放趋势上升明显，以第二产业、第三产业上升最为明显。生活排放中，农村排放量则因城镇化的推进而逐渐下降；城镇排放量则不断上升，但上升趋势逐渐放缓，这是由于现状趋势下城镇生活 COD_{Cr} 排放强度在逐渐下降。随着排放量的上升，昆明市 COD_{Cr} 经污水处理设施削减后的削减量也不断上升。总体来看，昆明市 COD_{Cr} 排放量将于 2020 年达到 65 735.27 t，于 2025 年达到 80 012.78 t。第一产业和第二产业各行业 COD_{Cr} 排放量预测如图 18-13 所示。

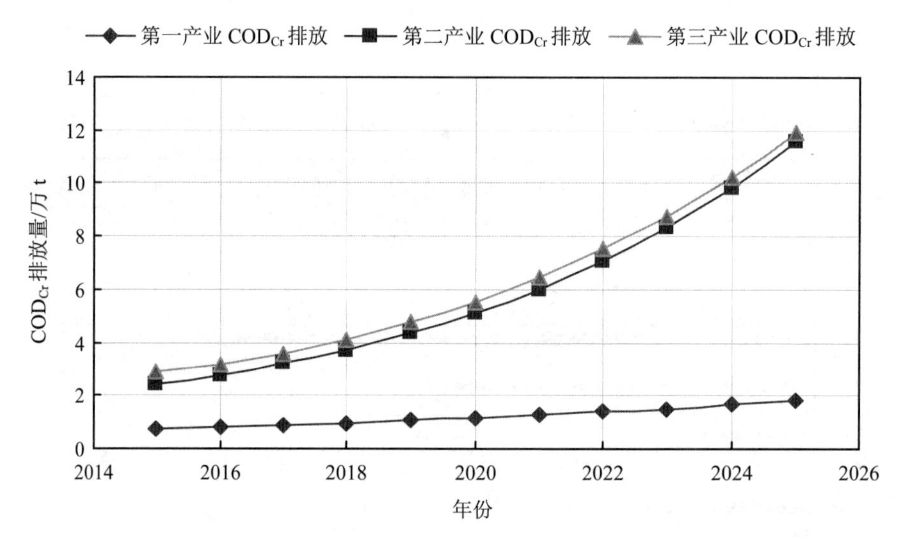

图 18-11　BAU 发展情景下 2015—2025 年昆明市生产 COD_{Cr} 排放情况

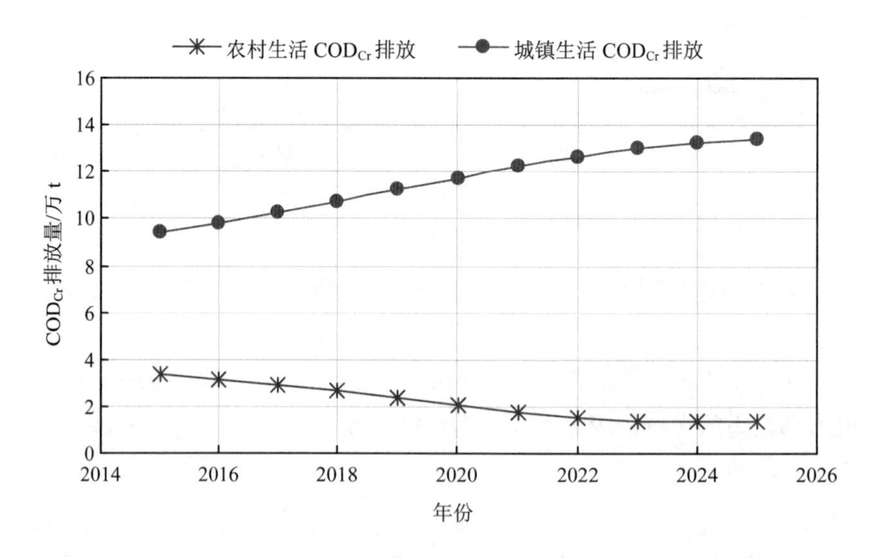

图 18-12　BAU 发展情景下 2015—2025 年昆明市生活 COD_{Cr} 排放情况

表 18-12　BAU 发展情景下 2015—2025 年昆明市 COD_{Cr} 排放情况　单位：t

项目	2015 年	2020 年	2025 年
第一产业	7 704.82	11 580.82	18 117.50
第二产业	23 983.86	51 103.04	115 852.61
第三产业	29 047.69	55 307.90	119 465.95
城镇生活	93 994.70	117 145.95	134 081.10
农村生活	33 853.61	20 703.30	13 608.54
总排放量	188 584.68	255 841.01	401 125.70
削减量	119 630.76	190 105.74	321 112.92
排放量	68 953.92	65 735.27	80 012.78

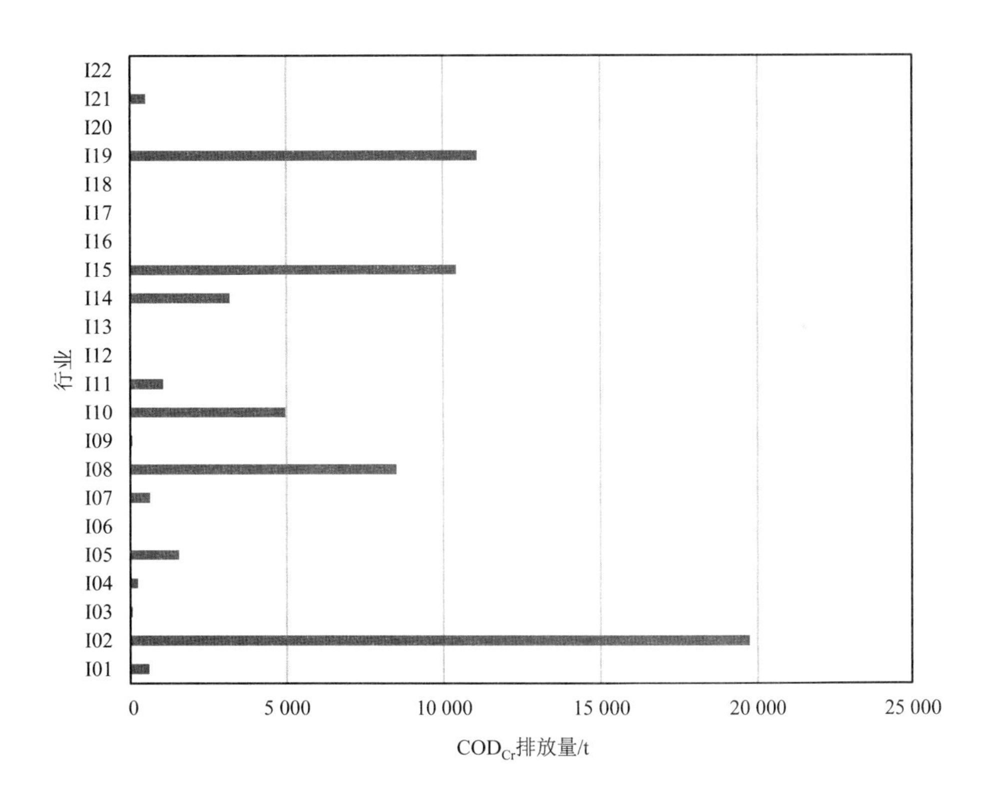

（a）2020 年

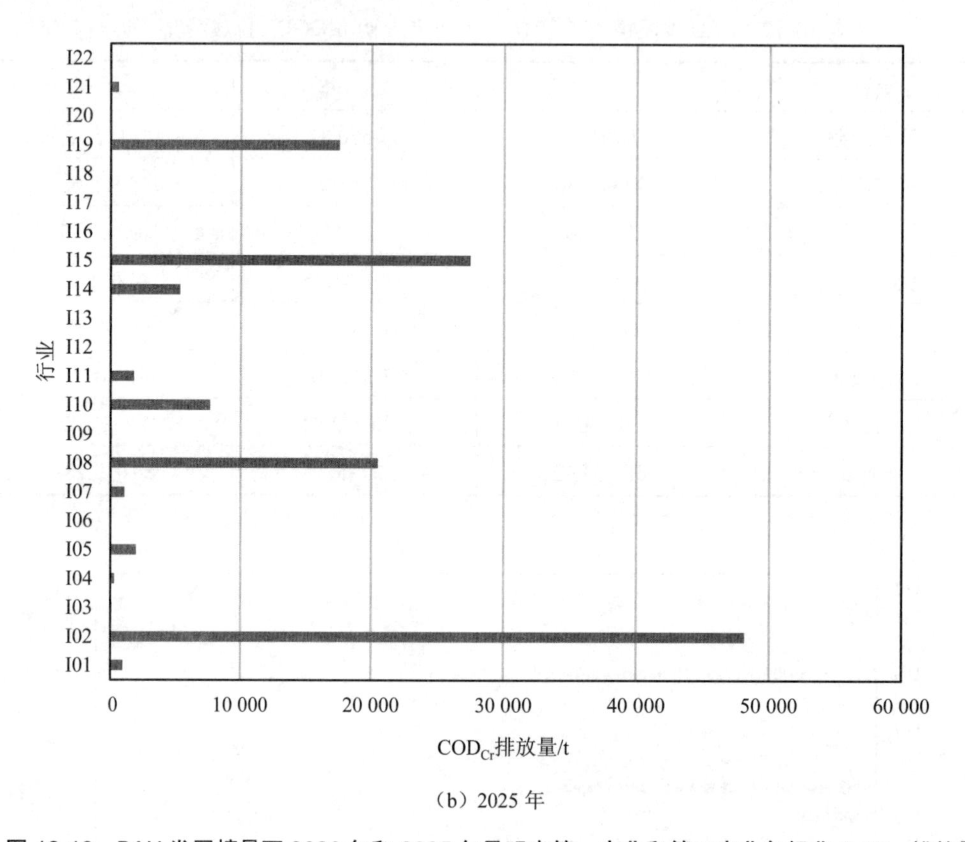

（b）2025 年

图 18-13　BAU 发展情景下 2020 年和 2025 年昆明市第一产业和第二产业各行业 COD_{Cr} 排放量

从结果可知，COD_{Cr} 排放量较多的行业主要包括食品饮料制造业、其他采矿业、畜牧业以及化工行业。

②NH_3-N。

BAU 发展情景下 2015—2025 年昆明市的生产和生活 NH_3-N 排放情况分别如图 18-14 和图 18-15 所示，NH_3-N 排放情况如表 18-13 所示。预测表明，2020 年，昆明市生活和生产的 NH_3-N 排放量共计 28 070.30 t，经污水处理厂处理后，NH_3-N 实际排放量为 7 578.61 t。2025 年，NH_3-N 排放量共计将达到 32 929.58 t，NH_3-N 削减后的排放量为 8 573.69 t。居民生活 NH_3-N 排放量占比较高，且其中城镇生活 NH_3-N 排放量一直升高，而农村生活 NH_3-N 排放量一直降低。未来三次产业 NH_3-N 排放量均逐渐上升，以第三产业最为明显。第一产业和第二产业各行业 NH_3-N 排放量预测如图 18-16 所示。

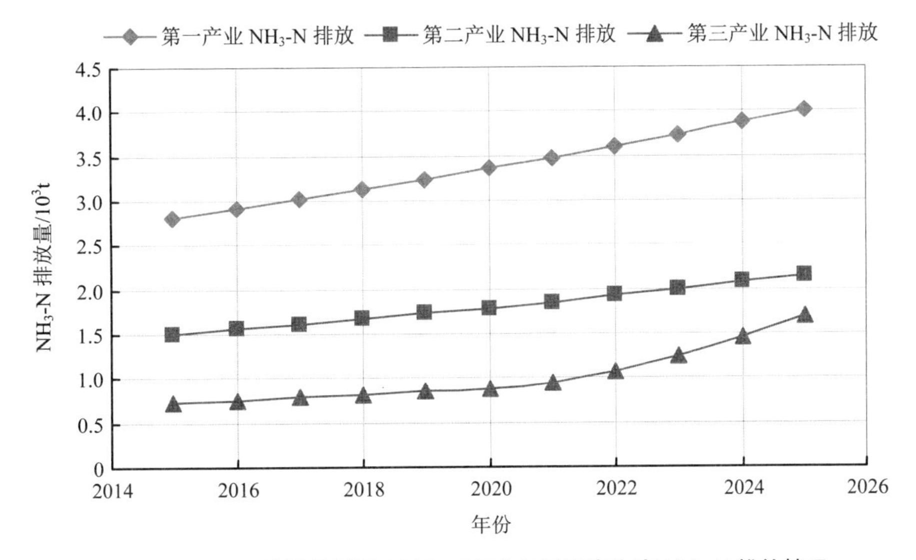

图 18-14 BAU 发展情景下 2015—2025 年昆明市生产 NH_3-N 排放情况

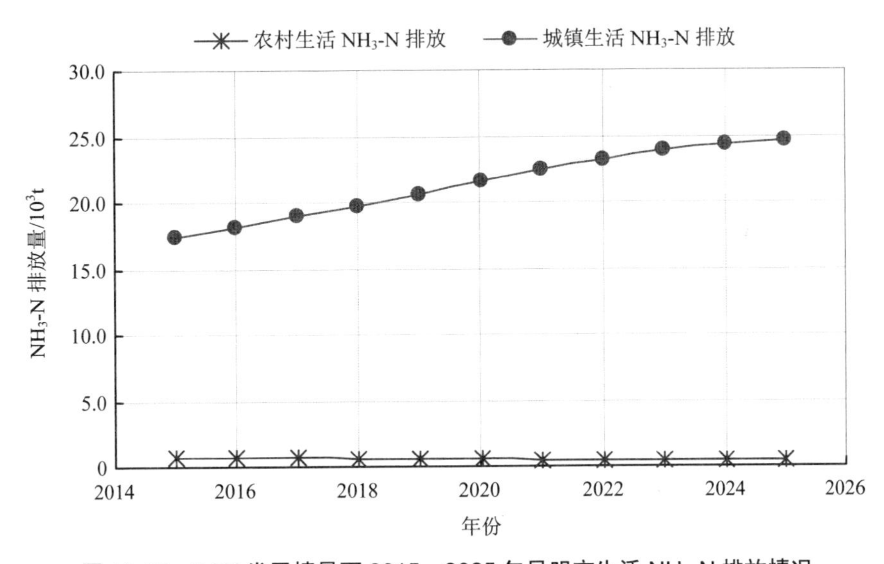

图 18-15 BAU 发展情景下 2015—2025 年昆明市生活 NH_3-N 排放情况

表 18-13 BAU 发展情景下 2015—2025 年昆明市 NH_3-N 排放情况　　单位：t

项目	2015 年	2020 年	2025 年
第一产业	2 813.68	3 358.01	4 013.23
第二产业	1 505.56	1 783.73	2 148.17
第三产业	724.46	883.32	1 697.33
城镇生活	17 395.44	21 535.07	24 699.69
农村生活	745.14	510.17	371.16

项目	2015 年	2020 年	2025 年
总排放量	23 184.28	28 070.30	32 929.58
削减量	16 045.82	20 491.69	24 355.89
排放量	7 138.46	7 578.61	8 573.69

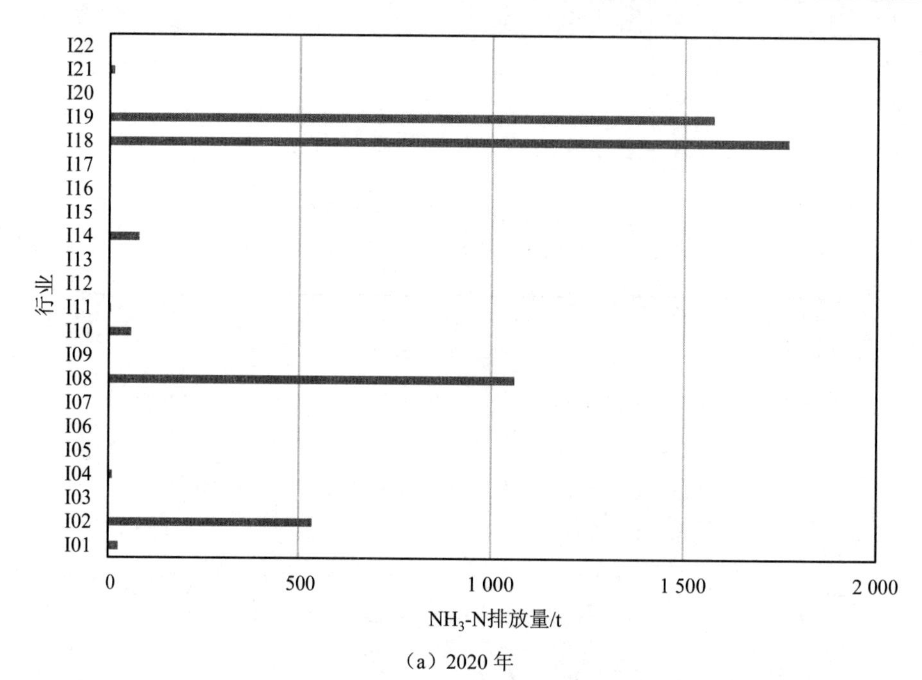

（a）2020 年

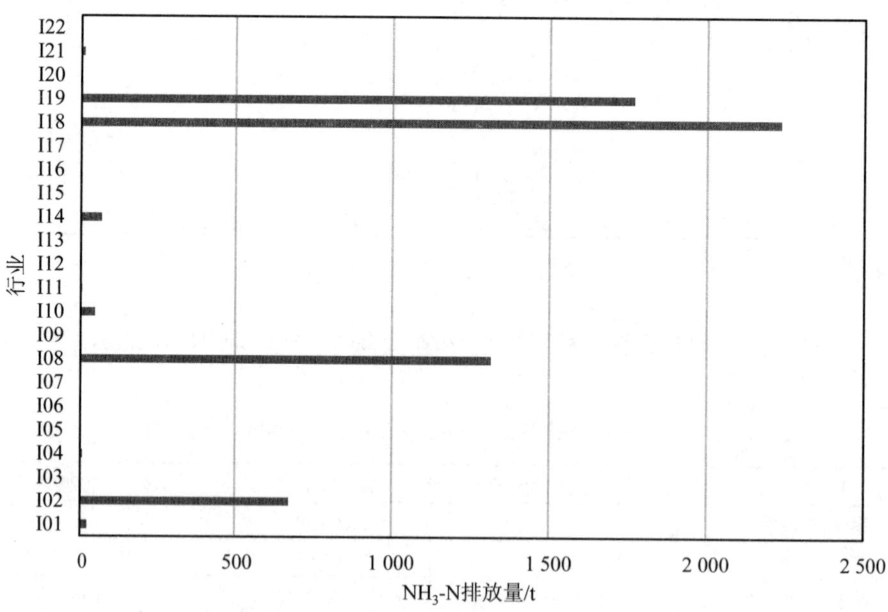

（b）2025 年

图 18-16　BAU 发展情景下 2020 年和 2025 年昆明市第一产业和第二产业各行业 NH_3-N 排放量

从结果可知，NH_3-N 排放量较多的行业主要包括种植业、畜牧业、化工行业以及食品饮料制造业。

（5）污水处理费用

BAU 发展情景下 2015—2025 年昆明市的污水处理费用情况如图 18-17 所示。城市生产生活产生的污水通过污水处理进行达标排放，或通过污水再生处理重新回用，两种方式的单位处理费用不同，再生处理费用高于排放处理费用。由于昆明市再生水利用率和污水总量增加，污水再生处理费用和污水处理总费用不断增高；而污水处理费用在短期内出现了小的回落，然后又重新呈上升趋势。

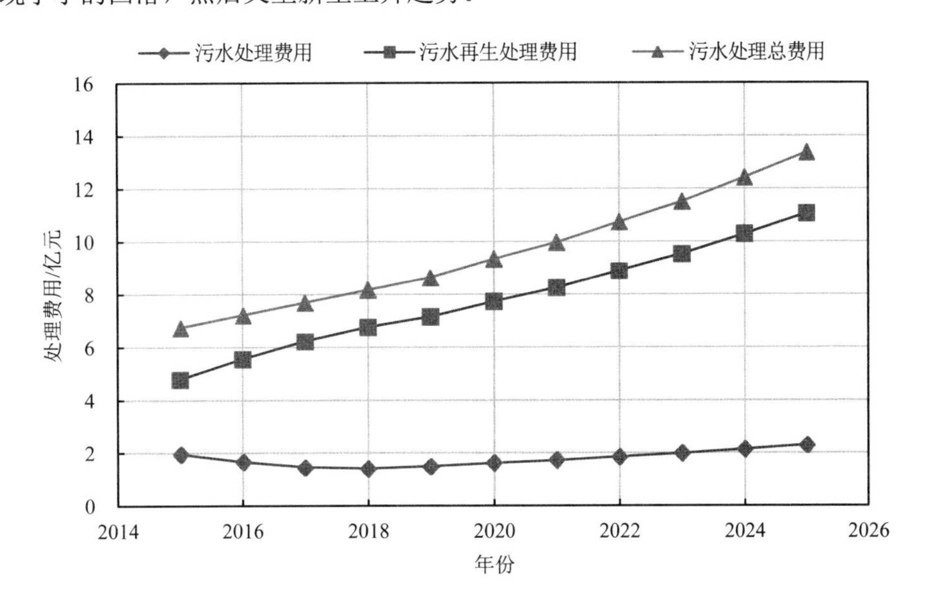

图 18-17　BAU 发展情景下 2015—2025 年昆明市污水处理费用情况

18.3.3　规划发展情景下的模拟仿真结果

按规划发展情景设置，以 2014 年为基准年，预测昆明市按规划目标发展，2015—2025 年的社会-经济-水资源-水环境子系统发展状况，结果如下。

（1）人口规模

规划发展情景下，2015—2025 年昆明市人口规模如图 18-18 所示。城市化速度放缓，总人口于 2020 年达 708.13 万人，比 BAU 发展情景下低 0.57%，其中城镇人口 516.94 万人，农村人口 191.19 万人；2025 年总人口达 746.78 万人，相对于 BAU 发展情景下低 0.95%，其中城镇人口 554.86 万人，农村人口 191.92 万人。与 BAU 发展情景相比，规划发展情景下农村人口明显增多，且 2025 年的农村人口相较于 2020 年有所增加。

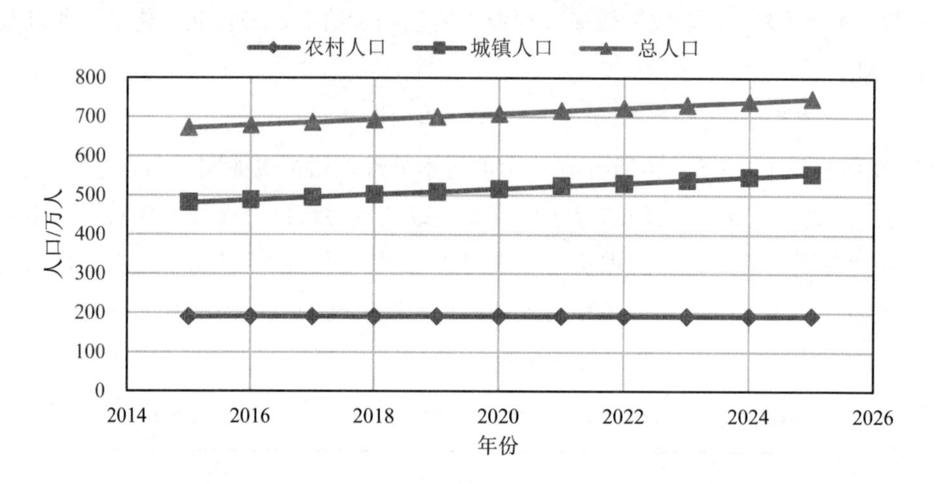

图 18-18 规划发展情景下 2015—2025 年昆明市人口规模情况

（2）经济发展

规划发展情景下，2015—2025年昆明市的地区生产总值和三次产业增加值情况如图 18-19 和表 18-14 所示。相较于现状，按照规划，昆明市的经济发展速度降低，昆明市 2020 年地区生产总值达到 6 419.36 亿元，比 BAU 发展情景下降低 27.08%，到 2025 年，昆明市地区生产总值达到 9 636.10 亿元，比 BAU 发展情景下降低 47.67%。从产业结构来看，2020 年产业结构为 4.0∶40.4∶55.6。2025 年，产业结构为 3.4∶39.3∶57.3。各行业的增加值如表 18-15 所示，可以看出各行业的发展十分迅速。

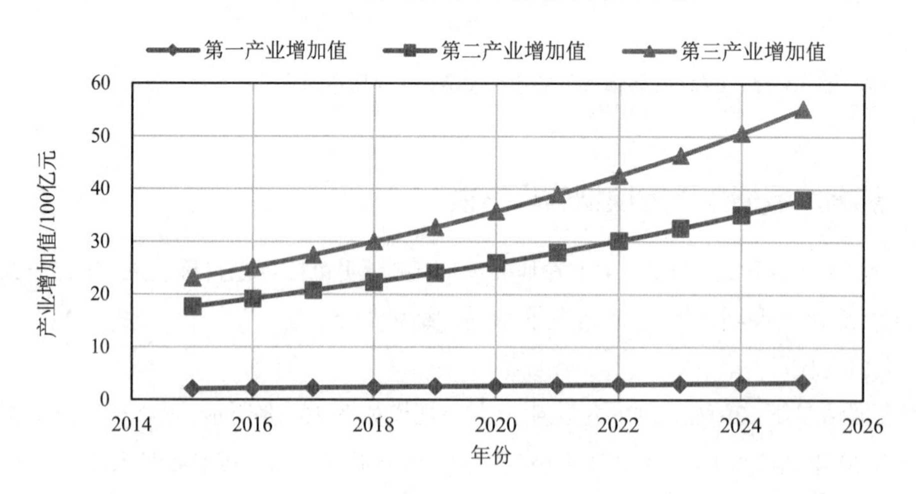

图 18-19 规划发展情景下 2015—2025 年昆明市三次产业增加值情况

表 18-14 规划发展情景下 2015—2025 年昆明市经济发展情况 单位：亿元

项目	2015 年	2020 年	2025 年
第一产业增加值	206.46	259.55	326.63
第二产业增加值	1 757.72	2 591.04	3 791.43
第三产业增加值	2 307.20	3 568.76	5 518.03
地区生产总值	4 271.38	6 419.35	9 636.09

表 18-15 规划发展情景下 2015—2025 年昆明市各行业增加值情况 单位：亿元

行业	2015 年	2020 年	2025 年
I01	40.14	53.11	70.24
I02	51.21	84.20	138.40
I03	339.99	429.75	543.11
I04	0.85	0.99	1.17
I05	1.15	1.33	1.55
I06	19.93	25.66	33.02
I07	70.61	96.42	131.63
I08	203.45	389.53	637.48
I09	20.59	28.75	40.14
I10	177.19	225.00	285.65
I11	127.71	174.38	238.06
I12	7.63	9.65	12.19
I13	107.17	136.72	174.36
I14	10.96	14.70	19.71
I15	44.84	77.00	132.15
I16	2.28	2.66	3.11
I17	532.03	841.18	1 329.46
I18	126.75	163.18	210.02
I19	66.88	81.86	100.18
I20	4.86	5.37	5.93
I21	2.46	2.64	2.84
I22	5.51	6.50	7.66
I23	2 307.20	3 568.76	5 518.03

（3）水资源与水生态需求

规划发展情景下，2015—2025 年昆明市的三次产业用水和生活用水情况分别如图 18-20 和图 18-21 所示，总体用水情况如表 18-16 所示。在此情景下，昆明市各产业用水量、生活用水量和城市环境用水量不断上升。生活用水方面，由于城市化率相较于 BAU 发展情景下有所下降，所以城镇生活用水量比 BAU 发展情景下有所下降，农村生活用水量却提高较多，2020 年城镇生活用水量和农村生活用水量分别为 2.31 亿 m³ 和 0.48 亿 m³，2025 年分别达到 2.30 亿 m³ 和 0.44 亿 m³。生产用水方面，相较于 BAU 发展情景下，由于经济发展速度放缓，第一产业和第三产业用水量有所下降，而第二产业由于前期的各行业水资源重复利用率提升较快，导致按照 BAU 发展情景，第二产业用水量会下降较快，但规划情景下，其发展到后期，行业重复利用率上升速度会有所下降，所以在规划情景下，第二产业用水量较 BAU 发展情景下高。第二产业各行业用水量预测如图 18-22 所示。

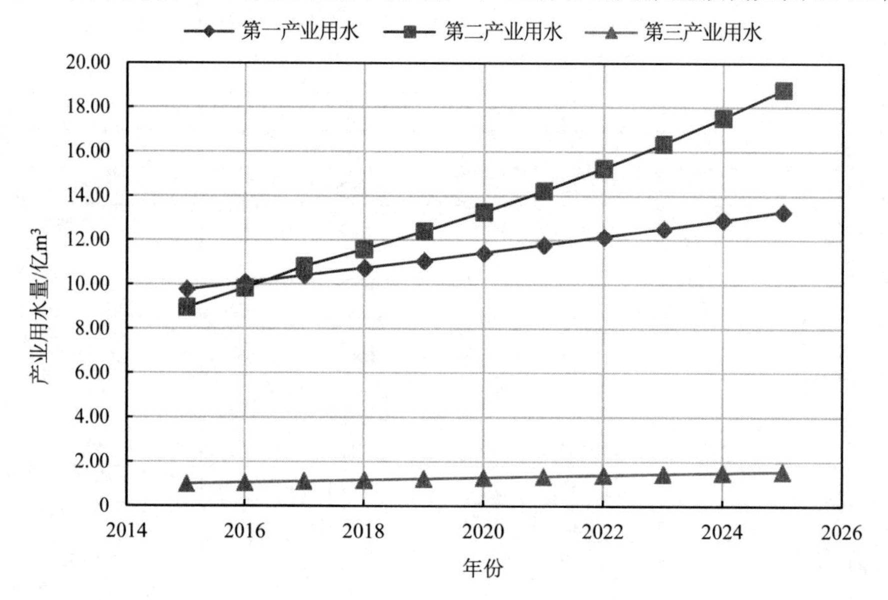

图 18-20　规划发展情景下 2015—2025 年昆明市三次产业用水情况

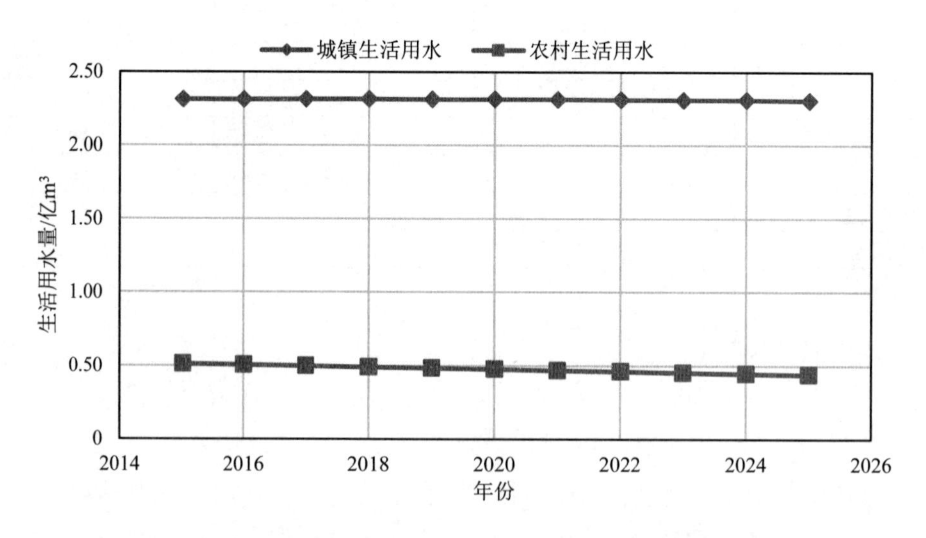

图 18-21　规划发展情景下 2015—2025 年昆明市生活用水情况

表 18-16　规划发展情景下 2015—2025 年昆明市总体用水情况　　单位：万 m^3

项目	2015 年	2020 年	2025 年
三次产业用水总量	197 544.38	259 973.41	336 440.27
生活用水总量	28 241.27	27 890.66	27 438.81
城市环境用水量	11 332.25	13 080.49	15 098.98
总用水量	237 117.90	300 944.56	378 978.06

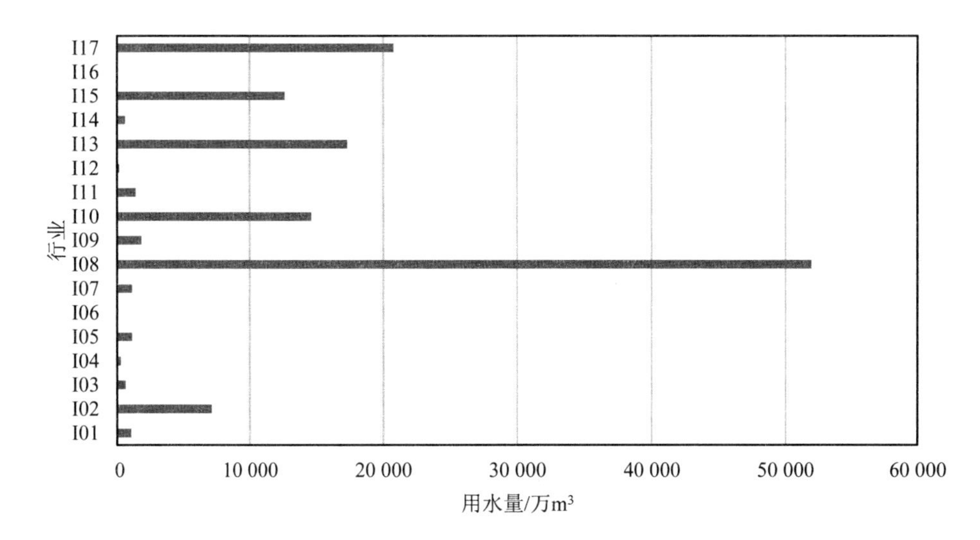

（a）2020 年

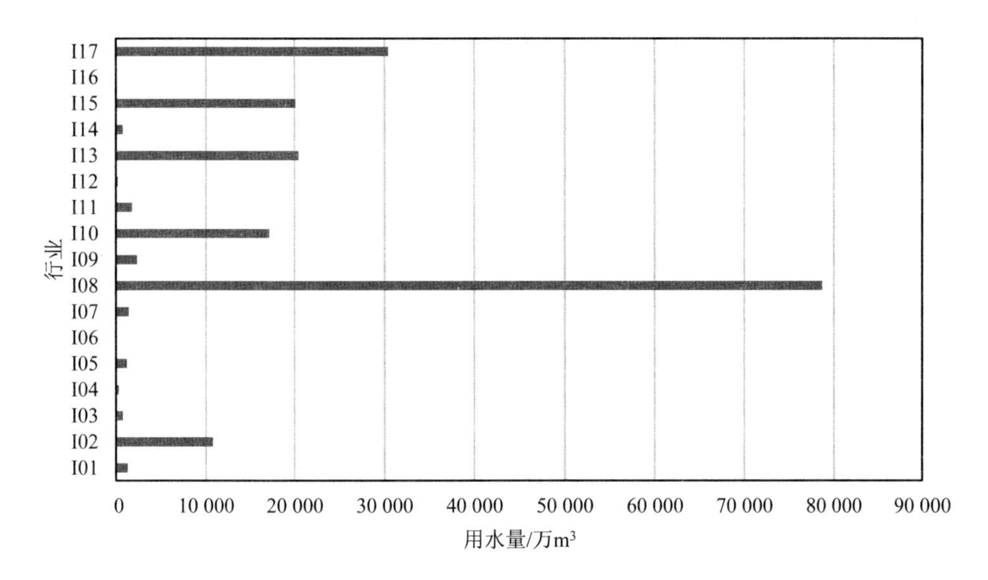

（b）2025 年

图 18-22　规划发展情景下 2020 年和 2025 年昆明市第二产业各行业用水量

从结果可知，用水量较大的第二产业行业主要包括化工行业、建筑业、电力和热力的生产供应业、食品饮料制造业、其他采矿业以及冶金业。

（4）污染物排放量

①COD_{Cr}。

规划发展情景下2015—2025年昆明市的生产和生活COD_{Cr}排放情况分别如图18-23、图18-24所示，COD_{Cr}排放情况如表18-17所示。预测结果表明，昆明市COD_{Cr}实际排放量有所降低，各产业排放量依然呈上升趋势。总体来看，在规划发展情景下，昆明市COD_{Cr}排放量将于2020年达到62 941.42 t，于2025年达到59 951.86 t。2020年COD_{Cr}实际排放量比BAU发展情景下降低4.25%，2025年降低25.07%。第二产业、第三产业将作为昆明市未来的重点发展产业，排放的污水量也将迅速增长，逐渐成为主要的污染源；但由于第二产业和第三产业排放COD的削减量较大，而面源污染削减量较小，所以第一产业的面源污染也很严重。生活排放中，城镇生活排放量有所增长，但增长幅度较小。随着排放量的上升，昆明市COD_{Cr}经污水处理设施削减后的削减量也不断上升，但由于相较于BAU发展情景下，COD_{Cr}本身排放量减少，所以削减量相较于BAU发展情景下也有所降低。第一产业和第二产业各行业COD_{Cr}排放量预测如图18-25所示。

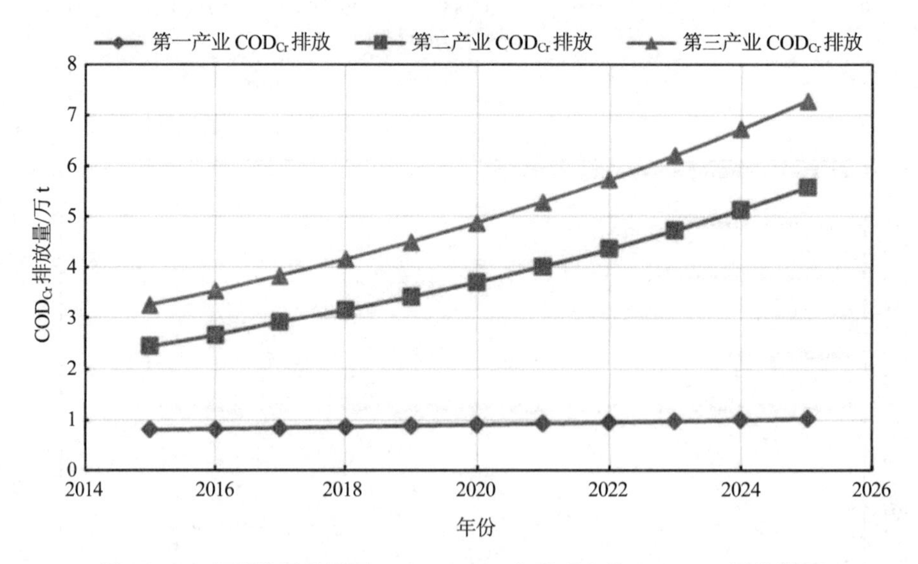

图18-23　规划发展情景下2015—2025年昆明市生产COD_{Cr}排放情况

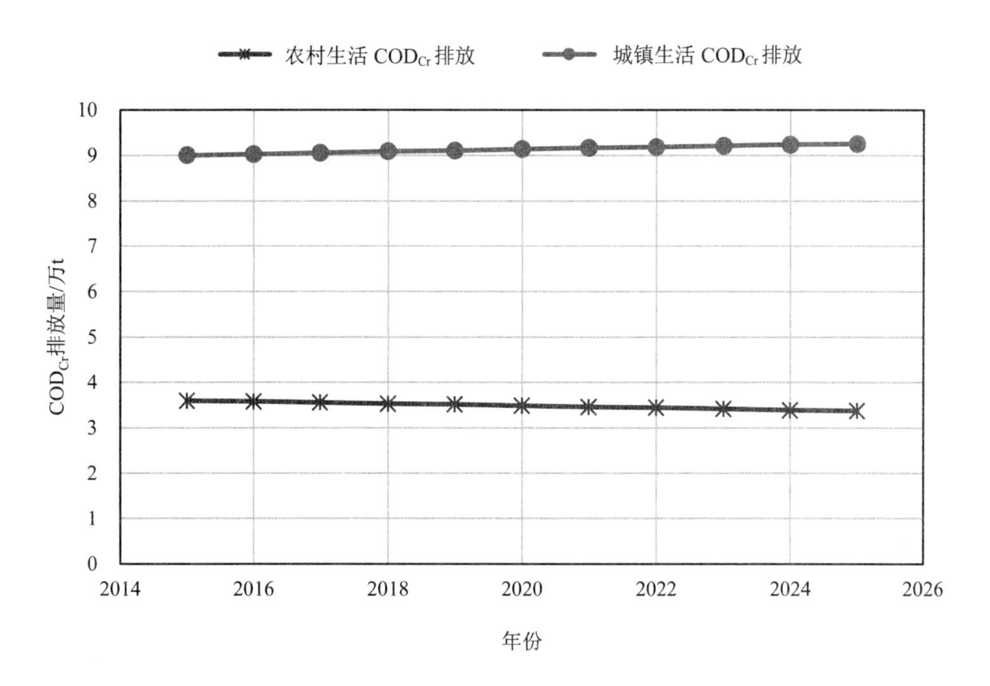

图 18-24 规划发展情景下 2015—2025 年昆明市生活 COD_{Cr} 排放情况

表 18-17 规划发展情景下 2015—2025 年昆明市 COD_{Cr} 排放情况 单位：t

项目	2015 年	2020 年	2025 年
第一产业	8 047.16	9 105.51	10 253.20
第二产业	24 427.43	37 169.76	55 847.69
第三产业	32 647.52	48 769.83	72 734.58
城镇生活	90 053.70	91 384.38	92 533.74
农村生活	35 900.03	34 837.90	33 730.43
总排放量	191 075.84	221 267.38	265 099.64
削减量	120 024.13	158 325.96	205 147.78
排放量	71 051.71	62 941.42	59 951.86

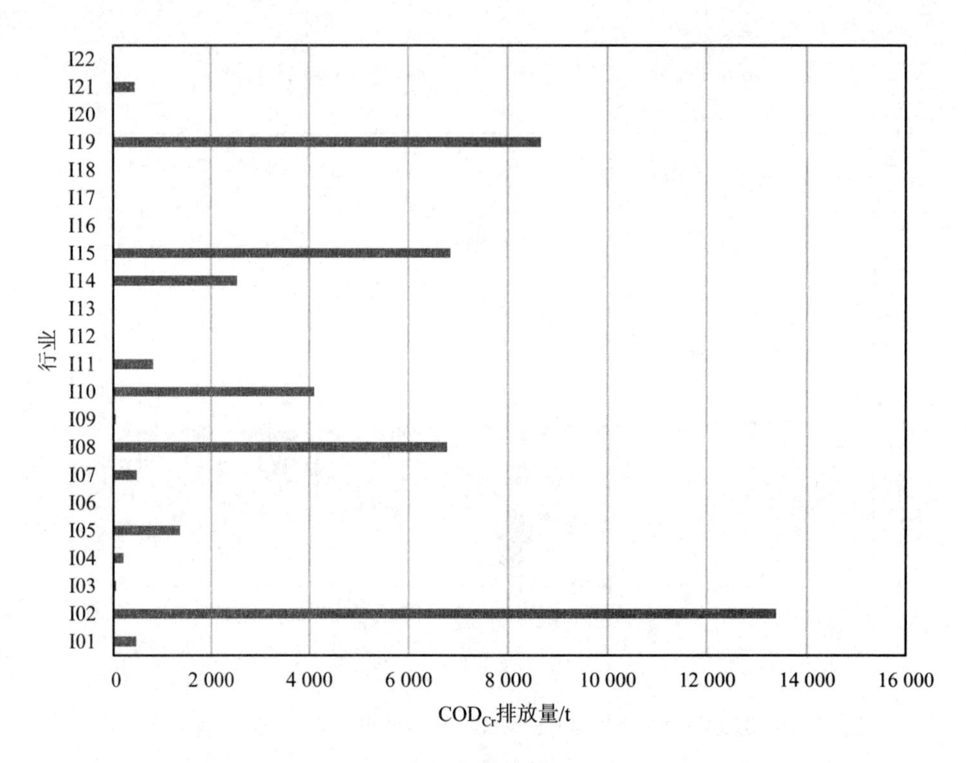

（a）2020 年

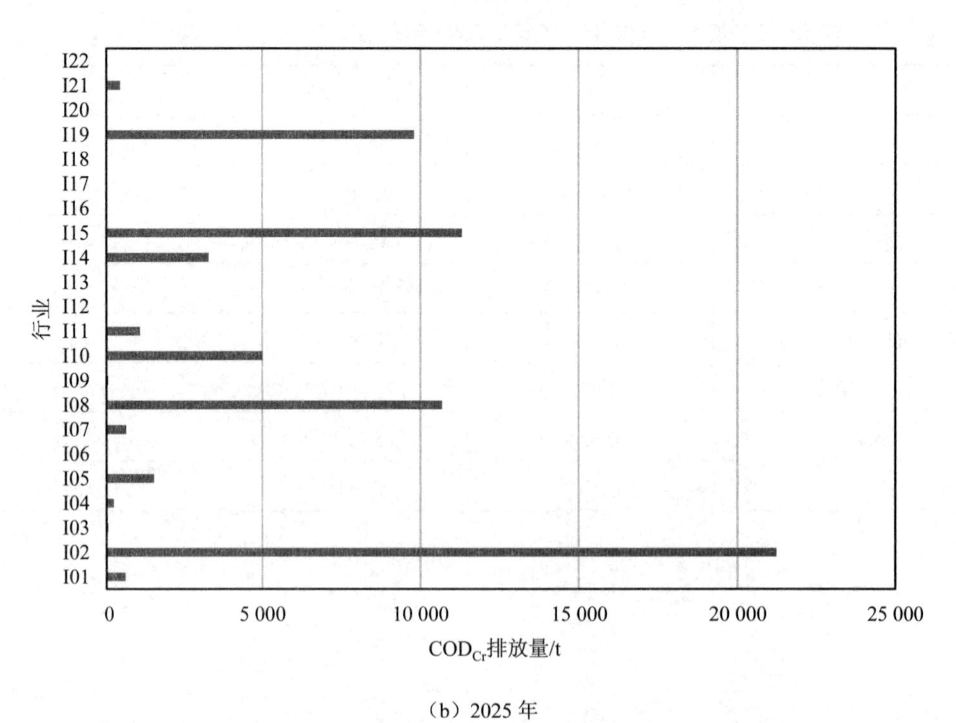

（b）2025 年

图 18-25 规划发展情景下 2020 年和 2025 年昆明市第一产业和第二产业各行业 COD_{Cr} 排放量

从结果可知，COD_{Cr} 排放量较多的行业主要包括食品饮料制造业、畜牧业、其他采矿业以及化工行业。

②NH_3-N。

规划发展情况下 2015—2025 年昆明市的生产和生活 NH_3-N 排放情况分别如图 18-26、图 18-27 所示，NH_3-N 排放情况如表 18-18 所示。结果表明，昆明市 NH_3-N 实际排放量有所上升，各产业排放量依然呈上升趋势。总体来看，在规划发展情景下，昆明市 NH_3-N 排放量将于 2020 年达到 7 385.13 t，于 2025 年达到 7 682.02 t。2020 年 NH_3-N 实际排放量比 BAU 发展情景下降低了 0.96%，2025 年降低了 10.40%。由于 BAU 发展情景下，第一产业和第二产业排放强度下降率较大，在规划发展情景下，排放强度下降率有所减小，所以第一产业和第二产业的 NH_3-N 排放量将较 BAU 发展情景下有所提高。生活排放中，城镇生活排放量以及农村生活排放量均有小幅度的下降。随着排放量的上升，昆明市 NH_3-N 经污水处理设施削减后的削减量也不断上升，但是由于相较于 BAU 发展情景下，NH_3-N 本身排放量减少，所以削减量相较于 BAU 发展情景下也有所降低。第一产业和第二产业各行业 NH_3-N 排放量预测如图 18-28 所示。

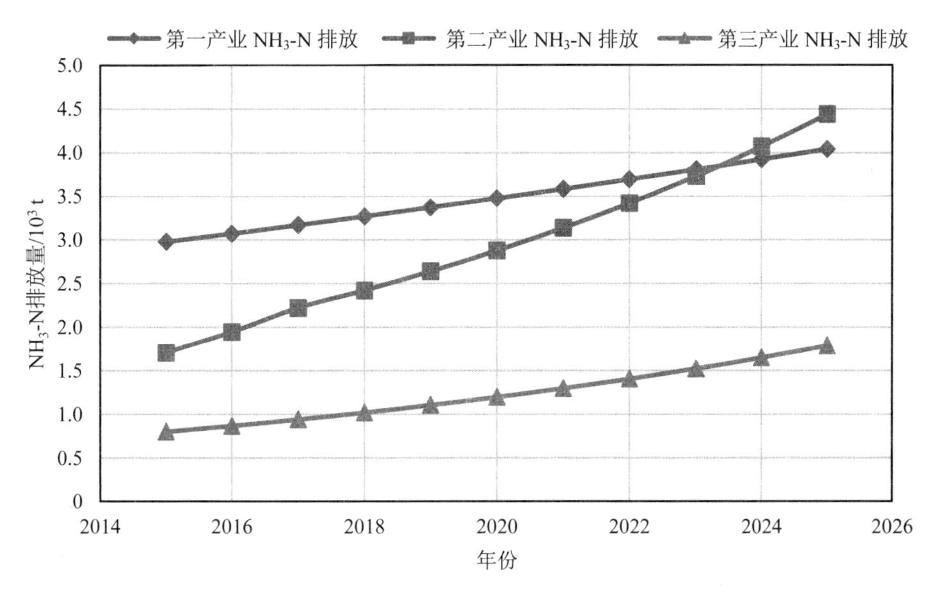

图 18-26 规划发展情景下 2015—2025 年昆明市生产 NH_3-N 排放情况

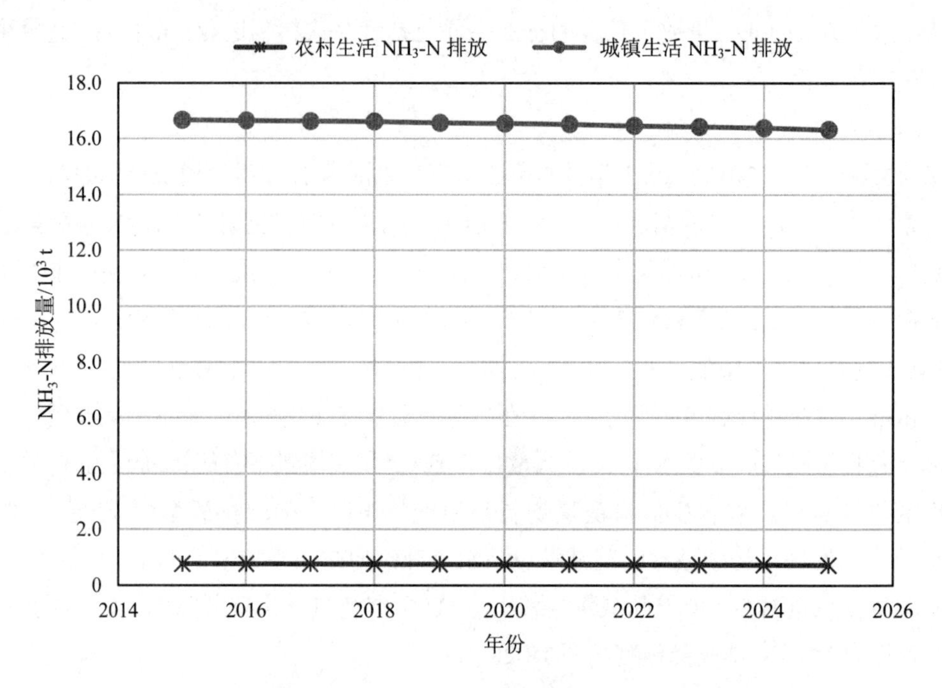

图 18-27 规划发展情景下 2015—2025 年昆明市生活 NH_3-N 排放情况

表 18-18 规划发展情景下 2015—2025 年昆明市 NH_3-N 排放情况 单位：t

项目	2015 年	2020 年	2025 年
第一产业	2 976.10	3 475.83	4 039.45
第二产业	1 706.66	2 875.54	4 439.06
第三产业	801.87	1 197.86	1 786.46
城镇生活	16 670.54	16 542.03	16 318.39
农村生活	771.28	748.46	724.67
总排放量	22 926.45	24 839.72	27 308.03
削减量	15 541.32	17 333.62	19 626.01
排放量	7 385.13	7 506.10	7 682.02

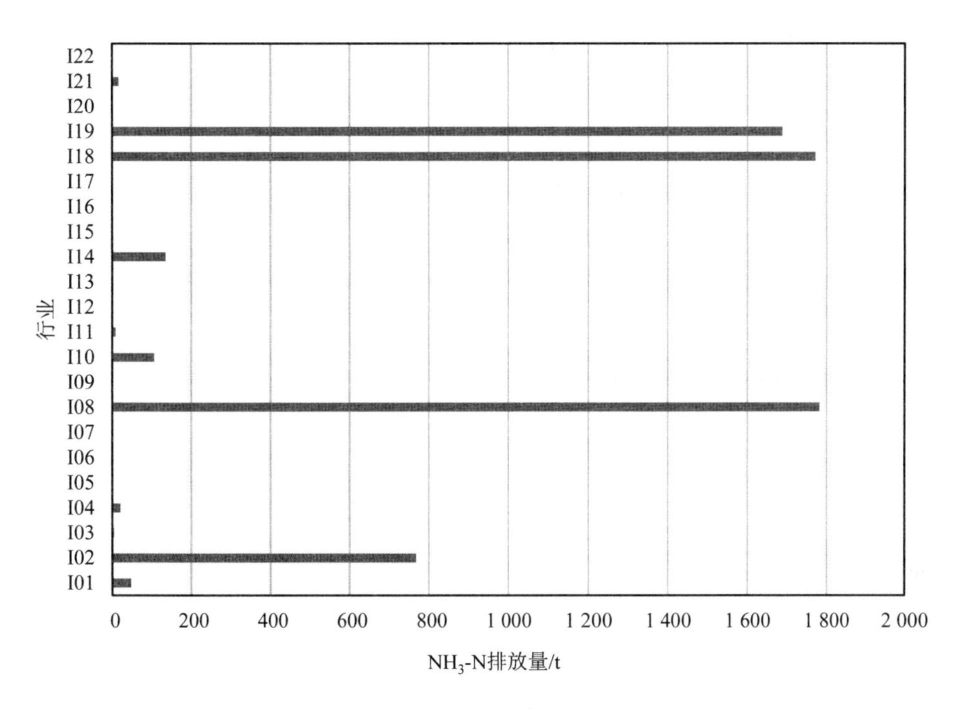

（a）2020 年

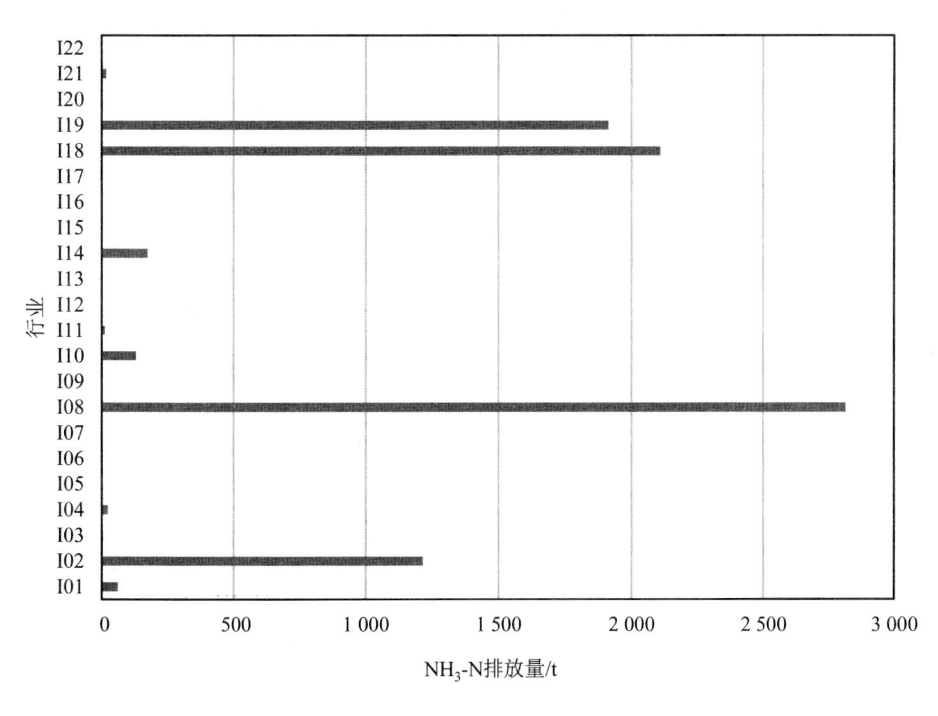

（b）2025 年

图 18-28　规划发展情景下 2020 年和 2025 年昆明市第一产业和第二产业各行业 NH_3-N 排放量

从结果可知，NH_3-N 排放量较多的行业主要包括化工行业、种植业、畜牧业以及食品饮料制造业。

（5）污水处理费用

在规划发展情景下，2020 年与 2025 年污水处理费用分别为 8.31 亿元和 10.48 亿元（如图 18-29 所示）。由于规划发展情景下污染物产生量相对 BAU 发展情景下略低，因此相应污染物治理费用也略低。

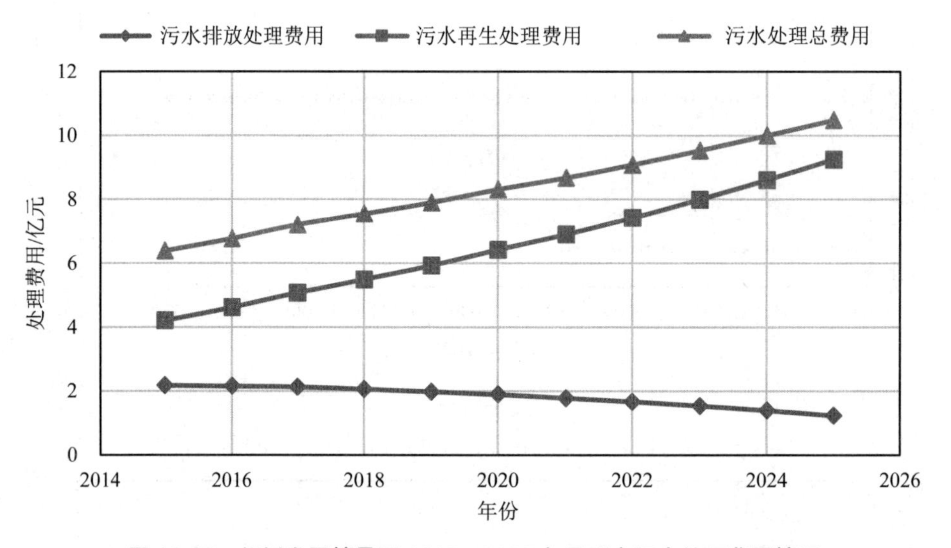

图 18-29　规划发展情景下 2015—2025 年昆明市污水处理费用情况

18.3.4　可持续发展情景下的模拟仿真结果

按可持续发展情景设置，以 2014 年为基准年，预测昆明市通过实施一系列可持续发展措施，2015—2025 年的社会-经济-水资源-水环境等各个子系统发展状况，结果如下。

（1）人口规模和经济发展

在可持续发展情景中，昆明市人口与规划发展情景下相同，总人口于 2020 年达 708.13 万人，2025 年达 746.78 万人。可持续发展情景下昆明市经济增长与规划发展情景下一致。到 2020 年和 2025 年，昆明市地区生产总值分别达到 6 419.36 亿元和 9 636.10 亿元。

（2）水资源与水生态需求

可持续发展情景下，2015—2025 年昆明市的三次产业用水和生活用水情况分别如图 18-30 和图 18-31 所示，总体用水情况如表 18-19 所示。在此情景下，2020 年和 2025 年昆明市的总用水量分别为 27.56 亿 m^3 和 31.74 亿 m^3，相较于规划发展情景下分别降低了 8.42%及 16.26%，主要是由于行业需水量降低及行业水重复利用率提高，实际取水量有所下降。生活用水方面，城镇和农村生活用水量均有所下降，其中城镇生活用水量下降较多。生产用水方面，第二产业用水量上升幅度较大，在 2020 年和 2025 年第二产业用水量分别占三次产业用水总量的 52.71%和 59.74%。第二产业各行业用水量预测如图 18-32 所示。

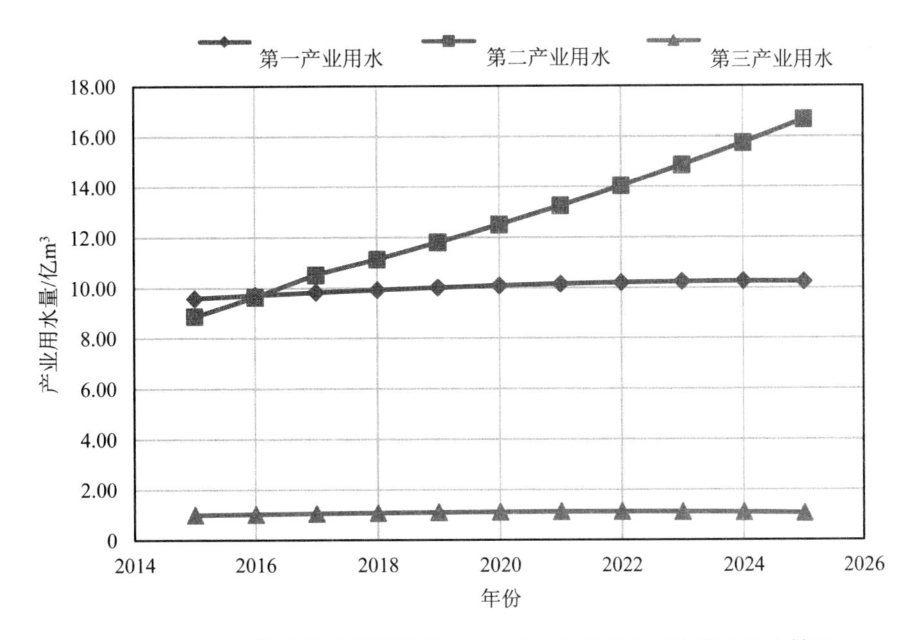

图 18-30　可持续发展情景下 2015—2025 年昆明市三次产业用水情况

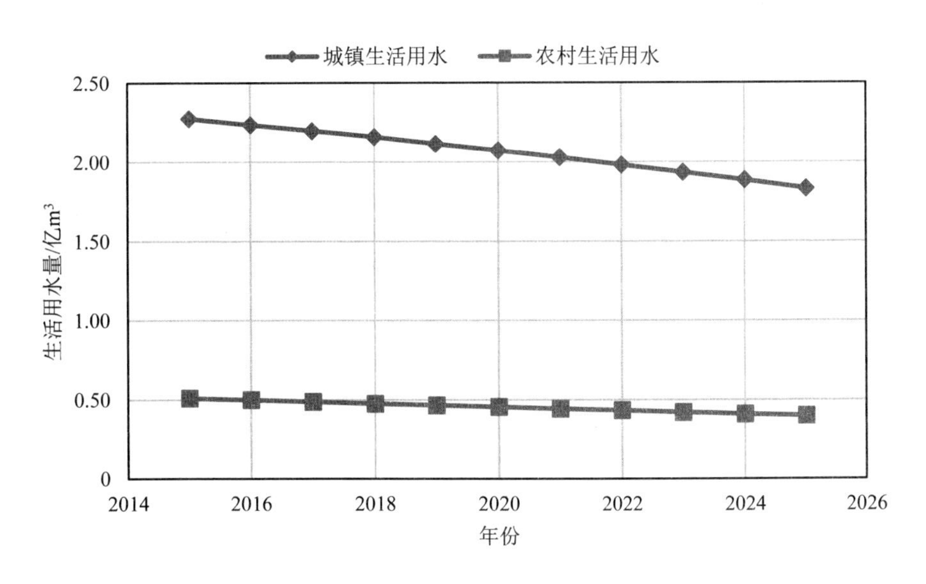

图 18-31　可持续发展情景下 2015—2025 年昆明市生活用水情况

表 18-19　可持续发展情景下 2015—2025 年昆明市总体用水情况　　单位：万 m³

项目	2015 年	2020 年	2025 年
三次产业用水总量	1 974 73.65	237 271.29	279 953.15
生活用水总量	27 827.19	25 260.10	22 301.04
城市环境用水量	11 332.25	13 080.49	15 098.98
总用水量	236 633.75	275 611.88	317 353.17

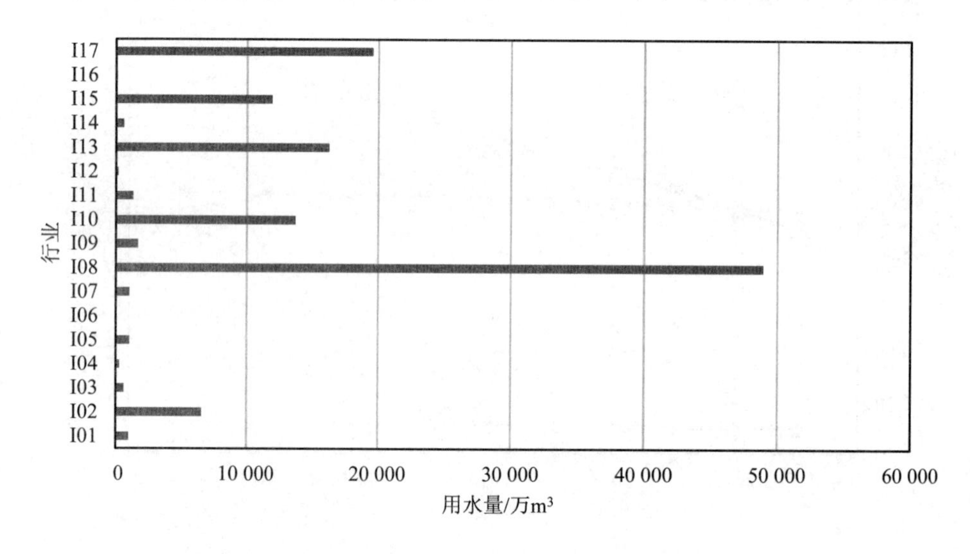

（a）2020 年

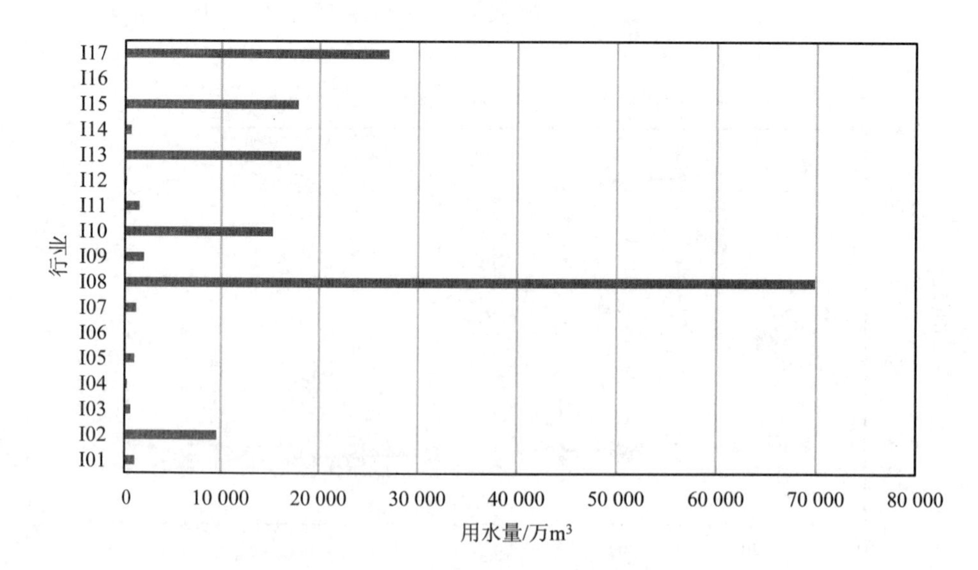

（b）2025 年

图 18-32　可持续发展情景下 2020 年和 2025 年昆明市第二产业各行业用水量

从结果可知，用水量较大的第二产业行业主要包括化工行业、建筑业、电力和热力的生产供应业、其他采矿业、冶金业以及食品饮料制造业。

（3）污染物排放量

①COD_{Cr}。

可持续发展情景下 2015—2025 年昆明市的生产和生活 COD_{Cr} 排放情况分别如图 18-33、图 18-34 所示，COD_{Cr} 排放情况如表 18-20 所示。预测结果表明，在可持续发展情景下昆明市 2020 年生产和生活的 COD_{Cr} 排放量共计 214 268.56 t，经污水处理厂处理后，COD_{Cr} 实际排放量为 51 110.21 t，与规划发展情景下相比降低 18.80%。2025 年，COD_{Cr} 排放量共计将达到 249 240.82 t，削减后排放量为 39 262.50 t，与规划发展情景下相比降低 33.63%。第一产业和第二产业各行业 COD_{Cr} 排放量预测如图 18-35 所示。

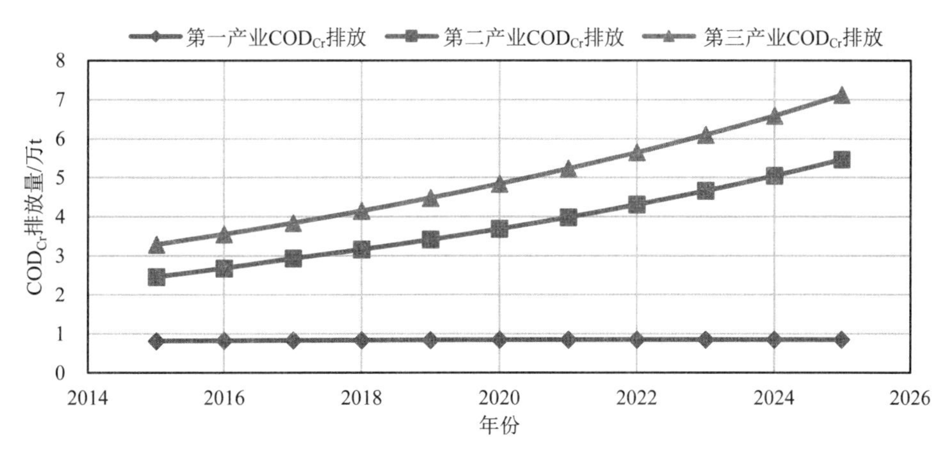

图 18-33　可持续发展情景下 2015—2025 年昆明市生产 COD_{Cr} 排放情况

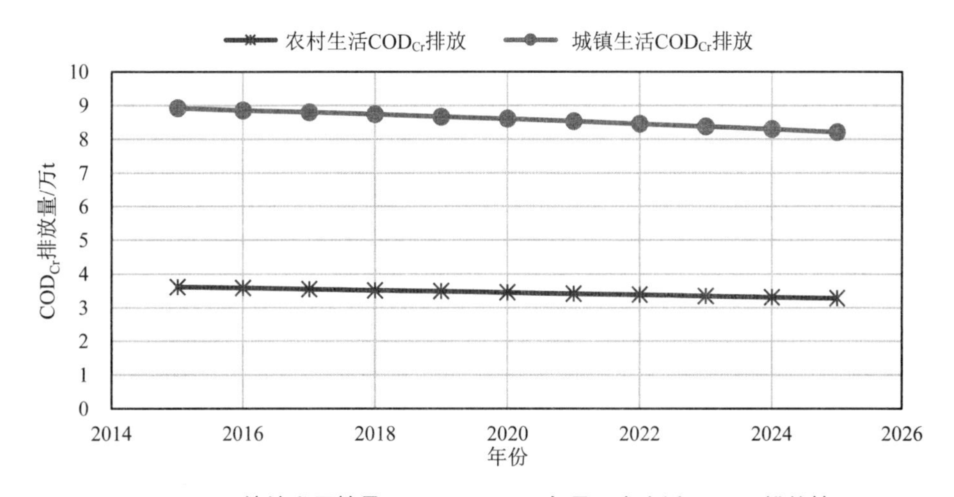

图 18-34　可持续发展情景下 2015—2025 年昆明市生活 COD_{Cr} 排放情况

表 18-20 可持续发展情景下 2015—2025 年昆明市 COD_{Cr} 排放情况 单位：t

项目	2015 年	2020 年	2025 年
第一产业	8 158.45	8 435.71	8 465.56
第二产业	24 599.63	36 868.72	54 652.37
第三产业	32 877.66	48 373.61	71 164.74
城镇生活	89 224.51	86 073.94	82 116.12
农村生活	36 153.10	34 516.58	32 842.03
总排放量	191 013.35	214 268.56	249 240.82
削减量	121 297.40	163 158.35	209 451.32
排放量	69 715.95	51 110.21	39 789.50

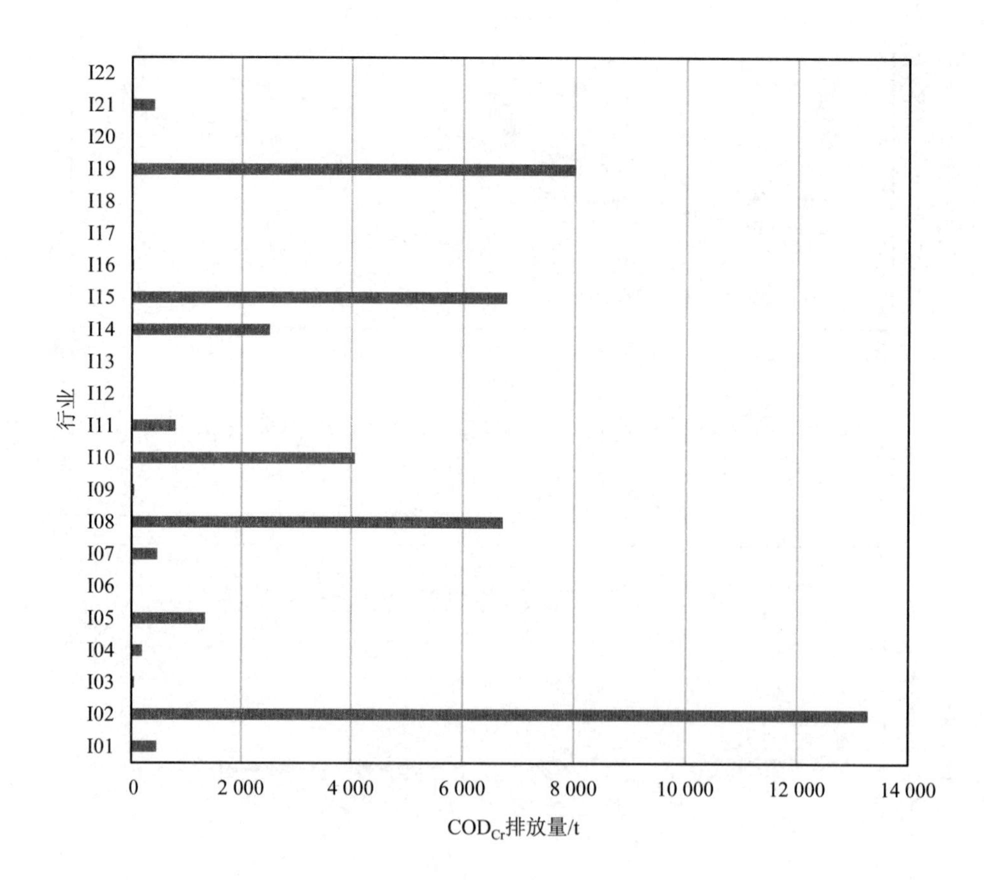

（a）2020 年

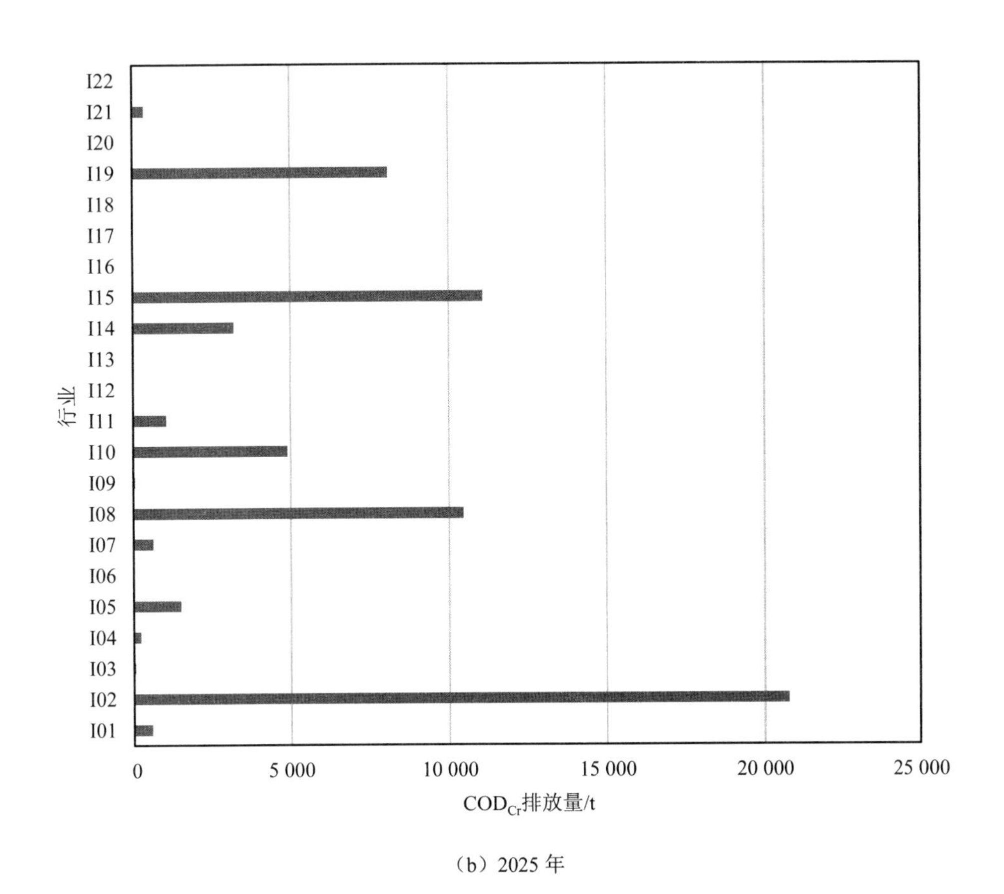

（b）2025 年

图 18-35 可持续发展情景下 2020 年和 2025 年昆明市第一产业和第二产业各行业 COD_{Cr} 排放量

从结果可知，COD_{Cr} 排放量较多的行业主要包括食品饮料制造业、畜牧业、其他采矿业以及化工行业。

②NH_3-N。

可持续发展情景下 2015—2025 年昆明市的生产和生活 NH_3-N 排放情况分别如图 18-36、图 18-37 所示，NH_3-N 排放情况如表 18-21 所示。结果表明，昆明市 NH_3-N 实际排放量有所下降，各产业排放量依然呈上升趋势。总体来看，在技术进步情景下，昆明市 NH_3-N 排放量将于 2020 年达到 6 497.20 t，于 2025 年达到 5 704.80 t。2020 年 NH_3-N 实际排放量比规划情景下降低了 13.44%，2025 年降低了 25.74%。第一产业和第二产业各行业 NH_3-N 排放量预测如图 18-38 所示。

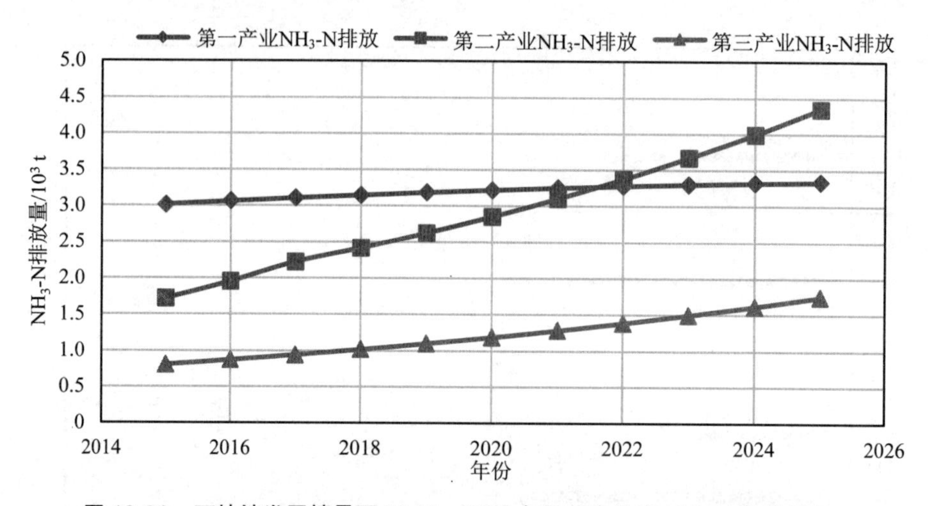

图 18-36 可持续发展情景下 2015—2025 年昆明市生产 NH_3-N 排放情况

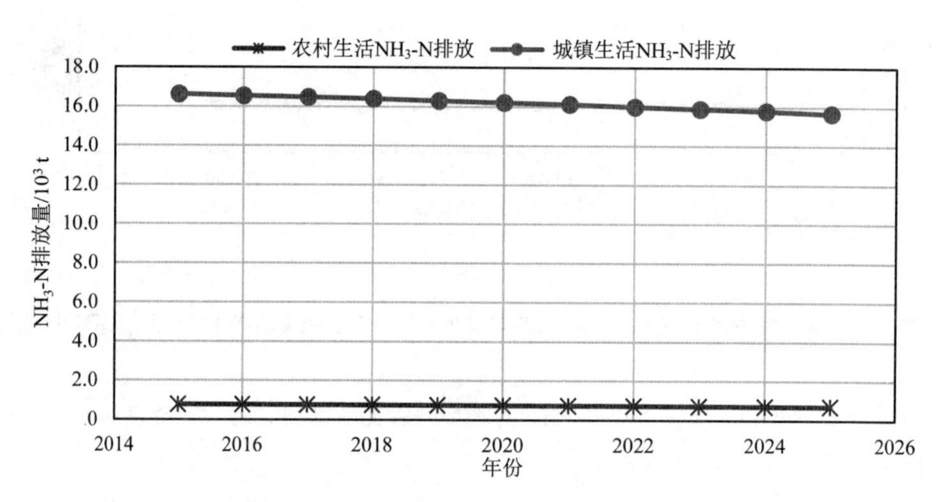

图 18-37 可持续发展情景下 2015—2025 年昆明市生活 NH_3-N 排放情况

表 18-21 可持续发展情景下 2015—2025 年昆明市 NH_3-N 排放情况 单位：t

项目	2015 年	2020 年	2025 年
第一产业	3 017.24	3 220.61	3 336.51
第二产业	1 718.68	2 852.69	4 345.60
第三产业	807.52	1 188.12	1 747.91
城镇生活	16 617.51	16 203.49	15 663.64
农村生活	776.72	741.56	705.59
总排放量	22 937.68	24 206.47	25 799.25
削减量	15 621.21	17 709.27	20 094.45
排放量	7 316.47	6 497.20	5 704.80

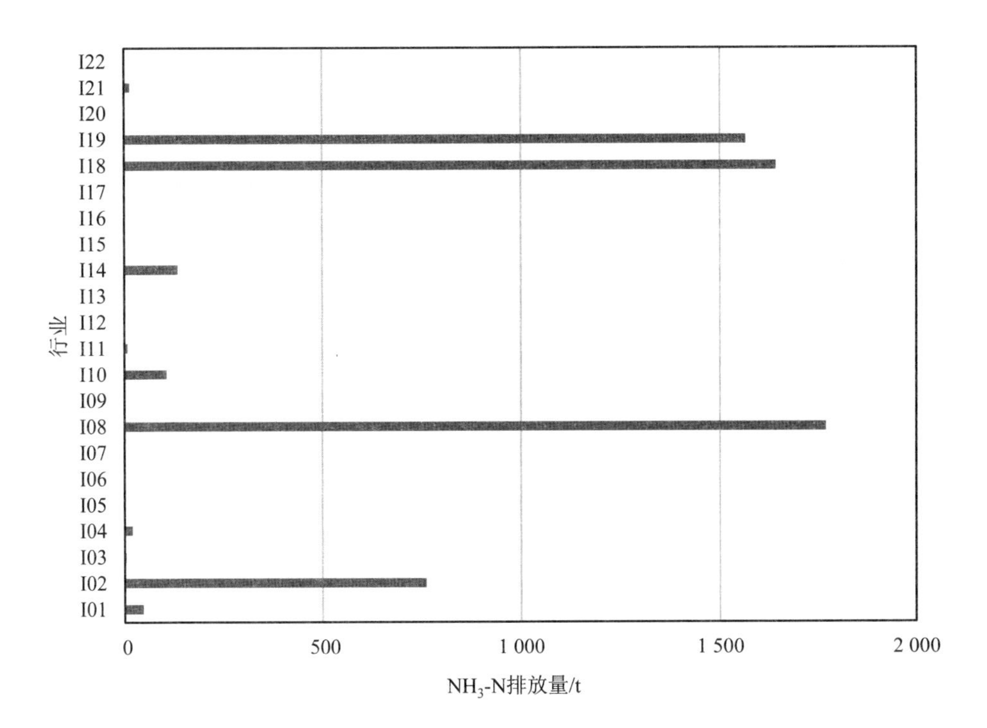

（a）2020 年

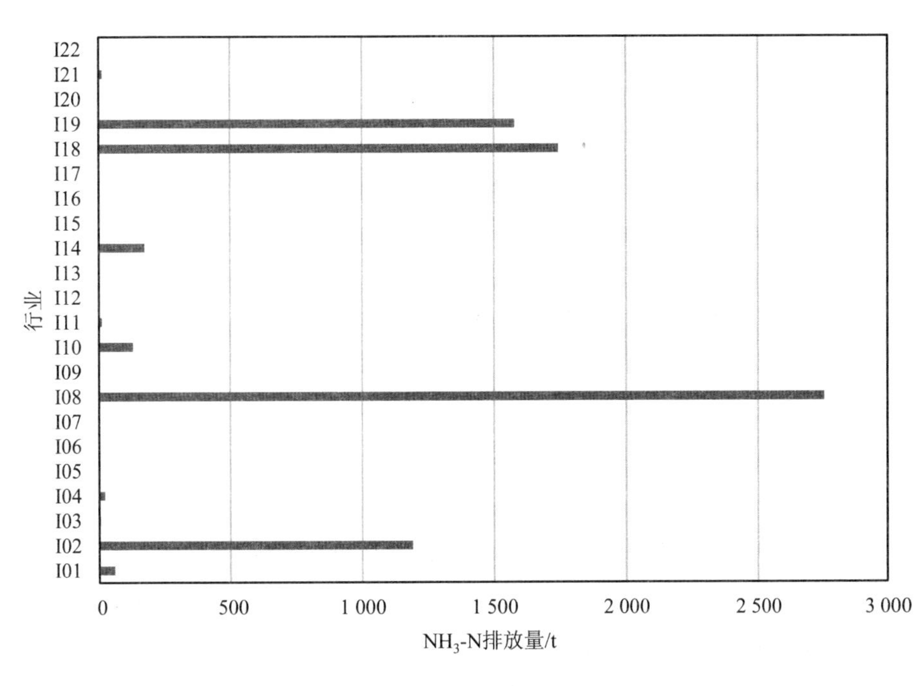

（b）2025 年

图 18-38　可持续发展情景下 2020 年和 2025 年昆明市第一产业和第二产业各行业 NH_3-N 排放量

从结果可知，NH_3-N 排放量较多的行业主要包括化工行业、种植业、畜牧业以及食品饮料制造业。

（4）污水处理费用

在可持续发展情景下，2020 年与 2025 年污水处理费用分别为 7.68 亿元和 8.77 亿元（如图 18-39 所示）。由于可持续发展情景下污染物产生量相对规划发展情景下略低，因此相应污染物治理费用也略低。

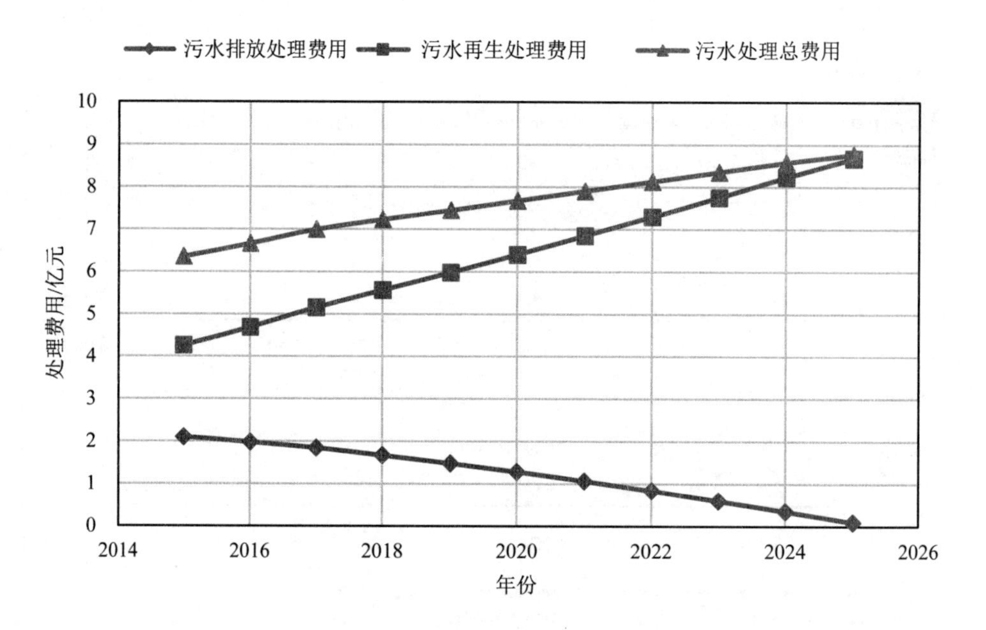

图 18-39 可持续发展情景下 2015—2025 年昆明市污水处理费用情况

18.4 3 种情景下水环境承载力承载状态分析

18.4.1 水环境承载力分量核算

（1）水资源供给能力

根据《昆明市城镇再生水利用专业规划》，昆明市多年水资源量为 65.49 亿 m^3，自 2008 年平水年后几年连旱，水资源量不断下降至 22 亿 m^3 左右，低于平均水资源的 40%，自 2013 年起又逐渐上升，2015 年水资源量恢复至 66.68 亿 m^3。

从社会经济供水角度来看，根据 2012 年《昆明市水资源公报》，全市水资源开发利用率为 28.4%，利用率较高。“十二五”期间，昆明市新增库容 1.4 亿 m^3，新增供水能力

2.4 亿 m^3，新建“五小水利”工程 24.47 万件，截至 2015 年年底，昆明市蓄水库容已达 27.88 亿 m^3。考虑到牛栏江调水工程和清水海引水工程对供水的影响，昆明市 2020 年可供城市生产生活和环境杂用的水量约为 31.4 亿 m^3。综合《昆明市海绵城市建设专项规划》和《昆明市城镇再生水利用专业规划》中对再生水回用和雨水综合利用目标的考量，随着现状趋势发展，昆明市 2020 年可供水总量为 36.2 亿 m^3，2025 年则为 38.2 亿 m^3。

（2）水环境容量

根据《昆明市生态建设与环境保护“十二五”规划》，昆明市水环境容量空间差异较大，除盘龙江、牛栏江等较大的河流，许多河流已无容量可言。因此，昆明市的水环境容量多以滇池体现。

由于湖库和水库的水力停留时间较长，故在以年为尺度时，可采用零维完全混合水质模型计算滇池水环境容量。此时，污染物在水体中的沉积主要是因为降解作用，水环境容量为在满足功能目标下，允许输入水体内的最大污染物量，包括点源负荷和非点源负荷，可按式（18-1）计算：

$$W = \sum_{k=0}^{K} Q_k C_0 + 365kVC_0 - S_{\text{in}} - S_{\text{air}} \tag{18-1}$$

式中：W—— 水环境容量，t/a；

Q_k—— 第 k 条从湖库流出河流的流量，m^3/a；

C_0—— 按水质功能目标的污染物质量浓度限值，t/m^3；

k—— 污染物的综合衰减系数，d^{-1}；

V—— 水体容量，m^3；

S_{in} 和 S_{air}—— 内源污染释出以及降水降尘带来的污染物量，t/a。

将各专家学者的研究成果整理在表 18-22 中，综合研究成果，本研究取昆明市水环境容量 COD_{Cr} 为 39 262.50 t/a，NH_3-N 为 3 254.25 t/a。

表 18-22 昆明市水环境容量研究成果 单位：t/a

水环境容量		数据依据/研究者
COD_{Cr}	NH_3-N	
24 781	3 459	罗佳翠等（2010）
25 159.9	2 086.4	《昆明市生态建设与环境保护“十二五”规划》
39 262.50	3 254.25	王圣瑞（2015）
48 181	3 049.5	王绍春（2007）

18.4.2 水环境承载力承载状态分析

利用环境承载力综合指数评价方法对3种发展情景下昆明市水环境承载力进行评价。由于昆明市水污染比较严重，水环境容量较小，因此分别按照水环境容量和《昆明市生态建设与环境保护“十二五”规划》中水体污染物允许排放量两种方式计算水环境承载力综合指数。

BAU发展情景下的结果如表18-23所示。

表18-23 BAU发展情景下2020年和2025年昆明市水环境承载力承载状态

项目	2020年				2025年			
	压力	承载力	I	C	压力	承载力	I	C
水资源量/亿 m^3	33.15	36.17	0.92	2.02	50.38	38.20	1.32	2.33
COD_{Cr} 排放量/t	65 735.27	39 262.50	1.67		80 012.78	39 262.50	2.04	
		67 360.60*	0.98*	1.10*		60 624.54*	1.32*	1.42*
NH_3-N 排放量/t	7 578.61	3 254.25	2.33		8 573.69	3 254.25	2.63	
		6 480.90*	1.17*			5 832.31*	1.47*	

注：带*则为按污染物允许排放量计算的结果。

结果表明，在BAU发展情景下，2020年和2025年昆明市 COD_{Cr} 和 NH_3-N 的环境承载力承载率大多大于1，超过其承载力；按照水环境容量分量看，NH_3-N 最为严重，分别达到2.33和2.63。按照水体污染物允许排放量计算，2020年 COD_{Cr} 承载率小于1，其余均大于1。而承载力综合指数方面，2020年和2025年昆明市的指数均大于1，不利于昆明市社会经济进一步发展。

规划发展情景下的结果如表18-24所示。

表18-24 规划发展情景下2020年和2025年昆明市水环境承载力承载状态

项目	2020年				2025年			
	压力	承载力	I	C	压力	承载力	I	C
水资源量/亿 m^3	29.29	36.17	0.81	1.98	35.94	38.20	0.94	2.02
COD_{Cr} 排放量/t	62 941.42	39 262.50	1.60		59 951.86	39 262.50	1.53	
		67 360.60*	0.93*	1.07*		60 624.54*	0.99*	1.21*
NH_3-N 排放量/t	7 506.10	3 254.25	2.31		7 682.02	3 254.25	2.36	
		6 480.90*	1.16*			5 832.31*	1.32*	

注：带*则为按污染物允许排放量计算的结果。

结果表明，在规划发展情景下，2020 年和 2025 年昆明市 COD_{Cr} 和 NH_3-N 的环境承载力承载率大多仍大于 1，超过其承载力；按照水环境容量看，NH_3-N 最为严重，分别达到 2.31 和 2.36。按照水体污染物允许排放量计算，2020 年和 2025 年 COD_{Cr} 承载率小于 1。与 BAU 发展情景相比，承载率有所降低，但污染情况仍然非常严重。承载力综合指数方面，规划发展情景下昆明市 2020 年和 2025 年的指数同样均大于 1，会限制昆明市的进一步发展，但相较于 BAU 发展情景下有所降低。

可持续发展情景下的结果如表 18-25 所示。

表 18-25　可持续发展情景下 2020 年和 2025 年昆明市水环境承载力承载状态

<table>
<tr><th rowspan="2">项目</th><th colspan="4">2020 年</th><th colspan="4">2025 年</th></tr>
<tr><th>压力</th><th>承载力</th><th>I</th><th>C</th><th>压力</th><th>承载力</th><th>I</th><th>C</th></tr>
<tr><td>水资源量/亿 m^3</td><td>26.30</td><td>36.17</td><td>0.73</td><td rowspan="2">1.70</td><td>29.06</td><td>38.20</td><td>0.76</td><td rowspan="2">1.49</td></tr>
<tr><td rowspan="2">COD_{Cr} 排放量/t</td><td rowspan="2">51 110.21</td><td>39 262.50</td><td>1.30</td><td rowspan="2">39 789.50</td><td>39 262.50</td><td>1.01</td></tr>
<tr><td>67 360.60*</td><td>0.76*</td><td rowspan="3">0.92*</td><td>60 624.54*</td><td>0.66*</td><td rowspan="3">0.89*</td></tr>
<tr><td rowspan="2">NH_3-N 排放量/t</td><td rowspan="2">6 497.20</td><td>3 254.25</td><td>2.00</td><td rowspan="2">5 704.80</td><td>3 254.25</td><td>1.75</td></tr>
<tr><td>6 480.90*</td><td>1.00*</td><td>5 832.31*</td><td>0.98*</td></tr>
</table>

注：带*则为按污染物允许排放量计算的结果。

结果表明，在可持续发展情景下，按照水环境容量分量看，NH_3-N 依然较为严重，2020 年和 2025 年分别达到 2.00 和 1.75。按照水体污染物允许排放量计算，2020 年和 2025 年 COD_{Cr} 承载率均小于 1。可持续发展情景与 BAU 发展情景和规划发展情景相比，NH_3-N 承载率有所降低，但污染物排放量仍超过水环境容量。承载力综合指数方面，2020 年和 2025 年以污染物允许排放量计算得出的指数小于 1，以水环境容量计算得到的指数仍大于 1，即仍对昆明市社会经济发展有一定阻碍。

在 3 种发展情景下，昆明市区域开发强度均超越其水环境承载力，存在这一矛盾的原因是高污染的行业规模占比过大，各产业规模与结构不够合理，所以有必要对昆明市社会经济发展规模结构进行优化调控。

18.5 昆明市社会经济发展规模结构优化调控

18.5.1 昆明市水环境承载力不确定多目标优化调控

本研究分两种情景和两个年份（2020 年和 2025 年）进行研究。由于昆明市水污染情况比较严重，水环境容量依然所剩无几，因此根据水环境约束的不同分为两种情景对模型进行求解。情景一是水环境容量为水环境约束的情况，情景二是以《昆明市生态建设与环境保护“十二五”规划》设定的水污染物减排目标为约束条件。

本研究应用 LINGO 软件对不确定多目标优化模型进行求解。首先求解各子模型，然后，根据各目标函数上限、下限子模型的求解结果确定各模糊目标的“希望水平”和“允许下限”。最后，引入模糊算子对模型进行求解。

18.5.2 模型优化结果

模型的求解结果如表 18-26 和表 18-27 所示。

表 18-26 情景一不确定多目标优化模型结果

项目	2020 年		2025 年	
	下限	上限	下限	上限
第一产业增加值/亿元	115.15	138.96	137.61	229.33
种植业	63.25	83.64	82.67	168.29
畜牧业	38.49	38.49	38.49	38.49
林业	5.37	6.06	5.94	7.65
渔业	2.01	2.89	2.84	3.42
农林牧副服务业	6.03	7.88	7.67	11.48
第二产业增加值/亿元	927.70	1 424.43	1 410.77	2 350.55
非金属矿采选业	22.63	22.63	22.63	22.63
食品饮料制造业	18.90	18.90	18.90	18.90
烟草制品业	210.26	494.54	455.16	707.40
纺织及皮革制品业	0.62	0.62	0.62	0.62
造纸及纸制品业	0.84	0.84	0.84	0.84
印刷文教业	11.86	11.86	11.86	11.86
医药业	37.26	37.26	37.56	37.26
化工行业	75.90	75.90	75.90	75.90
非金属矿物制品业	10.50	10.50	10.50	10.50
冶金业	109.00	109.00	109.00	109.00
装备制造业	67.69	67.69	67.69	67.69
通信设备、计算机及其他电子设备制造业	4.73	4.73	4.73	4.73
电力和热力的生产供应业	65.32	65.32	65.32	65.32
燃气与水生产供应业	6.04	6.04	6.04	6.04
其他采矿业	15.22	15.22	15.22	15.22
其他行业	1.66	1.66	1.66	1.66

项目	2020 年		2025 年	
	下限	上限	下限	上限
建筑业	269.27	481.72	507.14	1 194.98
第三产业增加值/亿元	1 274.92	1 910.79	1 892.06	3 153.16
地区生产总值/亿元	2 317.77	3 474.18	3 440.44	5 732.88
地区生产总收益/亿元	2 314.83	3 470.81	3 436.79	5 729.55
人口规模/万人	266.86	396.48	271.13	478.73

表 18-27 情景二不确定多目标优化模型结果

项目	2020 年		2025 年	
	下限	上限	下限	上限
第一产业增加值/亿元	217.94	282.67	279.71	459.87
种植业	163.26	218.71	210.42	384.48
畜牧业	40.17	47.13	52.84	52.84
林业	5.37	6.06	5.94	7.65
渔业	2.64	2.89	2.84	3.42
农林牧副服务业	6.50	7.88	7.67	11.48
第二产业增加值/亿元	2 189.15	2 826.77	2 896.99	4 707.99
非金属矿采选业	38.34	65.32	38.34	38.34
食品饮料制造业	18.90	18.90	18.90	18.90
烟草制品业	429.95	509.96	544.07	778.80
纺织及皮革制品业	0.62	0.62	0.62	0.62
造纸及纸制品业	0.84	1.49	0.84	0.84
印刷文教业	25.67	30.90	25.67	25.67
医药业	96.48	120.92	131.94	198.47
化工行业	75.90	107.72	75.90	75.90
非金属矿物制品业	28.70	36.43	40.24	40.42
冶金业	225.11	267.70	255.11	225.11
装备制造业	174.49	218.71	198.01	238.62
通信设备、计算机及其他电子设备制造业	9.65	11.43	9.65	9.65
电力和热力的生产供应业	136.78	163.13	174.69	174.69
燃气与水生产供应业	6.04	6.04	6.04	6.04
其他采矿业	77.08	112.16	77.08	291.80
其他行业	2.66	2.98	2.66	2.66
建筑业	841.94	1 152.36	1 297.23	2 581.46
第三产业增加值/亿元	3 041.54	3 957.46	3 845.97	6 328.52
地区生产总值/亿元	5 448.63	7 066.90	7 022.67	11 496.38
地区生产总收益/亿元	5 441.78	7 059.53	6 985.82	11 488.23
人口规模/万人	603.66	817.39	558.72	966.66

18.6 昆明市产业结构和经济规模优化结果分析

昆明市产业结构和经济规模优化结果分别如表 18-28 和表 18-29 所示。两种优化情景下，2020 年和 2025 年的第一产业比例都在 4%～5%，第二产业比例都在 40%～41%，第三产业比例在 55%～56%，与《昆明市国民经济和社会发展第十三个五年规划纲要》中的产业结构比（4∶40∶56）相符。

情景一下，昆明市 2020 年地区生产总值为 2 318.03 亿～3 474.16 亿元，2025 年地区生产总值为 3 440.11 亿～5 733.01 亿元。情景二下，昆明市 2020 年地区生产总值为 5 448.65 亿～7 066.90 亿元，2025 年地区生产总值为 6 992.67 亿～11 496.36 亿元。相较而言，情景二下的产业结构和经济发展总体规模更符合昆明市的规划目标。

表 18-28　情景一下昆明市三次产业结构　　单位：亿元

项目	2020 年		2025 年	
	下限	上限	下限	上限
第一产业增加值	115.15	138.96	137.61	229.33
第二产业增加值	927.70	1 424.43	1 410.77	2 350.55
第三产业增加值	1 274.92	1 910.79	1 892.06	3 153.16
地区生产总值	2 317.77	3 474.18	3 440.44	5 732.88
三次产业结构	5∶40∶55	4∶41∶55	4∶41∶55	4∶41∶55

表 18-29　情景二下昆明市三次产业结构　　单位：亿元

项目	2020 年		2025 年	
	下限	上限	下限	上限
第一产业增加值	217.94	282.67	279.71	459.87
第二产业增加值	2 189.15	2 826.77	2 896.99	4 707.99
第三产业增加值	3 041.54	3 957.46	3 845.97	6 328.52
地区生产总值	5 448.63	7 066.90	7 022.67	11 496.38
三次产业结构	4∶40∶56	4∶40∶56	4∶41∶55	4∶41∶55

18.7 昆明市区域行业结构优化分析

18.7.1 第一产业、第二产业内部各行业结构分析

2020 年和 2025 年昆明市第一产业、第二产业内部各行业结构如图 18-40 所示。

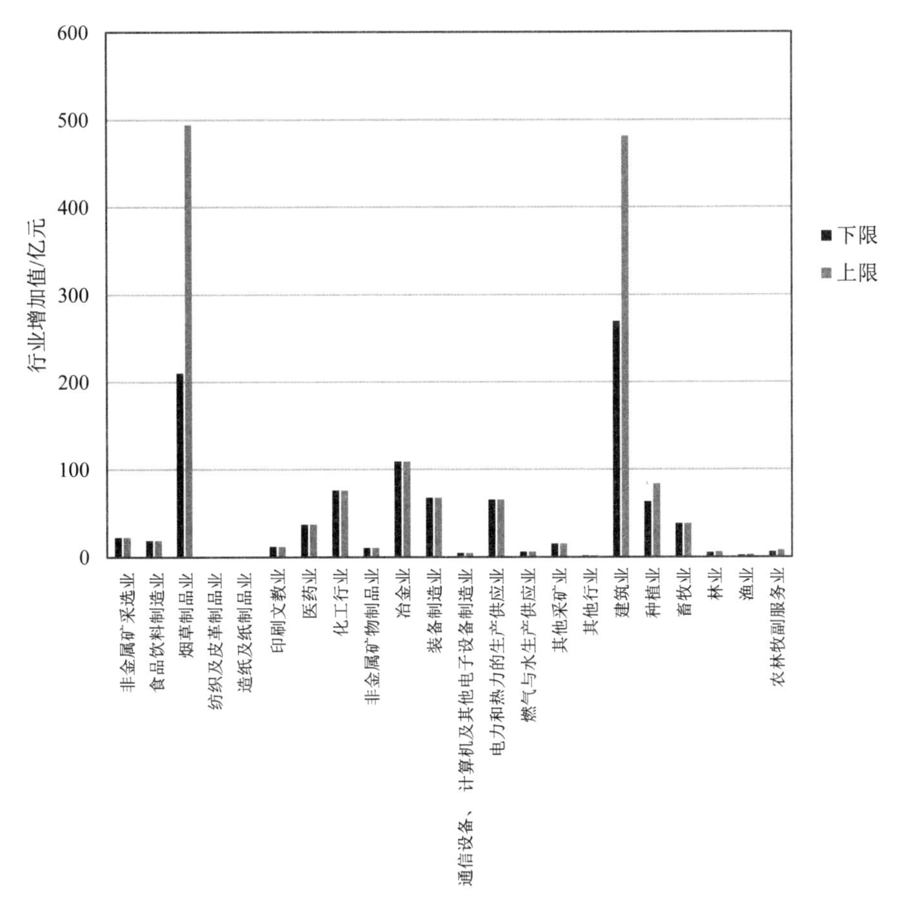

（a）情景一下 2020 年

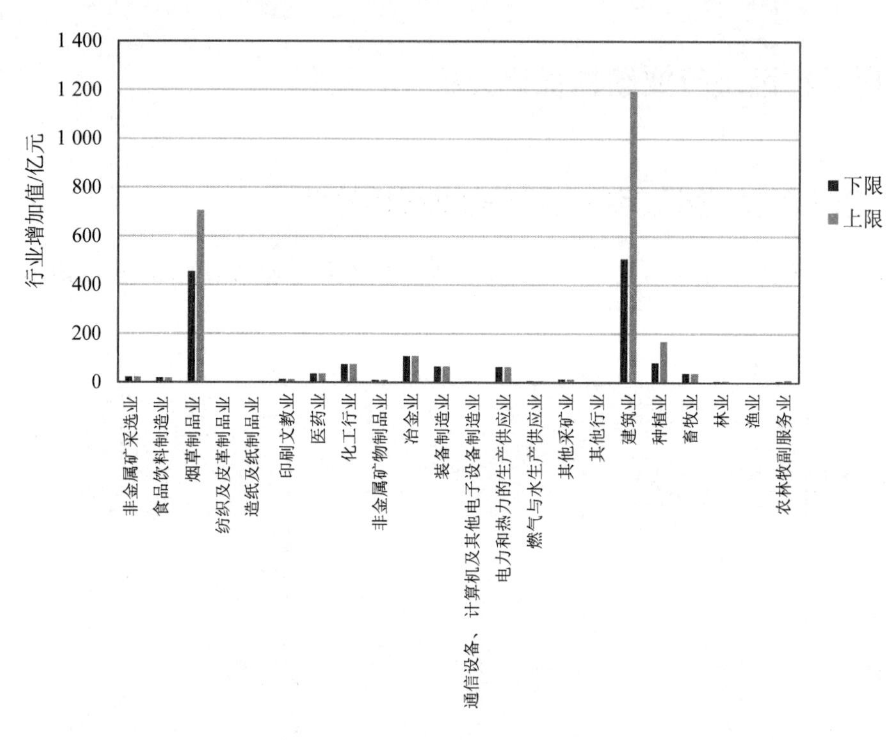

（b）情景一下 2025 年

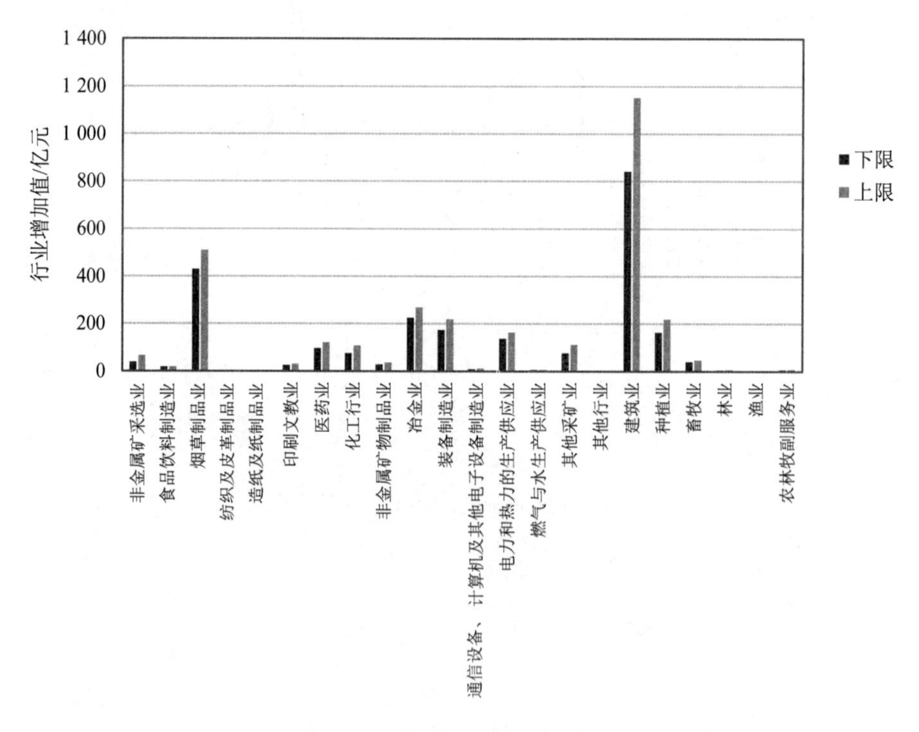

（c）情景二下 2020 年

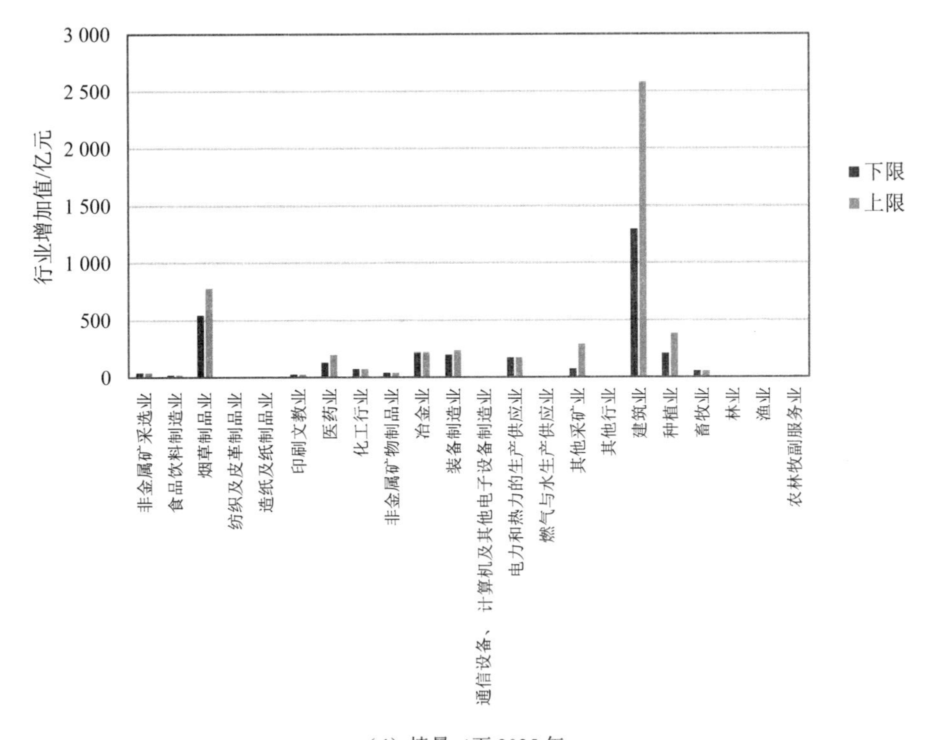

（d）情景二下 2025 年

图 18-40　情景一和情景二下 2020 年和 2025 年第一产业、第二产业各行业增加值

（1）建筑业

建筑业是第二产业中单位增加值 COD、NH_3-N 排放量最小的行业之一，其单位增加值水耗也较小。对昆明市这个水环境容量极其有限的地区而言，建筑业是适合在当地发展的。而且昆明仍处于城市化的发展进程中，根据《产业结构调整指导目录》的要求，应开展建筑隔震减震结构体系及产品研发与推广、智能建筑产品与设备的生产制造与集成技术研究、太阳能热利用及光伏发电应用一体化建筑研究与建筑成套技术、产品和住宅部品研发与推广等。从结果可以看出，未来建筑业将成为昆明市第二产业的主要行业之一。且该行业在情景二下较情景一下有更快的发展。

（2）烟草制品业

烟草制品业是最重要的支柱产业之一，也是第二产业中单位增加值水耗和单位增加值 COD、NH_3-N 排放量最小的行业之一。近年来，随着产业结构、企业组织结构、市场结构和产品结构的进一步调整，实施一系列改革发展战略，昆明市烟草业已具备了雄厚的基础和实力，符合《昆明市“十二五”第二产业发展规划》的定位，即巩固烟草及配套产业的支柱产业地位，把昆明建成国内最大的烟草及配套产业基地。从结果可以看出，未来烟草制品业将成为昆明市第二产业的主要行业之一。由于未来情景二下的水环境容量较情景一下高，因此情景二下该行业发展规模更大一些。

（3）装备制造业

本研究的装备制造业包括金属制品业、通用设备制造业、专用设备制造业、交通运输设备制造业、电气机械及器材制造业和仪器仪表及文化办公用机械制造业，是第二产业中单位增加值 COD 排放量较小的行业，是昆明市很适合发展的行业。切合《昆明市"十二五"第二产业发展规划》定位，坚持产业集聚化、企业集团化、装备现代化，在电力装备、数控机床等领域形成若干特色突出的装备制造基地，促进传统机械工业向现代装备制造业转型升级，把昆明市建成国内重要的装备制造业基地。在 2020 年两种情景下，装备制造业都是重点发展行业之一，鼓励其进行发展，在第二产业中占比较高。在 2025 年情景一下，装备制造业几乎没有增长，情景二下有所增长。由于情景二下水环境容量更大，因此情景二下该行业发展更快些。

（4）医药业

医药业是环保治理的重点行业之一，尤其是 COD 排放量相对较高，对水环境影响较大。但是通过对传统产业的改造，改进生产工艺，增加污水处理设施，可减小对环境的影响。按照《昆明市"十二五"第二产业发展规划》定位，昆明为低纬度高原山地季风气候，年平均气温为 15.℃，年平均日照时间长，非常适宜发展对恒温有严格要求的生物医药等低污染、低能耗的战略新兴高新技术产业，所以大力推进中药现代化，包括以白药为主的云白药以及以三七为主的中成药产品等，形成现代医药产业体系，将昆明市打造成世界知名的特色医药产业基地。应鼓励医药业的发展，在未来两种情景下，情景一下适度发展，情景二下可以加快发展速度和规模。

（5）电力和热力的生产供应业

昆明市的电力和热力的生产供应业是第二产业中单位增加值 COD、NH_3-N 排放量较小的行业，造成的水污染较小。但是由于其高耗水的特点，需对其进行技术升级改造，降低行业能源、水源消耗。按照《昆明市能源发展计划》，实施节能降耗技术改造，大力发展高效环保火电，建设昆明火电基地；积极开展太阳能、生物质能、垃圾发电等新能源研究与开发利用，新能源利用可以取得明显进展，大力开发太阳能。昆明地处滇中高原盆地腹心，年平均日照 2 200 h 左右，被称为"阳光之城"，非常适宜太阳能资源开发利用，既减少污染物排放，又降低能耗、水耗需求。但综合考虑行业可能造成的大气污染、高耗能、高 SO_2 排放、高 NO_x 排放的特点，电力和热力的生产供应业应注重技术升级，进行适度发展。由于未来情景二下水环境容量较情景一下高，因此情景二下该行业发展规模更大一些。

（6）非金属矿物制品业

非金属矿物制品业是昆明市的传统行业之一，该行业高耗水，对环境影响较大，需要对其进行技术升级改造，降低行业水资源消耗。按照昆明市“十二五”时期和“十三五”时期第二产业发展规划要求，改造提升传统建材产业，淘汰落后水泥生产能力，充分利用工业和生活废弃物作原料，发展新型干法水泥，重点发展绿色建材产品。从资源、环境的角度来看，短期内可以有一定程度的发展，但长期发展规模不宜过大。由于情景二下水环境容量较高，所以在情景二下可以有一定程度的发展。

（7）其他采矿业

本研究的其他采矿业包括有色金属矿采选业、煤炭开采和洗选业及黑色金属矿采选业。昆明市矿产资源蕴藏丰富，种类多、品位高、分布广、组合优、互补性强，东川是全国六大产铜基地之一。按照《昆明市“十二五”第二产业发展规划》要求，加强矿产资源开发利用统筹规划，调控资源开采总量，加强矿产资源管理，整顿矿产资源秩序，实现矿产资源优化配置和节约利用。该行业有一定的水体污染物排放，同时综合考虑到该行业的固体废物排放量较高，因而在昆明市不适合高速发展，但在情景二下的发展规模高于情景一下，可适度进行发展。

（8）印刷文教业

在本研究中，昆明市的印刷文教业主要包括印刷业和记录媒介的复制和文教体育用品制造业。当前印刷文教业整体规模比较小，市场占有率低，其增加值占工业增加值比重较低。昆明市将继续加大印刷文教业高新技术改造力度，合理有效地引进国外先进技术，提高行业的整体素质，为昆明市印刷文教业发展奠定良好基础。可进行适度发展，在情景二下该行业的发展步伐比情景一下更快。

（9）通信设备、计算机及其他电子设备制造业

通信设备、计算机及其他电子设备制造业属于高新技术产业，按照《昆明市“十二五”第二产业发展规划》中的要求，加强产、学、研结合，强化科技成果转化能力，把昆明市培育成国内特色光电子信息产业基地，电子信息产业整体水平进入中西部地区先进行列。通信设备、计算机及其他电子设备制造业有一定的水污染物排放量，对水环境造成一定影响。现在，通信设备、计算机及其他电子设备制造业的增长值在第二产业中所占比重较小，从结果来看，可有适度发展，但发展规模不宜过大。由于情景二下水环境容量较情景一下高，所以通信设备、计算机及其他电子设备制造业在情景二下可以有更大程度的发展，高于情景一下。

（10）冶金业

在本研究中，昆明市的冶金业主要包括黑色金属冶炼及压延加工业和有色金属冶炼

及压延加工业。冶金业是昆明市传统产业，《昆明市“十二五”第二产业发展规划》中的定位是利用高新技术和先进实用技术改造提升黑色冶金产业，延伸产业链，提升产业层级。控制铜、铝、铅、锌等有色金属的冶炼能力，实现产业链向高端延伸，促进产业可持续发展，推广应用节能和环保冶炼技术，实现有色金属发展的重心向深加工转移，大力发展各种有色金属材料和制成品。但综合考虑，冶金业将会对空气和土壤环境造成一定的影响，所以从资源、环境和能源的角度来看，冶金业可适度发展，不适合快速大规模发展，由于情景二下水环境容量较情景一下高，可以有更大程度的发展。

（11）非金属矿采选业

非金属矿采选业是昆明市的传统行业之一。昆明市磷肥、磷化工产业的规模居全国首位，盐矿矿床地质条件好，拥有极其丰富的原料资源。按照《昆明市“十二五”第二产业发展规划》要求，调控资源开采总量，提高磷、盐等主要矿产的精深加工水平和综合利用水平，鼓励矿产资源的综合回收利用，提高回采率和综合回收率。非金属矿采选业在第二产业中是单位增加值污染物排放量相对比较高的行业，对环境造成一定的影响。从资源、环境和能源的角度来看，非金属矿采选业可适度发展，但不适合快速大规模发展，由于情景二下水环境容量较情景一下高，可以有一定程度的发展。

（12）其他行业

本研究的其他行业包括纺织服装、鞋、帽制造业，木材加工及其木、竹、藤、棕、草制品业，家具制造业，工艺品及其他制造业与废弃资源和废旧材料回收加工业。此行业当前在昆明市工业产值中所占比重较小，有一定水污染物的排放，因此该行业不宜快速发展。

（13）化工行业

在本研究中，昆明市的化工行业主要包括石油加工、炼焦及核燃料加工业，化学原料和化学制品制造业，化学纤维制造业，橡胶制品业和塑料制品业。目前化工行业是昆明市的支柱行业之一，按照《昆明市“十二五”第二产业发展规划》要求，充分利用丰富的磷、盐、钛、煤等资源和产业基础，大力发展精细化工、石油化工、生物化工和有机化工，采用高新技术和先进适用技术改造提升传统化工产业，把昆明市建成全国最大的高浓度磷复肥基地和重要的石油、精细磷盐煤钛化工基地。但是化工行业水耗高，污染物排放量大，对环境造成的影响较大，而昆明市水环境污染严重，N、P 环境容量很小。从资源、环境和能源的角度来看，化工行业不适合在昆明市快速发展，在两个情景下都不应该予以扩大发展，应该缩小其发展规模，关、停、并、转一些污染重、能耗和水耗高的化工厂。

（14）纺织及皮革制品业

本研究的纺织及皮革制品业包括纺织业和皮革、毛皮、羽毛（绒）及其制品业，目前昆明市纺织及皮革制品业占第二产业比重较小。此行业水耗较高，污染物的排放量也较大，且投入产出率较低，由于昆明市水污染比较严重，所以不适合发展纺织及皮革制品业。从结果来看，未来在情景一下和情景二下，都应该限制纺织及皮革制品业的发展。

（15）食品饮料制造业

本研究的食品饮料制造业包括农副食品加工业、食品制造业和饮料制造业。按照《昆明市“十二五”第二产业发展规划》，加快发展现代食品工业，加快推进酒产业发展，把食品饮料制造业培育成新的特色产业。但是此行业水耗比较高，污染物的排放量也较大。由于昆明市水污染比较严重，所以从资源、环境和能源的角度来看，食品饮料制造业不适合快速发展。从结果来看，未来在两种情景下，都应该限制食品饮料制造业发展规模，规模不宜过大。

（16）造纸及纸制品业

造纸及纸制品业是水污染负荷非常大的行业，在昆明市工业中所占比重较小。同时，昆明市水环境污染比较严重，从资源、环境的角度来看，在未来各阶段都应限制该行业发展。

（17）燃气与水生产供应业

本研究的燃气与水生产供应业包括燃气生产和供应业、水的生产和供应业。此行业水耗比较高。由于昆明市水资源比较紧张，所以燃气与水生产供应业不适合快速发展。未来应该限制昆明市燃气与水生产供应业发展规模，规模不宜过大。

（18）种植业

在《昆明市“十二五”农业发展规划》中，目标为打造都市化生态型现代农业，大力发展现代优质蔬菜产业、休闲农业和优势种业等产业。虽然种植业由于施肥产生的NH_3-N污染较多，但综合优化结果，结合第一产业发展的需要，应当鼓励种植业进行进一步现代化发展，尽量减少NH_3-N排放量较多的作物的种植。由于情景二下水环境容量较情景一下高，因此情景二下该行业发展规模更大一些。

（19）畜牧业

在《昆明市“十二五”畜牧业发展规划》中，产业种类以生猪、特禽为主，开展畜禽品种改良与推广和健康养殖模式示范与推广。综合考虑农业发展的需要，畜牧业可适度稳步发展，由于情景二下水环境容量较情景一下高，在情景二下略有发展。

（20）林业

根据产业规划要求，开展林业和果品基地的标准化和规范化，提升产品质量，创造品牌，打造国内与东盟的超大型中转基地，提升林果产业链的整体效益。昆明市林业未来适合发展壮大，可加快发展速度。

（21）渔业

根据发展要求，推广健康养殖技术，水产养殖继续增长，巩固传统养殖品种，开发特种水产养殖，强化质量管理。从资源、环境和能源的角度来看，渔业的污染物排放量相对较高，因此不能快速发展。在两种情景下发展规模都不太大。

（22）农林牧副渔服务业

在《昆明市“十二五”农业发展规划》中，要求推进生产性服务业与配套服务业，包括农业观光服务业、以花卉和籽种为主的涉农服务业等。农林牧副渔服务业的污染物排放量较低，水耗不高。昆明市农林牧副渔服务业未来适合稳步发展，在 2025 年情景一下和情景二下规模较高。

18.7.2 第三产业

将表 18-26 与表 18-27 对比可以看出，优化后情景一下 2020 年昆明市地区生产总值达到 1 274.92 亿～1 910.79 亿元，2025 年达到 1 892.06 亿～3 153.16 亿元，在此情景下发展缓慢，今后发展空间不大，距离经济发展目标较远。情景二下 2020 年昆明市地区生产总值达到 3 041.54 亿～3 957.46 亿元，2025 年达到 3 845.97 亿～6 328.52 亿元。第三产业相较于第一产业、第二产业而言，产生的水污染物排放量小很多，所以适合昆明市快速发展。对昆明市这个水环境污染极其严重的区域而言，情景二是较为实际合理的。

18.8 滇池流域人口分区优化调控

18.8.1 水环境承载力承载状态空间现状分析

18.8.1.1 人口状况

2015 年年底，滇池流域涉及的五区一县（五华区、盘龙区、官渡区、西山区、呈贡区及晋宁县）总人口约为 399.3 万人，约占全市总人口的 60%。其中，城镇人口数量约为 361.1 万人，约占全市城镇人口总数的 77.3%，城镇化率高达 90.43%。人口密度约为 977 人/km^2，约为昆明市人口密度的 3 倍、滇池流域外其他市县人口密度的 6 倍。因此，滇池流域是昆明市人口最密集、城镇化率最高的地区。根据滇池流域行政区划图（如图 18-1 所示）和土地利用现状图（如图 18-41 所示），滇池流域基本涵盖盘龙区和呈贡区的全部，集中了五华区、官渡区、西山区及晋宁县建设用地的 90%。因此，针对五华、官渡、西山和晋宁 4 个区县，在常住人口现状的基础上按照建设用地面积占比进一步估算人口规模（如表 18-30 所示）。

表 18-30　2015 年滇池流域人口状况

地区	年末常住人口/万人	人口密度/（人/km²）	城镇化率/%
五华区	87.0（78.3）	2 280	97.36
盘龙区	83.0	2 415	97.23
官渡区	88.2（79.3）	1 394	97.28
西山区	77.9（69.1）	884	97.30
呈贡区	33.2	651	66.57
晋宁县	30.0（27.0）	224	40.00

注：数据来源为《昆明统计年鉴 2016》；括号内为按照建设用地面积占比估算的人口规模。

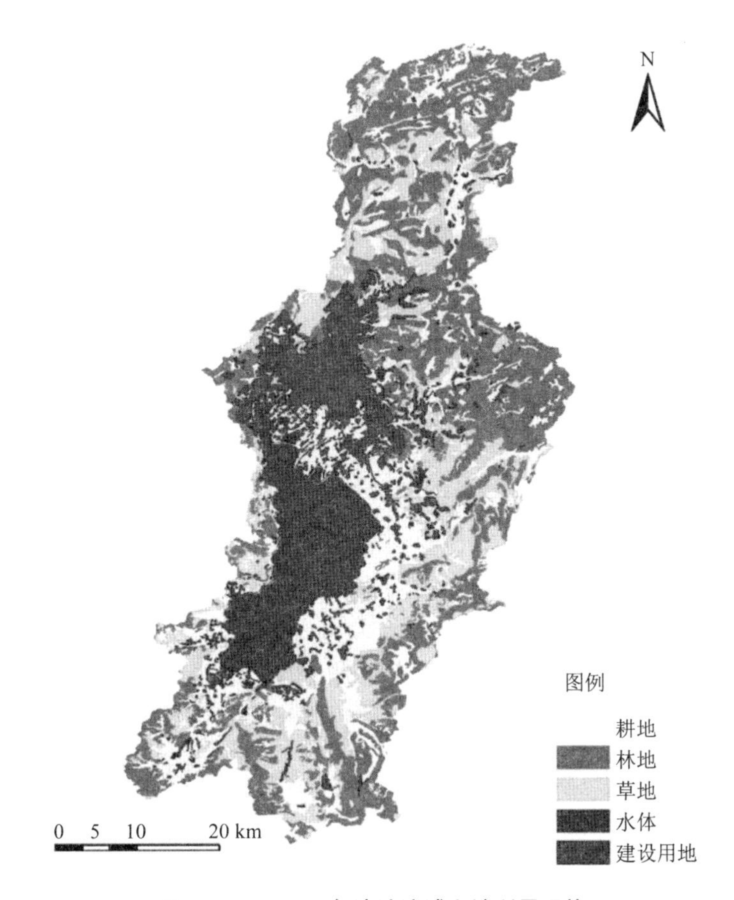

图 18-41　2010 年滇池流域土地利用现状

18.8.1.2 水环境状况

（1）水环境容量

根据前文计算结果，滇池流域水环境容量COD_{Cr}为39 262.50 t/a，NH_3-N为3 254.25 t/a。入湖河道是滇池的主要补给水源，滇池流域共有 33 条主要河流，各河流年均径流量如表 18-31 所示。

表 18-31 滇池流域主要河流年均径流量　　单位：万 m^3

河流名称	年均径流量	河流名称	年均径流量
白鱼河	907.82	老盘龙河	136.66
宝象河	2 922.90	老运粮河	3 153.60
采莲河	725.98	六甲宝象河	69.83
茨巷河	242.82	洛龙河	776.65
柴河	696.68	马料河	760.72
船房河	2 901.30	南冲河	383.85
大观河	212.60	盘龙江	55 456.44
大清河	3 475.65	乌龙河	662.25
东大河	583.94	五甲宝象河	48.25
古城河	391.62	西坝河	840.96
广普大沟	157.92	虾坝河	168.54
海河	378.88	小清河	2 128.68
枧槽河	4 761.93	新运粮河	2 838.24
金家河	1 408.08	姚安河	189.22
金汁河	4 604.26	淤泥河	220.75
捞鱼河	2 530.10	中河	368.04
老宝象河	2 512.65		

注：数据来源为《滇池流域基于污染负荷总量控制的基础调查报告》及 2008—2012 年各河段水文监测数据。

采用 ArcGIS 软件裁剪滇池流域各区县所包含的河流，并统计各区县河流径流量。按照径流量比重分配 COD 环境容量与 NH_3-N 环境容量，结果如表 18-32 所示。

表 18-32 滇池流域各区县主要污染物水环境容量

地区	径流量/万 m^3	COD 环境容量/（t/a）	NH_3-N 环境容量/（t/a）
五华区	10 208.09	4 798.46	397.72
盘龙区	14 416.18	6 776.53	561.67
官渡区	38 632.82	18 159.90	1 505.17
西山区	12 743.01	5 990.03	496.48
呈贡区	4 006.91	1 883.50	156.11
晋宁县	3 518.85	1 654.08	137.10

（2）水污染负荷

滇池流域年平均降水量为 994.69 mm，参考杨迪虎（2006）、付意成等（2010）针对点源与非点源污染物入河系数的相关研究（如表 18-33 和表 18-34 所示），选取 0.75 作为滇池流域点源产生的污染物入湖系数、0.1 作为非点源产生的污染物入湖系数。根据 2015 年昆明市各地区污染物排放总量的统计结果，昆明市各区县城镇生活污染物入河量如表 18-35 所示。

表 18-33　各流域点源污染物入河系数

流域名称	COD	NH_3-N	TN	TP
新安江流域	0.57	0.60	0.59	0.58
浑太河流域	0.87	0.87	0.87	0.87
赣江流域	0.75	0.75	0.75	0.75
蛮河流域	0.9	0.9	0.9	0.9
长江干流	0.8	0.8	0.8	0.8

表 18-34　各流域非点源污染物入河系数

流域名称	COD	NH_3-N	TN	TP
新安江流域	0.36	0.20	0.20	0.21
浑太河流域	0.1	0.1	0.1	0.1
赣江流域	0.35	0.35	0.35	0.35
蛮河流域	0.02	0.02	—	—

表 18-35　2015 年滇池流域各区县城镇生活污染物入河量　　单位：t

地区	COD	NH_3-N
五华区	403.12	536.37
盘龙区	445.93	593.33
官渡区	407.38	542.04
西山区	382.97	509.55
呈贡区	816.94	175.36
晋宁县	1 228.44	193.33

18.8.1.3　水环境承载力承载状态

承载率反映出某地区水环境发展现状与理想值或目标值的差距，若承载率大于 1，则表明此项要素已超载。数值越大，说明人类活动对水环境造成的压力越大、危害程度越高。其计算公式如式（18-2）所示：

$$R_i = \frac{P_i}{C_i} \tag{18-2}$$

式中：R_i—— 某地区第 i 个要素的承载率；

P_i—— 某地区第 i 个要素的现状值；

C_i—— 某地区第 i 个要素的目标值。

将水环境承载率初步划分为 5 个状态（如表 18-36 所示）。

表 18-36　水环境承载率等级划分

等级	承载率数值
优秀	≤0.5
良好	（0.5，1]
轻度超载	（1，1.5]
中度超载	（1.5，2]
重度超载	＞2

根据滇池流域各区县主要污染物水环境容量分配结果，扣除工业源、农业源和集中式治理设施产生的主要污染物入河量，得到城镇生活源 COD 允许排放量与 NH_3-N 允许排放量，采用式（18-2）计算各区县 COD 环境承载率与 NH_3-N 环境承载率。

由表 18-37 与图 18-42 可知，2015 年滇池流域各区县 COD 入河量均处于各自水环境承载力范围内，但 NH_3-N 承载率均大于 COD 承载率。除官渡区外，其他各区县 NH_3-N 均处于超载状态。相比于 COD，NH_3-N 对滇池流域各区县经济社会发展的限制作用更明显且强烈。因此，需要在 NH_3-N 水环境容量约束下，确定适度人口规模，优化人口空间布局，使人口规模处于水环境承载力承载范围之内，实现经济社会的可持续发展。

表 18-37　2015 年滇池流域各区县主要污染物环境承载状况

地区	城镇生活源允许排放量/t		承载率	
	COD	NH_3-N	COD	NH_3-N
五华区	4 189.34	334.99	0.10	1.60
盘龙区	6 716.31	555.45	0.07	1.07
官渡区	18 104.18	1 500.49	0.02	0.36
西山区	5 442.07	451.69	0.07	1.13
呈贡区	1 870.99	154.33	0.44	1.14
晋宁县	1 365.42	96.10	0.90	2.01

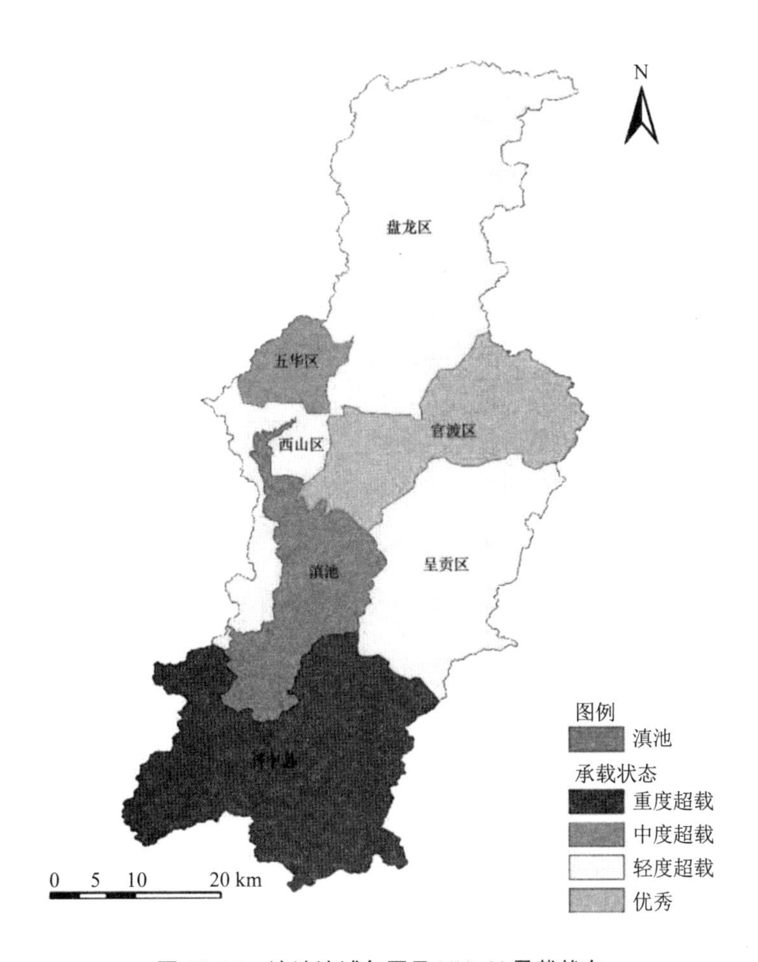

图 18-42 滇池流域各区县 NH_3-N 承载状态

18.8.2 适度人口规模空间分解

根据昆明市社会经济发展规模结构优化调控结果，在总量控制约束下，2020 年昆明市总人口为 603.66 万～817.39 万人，2025 年为 558.72 万～966.66 万人。根据 2015 年滇池流域人口占全市总人口的比重，估算 2020 年滇池流域总人口为 362.20 万～490.43 万人，2025 年为 335.23 万～580 万人。从水环境承载力与压力双向角度，选择 NH_3-N 水环境容量与污水处理能力作为进行人口空间优化分配的重要因素（各区县的污水处理能力如表 18-38 所示），采用熵权法确定 NH_3-N 水环境容量与污水处理能力权重值，进而计算各区县最终的人口分配比重。

表 18-38　2015 年滇池流域各区县污水处理能力　　单位：万 t

地区	实际总处理能力	地区	实际总处理能力
五华区	13 247.60	西山区	8 046.09
盘龙区	11 170.19	呈贡区	7 698.80
官渡区	17 277.04	晋宁县	4 927.50

注：数据来源为《滇池流域基于污染负荷总量控制的基础调查报告》《昆明市污水处理厂（水质净化厂）2016 年 1—12 月生产统计表》和《滇池流域水污染防治规划（2016—2020 年）》。

熵值可以反映出某个指标的离散程度，离散程度越大，对综合评价影响越大，其权重相应越大。熵权法可以消除权重确定过程中的主观因素，使评价结果更符合实际。由于各项指标度量单位不同，需要对其进行标准化处理。

对于正向指标（越大越好型），其标准化处理公式为式（18-3）所示：

$$f_{ij}=\left(X_{ij}-X_{j\min}\right)/\left(X_{j\max}-X_{j\min}\right) \tag{18-3}$$

对于负向指标（越小越好型），其标准化处理为式（18-4）所示：

$$f_{ij}=\left(X_{j\max}-X_{ij}\right)/\left(X_{j\max}-X_{j\min}\right) \tag{18-4}$$

式中：X_{ij} —— 第 i 个区域第 j 项指标原始值；

$X_{j\max}$ —— 第 j 项指标最大值；

$X_{j\min}$ —— 第 j 项指标最小值。

某项指标的信息效用值越大，其权重也最大，计算公式如式（18-5）～式（18-7）所示：

$$p_{ij}=f_{ij}/\sum_{i}^{n}\sum_{j}^{n}f_{ij} \tag{18-5}$$

$$d_j=1+\frac{1}{\ln n}\sum_{i=1}^{n}p_{ij}\ln p_{ij} \tag{18-6}$$

$$w_j=d_j/\sum_{j=1}^{m}d_j \tag{18-7}$$

式中：n —— 指标个数；

d_j —— 第 j 项指标的信息效用值；

w_j —— 第 j 项指标的权重。

采用熵权法确定 NH_3-N 水环境容量比重和污水处理能力比重权重值，分别为 0.56 和 0.44。根据各区县 NH_3-N 水环境容量比重和污水处理能力比重，计算最终的人口分配比重，结果如表 18-39 所示。

表 18-39　滇池流域各区县人口分配比重

地区	人口分配比重	地区	人口分配比重
五华区	0.16	西山区	0.14
盘龙区	0.18	呈贡区	0.08
官渡区	0.38	晋宁县	0.06

根据表 18-39 的计算结果和 2015 年滇池流域人口占全市总人口的比重，将 2020 年与 2025 年滇池流域内优化的人口规模分配至各区县，结果如表 18-40 所示。

表 18-40　滇池流域各区县适度城镇人口规模　单位：万人

地区	现状人口	适度城镇人口规模			
		2020 年		2025 年	
		范围下界	范围上界	范围下界	范围上界
五华区	78.3	58.64	79.40	54.27	93.90
盘龙区	83.0	63.55	86.05	58.82	101.77
官渡区	79.3	137.96	186.81	127.69	220.92
西山区	69.1	51.50	69.74	47.67	82.48
呈贡区	33.2	29.40	39.81	27.21	47.08
晋宁县	27.0	21.14	28.62	19.56	33.85

由表 18-40 可知，以优化的城镇适度人口规模变化区间为基础，根据各区县人口分配比重，将 2020 年与 2025 年人口分配至各区县。与 2015 年滇池流域各区县人口规模相比，到 2020 年和 2025 年各区县人口规模均呈现上涨趋势。其中，官渡区由于水环境容量最大且污水处理能力最强，可以容纳的人口相对最多，到 2020 年和 2025 年可以分别增加约 100 万人和 140 万人。除官渡区外，呈贡区人口规模涨幅较大，2020 年和 2025 年涨幅分别约为 20%和 42%，基本与《昆明市“十三五”新型城镇化发展规划》相关要求一致。各区县均可适度增加人口规模。

18.9　结论与建议

本章通过系统动力学方法和不确定多目标优化方法，建立了系统动力学-不确定多目标优化整合模型，对区域环境承载力进行研究。水环境承载力可以表示为在相应的产业行业结构下，区域资源和环境所能负载的人口数与经济规模的阈值，它是区域产业行业结构调整的基础。首先在 BAU 发展情景、规划发展情景和可持续发展情景下进行系统动力学模拟，分析预测昆明市社会经济发展对资源和环境的开发利用与影响程度，并进行水环境承载力分析。然后在此基础上建立水环境承载力不确定多目标优化模型，确定环境所能承载的适度人口与经济规模，以及合理的产业行业结构，并提出了滇池流域人口分区优化调控方案以及昆明市的产业发展指导目录。结论总结如下：

①通过系统分析，利用系统动力学建模软件Stella 建立社会-经济-水环境-水资源系统的系统动力学模型，将系统划分为人口子系统、经济子系统、水资源子系统和水环境子系统，4 个子系统相互耦合、相互影响。

②通过系统动力学的动态模拟仿真可知，在 BAU 发展情景下，经济发展十分迅猛，人口保持增长趋势，同时对资源、能源需求量巨大，污染物排放量逐年增加，生态环境严重破坏。利用水环境承载力综合指数法评价其环境承载情况，可知在此发展情景下区域开发强度远远超越其环境承载力。

③在规划发展情景下，经济发展趋势放缓，人口保持一定增长速度，产业行业结构有所调整，污染物处理规模有一定程度的扩大，相比 BAU 发展情景下，对环境和资源的压力有所降低，但是在此发展情景下区域开发强度也超越其环境承载力。

④在技术进步情景下，昆明市以国内先进生产技术和节能降耗技术为发展目标，对能源和资源的需求有所降低，污染物排放量也有所下降，污染物处理规模进一步扩大，对环境和资源的破坏进一步降低。但是由于昆明市环境污染现状并不乐观，水环境容量较小，所以在此发展情景下区域开发强度依然超越其环境承载力。

⑤通过系统动力学模拟结果可知，环境污染尤其是水环境污染，是昆明市未来发展的“瓶颈”所在。存在这一矛盾的原因主要是高污染的行业规模占比过大，各产业规模分布不够合理。昆明市的发展模式仍然需要进一步的调整优化，所以通过对社会-经济-水环境-水资源系统的分析结果可知，对系统影响较大且不确定性较高、需要优化的因素主要是各产业行业增加值，于是以此为模型决策变量，建立水环境承载力不确定多目标优化模型。

⑥不确定多目标优化模型可以使参数的不确定性直接反映在模型的求解过程中。通过求解可知，在资源和环境的约束下，昆明市适合发展的行业包括建筑业、烟草制品业、种植业、医药业、装备制造业、林业以及第三产业，应限制发展的行业包括食品饮料制造业、纺织及皮革制品业、造纸及纸制品业、化工行业、燃气与水生产供应业，其中应逐渐淘汰的行业包括纺织及皮革制品业、造纸及纸制品业、化工行业，其他行业可以适度发展。基于优化结果，情景二下昆明市地区生产总值在 2020 年和 2025 年最高可达到 7 066.90 亿元和 11 496.36 亿元，最大可承载人口可分别达到 817.39 万人和 966.66 万人。昆明市目前水环境污染严重，水环境容量较小，其生态环境的修复与健康发展仍需要一个长期的过程。

⑦从水环境承载力与压力双向角度，选择 NH_3-N 水环境容量与污水处理能力作为进行人口空间优化分配的重要因素，采用熵权法确定 NH_3-N 水环境容量与污水处理能力权重值，进而计算各区县最终的人口分配比重。以优化的城镇适度人口规模变化区间为基础，根据各区县人口分配比重，将 2020 年与 2025 年人口分配至各区县。与 2015 年滇池流域各区县人口规模相比，到 2020 年和 2025 年各区县人口规模均呈现上涨趋势。其中，官渡区由于水环境容量最大且污水处理能力最强，可以容纳的人口相对最多，到 2020 年和 2025 年可以分别增加约 100 万人和 140 万人。除官渡区外，呈贡区人口规模涨幅较大，2020 年和 2025 年涨幅分别约为 20%和 42%。

对昆明市未来发展的建议，主要包括以下几点：

（1）提高水污染治理目标，加快治理技术推广及创新

当前昆明市水污染问题十分严重，通过对比 BAU 发展情景、规划发展情景和可持续发展情景下水环境承载力承载状态，发现要解决这一问题，就要平衡经济发展与环境治理，实现“经济-社会-环境”共同发展。

加快创新技术的引进及推广使用，促进节水工程、污水处理工程的发展，提高治理目标，实现滇池水环境状态的逐步好转。

（2）制定流域产业发展指导目录，提高环境准入标准

制定流域产业发展指导目录，实施严格的企业环境准入制度，严禁新的重污染企业进入流域内，同时对环境友好的企业给予政策支持，逐步实现产业结构的调整和升级。

鼓励发展产业：指污染少、市场潜力大的高新技术产业，低污染的劳动密集型产业，高端服务业。根据滇池流域的产业现状和禀赋条件，可以着重发展建筑业、烟草制品业、种植业、医药业、装备制造业、林业以及第三产业等。

限制发展产业：指污染排放水平和水耗强度较高，但是市场需求较大，并且可以提供大量就业岗位的产业。根据滇池流域的资源特色，可以有条件地发展这类产业，但是要坚持园区化，通过建设循环经济和生态工业园的模式，降低这些产业的污染水平，包括食品饮料制造业、燃气与水生产供应业等。

淘汰类产业：指耗水量大、水污染严重并且治理难度大的产业，包括纺织及皮革制品业、造纸及纸制品业、化工行业等。对目前流域内水耗高且污染大的企业进行搬迁改造，要求在一定时间内搬迁到流域之外。

其余行业可适度发展。

（3）转移部分产业至流域外，实现产业置换

目前，高污染、高耗水的重化工产业的发展日益受到水资源和生态环境的制约，并与流域可持续发展的矛盾愈加突出。滇池流域一方面要严格限制新的重化工业企业的进入，

另一方面必须从全局出发，进一步调整现有重化工业企业的空间布局，果断关闭一批污染严重的中小工业企业，并将一批污染严重的企业或者生产活动转移到滇池流域范围之外，或者转移到特定的产业园区。

产业转移不仅可以缓解滇池流域生态环境问题，而且对周边区县的发展也有明显的带动作用。建议将高污染产业有计划地迁出滇池流域。同时在产业转出地区发展其他新兴产业，在污染产业转移的同时保证滇池流域经济发展的持续性和稳定性。

（4）加快城市相关基础设施建设，实现人口转移

为减缓水环境压力，带动周边区县的经济发展，可对市区人口进行转移，所以要尽快加强污水处理厂与污水管网建设、加强交通基础设施建设、加强公共基础设施建设及规范人口导入区域房地产市场，为实现有计划的人口转移提供条件。

参考文献

阿尔夫雷德·赫特纳，1983. 地理学：它的历史、性质和方法[M]. 王兰生，译. 北京：商务印书馆.

白辉，刘雅玲，陈岩，等，2016. 层次分析法与向量模法在水环境承载力评价中的应用——以胶州市为例[J]. 环境保护科学，42（4）：60-65.

柏绍光，方绍东，2010. 昆明市水资源开发利用研究[J]. 人民长江，41（z1）：35-36，40.

包晓斌，1997. 流域生态经济区划的应用研究[J]. 自然资源，19（5）：8-13.

鲍全盛，王华东，曹利军，1996. 中国河流水环境容量区划研究[J]. 中国环境科学，16（2）：87-91.

柴淼瑞，2014. 基于SD模型的流域水生态承载力研究[D]. 西安：西安建筑科技大学.

陈守煜，李亚伟，2004. 基于模糊迭代聚类的水资源分区研究[J]. 辽宁工程技术大学学报：自然科学版，23（6）：848-851.

陈龙，曾维华，2016. 渭河干流关中段非突发性水质超标风险研究[J]. 人民黄河，38（2）：80-83.

崔丹，李瑞，陈岩，等，2019. 基于结构方程的流域水环境承载力评价——以湟水流域小峡桥断面上游为例[J]. 环境科学学报，39（2）：624-632.

崔东文，2018. 水循环算法-投影寻踪模型在水环境承载力评价中的应用——以文山州为例[J]. 三峡大学学报（自然科学版），40（4）：15-21.

崔凤军，1998. 城市水环境承载力及其实证研究[J]. 自然资源学报，13（1）：58-62.

董飞，刘晓波，彭文启，等，2014. 地表水水环境容量计算方法回顾与展望[J]. 水科学进展，25（3）：451-463.

范玲雪，2016. 松花江流域水资源承载力及产业结构优化研究[D]. 邯郸：河北工程大学.

傅湘，纪昌明，1999. 区域水资源承载能力综合评价：主成分分析法的应用[J]. 长江流域资源与环境，8（2）：168-173.

傅伯杰，刘国华，陈利顶，等，2001. 中国生态区划方案[J]. 生态学报，21（1）：1-6.

付意成，魏传江，臧文斌，等，2010. 浑太河污染物入河控制量研究[J]. 水电能源科学，28（12）：21-25.

高宏超，徐一剑，孔彦鸿，等，2015. 基于多目标优化方法的钱塘江流域杭州江段水资源承载力分析[J]. 净水技术，34（6）：18-24.

高伟，严长安，李金城，等，2017. 基于水量-水质耦合过程的流域水生态承载力优化方法与例证[J]. 环境科学学报，37（2）：755-762.

葛杰，张鑫，2018. 基于水资源承载力的榆林市产业结构优化研究[J]. 节水灌溉，(4)：99-104.

郭怀成，唐剑武，1995. 城市水环境与社会经济可持续发展对策研究[J]. 环境科学学报，15 (3)：363-369.

郭儒，李宇斌，富国，2008. 河流中污染物衰减系数影响因素分析[J]. 气象与环境学报，24 (1)：56-59.

韩俊丽，2003. 包头市城市水资源承载力对经济社会可持续发展影响研究[D]. 呼和浩特：内蒙古师范大学.

韩旭，2008. 青岛市生态系统评价与生态功能分区研究[D]. 上海：东华大学.

贺瑞敏，2007. 区域水环境承载能力理论及评价方法研究[D]. 南京：河海大学.

洪阳，叶文虎，1998. 可持续环境承载力的度量及其应用[J]. 中国人口·资源与环境，8 (3)：54-58.

胡若漪，2015. 基于系统动力学的水环境承载力及其影响因素研究[D]. 长春：吉林大学.

胡圣，夏凡，张爱静，等，2017. 丹江口水源区水生态功能一二级分区研究[J]. 长江流域资源与环境，26 (8)：1208-1217.

黄海凤，林春绵，姜理英，等，2004. 丽水市大溪水环境承载力及对策研究[J]. 浙江工业大学学报，32 (2)：157-162.

黄睿智，2018. 南宁市水环境承载力评价[J]. 科技和产业，18 (3)：45-49.

黄志英，刘洋，2018. 资源环境承载力研究综述[J]. 环境与发展，(2)：5-7.

贾振邦，赵智杰，李继超，等，1995. 本溪市水环境承载力及指标体系[J]. 环境保护科学，21 (3)：8-11.

贾紫牧，陈岩，王慧慧，等，2017. 流域水环境承载力聚类分区方法研究——以湟水流域小峡桥断面上游为例[J]. 环境科学学报，37 (11)：4383-4390.

贾紫牧，曾维华，王慧慧，等，2018. 流域水环境承载力综合评价分区研究——以湟水流域小峡桥断面上游为例[J]. 生态经济，34 (4)：169-174，203.

江勇，付梅臣，杜春艳，等，2011. 基于 DPSIR 模型的生态安全动态评价研究——以河北永清县为例[J]. 资源与产业，13 (1)：61-65.

蒋晓辉，黄强，惠泱河，等，2001. 陕西关中地区水环境承载力研究[J]. 环境科学学报，21 (3)：312-317.

蒋勇军，况明生，李林立，等，2003. GIS 支持下的重庆市自然灾害综合区划[J]. 长江流域资源与环境，12 (5)：485-490.

劳国民，2007. 流域水功能区划及水环境容量研究[D]. 南京：河海大学.

雷宏军，刘鑫，陈豪，等，2008. 郑州市水环境承载力研究[J]. 中国农村水利水电，(7)：15-19.

李炳元，李矩章，王建军，1996. 中国自然灾害的区域组合规律[J]. 地理学报，51 (1)：1-11.

李成，吴谦，胡满，2016. 风险综合评价中指标权重确定方法对比研究[J]. 石油工业技术监督，32 (1)：50-53.

李磊，贾磊，赵晓雪，等，2014. 层次分析-熵值定权法在城市水环境承载力评价中的应用[J]. 长江流域资源与环境，23 (4)：456-460.

李美荣，郑钦玉，刘娟，等，2012. 基于 AHP 法的重庆市水环境承载力研究[J]. 水利科技与经济，18(5)：1-6.

李念春，周建伟，万金彪，等，2018. 基于对数承载率模型的东营市水环境承载力评价[J]. 地质科技情报，37（3）：219-225.

李如忠，钱家忠，孙世群，2005. 模糊随机优选模型在区域水环境承载力评价中的应用[J]. 中国农村水利水电，（1）：31-34.

李如忠，2006. 基于指标体系的区域水环境动态承载力评价研究[J]. 中国农村水利水电，（9）：42-46.

李艳梅，曾文炉，周启星，2009. 水生态功能分区的研究进展[J]. 应用生态学报，20（12）：3101-3108.

梁静，吕晓燕，于鲁冀，等，2017. 基于环境容量的水环境承载力评价与预测——以郑州市为例[J]. 环境工程，35（11）：159-162，167.

梁雪强，2003. 南宁市水环境承载力变化趋势的研究[C]//广西环境科学学会 2002—2003 年度学术论文集. 南宁：广西壮族自治区科学技术协会：3.

刘冰，胡亚明，2018. 凡河流域水生态功能分区与管理方案研究[J]. 环境保护与循环经济，38（9）：50-51.

刘秋艳，吴新年，2017. 多要素评价中指标权重的确定方法评述[J]. 知识管理论坛，（6）：500-510.

刘臣辉，申雨桐，周明耀，等，2013. 水环境承载力约束下的城市经济规模量化研究[J]. 自然资源学报，28（11）：1903-1910.

刘素平，2011. 辽河流域三级水生态功能分区研究[D]. 沈阳：辽宁大学.

刘文来，2019. 巢湖流域水生态功能分区与管理[J]. 安徽农学通报，25（4）：113-115.

刘正伟，2011. 昆明中心城市河道生态需水量浅析[J]. 水电能源科学，29（5）：26-29.

罗佳翠，马巍，禹雪中，等，2010. 滇池环境需水量及牛栏江引水效果预测[J]. 中国农村水利水电，(7)：25-28.

马涵玉，黄川友，殷彤，等，2017. 系统动力学模型在成都市水生态承载力评估方面的应用[J]. 南水北调与水利科技，15（4）：101-110.

孟庆义，欧阳志云，马东春，等，2012. 北京水生态服务功能与价值[M]. 北京：科学出版社.

苗东升，1990. 系统科学原理[M]. 北京：中国人民大学出版社.

那娜，2019. 基于 PSR 模型的辽宁省水资源承载能力分析[J]. 水利技术监督，（3）：149-152.

欧阳志云，王效科，苗鸿，1999. 中国陆地生态系统服务功能及其生态经济价值的初步研究[J]. 生态学报，19（5）：607-613.

聂发辉，2008. 上海城市景观绿地削减地表径流及其污染负荷的可行性研究[D]. 上海：同济大学.

欧阳志云，赵同谦，王效科，等，2004. 水生态服务功能分析及其间接价值评价[J]. 生态学报，24(10)：2091-2099.

片冈直树，2005. 日本的河川水权、用水顺序及水环境保护简述[J]. 林超，译. 水利经济，23（4）：8-9.

钱华，李贵宝，许佩瑶，2004. 水环境承载力的研究进展[J]. 水利发展研究，4（2）：33-35.
钱晓雍，沈根祥，郭春霞，等，2011. 基于水环境功能区划的农业面源污染源解析及其空间异质性[J]. 农业工程学报，27（2）：103-108.
屈豪，包景岭，张维，2017. 水环境承载力研究分析与展望[J]. 河北地质大学学报，（5）：25-30.
曲格平，1983. 中国大百科全书・环境科学[M]. 北京：中国大百科全书出版社.
冉芸，2010. 基于水环境承载力的区域产业发展战略调控分析研究[D]. 北京：清华大学.
史培军，1996. 再论灾害研究的理论与实践[J]. 自然灾害学报，5（4）：6-17.
邵强，李友俊，田庆旺，2004. 综合评价指标体系构建方法[J]. 东北石油大学学报，28（3）：74-76.
宋兰兰，陆桂华，刘凌，等，2006. 区域生态系统健康评价指标体系构架——以广东省生态系统健康评价为例[J]. 水科学进展，17（1）：116-121.
苏正国，任大廷，2010. 南宁市土地利用时空演变特征分析[J]. 安徽农业科学，38（22）：12176-12178，12214.
孙传谆，甄霖，王超，等，2015. 基于 InVEST 模型的鄱阳湖湿地生物多样性情景分析[J]. 长江流域资源与环境，24（7）：1119-1125.
孙海洲，路金喜，王印，等，2009. 水资源承载力多属性决策评价研究[J]. 人民黄河，31（3）：44-45.
孙新新，沈冰，于俊丽，等，2007. 宝鸡市水资源承载力系统动力学仿真模型研究[J]. 西安建筑科技大学学报（自然科学版），39（1）：72-77.
孙颖，2016. 水环境约束下洱海流域产业结构优化研究[D]. 武汉：华中师范大学.
孙然好，程先，陈利顶，2017. 基于陆地-水生态系统耦合的海河流域水生态功能分区[J]. 生态学报，37（24）：8445-8455.
孙然好，汲玉河，尚林源，等，2013. 海河流域水生态功能一级二级分区[J]. 环境科学，34（2）：509-516.
孙贤斌，刘红玉，2010. 土地利用变化对湿地景观连通性的影响及连通性优化效应——以江苏盐城海滨湿地为例[J]. 自然资源学报，25（6）：892-903.
唐剑武，叶文虎，1998. 环境承载力的本质及其定量化初步研究[J]. 中国环境科学，18（3）：227-230.
唐文秀，2010. 汾河流域水环境承载力的研究[D]. 西安：西安理工大学.
汪宏清，邵先国，范志刚，等，2006. 江西省生态功能区划原理与分区体系[J]. 江西科学，24（4）：154-159.
王慧敏，仇蕾，2007. 资源-环境-经济复合系统诊断预警方法与应用[M]. 北京：科学出版社.
王俭，孙铁珩，李培军，等，2005. 环境承载力研究进展[J]. 应用生态学报，16（4）：768-772.
王俭，孙铁珩，李培军，等，2007. 基于人工神经网络的区域水环境承载力评价模型及其应用[J]. 生态学杂志，26（1）：139-144.
王晶，2018. 栖霞市资源环境承载力评价与土地利用分区研究[D]. 泰安：山东农业大学，2018.

王平，2000. 基于地理信息系统的自然灾害区划的方法研究[J]. 北京师范大学学报：自然科学版，36(3)：410-416.

王平，史培军，1999. 自下而上进行区域自然灾害综合区划的方法研究：以湖南省为案例[J]. 自然灾害学报，(3)：54-60.

王力，2014. 基于水足迹理论研究的昆明地区水资源可持续利用评价[D]. 昆明：云南师范大学.

王留锁，2018. 基于多目标优化模型的水环境承载力提升对策——以阜新市清河门区为例[J]. 环境保护与循环经济，38（6）：12-16.

王强，包安明，易秋香，2012. 基于绿洲的新疆主体功能区划可利用水资源指标探讨[J]. 资源科学，34（4）：613-619.

王绍春，2007. 滇池流域生态承载力分析研究[D]. 昆明：昆明理工大学.

王圣瑞，2015. 滇池水环境[M]. 北京：科学出版社.

王文懿，2015. 基于系统动力学-不确定多目标优化整合模型的区域环境承载力研究[D]. 北京：北京师范大学.

王西琴，高伟，曾勇，2014. 基于 SD 模型的水生态承载力模拟优化与例证[J]. 系统工程理论与实践，34（5）：1352-1360.

王西琴，高伟，张家瑞，2015. 区域水生态承载力多目标优化方法与例证[J]. 环境科学研究，28（9）：1487-1494.

王学山，牟春晖，张祖陆，2005. 区域自然灾害综合区划的二次聚类法及其在山东省的应用[J]. 干旱区研究，22（4）：491-496.

吴国栋，2017. 南黄海辐射沙洲内缘区水环境承载力研究[D]. 南京：南京师范大学.

吴琼，陈韦丽，2009. 多目标优化模型在城市水资源承载力研究方面的应用[J]. 人民珠江，30（5）：12-15.

吴际通，顾卿先，喻理飞，等，2014. 贵州草海湿地景观格局变化分析[J]. 西南大学学报：自然科学版，36（2）：28-35.

吴明隆，2010. 结构方程模型：AMS 的操作与应用[M]. 重庆：重庆大学出版社.

吴绍洪，1998. 综合区划的初步设想——以柴达木盆地为例[J]. 地理研究，17（4）：367-374.

武文杰，刘志林，张文忠，2010. 基于结构方程模型的北京居住用地价格影响因素评价 [J]. 地理学报，65（6）：676-684.

夏军，王渺林，王中根，等，2005. 针对水功能区划水质目标的可用水资源量联合评估方法[J]. 自然资源学报，20（5）：752-760.

邢有凯，余红，肖杨，等，2008. 基于向量模法的北京市水环境承载力评价[J]. 水资源保护，24（4）：1-3.

郗敏，刘红玉，吕宪国，2006. 流域湿地水质净化功能研究进展[J]. 水科学进展，17（4）：566-573.

徐彩彩，张远，张殷波，等，2014. 辽河流域河段蜿蜒度特征分析[J]. 生态科学，33（3）：495-501.

徐海峰，2010. 枣庄市水环境功能区划与环境容量的研究[D]. 天津：天津大学.

徐建伟，2016. 基于水资源水环境双重约束的产业结构优化方法研究[D]. 北京：中国环境科学研究院.

徐建新，张巧利，雷宏军，等，2013. 基于情景分析的城市湖泊流域社会经济优化发展研究[J]. 环境工程技术学报，3（2）：138-146.

徐志青，刘雪瑜，袁鹏，等，2019. 南京市水环境承载力动态变化研究[J]. 环境科学研究，32（4）：557-564.

薛英岚，吴昊，吴舜泽，等，2016. 基于环境承载力的适度人口规模研究——以北海市为例[J]. 环境保护科学，42（1）：1-6.

薛景丽，郑新奇，刘润润，2012. 结构方程模型在城市研究中的应用述评[J]. 资源开发与市场，28（3）：222-226.

颜小品，李玉照，刘永，等，2013. 基于结构方程模型的滇池叶绿素 a 与关键影响因子关系识别[J]. 北京大学学报（自然科学版），49（6）：1031-1039.

杨文龙，杨常亮，2002. 滇池水环境容量模型研究及容量计算结果[J]. 云南环境科学，21（3）：20-23.

杨迪虎，2006. 新安江流域安徽省地区水环境状况分析[J]. 水资源保护，22（5）：77-80.

杨艳，邓伟明，何佳，等，2018. 基于水环境承载力的城市分区管控研究——以安宁市为例[J]. 环境与发展，（11）：234-235.

叶龙浩，周丰，郭怀成，等，2013. 基于水环境承载力的沁河流域系统优化调控[J]. 地理研究，32（6）：1007-1016.

尹民，杨志峰，崔保山，2005. 中国河流生态水文分区初探[J]. 环境科学学报，25（4）：423-428.

余灏哲，韩美，2016. 基于 PSR 模型的陕西省水资源承载力熵权法评价[J]. 水电能源科学，34（1）：27-31.

曾琳，张天柱，曾思育，等，2013. 资源环境承载力约束下云贵地区的产业结构调整[J]. 环境保护，41（18）：43-45.

曾维华，王华东，薛纪渝，等，1991. 人口、资源与环境协调发展关键问题之一——环境承载力研究[J]. 中国人口·资源与环境，1（2）：33-37.

曾维华，王华东，薛纪渝，等，1998. 环境承载力理论及其在湄洲湾污染控制规划中的应用[J]. 中国环境科学，18（S1）：71-74.

曾维华，杨月梅，2008.环境承载力不确定性多目标优化模型及其应用——以北京市通州区区域战略环境影响评价为例[J]. 中国环境科学，28（7）：667-672.

曾维华，霍竹，刘静玲，等，2011. 环境系统工程方法[M]. 北京：科学出版社.

曾维华，等，2014. 环境承载力理论、方法及应用[M]. 北京：化学工业出版社.
曾维华，吴波，杨志峰，等，2015. 水代谢、水再生与水环境承载力（第二版）[M]. 北京：科学出版社.
曾维华，薛英岚，贾紫牧，2017. 水环境承载力评价技术方法体系建设与实证研究[J]. 环境保护，45(24)：17-24.
周丰，刘永，黄凯，等，2007. 流域水环境功能区划及其关键问题[J]. 水科学进展，18（2）：216-222.
张丽，董增川，张伟，2003. 水资源可持续承载能力概念及研究思路探讨[J]. 水利学报，(10)：108-112，118.
张姗姗，张洛成，董雅文，等，2017. 基于水环境承载力评价的产业选择——以扬州市北部沿湖地区为例[J]. 生态学报，37（17）：5853-5860.
张许诺，2018. 基于数据融合技术的松花江流域水生态功能分区研究[D]. 哈尔滨：哈尔滨工业大学.
张文霞，2008. 清远市生态功能区划研究[D]. 广州：中山大学.
赵璧奎，杜欢欢，邱静，等，2017. 基于系统动力学的水资源承载力模拟研究[J]. 广东水利水电，(11)：16-20，24.
赵巨伟，王才，刘洋，等，2013. 基于遗传算法的水环境综合承载力研究[J]. 水土保持应用技术，(1)：6-8.
赵然杭，曹升乐，高辉国，2005. 城市水环境承载力与可持续发展策略研究[J]. 山东大学学报(工学版)，35（2）：90-94.
赵同谦，欧阳志云，王效科，等，2003. 中国陆地地表水生态系统服务功能及其生态经济价值评价[J]. 自然资源学报，18（4）：443-452.
赵卫，刘景双，孔凡娥，2007. 水环境承载力研究述评[J]. 水土保持研究，14（1）：47-50.
赵卫，刘景双，孔凡娥，2008. 辽河流域水环境承载力的仿真模拟[J]. 中国科学院研究生院学报，25(6)：738-747.
赵琰鑫，徐敏，陈岩，2015. 北海市水环境容量核算与分区总量控制对策研究[J]. 环境污染与防治，37（3）：69-75.
赵阳，2013. 基于水足迹理论的昆明市水资源可持续利用研究[D]. 长春：吉林大学.
周婷，彭少麟，任文韬，2009. 东江河岸缓冲带景观格局变化对水体恢复的影响[J]. 生态学报，29（1）：231-239.
朱一中，夏军，王纲胜，2005. 张掖地区水资源承载力多目标情景决策[J]. 地理研究，24（5）：732-740.
Ahmadi P，Dincer I，Rosen M A，2013. Thermodynamic modeling and multi - objective evolutionary-based optimization of a new multigeneration energy system[J]. Energy Conversion and Management，76：282-300.
Arhonditsis G B，Stow C A，Steinberg L J，et al.，2006. Exploring ecological patterns with structural equation modeling and Bayesian analysis[J]. Ecological Modeling，192：385-409.

Chambers C P，2005. Allocation rules for land division[J]. Journal of Economic Theory，121（2）：236-258.

Chen D D，Jin G，Zhang Q，et al.，2016. Water ecological function zoning in Heihe River Basin，Northwest China[J]. Physics and Chemistry of the Earth，96：74-83.

Chiang L C，Chaubey I，Maringanti C，et al.，2014. Comparing the selection and placement of best management practices in improving water quality using a multiobjective optimization and targeting method[J]. International Journal of Environmental Research and Public Health，11（3）：2992-3014.

Contini B，1968. A stochastic approach to goal programming[J]. Operations Research，3（16）：576-586.

Ding L，Chen K L，Cheng S G，et al.，2015. Water ecological carrying capacity of urban lakes in the context of rapid urbanization：a case study of East Lake in Wuhan[J]. Physics and Chemistry of the Earth，(89-90)：104-113.

Gu J J，Guo P，Huang G H，et al.，2013. Optimization of the industrial structure facing sustainable development in resource-based city subjected to water resources under uncertainty[J]. Stochastic Environmental Research and Risk Assessment，27（3）：659-673.

Harrington J W，2005. Empirical research on producer service growth and regional development：international comparisons[J]. The Professional Geographer，47（1）：66-74.

Hu Z N，Chen Y N，Yao L M，et al.，2016. Optimal allocation of regional water resources：from a perspective of equity-efficiency tradeoff[J]. Resources，Conservation and Recycling，109：102-113.

Huang B B，Hu Z P，Liu Q，2014. Optimal allocation model of river emission rights based on water environment capacity limits[J]. Desalination and Water Treatment，52（13-15）：2778-2785.

Huang G H，1996. IPWM：an interval parameter water quality management model[J]. Engineering Optimization，26（2）：79-103.

Huang G H，1998. A hybrid inexact-stochastic water management model[J]. European Journal of Operational Research，107（1）：137-158.

Huang G H，Baetz B W，Patry G G，et al.，1997. Capacity planning for an integrated waste management system under uncertainty：a North American case study[J]. Waste Management & Research，15（5）：523-546.

Huang K，Tang H P，Guo H L，2011. A watershed's environmental-economic optimization and management framework based on environmental carrying capacity[J]. Advanced Materials Research，291：1786-1789.

Illeris S，1989. Producer services：the key sector for future economic development？[J]. Entrepreneurship & Regional Development，1（3）：267-274.

Li N，Yang H，Wang L C，et al.，2016. Optimization of industry structure based on water environmental carrying capacity under uncertainty of the Huai River Basin within Shandong Province，China[J]. Journal of Cleaner Production，112：4594-4604.

Li X M，2012. Study on urban environmental carrying capacity based on an inexact fuzzy multiobjective programming model[J]. Advanced Materials Research，518-523：1226-1232.

Li Y，Li Y P，Huang G H，et al.，2010. Modeling for environmental-economic management systems under uncertainty[J]. Procedia Environmental Sciences，2：192-198.

Liu H M，2013. The impact of human behavior on ecological threshold：positive or negative？—Grey relational analysis of ecological footprint，energy consumption and environmental protection[J]. Energy Policy，56（5）：711-719.

Lv Y，Huang G H，Li Y P，et al.，2012. Managing water resources system in a mixed inexact environment using superiority and inferiority measures[J]. Stochastic Environmental Research and Risk Assessment，26（5）：681-693.

Malaeb Z A，Summers J K，Pugesek B H，2000. Using structural equation modeling to investigate relationships among ecological variables[J]. Environmental and Ecological Statistics，7（1）：93-111.

Mao I F，Chen M R，Wang L，et al.，2012. Method development for determining the malodor source and pollution in industrial park[J]. Science of the Total Environment，437（20）：270-275.

Meadows D，Randers J，Behrens W，1972. The Limits to Growth：a Report for the Club of Rome's Project on the Predicament of Mankind[M]. Earth Island：London.

Meng L H，Chen Y N，Li W H，et al.，2009. Fuzzy comprehensive evaluation model for water resources carrying capacity in Tarim River Basin，Xinjiang，China[J]. Chinese Geographical Science，19（1）：89-95.

Nixon S，Dalrymple G，Deyle R，et al.，2002. Interim review of the florida keys carrying capacity study[R]. Washington DC：Committee to Review the Florida Keys Carrying Capacity Study.

Opschoor J B，1995. Eco space and the fall and rise of throughout intensity[J]. Ecological Economics，15（2）：137-140.

Praene J P，Malet-Damour B，Radanielina M H，et al.，2019. GIS-based approach to identify climatic zoning：A hierarchical clustering on principal component analysis[J]. Building and Environment，164：106330.

Rijsberman M A，Van De Ven F，2000. Different approaches to assessment of design and management of sustainable urban water systems[J]. Environmental Impact Assessment Review，20（3）：333-345.

Sabri E H，Beamon B M，2000. A multi-objective approach to simultaneous strategic and operational planning in supply chain design[J]. Omega-International Journal of Management Science，28（5）：581-598.

Shahnazari-Shahrezaei P，Tavakkoli-Moghaddam R，Kazemipoor H，2013. Solving a multi-objective multi-skilled manpower scheduling model by a fuzzy goal programming approach[J]. Applied Mathematical Modelling，37（7）：5424-5443.

Venkatesan A K，Ahmad S，Johnson W，et al.，2011. Systems dynamic model to forecast salinity load to the Colorado River due to urbanization within the Las Vegas Valley[J]. Science of the Total Environment，409（13）：2616-2625.

Wang W Y，Zeng W H，2013. Optimizing the regional industrial structure based on the environmental carrying capacity：an inexact fuzzy multi-objective programming model[J]. Sustainability，5（12）：5391-5415.

Wu F L，Webster C，1998. Simulation of natural land use zoning under free-market and incremental development control regimes[J]. Computers，Environment and Urban Systems，22（3）：241-256.

Wu S M，Huang G H，Guo H C，1997. An interactive inexact-fuzzy approach for multiobjective planning of water resource systems[J]. Water Science and Technology，36（5）：235-242.

Wu Z B，Xu J P，2013. Predicting and optimization of energy consumption using system dynamics-fuzzy multiple objective programming in world heritage areas[J]. Energy，49：19-31.

Xi B D，Su J，Huang G H，et al.，2010. An integrated optimization approach and multi-criteria decision analysis for supporting the waste-management system of the city of Beijing，China[J]. Engineering Applications of Artificial Intelligence，23（4）：620-631.

Yue Q，Hou L M，Wang T，et al.，2015. Optimization of industrial structure based on water environmental carrying capacity in Tieling City[J]. Water Science and Technology，71（8）：1255-1262.

Zhang Z X，Lu W X，Zhao Y，et al.，2014. Development tendency analysis and evaluation of the water ecological carrying capacity in the Siping area of Jilin Province in China based on system dynamics and analytic hierarchy process[J]. Ecological Modelling，275：9-21.

Zhou M，Chen Q，Cai Y L，2013. Optimizing the industrial structure of a watershed in association with economic-environmental consideration：an inexact fuzzy multi-objective programming model[J]. Journal of Cleaner Production，42：116-131.

Zhu Y H，Drake S，Lü H S，et al.，2010. Analysis of temporal and spatial differences in eco-environmental carrying capacity related to water in the Haihe River Basins，China[J]. Water Resources Management，24（6）：1089-1105.

Zou R，Guo H C，Chen B，2000. A multiobjective approach for integrated environmental economic planning under uncertainty[J]. Civil Engineering and Environmental Systems，17（4）：267-291.

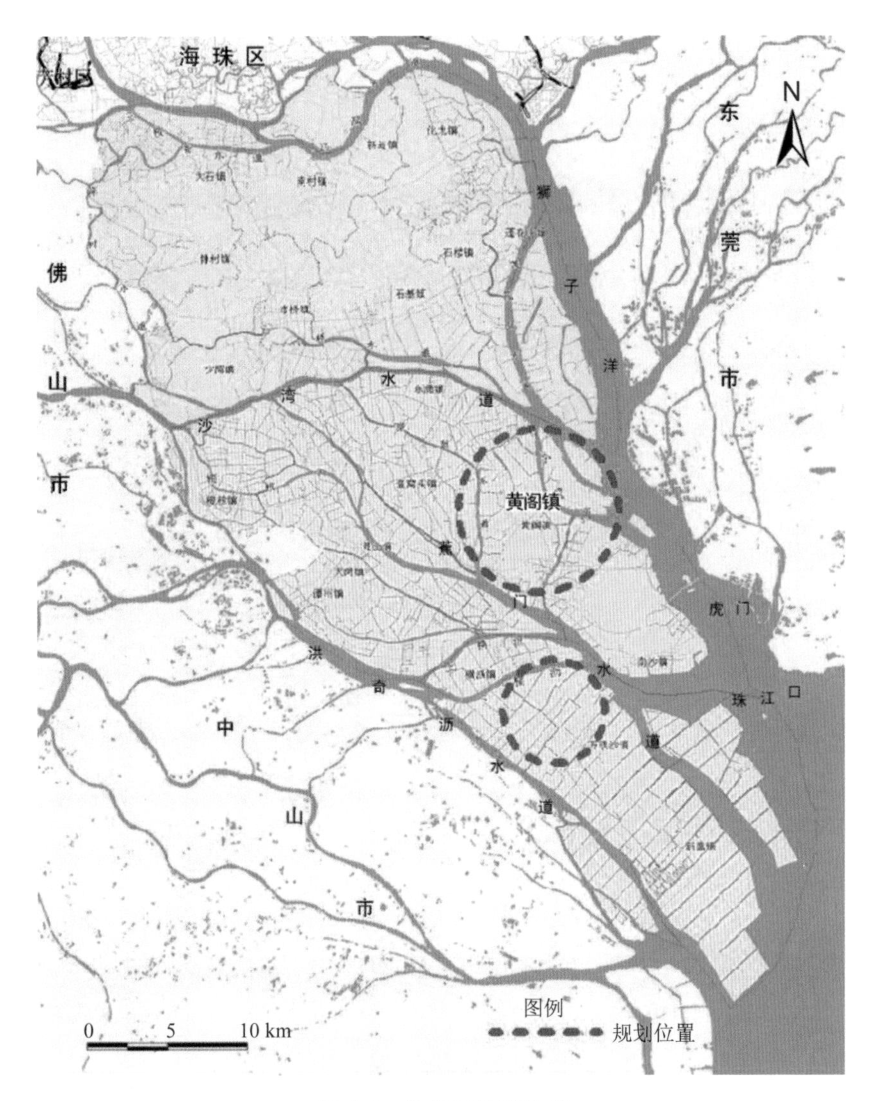

图 5-1　规划区地理位置

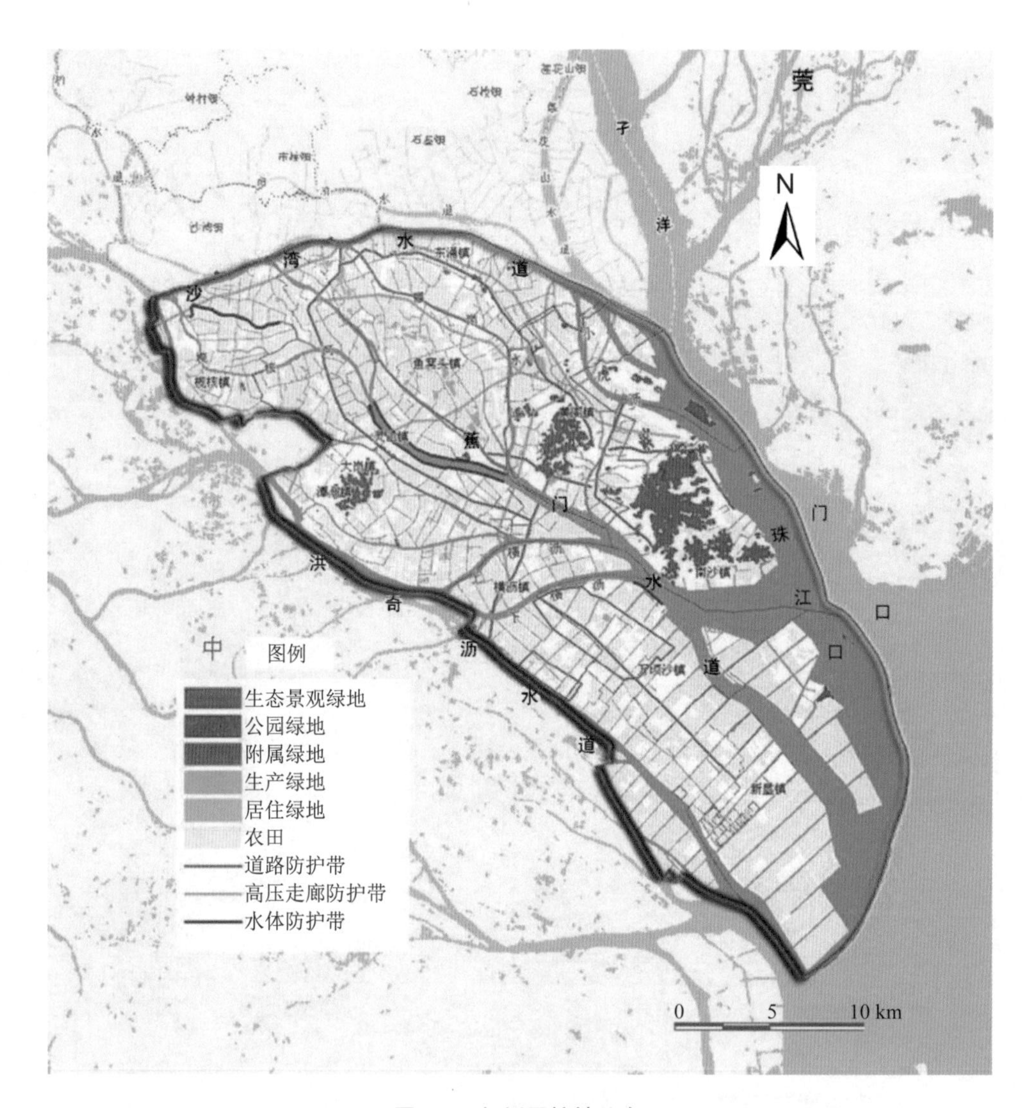
莞
子
洋
N
沙
湾
水
道
蕉
门
珠
江
口
门
口
洪
奇
沥
水
道
中
水
道
图例
生态景观绿地
公园绿地
附属绿地
生产绿地
居住绿地
农田
道路防护带
高压走廊防护带
水体防护带
0
5
10 km

图 5-2　规划区植被分布

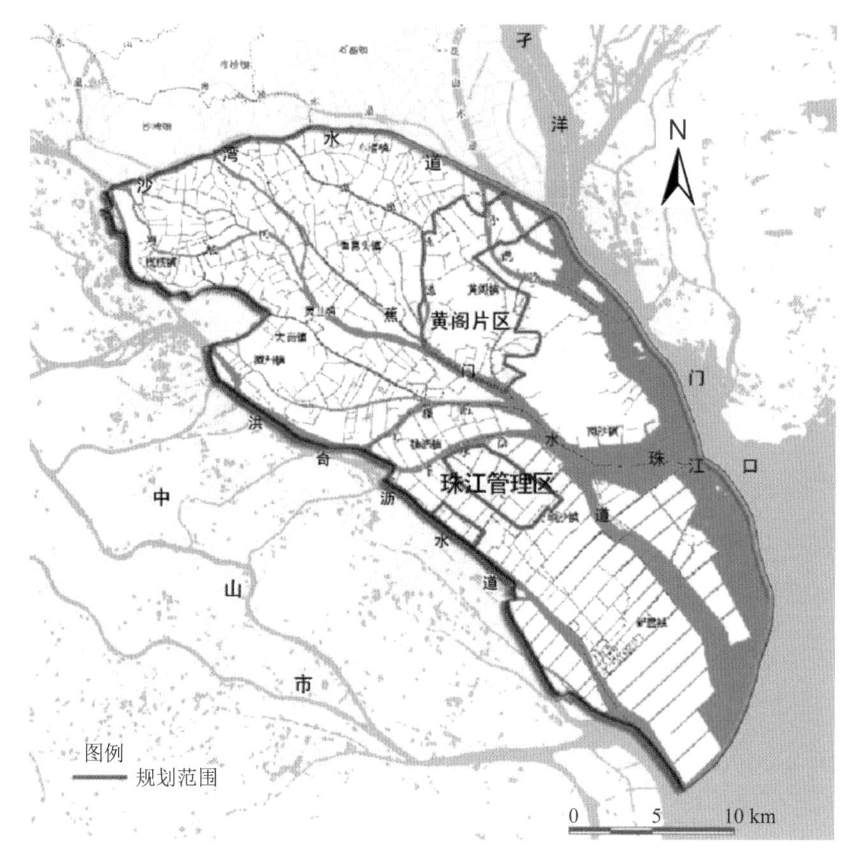

图 5-3　规划区水系分布

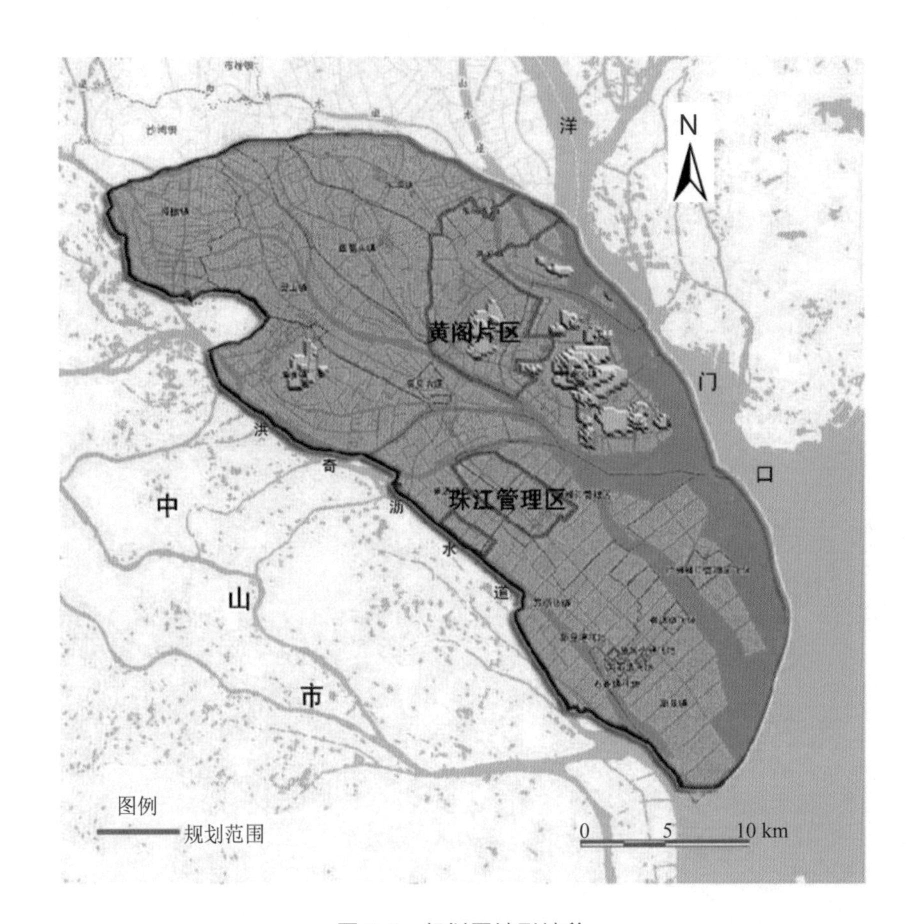

图 5-4　规划区地形地貌

图 5-5 南沙国际汽车城发展规划范围示意

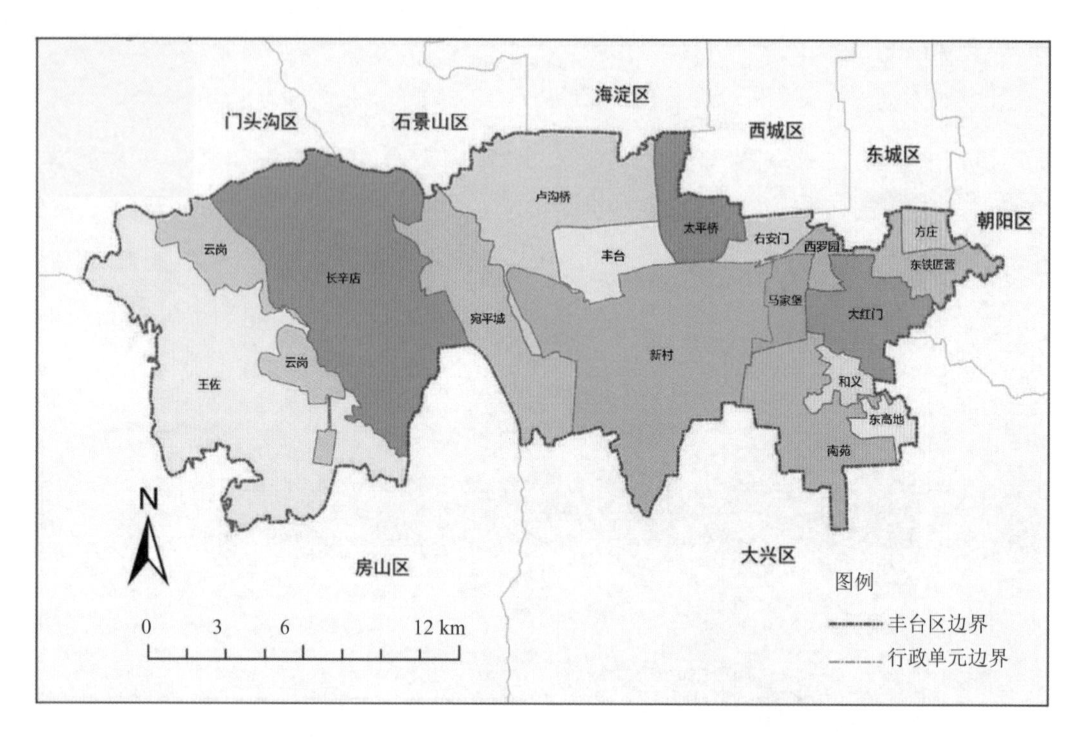

图 6-1 北京市丰台区行政区划

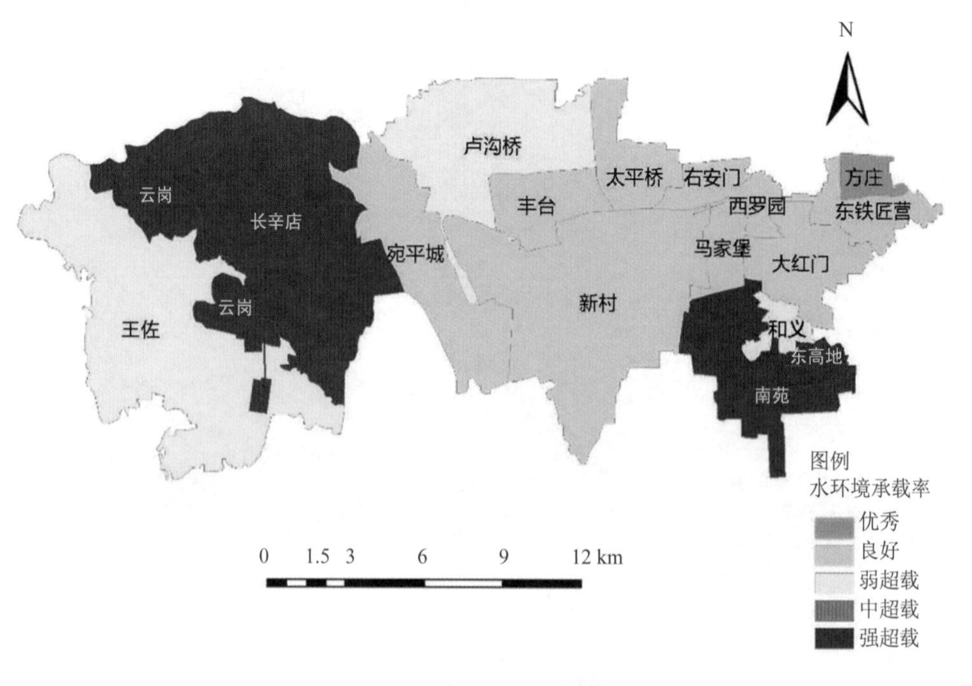

图 6-2 丰台区水环境承载率分布

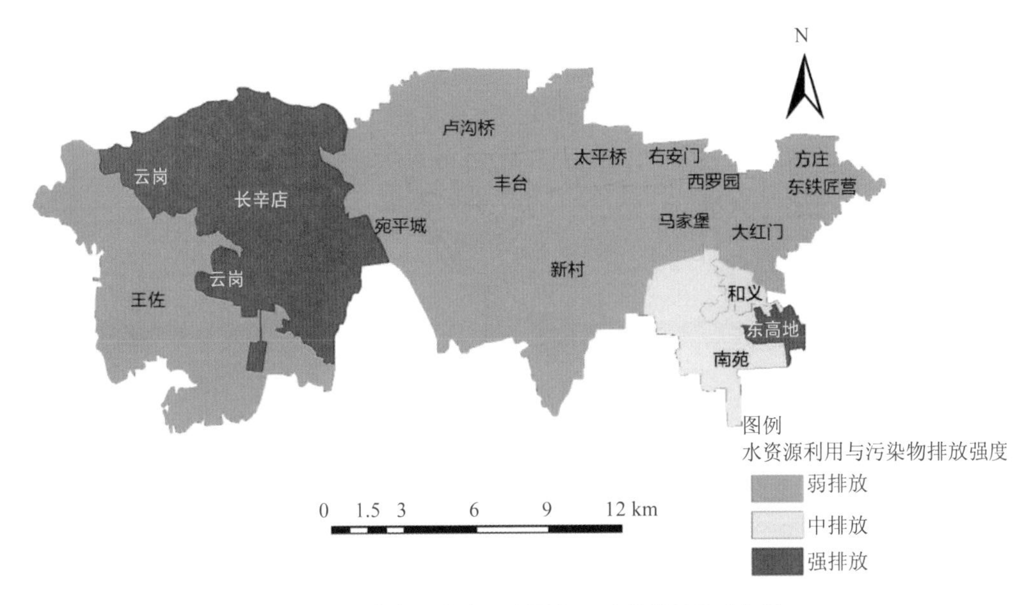

图 6-3　丰台区水资源利用与污染物排放强度评价

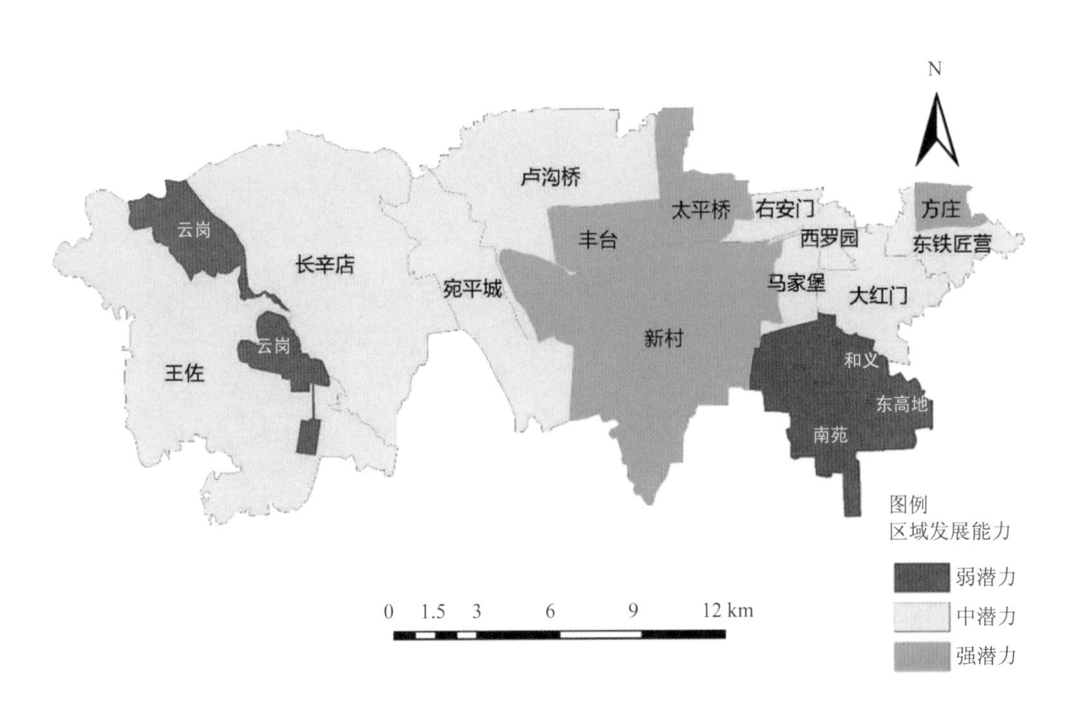

图 6-4　丰台区区域发展能力评价

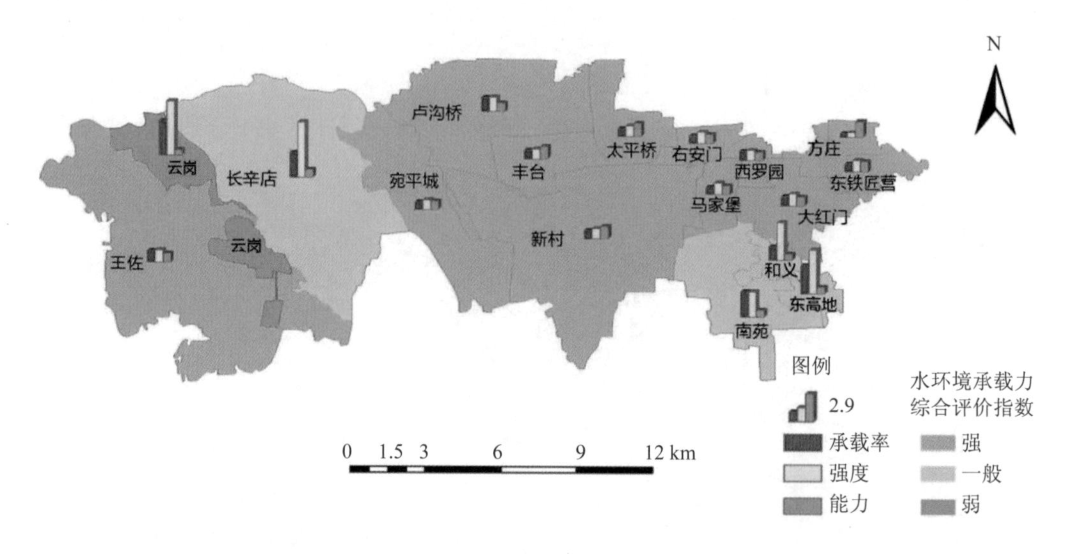

图 6-5　丰台区水环境承载力综合评价指数分布

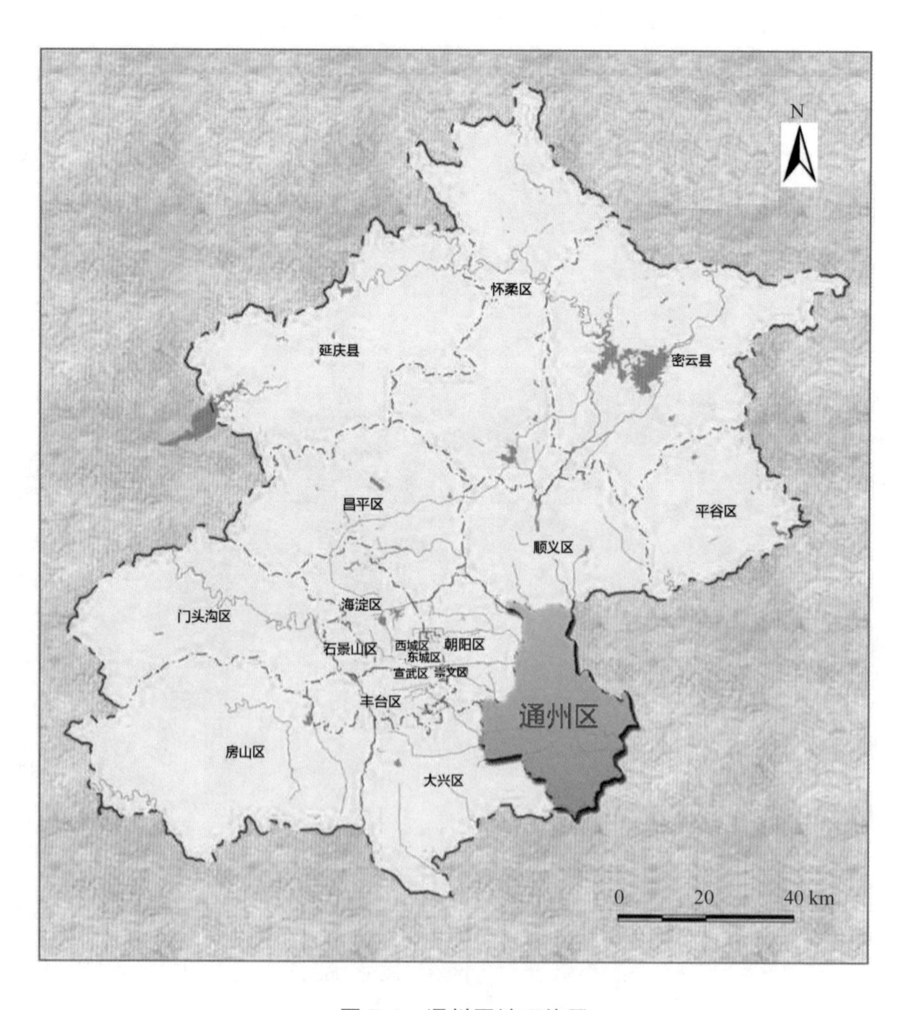

图 7-1　通州区地理位置

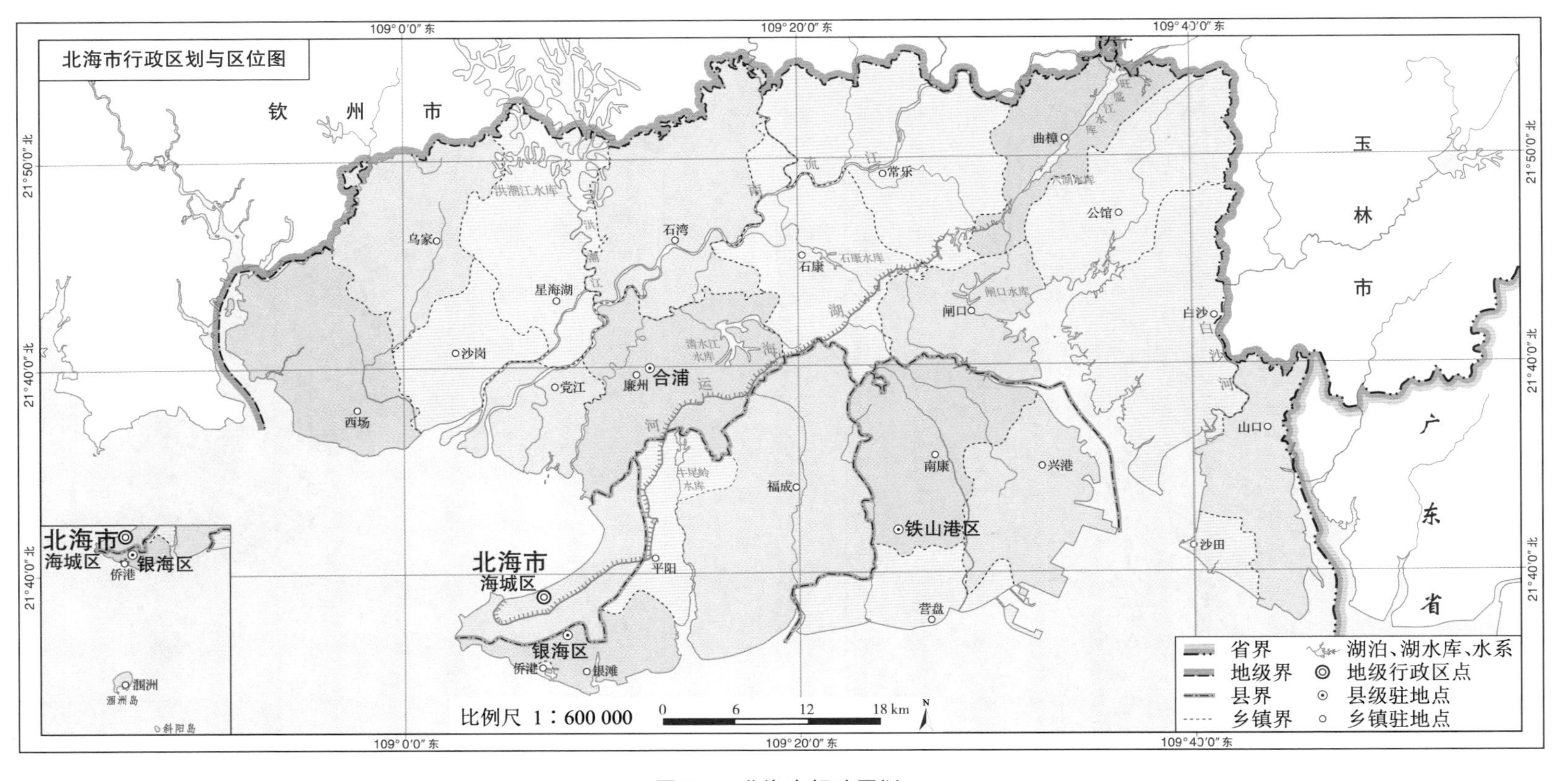
北海市行政区划与区位图
钦州市
玉林市
广东省
曲樟
常乐
公馆
石湾
石康
石康水库
乌家
洪潮江水库
星海湖
闸口
闸口水库
白沙
沙岗
清水江水库
合浦
廉州
党江
西场
山口
南康
兴港
福成
铁山港区
沙田
北海市
海城区
平阳
营盘
银海区
侨港
银滩
涠洲
涠洲岛
斜阳岛
比例尺 1：600 000
0 6 12 18 km
省界
地级界
县界
乡镇界
湖泊、湖水库、水系
地级行政区点
县级驻地点
乡镇驻地点
109° 0′0″ 东
109° 20′0″ 东
109° 40′0″ 东
21° 50′0″ 北
21° 40′0″ 北

图 8-1　北海市行政区划

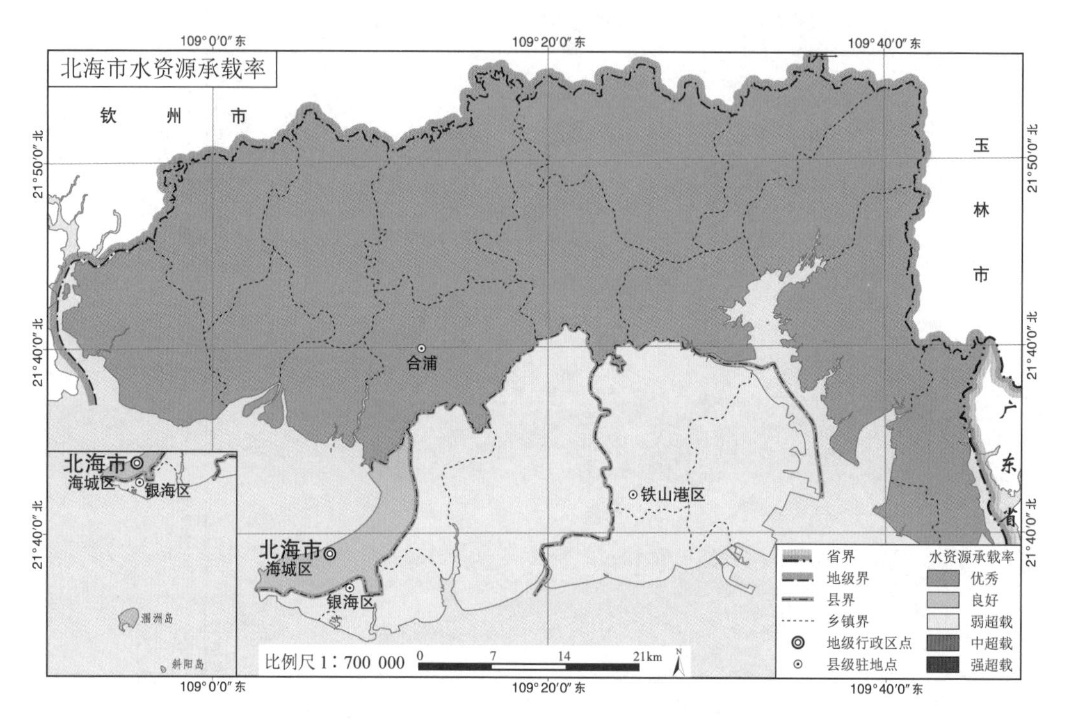

图 8-3 北海市各区县水资源承载率分布

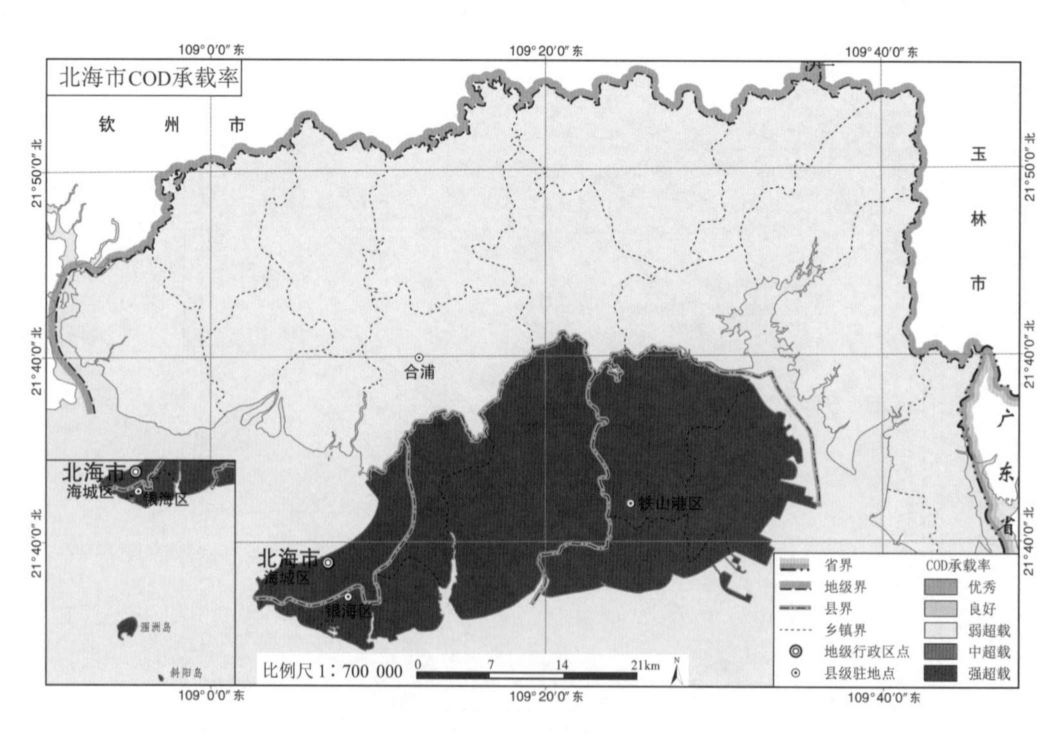

图 8-4 北海市各区县 COD 承载率分布

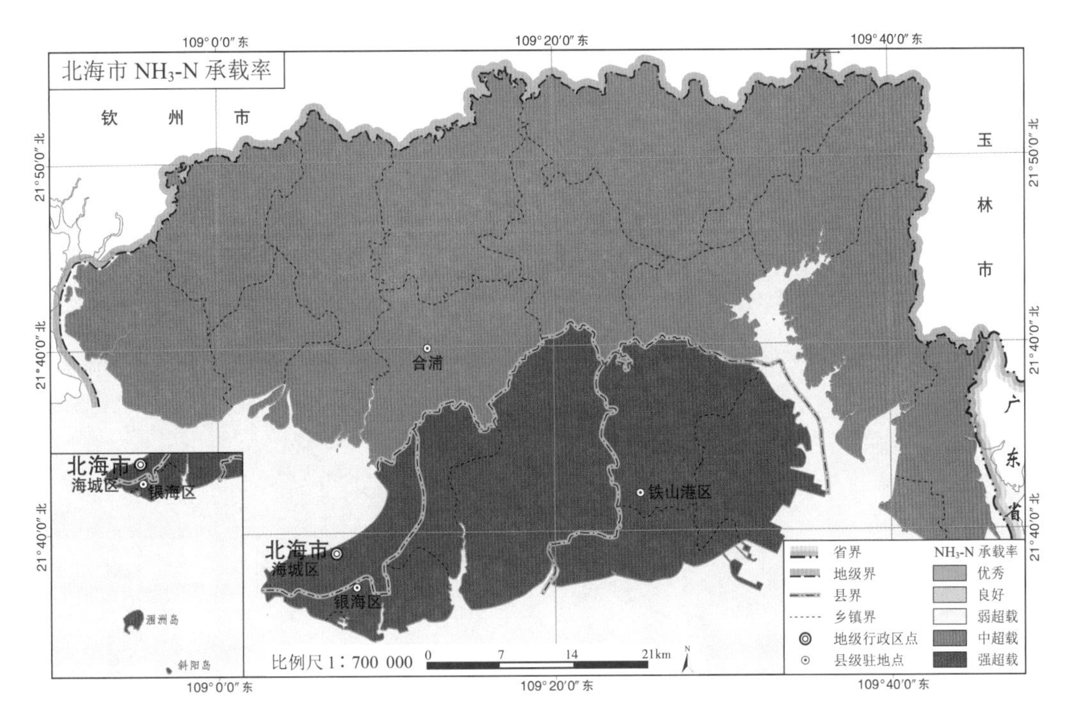

图 8-5 北海市各区县 NH_3-N 承载率分布

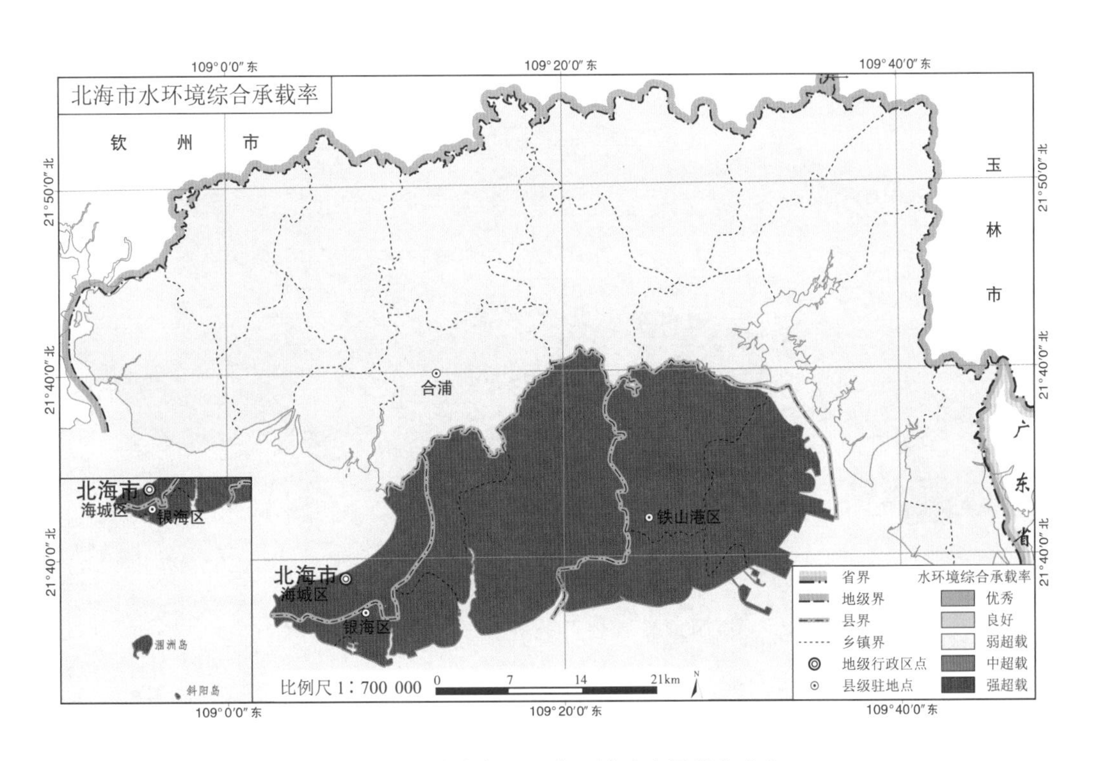

图 8-6 北海市各区县水环境综合承载率分布

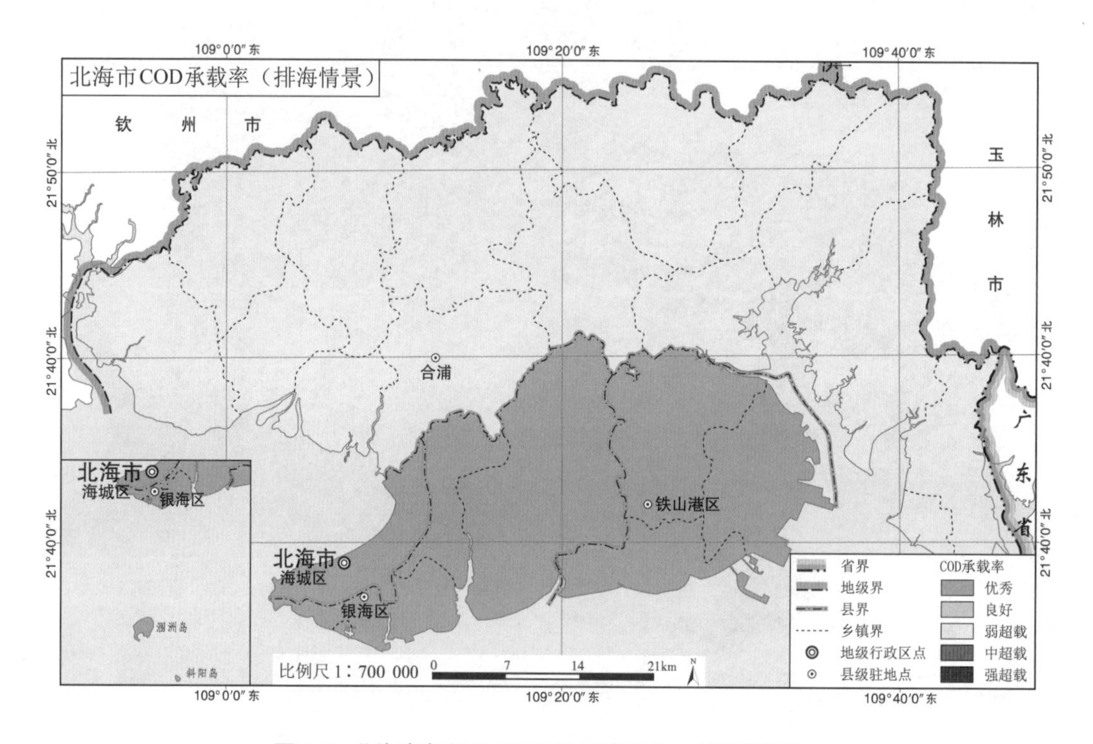

图 8-8 北海市各区县 COD 承载率分布（排海情景）

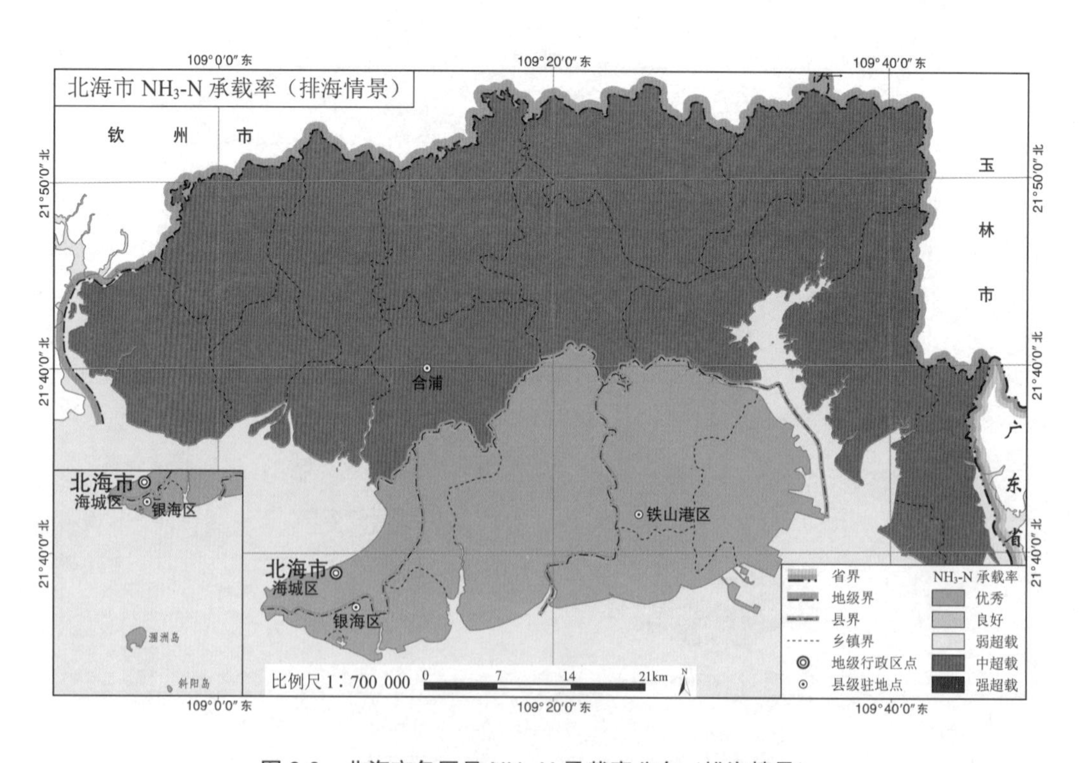

图 8-9 北海市各区县 NH_3-N 承载率分布（排海情景）

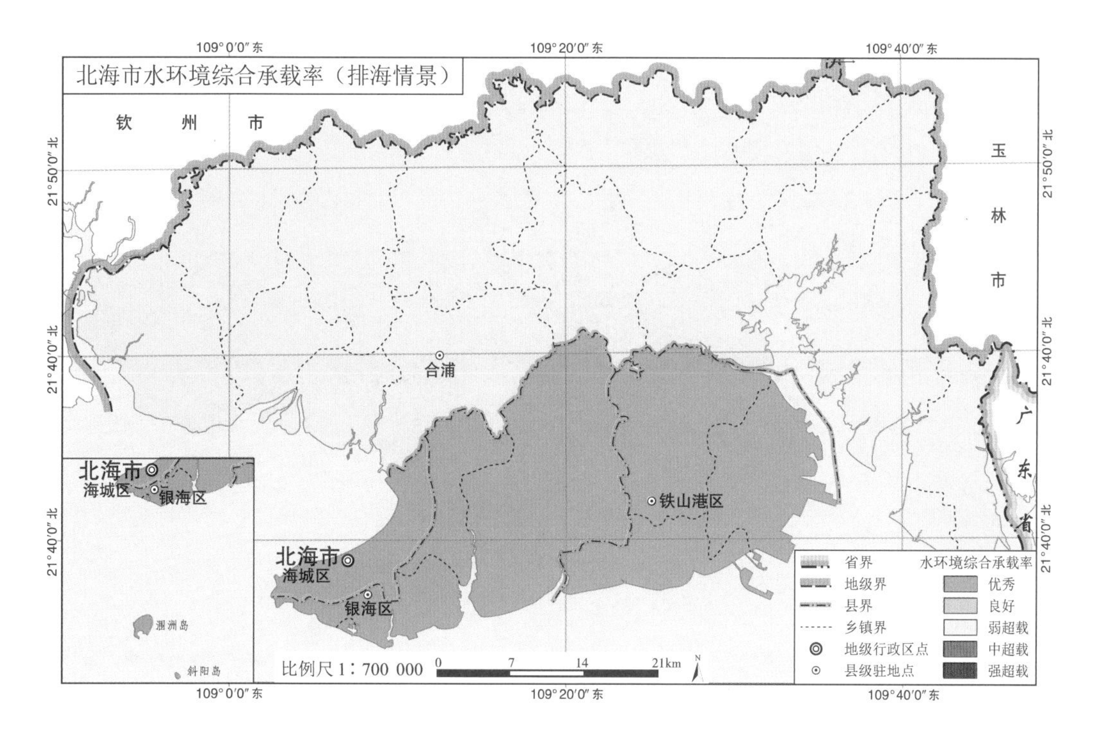

图 8-10 北海市各区县水环境综合承载率分布（排海情景）

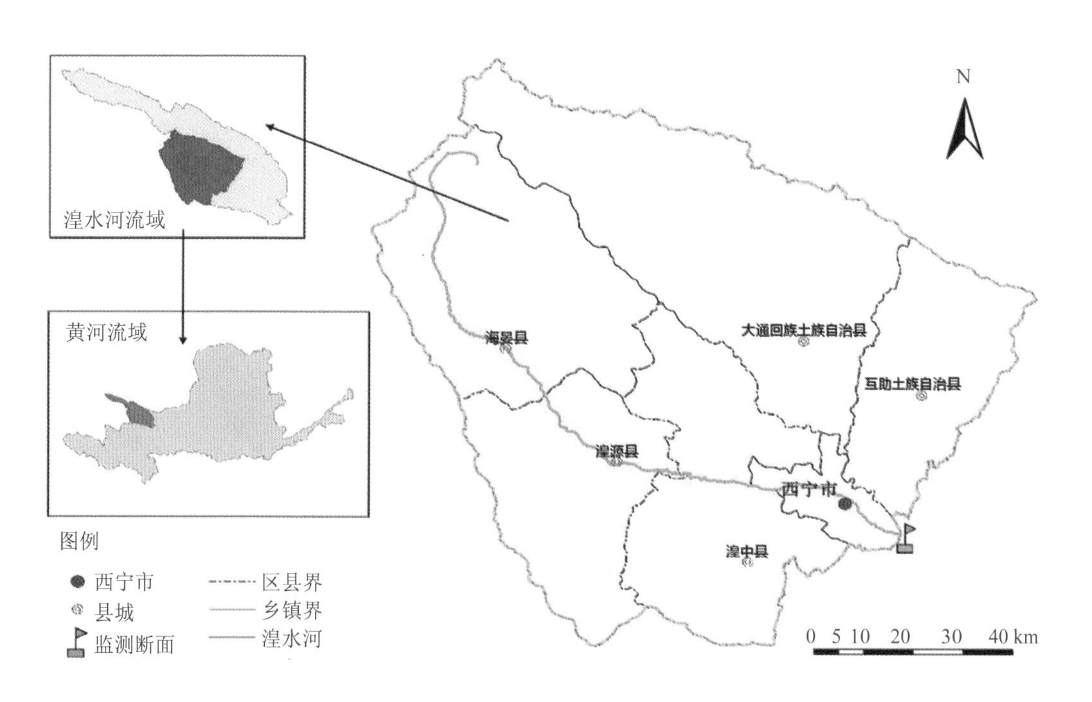

图 9-1 研究区地理区位

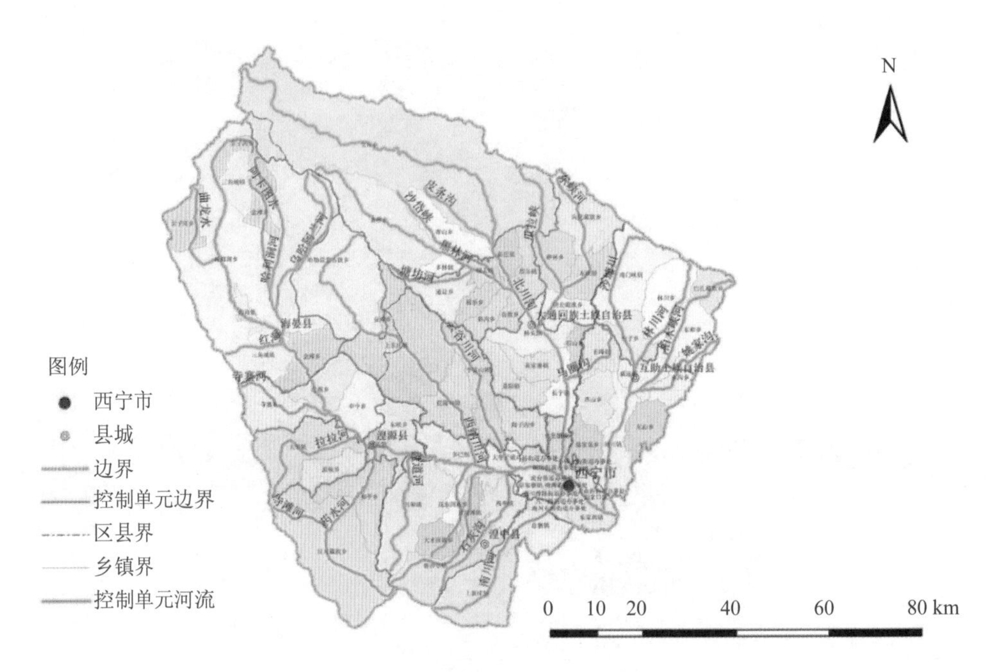

图 9-2　湟水流域小峡桥断面上游的河流水系

图 9-3　湟水流域小峡桥断面上游的地形地貌

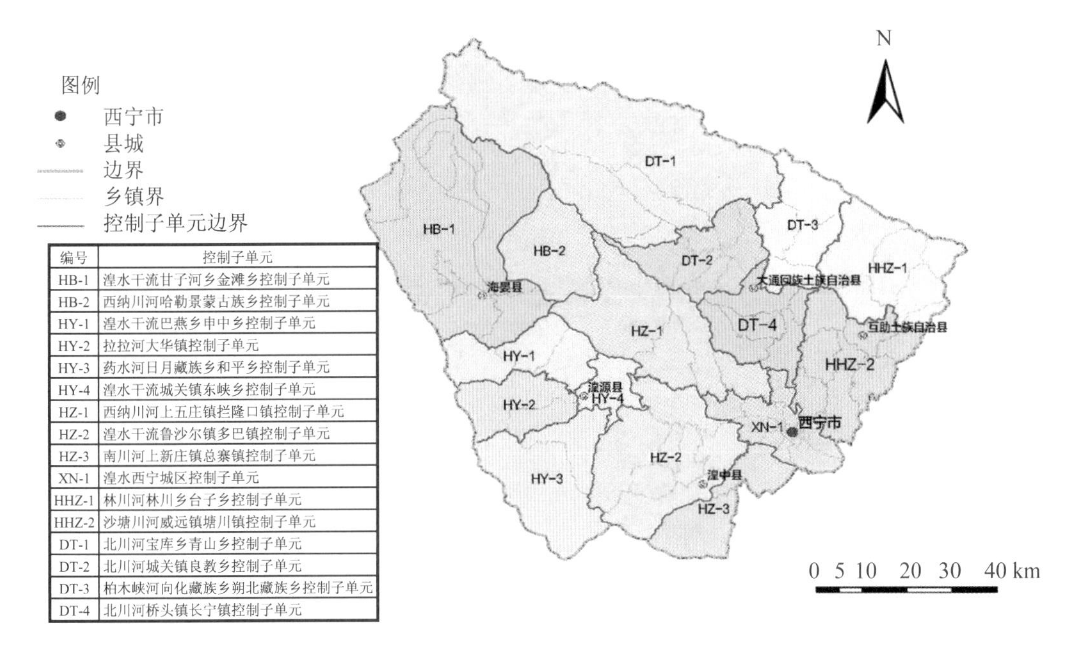

编号	控制子单元
HB-1	湟水干流甘子河乡金滩乡控制子单元
HB-2	西纳川河哈勒景蒙古族乡控制子单元
HY-1	湟水干流巴燕乡申中乡控制子单元
HY-2	拉拉河大华镇控制子单元
HY-3	药水河日月藏族乡和平乡控制子单元
HY-4	湟水干流城关镇东峡乡控制子单元
HZ-1	西纳川河上五庄镇拦隆口镇控制子单元
HZ-2	湟水干流鲁沙尔镇多巴镇控制子单元
HZ-3	南川河上新庄镇总寨镇控制子单元
XN-1	湟水西宁城区控制子单元
HHZ-1	林川河林川乡台子乡控制子单元
HHZ-2	沙塘川河威远镇塘川镇控制子单元
DT-1	北川河宝库乡青山乡控制子单元
DT-2	北川河城关镇良教乡控制子单元
DT-3	柏木峡河向化藏族乡朔北藏族乡控制子单元
DT-4	北川河桥头镇长宁镇控制子单元

图 9-4 控制子单元划分结果

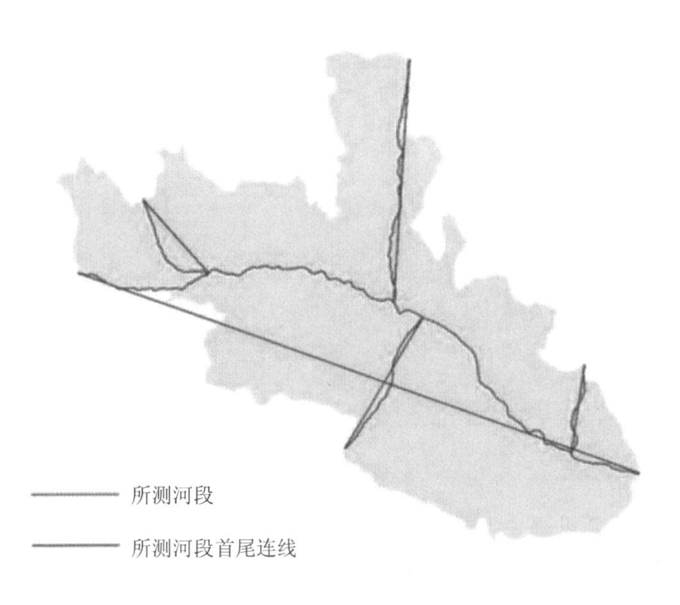

图 9-5 河流蜿蜒度计算示意

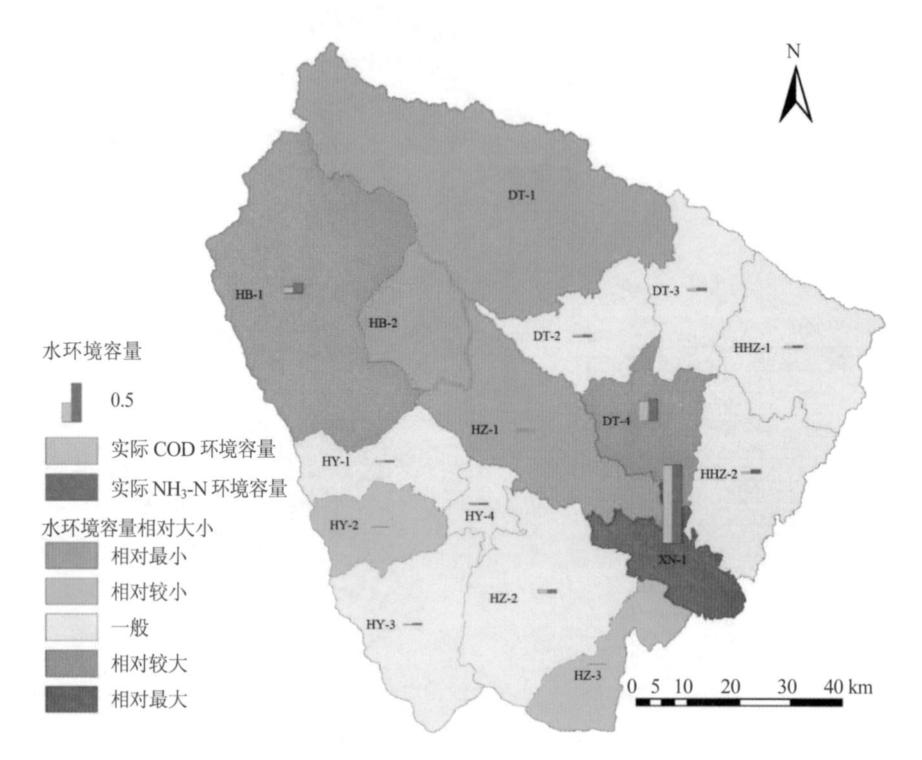

图 9-6 各控制子单元的水环境容量分量量化评价结果空间分布

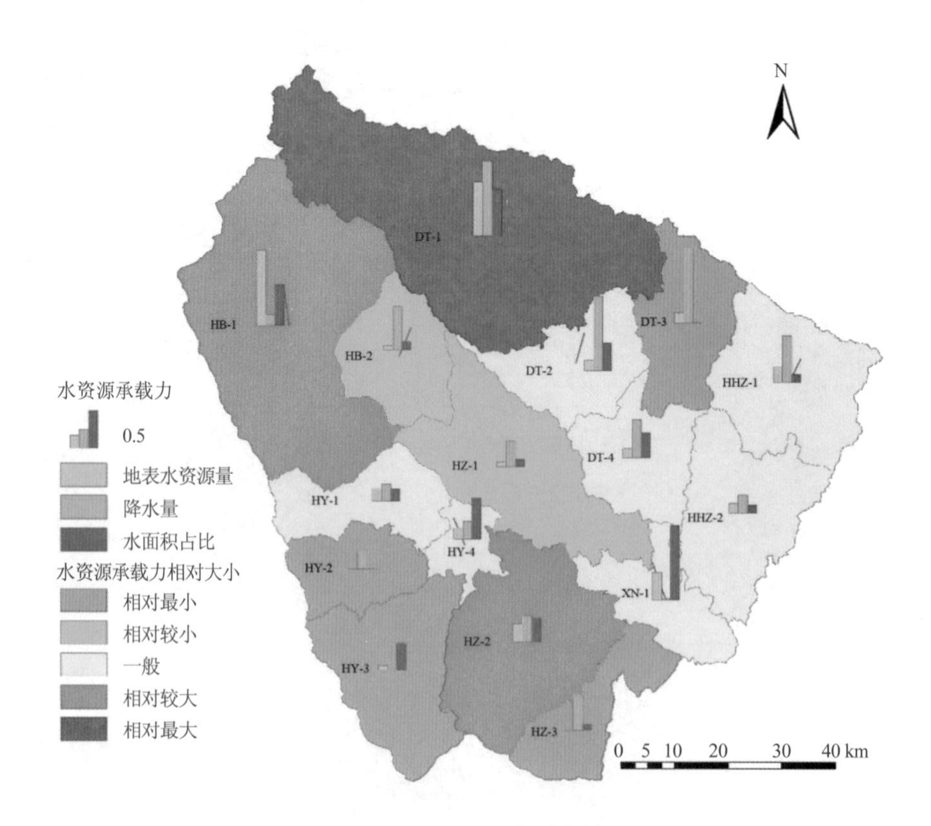

图 9-7 各控制子单元的水资源分量量化评价结果空间分布

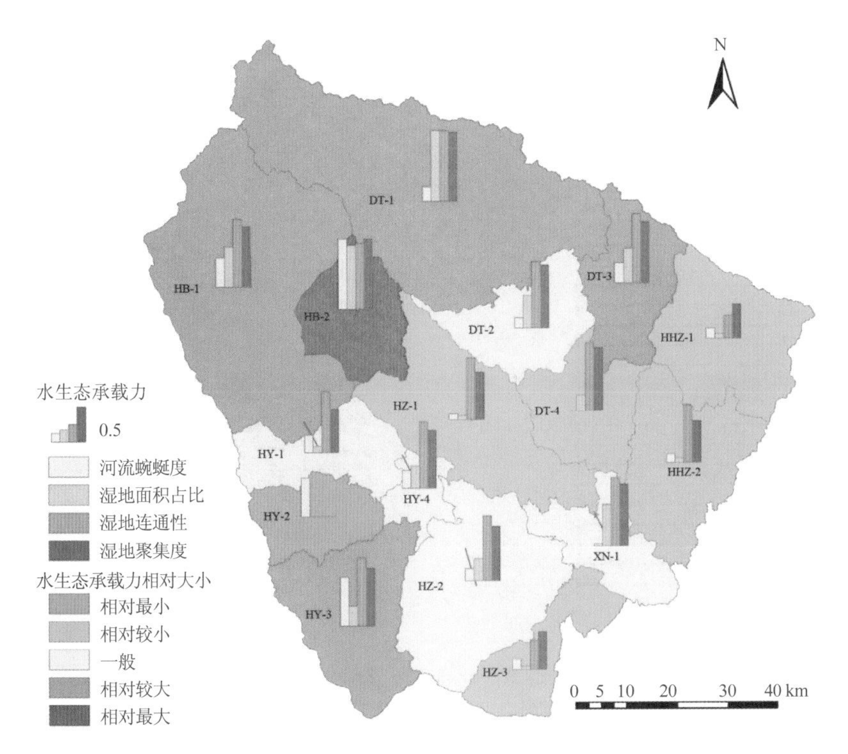

图 9-8　各控制子单元的水生态分量量化评价结果空间分布

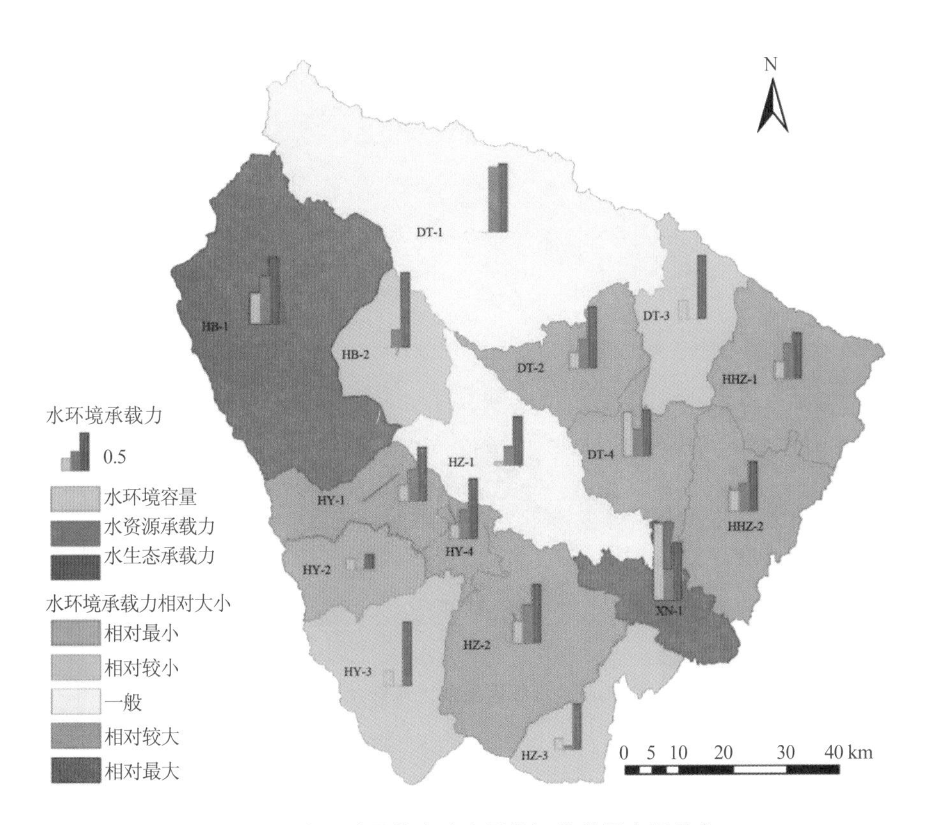

图 9-9　水环境承载力综合量化评价结果空间分布

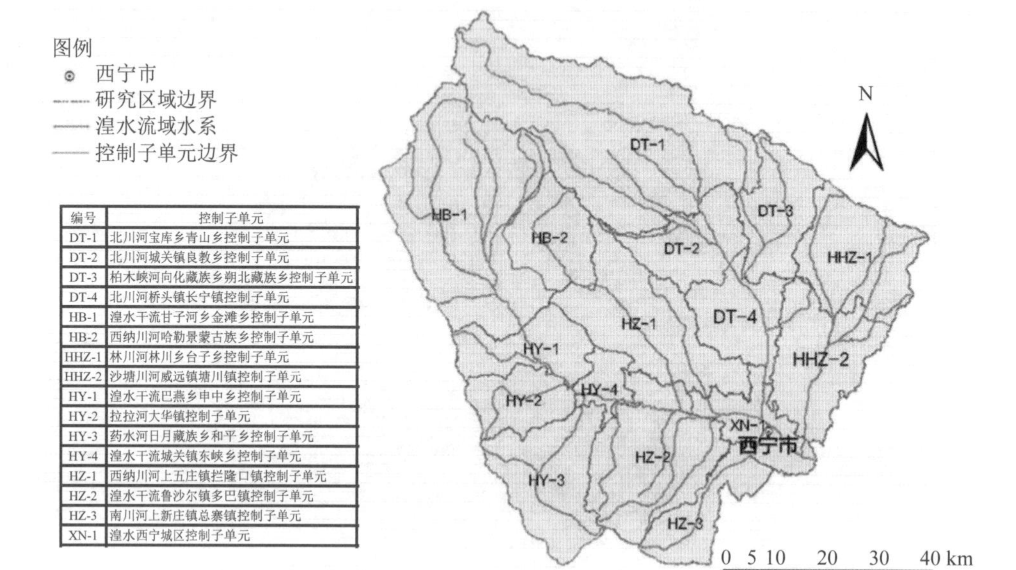

编号	控制子单元
DT-1	北川河宝库乡青山乡控制子单元
DT-2	北川河城关镇良教乡控制子单元
DT-3	柏木峡河向化藏族乡朔北藏族乡控制子单元
DT-4	北川河桥头镇长宁镇控制子单元
HB-1	湟水干流甘子河乡金滩乡控制子单元
HB-2	西纳川河哈勒景蒙古族乡控制子单元
HHZ-1	林川河林川乡台子乡控制子单元
HHZ-2	沙塘川河威远镇塘川镇控制子单元
HY-1	湟水干流巴燕乡申中乡控制子单元
HY-2	拉拉河大华镇控制子单元
HY-3	药水河日月藏族乡和平乡控制子单元
HY-4	湟水干流城关镇东峡乡控制子单元
HZ-1	西纳川河上五庄镇拦隆口镇控制子单元
HZ-2	湟水干流鲁沙尔镇多巴镇控制子单元
HZ-3	南川河上新庄镇总寨镇控制子单元
XN-1	湟水西宁城区控制子单元

图 10-2　控制子单元划分结果

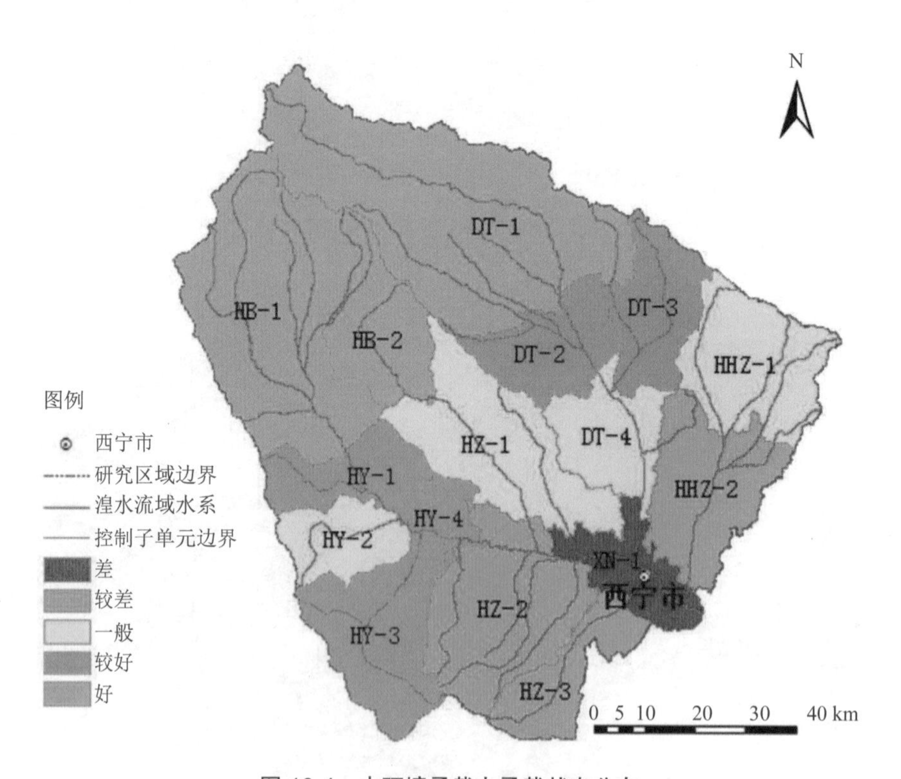

图 10-4　水环境承载力承载状态分布

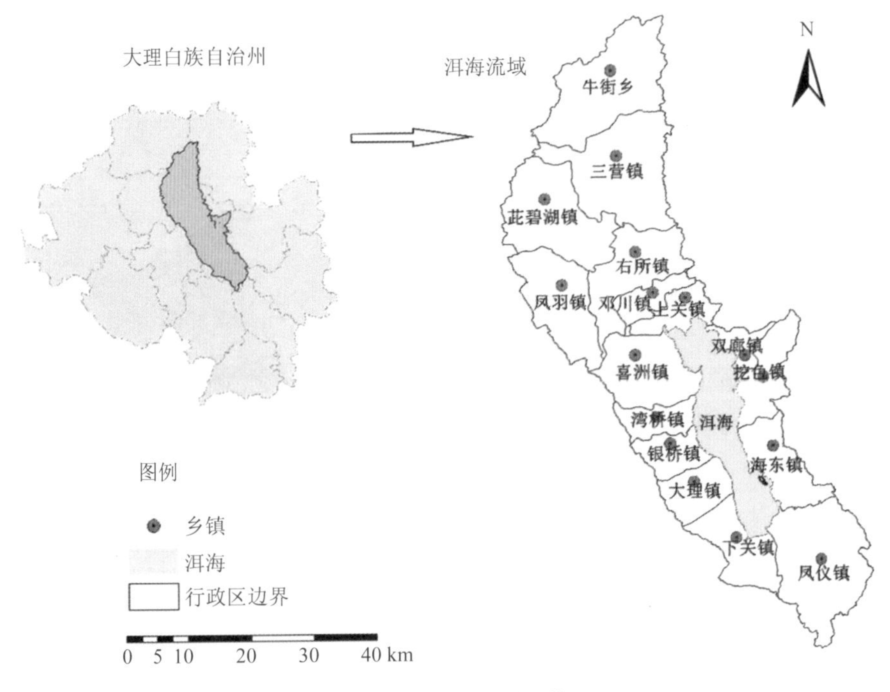

图 11-1　洱海流域区位

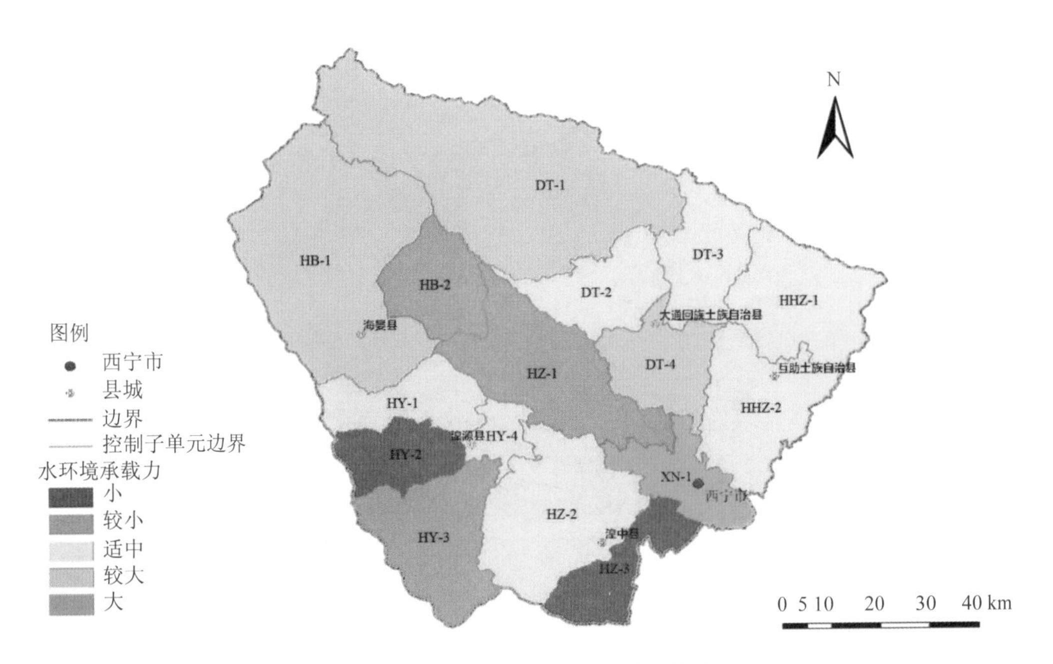

图 14-1　水环境承载力大小分区结果

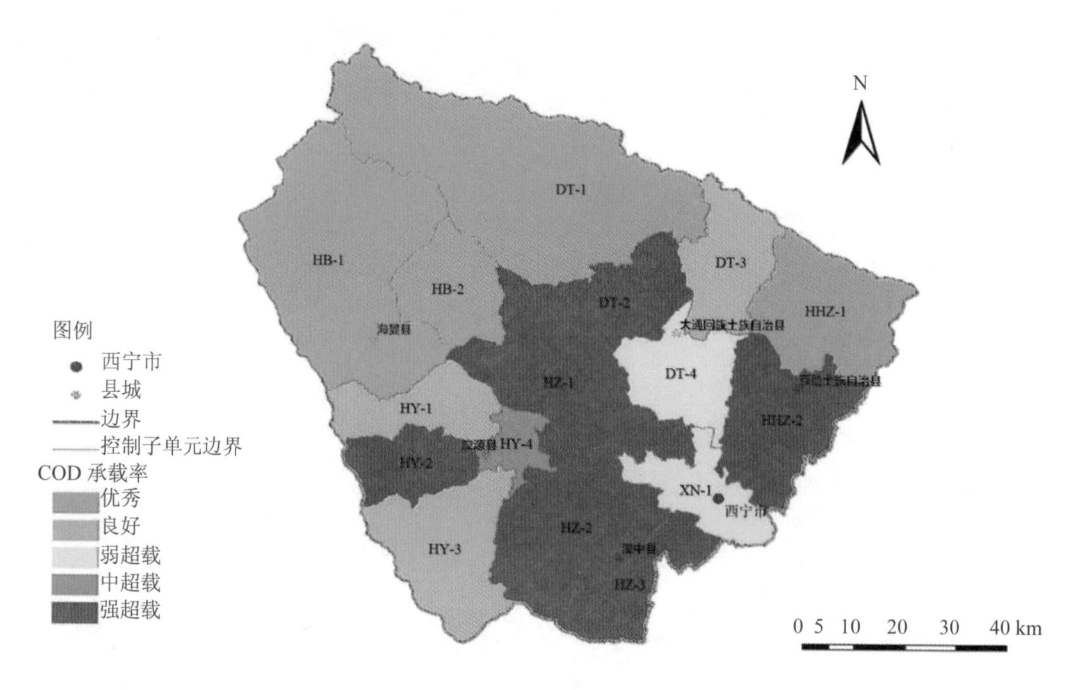

图 14-2 COD 承载率分区结果

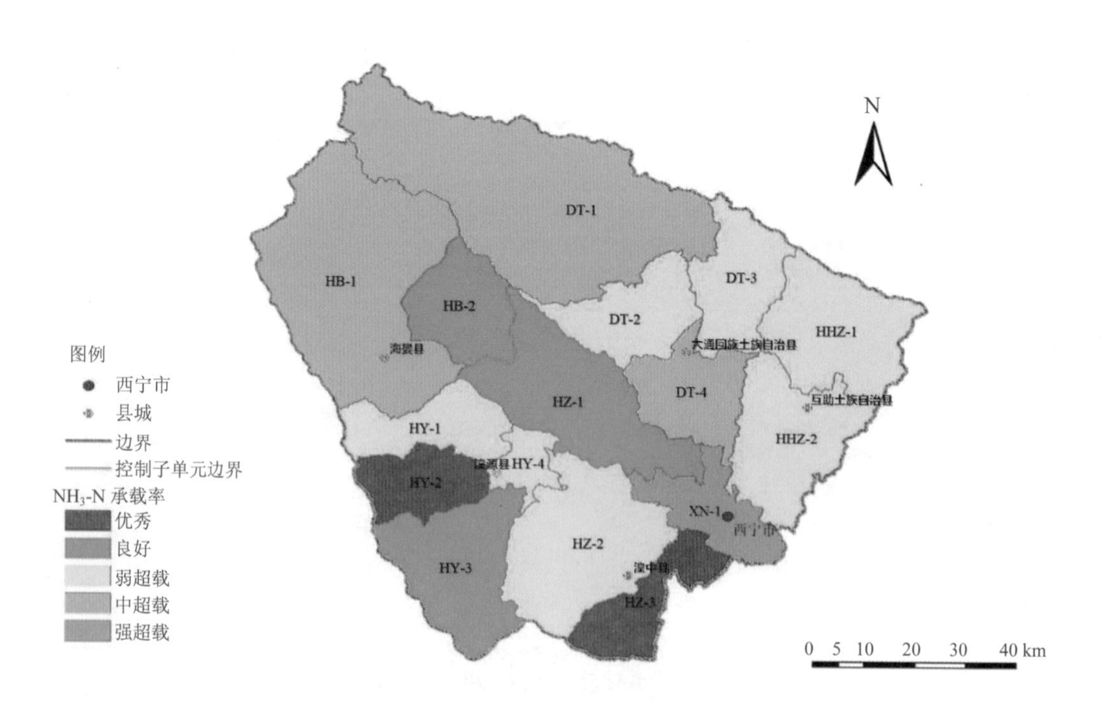

图 14-3 NH_3-N 承载率分区结果

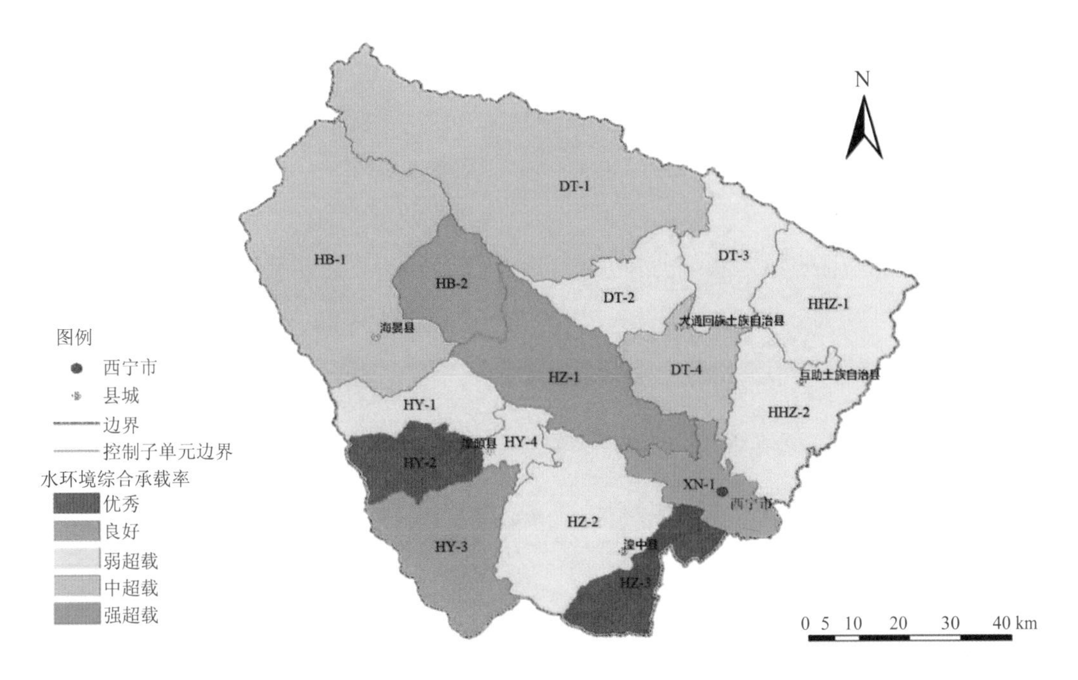

图 14-4　水环境承载状态分区结果

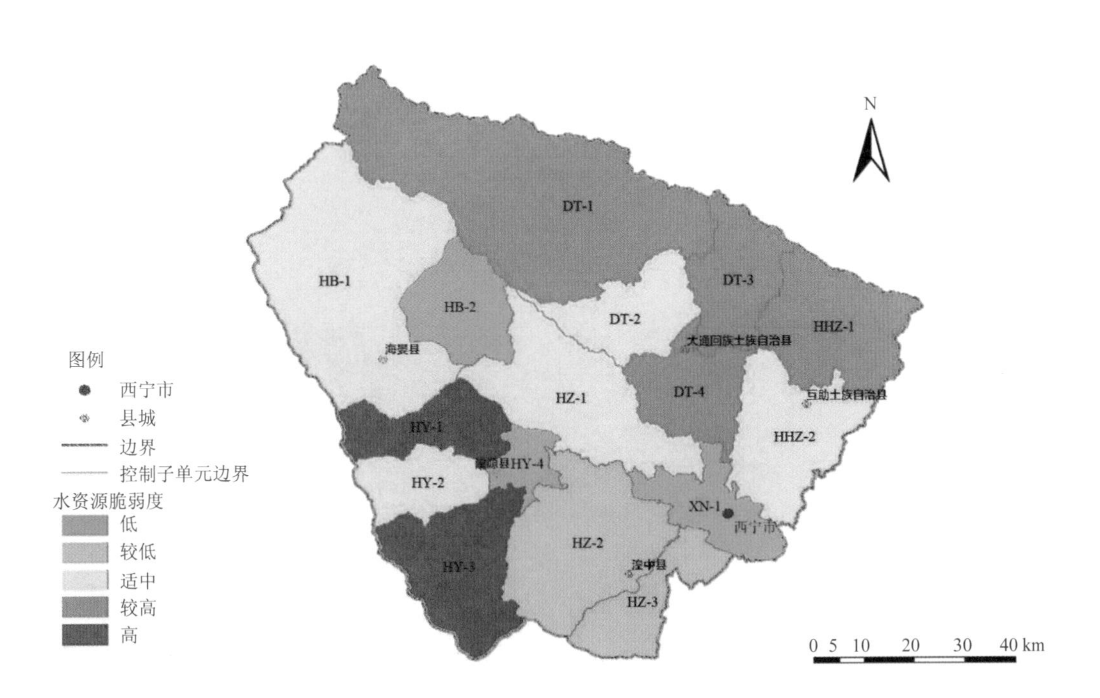

图 14-5　水资源脆弱度分区结果

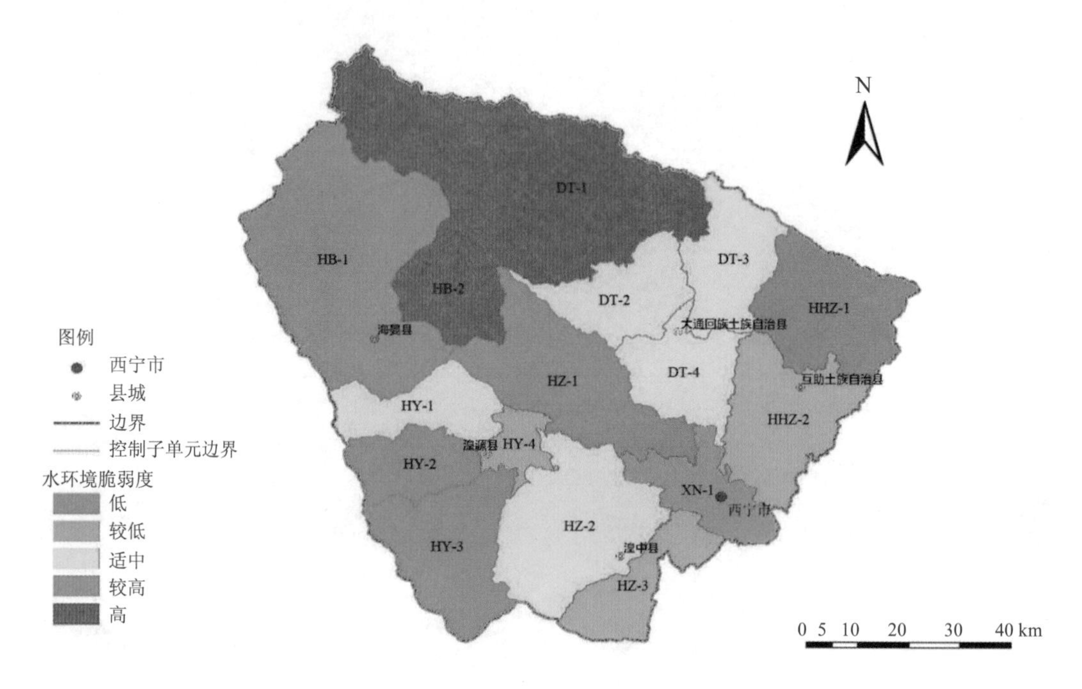

图 14-6 水环境脆弱度分区结果

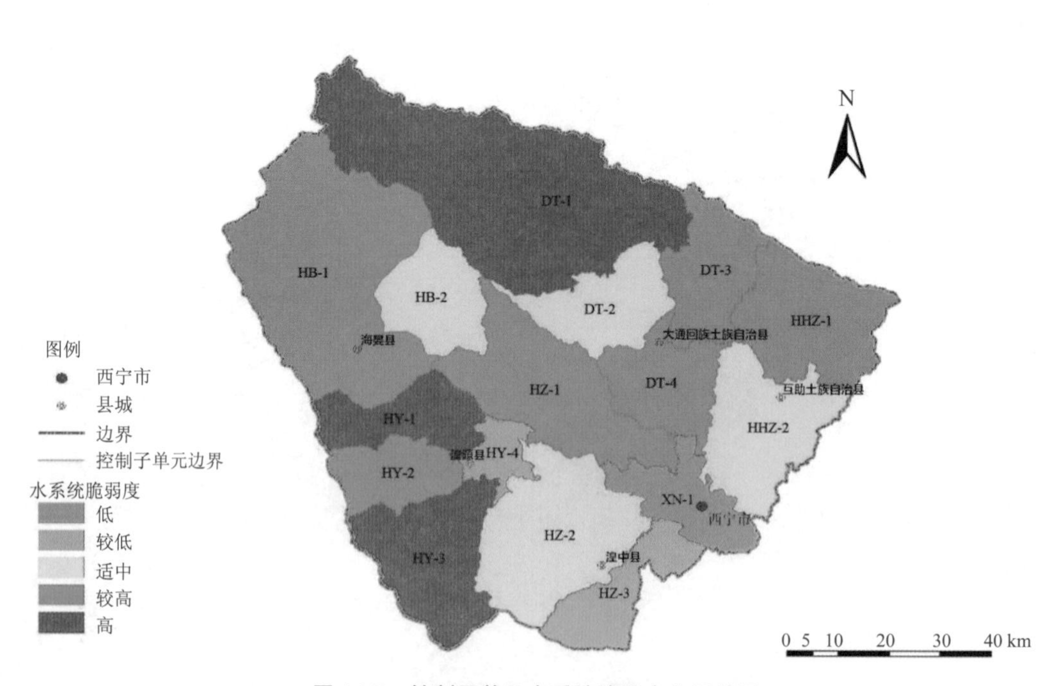

图 14-7 控制子单元水系统脆弱度分区结果

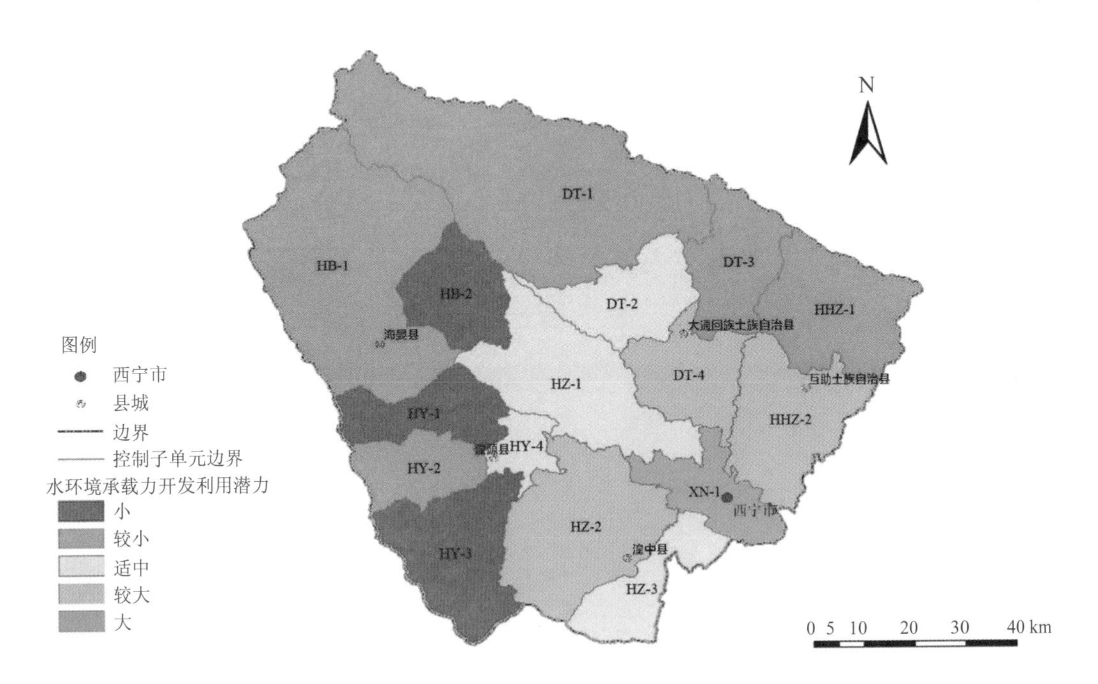

图 14-8 水环境承载力开发利用潜力分区结果

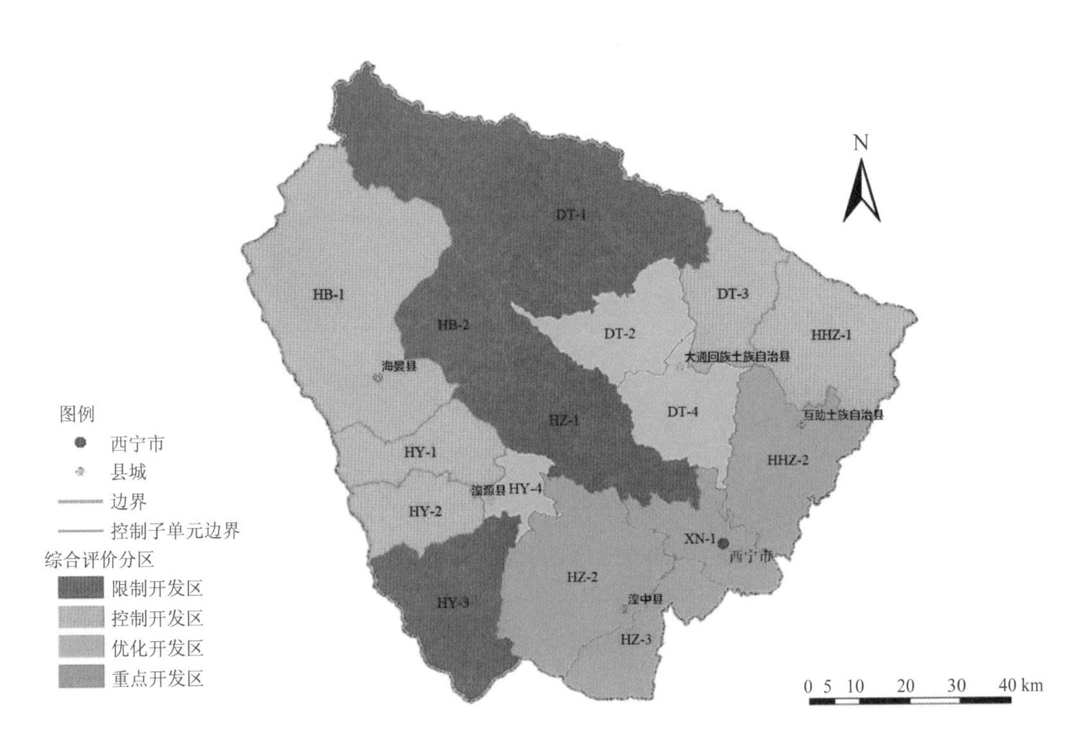

图 14-9 水环境承载力综合评价分区结果

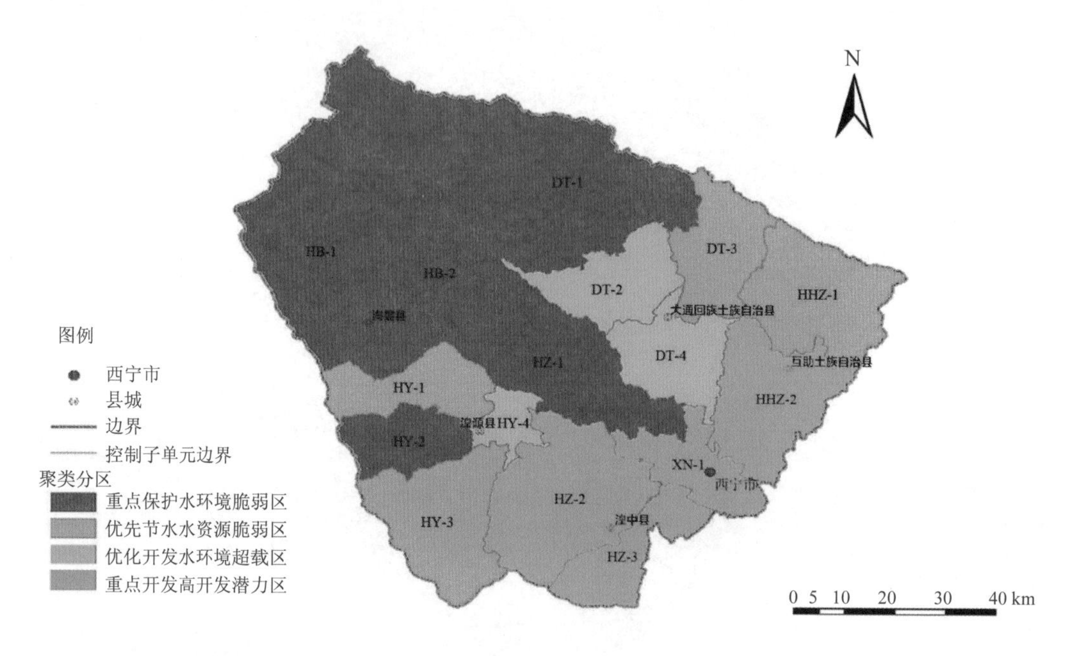

图 14-11 水环境承载力聚类分区结果

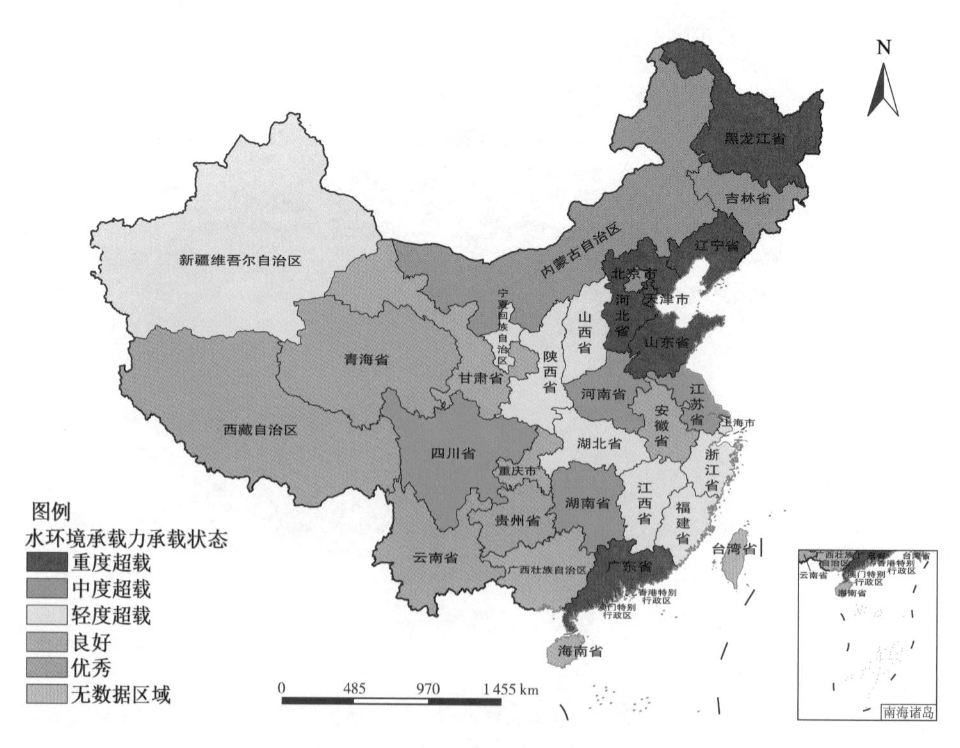

图 15-1 水环境承载力承载状态分区结果

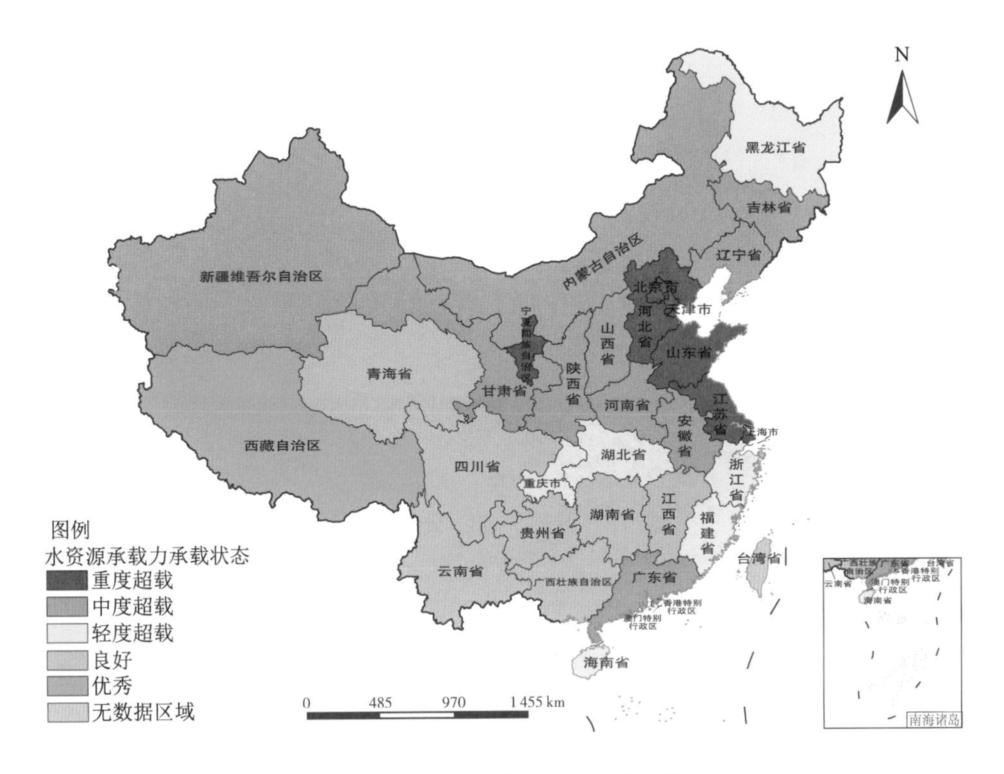

图 15-2　水资源承载力承载状态分区结果

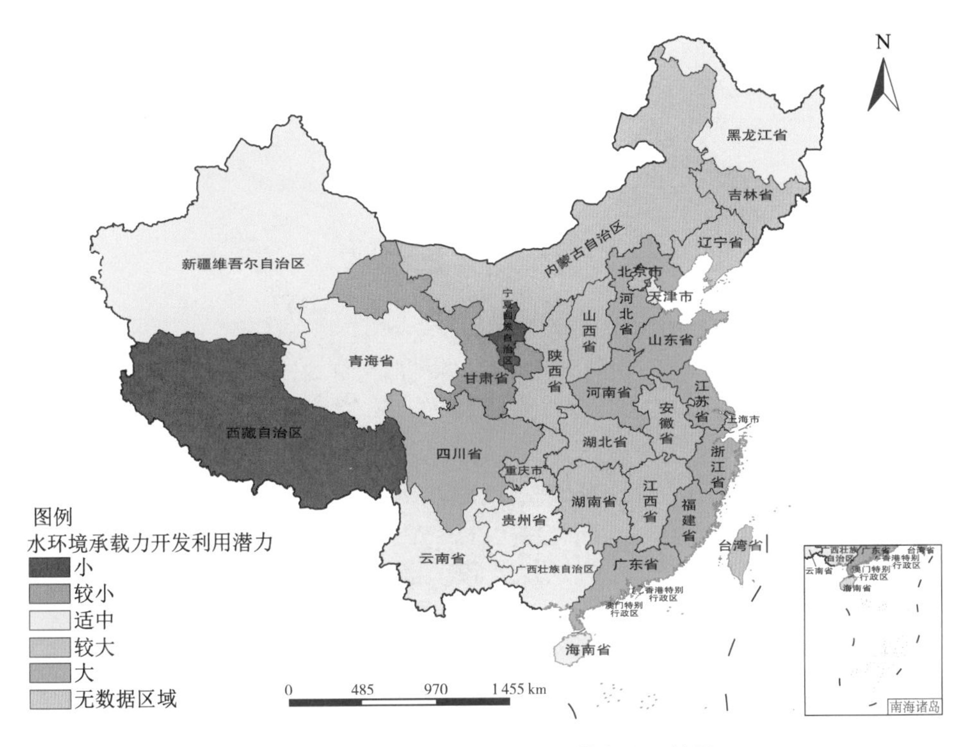

图 15-3　水环境承载力开发利用潜力分区结果

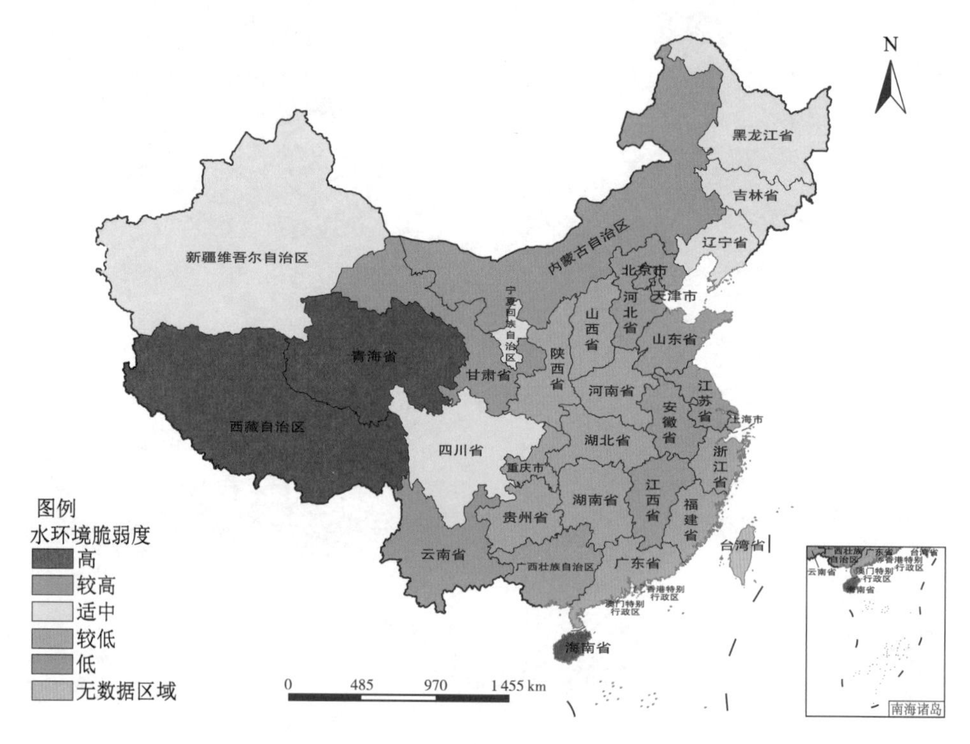

图 15-4　水环境脆弱度分区结果

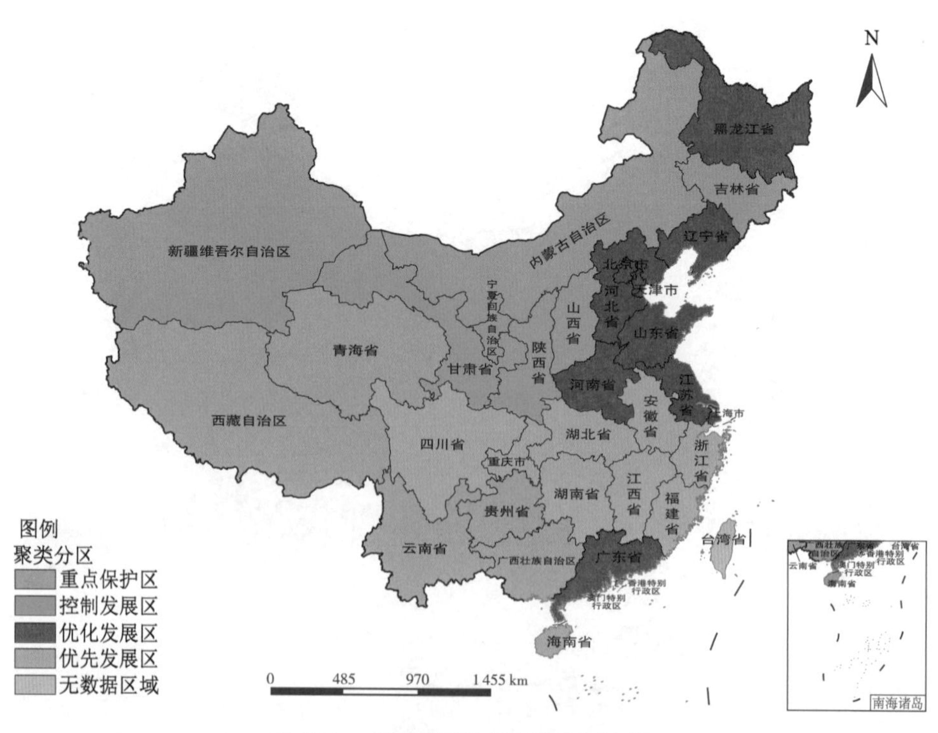

图 15-6　水环境承载力聚类分区结果

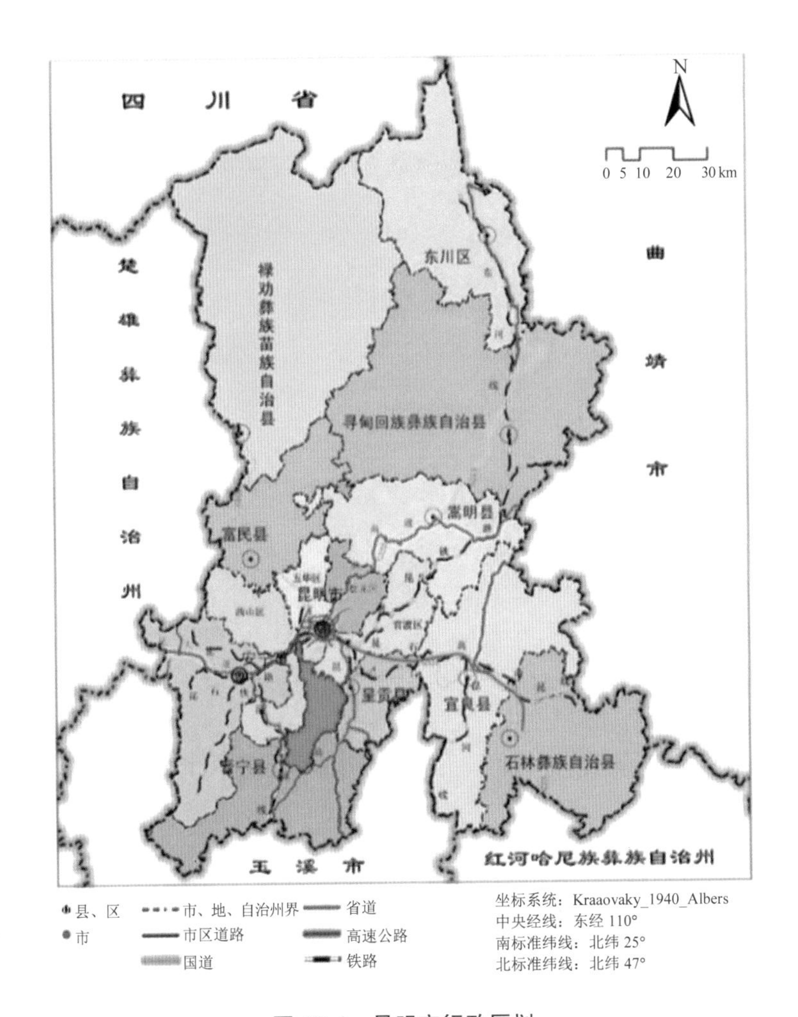

图 18-1　昆明市行政区划

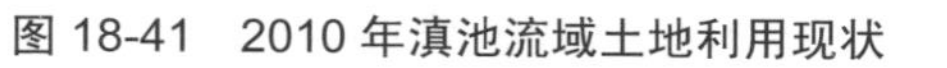

图 18-41　2010 年滇池流域土地利用现状

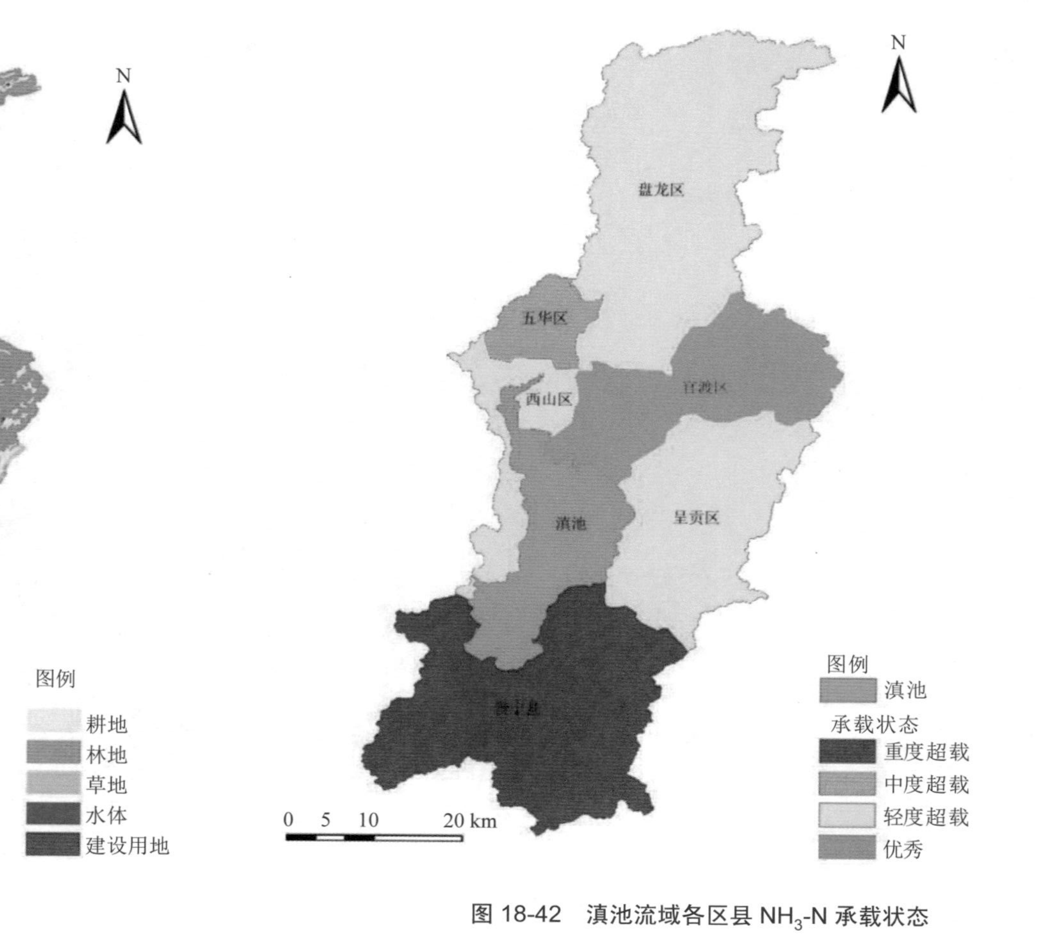

图 18-42　滇池流域各区县 NH_3-N 承载状态